Eduard Winkler & C. B. Polet

# Handbuch der medicinisch-pharmaceutischen Botanik



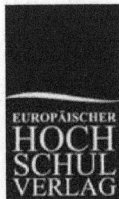

EUROPÄISCHER
HOCH
SCHUL
VERLAG

# HANDBUCH

der

# MEDICINISCH-PHARMACEUTISCHEN BOTANIK

VON

**EDUARD WINKLER UND C. B. POLET**

NACHDRUCK DER ORIGINALAUSGABE VON 1850
(VERLAG VON C. B. POLET, LEIPZIG)

ISBN: 978-3-86741-173-8


REIHE: HISTORICAL SCIENCE, BAND 12

# Handbuch

der

medicinisch-pharmaceutischen

# BOTANIK.

Nach den neuesten Entdeckungen bearbeitet

von

**Dr. *Eduard Winkler*.**

**Leipzig,**

Verlag von C. B. Polet.

# Einleitung.

Linné, der unsterbliche Begründer der wissenschaftlichen Botanik, that schon, weil sein tiefer Forscherblick das Wesen der Gewächse deutlicher erkannt hatte, als viele seiner spätern Anhänger, die an Dem festhafteten, was ihnen der Meister in seinen Schriften auseinander gesetzt hinterliess, und das, was er ihnen nur andeutete, eifrig zu erforschen und zu verfolgen, unterliessen, — Linné that schon den Ausspruch: „*Plantae, quae genere conveniunt, etiam virtute conveniunt; quae ordine naturali continentur, etiam virtute propius accedunt; quae classe naturali congruunt, etiam viribus quodammodo congruunt.*“ — Wenn nun auch dieser Ausspruch einige Modificationen zulässt, wenn er auch nicht jederzeit und auf alle natürlichen Familien oder Ordnungen gleich anwendbar ist, so bleibt er doch in der Hauptsache und in den meisten Fällen wahr. Es ist demzufolge die Beschreibung der Arzneigewächse für den Schüler nach einem natürlichen Systeme darum am zweckmässigsten, weil er, kennt er die medicinischen Eigenschaften oder die chemischen Bestandtheile eines guten Repräsentanten einer Gewächsfamilie oder einer

Abtheilung einer solchen, meist die ähnliche Wirksamkeit und Beschaffenheit bei den Familien-Verwandten voraussetzen kann. Obgleich es nun aber für diesen Zweck ziemlich gleichgültig ist, in welcher Anordnung die natürlichen Familien auf einander folgen: so hat es doch gewiss, wenn auch weniger für den Pharmaceuten und Arzt, doch für den, welcher zugleich in der Botanik sich bessere Kenntnisse erwerben will, den grössten Vortheil, wenn er hier eine Zusammenstellung findet, welche ihm die Uebereinstimmung oder Abweichung der am meisten angenommenen natürlichen Methoden lehrt, der Systeme nämlich von folgenden anerkannt scharfsinnigen, tiefblickenden und berühmten Botanikern, des Systems eines Jussieu, De Candolle und Reichenbach.

Bernhard v. Jussieu und später dessen Neffe Anton Lorenz v. Jussieu waren bekanntlich die ersten Botaniker, welche die Gewächsfamilien, — denn Linné schon hatte dergleichen gebildet — systematisch zusammenstellten. Den Haupteintheilungsgrund ihrer Anordnung nahmen sie vom Bau des Keims (*Embryo*) und der Art und Weise, wie derselbe in dem keimenden Samen sich entwickelt und zur jungen Pflanze sich umbildet. So erhielten sie die 3 Hauptabtheilungen:

1. *Acotyledones*, Gewächse ohne Samenlappen,
2. *Monocotyledones*, Gewächse mit 1 Samenlappen,
3. *Dicotyledones*, Gewächse mit 2 Samenlappen.

De Candolle nimmt den ersten Haupteintheilungsgrund seines Systems von dem innern Baue der Gewächse selbst her; wonach dieselben zerfallen in

1. Gewächse, die mit Zellgewebe und Gefässen versehen sind: *Plantae vasculares*, Gefässpflanzen,

2. Gewächse, welche nur aus Zellgewebe gebildet sind und keine Gefässe führen: *Plantae cellulares*, Zellenpflanzen.

Die erste Abtheilung zerfällt in 2 Klassen, nach der Art und Weise, wie die Gefässbündel im Stamme angeordnet und vertheilt sich befinden.

A. Gewächse, bei denen die Gefässbündel in einem oder in mehrern concentrischen Kreisen stehen und die äussersten Kreise die jüngsten Gefässbündel enthalten; wo also die Vergrösserung des Stammes in die Dicke an der Peripherie vor sich geht. Er nennt diese Abtheilung *Exogenae*, Exogenen, und es kommt dieselbe mit Jussieu's Dicotyledonen überein.

B. Gewächse, bei denen die Gefässbündel verschieden gruppirt im Parenchym zerstreut und die jüngsten (nach De Candolle's Dafürhalten) in der Mitte des Stammes stehen. Die Vergrösserung nach der Dicke hat also hier in der Mitte statt und die entstehenden jüngern Gefässe drängen das Zellgewebe und die ältern Gefässe gleichsam nach aussen. (Dass diese Ansicht eine falsche, wird weiter unten dargethan.) Sie werden *Endogenae*, Endogenen, genannt und kommen mit Jussieu's Monocotyledonen überein.

Die Zellenpflanzen sind übereinstimmend mit Jussieu's Acotyledonen. Zugleich ist zu bemerken, dass De Candolle selbst für die Abtheilungen der Exogenen und Endogenen zusammen die Benennung *Cotyledoneae* oder für erstere *Dicotyledoneae*, für letztere *Monocotyledoneae* und für die Zellenpflanzen *Acotyledoneae* gebraucht.

Reichenbach ist seit 1822, wo er zuerst den Entwurf seines natürlichen Systems in der

Ersten Versammlung deutscher Naturforscher und Aerzte zu Leipzig bekannt machte, rastlos thätig in der Erforschung des Pflanzenreichs und dabei so glücklich in Gewinnung der höchsten Resultate gewesen, wie es nur ein so kenntniss- und erfahrungsreicher und mit so viel Scharfsinn und geregelter Phantasie begabter Forscher sein konnte. Er gab über sein System, das mit Recht ein natürliches genannt werden muss, im Jahre 1828 eine Schrift: „Uebersicht des Gewächsreichs in seinen natürlichen Entwickelungsstufen (*Conspectus regni vegetabilis per gradus naturales evoluti*)“ heraus und stellte dasselbe klar und deutlich dar in seiner: Botanik für Damen, Künstler und Freunde der Pflanzenwelt überhaupt, enthaltend eine Darstellung des Pflanzenreichs in seiner Metamorphose etc. (Leipzig, bei Cnobloch. 1828.) Endlich aber erschien 1837 sein: „Handbuch des natürlichen Pflanzensystems nach allen seinen Classen, Ordnungen und Familien, nebst naturgemässer Gruppirung der Gattungen, oder Stamm und Verzweigung des Gewächsreiches, enthaltend eine vollständige Charakteristik und Ausführung der natürlichen Verwandtschaften der Pflanzen in ihrer Richtung aus der Metamorphose und geographischen Verbreitung, wie die fortgebildete Zeit deren Anschauung fordert.“ In diesem, mit deutscher Gründlichkeit geschriebenen Werke ist noch weit mehr enthalten, als der Titel verspricht, und es muss jedem, nach Wissenschaft und Wahrheit Strebenden, den Genuss gewähren, den man bei Lesung genialer und origineller Werke empfindet; freilich werden Diejenigen, welche fremde Verdienste mit Eifersucht betrachten, welche nur eigene Erfahrungen, Beobachtungen und Forschungen als geltend anerkennen und welche durch nichts zu überzeugen sind, auch durch eine solche klare und mit dem Wesen des Gegenstandes aufs innigste zusammenhängende Demonstration weder überzeugt, noch von dem von ihnen einmal betretenen Wege abgelenkt werden. Sie gleichen Solchen, welche zwar recht gut sehen, aber die Farben nicht unterscheiden können, wie uns deren die Augenärzte in neuerer Zeit kennen gelehrt haben, mag diese Unfähigkeit bei ihnen in einer abnormen Bildung des Auges begründet oder durch eine Vernachlässigung und Unachtsamkeit hinsichtlich der Unterscheidung der Farben in früherer Jugend hervorgebracht sein.

Reichenbach fand das leitende Prinzip bei Anordnung der Gewächsgattungen und Familien in der Auffassung einer idealen Pflanze, wie eine solche sich darstellt, wenn man die Lebensverhältnisse (Vegetations- u. Organisationsstufen) sämmtlicher Gewächse vereinigt sich denkt. Er sagt: „Das Pflanzenreich ist gleich einer Einheit, einem Individuum seiner höchsten Organisationsstufen, einem immer grünen, immer blühenden, immer fruchtenden Baume der wärmeren Zone." — Das Gewächsleben erscheint theils als Vorleben im Samen, als vom Lichte fast unabhängiges Keimleben, theils als eigentliches Leben ausser dem Samen, während dessen die Pflanze zur freien Entwickelung ihrer Theile gelangt. Bei den höher organisirten Gewächsen ist dieses Vorleben nur die erste Lebensperiode, aber bei denen, die auf der niedrigsten Bildungsstufe stehen, ist das ganze Leben nur ein Vor- oder Keimleben. Diese letztern heissen desshalb Halbpflanzen, *Hemi-Protophyta*, od. auch Faserpflanzen, *Inophyta*, so wie jene Ganzpflanzen, *Idiophyta*. — Die Pflanze aber zeigt uns die Gliederung ihre Lebens, oder die Entfaltung ihres Organismus in drei Abschnitten, als:

| Keimleben oder Vorbildung als | Vegetation oder Stockbildung | Fructification oder Blüten- und Fruchtbildung |
|---|---|---|
| Same. Knospe. | Wurzel. Stamm. Blatt. | Weibliches. Männliches. Frucht. |

Die Natur dictirt also folgenden Canon für das Leben und das formelle Erscheinen der Pflanze:

**Die Pflanze**

| ruht in | wächst | fructificirt, das ist |
|---|---|---|
| Samen. Knospe. | wurzelt, stängelt, blättert. | blüht (weiblich, männlich.) und trägt (Frucht.) |

**Hieraus entstehen die drei Hauptstufen des Systems, welche den Hauptabschnitten des Gewächslebens entsprechen, nämlich:**

| | | |
|---|---|---|
| Dem Keimleben od. der Vorbildung entsprechen: die Faserpflanzen, *Inophyta.* | Der Vegetation oder dem eigentl. Gewächsleben (dem Wachsen), der Stockbildung, entsprehen die Stockpflanzen, *Stelechophyta.* | Der Fructification oder der Blüten- und Fruchtbildung entsprechen die Blüten- und Fruchtpflanzen, *Antho-Carpo-phyta.* |

Den bei der allmälig sich entwickelnden (vegetirenden — d. i. die Entwickelungsstufen ihres Lebens ersteigenden) Pflanze vorkommenden Vegetations- oder Organisationsstufen parallelisiren sich in 8 Klassen des Pflanzenreichs:

| | |
|---|---|
| Same . . . . . . . . . . | Pilze, *Fungi.* |
| Keimling . . . . . . . | Flechten, *Lichenes.* |
| Wurzel-Pistill. . . . . | Grünpflanzen, *Chlorophyta.* |
| Knospe (Stamm), anticipirte Blätter und Blüten . . | Scheidenpflanzen, *Coleophyta.* |
| Blätter, Deckblätter, Staubgefässe, Blattansätze . | Zweifelblumige, *Synchlamydeae.* |
| Kelch . . . . . . . . | Ganzblumige, *Synpetalae.* |
| Blume . . . . . . . . | Kelchblütige, *Calycanthae.* |
| Frucht — Same. . . . | Stielblütige, *Thalamanthae.* |

Die Art und Weise, wie die Samen keimen, giebt uns folgende Vereinigung und Trennung der Klassen. Die Faserpflanzen (*Inophyta*), also die Pilze und Flechten, entstehen aus Massenstoff, aus Urzellen oder den sogenannten Keimkörnern. So reihen sich bei den Moder- und Schimmelbildungen einzelne Zellen zu einem Faden aneinander und zerfallen wieder in diese einzelnen Zellen, deren jede ohne Weiteres neuer Keim einer neuen Bildung wird, also Keimzeugung aus Keimen. Reichenbach nennt sehr bezeichnend die Gewächse, denen diese Keimung zukommt: Nacktkeimer, *Gymnoblastae.*

Die Pilze und Flechten unterscheiden sich in Bezug auf ihre Fortpflanzungsweise dadurch, dass bei den Pilzen nur allein Keime erzeugt werden, bei den Flechten aber auch Knospen noch neben diesen auftreten.

Bei den Grünpflanzen, *Chlorophyta* (oder den Algen, Moosen und Farrnen), welche die unterste Klasse der **Stockpflanzen**, *Stelechophyta*, ausmachen, tritt zur Urzelle das Phytochlor, Pflanzengrün; oder die bei der Keimung berstende Schale der Keimkörner (*Sporae*), welche mit einer Hülle (*Sporangium*, *Theca*, *Capsula*) umgeben sind, entleert organische Masse oder entwickelt aus sich einen grünen Vorkeim. Desshalb werden sie als **Zellkeimer**, *Cerioblastae*, bezeichnet.

Die **Scheidenpflanzen**, *Coleophyta*, als zweite Klasse der Stockpflanzen, haben einen wirklichen Samen, der in einer doppelschaligen Hülle Keimling und Eiweiss enthält. Der Keimling ist eingescheidet und durchbohrt beim Keimen seine Scheiden, spitzig hervortretend, darum **Spitzkeimer**, *Acroblastae*, genannt.

Die dritte Klasse der Stockpflanzen, so wie die 3 Klassen der Blüthen- und Fruchtpflanzen, *Antho-Carpo-phyta*, also die Zweifelblumigen, *Synchlamydeae*, die Ganzblumigen, *Synpetalae*, die Kelchblütigen, *Calycanthae*, und die Stielblütigen, *Thalamanthae*, besitzen vollständige Samen und in diesen einen Keimling mit und ohne Eiweiss, welcher mit zwei oder mehren blattartigen Organen (Samenlappen genannt) keimt, daher **Blattkeimer**, *Phylloblastae*, geheissen.

So schematisirt sich dieses vortreffliche System nun in folgender Weise:

| I. | | II. | | | III. | | |
|---|---|---|---|---|---|---|---|
| Faserpflanzen. | | Stockpflanzen. | | | Blüten- und Fruchtpflanzen. | | |
| *Inophyta.* | | *Stelechophyta.* | | | *Antho-Carpo-phyta.* | | |
| Pilze. | Flechten. | Grünpflanz. | Scheidenpfl. | Zweifelblumige. | Ganzblumige. | Kelchblütige. | Stielblütige. |
| *Fungi.* | *Lichenes.* | *Chlorophyta.* | *Coleophyta.* | *Synchlamydeae.* | *Sympetalae.* | *Calycanthae.* | *Thalamanthae.* |
| Cl. I. | II. | III. | IV. | V. | VI. | VII. | VIII. |
| Nacktkeimer. | | Zellkeimer. | Spitzkeimer. | | Blattkeimer. | | |
| *Gymnoblastae.* | | *Cerioblastae.* | *Acroblastae.* | | *Phylloblastae.* | | |

Kehren wir nun zurück zu den Systemen **Jussieu's**, u. **De Candolle's** um die Eintheilungen zu parallelisiren, so finden wir Folgendes:

| *Jussieu.* | *De Candolle.* | | *Reichenbach.* |
|---|---|---|---|
| Acotyledones = . . . . . | Exogenae | Acotyledoneae | = Gymnoblastae et Cerioblastae. |
| Monocotyledones = . . . | Endogenae | Monocotyledoneae*) | = Acroblastae. |
| Dicotyledones = . . . . . | | Dicotyledoneae | = Phylloblastae. |

*) Mit Ausschluss der Farrenkräuter, die fälschlich hierher gezogen wurden.

Nachdem wir so die Uebereinstimmungen dieser Methoden in ihrer Hauptanordnung, wie sie aus den verschiedenen Eintheilungsprincipien hervorgeht, gezeigt haben: so müssen wir auch die fernere Anordnung oder die Unterordnungen darstellen.

Bei Jussieu*) macht die erste Hauptabtheilung auch zugleich die Classis I aus, also Acotyledones. — Die zweite Hauptabtheilung, Monocotyledones, zerfällt in drei Klassen in Bezug auf die Anheftung der Staubgefässe rücksichtlich des Pistills:

## Monocotyledones.

Staubgefässe unt. d. Pistill, *Stamina hypogyna*, Cl. II. *Monohypogynia.*
— um das — — *perigyna*, Cl. III. *Monoperigynia.*
— auf dem — — *epigyna*, Cl. IV. *Monoëpigynia.*

Die dritte Hauptabtheilung aber wird nach dem Mangel oder dem Vorhandensein der Blumenkrone, nach dem Verwachsen oder Getrenntsein der Blumenblätter unter sich, so wie mit dem Kelche und den Befruchtungstheilen in 11 Klassen geschieden:

## Dicotyledones.

A. Ohne Blumenkrone: *Apetalae.*

a) Staubgefässe auf dem Pistill, *Stamina epigyna*, Cl. V. *Epistaminia.*
b) — um das — — *perigyna*, Cl. VI. *Peristaminia.*
c) — unter d. — — *hypogyna*, Cl. VII. *Hypostaminia.*

B. Mit einblättriger Blumenkrone: *Monopetalae.*

a) Blumenkr. unt. d. Pistill, *Corolla hypogyna*, Cl. VIII. *Hypocorollia.*
b) — um das — — *perigyna*, Cl. IX. *Pericorollia.*
c) — auf dem — — *epigyna*,
α) mit verwachsenen Staubbeuteln, *Antheris connatis*, Cl. X. *Synantheria.*
β) mit getrennten Staubbeuteln, *Antheris distinctis*, Cl. XI. *Corisantheria.*

---

*) Wir werden fernerhin nur den Namen des Urhebers des Systems gebrauchen, also statt Jussieu's System blos Jussieu etc.

C. Mit mehrblättriger Blumenkrone: *Polypetalae.*

a) Staubgefässe auf dem Pistill, *Stamina epigyna*, Cl. XII. *Epipetalia.*
b) — unter dem — — *hypogyna*, Cl. XIII. *Hypopetalia.*
c) — um das — — *perigyna*, Cl. XIV. *Peripetalia.*

D.

Mit getrennten Geschlechtern: *Diclines irregulares*, Cl. XV. *Diclinia.*

Das Künstliche und in der Natur Unbegründete und deshalb auch sehr Unzuverlässige hinsichtlich der perigynischen und epigynischen Insertion, deren Unterscheidung höchst unsicher und in ihrer Anwendung von Jussieu auch ziemlich willkührlich durchgeführt worden ist, weil diese Insertionen fast nur auf dem Scheine beruhen, hat manchen Jünger der Wissenschaft entmuthigt und von ihrem Studium abgeschreckt, indem er seiner zu geringen Befähigung oder Ungeschicklichkeit zuschrieb, was er auf Rechnung dieser leider zu sehr gepriesenen Methode hätte schreiben sollen.

De Candolle theilte seine oben erläuterten drei Hauptclassen nach den verschiedenen Verhältnissen, welche die Bildung der Blütendecke, der Stand der Blumenkrone, dass Dasein oder der Mangel befruchtender Organe und selbst der Habitus darbieten, in 8 Unterklassen.

## I. Abtheilung.

### Gefässpflanzen oder Samenlappige. *Plantae vasculares sive Cotyledoneae.*

#### Cl. I. Exogenae sive Dicotyledoneae.

Mit einer doppelten Blütendecke, Kelch und Blumenkrone.

| | |
|---|---|
| Blumenkrone getrenntblättrig, nebst den Staubgefässen vom Kelche frei . . . . . . . . | *Subclassis I.* Bodenblütige *Thalamiflorae.* |
| Blumenkrone getrennt- oder verwachsen-blättrig, nebst den Staubgefässen dem Kelche (oft auch dem Fruchtknoten) angewachsen . . . . . | *Subclassis II.* Kelchblütige *Calyciflorae.* |
| Blumenkrone verwachsenblättrig, vom Kelche frei, die Staubgefässe tragend . . . . . . . . . | *Subclassis III.* Blumenkronenblütige *Corolliflorae.* |
| Mit einer einfachen Blütendecke . . . . . . . . | *Subclassis IV.* Perigonblütige *Monochlamydeae.* |

#### Cl. II. Endogenae sive Monocotyledoneae.

Mit deutlichen männlichen und weiblichen Organen

*Subclassis V.*

Phanerogamische G.

*Phanerogamae.*

Die männlichen Organe fehlend od. undeutlich

*Subclassis VI.*

Kryptogamische G.

*Cryptogamae.*

## II. Abtheilung.

### Zellenpflanzen oder Samenlappenlose, *Plantae cellulares aut Acotyledoneae.*

#### Cl. III. Cellulares.

Mit blattartigen Ausbreitungen und zweierlei Befruchtungsorganen.

*Subclassis VII.*

Beblätterte Z.

*Foliosae.*

Ohne wahre blattartige Ausbreitungen und ohne kenntliche Geschlechtsverschiedenheit.

*Subclassis VII.*

Blattlose Z.

*Aphyllae.*

Wenn gleich dieses System durch grössere Bestimmtheit der Eintheilungsprincipien und durch seine grössere Einfachheit vor dem Jussieu'schen sich vortheilhaft auszeichnet, so hat es dennoch vielfache Mängel. Schon die beiden Hauptabtheilungen sind nicht durchaus anwendbar, indem sonst sehr natürliche Gattungen, z. B. *Equisetum* getrennt werden müssten, weil die Arten derselben zum Theil Gefässpflanzen, zum Theil aber auch Zellenpflanzen sind. Es beruht ferner die Trennung der Gefässpflanzen in *Exogenen* und *Endogenen* auf der irrthümlichen Annahme, welche von Hugo Mohl gründlich widerlegt worden ist, dass nämlich bei den Monocotyledoneen die ältesten Gefässbündel im Umfange des Stammes, hingegen die jüngern nach der Achse hin stehen sollten, wesshalb das Wachsthum also von der Peripherie nach dem Centrum vor sich gehen müsste. Es sterben aber die Stämme vieler Monocotyledoneen von Innen heraus ab und werden hohl, und dieses muss ein unwiderleglicher Beweis sein, dass die ältern Theile in der Achse des Stammes liegen; auch findet man in den Querdurchschnitten älterer holziger Palmenstämme im Umfange weit mehr Gefäss- und Bastbündel zusammengedrängt, und nach innen dagegen weit weniger und locker gestellte. Ferner haben die kryptogamischen Gefässpflanzen kein endogenisches, sondern blos ein Wachsthum am Gipfel; ausserdem aber besitzen ihre Keimkörner keinen Samenlappen und können also nicht zu den Monokotyledoneen gerechnet werden. Ferner sind die Verhältnisse, welche durch die Verwachsung der Blütentheile, worauf die ersten Unterklassen gegründet sind, durchaus nicht so bestimmt in der Natur nachzuweisen. Wenn man z. B. die beiden sehr nahe verwandten Familien, die Vaccinieen und Ericaceen vergleicht, so findet man bei ersterer einen verwachsenblättrigen Kelch und dergleichen Blumenkrone, die unter sich und auch zugleich mit dem Fruchtknoten verwachsen sind, so wie freie Staubgefässe, bei letzterer dagegen ist der Fruchtknoten ganz frei und auch der Kelch nicht mit der Blumenkrone, dagegen aber die Staubgefässe zum Theil mit der Blumenkrone verwachsen. Deshalb müssten die Vaccinieen in die *Subcl. Calyciflorae*, und die Ericaceen in die *Subcl. Corolliflorae* gestellt und also weit von einander getrennt werden. Die Leguminosen hat De Candolle den Kelchblütigen zugerechnet; allein sie zeigen in sehr vielen Gattungen entweder gar keine oder nur eine so unbedeutende Verwachsung zwischen Kelch und Blumenkrone oder den Staubgefässen, dass sie weit mehr die Kennzeichen der Bodenblütigen besitzen. Bei der Gattung *Saxifraga* giebt es Arten, welche den Charakter der Kelchblütigen, und andere, die den Charakter der Bodenblütigen an sich tragen. De Candolle, dem es besonders geglückt ist, die natürliche Verwandtschaft der Gewächse und ihrer Familien untereinander zu erkennen, liess sich deshalb mehr von dieser Erkenntniss leiten, die Gewächsfamilien an einander zu reihen, als dass er auf die in seinem Systeme angenommenen Eintheilungsprincipien, nach welchen nahe verwandte Familien entfernt gestellt und sogar die Arten mancher Gattungen hätten getrennt werden müssen, Rücksicht genommen hätte. Demnach macht auch dieses System, obwohl es ziemlich einfach ist, dennoch bei seiner Anwendung zum Erkennen einzelner Gewächse und besonders dem Anfänger beim Studium grosse Schwierigkeiten.

Wir müssen hier die Bemerkung einschalten, dass die meisten Gewächsfamilien, welche von den um die Botanik verdienstvollsten Forschern, von Linné an, aufgestellt worden sind, so wie sie jetzt von De Candolle, Reichenbach, Kunth, Bartling und Andern aufgeführt und angenommen werden, in der That den Namen natürlicher Familien oder Ordnungen verdienen. Wie man aber in auf- oder absteigender Reihe in den Systemen sie auf einander hat folgen lassen, erscheint höchst willkührlich und ist darauf begründet, dass man die Systeme in die Natur hineinzwängte, statt sie aus der Natur zu entnehmen oder dass man die Gewächse in die Systeme schichtete, statt diese aus dem Wesen des Gewächsreichs als einer (Gesammt-) Pflanze hervor zu bilden. Man hat das (hinsichtlich der Natürlichkeit) Mangelhafte der Systeme durch den durchaus wahren Satz entschuldigt, dass die Gewächse hinsichtlich ihrer Verwandtschaft zu einander nicht in einfacher Reihe sich ordnen liessen, sondern mehrseitig mit einander verwandt seien, wie mehre Länder unter einander zusammen grenzen. Linné sagt: *Plantae omnes utrinque affinitatem monstrant, uti Territorium in Mappa geographica.*

Jussieu, der die Familien in einer von den niedriger organisirten nach den höher ausgebildeten aufsteigenden Reihe angeordnet hat, schliesst mit den *Amentaceen* und *Coniferen*, die heutzutage Niemand mehr am höchsten stellen würde; er selbst hat sie aber auch keineswegs für die vollkommensten Gewächse gehalten oder erklärt. De Candolle, dem die umgekehrte Reihenfolge beliebte, beginnt mit den *Ranunculaceen*; da aber die Fruchtbildung das Endresultat der pflanzlichen Lebensthätigkeit ist (denn die Frucht endigt das Pflanzenwachsthum für die Stelle, an welcher sie erzeugt ward; der in der Frucht gebildete Same ist die neue Pflanze, die zur Erde niedersinkt, um wiederum dem Lichte zuzustreben, den Kreislauf beginnend und schliessend): so müssen unbestreitbar diejenigen als die vollkommensten Gewächse betrachtet werden, welche die Frucht in der höchsten Potenz erzeugen. Die *Ranunculaceen* tragen zahlreiche Früchtchen; in den Gärten der Hesperiden wächst die edelste Frucht, die Orange. Reichenbach schliesst mit den *Hesperideen.*

Dieser reichbegabte und glückliche Forscher fand, der hellleuchtenden Fackel seines Genius folgend, die nähere oder entferntere Verwandtschaft der Gewächse systematisch darzulegen, ein Mittel in der weitern Eintheilung seiner Klassen in Ordnungen und der Ordnungen in Reihen. Jede Klasse enthält nämlich 3 Ordnungen und jede derselben, mit Ausnahme der ersten Klasse, 2 Reihen. Die Ordnungen werden durch die Entwickelung des Lebensstadiums bestimmt (Keimleben, Vegetation, Fructification), sind desshalb überall 3. — Die Reihen, *Formationes*, werden bedingt durch das Vorwalten des männlichen und weiblichen Princips und treten desshalb erst da auf (in der II. Kl.), wo diese oder deren Vorbilder sich zu sondern beginnen. Jede der Reihen enthält 3 Familien nach demselben organogenetischen Verlaufe, welcher die Ordnungen bestimmte.

Dieses Pflanzensystem ist demnach natürlich, denn es steht im klaren und nothwendigen Zusammenhange mit dem Universum der Natur, durch allgemein gültige Naturgesetze bedingt.

Da hier der Ort nicht ist, auf eine weitere Entwickelung einzugehen, und eine solche in keiner Weise deutlicher gegeben werden kann, als es der Schöpfer dieses Systems in seinen oben angegebenen Schriften gethan hat; so verweisen wir auf jene. Wer, ausgerüstet mit der Kenntniss der Elemente der Botanik, mit der Kenntniss der übrigen Systeme und einer Anzahl von Gewächsen, vorurtheilsfrei dieses System studirt, wird die Uebereinstimmung desselben mit der Natur und den Naturgesetzen leicht erkennen, d. h. er wird sich die Wissenschaft von den Pflanzen und von der Pflanze (Botanik) erworben haben, wenn er gleich keinen bequemen Schlüssel (obwohl auch keinen unbequemern als ihm von Jussieu, De Candolle und Andern geboten wird) aufgefunden hat, mit dem er sich die Namenkenntniss einzelner Gewächse, welche leider Viele für die Wissenschaft selbst halten, erschliessen kann. Aber eine Kenntniss wird er haben, die ihm die Natur der Gewächse in jeder Beziehung, also auch hinsichtlich ihrer chemischen Bestandtheile und ihrer arzneilichen Wirkungen, zu erkennen und sich diese Erkenntniss bleibend zu eigen zu machen, ungemein erleichtert.

Ich bin auf das Innigste überzeugt, dass dieses System mit der Natur in allen seinen Grundlinien übereinstimmt, wenn auch in den Einzelnheiten eine an Kenntniss einer weit grössern Anzahl von Gewächsarten reichere Folgezeit noch manche Abänderung vornehmen wird und vornehmen muss, — ich bin also überzeugt, — obwohl nur, wie ich am besten selbst weiss, mit weit geringern botanischen Kenntnissen ausgerüstet als hunderte der Naturforscher der Gegenwart, — dass dasselbe bleibend sein wird, wie die (seit die Botanik des Namens einer Wissenschaft würdig geworden ist) als wahrhaft natürliche erkannten Gewächsfamilien, so bleibend wie die Natur selbst aus der es durch Reichenbach, den reichen Strom, der Fruchtbarkeit verbreitet in der Wissenschaft, entsprang. Darum und weil ich glaube, dass man seine Ueberzeugung laut aussprechen muss, sollen hier die Arzneigewächse nach diesem Systeme erläutert werden; obwohl dasselbe dadurch nicht erläutert werden kann. Um aber den jungen Freunden der Wissenschaft und denen, deren Beruf nur eine Kenntniss der Arzneigewächse erheischt, das Studium zu erleichtern und angenehmer zu machen, entwarf ich folgende vergleichende Uebersicht der Systeme. Wer Reichenbach's System nicht annehmen kann, nicht will oder nicht darf, (denn letzteres ist auch möglich) hat die Wahl.

Die Ueberschriften der folgenden Seite 20, Jussieu, De Candolle, so wie der gegenüberstehenden Seite 21, Reichenbach (und in gleicher Weise auch auf den nachfolgenden Seiten), zeigen an, dass die darunter befindliche Columne das System in der gewöhnlichen Anordnung darstellt. Quer einander gegenüber befindet sich das Entsprechende.

Die hinter den Familien stehenden Ziffern zeigen genauer an, welche Familien in den 3 Systemen sich entsprechen und beziehen sich durch die voranstehenden Buchstaben auf die Zahlen, welche die Familien in dem bezüglichen Systeme führen. J. bedeutet im Jussieu'schen, D. im De Candolle'schen u. R. im Reichenbach'schen Systeme.

Der Uebersicht halber musste De Candolle's System umgekehrt werden.

Vergleichende übersichtliche

Zusammenstellung

der natürlichen

# PFLANZENSYSTEME

von

**Jussieu, De Candolle**

und

**Reichenbach.**

**Jussieu.**

## I. Abtheilung. *Acotyledones.*

### I. Cl. *Acotyledones.*

1. Fam. *Fungi.* 191. 192 D. Cl. I R.

2. Fam. *Algae.* 190. 193 D. Cl. II. u. III. Ordn. I. R.

**De Candolle.**

(In umgekehrter Reihe.)

## II. Abtheilung. *Plantae cellulares sive Acotyledoneae.*

### Cl. III. *Cellulares.*

Subcl. VIII. *Aphyllae.*

193. *Algae.* 2 J. Cl. III. Ordn. 1. R.
192. *Fungi.* 1 J. Cl. I. R.
191. *Hypoxyla.* De C. 1 J. 7 R.
190. *Lichenes.* 2 J. Cl. II. R.

**Reichenbach.**

# I. Stufe. Faserpflanzen: *Inophyta.*

## A. Nacktkeimer: *Gymnoblastae.*

### Cl. I. Pilze: *Fungi.* 1 J. 192 D.

1. Ordn. Keimpilze: *Blastomycetes.*

1. Fam. Urpilze: *Praeformativi.*
2. Fam. Brandpilze: *Uredinei.*
3. Fam. Warzenpilze: *Tubercularii.*

2. Ordn. Fadenpilze: *Hyphomycetes.*

4. Fam. Moderpilze: *Byssacei.*
5. Fam. Faserpilze: *Mucedinei.*
6. Fam. Schimmelpilze *Mucorini.*

3. Ordn. Hüllpilze: *Dermatomycetes.*

7. Fam. Schlauchlinge: *Sphaeriacei* 191 D.
8. Fam. Streulinge: *Lycoperdacei.*
9. Fam. Hutlinge: *Hymenini.*

### Cl. II. Flechten: *Lichenes.* 2. J. *pro parte.* 193 D.

1. Ordn. Keimflechten: *Blastopsorae.*

10. Fam. Staubflechten: *Pulverariae.*
11. Fam. Staubfruchtflechten: *Coniocarpicae.*
12. Fam. Malflechten: *Arthoniariae.*

2. Ordn. Fadenflechten: *Hyphopsorae.*

1. Reihe: Büchsenflechten: *Crateropsorae.*

13. Fam. Nagelflechten: *Coniocybeae.*
14. Fam. Kelchflechten: *Calycieae.*
15. Fam. Staubkugelflechten: *Sphaerophoreae.*

2. Reihe: Kopfflechten: *Cephalopsorae.*

16. Fam. Pfeifenflechten: *Siphuleae.*
17. Fam. Scheibenflechten: *Lecidineae.*
18. Fam. Knopfflechten: *Cladoniaceae.*

3. Ordn. Hüllflechten: *Dermatopsorae.*

1. Reihe: Kernflechten: *Gasteropsorae.*

19. Fam. Balgkernflecht.: *Gasterothalami.*
20. F. Rinnenflecht.: *Graphithalami.*
21. Fam. Knauelflechten: *Gyrothalami.*

2. Reihe: Schüsselflechten: *Apotheciopsorae.*

22. Fam. Gallertflechten: *Collemaceae.*
23. Fam. Tellerflechten: *Usneaceae.*
24. Fam. Schüsselflechten: *Parmeliaceae.*

| Jussieu. | De Candolle. |
|---|---|
| | Subcl. VII. *Foliosae.* |
| 3. Fam. *Hepaticae.* 189 D. 31—33 R. | 189. *Hepaticae.* 3 J. 31—33 R. |
| 4. Fam. *Musci.* 188 D. 34—36 R. | 188. *Musci.* 4 J. 34—36 R. |
| | **1. Abth. *Plantae vasculares sive Cotyledoneae.*** |
| | Cl. II. *Endogenae sive Monocotyledoneae.* |
| | Subcl. VI. *Cryptogamae.* |
| 5. Fam. *Filices.* 187 — 182 D. 37—40 R. | 187. *Filicinae.* 5 J. 39 R. |
| | 186. *Ophioglosseae.* 5. J. 40 R. |
| | 185. *Lycopodiaceae.* 5 J. 64 R. |
| | 184. *Rhizospermae* De C. 5 J. 37 R. |
| | 183. *Marsileaceae* Brown. 5 J. 38 R. |
| | 182. *Equisetaceae.* De C. 5 J. 67 R. |
| 6. Fam. *Najades.* 161 D. 61—63 R. | |

## Reichenbach.

# II. Stufe. Stockpflanzen: *Stelechophyta.*

## B. Zellkeimer: *Cerioblastae.*

### Cl. III. Grünpflanzen: *Chlorophyta.*

#### 1. Ordn. Algen: *Algae.* 2 J. *pro parte.* 193 D.

1. Reihe: Knospenalgen: *Gongylophycae.*

25. Fam. Gallertalgen: *Nostochinae.*
26. Fam. Fadenalgen: *Confervaceae.*
27. Fam. Schlauchalgen: *Ulvaceae.*

2. R. Balgalgen: *Ascophycae.*

28. Fam. Gelenkfruchtalgen: *Ceramiaceae.*
29. Fam. Kernalgen: *Florideae.*
30. Fam. Tangalgen: *Fucoideae.*

#### 2. Ordn. Moose: *Musci.* 4 J. 188 D.

1. R. Wedelmoose: *Thallobrya.* 3 J. 189 D.

31. Fam. Plattmoose: *Homalophyllea.*
32. F. Jungermanniaceen: *Jungermanniacea.*
33. Fam. Marchantiaceen: *Marchantiacea.*

2. Reihe. Laubmoose: *Phyllobrya.* 4 J. 188 D.

34. Fam. Torfm.: *Sphagnacea.*
35. Fam. Andreaceen: *Andreacea.*
36. Fam. Mützenmoose: *Calyptrobrya.*

#### 3. Ordn. Farrn: *Filices.*

1. R. Rissfarrn: *Thryptopterides.*

37. F. Salviniaceen: *Salviniaceae.* 5 J. 184 D.
38. F. Marsiliaceen: *Marsiliaceae.* 5 J. 183 D.
39. F. Wedelfarrn: *Pteroideae.* 5 J. 187 D.

2. R. Spaltfarrn: *Anoegopterides.*

40. F. Traubenfarrn: *Osmundaceae.* 5. J. 186 D.
41. F. Palmenfarrn: *Cycadeaceae.* 159 D.
42. F. Zapfenfarrn: *Zamiaceae.* 159 D.

**Jussieu.**

## 2. Abth. *Monocotyledones.*

### 2. Cl. *Monohypogynae.*

7. Fam. *Aroideae.* 164 D. 45 R.
8. Fam. *Typhae.* 179 D. 52 R.
9. F. *Cyperoideae.* 180 D. 50 R.
10. Fam. *Gramineae.* 181 D. 49 R.

### 3. Cl. *Monoperigynae.*

11. F. *Palmae.* 177 D. 60 R.
12. F. *Asparagi.* 173 D. 56 R.
13. Fam. *Junci.* 178 D. 55 R.
14. Fam. *Lilia.* 174 D. 57 R.
15. Fam. *Bromeliae.* 54 R.
16. F. *Asphodeli.* 171 D. 57 R.
17. F. *Narcissi.* 170 D. 54 R.
18. Fam. *Irides.* 168 D. 53 R.

### 4. Cl. *Monoëpigynae.*

19. Fam. *Musae.* 167 D. 59 R.
20. Fam. *Cannae.* 166 D. 59 R.
21. Fam. *Orchideae.* 165 D. 58 R.
22. F. *Hydrocharides.* S. 160 D, 48 R.

**De Candolle.**

Subcl. V. *Phanerogamae.*

181. *Gramineae.* 10 J. 49 R.
180. *Cyperoideae.* 9 J. 50 R.
179. *Typhaceae.* 8 J. 52 R.
178. *Junceae.* 13 J. 55 R.
177. *Palmae.* 11 J. 60 R.
176. *Commelineae.* 13 J. 51 R.
175. *Colchicaceae.* 13 J. 55 R.
174. *Liliaceae.* 14 J. 57 R.
173. *Smilacineae.* 12 J. 56 R.
172. *Dioscoreae.* 12 J. 56 R.
171. *Hemerocallideae.* 17 J. 57 R.
170. *Amaryllideae.* 17 J. 54 R.
169. *Haemodoraceae.* 18 J. 54 R.
168. *Irideae.* 18 J. 53 R.
167. *Musaceae.* 19 J. 59 R.
166. *Drimyrrhizae.* 20 J. 59 R.
165. *Orchideae.* 21 J. 58 R.
164. *Aroideae.* 7 J. 45 R.
163. *Pandaneae.* 52 R.
162. *Alismaceae.* 13 J. 47 R.
161. *Najadeae.* 6 J. 62 R.
160. *Hydrocharideae.* 22 J. 48 R.
159. *Cycadeae.* 5 J. 41 R.

**Reichenbach.**

## C. Spitzkeimer: *Acroblastae.*

### Cl. IV. Scheidenpflanzen: *Coleophyta.*

#### 1. Ordn. Wurzel-Scheidenpflanzen: *Rhizo-Coleophyta.*

1. R. Tauchergewächse: *Limnobiae.*

43. F. Brachsenkräuter: *Isoëteae.* 5 J. 184 D.
44. F. Wasserriemen: *Zostereae.* 7 J. 161 D.
45. Fam. Arongewächse: *Aroideae.* 7 J. 164 D.

2. R. Schlammwurzler: *Helobiae.*

46. F. Pistiaceen: *Pistiaceae.* 6 J. 160 D.
47. Fam. Wasserliesche: *Alismaceae.* 13 J. 162 D.
48. F. Nixenkräuter: *Hydrocharideae.* 22 J. 8. 160 D.

#### 2. Ordn. Stamm-Scheidenpflanzen: *Caulo-Coleophyta.*

1. R. Spelzengewächse: *Glumaceae.*

49. F. Gräser: *Gramineae.* 10 J. 181 D.
50. F. Cypergräser: *Cyperoideae.* 9 J. 180 D.
51. F. Liliengräser: *Commelinaceae.* 13 J. 176 D.

2. R. Schwertelgewächse: *Ensatae.*

52. F. Rohrkolben: *Typhaceae.* 8 J. 179 D.
53. F. Schwertel: *Irideae* 18 J. 168 D.
54. F. Narcissenschwertel: *Narcissineae.* 17 J. 169. 170 D.

#### 3. Ordn. Blatt-Scheidenpflanzen: *Phyllo-Coleophyta.*

1. R. Liliengewächse: *Liliaceae.*

55. F. Simsenlilien: *Junceae.* 13 J. 178. 175 D.
56. F. Zaukenlilien: *Sarmentaceae.* 12 J. 173. 172 D.
57. F. Kronenlilien: *Coronariae.* 14 J. 174. 171 D.

2. R. Palmengewächse: *Palmaceae.*

58. F. Orchideen: *Orchideae.* 21 J. 165 D.
59. F. Scitamineen: *Scitamineae.* 19. 20 J. 167. 168 D.
60. F. Palmen: *Palmae.* 11 J. 177 D.

**Jussieu.**

## 3. Abth. *Dicotyledones.*

### A. *Monoclinae.*

### a. *Apetalae.*

### 5. Cl. *Epistamineae.*

23. Fam. *Aristolochiae.* 153 D. 76 R.

### 6. Cl. *Peristamineae.*

24. Fam. *Elaeagni.* 32. 152 D. 71 R.
25. Fam. *Thymelaeae.* 150 D. 72 R.
26. Fam. *Proteae.* 149 D. 71 R.
27. Fam. *Lauri.* 147 D. 78 R.
28. Fam. *Polygoneae.* 146 D. 106 R.
29. Fam. *Atriplices.* 145 D. 107 R.

### 7. Cl. *Hypostamineae.*

30. Fam. *Amaranti.* 86. 144 D. 107 R.
31. Fam. *Plantagines.* 142 D. 91 R.
32. Fam. *Nyctagines.* 143 D. 77 R.
33. Fam. *Plumbagines.* 141 D. 91 R.

**De Candolle.**

## Cl. I. *Exogenae sive Dicotyledoneae.*

### Subcl. IV. *Monochlamydeae.*

158. *Coniferae.* 100 J. 70 R.
157. *Amentaceae.* 99 J. 74 R.
156. *Urticeae:* 98 J. 75 R.
*Urticeae.* 98 J. 75 R.
*Piperitae.* 98 J. 76 R.
*Artocarpeae.* 98 J. 75 R.
155. *Monimieae.* 98 J. 77 R.
154. *Euphorbiaceae.* 96 J. 122 R.
153. *Aristolochieae.* 23 J. 76 R.
152. *Elaeagneae.* 24 J. 71 R.
151. *Santalaceae.* 24 J. 69 R.
150. *Thymelaeae.* 25 J. 72 R.
149. *Proteaceae.* 26 J. 71 R.
148. *Myristiceae.* 27 J. 76 R.
147. *Laurineae.* 27 J. 78 R.
146. *Polygoneae.* 28 J. 106 R.
145. *Chenopodieae.* 29 J. 107 R.
144. *Amarantaceae.* 30 J. 107 R.
143. *Nyctagineae.* 32 J. 77 R.
142. *Plantagineae.* 31 J. 91 R.
141. *Plumbagineae.* 33 J. 91 R.

**Reichenbach.**

## D. Blattkeimer: *Phylloblastae.*

### Cl. V. Zweifelblumige: *Synchlamydeae.*

#### 1. Ordn. Rippenlose: *Enerviae.*

1. R. Najaden: *Najadeae.* 6 J. 161 D.

61. F. Armleuchtergew.: *Characeae.* 6 J. 161 D.

62. F. Hornblattgew.: *Ceratophylleae.* 6 J. 73 D.

63. Fam. Podostemoneen: *Podostemoneae.*

2. R. Schuppler: *Imbricatae.*

64. Fam. Bärlappe: *Lycopodiaceae.* 5 J. 185 D.

65. F. Kolbenschosser: *Balanophoreae.* 101 J. 160 D.

66. F. Cytineen: *Cytineae.* 23 J.

#### 2. Ordn. Steifblättrige: *Rigidifoliae.*

1. R. Schlechtblütige: *Inconspicuae.*

67. Fam. Schachtelhalme: *Equisetaceae.* 5 J. 182 D.

68. F. Eiben: *Taxineae.* 100 J. 158 D.

69. F. Santalaceen: *Santalaceae.* 24 J. 151 D.

2. R. Doppeldeutige: *Ambiguae.*

70. F. Zapfenbäume: *Strobilaceae.* 100 J. 158 D.

71. F. Proteaceen: *Proteaceae.* 26 J. 149 D.

72. F. Seideln: *Thymelaeaceae.* 25 J. 61. 150 D.

#### 3. Ordn. Aderblättrige: *Venosae.*

1. R. Unvollkommene: *Incompletae.*

73. F. Myricaceen: *Myricaceae* 99 J.

74. F. Kätzchenblütler: *Amentaceae.* 99 J. 157 D.

75. Fam. Nesselgewächse: *Urticaceae.* 98 J. 156 D.

2. R. Blattreiche: *Foliosae.*

76. F. Osterluzeien: *Aristolochiaceae.* 23 J. 153 D.

77. F. Nyctagineen: *Nyctagineae.* 32 J. 143 D.

78. F. Lorbeergewächse: *Laurineae.* 77. 27 J. 5. 147 D.

## Jussieu.

### *b. Monopetalae.*

#### 8. Cl. *Hypocorolleae.*

34. F. *Lysimachiae.* 139 D. 92 R.
35. F. *Pediculares.* 138 D. 89 R.
36. F. *Acanthi.* 137 D. 89 R.
37. F. *Jasmineae.* 123. 122 D. 96 R.
38. F. *Vitices.* 136 D. 85 R.
39. F. *Labiatae.* 134 D. 85 R.
40. F. *Scrofulariae.* 133 D. 89 R.
41. F. *Solaneae.* 132 D. 90 R.
42. F. *Borragineae.* 131 D. 86 R.
43. F. *Convolvuli.* 130 D. 87 R.
44. F. *Polemonia.* 129 D. 87 R.
45. F. *Bignoniae.* 128 D. 89 R.
46. F. *Gentianae.* 127 D. 94 R.
47. F. *Apocyneae.* 125. 126 D. 95 R.
48. F. *Sapotae.* 120 D. 96 R.

#### 9. Cl. *Pericorolleae.*

49. F. *Guajacanae.* 140 D. 88 R.
50. F. *Rhododendra.* 114 D. 93 R.
51. F. *Ericae.* 114 D. 93 R.
52. F. *Campanulaceae.* 105 D. 84 R.

#### 10. Cl. *Epicorolleae Synanthereae.* 102 D. 82 R.

53. Fam. *Cichoriaceae.*
54. Fam. *Cynarocephalae.*
55. Fam. *Corymbiferae.*

#### 11. Cl. *Epicorolleae Chorisanthereae.*

56. F. *Dipsaceae.* 100 D. 79 R.
57. F. *Rubiaceae.* 98 D. 81 R.
58. F. *Caprifolia.* 97 D. 80 R.

## De Candolle.

### Subcl. III. *Corolliflorae.*

#### *a. Gamopetalae.*

140. *Globulariae.* 49 J. 88 R.
139. *Primulaceae.* 34 J. 92 R.
138. *Lentibulariae.* 35 J. 89 R.
137. *Acanthaceae.* 36 J. 89 R.
136. *Pyrenaceae.* 38 J. 85 R.
135. *Myoporineae.* 88 R.
134. *Labiatae.* 39 J. 85 R.
133. *Personatae.* 40 J. 89 R.
132. *Solaneae.* 41 J. 90 R.
131. *Borragineae.* 42 J. 86 R.
130. *Convolvulaceae.* 43 J. 87 R.
129. *Polemonideae.* 44 J. 87 R.
128. *Bignoniaceae.* 45 J. 89 R.
127. *Gentianeae.* 46 J. 94 R.
126. *Apocyneae.* 47 J. 95 R.
125. *Strychneae.* 47 J. 95 R.
124. *Pedalineae.* 45 J. 89 R.
123. *Jasmineae.* 37 J. 96 R.
122. *Oleïneae.* 37 J. 96 R.
121. *Ebenaceae.* 48 J. 96 R.
120. *Sapoteae.* 48 J. 96 R.
119. *Myrsineae.* 48 J. 92 R.

### Subcl. II. *Calyciflorae.*

118*). *Monotropeae Nutt.* 51 J. 93 R.
117. *Francoaceae A. Juss.* 84 J. 103 R.
116. *Pyrolaceae Lindl.* 51 J. 93 R.
115. *Epacrideae. R. Br.* 51 J. 93 R.
114. *Ericaceae Lindl.* 51 J. 93 R.
113. *Vaccinieae De C.* 51 J. 93 R.
112. *Napoleoneae Beauv.* 96 R.
111. *Columelliaceae Lindl.* 96 R.
110. *Sphenocleaceae Mart.* 84 R.
109. *Gesneriaceae Nees.* 52 J. 89 R.
108. *Roussaeaceae D.* 96 R.
107. *Goodenovieae R. Br.* 84 R.
106. *Cyphiaceae De C.* 84 R.
105. *Campanulaceae D.* 52 J. 84 R.
104. *Lobeliaceae Juss.* 52 J. 84 R.
103. *Stylidieae Juss.* 52 J. 84 R.
102. *Compositae.* 53—55 J. 82 R.
101. *Calycereae Br.* 82 R.
100. *Dipsaceae Vaill.* 56 J. 79. R.
99. *Valerianeae De C.* 56 J. 79 R.
98. *Rubiaceae Juss.* 57 J. 81 R.
97. *Caprifoliaceae Juss.* 58 J. 80 R.

---

*) Anmerkung. Von hier an beginnt die Reihenfolge genau, wie sie *De Candolle* in seinem *Prodromus* angenommen hat.

## Reichenbach.

# III. Stufe. Blüthen- und Fruchtpflanzen: *Antho-Carpo-phyta.*

## Cl. VI. Ganzblumige: *Synpetalae.*

### 1. Ordn. Röhrenblumige: *Tubiflorae.*

1. R. Haufelblütler: *Aggregatae.*

79. Fam. Distelkarden: *Dipsaceae.* 56 J. 100 D.

80. F. Geisblattgew.: *Caprifoliaceae.* 88. 58 J. 96. 97. 67 D.

81. F. Rubiaceen: *Rubiaceae.* 57 J. 98 D.

2. R. Saumblütler: *Campanaceae.*

82. Fam. Syngenesisten: *Synanthereae.* 53—55 J. 102. 101 D.

83. F. Kürbisgew.: *Cucurbitaceae,* 97 J. 80 D.

84. F. Glöckler: *Campanulaceae,* 52 J. 110. 107 bis 103 D.

### 2. Ordn. Schlundblumige: *Fauciflorae.*

1. R. Röhrenblütler: *Tubiferae.*

85. F. Lippenblütler: *Labiatae.* 39 J. 134 D.

86. Fam. Scharfblättrige: *Asperifoliaceae.* 42 J. 131 D.

87. F. Windengew.: *Convolvulaceae.* 43 J. 130 D.

2. R. Saumblütler: *Limbatae.*

88. Fam. Globulariaceen: *Globulariaceae.* 49 J. 140 D.

89. F. Larvenblütler: *Personatae.* 35. 36. 40. 45 J. 138. 137. 133. 128. 124 D.

90. Fam. Nachtschatten: *Solanaceae.* 41 J. 132 D.

### 3. Ordn. Saumblütler: *Limbiflorae.*

1. R. Becherblütler: *Crateriflorae.*

91. Fam. Plumbagineen: *Plumbagineae.* 33 J. 141 D.

92. F. Primulaceen: *Primulaceae.* 34 J. 139 D.

93. F. Heiden: *Ericaceae.* 50. 51 J. 114 D.

2. R. Sternblütler: *Stelliflorae.*

94. F. Asclepiadeen: *Asclepiadeae.* 46. 47 J. 127. 126. 81 D.

95. F. Drehblütler: *Contortae.* 47 J. 126. 125 D.

96. F. Sapotaceen: *Sapotaceae.* 48 J. 123—120. 32 D.

## Jussieu.

### c. *Polypetalae.*

### 12. Cl. *Epipetaleae.*

59. Fam. *Araliae.* 93 D. 97 R.
60. Fam. *Umbelliferae.* 92 D. 97 R.

### 13. Cl. *Hypopetaleae.*

61. Fam. *Ranunculaceae.* 1 D. 121 R.
62. Fam. *Papaveraceae.* 9 D. 116 R.
63. F. *Cruciferae.* 11 D. 115 R.
64. F. *Capparides.* 12 D. 117 R
65. F. *Sapindi.* 43 D. 123 R.
66. F. *Acera.* 40 D. 123 R.
67. F. *Malpighiae.* 39 D. 127 R.
68. F. *Hyperica.* 34 D. 130 R.
69. F. *Guttiferae.* 35 D. 131 R.
70. Fam. *Aurantia.* 31. 33 D. 132 R.
71. F. *Meliae.* 44 D. 132 R.
72. F. *Vites.* 45 D. 97 R.
73. F. *Gerania.* 46 D. 125 R.
74. F. *Malvaceae.* 24 D. 124 R.
75. F. *Magnoliae.* 3 D. 121 R.
76. F. *Anonae.* 4 D. 121 R.
77. F. *Menisperma.* 5 D. 78 R.
78. F. *Berberides.* 6 D. 116 R.
79. F. *Tiliaceae.* 27 D. 129 R.
80. F. *Cisti.* 15 D. 119 R.

## De Candolle.

### b. *Polypetalae.*

96. *Loranthaceae Don.* 58 J. 80 R.
95. *Corneae D.* 58 J. 97 R.
94. *Hamamelideae R. Br.* 27 J. 78 R.
93. *Araliaceae Juss.* 59 J. 97 R.
92. *Umbelliferae Juss.* 60 J. 97 R.
91. *Saxifragaceae D.* 84 J. 103 R.
90. *Grossularieae D.* 85 J. 105 R.
89. *Cacteae Juss.* 85 J. 105 J.
88. *Ficoideae Juss.* 87. J 109.
87. *Crassulaceae De C.* 83 J. 103 R.
86. *Paronychieae St. Hil.* 30 J. 106 R.
85. *Portulaceae Juss.* 86 J. 106 R.
84. *Fouquieraceae D.* 87 J. 104 R.
83. *Turneraceae Hmb.* 87 J. 104 R.
82. *Loasaceae Juss.* 87 J. 104 R.
81. *Passifloreae Juss.* 97 J. 94 R.
80. *Cucurbitaceae Juss.* 97 J. 83 R.
79. *Myrtaceae R. Br.* 89 J. 113 R.
78. *Philadelpheae Don.* 89 J. 103 R.
77. *Alangieae D.* 89 J. 110 R.
76. *Melastomaceae Don.* 90 J. 111 R.
75. *Tamariscineae Desv.* 86 J. 107 R.
74. *LythrarieaeJuss.* 91 J. 111 R.
73. *Ceratophylleae Gray.* 6 J. 62 R.
72. *Halorageae R. Br.* 6. 88 J. 109 R.
71. *Onagrariae Juss.* 88 J. 110 R.
70. *Rhizophoreae R. Br.* 58 J. 80 R.
69. *Vochysieae St. Hil.* 111 R.
68. *Combretaceae R. Br.* 88 J. 110 R.
67. *Memecyleae D.* 88 J. 80 R.
66. *Granateae Don.* 89 J. 110 R.
65. *Calycantheae Lindl.* 92 J. 77 R.
64. *Rosaceae Juss* 92 J. 108 R.
63. *Leguminosae J.* 93 J. 100-102 R.
62. *Terebinthaceae Juss.* 94 J. 99 R.
61. *Aquilarineae R. Br.* 72 R.
60. *Chailletiaceae D.* 99 R.
59. *Homalineae R. Br.* 92 J. 114.
58. *Samydeae Gaertn.* 120 R.
57. *Bruniaceae R. Br.* 95 J. 103 R.
56. *Rhamneae R. Br.* 95 J. 98 R.
55. *Celastrineae R. Br.* 95 J. 128 R.

## Reichenbach.

### Cl. VII. Kelchblütige: *Calycanthae.*

#### 1. Ordn. Verschiedenblütige: *Variiflorae.*

1. R. Kleinblütige: *Parviflorae.*

97. F. Doldengewächse: *Umbelliferae.* 60. 72 J. 95. 93 D.

98. F. Kreuzdorne: *Rhamneae.* 95 J. 56 D.

99. F. Terebinthaceen: *Terebinthaceae.* 60. 94 J. 62 D.

2. R. Hülsenfrüchtige: *Leguminosae.*

100. F. Schmetterlingsblumige: *Papilionaceae.* 93 J. 63 D.

101. F. Cassiaceen: *Cassiaceae.* 93 J. 63 D.

102. F. Mimosaceen: *Mimosaceae.* 93 J. 63 D.

#### 2. Ordn. Aehnlichblütige: *Confines.*

1. R. Sedumblütige: *Sediflorae.*

103. F. Gehörntfrüchtige: *Corniculatae.* 83. 84 J. 91. 87. 78. 57 D.

104. F. Loasaceen: *Loasaceae.* 84—82 D. 87 J.

105. F. Cactusgewächse: *Cacteae.* 85 J. 90. 89 D.

2. R. Rosenblumige: *Rosiflorae.*

106. Fam. Portulakaceen: *Portulacaceae.* 85. 86 D. 86. 30 J.

107. F. Aizoideen: *Aizoideae.* 87 J. 88. 75 D.

108. F. Rosaceen: *Rosaceae.* 92 J. 64 D.

#### 3. Ordn. Gleichförmigblütige: *Concinnae.*

1. R. Nachtkerzenblütige: *Onagriflorae.*

109. F. Halorageen: *Halorageae.* 72 D. 6. 88 J.

110. F. Nachtkerzen: *Onagrariae.* 66. 68. 71. 77 D. 89. 88 J.

111. F. Weidriche: *Lythrariae.* 69. 74. 76 D. 91. 90 J.

2. R. Myrtenblütige: *Myrtiflorae.*

112. F. Polygalaceen: *Polygalaceae.* 18. 19 D.

113. F. Myrtaceen: *Myrtaceae.* 89 J. 79 D.

114. Fam. Amygdalaceen: *Amygdalaceae.* 92 J. 59 D.

## Jussieu.

81. Fam. *Rutaceae.* 51 D. 122 R.
82. Fam. *Caryophylleae.* 22 D. 127 R.

### 14. Cl. *Peripetaleae.*

83. Fam. *Semperviva.* 87 D. 103 R.
84. F. *Saxifragae.* 91 D. 103 R.
85. F. *Cacti.* 90. 89 D. 105 R.
86. F. *Portulaceae.* 85 D. 106 R.
87. F. *Ficoideae.* 88 D. 107 R.
88. F. *Onagrae.* 71 D. 110 R.
89. F. *Myrti.* 79 D. 113 R.
90. F. *Melastomae.* 76 D. 111 R.
91. F. *Salicariae.* 74 D. 111 R.
92. Fam. *Rosaceae.* 64 D. 108. 114 R.
93. Fam. *Leguminosae.* 63 D. 100—102 R.
94. F. *Terebinthaceae.* 62 D. 99 R.
95. F. *Rhamni.* 57 D. 98 R.

## B. *Diclinae.*

### 15. Cl. *Diclinae.*

96. F. *Euphorbiae.* 154 D. 122 R.
97. Fam. *Cucurbitaceae.* 80 D. 83 R.
98. F. *Urticae.* 156 D. 75 R.
99. Fam. *Amentaceae.* 157 D. 74 R.
100. Fam. *Coniferae.* 158 D. 68. 70. R.

101. *Plantae incertae sedis.*

## De Candolle.

### Subcl. I. *Thalamiflorae.*

54. *Coriarieae D.* 101 J. 122 R.
53. *Ochnaceae De C.* 75 J. 122 R.
52. *Simarubeae Rich.* 75 J. 122 R.
51. *Rutaceae Juss.* 81 J. 122 R.
50. *Zygophylleae Br.* 81 J. 123 R.
49. *Oxalideae D.* 73 J. 126 R.
48. *Balsamineae A. Rich.* 73 J. 126 R.
47. *Tropaeoleae Juss.* 73 J. 125 R.
46. *Geraniaceae De C.* 73 J. 125 R.
45. *Ampelideae Hmb.* 72 J. 97 R.
44. *Meliaceae Juss.* 71 J. 132 R.
43. *Sapindaceae Juss.* 65 J. 123 R.
42. *Rhizoboleae D.* 126 R.
41. *Hippocastaneae De C.* 66 J. 123.
40. *Acerinae De C.* 66 J. 123 R.
39. *Malpighiaceae Juss.* 67 J. 127 R.
38. *Erythroxyleae Hmb.* 67 J. 127 R.
37. *Hippocrateaceae Hmb.*
36. *Marcgraviaceae Juss* 64 J. 131 R.
35. *Guttiferae Juss.* 69 J. 131 R.
34. *Hypericineae De C.* 68 J. 130 R.
33. *Aurantiaceae Corr.* 70 J. 132 R.
32. *Olacineae Mirb.* 24 J. 96 R.
31. *Camellieae De C.* 70 J. 128 R.
30. *Ternstroemiaceae De C.* 70. 128 R.
29. *Chlenaceae P. Th.* — 130 R.
28. *Elaeocarpeae Juss.* 69 J. 129 R.
27. *Tiliaceae Juss.* 79 J. 129 R.
26. *Byttneriaceae Br.* 74 J. 125 R.
25. *Bombaceae Kunth.* 74 J. 126 R.
24. *Malvaceae Br.* 74 J. 124 R.
23. *Lineae De C.* 82 J. 130 R.
22. *Caryophylleae Juss.* 82 J. 127 R.
21. *Frankeniaceae St. Hil.* 82 J. 119 R.
20. *Pittosporeae Br.* — 118 R.
19. *Tremandreae R. Br.* 112 R.
18. *Polygaleae Juss.* 35 J. 112 R.
17. *Droseraceae De C.* 64 J. 119 R.
16. *Violarieae De C.* 80 J. 118 R.
15. *Cistineae Juss.* 80 J. 119 R.
14. *Bixineae Kunth.* 79 J. 120 R.
13. *Flacourtianeae Rich.* 79 J. 117 R.
12. *Capparideae Juss.* 64. J. 117 R.
11. *Cruciferae Juss.* 63 J. 115 R.
10. *Fumariaceae De C.* 62 J. 116 R.
9. *Papaveraceae De C.* 62 J. 116 R.
8. *Nymphaeaceae De C.* 22 J. 48 R.
7. *Podophylleaceae De C.* 61 J. 116 R.
6. *Berberideae Vent.* 78 J. 116 R.
5. *Menispermaceae Juss.* 77 J. 78.
4. *Anonaceae Juss.* 76 J. 121 R.
3 *Magnoliaceae De C.* 75 J. 121 R.
2. *Dilleniaceae De C.* 75 J. 121 R.
1. *Ranunculaceae Juss.* 61 J. 121 R.

## Reichenbach.

### Cl. VIII. Stielblütige: *Thalamanthae.*

#### 1. Ordn. Hohlfrüchtige: *Thylachocarpicae.*

**1. R. Kreuzblütler: *Cruciflorae.***

115 Fam. Viermächtige: *Tetradynamae.* 63 J. 11 D.

116. Fam. Mohngewächse: *Papaveraceae.* 62. 78 J. 7. 10. 9. 6 D.

117. F. Kapperngewächse: *Capparideae.* 64. 79 J. 12. 13 D.

**2. R. Cistusblütler: *Cistiflorae.***

118. Fam. Veilchengew.: *Violaceae.* 80 J. 16. 20 D.

119. F. Cistusgew.: *Cistineae.* 80 J. 21. 17. 15 D.

120. F. Bixaceen: *Bixaceae.* 79 J. 14. 58 D.

#### 2. Ordn. Spaltfrüchtige: *Schizocarpicae.*

**1. R. Ranunkelblütler: *Ranunculiflorae.***

121. F. Ranunkelgewächse: *Ranunculaceae.* 76. 75. 61 J. 1. 3. 4 D.

122. F. Rautengewächse: *Rutaceae.* 96. 81. J. 54. 154. 51 D.

123. F. Sapindaceen: *Sapindaceae.* 65 J. 43. 41. 40. 50 D.

**2. R. Storchschnabelblütler: *Geraniiflorae.***

124. F. Malvengew.: *Malvaceae.* 74 J. 24 D.

125. F. Storchschnabelgew.: *Geraniaceae.* 73 J. 26. 46. 47 D.

126. Fam. Sauerkleegew.: *Oxalideae.* 73 J. 49. 48. 42. 25 D.

#### 3. Ordn. Säulenfrüchtige: *Idiocarpicae.*

**1. R. Lindenblütler: *Tiliiflorae.***

127. F. Nelkengewächse: *Caryophyllaceae.* 67. 82 J. 38. 39. 22 D.

128. Fam. Theegewächse: *Theaceae.* 70. 95 J. 30. 31. 55 D.

129. F. Lindengewächse: *Tiliaceae.* 69. 79 J. 28. 27 D.

**2. R. Orangenblütler: *Aurantiiflorae.***

130. F. Hartheugewächse: *Hypericineae.* 68 J. 34. 23. 29 D.

131. Fam. Guttagewächse: *Guttiferae.* 69 J. 35. 36 D.

132. F. Orangengew.: *Hesperideae.* 70. 71 J. 33. 44 D.

# Cl. VIII. Stielblütige: *Thalamanthae.*

## Ordn. 3. Säulenfrüchtige: *Idiocarpicae.*

### Reihe 2. Orangenblütler: *Aurantiiflorae.*

### 132. Familie: Orangengewächse: *Hesperideae.*

Sträucher oder Bäume mit wechselständigen, gewöhnlich lederartigen und glänzenden Blättern ohne Nebenblätter, statt deren bei einigen Arten Achseldornen vorhanden sind. Blüten zwitterig, achsel- oder endständig, einzeln, meist in Büscheln, Trauben, Doldentrauben, Trugdolden und Rispen. Frucht: eine Kapsel, Steinfrucht oder Beere.

Diese Familie zerfällt in 3 Hauptgruppen: *Aurantieae, Humirieae* und *Melieae.*

Gruppe 3: *Aurantieae.* (*Syn.: Aurantiaceae Juss. Aurantiineae Kostel.*) Immergrüne Bäume oder Sträucher mit Achseldornen. Blätter abwechselnd-zerstreut, lederig, durch zahlreiche Oeldrüsen durchscheinend punktirt, unpaarig-gefiedert, dreizählig oder durch Fehlschlagen der Seitenblättchen scheinbar einfach, wie bei Citrus. Nebenblättchen fehlend. Blüten zwitterig, regelmässig, mit zahlreichen, wohlriechendes ätherisches Oel enthaltenden Drüsen versehen. Kelch krug- oder glockenförmig, drei-, vier- oder fünfspaltig, dem vorhandenen scheibenförmigen oder stielartigen Torus etwas anhängend, verwelkend. Blumenblätter 3, 4 oder 5, mit den Kelchzipfeln abwechselnd, getrennt oder am Grunde etwas und nur lose zusammenhängend, in der Knospe an den Rändern etwas übereinanderliegend. Eben so viel oder doppelt so viel Staubgefässe als Blumenblätter, bisweilen auch zahlreich auf dem hypogynischen Torus stehend. Staubfäden am Grunde gleichsam breitgedrückt und daselbst entweder lose zu einem oder mehrern Bündeln mit einander verbunden oder frei. Staubbeutel endständig, zweifächerig. Fruchtknoten mehrfächerig, einen Griffel mit verdickter, undeutlich gelappter Narbe tragend. Frucht beerenartig, saftig, mehrfächerig, mit einer lederartigen Rinde versehen, welche viele kleine, ätherisches Oel enthaltende Drüsen führt und bisweilen von den Fächern leicht sich trennen lässt; die Fächer sind meistens mit einem saftigen Marke erfüllt, welches sich in zelligen Schläuchen befindet. Samen einzeln oder zahlreich an der Achse oder am innern Winkel der Fächer befestigt, gewöhnlich hängend; bisweilen enthalten sie mehr als einen Embryo; sie sind mit einer deutlichen Naht (*Raphe*) und mit einem Nabelflecke (Hagelflecke, *Chalaza*) versehen. Das Eiweiss (*Albumen*) fehlt und der gerade Embryo hat ein kurzes, gegen den innern Nabel gerichtetes Würzelchen und dicke, fleischige Samenlappen. — Die Aurantieen, welche fast ausschliesslich in Ostindien einheimisch sind (zwischen den Wendekreisen in Afrika wachsen nur 2 Arten und in Amerika nur eine, *Citrus spinosissima Mey.*), haben eine grosse Verwandtschaft mit den Amyrideen und Diosmeen. Sie werden von dem tiefblickenden Forscher Reichenbach mit dem vollkommensten Rechte an die Spitze des Gewächsreichs gestellt, denn sie zeichnen sich aus, ohne die in ihrer Organisation beruhenden anatomischen und morphologischen Gründe in Anschlag zu bringen, durch eine mit sehr langsamem Wachsthume verbundene, vor allen Gewächsen ausgezeichnet lange Lebensdauer, durch einen, von allen Völkern der alten und neuen Zeit anerkannten, schönen Wuchs oder Habitus, durch die edelsten chemischen Bestandtheile des Pflanzenreichs, den grossen Gehalt an ätherischem Oel in den immergrünen schönen Blättern, Blüten und Früchten, welche letztere, das Endresultat alles Pflanzenlebens, sie in höchster Anzahl erzeugen, denn ein vollkommen ausgewachsener gesunder Orangenbaum trägt jährlich gegen zwanzig Tausend vollkommene Früchte, welche ein lange haltbares, wohlschmeckendes, kühlendes, erquickendes und von keiner andern Fruchtart übertroffenes Obst an jedem Tage im Jahre liefern. Welch einen Anblick, welchen kühlenden Schatten, welchen unvergleichlichen Wohlgeruch bietet ein blühender Orangenbaum, der zugleich mit grünen unreifen und goldenen reifen Früchten prangt! Die Orangen werden heutzutage in allen Ländern der heissen und gemässigten Zone im Grossen kultivirt, in einer Ausdehnung, wie es mit keinem andern Obstbaume oder sonst nutzbarem Baume geschieht und geschehen kann. Der Gärtner erzieht in den Glashäusern kälterer Gegenden und der Gewächsfreund sogar im Zimmer an seinen

Pygmäen von Orangenbäumen vollkommen reife und wohlschmeckende Früchte. — Die sämmtlichen Aurantieen haben in ihren Bestandtheilen eine grosse Uebereinstimmung. Sie enthalten vorzugsweise bittern Extractivstoff und ätherisches Oel fast in allen Theilen und in beträchtlicher Menge. Hierauf beruht ihre in vielen Gegenden häufige Anwendung als tonische, tonisch-reizende oder flüchtig-reizende Heilmittel in Krankheiten bei Schwäche der Unterleibsorgane und daherrührender schlechter Verdauung, oder als Reizungsmittel bei nervösen Krankheitsformen. In den meist saftigen Früchten sind aber auch neben den genannten Stoffen freie Säuren, Citron- und Apfelsäure enthalten, wodurch dieselben sowol zu schmackhaftem, kühlendem und erquickendem Obste werden, aus dem man häufig kühlende Getränke bei hitzigen Fiebern, Entzündungen und dergleichen bereitet, als auch zu Heilmitteln bei entzündlichen, galligen und fauligen Krankheiten dienen. Von den 60 Arten der Aurantieen, die in 14 Gattungen vertheilt sind, werden folgende arzneilich angewendet.

Gattung: *Citrus Linn.* Agrume, Orange.
(*Polyadelphia, Icosandria Syst. Linn.*)

Kelch krugförmig od. napfförmig, 3 od. 5spaltig. Blumenkrone 5—8blättrig. Staubgefässe am Grunde der Staubfäden in mehre ungleiche Bündel verwachsen. Griffel walzenförmig mit halbkugeliger Narbe. Frucht beerenartig, von lederiger, öldrüsiger Rinde bekleidet, 7—12fächerig mit vielsamigen Fächern, die ausser dem Samen von einem saftigen in zellenartige Schläuche eingeschlossenen Breie erfüllt sind. (Bäume oder Sträucher, welche im wilden Zustande einzelne achselständige Dornen tragen. Die Blätter erscheinen einfach, bestehen aber eigentlich aus dem Endblättchen eines dreizähligen oder gefiederten Blattes, an welchem die Seitenblättchen fehlgeschlagen sind, wesshalb sie auch mit dem entweder gerandeten oder geflügelten Blattstiele articuliren. Die Blüten, auf nach oben verdickten Stielen stehend, sind einzeln oder ziemlich traubenartig gehäuft. Die Samen enthalten gewöhnlich mehre Embryonen.)

1. Art.: *Citrus medica L.* Gemeiner Citronenbaum.

Blattstiel wenig berandet (nicht geflügelt); Blätter länglich, spitzig; Kelche vertieft, fast krugförmig; Früchte ellipsoidisch, an beiden Enden in eine kegelförmige Warze oder Erhöhung ausgehend. —

Ein in Südasien einheimischer schöner 30—50 Fuss hoher Baum, der jetzt sowol in Asien als auch in allen wärmern Gegenden der Erde kultivirt wird. Die 3—4 Zoll langen und über 1 Zoll breiten Blätter sind ausdauernd, oval oder elliptisch, stumpf oder etwas zugespitzt, doch stets etwas ausgerandet, mehr oder weniger schwach kerbig-gesägt, oberseits hell- und glänzend-grün, unterseits blässer und matt, dicht mit durchscheinenden drüsigen Punkten durchsetzt. Die angenehm und stark riechenden Blüten stehen einzeln in den obern Blattachseln und zu 6 bis 10 fast doldentraubig-gehäuft am Ende der Aestchen, sie sind weiss und aussen meist purpurröthlich angeflogen. Die dicklich-linealisch-länglichen etwas vertieften Blumenblätter sind dicht mit Oeldrüsen durchsetzt. Die am Grunde wie breitgedrückten Staubfäden hängen daselbst unter einander verschieden zusammen, so dass mehre unregelmässige Bündel, die in einer Reihe stehen, gebildet werden. Die gegen 4 Zoll langen, ovalen, rundlich-ovalen, oder ziemlich länglich-ovalen Früchte sind besonders an der Spitze, aber auch am Grunde mit einer gleichsam vorgezogenen Erhöhung versehen und mit einer citrongelben reich öldrüsigen Rinde bekleidet, meist 10—12fächerig. In jedem Fache befinden sich 2—6 verkehrt-eiförmige, nicht selten etwas kantige Samen am innern Fachwinkel, also achsenständig, angeheftet. — Man kann mit Risso nach der Verschiedenheit der Früchte 4 Hauptgruppen von zahlreichen Abänderungen, die durch eine längere als 2000jährige Kultur entstanden sind, annehmen.

1. *Citr. med. α. Cedra.* Blüten aussen purpurröthlich; Früchte gewöhnlich höckerig, dickrindig, einen säuerlichen Saft enthaltend. Aechte Citronen oder Cedrate.

2. *Citr. med. β. Limonum.* Blüten aussen purpurröthlich; Früchte gewöhnlich glatt, dünnrindig, einen sehr sauren Saft enthaltend. Limonen oder Sauercitronen. Diese Abänderungen werden gewöhnlich nach Deutschland und dem Norden versendet, wo man sie Citronen nennt. Sie sind ziemlich fest, halten sich länger und eignen sich am besten zum Transport.

3. *Citr. med. γ. Lumia.* Blüten aussen röthlich; Früchte gewöhnlich mehr rundlich, einen süsslichen Saft enthaltend. Süsse Citronen.

4. *Citr. med. δ. Limetta.* Blüten ganz weiss; Früchte eiförmig oder rundlich, einen säuerlich-süsslichen oder faden oder auch bitterlichen Saft enthaltend. Limetten.

Officinell sind jetzt nur die Früchte, *Fructus sive Mala s. Poma Citri* und zwar in Deutschland gewöhnlich die Limonen. Man wendet die Citronenschalen, *Cortices Citri s. Limonum* und den Saft Citronen- oder Limonensaft, *Succus Citri s. Limonum s. Limoniorum*, an. Die Citronenschalen befreit man von der innern weissen markigen Schicht und behält nur die äussere gelbe und drüsige Rindenschicht, *Flavedo Citri s. Flavedo corticum Citri.* Die getrockneten Schalen sind runzelig, mit kleinen Grübchen von den eingetrockneten Oeldrüschen herrührend, versehen, bräunlich-gelb, und auf der Markseite schmutzig weiss. Sie haben einen starken angenehm gewürzhaften Geruch und einen gewürzhaft bittern Geschmack, enthalten vorwaltend ätherisches Oel und bittern Extractivstoff, wirken desshalb mild-tonisch-bitter und flüchtig-erregend und reizend, wesshalb man sie bei Verdauungsschwäche, doch nicht häufig, anwendet, weil die Pomeranzenschalen kräftiger wirken. Der Citronensaft hat keinen ausgezeichneten, doch eigenthümlich sauern Geruch und einen starken angenehmen rein sauern Geschmack, er enthält freie Citronensäure nebst etwas Apfelsäure und Schleim, wirkt kühlend, eröffnend und wird besonders bei entzündlichen und fieberhaften Krankheitszuständen, vorzüglich als Unterstützungsmittel und zu erfrischenden Getränken benutzt, indem man z. B. abgekochtem Wasser mit Brodrinden, Reissschleim und dergl. Scheibchen von Citronen beigiebt. — Durch Anwendung einiger mechanischen Mittel erhält man aus den Oeldrüsen der frischen Fruchtschalen das ätherische Cedro Oel oder Citronenöl *Oleum sive Essentia de Cedro.* Es ist blass, fast weissgelb, trübe und wird auch durchs Alter nicht leicht hell, ziemlich dünnflüssig, nach einigen Jahren erst cker werdend, riecht angenehm citronenartig und schmeckt bitterlich, den Citronenschalen ähnlich. Specif. Gewicht: 0,8609. — Durch Destillation frischer Citronenschalen erhält man ein anderes ätherisches, das gewöhnlich Citronenöl gennnte Oel,

*Oleum Citri s. Oleum Corticum Citri destillatum.* Es ist wasserhell, riecht stark citronenartig, schmeckt bitter und wird durchs Alter bitterer. Von den Limetten (*Var. δ.*) erhält man das Limettöl, *Oleum Limettae*, welches dem Bergamottöl ähnlich, aber noch feiner riecht, brennend bitter und lange nachhaltend etwas kampferartig schmeckt. Es hat ein spec. Gewicht = 0,931. Diese Citronenöle, zu denen man auch das Cedratöl, Cedraöl, *Oleum de Cedrat*, rechnen muss, obwol es nicht selten aus einem Gemische von Citronen- und Pomeranzenschalen erhalten werden mag (es ist schwach gelblich, durchsichtig-hell, riecht wie Citronen und Pomeranzen, schmeckt bitterlich-kampferartig und hat ein spec. Gewicht = 0,869), werden häufig als Parfüm, besonders zu Haarpomaden verwendet, weil man ihnen (ob mit Recht?) die Kraft zuschreibt, die Haare gesund zu erhalten und ihr Wachsthum zu befördern. — Aus den ächten Citronen (*Var. α.*) bereitet man die Citronate oder *Succata*, *Confectio carnis Citri*, zum Theil, denn die meiste wird von den Früchten der *Citrus decumana L.* bereitet. — Ehedem waren auch die tonisch und krampfstillend wirkenden Citronenblätter, *Folia Citri*, gebräuchlich, werden aber jetzt kaum noch und nur zu aromatischen Bädern angewendet. Auch die sehr bittern, tonisch wirkenden Samen, *Semen Citri*, waren ehedem in Anwendung.

2. Art: *Citrus Aurantium L.* Pomeranzenbaum.

Blattstiele geflügelt; Blätter eirund-länglich; Kelche flachnapfförmig; Früchte kugelrundlich, weder am Grunde, noch an der Spitze mit einer nabelartigen oder kegelförmigen Erhabenheit. —

Ein 12—30 Fuss hoher und noch höherer schöner Baum, der ursprünglich in China und auf den Inseln des indischen und stillen Oceans einheimisch war, jetzt aber in allen wärmern Ländern der Erde kultivirt wird. Die jungen fast 3eckigen Aestchen sind an wildgewachsenen Bäumen mit ziemlich langen Dornen besetzt, die an kultivirten entweder gänzlich fehlen oder nur sehr kurz sind. Die 3—5 Zoll langen Blätter stehen eingelenkt auf breitflügelrandigen, verkehrt-herzförmig-keiligen Stielen und ändern in der Form vom Oval-elliptischen bis zum Breit-lanzettlichen, sind spitzig oder zugespitzt und gewöhnlich an der Spitze etwas ausgerandet, ziemlich deutlich kerbig-gesägt, lederig, durchscheinend-punktirt, oberseits schön und saftig-grünglänzend, unterseits blässer und matt. Die Blüten stehen in den obern Blattachseln einzeln und an den Enden der Aestchen zu 3—8 doldentraubig vereinigt, riechen stark und äusserst angenehm, sind weiss, aussen selten röthlich überlaufen, mit zahlreichen Oeldrüsen durchsetzt. Staubgefässe wie bei voriger Art. Früchte kugelrundlich, 2—5 Zoll im Durchmesser haltend, orange- oder pomeranzengelb, 8—12fächerig. In jedem Fache 2—5 verkehrt-eiförmige oder längliche, gelbliche Samen am innern Fachwinkel befestigt. — Man kann folgende Hauptgruppen der zahlreichen Abänderungen unterscheiden:

1. *Citr. Aur. α. amara.* Blattstiele breit flügelrandig; Früchte kugelrundlich, einen bittern Saft enthaltend. Bittere Orangen oder Pomeranzen.

2. *Citr. Aur. β. dulcis.* Blattstiele gerandet-geflügelt; Früchte kugelrundlich oder eirund, einen süssen Saft enthaltend. Süsse Orangen oder Pomeranzen. Hierher auch die Apfelsine, *Citrus sinensis Pers.*

3. *Citr. Aur. γ. Bergamia.* Blattstiele gerandet-geflügelt; Früchte kugelrundlich, zusammengedrückt oder etwas birnförmig. Bergamotten.

Von sämmtlichen oder einzelnen Abänderungen werden folgende Theile arzneilich angewendet und sonst anderweitig benutzt: Die Blätter, Blüten, Früchte, unreife und reife, und deren Schalen und Säfte. — Die Blätter, *Folia Aurantium sive Aurantiorum sive Aurantii*, haben einen angenehmen aromatischen, etwas balsamischen Geruch, einen aromatisch-bitterlichen Geschmack, wirken tonisch, beruhigend und krampfstillend, werden aber selten gebraucht. — Die Orangeblüten, Oranien- oder Pomeranzenblüten, *Flores Naphae sive Aurantiorum*, besitzen den eigenthümlichen bekannten und kräftigen Wohlgeruch und schmecken gewürzhaft bitterlich. Man benutzt sie als angenehm gewürzhaften Zusatz zu Morsellen, dem Orangenzucker, und vorzüglich zur Bereitung des Pomeranzenblütwassers, *Aqua Florum Naphae.* Sie besitzen ein eigenthümliches ätherisches Oel, welches man aus ihnen darstellt als *Oleum Neroli sive Naphae s. Florum Naphae, Essentia Neroli*, Orangeblütöl, Neroliöl. Es ist frisch fast wasserhell, wird aber später röthlichgelb und hat denselben Geruch wie die Blüten, jedoch weit concentrirter. Man benutzt es nur als Parfüm. — Die unreifen Früchte, *Fructus Aurantiorum immaturi*, *Poma sive Mala Aurantiorum viridia*, *Aurantia curasaviensia*, *Poma curasavia etc.*, Unreife oder Grüne Pomeranzen werden von der Grösse grosser Erbsen bis zu der der Kirschen gesammelt. Sie sind rund und glatt, jedoch mit sehr zahlreichen kleinen Vertiefungen versehen, welche von den eingetrockneten Oeldrüschen herrühren, graubraun, braun- oder schwarzgrün, innen hellbraun und ziemlich fest. Sie schmecken etwas gewürzhaft, zugleich erwärmend und herb. In ihnen entdeckte 1828 Lebreton das *Hesperidin*; sie enthalten ausser diesem, wie die gleich zu erwähnenden Pomeranzenschalen, bittern Extractivstoff, ätherisches Oel und wahrscheinlich auch Gerbstoff. Man wendet sie gegen Schwäche und Störung der Verdauung an. — Die Schalen der reifen Früchte, *Cortex Aurantiorum s. Pomorum Aurantiorum*, deren beste Sorte *Cortex Aurant. curasaviensium*, Curasaoschalen geheissen wird, kommen gewöhnlich in lanzettlichen Stücken vor; sie sind aussen dunkel- oder bräunlichgelb, mit vielen, durchs Eintrocknen der Oeldrüsen entstandenen kleinen Vertiefungen. Die Innenseite ist mit einer weisslichen schwammigen, fast geschmacklosen Schicht bedeckt, welche man abtrennt, worauf man das stark gewürzhaft-bitterschmeckende Aeussere, Gelbes der Pomeranzenschalen, *Flavedo Corticum Aurantiorum* genannt, behält. Der Geruch ist gewürzhaft-bitterlich, der Geschmack rein bitter, gewürzhaft, erwärmend. Sie wirken tonisch und flüchtig erregend auf die Unterleibsorgane, die geschwächte Verdauung stärkend. Man bereitet damit verschiedene Präparate in den Officinen. — Wenn man getrocknete Schalen mit Wasser destillirt, so erhält man das Pomeranzenschalenöl, *Oleum corticum Aurantiorum destillatum*, welches frisch ganz wasserhell ist, aber später gelblich und dicklich wird. Spec. Gewicht: 0,840 — 0,845. Man bereitet aber auch durch mechanische Hilfsmittel aus der Schale frischer Pomeranzen ein ätherisches Oel, Pomeranzen- oder Orangenessenz, Portugalöl, *Oleum corticum Aurantiorum*, *Essentia de Portugallo.* Es ist schwach gelblich, frisch trübe, später durchsichtiger, dicker und etwas Bodensatz absetzend. Spec. Gew.: 0,888. Der Geruch steht zwischen dem vorigen und folgenden Oele mitten inne. — Aus den frischen Schalen reifer Früchte von den der dritten Gruppe angehörigen Abänderungen oder von den Bergamotten gewinnt man gleichfalls auf mechanische Weise das ätherische Bergamottöl, Bergamottenessenz, *Oleum sive Essentia Bergamottae, Oleum de Bergamo.* Es ist gelblich oder gelblichgrün, anfangs ziemlich trübe und dünnflüssig, wird aber später ganz hell und dicklich, nachdem es einigen Bodensatz abgesetzt hat. Es riecht eigenthümlich, angenehm und schmeckt bitterlich. Spec. Gewicht: 0,888 nach *Lewis* und 0,8737 nach *Martius.*

*Citrus decumana L.* Pompelmus. Blätter stumpf, ausgerandet; Blattstiele breit geflügelt; Früchte sehr gross, dickschalig. — Ein ursprünglich in Ostindien einheimischer Baum, welcher dem Pomeranzenbaume gleicht und in vielen warmen Ländern als Obstbaum kultivirt wird. Die kugelrundlichen oder etwas birnförmigen Früchte werden sehr gross und nicht selten 10—12 Pfund schwer und schwerer. Sie enthalten unter der sehr dicken, glatten, öldrüsigen Schale ein dickes und schwammiges Fleisch und einen nicht sehr wässerigen Saftbrei von mildem aber nicht besonders angenehmem Geschmacke. Man benutzt sie vorzüglich zur Bereitung des Citronats oder der Succade, *Citronata sive Succata sive Confectio carnis Citri.*

Aus der Gruppe 2: *Humiricae (Fam. Humiriaceae Ad. de Juss.)* ist in Europa keine Art officinell.

Gruppe 1: *Melieae. (Fam. Meliaceae Juss.)*

*Trichilia moschata Sw.* Ein Baum im britischen Gujana, von dem nach Hancock die Rinde, *Cortex Juribali* oder *Euribali*, stammt. Die Rinde soll ein noch vortrefflicheres Fiebermittel als die Chinarinde sein und in grössern Gaben der Rhabarber ähnlich wirken.

Die Unterabtheilung dieser Gruppe: *Swietenieae (Fam. Cedreleae Brown.)* enthält zwei beachtungswerthe Gewächse.

*Swietenia Mahagoni L.* Mahagonibaum. Ein 80 bis 100 Fuss hoher Baum mit 4—6 Fuss dickem Stamme in Westindien und dem benachbarten Südamerika. Die bittere Mahagoni- oder Amarant-Rinde, *Cortex Ligni Mahagoni*, wird als Fiebermittel in ihrer Heimath geschätzt und auch in England wie Chinarinde angewendet und empfohlen. Aus den Samen soll das *Karapatöl*, welches purgirend wirkt, gewonnen werden.

*Soymida febrifuga Ad. de Juss.* (*Swietenia febrifuga Roxb.*) Rothholzbaum. Ein gegen 60 Fuss hoher Baum in Ostindien Die Rinde, welche als *Cortex Soymidae* nach Europa gebracht worden ist, wirkt vortrefflich fiebervertreibend und dient in Indien als Surrogat der Chinarinde.

## 131. *Fam.*: Guttagewächse: *Guttiferae.*

(*Fam. Guttiferae Juss.*)

### Gruppe 3: *Garcinieae.*

Bäume oder Sträucher mit harzigen Säften und kurzgestielten, gegenständigen, ungetheilten und ganzrandigen, lederartigen Blättern, ohne Nebenblätter. Blüten regelmässig, zwitterig, häufig auch polygamisch oder eingeschlechtig, meistens in achselständigen Trauben oder endständigen Rispen, seltner seitenständig und gehäuft, am Blütenstiele eingelenkt. Kelche frei, 2- oder 8blätterig, mit gegenständig-geschindelten, meistens bleibenden Blättern. Blumenblätter 4—10, gewöhnlich unmerklich in die Kelchblätter übergehend und in der Knospe geschindelt oder dachziegelig. Staubgefässe frei, zahlreich, nur selten in bestimmter Anzahl; Antheren angewachsen und einwärts gekehrt, 2fächerig, der Länge nach oder in einzelnen Fällen an der Spitze durch Löcher sich öffnend. Fruchtknoten ein- oder mehrfächerig, gewöhnlich mit zahlreichen Eichen oder auch mit einzelnen aufrechten oder aufsteigenden Eichen, an mittel- oder fast wandständigen Samenhaltern; Narben sitzend und schildförmig-strahlig oder mehrlappig auf einem sehr kurzen Griffel stehend. Die Frucht ist eine Kapsel, Beere oder Steinfrucht mit einer dicken, rindigen, mehrklappigen Fruchtschale, ein- oder mehrfächerig. Samen entweder nur wenige und häufig im Marke nistend bei einfächeriger Frucht, oder einzeln oder zahlreich in jedem Fache der mehrfächerigen Frucht, gewöhnlich bemäntelt, eiweisslos (*exalbuminosa*) Embryo gerade, mit gegen den Nabel gerichtetem oder von demselben weggewendetem Würzelchen; Samenlappen dick, oft verschmolzen. — (Wir haben bei dieser Charakteristik auch die zweite Gruppe dieser Familie, die *Clusiariae Reichb.* (*Clusieae Auct.*) mit eingeschlossen, um so die *Guttiferen* anderer Auctoren conform beizubehalten.) Die Garcinieen bewohnen die Tropenländer beider Erdhalbkugeln und sind in Amerika am zahlreichsten, Asien enthält gleichfalls viel, Afrika nur wenige und Australien nur 2. Sie sämmtlich enthalten, meist in allen ihren Theilen einen schleimharzigen, weisslichen, gelblichen oder grünlichen Saft, der bei Verletzungen ziemlich reichlich ausfliesst. Es ist dieser Saft jedoch verschieden, je nachdem das Gummi oder die Resina überwiegt. Viele ihrer fleischigen Früchte enthalten Zucker, Schleim und freie Säure, in der Fruchtschale aber die Gummiresine des ganzen Gewächses oder auch gleich der Stammrinde einen bittern Stoff. Die Samen sind meistens bitter, harzig, und reich an fettem Oele. Für die Heilkunde liefern die Garcinieen zum Theil tonisch-reizende, vorzüglich auf die Schleimhäute und Unterleibsorgane wirkende, zum Theil aber auch gelind zusammenziehende Mittel. Der schleimharzige Saft der meisten wirkt innerlich drastisch und emetisch-purgirend; äusserlich aber dient er, so wie das Oel der Samen, als Heilmittel bei Wunden, Geschwüren, Hautkrankheiten und rheumatischen und gichtischen Beschwerden. Mehrere Arten liefern in ihren schleimigen Früchten ein, bisweilen sehr wohlschmeckendes Obst, z. B. die Mangostane, *Garcinia Mangostana L.* in Ostindien.

## Gattung: *Garcinia L.* Garcinie.

(*Dodecandria*, *Monogynia Syst. Linn.*)

Kelch 4blättrig, stehenbleibend. Blumenblätter 4, rundlich, vertieft. Staubgefässe (16—20) oft am Grunde verwachsen mit eiförmigen Staubbeuteln. Narbe auf dem Fruchtknoten sitzend, 4- oder 8lappig. Beere sehr saftig, 4- oder 8fächerig. Samen mit einem Mantel (*Arillus*) bedeckt. Samenlappen dick, fest zusammengewachsen. (Durchaus kahle Bäume mit eirunden, elliptischen oder lanzettlichen Blättern und meist einzelnen, endständigen Blüten, welche gewöhnlich polygamisch oder diöcistisch sind. In den männlichen Blüten stehen die zahlreichen unverwachsenen Staubgefässe auf einem viereckigen oder vierlappigen, fleischigen Torus; in den weiblichen Blüten sind gewöhnlich nur 8 — 20 unvollkommene, entweder unverwachsene oder mona- oder polyadelphisch-verwachsene Staubgefässe vorhanden.)

1. Art: *Garcinia Cambogia Desr.* Gelbsaftige Garcinie.

Blätter lanzettlich-länglich oder elliptisch lanzettlich, spitzig, lederartig, schwach geadert; Blüten endständig, einzeln *), fast sitzend; Staubgefässe in den weiblichen Blüten 16, unverwachsen; Narbe 8- oder 10lappig; Beere 8- oder 10riefig, 8- oder 10fächerig, 8- oder 10samig. (*Cambogia Gutta L.*)

Ein grosser Baum in Ostindien. Der Stamm misst bisweilen gegen 10 Fuss und darüber im Umfange und trägt einen dichten grossen Wipfel. Die kurz gestielten Blätter sind 3 bis 6 Zoll lang und 1—2½ Zoll breit, dick und steif. Die röthlichgelben Blüten stehen auf kurzen Stielen. Die gelbe fast kugelrunde Beere hat die Grösse eines kleinen Apfels, und ist ähnlich wie eine Melone 8- oder 10riefig. Die Samen sind von einem gelben, saftigen, breiigen Mantel umgeben. — Fast allgemein leitet man von diesem Baume das *Gummi Guttae, Gummi Cambogiae, Gummi Gambae sive Gutta Gamba, Gutti,* Gummigutt ab, und zwar die gewöhnlichste, am häufigsten nach Europa kommende Sorte. Allein aus den Wunden des Stammes und der Aeste kommt zwar ein ähnlicher Saft, er ist jedoch terpentinartig, trocknet nur sehr langsam aus und wird dadurch braun. Graham hat gezeigt, dass Linné's Annahme, seine *Cambogia Gutta* sei die Stammpflanze, unrichtig sei. Hermann beschrieb 2 ceylanische Pflanzen, unsere heutige *Garcinia Cambogia Desr.* und eine *Stalagmites cambogioides Murr.*, welche Linné irrthümlich mit einander vereinigte. Das Gummigutt kommt von andern Arten dieser und der folgenden Gattung.

2. Art: *Garcinia zeylanica Roxb.* Ceylonischer Gummiguttbaum oder Garcinie.

Blätter elliptisch-lanzettlich; Blüten achsel- und endständig, die männlichen zu 3, langgestielt, die weiblichen einzeln, fast sitzend; Narbe 6- oder 8lappig, warzenartig-wulstig; Beere 6- oder 8riefig.

---

*) Hinsichtlich der Blütenstellung sind die Auctoren verschiedener Meinung. Nach Sprengel stehen die Blüten gehäuft, nach De Candolle zu wenigen beisammen und nach Hayne einzeln.

Ein mittelmässiger, dem vorigen übrigens ziemlich ähnlicher Baum auf Ceylon und in Tranquebar. Die kurzgestielten Blätter sind 4—6 Zoll lang, 2 Zoll breit und beiderseits dunkelgrün, glänzend. Blüten gelb, die männlichen (mit gegen 30 Staubgefässen) zu 3 oder bisweilen auch zu mehrern auf ein halb bis 1 Zoll langen Stielen, die am Grunde von einem concaven Deckblatte umgeben werden, die weiblichen (nur mit 6—8 unvollkommnen Staubgefässen) stets einzeln und fast sitzend. Beeren gelb, mit 6—8 vorstehenden Wülsten, von der Grösse sehr kleiner Aepfel. — Aus den abgebrochenen Zweigen oder aus Einschnitten in die Rinde fliesst ein gelber Milchsaft, welcher an der Sonne erhärtet. Er ist das Ceylanische Gummigutt, *Gummi guttae ceylanicum.* Im Handel kommt es in grossen rundlichen Kuchen, in Stangen oder in rinnenförmigen Stücken vor. Sie haben aussen eine dunkelgelblichbraune Farbe, sind etwas bestäubt, auf dem flachmuscheligen, etwas fettglänzenden Bruche bräunlich-safrangelb und an den Kanten schwach durchscheinend. Der Geruch ist nicht bemerklich und der Geschmack scharf, etwas kratzend, zuletzt süsslich und austrocknend. Es besteht aus einem gelben Harze nebst etwas Schleim und wirkt scharf drastisch-purgirend. Man wendet es nur selten und dann bei grosser Schwäche und Erschlaffung des Darmkanals, vorzüglich aber gegen den Bandwurm an. — Als Malerfarbe wird es sehr häufig gebraucht. Christison (*Annal. der Pharm.* XXIII. pag. 172—205.) behauptet neuerdings, dass gar kein Ceylanisches Gummigutt in den europäischen Handel gebracht werde. Graham hat gezeigt, dass das Gummigutt von einem Baume stamme, der ein neues Genus bildet, nämlich von *Hebradendron cambogioides.*

3. Art: ***Garcinia Morella* Desr.** Kleinbeerige Garcinie.

Narbe scharf, 4lappig; Beere klein, 4fächerig, 4riefig.

Ein gleichfalls in Ceylon einheimischer, bis jetzt noch sehr unvollständig bekannter Baum, der sich besonders von allen übrigen Garcinien durch die Kleinheit seiner Früchte, die nur die Grösse einer Maulbeere oder Kirsche haben, unterscheidet. — Sein Milchsaft erhärtet zu Ceylanischem Gummigutt, wie Graham (*Repert. of pat. Inv. May* 1835.

p. 316—319.) zu beweisen gesucht hat. Man vergleiche das Vorhergehende.

4. Art: *Garcinia Kydia Roxb.* Genabelte Garcinie.

Blätter breit-lanzettlich; die männlichen Blüten end- und achselständig, doldenartig gestellt, die weiblichen Blüten einzeln und fast sitzend mit Staubgefässen zu 4 ungleichen Bündeln verwachsen; Narbe 4- oder 8lappig, warzig; Beere kugelig, an der Spitze fast nabelähnlich-eingedrückt, 6- oder 8riefig, 6- oder 8samig.

Ein grosser Baum in Hinterindien und auf den Andamanischen Inseln. Er liefert eine schlechtere Sorte des Gummigutt.

5. Art: *Garcinia cochinchinensis Chois.* Birnfrüchtige Garcinie.

Aestchen 4kantig; Blätter elliptisch-länglich, fast spitzig; Blüten seitenständig, gehäuft, fast sitzend; Narbe 6lappig; Beere birnförmig. (*Stalagmites cochinchinensis Don.*)

Ein grosser Baum in Siam, Cochinchina und auf den Molukken mit rundlich-birnförmigen, genabelten, röthlichen Beeren von der Grösse einer Pflaume. Von diesem Baume soll das gewöhnlich im Handel vorkommende Siamesische Gummigutt, *Gummi Guttae verum s. siamicum*, stammen. Nach Wight und Arnott soll es von *Xanthochymus ovalifolius Roxb.* und nach Murray von *Stalagmites cambogioides Murr.* herkommen; allein diese Pflanze existirt gar nicht, sondern ist von Murray nach einem Exemplare in Königs Herbarium bestimmt worden, welches aus den Theilen von 2 verschiedenen Gewächsen zusammengelegt war.

Royle vermuthet unter *Xanthochymus pictorius Roxb.* einem Baume in den Circars, der zu den Garcinieen gehört, und Roxburgh unter seiner *Garcinia pictoria* die Stammpflanze des Gummigutt. — Schlechte Sorten dieses Schleimharzes sollen auch mehrere Arten der zu den Hypericineen gehörigen Gattung *Vismia Vand.* liefern.

## Gattung: *Calophyllum L.* Schönblatt.

(*Polyandria, Monogynia Syst. Linn.*)

Kelch 2- oder 4blättrig, gefärbt, abfallend. Blumenkrone 2- oder 4blättrig. Staubgefässe zahlreich, frei oder am Grunde in 4 Bündel (*Polyadelphia*) vereinigt. Fruchtknoten einfächerig, mit einem eine schildförmig-kopfige Narbe tragenden Griffel. Steinfrucht einsamig.

1. Art: *Calophyllum Inophyllum L.* Grosses Schönblatt.

Aestchen stielrund; Blätter oval oder verkehrt-eiförmig, vorn abgerundet oder zurückgedrückt; Blütentrauben länger als die Blätter, schlaff, am Ende der Aeste bisweilen eine Rispe bildend; Kelch und Blumenkrone 4blätterig; Steinfrucht kugelrundlich.

Ein gegen 100 Fuss hoher schöner Baum mit gegen 12 Fuss im Umfange messendem Stamme im südlichen Theile Ostindiens, wo er auch häufig kultivirt wird. Aus Verwundungen der Rinde fliesst ein gelber, balsamisch-harziger Saft, welcher zu einem gelbbraunen Harze erhärtet. Dieses Harz kam früherhin unter dem Namen Ostindisches Takamahak, *Tacamahaca orientalis sive subtilis sive T. in testis sive Resina Tacamahacae orientalis,* nach Europa; ist jetzt aber nicht mehr im Handel zu finden.

Auch die sehr verwandte Art *Calophyllum Bintagor Roxb.* liefert dasselbe.

2. Art: *Calophyllum Tacamahaca Wlldw.*

Blätter eirund-elliptisch, sitzlich, selten ausgerandet; übrigens wie bei voriger Art.

Ein Baum auf Madagaskar und den Maskarenhas-Inseln. Aus den Verletzungen der Rinde fliesst ein dunkelgrüner, harziger Saft, welcher ehemals als Marien- oder Grüner Balsam, Bourbonisches Takamahak, *Balsamum Sctae Mariae, Baume Marie, Baume vert, Tacamahaca bourbonensis*, nach Europa gebracht wurde.

## Gattung: *Canella P. Brown.* Kanellbaum.

(*Monadelphia, Dodecandria Syst. Linn.*)

(Die Stellung dieser Gattung ist im natürlichen Systeme noch etwas zweifelhaft. De Candolle rechnet sie gleichfalls zu den Guttiferen, Kunth, Richard und Andere zu den Meliaceen, welche Familie nach Reichenbach die Gruppe 1. der Hesperideen bildet. Kosteletzky erhebt die Gattung zur Familie *Canelliaceae* und Bartling setzt sie zu den der Stelle nach ungewissen Gewächsen.)

Kelch 3theilig oder 3lappig. Blumenkrone 5blättrig, mit etwas lederigen Blumenblättern. Staubfäden vollkommen zu einer Röhre verwachsen, an welcher die Staubbeutel, gleich Furchen, auf der Aussenfläche eingewachsen sind. Ein Griffel mit 2—3 Narben. Beere 3fächerig, aber durch Fehlschlagen oft 2- oder 1fächerig, mit meist 2samigen Fächern.

1. Art: *Canella alba Murr.* Weisser Kanellbaum, Weisser Zimmtbaum.

Blätter verkehrt-eirund-länglich, am Grunde etwas keilförmig, stumpf, lederig, unterseits weisslich-blaugrün; Blüten in gipfelständigen Doldentrauben mit 15 Staubbeuteln. (*Winterana Canella L.*)

Ein 20—30 Fuss hoher immergrüner Baum in Westindien. Die zerstreut stehenden, kurzgestielten Blätter sind gegen 3—4 Zoll lang, bis über 1 Zoll breit, am Rande etwas zurückgebogen, durchscheinend-punktirt, oberseits dunkelgrün und glänzend, unterseits seegrün. Die kleinen purpurröthlichen oder violetten, wohlriechenden Blüten stehen in wenigblütigen Trugdolden von kleinen Deckblättern unterstützt. Die Staubfäden sind zu einer krugförmigen Röhre verwachsen, welche die Länge der Blumenkrone und gleiche Farbe mit dieser hat. Die Beere ist fast kugelrund, gespitzt, 3-, 2- und 1fächerig, erbsengross, schwarz. Samen rundlich-nierförmig. — Die Rinde der Aeste ist der Weisse Zimmt, die Weisse Kanellrinde, die Falsche Wintersrinde, *Cortex Canellae albae*, *Cortex Winteranus spurius*, *Costus dulcis sive Costus corticosus*. Sie kommt in 1—3 Fuss langen, aber auch oft nur 3—5 Zoll langen Röhren oder rinnenförmigen Stücken vor, welche keine Oberhaut haben, ziemlich glatt, röthlich- oder gelblich-weiss und auf der Innenseite mit einer dünnen Schicht eines gelblich-weissen Bastes bedeckt sind. Diese Rinde riecht stark und angenehm gewürzhaft und besonders bei Zerstossen und Zerreiben sehr stark nelken- und zimmtartig, schmeckt anfangs bitterlich, dann brennend scharf, gewürznelken- und pfefferartig. Sie enthält vorwaltend ein scharfaromatisches ätherisches Oel und bittern Extractivstoff, ferner ein Harz, eine Art Mannazucker (*Canellin*), Gummi, Eiweiss, Stärkmehl. Sie wirkt reizend und flüchtig erregend, so wie etwas tonisch besonders auf die Organe der Verdauung, wesshalb man sie auch, wiewol selten, gegen Verdauungsschwäche und Blutflüsse aus dem Uterus anwendet. Sie wird gar nicht selten mit der Aechten Wintersrinde, *Cortex Winteranus verus*, von *Wintera aromatica Murr.*, verwechselt; unterscheidet sich aber durch geringere Dicke sowol der Rinde selbst als auch der ganzen Röhren oder Rinnen, durch die hellere Farbe und die fehlende Oberhaut. Häufig hat man auch die Weisse Zimmtrinde mit *Radix Costi* verwechselt und statt dieser Wurzel gegeben.

2. Art: *Canella laurifolia Lodd.* Lorbeerblättriger Kanellbaum.

Blätter eirundlich-länglich, am Grunde etwas verschmälert, oberseits dunkelgrün, unterseits blässer (aber nicht weisslichblaugrün); Blüten mit 20 zu einer Röhre verwachsenen Staubgefässen. (*Canella alba Sw.*)

Von diesem im tropischen Amerika wachsenden Baume, der im Allgemeinen dem Vorigen sehr ähnlich ist, soll noch häufiger die Weisse Kanellrinde, *Cortex Canellae albae*, gesammelt werden als von voriger Art.

3. Art: *Canella axillaris Nees. et Mart.* Achselblütiger Kanellbaum.

Blätter oval, unterseits blässer; Blüten achselständig, nikkend; Blumenblätter eirundlich; Staubgefässe 10.

Dieser in Brasilien einheimische Baum hat eine sehr gewürzhafte Rinde, welche in Amerika, nebst einigen andern, den Namen Paratudo führt. Sie ist auch durch den Kaufmann Schimmelbusch seit 1827 nach Europa als *Cortex Paratudo sive Paratodo* gebracht, aber von den Aerzten nicht sehr angewendet worden. Sie besteht aus 4—6 Zoll langen, 1—3 Zoll breiten Stücken, welche aussen mit tiefen Längsfurchen und Querrissen versehen, graubraun und auf der Innenseite schmutzig-braun sind. Der Bruch zeigt ein sehr körniges, gelblich-braunes Gefüge. Die Rinde ist geruchlos und schmeckt anfangs schwach bitterlich, später brennend-gewürzhaft.

Von den Gewächsen der zweiten Gruppe *Clusiariae* und der ersten Gruppe *Marcgravieae* (*Fam. Marcgraviaceae Juss.*) sind zwar viele arzneikräftig und in andern Erdtheilen in Anwendung, aber keines ist in Europa officinell.

## 131. Familie: Hartheugewächse: *Hypericineae.*

Kräuter, Halbsträucher, Sträucher oder Bäume, meist mit harzigem, gelbem Safte. Stengel und Aeste knotig gegliedert. Blätter gegenständig, einfach, ungetheilt und gewöhnlich ganzrandig oder nur durch kleine am Rande stehende Drüsen kleinkerbig, gewöhnlich durchscheinend-drüsig-punktirt und nicht selten auch am Rande schwarz-punktirt. Nebenblätter fehlen. Blüten regelmässig, zwitterig, meistens in endständigen Trugdolden. Kelchblätter 4 oder 5, bisweilen am Grunde etwas verwachsen, die beiden äussern oft kleiner, gewöhnlich durchscheinend-punktirt oder drüsig-gezähnt, stehenbleibend; in der Knospe geschindelt, d. i. dachziegelförmig übereinander liegend (*imbricata*). Blumenblätter in gleicher Anzahl mit den Kelchblättern und mit ihnen abwechselnd, verwelkend oder abfallend, gewöhnlich gelb und oft drüsig punktirt, in der Knospe spiralig-zusammengedreht. Staubgefässe zahlreich, selten in bestimmter Anzahl, am Grunde zu 3 oder 5 Bündeln verwachsen (polyadelphisch), selten frei oder zu einem Bündel (monadelphisch) vereinigt; Antheren klein, aufliegend, bisweilen an der Spitze drüsig, mit 2 an einander liegenden, der Länge nach sich öffnenden Fächern. Fruchtknoten aus 3 oder 5 vieleiigen verwachsenen Karpellen bestehend. Griffel 3 oder 5, meist frei, nur selten verwachsen; Narben einfach, sehr selten sitzend oder stumpf. Kapsel oder Beere 3- oder 5fächerig; die Kapseln an den Scheidewänden mit eben so vielen Klappen sich öffnend, sehr selten einfächerig und die unvollkommene Scheidewand auf der Mitte der Klappen stehend. Samen zahlreich, klein, an den säulenförmigen oder an den an den einwärts geschlagenen Rändern anhängenden Samenträgern befestigt; das Eiweiss fehlt (*Semina exalbuminosa*), Embryo gerade, mit gegen den Nabel gekehrtem Würzelchen und blattartigen Samenlappen.

Reichenbach vereinigt unter dieser Familie die Lineen und Chlenaceen mit den Hypericineen in folgender Weise:

1. *Lineae.* 2. *Hypericeae.* 3. *Chlenaceae.*

Die 3. Gruppe: Chlenaceae, in 4 Gattungen 8 Arten,

nämlich kleine Bäume oder Sträucher, enthaltend, welche sämmtlich in Madagaskar wachsen, ist hinsichtlich ihrer Bestandtheile, Eigenschaften und Wirkungen noch ganz unbekannt.

Die 2. Gruppe: *Hypericeae* (*Hyperica Juss.*), welche voranstehend charakterisirt worden ist, enthält gegen 250 Arten, von denen ziemlich die Hälfte in den Tropenländern sich vorfindet, die übrigen sind in den gemässigten Zonen in allen Gegenden zerstreut. Die meisten, über 120 Arten, wachsen in Amerika, in Asien 50, in Europa 40, in Afrika 25, in Australien nur 4. Hinsichtlich ihrer Eigenschaften und Wirksamkeit sind sie sehr übereinstimmend. Sie enthalten ein gelbes oder rothes Schleimharz, ätherisches Oel und etwas Gerbstoff mit bitterm Extractivstoffe, wesshalb sie zu den balsamisch-tonischen Mitteln gehören, welche vorzüglich auf das Gefässsystem des Unterleibs und auf die Thätigkeit des Verdauungsapparats wirken, desshalb auch die Aussonderungen des Harns und des Schweisses befördern und zugleich als Wurmmittel dienen können. Diejenigen Arten, bei denen das Schleimharz in grosser Quantität vorhanden ist, wirken auch sehr kräftig auf die Ausleerungen des Darmkanals.

*Vismia sessilifolia Pers.*, *Vismia latifolia Chois.*, *Vismia gujanensis Pers.*, sämmtlich in Gujana und dem wärmern Südamerika einheimisch, enthalten in allen ihren Theilen einen gelben Saft, der zu einem Schleimharz erhärtet und dann dem Gummigutt sehr ähnlich ist, so dass er als *Gummi Guttae americanum* in den Handel gelangt.

Von *Androsaemum officinale All.* (*Hypericum Androsaemum L.*), einem Halbstrauche des südlichern Europas, waren ehedem die Blätter und die Blüten, *Herba et Flores Androsaemi*, wie *Hypericum perforatum L.* officinell.

## Gattung: *Hypericum L.* Hartheu, Johanniskraut.

(*Polyadelphia, Polyandria Syst. Linn.*)

Kelch 5theilig. Blumenblätter 5. Staubgefässe zahlreich, zu 3 oder 5 Bündeln verwachsen. Griffel 3 oder 5, oft zum Theil, sehr selten auch ganz verwachsen. Kapsel 3- oder 5klappig.

1. Art: *Hypericum perforatum L.* Gemeines Hartheu, Johannisblut, Konradskraut.

Krautartig; Stengel fast 2schneidig; Blätter länglich oder eilänglich, stumpf, durchscheinend-punktirt, Blüten trugdoldenständig; Kelchzipfel lanzettlich; Griffel 3, von der Länge der Kapsel.

Diese ausdauernde hart-krautartige Pflanze wächst ziemlich häufig in trocknen Gräben, an Wegen, Zäunen, Hecken, Gebüschen, lichten Waldstellen und in Bergwäldern durch ganz Europa, in Nordasien und in Nordafrika. Die holzige Wurzel ist ästig, faserig und schwärzlich-braun. Aus ihr entwikkeln sich meist einige aufrechte oder am Grunde etwas gebogen aufsteigende, 1—2½ Fuss hohe, ziemlich stielrunde, jedoch an 2 gegenüberstehenden Stellen mit Leisten so belegte Stengel, dass sie fast 2schneidig sind. Uebrigens haben dieselben ziemliche Festigkeit und Härte (daher der Name), sind nebst den übrigen Theilen kahl, gewöhnlich gelb oder röthlich überlaufen, nicht selten einzeln schwarz-punktirt und von unten bis gegen die Mitte mit zahlreichen gegenüberstehenden Aesten, die nur Blätter tragen und gegen die Spitze meist mit mehrern Blütenästen besetzt. Blätter sitzend oder fast unmerklich gestielt, eirund-länglich, oval-länglich oder sogar länglich-linealisch, ½—1 Zoll lang, 2—4 Linien breit, an den Blätterästen oft weit kleiner, stumpf, ganzrandig, nicht selten auch an den Rändern umgebogen, ganz nahe am Rande, vorzüglich an der Spitze mehr oder minder schwarz-punktirt. Trugdolde 3theilig, meist mit steifen Aesten, entweder nur wenigblütig oder sehr zusammengesetzt, fast rispig und dann vielblütig. Blüten bisweilen gegen 1 Zoll im Durchmesser. Kelchzipfel ausgebreitet, lanzettlich, spitzig, ganz. Blumenblätter länglich, verkehrt-eiförmig, oder etwas rhombisch, stumpf, goldgelb und am Rande schwarz-punktirt. Staubgefässe zahlreich, meist über 80, oft gegen 100 in 3 Bündel verwachsen mit haarförmigen, gewöhnlich ungleich langen Staubfäden und rundlichen, an der Spitze mit einer rothen Drüse versehenen Staubbeuteln. Auf den abstehenden Griffeln stehen einfache, stumpfe, rothe Narben. Kapsel eiförmig, stumpf 3eckig, 3fächerig, 3klappig. Samen klein, braun, punktirt. — Es ist das Kraut oder vielmehr die blühenden Stengelspitzen oder auch die

**Blüten** allein, *Herba, Summitates et Flores Hyperici,* officinell. Wenn man die frischen blühenden Stengelspitzen zwischen den Fingern reibt, so riechen dieselben etwas gewürzhaft-harzig, fast- balsamisch, und die Finger werden roth gefärbt. Jetzt braucht man gewöhnlich nur das durch Kochen bereitete *Oleum Hyperici;* früherhin waren die Stengelspitzen als stärkendes, fiebervertreibendes, wurm- und harntreibendes Mittel, so wie auch als eine vorzügliche Arznei gegen Gicht, Durchfälle, bei Blutflüssen, Blutungen, Wunden und bei Quetschungen in Anwendung. In noch frühern Zeiten galt das Johanniskraut. in der Johannisnacht gesammelt, als eins der besten Bannungsmittel der Hexen, Gespenster und bösen Geister, und noch heutzutage nehmen junge Mädchen das Kraut, quetschen es zwischen weisser Leinwand und prophezeien sich aus den entstandenen rothen Flecken und Zeichnungen ihr künftig Geschick.

Auch die meisten der übrigen verwandten Arten haben gleiche Wirksamkeit und werden aus Unkenntnis und ohne besondern Nachtheil gesammelt.

Die 1. **Gruppe:** *Lineae* (*Lineae De C., Linieae Alior*), welche früher nur 2 Gattungen, *Linum* und *Radiola* enthielt, hat **Reichenbach** hierher gezogen und mit Recht in mehre Gattungen getheilt. *Radiola* ist geblieben. *Linum L.* ist geschieden in: *Cathartolinum* (*C. pratense Rchb.* [*Linum catharticum L.*], *virginianum* [*L. virg. L.*], *gallicum* [*L. gall. L.*] *corymbulosum R., alternum* [*L. altern. Lam.*], *bicolor* [*L. bicol. Desf.*], *sardoum* [*L. sard. Mill.*] — *agreste* [*L. agr. Brot.*], *tenuifolium* [*L. tenuif. L.*], *suffruticosum* [*L. suffr. L.*], *salsoloides* [*L. salsoloid. De C.*]; *Linum* (*Linum usitatissimum L., humile Mill., hologynum Rchb., diffusum Schrad., inaequale Prsl., strictum L., narbonense L., laeve Scop., Sieberi Rchb., viscosum L., hirsutum L., davuricum Schult.*); *Adenolinum* (*L. austriacum L., marginatum Poir., angustifolium Huds., pallescens Ledeb., perenne L., apicola Rchb., alpinum L., sibiricum De C., pyrenaeum De C., nervosum Waldst. Kit.*); *Linopsis* (*Linum aethiopicum Thnbg., quadrifolium L., africanum L., maritimum L., corymbosum Poeppig.*); *Xantholinum* (*Linum nodiflorum L., campanulatum L., capitatum Kit., flavum L., arboreum L.*); *Macrolinum* (*Linum trigynum Sm.*).

Gattung: *Linum Reichenb.* Lein, Flachs.
(*Pentandria, Pentagynia Syst. Linn.*)

Kelch 5blättrig. Blumenkrone 5blättrig. Staubgefässe 5, mit 5 Rudimenten steriler Staubgefässe, die mit jenen abwechseln, zu einem Ringe am Grunde monadelphisch verwachsen. Griffel 5 mit kugelförmig verdickten Narben (von der Farbe der Blume). Staubbeutel zur Blütezeit horizontal aufliegend. Kapsel 5fächerig, jedes Fach wiederum 2fächerig, 2spitzig.

1. Art: *Linum usitatissimum L.* Gemeiner Lein oder Flachs.

Einjährig, kahl; Stengel aufrecht; Blätter zerstreut, lanzettlich-linealisch; Kelchblätter eiförmig, zugespitzt, randhäutig, fast wimperig, von der Länge der Kapsel; Blumenblätter verkehrt-eirundlich, gekerbt.

Diese ursprünglich wahrscheinlich im Oriente und in Südeuropa einheimische Pflanze, wird fast durch ganz Europa im Grossen angebaut. Die kleine Wurzel ist dünn spindelförmig, geschlängelt und mit einigen Fasern besetzt. Stengel 2—3 Fuss hoch und bei cultivirten Pflanzen auch höher, dünn, doch ziemlich steif, stielrund, bisweilen nach oben etwas ästig. Blätter $\frac{1}{2}$—1 Zoll lang, 1—2$\frac{1}{2}$ Linien breit, die untern spitzig, die obern zugespitzt, sämmtlich 3nervig. Blüten end- und den Blättern gegenständig, alle zusammen eine lockere Rispe bildend, vor dem Aufblühen überhängend, nur während des Sonnenscheins offen. Kelchblätter eiförmig, 3nervig, zugespitzt und stachelspitzig, etwas fransig-wimperig, die beiden äussern etwas schmäler. Blumenblätter weit grösser als der Kelch und nebst den Staubgefässen und den keulenförmigen Narben schön hellblau. Kapsel kugelrundlich, undeutlich 5seitig, beim Aufspringen ziemlich geschlossen bleibend, wesshalb man diese Art auch Schliess-Lein oder Dresch-Lein nennt. Samen eiförmig, stark zusammengedrückt, spitzig, etwas gebogen, glatt, gelblichbraun. — Eine Abänderung, welche von vielen Botanikern für eine selbstständige Art gehalten wird, *Linum humile Mill.* (Hayne Arzneigew. B. S. t. 17.) hat grössere und längere gestielte Kapseln, welche leicht und mit einem Geräusche aufspringen, wesshalb man dieselbe auch Spring-

Lein oder Klang-Lein nennt. Sie unterscheidet sich auch ausserdem noch durch folgende standhafte Kennzeichen. Der dickere Stengel bleibt stets niedriger und ist nach oben ästiger; die Blätter sind im Verhältniss zur Länge etwas breiter, die Kelchblätter mehr elliptisch und fast 3mal kürzer als die Kapsel, die Blumenblätter ziemlich abgestutzt-zurückgedrückt und ganzrandig, so wie auch nebst den Staubgefässen gesättigt blau. — Von diesen beiden Abarten sind die Samen, Leinsamen, *Semina Lini*, officinell. Sie schmecken schleimig, etwas bitterlich, nicht angenehm, enthalten Schleim und austrocknendes fettes Oel (Leinöl, *Oleum Lini*, das durch Schlagen oder Auspressen aus ihnen gewonnen wird), ausserdem Kleber, Eiweissstoff und etwas Harz. Sie wirken beruhigend, erweichend und einhüllend und sind seit den ältesten Zeiten im Gebrauche. Man wendet sie an gegen alle Arten der Entzündungen und zwar sowol die Abkochung der ganzen Samen, welche sehr schleimig ist, innerlich und äusserlich zu Gurgelwässern, Augenwässern, Einspritzungen, Klystiren, als auch die zerstossenen Samen (Leinsamenmehl, *Farina Seminum Lini*) zu Umschlägen bei Wunden, entzündeten Geschwüren und Geschwülsten. Das Leinöl, *Oleum Lini*, macht häufig einen Bestandtheil von Pflastern, Salben und Balsamen. Häufig wird es seiner austrocknenden Eigenschaft halber zur Bereitung von Leinölfirniss gebraucht. — Durch besondere Behandlung erhält man aus den Bastfasern den Flachs und webt aus den gesponnenen Fäden die Leinwand, welche bei chirurgischen Behandlungen sowol ganz, als auch zu Fäden zerzupft, als Charpie, unentbehrlich ist.

*Cathartolinum pratense Rchb. (Linum catharticum L.)* Purgir-Lein, unterscheidet sich als Gattung durch kleinköpfige Narben und aufrechte Staubbeutel. Es ist ein auf grasreichen Triften und Wiesen durch ganz Europa ziemlich gemeines einjähriges Pflänzchen mit am Grunde etwas niedergebogenen, dann aufrechten, schlanken und fadenförmigen, doch ziemlich steifen Stengeln, welche 4 Zoll bis 1 Fuss hoch werden und oben abstehend gabelspaltig sind. Blätter gegenständig oder ziemlich gegenständig, die obern oft einzeln, verkehrt-eiförmig, an der Spitze abgerundet, einnervig, 2—3½

Linien lang, und die obern auch gegen 5 Linien lang, die obersten jedoch wieder kleiner lanzettlich und spitzlich. Blüten einzeln in den Astachseln oder Gabelspalten und an den Enden der Aeste auf feinen Stielen und vor dem Aufblühen überhängend. Kapsel fast kugelrund, gespitzt, von der Länge des Kelchs. — Sonst war das Kraut oder vielmehr das ganze niedliche Pflänzchen als *Herba Lini cathartici* als Purgirmittel gebräuchlich. — Man hat es in neuern Zeiten auch wiederum als besonders wirksam gegen Würmer empfohlen. Es hat einen bitterlichen, etwas salzigen und unangenehmen Geschmack.

## Reihe 1. Lindenblütler: *Tiliiflorae.*

### 129. Familie: Lindengewächse: *Tiliaceae.*

Diese Familie zerfällt in folgende 3 Gruppen: 1. *Tiliariae.* 2. *Elaeocarpeae.* 3. *Dipterocarpeae.*

3. Gruppe: *Dipterocarpeae.* (*Dipterocarpeae Blum.*) Bäume mit harzigem Safte, abwechselnden, vor der Entwickelung zusammengerollten Blättern und abfallenden gerollten Nebenblättern. Blüten gross, Trauben oder Rispen bildend. Kelch röhrig, 5lappig, die Lappen in der Knospe übereinanderliegend. Blumenblätter 5, hypogynisch, frei oder am Grunde sehr wenig und unregelmässig polyadelphisch verwachsen Antheren angewachsen oder auch aufrecht, pfriemenförmig, 2fächerig, der Länge nach an der Spitze sich öffnend. Fruchtknoten frei, ohne Scheibe (*Discus*, *Torus*, *Pulvinar*), wenig-fächerig, mit paarweis hängenden Eichen und einem Griffel mit einer einfachen Narbe. Frucht lederartig, einfächerig, 3klappig oder nicht aufspringend, von dem ausgebreiteten Kelche umgeben, einen Samen ohne Eiweisskörper enthaltend. Samenlappen gedreht und verworren oder ungleich und schief aufeinanderliegend; Würzelchen nach oben gerichtet. Die meisten Arten dieser Gruppe, 27, sind in Ostindien einheimisch, nur 2 wachsen in Afrika, in Sierra Leone. Sie enthalten sämmtlich ein balsamisches Harz, bei den meisten Arten in grosser Quantität, ferner ein ätherisches Oel und in den Samen auch ein talgartiges, fettes Oel und bei der gleich zu erwähnenden Art auch ausgebildeten Kampher, bald in fester, bald in flüssiger Gestalt. — Das Harz wird wie das der Nadelhölzer in jeder Beziehung benutzt, das vegetabilische

Talg fast wie das thierische und der Kampher wie der gewöhnliche Kampher.

Gattung: *Dryobalanops Gaertn.* Kampherölbaum.

(Stelle im Syst. Linn., wegen unzureichender Bekanntschaft mit den Blüten noch unermittelt.)

Kelch 5spaltig, alle Zipfel zu breiten zurückgeschlagenen Flügeln auswachsend. Blumenblätter 5. Staubgefässe unbekannt. Kapsel 3klappig einsamig.

1. Art: *Dryobalanops Camphora Colebr.* Kampherölbaum von Sumatra. Ein schöner und grosser, oft über 100 Fuss hoher Baum auf Sumatra und Borneo. Der Stamm wird über 5 Fuss im Umfange dick. Die Aeste sind bräunlich und kahl. Blätter wechselständig, doch die untersten jedes Zweigtriebes fast gegenständig, kurzgestielt, eiförmig, lang- und stumpf-zugespitzt, 3—7 Zoll lang, 1—2 Zoll breit, ganzrandig, stark fiedernervig, kahl. Nebenblätter paarig, pfriemenförmig, hinfällig. Blüten achselständig, übrigens aber fast noch unbekannt. Kapsel gegen 2 Zoll lang, eiförmig, kurzgespitzt, holzig, faserig, feingestreift und längsfurchig, braun, am Grunde von der vergrösserten halbkugelrundlichen Röhre des Kelchs umgeben, von welcher noch die 5 grossen, länglich-spatelförmigen stumpfen 2½—3 Zoll langen, steifen, etwas zurückgebogenen flügelartigen, braunen Zipfel ausgehen. Die eiförmigen Samen riechen stark terpentinartig. — Im Innern der Stämme befindet sich in eignen Behältern oder Höhlungen bei jungen Bäumen viel ölförmiger, bei alten Bäumen vollkommen ausgebildeter, fester Kampher von ausgezeichneter Güte, welcher in Ostindien als Kampher von Sumatra und Borneo-Kampher weit höher als der gemeine K., v. *Camphora officinarum C. Bauh.* stammend, geschätzt wird und in neuester Zeit auch als vorzüglichste Waare nach Europa gelangt ist. Die Chinesen und Japanesen bezahlen ihn mit einem 40mal höhern Preise als den gemeinen K. — Man sammelt ihn, indem man in ältere Stämme in einer Höhe von 12—18 Zoll über dem Boden durch Beilhiebe beträchtliche Einschnitte macht; fliesst durch dieselben Kampheröl aus, so wird es in Gefässen von Bambusrohr aufgesammelt und so als Heil-

mittel gebraucht oder durch eine zweckmässige Sublimation in festen Kampher verwandelt. Fliesst aber kein Kampheröl hervor, so wird der ganze Stamm gefällt und zerspalten, wo man dann den festen Kampher in den Höhlungen oft in armsdicken Klumpen, im Ganzen aber in einem Stamme 10 — 20 Pfund vorfindet. Die verwundeten Bäume enthalten oft nach wenig Jahren gleichfalls festen Kampher. Die Vorzüge, welcher dieser Kampher, den man zuvor reinigt, vor dem gewöhnlichen K. hat, sollen darin bestehen, dass seine Bestandtheile inniger gemischt und mit einander verbunden sind, dass er sich weit weniger an der Luft verflüchtigt, dass er beim Raffiniren oder Reinigen einen veilchenähnlichen feinen Geruch verbreitet; in medicinischer Hinsicht soll er zwar langsamer, aber dafür auch gleichmässiger und anhaltender wirken.

*Vateria indica L.* Ein grosser Baum Malabars und der ostindischen Halbinsel, dessen Stamm oft einen Umfang von 16 Fuss hat. Aus seiner Rinde fliesst entweder freiwillig oder nach Verwundungen ein heller durchsichtiger wohlriechender, scharf und gewürzhaft bitter schmeckender Balsam, welcher zu einem blassgrünlich-gelben oder dunkel-bernsteingelben, brüchigen Harze verhärtet und so eine Sorte des Ostindischen Kopals liefert.

*Shorea robusta Roxb.* Ein über 30 Fuss hoher Baum im nördlichen Ostindien, welcher durch Ausflüsse aus seiner Rinde in reichlicher Menge einen an der Luft erhärtenden Harzsaft liefert, der als Dammarharz in den Handel gelangt.

*Dipterocarpus laevis Ham.* Ein sehr hoher Baum mit einem geraden und dicken Stamme, in Bengalen und der ostindischen Halbinsel. Er enthält sehr vielen harzigen Saft, nicht selten ein Baum gegen 100 Maass. Man gewinnt denselben, indem man in den untern Theil des Stammes grosse Löcher einhaut, dann die Stämme bis zu diesen Löchern verkohlt, wodurch er schnell hervorfliesst. Der erhaltene Balsam ist in Ostindien als *Wood-oil* häufig als äusserliches Arzneimittel und zur Bereitung eines vortrefflichen Firnisses im Gebrauche. — Auch die übrigen Arten der Gattung *Dipterocarpus* enthalten balsamische oder flüssige Harze, welche verschiedene arzneiliche und technische Anwendungen finden.

Von der 2. Gruppe: *Elaeocarpeae* (*Elaeocarpeae Juss.*), deren Arten in Ostindien, wenige in Neuholland und Neu-Seeland sich finden, ist keine Art in Europa in Anwendung.

1. Grupe: *Tiliariae* (*Tiliaceae Kunth*). Bäume, Sträucher und Kräuter mit wechselständigen einfachen Blättern und gepaarten Nebenblättern. Blütenstiele ein- oder mehrblütig, mit Deckblättern versehen, blattachselständig oder an den Enden der Zweige, aber auch den Blättern gegenständig. Kelch tief-4- oder 5theilig, gefärbt und abfallend, die Abtheilungen in der Knospe klappenartig neben einander liegend. Gewöhnlich so viel Blumenblätter als Kelchabtheilungen, mit einander abwechselnd, hypogynisch, nicht verwachsen, selten länger als der Kelch, noch seltener fehlend. Staubgefässe meist in unbestimmter Anzahl, frei oder am Grunde nur schwach verbunden, Antheren oval oder rundlich, aufliegend, mit 2 parallelen, der Länge nach sich öffnenden Fächern. Fruchtknoten aus 2—6, doch auch bis 24 gewöhnlich innig verwachsenen vieleiigen Karpellen bestehend, kurzgestielt und am Stiele (*Gynophorum*) von 4—5 Drüsen umgeben; Griffel mit eben so vielen Narben als Fächer im Fruchtknoten vorhanden sind, selten auch die Narben wie die Griffel ganz verwachsen. Frucht: eine mehrfächrige Kapsel, Nuss oder Steinfrucht; die Kapseln in der Mitte der Fächer oder an den Scheidewänden sich öffnend. Samen gewöhnlich mehre in einem Fache, aufrecht, mit einem aufrechten oder seltner gestürzten Embryo in der Achse des fleischigen Eiweisskörpers und mit blattartigen Samenlappen. — Die Tiliarien, von denen man über 250 Arten kennt, kommen fast zur Hälfte in den Ländern zwischen den Wendekreisen vor, die übrigen aber finden sich in den Ländern der gemässigten Zone aller Erdtheile. Asien enthält über 120, Amerika gegen 90, Afrika gegen 50, Australien 6 und Europa blos 5 Arten (und zwar nur Linden, von denen aber manche Autoren, je nach den verschiedenen Ansichten von Arten und Abarten auch mehre annehmen). — Sie enthalten vorwaltend Schleim und dann Gerbstoff, bisweilen auch gewürzhaft-bittere oder harzige Stoffe und in den, gewöhnlich wohlriechenden Blüten auch etwas ätherisches Oel. In den Samen findet sich auch etwas fettes Oel. Als Arzneimittel sind sie nur von geringer Bedeutung.

Gattung: *Tilia Tournef.* Linde.
*(Polyandria, Monogynia Syst. Linn.)*

Kelch 5blättrig (bisweilen nur tief 5theilig), abfallend. Blumenblätter 5, entweder am Grunde mit einer blumenblattartigen Schuppe (entstanden aus einem veränderten Staubfaden oder Träger ohne Staubbeutel) versehen oder daselbst nackt. Zahlreiche Staubgefässe entweder am Grunde etwas und zwar zu 5—6 Bündeln verwachsen (polyadelphisch) oder vollkommen frei. Fruchtknoten kugelig, zottig, 4—5fächrig, mit 2eiigen Fächern. Kapsel (eigentl. Nuss) lederartig, nicht aufspringend, und durch das Fehlschlagen mehrer Eichen, deren Fächer fast ganz verschwinden, nur 1 oder 2samig und einfächrig. — (Grosse Bäume mit ungetheilten sägerandigen Blättern. Nur bei den ausser Deutschland wildwachsenden Arten findet sich eine aus 5 Schuppen oder blumenbattartig gewordenen Staubfäden gebildete Stempelhülle oder ein innerer Kranz; hinter jeder Schuppe befindet sich ein Bündel schwachverwachsener Staubgefässe. Nach dem Mangel oder dem Vorhandensein dieser Stempelhülle wird die Gattung in 3 Abtheilungen gebracht.)

A. Mit am Grunde nackten Blumenblättern oder ohne Stempelhülle.

I. Art: *Tilia grandifolia Ehrh.* Grossblättrige Linde, Sommer- oder Frühlinde, Wasser- oder holländische Linde.

Blätter am Grunde ungleich-herzförmig, auf beiden Flächen gleichfarbig (grün) und flaumhaarig, stärker jedoch auf der untern oder daselbst zottig-flaumhaarig, in den Aderwinkeln stark graubraun gebartet; Blütenstiel eine einfache, meist nur 3blütige Trugdolde und ein Deckblatt tragend, das bis zur Basis des Blütenstiels herabläuft; Zipfel der Narben aufrecht, fast einwärts gebogen; Kapseln mit 4—5 deutlichen, bis in die Spitze verlaufenden Riefen. *(Syn.: Tilia platyphyllos Scop. — T. europaeae var. β, δ, ε Linn. — T. pauciflora Hayn. Arzn. 3 t. 48. — Winkl. Arzneigew. Deutschl. t. 171. — Tilia mollis Spach Revis. Tiliar. in Annal. des sc. nat. 1834. Tom. II. pag. 331.)*

Dieser stattliche Baum wächst in den Ländern des südlichen und mittlern Europas in den Wäldern und findet sich nicht selten angepflanzt. Er wird 60 — über 100 Fuss hoch. Aestchen und Blattstiele sind in der Jugend zottig-weichhaarig, werden später aber fast kahl. Diese Linde hat unter den deutschen die grössten Blätter, und zwar von 3½ — 6 Zoll Länge und einer ziemlich eben solchen Breite; sie sind schief herzförmig, sägerandig, mit ziemlich ungleichen kurz stachelspitzigen Sägezähnen, nach vorn plötzlieh in eine ganzrandige Spitze zugeschweift, auf der Oberfläche dunkelgrasgrün und mit kurzen Härchen auf dem Verlaufe der Adern besetzt, auf der Unterfläche blässer grasgrün, mit kurzen weichen Haaren und in den Aderwinkeln mit einem Bärtchen von dichtern Haaren besetzt. Die Trugdolde (vielleicht richtiger Doldentraube) besteht aus 2—4 blass citrongelben ziemlich grosen und weit grössern Blüten als bei den andern deutschen Linden, mit einem starken angenehmen Geruche. Die länglich-lanzettlichen, spitzigen, gelblichen Kelchblätter sind am Rande und auf der Innenseite weichhaarig und innen am Grnnde mit einem Bärtchen seidenartig glänzender Haare besetzt. Die länglichen, stumpfen, vorn etwas gekerbten, nach dem Grunde verschmälerten Blumenblätter sind blässer gelb als der Kelch. Auf dem dicht seidenhaarigen Fruchtknoten stehen die Zipfel der Narbe aufrecht oder etwas einwärts gekrümmt. Die lederige Kapsel oder richtiger Nuss, da sie nicht aufspringt, ist elliptisch-rundlich, im reifen Zustande mit 4 oder 5 deutlichen Längsriefen durchzogen und aussen filzig. Der Griffel fällt schon kurz nach dem Verblühen ab.— Diese Linde ändert mehrfach ab und *Host* hat diese Abänderungen als Arten aufgestellt.

2. Art: *Tilia parvifolia Ehrh.* Kleinblättrige Linde, Stein- oder Berg-Linde, Spät- oder Winterlinde.

Blätter schief, rundlich-herzförmig, zugespitzt, auf beiden Flächen kahl, auf der Oberfläche grassgrün, auf der Unterfläche meer- oder graugrün und in den Aderwinkeln mit röthlichbraunen Bärtchen besetzt; Blütenstiel eine 5—7 blütige Trugdolde und ein längliches Deckblatt tragend, das nur bis unter die Mitte des Blattstiels herabläuft; Zipfel der Narben zuletzt wagrecht auseinanderstehend; Kapseln schief-rundlich-oval, am Grunde etwas birnförmig verschmälert und schwach und undeutlich 4—5kantig. *(Syn.: Tilia sylvestris Desf. — T. microphylla Vent. Diss. t. 1. f. 1.— T. europaea L. var. γ. Fl. dan. t. 571 Hayn. Arzn. 3. t. 49. Winkl. Arzneigew. Deutschl. t. 170 f. B.)*

Diese Linde, welche mehr in den Wäldern des mittlern und nördlichen Europas wächst, wird weniger hoch als die vorige und blüht mindestens 14 Tage später. Sie ist in allen ihren Theilen kleiner; die Blätter werden nur $1\frac{1}{2}$—$3\frac{1}{2}$ Zoll lang und $\frac{3}{4}$ — 3 Zoll breit. Die Trugdolde besteht aus 5—7, oft auch noch mehrern, bisweilen sogar 12, kleinern weissgelben Blüten, die minder stark, oft auch sehr schwach riechen. Die Deckblätter sind länglich, fast gleichbreit, nur unten verschmälert und ungleich, vorn stumpf; sie gehen nicht ganz am Blütenstiel herab, sondern endigen meist ziemlich entfernt, etwa $\frac{3}{4}$ — 1 Zoll vom Grunde des Blütenstiels. Die gelblichen, länglichen, spitzigen, concaven Kelchblätter sind auf der Innenseite zart weichaarig und tragen innen am Grunde ein seidenhaariges Bärtchen. Blumenblätter spatelig-lanzettlich, vorn fein gekerbt. Fruchtknoten fast kugelrund, dicht seidenhaarig-zottig; der Griffel bleibt noch lange nach dem Verblühen auf der Frucht stehen. Die Zipfel der anfangs rundlichen, später 5lappigen Narbe sind kurz und stehen wagrecht ab. Die erbsengrossen Nüsse sind entweder gerade- oder schief-rundlich-oval, am Grunde birnförmig verschmälert, nur undeutlich 5kantig und mit erhabenen Riefen belegt, aussen schwach filzig.

Gewöhlich nimmt man jetzt an, dass aus beiden vorstehenden Arten sich die folgende als Bastardform erzeugt habe; doch erklären sie auch bedeutende Botaniker für eine eigne Art, als welche wir sie hier aufnehmen.

3. Art: *Tilia intermedia DC.* Gemeine Linde.

Blätter herzförmig, zugespitzt, sägerandig, auf beiden Flächen kahl, nur in den Aderwinkeln auf der Unterfläche bärtig, doppelt länger als die Blattstiele; Blütenstiele vielblütig; Narben zusammengeneigt; Kapseln oder Nüsse länglich (nicht schief-rundlich) und birnenförmig, meist 2samig. (*Syn.: Tilia europaea L. var. α. — T. vulgaris Hayn. Arzneig.* 3. *t.* 47. *Winkl. Arzneig. Deutschl. t.* 170 *f. A.*)

Diese Linde findet sich häufig in den Wäldern des mittlern und nördlichen Europas und an den Landstrassen u. s. w. angepflanzt. Sie ist der Spätlinde sehr ähnlich, hat aber etwas grössere Blätter, die auf verhältnissmässig kürzern Stielen stehen. Die blasscitrongelben Blüten öffnen sich 14 Tage früher und also mit denen der Sommerlinde zugleich, deren starken angenehmen Geruch sie gleichfalls besitzen; sind aber in den meisten Stücken denen der Spätlinde ähnlich; nur hat gewöhnlich, doch nicht immer, der Griffel die Länge der Staubgefässe, während er bei der Spätlinde kürzer ist. Auch sind die 5 Zipfel der Narbe ziemlich aufgerichtet und am Rande aufgetrieben. Die kugelig-ovalen etwas länglichen Früchte sind regelmässig, nicht schief.

Wegen des kräftigen angenehmen Geruches zieht man zur Arznei die Blüten dieser Art vor, wenngleich auch häufig von den übrigen Arten und Abarten die Blüten genommen werden.— Man sammelt gewöhnlich mit den Blüten zugleich die weissgelben Deckblätter als *Flores Tiliae s. Tiliae europaeae*, was nicht geschehen sollte, da die Deckblätter schwächer und anders wirken.

*Herberger* hat neuerdings Blüten und Decklätter ihren Bestandtheilen nach untersucht und folgendes Resultat erhalten.

| Bestandtheile | der Blüten, | der Deckblätter. |
|---|---|---|
| Wasser - - - - - - - - - - | 73,8 | 77,0 |
| Aetherisches Oel - - - - - - | 0,1 | — |
| Chlorophyll u. Fett - - - - - | 0,2 | 0,5 |
| Anthoxanthin - - - - - - - - | 0,9 | 0,5 |
| Antholeucin - - - - - - - - | 1,2 | 0,7 |
| Eisengrünender Gerbstoff - - | 0,2 | 0,6 |
| Zucker u. äpfelsaures Kali - | 2,9 | 0,9 |
| Saures weinsaures Kali - - | 0,2 | 0,1 |

| | | |
|---|---|---|
| Cerin - - - - - - - - - - | 0,3 | Spuren |
| Fett - - - - - - - - - - - - | 0,5 | 0,3 |
| Eiweiss - - - - - - - - - - | 0,4 | 0,3 |
| Pflanzenleim - - - - - - - - | 0,2 | 0,2 |
| Cerasin (Arabin) - - - - - | 0,1 | 0,4 |
| Traganthin (Pectin) - - - | 3,4 | 1,4 |
| Bitterlicher u. saurer Extractivstoff | 0,7 | 1,4 |
| Pflanzensaures Kalksalz - - | 0,3 | 0,3 |
| Faser u. Asche - - - - - - | 13,6 | 16,5 |
| | 100,0 | 100,0 |

Die Lindenblüten, welche durchs Trocknen viel von ihrem angenehmen Geruche verlieren, schmecken fade und süsslich-schleimig; sie wirken vorzüglich gelind schweisstreibend, gelind reizend und krampfstillend. Man wendet sie gewöhnlich entweder für sich allein oder mit andern Theespecies als Theeaufguss an bei leichten katarrhalischen und rheumatischen Anfällen. Das Holz der Linden benutzt man gewöhnlich zur Bereitung der officinellen Lindenkohle, *Carbo Tiliae*. Sonst wendete man auch bisweilen die Blätter und die sehr schleimhaltige innere Rinde der Linden, *Folia et Cortex interior Tiliae* als Arzneien an; jetzt ist beides obsolet.

Die sehr schöne in Ungarn und im südöstlichen Europa einheimische Linde, die *Tilia argentea Desf.*, deren grosse Blätter unterseits weissfilzig und deren Blüten, von denen 7—30 in einer Trugdolde stehen, sehr angenehm riechen, und die häufiger angepflanzt zu werden verdient, — ist die einzige europäische Art, welche zur zweiten Abtheilung gehört.

B. Mit einer Stempelhülle am Grunde der Blumenblätter, die aus Staminodien gebildet wird.

4. Art: *Tilia argentea Desf.* Silberblättrige Linde.

Blätter ungleich-herzförmig, kurzgespitzt, scharfgesägt, unterseits weissfilzig; Trugdolde dicht, 7—30blütig; Blumenblätter an der Spitze kleingekerbt mit spatelig-verkehrteiförmigen, fast ganzrandigen Schuppen (Staminodien) am

Grunde, die halb so lang sind als die Blumenblätter; Kapseln oder Nüsse eirund-kugelförmig, 5riefig. *(Syn.: Tilia alba Waldst. et Kit. pl. rar. Hungar.* 1. *t.* 3. [*non Michx. et Ait.*] *Tilia tomentosa Mnch.)*

Die Blüten, welche man im südöstlichen Europa ganz so wie von den vorigen Arten benutzt, enthalten weit mehr Schleim, weshalb sie, nachdem man sie getrocknet hat, hornartig erscheinen.

## 128. *Fam.* Theegewächse: *Theaceae.*

Sträucher und Bäume, deren Zweige und Blätter zum Theil gegenständig, bei wenigen auch quirlständig sind. Die Blätter sind am Blattstiele eingelenkt, bei vielen lederartig, meist sägerandig. Die Blüten, welche meist zwitterig, nur bei wenigen polyagamisch sind, stehen in den Achseln oder am Ende, einzeln oder zu mehren beisammen, traubig, trugdoldig und rispig. Die Früchte sind 3—4- oder auch 5—7fächrige Kapseln mit Scheidewänden in der Mitte der Klappen, oder trockne Steinfrüchte mit 1—2fächrigem Steinkerne, oder lederartige geschlossene Kapseln, oder unregelmässig aufspringend oder regelmässig fachtheilig.

Gruppe 3: *Ternstroemiaceae (Fam. Ternstroemiaceae DC.).*

Bäume oder Sträucher mit stielrunden Aestchen, zerstreuten einfachen und gewöhnlich ganzen, lederartigen, immergrünen Blättern ohne Nebenblätter. Die regelmässigen zwitterigen oder polygamischen Blüten stehen einzeln oder gehäuft in den Blattachseln oder in endständigen Trauben und Rispen. Kelchblätter 5 oder 7, concav, lederartig, in der Knospe geschindelt; Blumenblätter 5—9, frei oder an ihren Nägeln mit einander verbunden, in der Knospe gedreht oder geschindelt. Staubgefässe äusserst zahlreich, den Blumenblättern am Grunde anhängend und entweder fast monadelphisch oder polyadelphisch. Staubbeutel angewachsen oder aufliegend, mit 2 parallelen Fächern, welche entweder der Länge nach, oder am Ende lochartig sich öffnen. Fruchtknoten aus 2—7 dichtverwachsenen Karpellen bestehend,

2—7fächrig. Die zahlreichen Eichen befinden sich am innern Winkel der Fächer aufrecht oder hängend. 2—7 Griffel, frei oder mit einander verwachsen. Die 2—7fächerige Kapsel öffnet sich mit 2—7 Klappen oder ist lederig-fleischig und bleibt geschlossen; in jedem Fache befinden sich nur wenige oder einzelne Samen ohne Eiwiss oder es ist dasselbe nur gering; der gerade, gebogene oder zurückgeschlagene Embryo hat ein gegen den Nabel gekehrtes Würzelchen und grosse, ölige Samenlappen.

Gattung: *Thea (Kaempf.) Linn.* Theestrauch.
*(Polyandria, Monogynia Syst. Linn.)*

Kelch 5—6blättrig. Blumenkrone 6—9blättrig, mit in 2 oder 3 Reihen stehenden Blumenblättern. Staubgefässe zahlreich am Grunde zu einer kurzen Röhre zusammenhängend Staubbeutel rundlich. Kapsel 3fächrig, 3samig, meist in 3 Klappen aufspringend.

1. Art: *Thea chinensis Sims.* Chinesischer Theestrauch.

Blätter lanzettlich, elliptisch-länglich oder verkehrteirund-länglich, sägerandig; Blüten aufrecht, fast einzeln in den Blattachseln; Kelchblätter 5, doch auch 6; Kapseln überhängend.

Man kennt mehre Abarten, die auch von manchen Botanikern für eigene Arten angenommen werden.

*α. Thea viridis Linn.* Grüner Theestrauch. Mit verschieden gebogenen Aesten, flachen, wenigstens 3-mal so langen als breiten, verkehrt-eirund-lanzettlichen oder verkehrt-eirund-länglichen Blättern mit geraden Blattstielen, etwas grössern, häufig 8—9blättrigen Blumen und mehr niedergedrückten Früchten. *(Hayn. Arzneig. 7. t. 29.)*

*β. Thea Bohea. Linn.* Brauner Theestrauch. Mit aufwärts gebogenen und desshalb unten fast buckeligen Blattstielen, mit nur 2mal so langen als breiten unebenen Blättern, die mehr ins Verkehrteirunde gehen, mit meist 6-blättrigen Blumen und fast 3lappig-birnförmigen Früchten. *(Syn.: Thea Bohea α laxa Ait. Hayn. Arzn. 7. t. 28.)*

γ. *Thea stricta Hayn.* Straffer Theestrauch. Mit geraden, steifen Aesten, mit schmalen, steifen und noch kürzern Blättern auf geraden Blattstielen, mit meist kleinern, 6blättrigen Blumen und mit 3lappig-birnförmigen Früchten.

Dieser 20 bis 30 Fuss hohe in China und Japan wachsende Strauch, wird daselbst in der Cultur nur 5—6 Fuss hoch gehalten. Er hat viele gerade oder auch verschieden gebogene Aeste. Die Blätter ändern, wie oben angegeben, in der Form, doch ebenso auch in der Grösse von 2—6 Zoll Länge, und 9—20 Lin. Breite; sie sind lederig, immergrün, glänzend und stehen auf kurzen halbrunden Stielen; in der Jugend sind sie etwas weichhaarig, später ganz kahl. Die kurzgestielten Blüten stehen einzeln an den Enden der Aeste oder zu 2 und 3 in den obern Blattachseln; sie sind weiss, schwach aber angenehm riechend, 10—12 Lin. breit. Kelchblätter eirund, grün oder auch bisweilen braungerandet. Blumenblätter gewöhnlich 6, bisweilen 5, 7, 8 oder 9, in 2 Reihen, bei 9 in 3 Reihen oder Kreise gestellt; die äussern verkehrt-eiförmig, zugerundet, die innern länger, fast rhombisch-eiförmig zugerundet. Die zahlreichen Staubgefässe sind kürzer als die Blumenblätter; auf den fadenförmig-pfriemlichen Staubfäden stehen grosse, rundlich-herzförmige, 2fächerige, gelbe Staubbeutel. Der eirundliche, zottig-behaarte Fruchtknoten hat einen 3spaltigen kahlen Griffel mit einfachen stumpfen Narben. Die Kapsel ist rundlich-3lappig, ziemlich birnförmig, kahl, glatt oder etwas chagrinirt, grünlichbraun; sie hat gewöhnlich 3, doch auch nicht selten 2 oder 4 Fächer, von denen jedes Fach 2 Samen enthält; häufig ist nur ein Fach ausgebildet und die andern sind verkümmert. Die grossen rundlichen oben mit einer stumpfen Kante versehenen Samen sind braun, am Nabel ochergelb, nussartig mit einer holzigen Schale bedeckt.

Die Blätter dieses Strauchs sind der bekannte Grüne und Braune Thee. Die zahlreichen Theesorten entstehen sowohl durch bie Verschiedenheit der Theesträucher, des Bodens, der Gegend, des Alters der Blätter und der Sträucher, der Einsammlungszeit und besonders durch das verschiedene

Verfahren beim Trocknen der Blätter. In manchen Gegenden Chinas sammelt man im Verlaufe eines Jahres die Blätter 4mal, in andern blos 2mal. Die erste Ernte, welche den vorzüglichsten Thee liefert, wird im erstern Falle zu Ende des Februars, die zweite zu Ende Aprils, die dritte im Juni und die letzte, welche die schlechtesten Sorten liefert, im August oder September gehalten. Im 2ten Falle sammelt man zuerst im Frühjahre und zum zweiten Male im Herbste. Durch das verschiedene Verfahren beim Trocknen der Theeblätter entstehen die beiden Hauptsorten, nämlich der Grüne und Braune oder Schwarze Thee, und sie rühren nicht, wie man früher glaubte, von verschiedenen Sträuchern her. Man verfährt beim Trocknen im Allgemeinen folgender Masen, obwol wahrscheinlich auch ausser der grössern oder geringern Sorgfalt, welche man dabei anwendet, noch manche Verschiedenheit und Abänderungen dabei vorkommen mögen. Nach dem sorgfältigen und reinlichen Sammeln und nachdem man bisweilen sogar die Blätter nach ihrer verschiedenen Grösse sortirt hat, taucht man dieselben entweder auf eine kurze Zeit (etwa $\frac{1}{2}$ Minute lang mittelst eigner Siebe) in siedendes Wasser oder setzt sie den Dämpfen desselben aus, bis sie welk geworden sind. Dann breitet man sie auf heissen eisernen Blechen aus und rollt sie allmälig mit den flachen Händen auf verschiedene Weise und in verschiedene Formen zusammen. Nach *Meyer* bedient man sich auch flacher, eiserner, schiefeingemauerter Pfannen, welche erhitzt werden, zum Trocknen. In einigen Gegenden Chinas und bei gewissen Ernten trocknet man die Theeblätter anfangs einige Zeit an der Luft bis sie schon gehörig welk geworden sind und rollt sie dann sogleich auf den heissen Platten zusammen. Jenachdem man nun heisses Wasser oder Dämpfe eine längere oder kürzere Zeit, oder keins von beiden hat auf die Blätter einwirken lassen, jenachdem erhalten sie eine mehr schwarze, braune oder graugrüne Farbe, wenn sie getrocknet sind. — Der Grüne Thee, *Thee vert,* hat eine mehr oder weniger graugrüne Farbe und einen stärkern und angenehmern Geruch als der Schwarze Thee. Die beste Sorte Grünen Thees ist der Kaiserthee (*Thé imperial*), Bing-

bing, Theeblüthe, *Thea caesarea sive Flos Theae*, welche selten ächt im Handel vorkommen mag, da sie für den Kaiser von China und seinen Hof bestimmt ist. Die vorzüglichste Grüne Theesorte, welche in Europas Handel vorkommt, heisst Haysan. Man erhält sie in 4eckigen Kisten von 60 Pfund Gewicht. Sie besteht aus kleinen schmalen Blättern, welche einfach und der Länge nach gerollt sind. In einiger Menge gesehen zeigt dieser Haysanthee eine bläulichgrüne oder bläulichgraue Farbe. Haben sich die Blätter in heissem Wasser entrollt, so sind sie 1 bis gegen 2 Zoll lang, 5—8 Linien breit, eilanzettlich, oberseits kahl, unterseits schwach weichhaarig und fein sägerandig. Hat man den Aufguss bereitet, so muss man ihn eine längere Zeit als bei andern geringern Sorten ziehen lassen, wenn er weniger bitterlich schmecken soll; am besten ist es, ihn anfangs mit einer geringern Menge kochenden Wassers zu übergiessen und diesen ziemlich bittern Aufguss wegzuschütten; der neue Aufguss enthält dann die wohlschmeckenderen Bestandtheile. Der Perlthee oder *Tchi-Thee* ist gleichfalls eine feine, aus zu runden Körnern doppelt zusammengerollten Blättern bestehende Sorte. Die durchs siedende Wasser entrollten Blätter sind kleiner als vom Haysan und weniger grün. Der Schiesspulverthee (*Thé poudre à canon*) oder Aljofar unterscheidet sich fast nur durch die grössere Kleinheit der Körner, die nur etwa die Grösse der Körner groben Schiesspulvers haben Hat man diese Körner durch siedendes Wasser erweicht, so findet man, dass sie nicht aus ganzen Blättern, sondern aus Theilen eines Blattes, deren 3—4 erst ein ganzes Blatt ausmachen, bestehen. Der Geschmack des Aufgusses ist so angenehm wie der von Haysan, aber reizender. — Der Schulang-Thee oder *Tschulan* ist eine theure und geschätzte, dem Haysan sehr ähnliche Sorte von bedeutendem, sehr angenehmen Geruche. Man erhält sie gewöhnlich in kleinen blechernen Dosen oder Büchsehen. — Der Haysanskin Haysans-Utschin ist dem Haysan ähnlich, aber blässer in der Farbe. Diese geringere Sorte von starkem, aber nicht sehr angenehmen Geruche, besteht aus unregelmässig- und ungleich- grob- und schlechtgerollten Blättern. — Der Siglo oder Songlo ist gleichfalls eine schlechtere Sorte und enthält grosse, grobe, schlechtgerollte, grüne und gelbe Blätter. Sie kommt über Canton in länglichen Kisten von 80 Pfnnd Gewicht. — Ausser diesen kommen bisweilen auch noch andere Grüne Theesorten im Handel vor.

Der Braune oder Schwarze Thee unterscheidet sich durch die Farbe, von der er seine Benennung hat; die Blätter sind stets lang und meist nur locker gerollt. Der Aufguss hat eine dunkle bräunliche Farbe und einen starken, bisweilen sehr angenehmen Geschmack. Feinschmekende Theetrinker bereiten ihren Theeaufguss gern aus einem Theile Schwarzen und zwei Theilen Grünen Thees. — Die gewöhnlichste, aber nur eine geringe Sorte ist der Thee-Bou, Boui-Thee oder Bohee. Sie besteht aus grossen, mehr zusammengeschrumpften, als zusammengerollten Blättern und hat eine schwärzlichbraune oder auch schmuzig gelbbraune Farbe und wenig Geruch. Die Blätter entrollen sich im heissen Wasser leicht, sind elliptisch oder lanzettlich, braun, dicker als beim Haysan und mehr lederartig. Der Aufguss hat eine dunkelgelbe, bräunliche Farbe und einen starken zusammenziehenden Geschmack. Die beste Untersorte, welche aus weniger beigemischten Blattstielen, zerriebenen und zerbrochenen so wie ganz schwarzen Blättern besteht, heisst *Toa Kysan*. — Der Peccothee, Peccao, hat einen feinern Geruch und im grünlichgelben Aufgusse bessern Geschmack; er ist im Uebrigen dem Theebou ziemlich gleich. Die mehr schwärzlichgrauen als braunen Blätter sind dichter, der Länge nach gerollt und an den Spitzen mit feinen weisslichen Haaren versehen; häufig finden sich auch sehr junge Blätter darunter, welche feinen silberhaarigen Fäden gleichen. — Eine noch bessere gutgerollte Sorte ist der Sutchang, Saotschan oder Ziou-Zioung; sein Aufguss hat eine bräunlichpomeranzengelbe Farbe und einen angenehmen Geschmack. — Noch vorzüglicher ist der Padre, Patri-Souchang, Patri-Ziou-Zioung. Er wird über Kiachta durch Russland in kleinen Päcktchen oder Dosen von ½ Pfund Gewicht nach Europa gebracht. Die einzelnen Blätter, welche nur sehr wenig gedreht erscheinen, sind gross, breit, gelblichbraun und haben einen feinen angenehmen Geruch. — Ausser diesen Sorten hat man noch viele andere, welche jedoch weniger häufig in Europa vorkommen, mit Ausnahme etwa der hier noch zu nennenden: *Congo* oder *Congso*, *Caper-Congo*, *Paotchang*, *Campu* oder *Camfu* oder *Kampoe*. *)

In Java sind die daselbst angelegten Theepflanzungen so weit gediehen, dass man von da aus bereits grosse Quantitäten ausführen kann und man hat jetzt grüne und schwarze Java-Theesorten in Europa, die nach *Mulders* chem. Untersuchungen in ihren Bestandtheilen nicht verschieden von den asiatischen sind. Unter dem Namen Caravanenthee begreift man solchen meist schwarzen Thee, der durch Russland oder die Türkei zu uns kommt; man hält ihn für besser, weil er der Seeluft nicht ausgesetzt gewesen sei. Die Seeluft schadet dem Thee nichts, wenn nur gut verpackte Waare auf dem Transport vor Nässe und andern schädlichen Einflüssen verwahrt wird.

Da die Theeaufgüsse so sehr häufig als Getränk genossen werden, so benutzt man sie selten als Arznei, ausser um etwa die Haut- und Lungen-Ausdünstung und die Harnabsonderung zu vermehren. Der Thee wirkt gelind adstringirend, aber dabei zugleich eigenthümlich reizend auf das Nerven- und Gefässsystem. Man hat ihn gegen rheumatische und gichtische Leiden, gegen Gries- und Steinkrankheit und vorzüglich auch zur Verminderung der Dickleibigkeit empfohlen. — Durch häufigen und lange fortgesetzten Genuss des Thees als Getränk, wie dies in den höhern Ständen der Fall ist, wird die Reizbarkeit des Nervensystems ungemein gesteigert, die Verdauung aber gestört und geschwächt und dadurch Disposition zu Schleimflüssen und Kachexien ausgebildet.

---

*) Nach *Frank* enthält der Grüne Thee: eisenbläuenden Gerbstoff 34, Gummi 6, Kleber 5, flüchtige Theile und Faser. *Oudry* entdeckte 1827 das *Thëin*.

Die Gruppe 2: *Hippocrateae Juss.* enthält keine in Europa medicinisch angewendeten Gewächse und aus

Gruppe 1: *Celastreae R. Br.* ist nur zu bemerken, dass von *Euvonymus europaeus L.*, dem Gemeinen Spill- oder Spindelbaum, Pfaffenhütchen etc. die sämmtlichen Theile einen unangenehmen Geruch und Geschmack besitzen: innerlich genommen erregen sie Durchfall und Erbrechen. Sonst gebrauchte man die Früchte, *Fructus Evonymi s. Tetragoniae*, äusserlich in Salben gegen Hautausschläge und Ungeziefer. — *Riederer* hat im Oele, das man in der Schweiz und in Tyrol aus den Samen presst, um es in den Lampen zu brennen, ein Subalkaloid, eine bittere harzähnliche Substanz, *Evonymin* von ihm genannt, entdeckt. Es wirkt, wie auch das Spindelbaumöl, *Oleum Seminum Evonymi*, sehr kräftig auf die Ausleerung des Darmkanals.

## 127 *Fam.* Nelkengewächse: *Caryophyllaceae Juss.*

Kräuter, wenige Sträucher und Bäumchen mit knotigen, meist gabelästigen oder 3theiligen Stengeln, die bei sehr wenigen Arten auch klettern und sich winden; Blätter gegenständig, ungestielt und am Grunde scheidig verwachsen oder gestielt, bei wenigen quirlständig oder auch in der zweiten Gruppe wechselständig. Blüten zwitterig, einzeln in den Blattachseln oder an den Zweigspitzen, ferner doldentraubig oder rispig, endlich auch in der dritten Gruppe doldig mit gelenkigen Blütenstielen. Die Frucht ist eine meist einfächrige, selten eine 3fächerige Kapsel und bei *Cucubalus* beerenartig.

Gruppe 3: *Malpighieae* ohne officinelle Gewächse.

Gruppe 2: *Erythroxyleae.*

Kelch 5theilig, bleibend. Blumenblätter 5, innen mit einer längsfaltigen Schuppe versehen. Steinfrucht einsamig. Embryo gerade in der Achse des hornartigen Eiweisskörpers, mit dem Würzelchen nach oben gerichtet.

*Erythroxylum Coca Lam.*. Ein 6—8 Fuss hoher Strauch auf den Bergen von Chincbao und Cuchero in Peru, wo er auch im Grossen gebaut wird. Dem südamerikanischen

Indianer sind die Cocablätter ein Kaumittel, wie der Betel es dem asiatischen ist. Die Cocablätter berauschen aber bedeutend. Man kaut sie in Verbindung mit aus gewissen Gewächsen erhaltener Asche, welche *Ypta* heisst, um den Zufluss des Speichels zu befördern. Wenn die Indianer dieses Mittel in hinreichender Menge genossen haben, so gerathen sie in einen Zustand, welcher sie gegen alle äussere Einflüsse, Witterung, Hunger u. s. w. unempfindlich macht. In dem berauschten Zustande verbergen sie sich ins dunkelste Gebüsch und bringen daselbst bewusstlos oft einige Tage zu. Ausführlicheres in *Poeppigs* Reise in Chili, Peru u. s. w. Bed. 2. d, 209.

Gruppe 1: *Caryophylleae.*

Kräuter mit knotiggeliederten Stengeln und Zweigen, gegenständigen, meist ungestielten, am Grunde scheidig verwachsenen, ganzen Blättern ohne Nebenblätter. Zwitterblüten in regelmässigen, gabelspaltigen Trugdolden oder Büscheln, nur selten einzeln. Kelchblätter 5 oder 4, frei oder nur am Grunde oder zu einer Röhre verwachsen, bleibend. Blumenblätter 5 oder 4, von einem undeutlich-ringförmigen oder einem stielartigen Torus entspringend, benagelt, oft mit Anhängen versehen, in der Knospe geschindelt oder gedreht. Staubgefässe 5 oder 10, also in einfacher oder doppelter Zahl der Blumenblätter. Der gestielte (auf einem *Gynophorum* stehende) 1-, 3- oder 5fächerige, vieleiige Fruchtknoten trägt 2—5 Griffel mit verlängerten, an der Innenseite herablaufenden Narben. Kapsel 1—5fächrig, sich mit ebensovielen oder doppeltsovielen Zähnen oder Klappen fachspaltig öffnend, als Narben vorhanden waren, sehr selten auch deckelartig sich öffnend und bei *Cuçubalus* beerenartig. Samen zahlreich am Mittelsäulchen befestigt, selten einzeln oder in bestimmter Anzahl. Embryo rund um den mehligen Eiweiskörper gekrümmt, selten fast gerade; das Würzelchen gegen den Nabel gerichtet; Samenlappen beim Keimen blattartig. — Die meisten Arten gehören zu den schleimigkühlenden, indifferenten Gewächsen; bei mehren findet sich ein eigenthümlicher seifenartiger Stoff, *Saponin*, meist in

Verbindung mit einem kratzenden Extractivstoffe oder einer krystallinischen Substanz, welche dem Pikrotoxin etwas ähnlich ist. Die Blüten haben bisweilen Wohlgeruch, enthalten einen aromatischen Stoff und sind deshalb gelindreizend.

Gattung: *Lychnis Tournef.* Lichtnelke.

*(Decandria, Pentagynia Syst. Linn.)*

Kelch cylindrisch, keulenförmig oder bauchig, 5zähnig nackt (d. h. ohne Deckblätter am Grunde). Blumenblätter 5, mit langen Nägeln. Staubgefässe 10. Griffel 5. Kapsel halbfünffächrig oder einfächrig, an der Spitze mit 5 oder 10 Zähnen aufspringend.

1. Art: *Lychnis vespertina Sibthorp.* Abend-Lichtnelke, Weisses Marienröschen, Falsches Seifenkraut.

Blumenblätter halbzweispaltig, mit kleinen Anhängen am Grunde der Platte; Blüten 2häusig; Kelch 10streifig, später aufgeblasen und an der Mündung fast geschlossen; Kapsel eirund-kegelförmig mit aufrechten Zähnen; der Stengel unterwärts zottig; die obern Blätter eilanzettlich, verschmälert zugespitzt und nebst den Blütenstielen und Kelchen drüsig-kurzhaarig. *(Syn.: Lychnis dioica β Lin. Lychnis arvensis Roth. Hayne, Arzneigew. 2. t. 3.)*

Diese zweijährige Pflanze wächst auf Feldern, an Zäunen, Waldrändern, an Wegen und Flüssen durch ganz Europa. Die Wurzel ist vielköpfig, langspindelförmig-ästig, ziemlich dick und geht tief in den Boden; aussen ist sie weisslich und geringelt. Die aufrechten oder am Grunde aufwärts gebogenen Stengel haben knotig-aufgeschwollene Gelenke und werden $1\frac{1}{2}$—3 Fuss hoch; sie sind schärflich-weichhaarig oder ziemlich filzig und klebrig. Die untersten elliptischen und spitzigen Blätter sind in einen Stiel verschmälert, die folgenden elliptisch-lanzettlich, fast ungestielt und zusammengewachsen die obersten ei-lanzettlich und lanzettlich; sämmtlich fast 3- oder 5fachbenervt und weichaarig, doch unterseits stärker behaart. Die Blüten stehen einzeln in den Gabeln und am Ende der Aestchen, nicken etwas, sind ziemlich gross und gewöhnlich weiss, Abends sich öffnend und wohlriechend. Die Kelche der männlichen Blüten sind walzig-keulenförmig, fast 10kantig, mit abwechselnd stärkern und rothbraunen Kanten, die der weiblichen sind eirund-länglich, später eirund-kegelförmig und haben 5 stärkere und 15 schwächere Kanten. Die 5 Blumenblätter sind bis zur Mitte der Platte in 2 verkehrt eirund-keilförmige Zipfel gespalten und tragen an der Stelle, wo die Platte in den langen, den Kelch überragenden Nagel übergeht, einen vierspaltigen Kranz. Die eirund-kegelförmige, etwas urnenförmige Kapsel öffnet sich mit 10 aufrechten oder etwas abstehenden Zähnen und enthält viele nierförmige, graue, bekörnelte Samen. — Die Wurzel wird als Weisse Seifenwurzel, *Radix Saponariae albae*, gesammelt und jetzt gewöhnlich nur zu technischen Zwecken angewendet. Sie ist im getrockneten Zustande hellgelblichgrau, runzelig und mit schmalen, gleichbreiten, warzenartigen Halbringen besetzt. Sie schmeckt bitter und schleimig und diente sonst wie die rothe Seifenwurzel von *Saponaria officinalis L.* als Arznei.

2. Art: *Lychnis Githago Scop.* Kornrade.

Rauhhaarig; Blätter fast linealisch; Blüten einzeln, endständig; Kelchzipfel länger als die schwach ausgerandeten, kranzlosen Blumenblätter; Kapsel einfächrig. (*Agrostemma Githago L. Schkuhr, Hndb. t.* 124.)

Von dieser bekannten, auf Gedreitefeldern gemeinen einjährigen Pflanze mit grossen, bläulichrothen Blüten waren sonst die Wurzel und das Kraut, *Radix et Herba Githaginis sive Nigellastri*, und die Samen, *Semen Lolii officinarum*, gebr uchlich Die Samen werden bisweilen mit dem Schwarzkümmel, den Samen von *Nigella sativa L.*, verwechselt.

*Cucubalus bacciferus L.*, eine an Flussufern und feuchten Stellen im Gebüsch wachsende Pflanze mit 2—4 Fuss langen, fast kletternden Stengeln, gab ehedem *Herba Cucubali s. Viscaginis bacciferae sive Alsines bacciferae.*

Von *Silene inflata Sm. (Cucubalus Behen L.)* war die Wurzel sonst als *Radix Behen nostratis* officinell und wurde oft statt der ächten Weissen Behenwurzel, *Radix Behen albi*, von *Centaurea Behen* L. in den Apotheken vorgefunden.

*Silene Otites* Sm. (*Cucubalus Otites* L.) Auf dürren Stellen, Rainen und Triften ♃ wachsend. Die ganze 1—2 Fuss hohe Pflanze war früherhin als *Herba Viscaginis* gegen Wasserscheu im Gebrauche.

*Dianthus Caryophyllus* L. Die Garten-Nelke, welche in Südeuropa auf Rainen und Felsen wächst, lieferte ihre gewürzhaft riechenden Blumenblätter als *Flores Tunicae hortensis sive Caryophylli hortensis s. rubri* in die Apotheken. Von *Dianthus Carthusianorum* L., der Cartheuser-Nelke, waren die Blumen ehedem gleichfalls als *Flores Tunicae sylvestris* officinell.

Gattung: *Saponaria* L. Seifenkraut.
(*Decandria*, *Digynia* Syst. Lin.)

Kelch walzenförmig oder bauchig, 5zähnig, am Grunde nackt. Blumenblätter 5, mit ganzer Platte und einem langen linealischen Nagel, am Schlunde mit 2 borstenförmigen Schuppen. Staubgefässe 10. Griffel 2. Kapsel einfächrig, an der Spitze 4zähnig aufspringend, mit zahlreichen nierförmig-kugeligen Samen.

1. Art: *Saponaria officinalis* L. Gemeines Seifenkraut, Seifenwurz, Speichelwurz.

Stengel aufrecht; Blätter länglich-elliptisch oder fast lanzettlich, nervig; Blüten büschelig-trugdoldig; Kelche walzlich, kahl; Blumenblätter keilförmig, gestutzt, bekränzt. (Taf. 10.)

Diese Pflanze wächst ausdauernd an Wegen, Zäunen, im Gebüsch, besonders an Bach- und Flussufern durch ganz Europa. Die vielköpfige Wurzel kriecht und treibt nach allen Seiten viele 1—3 Fuss lange Ausläufer und Fasern: sie ist übrigens walzenförmig, federkiel- bis fingersdick, gegliedert, aussen röthlich oder röthlichbraun, innen weisslich. Die zahlreichen Stengel sind aufrecht oder vom Grunde aufaufwärts gebogen, $1\frac{1}{2}$—3 Fuss hoch, stielrund, an den Gelenken verdickt, durch kleine Härchen, die besonders nach obenhin bemerklich werden, schärflich, fast einfach und nur oben in einige kurze Blütenästchen getheilt, grün oder häufig purpurröthlich überlaufen. Blätter ungestielt, am Grunde durch eine schmale Leiste zusammengewachsen; die untern, zu einem kurzen Stiele verschmälert, 3—4 Zoll lang, 15—20 Linien breit, elliptisch oder oval-elliptisch, die obern 1½—4½ Zoll lang, nur 6—15 Linien breit, und also schmäler als die untern, mehr lanzettlich; sämmtliche Blätter 3nervig, ziemlich kahl oder mit kurzen Härchen, besonders an den Nerven, unterseits besetzt, grasgrün, am Rande schärflich. Trugdolden 3spaltig, aus 3—9 blütigen Büscheln zusammengesetzt; in den obersten Blattachseln entspringen auch ähnliche Büschel. Deckblätter lanzettlich, zugespitzt, fast häutig. Blüten kurzgestielt, gross; Kelche 10—12 Linien lang, schwach weichhaarig, bisweilen fast kahl, grün, oft purpurröthlich überlaufen, mit halbeiförmigen, kurzen, spitzigen oder zugespitzten Zähnen; Blumenblätter gross, blassrosenroth, mit am Ende seicht ausgerandeter Platte, an deren Grunde eine 2theilige, spitzige Schuppe (Kranz, Krönchen, Schlundschuppe) steht; Staubgefässe von der Länge der Blumenblattnägel; auf dem walzenförmigen Fruchtknoten stehen aufrecht 2 Griffel von der Länge der Staubgefässe, mit etwas umgebogenen Enden, an deren innern Seiten die Narben herablaufen. Die ovallängliche Kapsel öffnet sich mit 4 auswärts gekrümmten Zähnen und enthält zahlreiche nierförmige schwarzbraune, auf der Oberfläche schärflich-feinkörnige Samen. — Von dieser Pflanze wird das Kraut, vorzüglich aber die Wurzel als *Herba et Radix Saponariae sive Saponariae rubrae* gesammelt. Die Wurzel hat einen süsslichen, hintennach kratzend-bitterlichen Geschmack und gehört zu den auflössenden, den Stoffwechsel befördernden und gelind eröffnenden Mitteln, welche man bei Stockungen im Unterleibe, bei Hautkrankheiten und sogar bei syphilitischen Krankheiten anwendet. Die getrocknete rothe Seifenwurzel des Handels besteht aus den vielköpfigen, sehr langen Hauptwurzeln, aus vielen langen Seitenzweigen und langen Ausläufern; die stärksten Wurzeln sind am obern Ende ¼—½ Zoll dick und nehmen nach unten allmälig

Dicke ab; aussen auf der mattröthlichbraunen Oberhaut befinden sich unregelmäsig gebogene Längsriefen, die nach unten zu feiner aber tiefer sind. Der kreisrunde Querdurchschnitt zeigt unter der dünnen festanliegenden Oberhaut eine feste, weisse oder hellgraue, gegen ½ Linie dicke Rindenschicht, in welcher der dichte, gelbe Markstrang, durch einen deutlichen, dunkeln Ring gesondert, sich befindet. Sie enthält nach *Buchholz:*

| | |
|---|---|
| Kratzend bittern Extractivstoff oder Saponin | 34,00 |
| Verhärteten Extractivstoff - - - - - | 0,25 |
| Gummi mit etwas Bassorin - - - | 33,00 |
| Braunes Weichharz - - - - - - | 0,25 |
| Faser - - - - - - - - | 22,20 |
| Wasser - - - - - - - - | 13,00 |
| Tragantähnlichen Stoff? - - - | — |
| | 102,70 |

Das Seifenkraut, *Herba Saponariae rubrae*, hat dieselben Bestandtheile und Wirksamkeit, letztere aber in weit geringerm Grade.

Von *Gypsophila Struthium L.*, einem in Spanien und im Oriente wachsenden Halbstrauche, stammt die Levantische, Aegyptische oder Spanische Seifenwurzel, *Radix Saponariae levanticae s. aegyptiacea s. hispanicae.* Sie besteht aus ½—1 Fuss langen, fingersdicken und weit dickern, walzigen, geraden oder gebogenen Stücken, welche aussen grau oder gelblichbraun und mit Längsfurchen und Querrissen versehen sind. Unter der 1½—3 Linien dicken, von feinen, harzigen Adern durchzogenen Rinde befindet sich ein gelblicher, strahliger, fast holziger Markstrang. Diese lev. Seifenwurzel hat einen schwach gewürzhaften Geruch, und einen süsslich-mehligen, später etwas scharfen und bleibend kratzenden Geschmack. Sie enthält vorzüglich ein gelbes, fettiges Weichharz und Saponin, nebst Gummi, Zucker, Eiweiss u. s. w. Hinsichtlich ihrer Wirksamkeit verhält sie sich wie die rothe Seifenwurzel, ist aber mehr reizender und der Senegawurzel ähnlich.

*Cerastium arvense L. (Schkuhr Handb. t. 125)*, ein an Wegen und auf Rainen gemeines niedriges Gewächs mit schönen weissen Blüten, war sonst unter den Namen: *Flores Auriculae muris albae sive Holostei caryophyllei* officinell.

*Stellaria media Vill. (Alsine media L.)*, Stern- oder Vogelmiere, Mäusegedärme; dieses äusserst gemeine auf Aeckern und angebautem Lande in allen Erdtheilen überall wachsende einjährige Pflänzchen wurde als *Herba Alsines sive Morsus gallinae* ehedem gegen Schwindsucht, Blutbrechen, Hämorrhoiden, Hautauschläge, sowie äusserlich gegen Augenentzündung, bei Wunden und Geschwüren angewendet.

*Stellaria Holostea L. (Schkuhr. Handb. t. 129.)*, eine 1—1½ Fuss hohe, an Waldrändern, an Gebüsch und Zäunen wachsende, im ersten Frühjahr mit schönen weissen Blumen blühende, durch eine eigenthümliche Starr- und Trockenheit ihrer Theile ausgezeichnete Pflanze, war sonst als *Herba Graminis floridi* wie vorige gebräuchlich.

*Holosteum umbellatum L. (Schkuhr. Hndb. t. 20.)* eine auf Aeckern, Rainen und Mauern durch ganz Europa gemeine kleine Pflanze ⊙ von etwas bitterlichem Geschmacke wurde sonst äusserlich als *Herba Holostei sive Caryophylli arvensis* bei Augenleiden, Wunden und Geschwüren gebraucht.

## Ordn. 2. Spaltfrüchtige: *Schizocarpicae.*

### Reihe 2. Storchschnabelblütler: *Geraniiflorae* oder nach dem *Repertorium Herbarii.* 1841. Malvenblütige: *Malviflorae.*

### 126. *Fam.* Sauerkleegewächse: *Oxalideae DeC.*

Gruppe: *Bombaceae Kunth.*

*Adansonia digitata L. (Tussac. Fl. des Ant. 3. t. 33 u. 34.)* Baobab, Affenbrotbaum. Der grösste Baum hinsichtlich des Umfangs. Er ist ursprünglich nur im tropischen Afrika einheimisch gewesen, hat aber jetzt in Ost- nnd Westindien durch Anpflanzung sich verbreitet. Der gerade Stamm wird nur 10—15 Fuss hoch, erreicht aber einen Umfang von 60—80 Fuss oder einen Durchmesser von 20—25 Fuss; er theilt sich in zahlreiche, nach allen Richtungen abstehende, 50—70 Fuss lange, starken Bäumen gleichende Aeste, deren unterste, ihrer Schwere halber, mit ihren Spitzen den Boden berühren. Die holzige, 10fächrige, geschlossen bleibende Kapsel enthält die zahlreichen Samen in einem mehlartigen Breie, welcher gegessen wird. Die gepulverten Blätter, *Lalo* genannt, werden von den Eingebornen täglich den Speisen beigemischt. Blüten, Blätter und Fruchtmark gebraucht man auch als Arznei.

Gruppe 2: *Helictereae Endl.*

Gruppe 1: *Oxaleae Rchb.*

Kräuter, Halbsträucher und einige Bäume. Blätter abwechselnd, selten gegen- oder wirtelständig, zusammengesetzt oder bisweilen durch Fehlschlagen der Blättchen und Ausbreitung des Blattstiels einfach erscheinend. Blüten zwitterig, doldig, traubig-rispig oder einzeln auf achelständigen Stielen. Kelchblätter 5, am Grunde etwas verwachsen, bleibend, in der Knospe gescheidelt. Blumenblätter 5, am Grunde bisweilen etwas zusammengewachsen, in der Knospe gegedreht. Staubgefässe 10, meist an dem Grunde mehr oder weniger monadelphisch verwachsen. Fruchtknoten aus 5 verwachsenen Karpellen gebildet, 5fächrig, 5kantig, vieleiig, mit 5 freien, fadenförmigen Griffeln und rundlichen, 2lappigen oder fast pinselförmigen Narben. Kapsel 5fächrig, 5- oder 10klappig, an den Kanten fachspaltig sich öffnend, selten beerenartig und dann geschlossen bleibend; in jedem Fache befinden sich nur wenige, an dem Mittelsäulchen befestigte, gestreifte Samen, die in einen dicken fleischigen Mantel eingehüllt sind; dieser Samenmantel rollt sich z. B. bei *Oxalis* von der Spitze an elastisch zurück, und drängt so die Samen durch die Nähte der Kapsel heraus. Der Embryo hat die Länge des fleischig-knorpeligen Eiweisskörpers liegt umgekehrt, mit dem langen Würzelchen nach oben gerichtet; Kotyledonen beim Keimen blattartig.

Gattung: *Oxalis L.* Sauerklee.
*(Decandria, Pentagynia Syst. Lin.)*

Kelch 5blättrig oder 5theilig. Blumenblätter 5. Staubgefässe 10, am Grunde der Staubfäden monadelphisch verwachsen; die 5 innern, den Blumenblättern gegenüberstehenden Staubgefässe länger als die 5 andern. Griffel 5, mit pinsel- oder kopfförmigen Narben. Kapsel länglich, 5kantig, klappenlos, in den Nähten oder Kanten aufspringend.

Die Arten dieser Gattung sind meist ausdauernde Kräuter, sehr wenige auch Halbsträucher; bei vielen ist der Stengel verkümmert. An einem Blattstielende befinden sich 3, 4, 5 und mehr Blättchen, doch fehlen dieselben auch und der Blattstiel wird dann blattartig. Blüten einzeln auf einem Stiele oder doldig.

1. Art: *Oxalis Acetosella L.* Gemeiner Sauerklee, Kleesalzkraut, Ampfer-, Hasen- oder Kukkuksklee.

Stengel verkümmert, wurzelstockartig, kriechend, schuppig-gezähnt; Blätter 3zählig, Blättchen verkehrt-herzförmig, schwachweichharig; Blütenstiele länger als die Blätter, oberhalb der Mitte 2 Deckblättchen tragend; Blumenblätter verkehrt-eirund-länglich, schwach ausgerandet. Griffel eben so lang oder länger als die innern längern Staubgefässe. (Taf. 11.)

An feuchten Stellen, in schattigen Wäldern, am Grunde der Bäume und auf deren Wurzeln in Europa und im nördlichen Asien; wenn die nordamerikanische *Ox. americana Bigel. (Syn.: Ox. Acetosella Michx.)* gleichfalls hierzu gehört und nur eine geringe Abänderung ist, auch in Nordamerika. Wurzel ♃, faserig. Der Stengel ist zu einem schiefen oder fast wagrechten, fadenförmigen, von fleischigen, eiförmigen, nach obenzu gedrängter stehenden, weisslichen und röthlichen Schuppen, welche kleinen Zacken oder Zähnen gleichen, bedeckten Wurzelstocke verkümmert; zwischen diesen Schuppen (verkümmerte Blättern oder Grundtheile der Blattstiele) entspringen feine, braune Wurzelfasern. Die 2—3 Zoll langen, dünnen, rinnigen Blattstiele stehen auf einem fleischigen, später als Schuppen stehenbleibenden Grundtheile und tragen 3, ½—1 Zoll lange und etwas breitere, sehr kurzgestielte, verkehrt-herzförmige, 3eckige, ganzrandige, angedrückt-weichharige Blättchen, welche unterseits oft röthlich angelaufen sind. Der 2—4 Zoll lange, fadenförmige

Blütenstiel trägt oberhalb seiner Mitte 2 längliche, an ihrem Grunde verwachsene Deckblättchen und eine weisse oder blassröthliche, fein purpurroth geaderte, im Grunde gelbe Blüte. Die 5 Kelchblätter sind länglich, stumpf oder etwas spitzig. Die verkehrt-eirundlänglichen, stumpfen oder kerbig-abgestutzten, bisweilen sogar seicht ausgerandeten Blumenblätter sind 3- bis 4mal länger als der Kelch. Die Kapsel ist eiförmig-länglich, 5kantig und zugespitzt. In jedem Fache befinden sich 2—3 eiförmige, etwas zusammengedrückte, wellig-geriefte, röthlichbraune, von einem weissen Mantel umgebene Samen, welche, nachdem sich der Samenmantel elastisch zurückgezogen hat, durch denselben an den Nähten der Kapsel hervorgepresst werden. — Die **Blätter**, *Herba Acetosellae sive Lujulae sive Allelujae s. Trifolii acetosi s. Oxytriphylli*, schmecken wie die ganze Pflanze angenehm sauer, enthalten viel saures kleesaures Kali, welches man auch bisweilen im Grossen daraus darstellt. Früherhin war das Kraut als kühlendes und erfrischendes Mittel im Gebrauche.

2. Art: *Oxalis stricta L.* **Steifer Sauerklee.**

Aus der Wurzel entspringen kriechende Ausläufer: der einzige und aufrechte Stengel zerstreut-weichharig: Blätter 3zählig, nebenblattlos, mit verkekrt-herzförmigen Blättchen; Blütenstiele 2—5blütig, etwa von der Länge der Blätter; die Fruchtstielchen aufrecht abstehend (*Hayne*, *Arzneig*. 5. *t*. 40.)

3. Art: *Oxalis corniculata L.* Gehörnter Sauerklee.

Aus der Wurzel entspringen durchaus keine Ausläufer, aber mehrere ausgebreitete, an ihrem Grunde wurzelnde, weichharige Stengel: Blätter 3zählig, mit länglichen, an den Blattstiel angewachsenen Nebenblättern und verkehrt herzförmigen Blättchen; Blütenstiele 2- bis 5blütig, kürzer als die Blätter: die Fruchtstielchen zurückgeschlagen. (*Jacq. Oxal. t.* 5. *Flor. dan. t.* 1753.)

Beide auf angebauetem Lande und auf Aeckern in Europa wachsende Pflanzen sind einander sehr ähnlich. Die zweite ist einjährig, die erste hingegen zweijährig oder richtiger mehrjährig, indem sie sich durch ihre Ausläufer, welche den Winter hindurch ausdauern, fortpflanzt; die neue Pflanze des nächsten Jahres stirbt, wenn sie Früchte getragen hat, ab, bleibt aber in ihren Ausläufern für das nächste Jahr und so fort. Da die meisten Unterschiede in den Diagnosen angegeben sind, so soll hier das Uebereinstimmende beider Arten kurz mit dem Abweichenden zusammengestellt werden. Bei *Ox. corn.* sind alle Theile stärker behaart, auch die Stengel meistens weit kleiner, die Blättchen sind dunklergrün und kleiner. Blüten bei beiden gelb und vom Mai bis zum September vorhanden. Die Form der Blättchen, der Blütentheile und der Kapseln ist bei beiden ziemlich gleich. Die *Ox. stricta* soll aus Nordamerika stammen und kommt auch in Westindien vor; die *Ox. corn.* findet sich gleichfalls in Amerika, aber auch im nördlichen Asien. Beide Arten kommen in ihren Bestandtheilen, Wirkungen und Anwendungsweisen ganz mit *Ox. Acetos.* überein und werden vorzüglich in manchen aussereuropäischen Gegenden als kühlende Mittel bei Entzündungsfiebern und Gallenkrankheiten, aber auch um reichlichere Harnentleerungen hervorzurufen angewendet.

Von mehren Arten, wie z. B. von *Oxalis tetraphylla Cav.* u. *Oxalis esculenta Hort. berol.*, welche man bereits in Europa, zum Theil im Grossen, cultivirt, werden die rübenförmigen, fleischigen Wurzeln gegessen. Beide Arten stammen aus Mexiko und geben ausser einer Gartenzierde, besonders als Beeteinfassung einen reichlichen Ertrag.

## 125. *Fam.* Storchschnabelgewächse *Geraniaceae Juss.*

### Gruppe 3: *Buettnerieae R.Br.*

Sträucher und einige Bäume. Blätter zerstreut, einfach, ganz oder bisweilen gelappt. Nebenblätter unverwachsen, sehr selten fehlend. Blüten zwitterig, regelmäsig, in, den Blättern gegenüberstehenden Trugdolden oder bisweilen einzeln. Kelch 5theilig oder 5blättrig, in der Knospe klappig liegend. Blumenblätter 5, frei, an den Nägeln ausgehöhlt oder sackförmig und übrigens bandförmig, bisweilen ziemlich klein, nur schuppenartig oder fehlend. Staubgefässe in bestimmter Zahl, 10—30, in einer Reihe, oft monadelphisch verwachsen; die 5 den Kelchzipfeln entgegenstehenden unfruchtbar, in wenigen Fällen auch fehlend, die übrigen 5—15 kürzer, einzeln und frei oder zu 2—3 mit einander verwachsen und mit den Kelchzipfeln abwechselnd. Fruchtknoten aus 5 oder 3 zusammengewachsenen Karpellen gebildet und 5- oder 3fächrig; die Eichen stehen zu 2 oder mehren in 2 Reihen; 5, seltner 3, meist verwachsene Griffel mit einfachen Narben. Kapsel 5- oder 3fächrig, 5- oder 3-klappig sich öffnend, oder fleischig und geschlossen bleibend. Samen 2 oder mehre, an den innern Winkeln der Fächer mit einem Samenmantel oder einer Nabelwulst. Embryo gerade in der Mitte des fleischigen Eiweisskörpers nebst blattartigen Kotyledonen oder ohne Eiweisskörper, aber mit dicken, fleischigen Kotyledonen.

Gattung: *Theobroma Lin.* Cacaobaum.
*(Polyadelphia, Pentandria Syst. Lin.)*

Kelch 5blättrig, gefärbt. Blumenblätter 5 mit verbreitertem, gekieltem oder rinnigem Nagel und spatelig vorgezogener Platte. Staubgefässe 5, zu einem 10spaltigen Becher verwachsen, an welchem 5 Zipfel unfruchtbar sind, und 5 abwechselnde 2 Antheren tragen. Griffel fadenförmig mit 5theiliger Narbe. Kapsel geschlossen bleibend (beerenartig) 5fächrig mit vielsamigen Fächern. Samen in einem butterartig-fleischigen Brei eingebettet.

1. Art: *Theobroma Cacao L.* Aechter Cacaobaum.

Blätter länglich, zugespitzt, ganzrandig, am Grunde zugerundet, rippig-geadert, auf beiden Flächen kahl und gleichfarbig; Blattstiele in der Mitte verengert (dadurch an beiden Enden angeschwollen); die Nägel der Blumenblätter unter der verkehrt-eirunden Platte fadenförmig verschmälert. (Taf. 12. — *Syn. Cacao sativa Lam. — Cacao Theobroma Tussac. Fl. des Ant.* 1. *t.* 13.)

Ein gewöhnlich 12—20 Fuss, bisweilen bis 40 Fuss hoher Baum Südamerikas, woselbst er, so wie in Westindien,

Ostindien und Afrika häufig cultivirt wird. Blätter 8—15 Zoll lang, 3—4 Zoll breit, auf fast 1 Zoll langen, an beiden Enden verdickten Stielen hängend, länglich, am Grunde abgerundet, nach vorn allmälig zugespitzt oder etwas verbreitert und dann plötzlich zugespitzt. Nebenblätter linealisch-pfriemförmig, abfallend. Blütenstiele gehäuft, fadenförmig, hängend, einblütig. Kelchblätter eilanzettlich, zugespitzt, feingezähnt, abstehend, rosenroth. Blumenblätter etwas kürzer als der Kelch, am Grunde des Nagels sehr breit, kahnförmig vertieft, über diesem breiten Theile fadenförmig, dann in eine breite, verkehrt-eiförmige spitzige und gezähnte Platte übergehend, citrongelb und röthlich geadert. Staubgefässe rosenroth, linealisch-pfriemförmig, am Grunde zu einer urnenförmigen Röhre verwachsen; 5 Staubfäden sind ohne Antheren, mit diesen wechseln 5 mit 2 Antheren versehene ab; von diesen 5 fruchtbaren besteht ein jeder Staubfäden aus zweien, die der Länge nach mit einander verwachsen sind, daher tragen sie 2 Antheren, wesshalb auch einige Auctoren die Gattung in die *Monadelphia*, *Decandria* des Sexualsystems stellen; die antherenlosen Staubfäden sind 3mal länger als die fruchtbaren und aufrecht, jene dagegen nach aussen gekrümmt. Der eirund-längliche, zehnfurchige Fruchtknoten trägt einen fadenförmigen, am Ende 5spaltigen Griffel. Die eiförmig-längliche Frucht ist am Grunde etwas verdünnt, am Ende stumpf oder zitzenförmig, 6—8 Zoll lang, gegen und über 3 Zoll dick, 5eckig, 10furchig, schmuzig-röthlich-citrongelb, kahl; unter der holzig-lederartigen Rinde enthält sie einen fleischigen, weisslichen Brei und in diesem zahlreiche Samen der Quere nach in Reihen liegend. Die Samen sind eirund-länglich, zusammengedrückt, ungleich, $\frac{1}{2}$—1 Zoll lang, aussen röthlichbraun, innen dunkelbraun. — Diese Samen sind die bekannten Cacaobohnen, *Semen sive Nuculae s. Fabae Cacao sive Fabae mexicanae* von denen man im Handel mehre Sorten unterscheidet, die von verschiedenen Spielarten dieser oder auch von andern Arten abstammen und nach den Ländern, aus denen sie kommen, benannt werden, als: Carakischer Cacao, *Cacao caraque sive de Caracas*, Brasilianischer oder Maranhon

Cacao, *Cacao brasiliensis sive de Maragnon s. Marignon*, Insel-Cacao, *Cacao des iles* und davon ferner Martinikscher, *Cacao de Martinique*, Haytischer, *Cacao de St. Domingo* u. s. w. Der beste Cacao, welcher aber nicht nach Europa gelangen soll, ist der *C.* von *Esmaraldas*, aus kleinen, dunkel-orangenrothen Körnern und der Sacounzo-Cacao, aus kleinen, fast goldgelben Körnern bestehend. — In den Anpflanzungen sammelt man die Früchte jährlich zweimal 1) vom Februar bis zum Juni und 2) vom August bis December, von den wildgewachsenen Bäumen aber nur einmal. Wenn man hinreichende Früchte beisammen hat, so nimmt man die Samen aus dem Breie heraus und schüttet sie zu grossen Haufen zusammen, in denen man sie 4—5 Tage liegen lässt, damit sie etwas in Gährung gerathen, wodurch der Keim zerstört und dadurch die Haltbarkeit des Samens erhöht wird, hierauf trocknet man sie an der Sonne. Die zweite, gewöhnlichere Verfahrungsart ist das sogenannte Rotten, wobei man sie gleich frisch in in die Erde gemachte Gruben oder in grosse Fässer und Körbe bringt, die man mit Steinen beschwert; es tritt hierbei ein höherer Grad von Gährung ein und die Samen werden brauner, wodurch sie vieles von dem herben und bittern Geschmack verlieren, den sie ursprünglich besitzen. Hierauf trocknet man sie ebenfalls. Die Cacaosamen sind roh fast geruchlos, durchs Erhitzen oder Rösten aber erhalten sie einen angenehm-gewürzhaften Geruch und bitterlich-fettigen, angenehmen, etwas gewürzigen Geschmack. Sie enthalten vorwaltend (50—56 *pro Cent*) ein festes, fettes Oel und einen bittern dem Coffein ähnlichen Extractivstoff, ausserdem Eiweiss, Schleim, Stärkmehl u. s. w. Sie wirken vorzüglich nährend und einhüllend, aber zugleich auch etwas reizend. In Amerika, wo sie ein sehr wichtiges Nahrungsmittel aus machen, sind sie seit sehr langer Zeit bekannt. Man bereitet daraus die Chocolade, *Cacao tabulata*, indem man die Samen röstet, von ihrer Schale befreit, zerstösst und auf erhitzten Steinen oder Mörsern mit Zucker zusammenreibt. Wie häufig man jetzt die Chocolade oder die reine Cacaomasse als tägliches Getränk verwendet, ist jedermann bekannt. Als

Unterstützungs- und Heilmittel wird die Chocolade mit verschiedenen Dingen gemischt, z. B. mit Stärk- oder Reissmehl, Salep, Isländischem Moos u. s. w. Dass fette Oel oder die **Cacaobutter**, *Butyrum s. Oleum Cacao*, wird innerlich und äusserlich als erweichendes, einhüllendes und Reiz minderndes Mittel angewendet; es erhält sich lange, einige Jahre hindurch, ohne ranzig zu werden. Mit Cacaobutter bereitet man auch eine **Cacaoseife**.

2. **Art**: *Theobroma bicolor Humbl. et Bonpl.* **Zweifarbiger Cacaobaum.**

Blätter länglich, zugespitzt, am Grunde schief-herzförmig, ganzrandig, oben kahl, unterseits sehr fein weisslichfilzig und 7nervig. (*Hmbl. et Bonpl. Pl. équin. t.* 30. *Hayne, Arzneigew.* 9. *t.* 35.)

Dieser in Columbien und Brasilien einheimische Baum wird 16—20 Fuss hoch und hat 8—10 Zoll lange, gegen 3 Zoll breite Blätter, welche auf 1 Zoll langen, auf beiden Enden etwas verdickten Stielen stehen. Die Blüten stehen in kleinen, wenigblütigen Trugdolden etwas über den Blattachseln. Die Blumenblätter sind purpurroth. Die rundlich-eiförmige, 5furchige Frucht wird gegen 6 Zoll dick, ist vielgrubig, seidenhaarig, mit einem gelben wohlschmeckenden Breie erfüllt, in welchem die etwas kleinern Samen als der vorigen Art der Quere nach in Reihen eingebettet liegen. — Die Samen, welche weniger gut als vom Aechten Cacaobaume schmecken sollen, sind kleiner, werden in gleicher Weise benutzt und finden sich im Handel nicht selten unter den Caracas-Cacao gemischt.

Auch von *Theobroma guianense Willdw.* (*Aubl. Gujan.* 2. *t.* 275.), einen 15 Fuss hohen Baume in den sumpfigen Wäldern von Gujana, und von *Theobr. speciosum Wlldw.*, *Th. subincanum Mart.* u. *Th. sylvestre Mart.*, Bäumen in den Wäldern Brasiliens, werden die Samen als Nahrungsmittel benutzt.

**Die Gruppe 2**: *Sterculiariae Rchb.* enthält keine in Europa officinellen Gewächse.

**Gruppe 1**: *Geranieae Rchb.*

Die bekannte Grosse Kapuciner-Kresse, *Tropaeolum majus L.*, welche aus Peru abstammt und seit mehr als 150 Jahren in Europa meist zur Zierde angepflanzt wird, diente sonst auch als Arznei unter den Namen *Herba et Flores Nasturtii indici sive Cardamines majoris* und zwar als antiscorbutisches Mittel.

*Geranium Robertianum L.* Roberts- od. Ruprechtskraut. *(Hayne, Arzneigew. 4. t. 48.)* diente als *Herba Ruperti s. Geranii Robertiani* ehedem bei Durchfällen, Blutflüssen etc.

Von *Geranium columbinum L. (L. Reichenb. Icon. Flor. German. Centur. V. t. 189 f. 4875)* und *Geranium rotundifolium L. (Rchb. l. c. t. 190. f. 4878)*, wahrscheinlich aber auch von *Geran. pusillum L. (Reichb. l. c. t. 190. f. 4877.)* und *Geran. molle L. (Reichb. l. c. t. 191. f. 4879.)* sammelte man sonst *Herba Geranii columbini*, welche ähnlich angewendet wurde, wie die *Herba Ruperti.*

*Geranium pratense L. (Reichb. l. c. t. 193. f. 4883.)* lieferte sonst *Herba Geranii batrachioidis*, und war innerlich und äusserlich bei Wunden, Geschwüren und Abcesessen im Gebrauche.

Von *Geranium sanguineum L. (Reichb. l. c. t. 198. f. 4894.)* war die Wurzel und das Kraut, *Radix et Herba Sanguinariae* gegen Schleim- und Blutflüsse und bei Wunden im Gebrauche.

*Erodium moschatum Ait.* Muskatkraut. *(Geranium moschatum L.)* Eine in den Ländern am Mittelmeere wachsende einjährige Pflanze von starkem, moschusähnlichem Geruche, diente sonst unter dem Namen *Herba Moschatae sive Acus muscatae* als schweisstreibendes und herzstärkendes Mittel.

## 124. *Fam.* Malvengewächse: *Malvaceae. Juss.*

Kräuter, Sträucher und schnellwachsende Bäume mit leichtem Holze, deren einzelne Theile meist mit sternförmigen Haaren besetzt sind. Blätter wechselständig meist gestielt, handförmig getheilt oder eckig, lappig und ungetheilt, dann aber gezähnt, gesägt oder gekerbt, mit Nebenblättern. Blüten zwitterig, nur bei einigen Arten von *Sida* zweihäusig, einzeln oder zu mehren in den Blattachseln, bisweilen auch in Trauben. Kelch meist 5theilig, sehr selten 3- oder 4theilig, nackt oder durch 3—9 angewachsene Deckblättchen *(Involucrum)* gleichsam doppelt, daher man auch häufig einen äussern und einen innern Kelch, *Calyx externus* und *internus*, anführt; die Kelchtheile liegen in der Knospe klappig. Blumenblätter 5, mit den Kelchzipfeln abwechselnd, am Grunde ihrer Nägel unter sich und mit der Staubfädenröhre verwachsen, in der Knospe und nach dem Verblühen spiralig zusammengedreht und zusammenhängend-abfallend. Staubgefässe meist zahlreich und in unbestimmter Anzahl, am Grunde zu einer Röhre (monadelphisch) verwachsen; Antheren einfächrig, nierenförmig, der Quere nach mit 2 Klappen sich öffnend. Karpelle des Fruchtknotens zahlreich, entweder wirtelförmig um ein Mittelsäulchen gestellt oder knaulartig gehäuft, frei oder verwachsen, ein- oder mehreiig; ebenso viel einwärts aufsteigende Griffel als Karpelle, welche sämmtlich durch die Staubfädenröhre durchragen, oder das Pistil ist ganz (bei der Gruppe 3: *Hibisceae*) und dann mit 5 (selten nur mit 3—10) Narben oder nur mit e i n e r keulenförmigen Narbe (bei *Fugosia*). Die Frucht besteht aus zahlreichen nicht aufspringenden Nüsschen; bei Gruppe 1: *Malopeae* knauelartig gehäuft oder in 5 Radien gestellt; bei Gruppe 2: *Malveae*, quirlförmig um einen mittelständigen kurzen Samenträger stehend, platt aneinanderliegend, bei der Reife sämmtlich abfallend, oder bei unvollständigem Lostrennen entweder n i c h t oder nur durch einen Spalt nach innen aufspringend; bei Gruppe 3: *Hibisceae* sind es 5fächrige Kapseln mit einer Mittelsäule, die an den Rückennähten oder gar nicht aufspringen und im erstern Falle die Achse zerreissen; bei wenigen sind die Kapseln auch 3- oder 10fächrig; die Samen befinden sich in den Fächern am Winkel der Mittelsäule entweder einzeln oder reihenweise. Die Samen sind mehr oder weniger nierenförmig, eiweisslos, mit einem aufrechten Embryo, dessen Würzelchen also nach unten gekehrt ist; die Kotyledonen sind meist gefaltet. Die

Malvaceen sind, wie in ihrem äussern Baue, so auch hinsichtlich ihrer Bestandtheile sehr übereinstimmend. Bei allen Arten ist fast in sämmtlichen Theilen ein schleimiger Stoff reichlich vorhanden; im Samen findet er sich mit einem fetten Oele in Verbindung. Dadurch werden diese Gewächse zu erweichenden, einhüllenden und Reiz abstumpfenden Arzneimitteln.

Gruppe 3: *Hibisceae.*

*Gossypium herbaceum L.* Krautige Baumwollenstaude. (*Plenck, Pl. med. t.* 524.) Diese in Aegypten und im Oriente einheimische, jetzt auch häufig in vielen andern warmen Gegenden cultivirte, ein- oder zweijährige Pflanze liefert die in der Kapsel enthaltene, die Samen umgebende Wolle, die Baumwolle, *Gossypium sive Lana gossipina*, welche mehrfach als Heilmittel benutzt wird, z. B. als Brennkegel oder Moxa, zum Auflegen auf Brandstellen, auf die Brüste der Frauen beim Entwöhnen, ferner zum Träger von Arzneikörpern z. B. bei hohlen Zähnen u. s. w. Ehedem waren auch die ölreichen Samen, *Semen Bombacis*, in Europa officinell und werden in den Ländern, wo man sie frisch haben kann, wie Leinsamen oder Hanf zu Samenmilch oder Emulsionen gebraucht. — Auch andere Arten dieser Gattung liefern Baumwolle, z. B. *G. indicum Lam.*, *G. religiosum L.*, *G. barbadense L. etc.*

*Abelmoschus moschatus Mnch.* Bisamkraut. (*Hibiscus Abelmoschus L. Rhede, Hort. Malab.* 2. *t.* 38.) Eine in Aegypten und Ostindien einheimische, doch schon längst auch im heissen Amerika cultivirte Pflanze, deren sehr kräftig moschusähnlich riechende Samen früherhin als Bisamkörner, *Semen Abelmoschi sive Alceae aegypticae s. Grana moschata*, vorzüglich als krampfstillendes Mittel gebräuchlich waren.

Gruppe 2: *Malveae Rchb.*

Gattung: *Althaea Tournef.* Eibisch.

(*Monadelphia, Polyandria Syst. Linn.*)

Kelch 5spaltig, von einer 6- oder 9spaltigen Hülle (äussern Kelche) umgeben. Blumenblätter 5. Mehre Karpellen (Schlauchfrüchtchen) in einen dichtgeschlossenen Wirtel um einen Fruchtträger gestellt, bei der Reife sich trennend und innen in einer Längsriefe aufspringend.

1. Art: *Althaea officinalis L.* Gebräuchlicher Eibisch, Althee.

Stengel aufrecht, graufilzig; Blätter eirund oder herzförmig oder eirund-rautenförmig, ganz oder undeutlich 3- oder 5lappig, ungleich-kerbenartig-gezähnt, auf beiden Flächen weichfilzig; Blütenstiele ein- oder mehrblütig, achselständig, viel kürzer als das Blatt; Kelchhüllle 9spaltig; Schlauchfrüchte ungerandet glatt, filzig; der Fruchtträger mit niedergedrücktem Mittelfeld. (Taf. 13. *Hayne, Arzneigew.* 3. *t.* 25. *Winkler, Arzneig. Deutschl. t.* 167.)

Durch ganz Mitteleuropa, vorzüglich auf salzhaltigem Boden, auf feuchten Stellen, an Gräben, am Meeresstrande, an Wegen. ♃. In Franken baut man den Eibisch auch im Grossen. Die Wurzel ist vielköpfig, dick, fleischig, weiss; sie dringt schief in den Boden oder geht fast auch wagerecht und hat dann mehre senkrechte, fusslange, fingersdicke Aeste. Der aufrechte Stengel wird 2—4 Fuss hoch, ist stielrund, einfach oder ästig, und wie die meisten übrigen Theile der Pflanze grau-sammetartig-filzig. Blätter gestielt, abwechselnd, am Grunde 5nervig, überdieses mit starken Adern durchzogen und zwischen den Adern stumpf gefaltet, auf beiden Flächen mit einen aus einfachen und büscheligen Haaren zusammengesetzten Filze dicht bedeckt, so dass sie sich ganz sammetartig-weich anfühlen; die untern herzförmig-rundlich, kurzzugespitzt, schwach-5lappig und ungleich gekerbt; die mittlern und obern eiförmig, spitzig, oder eirund-rautenförmig, zugespitzt, ebenfalls ungleich, aber spitzig gekerbt, in der Mitte mit 2 stärker vorspringenden, gegen den Grund hin mit 2 kleinern Seitenlappen. Nebenblätter lanzett-pfriemlich-2spaltig. Die Blüten halten gegen $1\frac{1}{2}$ Zoll im Durchmesser. Die Hülle oder der äussere Kelch ist 9spaltig und die Zipfel sind lanzettlich, zugespitzt. Der eigentliche oder innere Kelch ist länger, 5spaltig und die Zipfel sind eiförmig und gleichfalls zugespitzt. Die blassrosenrothen Blumenblätter sind verkehrt-eiförmig oder keilförmig, gegen 8 Linien lang, breit- aber schwach ausgerandet; der Nagel ist an seinem Grunde beiderseits gebärtet. Staubfäden schwach-weichharig und hellviolett. Karpelle des Fruchtknotens meist 10, mit ebenso vielen, zur Hälfte verwachsenen, nach oben fadenförmigen und auswärtsgekrümmten Griffeln, an deren innern Seiten die bleichfleischrothen Narben herablaufen. Früchte filzig, mit fast nierenförmigen Samen.

Alle Theile sind sehr reich an Schleim, ganz vorzüglich aber ist es die Wurzel, Eibisch- oder Althee-Wurzel, *Radix Althaeae s. Bismalvae s. Ibisci s. Malvavisci*, welche häufig angewendet wird. Sie hat einen faden, schleimigen Geschmack und enthält ausser Schleim auch Zucker, etwas Kleber und Satzmehl, ein fettes, grünliches, in Weingeist lösliches Oel, einige Salze und das in smaragdgrünen Hexaëdern krystallisirende Althäin. Man braucht auch die Blätter, selter die Blüten zu schleimigen Theetränken.

2. Art: *Althaea rosea Cav.* Rosen-Eibisch, Stockrose, Pappelrose, Malve, Baummalve, Halsrose, Herbstrose.

Stengel steif-aufrecht, rauhhaarig; Blätter herzförmig, 5—7eckig, gekerbt, runzelig, filzig, etwas rauh; Blüten kurzgestielt, die obersten fast eine Aehre bildend; Hülle 6-spaltig; Früchtchen behaart, auf dem Rücken mit 2 flügelartigen, strahlig-gefurchten Rändern. (Taf. 14. — *Syn.: Alcea rosea L.*)

Diese im Oriente einheimische, zweijährige Pflanze wird jetzt überall in Europa zur Zierde mit gefüllten und verschiedenfarbigen Blumen in den Gärten gezogen. Wurzel spindelförmig, ästig, weiss. Stengel schnurgerade-aufrecht, 5—9 Fuss hoch, stielrund, einfach oder mit wenigen aufrechten Aesten, mit steifen Sternhaaren besetzt. Die grossen auf beiden Seiten sternförmig-rauhhaarigen Blätter, sind verschieden gestaltet; die untersten herz-rundlich, schwach 5-7lappig, die obersten oft nur 3lappig und am Grunde nicht selten abgerundet. Die Nebenblätter sind in 3—5 schmallanzettliche, zugespitzte Zipfel gespalten. Blüten gegen 4

Zoll und darüber im Durchmesser. Hülle und Kelch zottig, mit eiförmigen oder eirund-länglichen, zugepsitzten Zipfeln. Blumenblätter verkehrt-eirund-keilförmig, mehr oder weniger ausgerandet, bisweilen verkehrt-herzförmig. Der Fruchtträger, um welchen die runzeligen Früchtchen strahlenförmig gedrängt stehen, hat einen strahlig-gezähnten Rand und ein kegelförmig-erhöhtes, filziges Mittelfeld. Die Samen sind fast nierförmig, an einem Ende spitzig, und braun. — Gebräuchlich sind die Malven- od. Pappelblüten, Stock-, Pappel- od. Halsrosen, *Flores Malvae arboreae s. hortensis s. roseae*, doch sammelt man gewöhnlich nur die dunkelrothen. Sie haben keinen Geruch, einen süsslich-schleimigen, schwach salzig-zusammenziehenden Geschmack und enthalten vorwaltend Schleim und viollettrothen, farbigen Extractivstoff, Sie werden vorzüglich im Aufguss und Abkochung zu Gurgelnwässern angewendet und machen einen Bestandtheil der *Species pectorales* u. dergl. aus.

Gattung: *Malva Tournef.* Malve.

(*Monadelphia, Polyandria Syst. Linn.*)

Kelch verwachsenblättrig, 5spaltig, von einer aus drei länglichen oder borstenförmigen Blättchen bestehenden Hülle umgeben. Blumenkrone 5blättrig; die Blätter am Grunde unter sich und mit der Staubfädenröhre verwachsen. Mehre Schlauchfrüchtchen dicht gedrängt in einem Wirtel um den Fruchtträger gestellt.

1. Art: *Malva sylvestris L.* Grosse Malve, Wald- oder Rossmalve, Käsepappel oder Hanfpappel.

Stengel aufstrebend oder fast aufrecht; Blattstiele rauhhaarig; Blätter 5—7lappig, die obern herzförmig, am Grunde abgestutzt; Blütenstiele gehäuft, rauhhaarig, vor und nach dem Verblühen aufrecht; Blumenblätter viel länger als der Kelch; Früchtchen netzartig-runzelig, kahl. (Taf. 15.)

An Wegen, auf Schutt und wüsten Plätzen, an Mauern und Häusern in den Dörfern durch ganz Europa gemein. ♂. — Die tief in den Boden dringende Wurzel ist etwas fleischig, ziemlich unverästet, aber mit vielen Fasern besetzt.

Der Stengel bald etwas gestreckt, bald aufsteigend, bald fast aufrecht, $1\frac{1}{2}$—4 Fuss hoch; gleich am Grunde entspringen meist mehre Nebenstengel, welche zum Theil niedergestreckt liegen und nur mit ihrem Obertheil aufsteigen; die Stengel und Nebenstengel sind ästig, stielrund, mit einzelnen, auf einem Knöllchen stehenden, steifen Haaren besetzt, welche nach den Enden der Aeste zu häufiger und länger sind. Blätter sehr lang gestielt, nierförmig-rundlich, 2—5 Zoll im Durchmesser, die obersten oft weit kleiner als die untersten, mit 5—7 kurzen, stumpfen oder an den obersten Blättern etwas spitzigen, fast kerbig-gezähnten Lappen, auf beiden Flächen etwas weichharig oder fast kahl. Nebenblätter eiförmig oder eirund-länglich, spitzig, gewimpert. Blüten zu mehren (3—6) beisammen in den Blattachseln; Blütenstiele aufrecht, kürzer als die Blattstiele und gleich diesen haarig-scharf. Hüllenblätter 3, lanzettlich, spitzig oder länglich, behaart. Kelch 5spaltig, behaart, mit dreieckigen, spitzigen Zipfeln. Blumenblätter fast ein Zoll lang, weit länger (3-mal so lang) als der Kelch, verkehrt-tief-herzförmig, blass-purpurroth mit dunkelpurpurrothen Streifen. Die Karpelle des Fruchtknotens stehen zu 10—11 beisammen, ihre Griffel sind unten zu einer Walze verbunden, nach oben fadenförmig, wo an der innern Seite die Narben herablaufen. Die netzartig-runzeligen Früchte, zwischen deren Runzeln grubige Zwischenräume stehen, befinden sich dicht-strahlig um ein durch den Fruchtträger oder die Mittelsäule gebildetes Feld gestellt, in dessen Mitte sich ein kurzer Kegel erhebt, um den herum bei der Fruchtreife eine Vertiefung befindlich ist. Samen fast nierförmig, braun. — Officinell sind die Blätter, vorzüglich aber die Blumen, *Herba et Flores Malvae vulgaris s. sylvestris.* Beides schmeckt schleimig, wenig bitterlich und wirkt erweichend, einhüllend und reizabstumpfend. Die Rossmalvenblumen haben dieselbe Anwendung wie die Halsrosen, werden aber seltner gebraucht. Die Blätter dienen zu erweichenden Umschlägen.

Die aus Südeuropa und Nordafrika stammende, hier und da verwilderte *Malva mauritiana Linn.* ist einjährig, hat einen aufrechten Stengel, stumpf-5-lappige Blätter, Blütenstiele, welche nach der Blütenzeit abstehen, Blumenblätter, die etwa dreimal so lang als der Kelch sind und netzaderige Karpelle. Verwechselungen sind gleichgültig.

2. Art: *Malva rotundifolia L.* Rundblättrige Malve, Käse- oder Gänsepappel.

Stengel gestreckt aufstrebend; Blätter herzförmig-rundlich 5—7lappig, doppelt kerbig-gezähnt; Blütenstiele gehäuft, nach dem Verblühen abwärts geneigt, weichhaarig; Blumenblätter 2mal länger als der Kelch; Früchtchen unberandet, glatt, weichharig. (Taf. 16. f. A. *Malva vulgaris Tragus, Fries. Rchb. Ic. Fl. Germ. Malvac. t.* 167. *f.* 4836.)

Eine überall auf wüsten Stellen, Schutt, an Wegen, Häusern und Mauern gemeine ♂ Pflanze. Die lange, spindelförmig-ästige Wurzel treibt einen kürzern und aufrechten und mehre 1—2 Fuss lange, niedergestreckte, mit den Spitzen aufsteigende Nebenstengel; die stielrunden Stengel, so wie die Blatt- und Blütenstiele, sind durch einfache oder 2theilige, aus einem Knötchen entspringende, steife Härchen schärflich; der Kelch ist dichter mit dergl. Härchen besetzt. Blätter abwechselnd, sehr lang gestielt, am Grunde tief-herzförmig, rundlich, undeutlich 5—7lappig, zwischen den Lappen gefaltet, die untern stumpfer, die obern spitziger, ungleich-gekerbt. Nebenblätter eirund-lanzettlich, spitzig. Die Blüten zu mehren (3—6) in den Blattachseln, auf zolllangen Stielen, die weit kürzer als die Blattssiele sind, aufrecht abstehend; vor dem Blühen, noch mehr aber nach dem Verblühen, sind die Stiele niedergebogen und an der Spitze so nach oben gekrümmt, dass die Früchte wagrecht stehen. Hüllblättchen aufrecht, linealisch-lanzettlich, spitzig. Die Zipfel des Kelchs eiförmig, zugespitzt, 3mal länger als die 5 Linien langen, länglich-verkehrt-eiförmigen, vorn durch eine breite Bucht tief ausgerandeten, blassrosenrothen, mit 3 oder 5 feinen, dunkelrothen Streifen versehenen, beiderseits am Nagel schwachbärtigen Blumenblätter. Die unreife, von den Kelchzipfeln ganz bedeckte Frucht hat in der Mitte eine flache Scheibe mit einem kleinen Spitzchen, die so hoch und so breit ist, als der durch die Früchtchen gebildete Ring und sich erst bei der Reife schüsselförmig vertieft. Die reifen Früchtchen sind kaum berandet und glatt oder nur mit kaum bemerklichen Runzelchen versehen. Durch die Früchte und Früchtchen unterscheidet sich diese Art von der

2. Art: *Malva borealis Wallmann.* Nördliche Malve.

Stengel niedergestreckt, aufstrebend; Blätter herzrund, 5—7 lappig, fast gleichförmig gezähnt; Blütenstiele gehäuft, nach dem Verblühen zurückgelegt; Blumenblätter von der Länge des Kelchs, seicht ausgerandet; Früchtchen berandet, netzaderig oder grubig-runzelig. (Taf. 16. f. B. — *Syn.: Malva rotundifolia L. apud Reichenb. Icon. Flor. germ. Malvac. t.* 167. *f.* 4835.)

Diese ⊙ Pflanze, welche seltner ist als die vorige und mehr im nördlichen Deutschland und Europa angetroffen wird, hat mit *Malva rotundifolia* die grösste Aehnlichkeit und unterscheidet sich fast nur durch die kleinern Blumenblätter und durch die Früchte, wie bereits angegeben worden ist. — Von beiden Arten sammelt man ohne Unterschied die Blätter und seltner die Blüten, *Herba et Flores Malvae sive Malvae vulgaris s. Malvae minoris.* Sie sind geruchlos und schmecken fade, schleimig-krautartig. Man wendet sie besonders an zu Umschlägen bei Vereiterungen, entzündlichen Anschwellungen; aber auch zu Gurgelwässern, Bähungen, Einspitzungen; jedoch meist in Verbindung mit andern Mitteln.

Von *Malva Alcea L.*, der Siegmarsmalve oder von dem Siegmarskraute (*Reichenb. Icon. Fl. germ. Malvac. t.* 169. *f.* 4842.) waren sonst die Blätter und die Wurzel, *Herba et Radix Alceae*, in gleicher Weise, wie von vorigen Arten, officinell, sind aber nicht mehr in Anwendung. Sie ist der *Malva sylvestris* ähnlich, unterscheidet sich aber leicht durch die tief 5theiligen Stengelblätter, deren Lappen lanzettlich-keilförmig und stumpf eingeschnitten gesägt sind.

Gruppe 1: *Malopeae Rchb.*

Hier ist nur zu bemerken, dass man in den Ländern am Mittelmeere, wo die *Malope malacoides L.* wächst, von dieser einen ähnlichen Gebrauch, wie von den Malvenarten macht.

## Reihe 1. Ranunkelblütler: *Ranunculiflorae.*

### 123. *Fam.* Sapindaceen: *Sapindaceae Juss.*

Kräuter, Sträucher und Bäume mit gegen- oder häufiger wechselständigen Zweigen und Blättern; bei einigen finden sich Nebenblätter, bei andern Wickelranken und noch bei andern weder diese noch jene. Blätter zweizählig- oder paarig-gefiedert oder (bei den *Hippocastaneen*) gefingert, bei einigen 3zählig oder unpaarig-gefiedert und bei andern auch einfach; Blüten zwitterig, bei mehren auch polygamisch, bei den meisten zu Trauben und Rispen vereinigt oder endständig, bei wenigen auch einzeln und achselständig. Kelch 5blättrig, in der Knospe übereinander liegend, bei einigen 2 äussere und 2 innere Blätter kleiner, bei andern 2 obere noch nicht getrennt, daher 4blättrig oder 4theilig, oder verwachsenblättrig und nur 4- oder 5zähnig oder 4—5spaltig (b. d. *Hippocast.*). Blumenkrone 4- oder 5blättrig, meist unregelmässig, bei andern auch regelmässig, bei einigen fehlend; bei mehren befindet sich innen am Grunde der Blumenblätter eine häutige Schuppe. Staubgefässe frei, meist aufsteigend und ungleich, bei einigen aufrecht und gleich, mit 2fächrigen, an der Innenseite der Länge nach aufspringenden Antheren. Um die Staubfäden befindet sich meist ein ring- oder scheibenförmiges, selten ein schüsselförmiges oder ein aus länglichen Drüsen oder Schuppen bestehendes Polster, *Torus.* Fruchtknoten meist 3fächrig, bei wenigen 2- oder 5fächrig, mit endständigem, bei vielen auch einseitigem und aufsteigendem Griffel, mit 3, seltner mit 2 od. 5 Narben oder nur mit einer einfachen Narbe. Die Frucht ist eine 3fächrige, häutige, blasenartige oder holzige Kapsel oder fleischige Steinfrucht, mit am Mittelwinkel der Fächer einzeln oder in geringer Zahl befindlichen, meist aufrechten Samen, welche bei wenigen mit einem Mantel, bei den meisten mit einem grossen Keimfleck versehen sind, der bei wenigen wulstig ist. Der Embryo ist bei den *Guajaceen* umgekehrt mit dem Würzelchen nach oben, bei den übrigen meist gerade und die Kotyledonen sind gewöhnlich gross und dickgewölbt, bei vielen ist er gekrümmt mit abwärtsgebogenen Kotyledonen und endlich ist er spiralig, bei den *Acereen* und *Dodonaeen*. — Die Bestandtheile und die Wirkungen sind wenig übereinstimmend.

Gruppe 3: *Sapindeae DeC.*

*Sapindus Saponaria L.* Gemeiner Seifenbaum. *(Plenck. Pl. med. t. 305.)* Ein 25—30 Fuss hoher Baum in Westindien und Südamerika mit gefiederten Blättern und eirunden, kirschengrossen, rothgelben, einzelnen od. zu 2 und 3 verwachsenen, beerigen Steinfrüchten, mit kugeligen, glänzend schwarzen, sehr harten und festen Samen, welche man sonst desshalb in Europa auch zu Knöpfen brauchte. Die Früchte waren ehemals als *Nuculae Saponariae* officinell. Sie schmecken süsslich-bitter und zusammenziehend und wurden bei Blut- und Schleimflüssen, Bleichsucht u. dergl. angewendet. Das klebrige Fruchtmark braucht man statt der Seife zum Waschen.

Gattung: *Aesculus Lin.* Rosskastanie.
*(Heptandria, Monogynia Syst. Lin.)*

Kelch fast glockenförmig, 5spaltig. Blume 4- oder 5-blättrig, unregelmässig; Blumenblätter benagelt mit ovalen oder rundlichen Platten, abstehend. Staubgefässe 7, (bisweilen 8) nieder-gebogen-aufsteigend. Samenkapseln lederig, stachelig.

1. Art: *Aesculus Hippocastanum L.* Gemeine Rosskastanie.

Blätter 7zählig-gefingert: Blättchen verkehrt-eirund-keilförmig, zugespitzt, doppelt-kerbartig-gesägt; Blumenblätter 5, die 2 obersten aufsteigend, elliptisch, die 3 untern niedergebogen und rundlich; Staubgefässe 7, niedergebogen-aufsteigend. (Taf. 17.)

Dieser schöne und jetzt zur Zierde in Europa häufig angepflanzte Baum ist in Tibet und Afghanistan ursprünglich einheimisch. Er wurde im Jahre 1588 durch *Clusius* zuerst in Wien gepflanzt. Er wird 50—80 Fuss hoch, hat einen geraden dicken Stamm mit einer grossen, regelmässigen, pyramidalen Laubkrone. Die Rinde des Stammes ist dunkelbraun und rissig, die der jüngern Aeste glatt und graulich. Die grossen Knospen sind mit einer braunen, klebrigen, glänzenden Feuchtigkeit überzogen. Am Ende der langen Blattstiele stehen 7 ungestielte, verkehrt-eirund-keilförmige, kurz- und plötzlich-zugespitzte, doppelt-kerbig-gesägte, kahle Blättchen, von denen das mittelste am grössten ist und die beiden äussersten oder untersten viel kleiner sind; im Frühling sind die jungen Blättchen, sowie die jungen Triebe mit einem flockigen, rostbraunen, abwischbaren Filze bedeckt. Die endständigen, steifen, pyramidalen Blütensträusse erscheinen mit den Blättern gleichzeitig, entwickeln sich aber etwas später erst vollständig und enthalten Zwitter- und männliche Blumen untermischt. Die 5 Kelchzipfel sind sehr stumpf. Die benagelten Blumenblätter haben einen faltig-welligen Rand, sind feingewimpert, weiss und am Grunde der Platte bei den Zwitterblüten rosenroth, bei den männlichen Blüten gelbgefleckt. Die grosse, lederige, bestachelte Kapsel ist 3fächrig (doch sind häufig 1 oder 2 Fächer verkümmert), 2klappig und enthält 1—3 Samen von schön kastanienbrauner Farbe und mit einem sehr grossen, matten, lederbraunen Keimfleck oder Nabel. Sie enthalten keinen Eiweisskörper, einen gekrümmten und umgedrehten Embryo mit kegelförmigem, gekrümmten, gegen den Nabel gewendeten Würzelchen, einem grossen Knöspchen *(Plumula)* und sehr dick-zusammengewachsenen Kotyledonen, welche beim Keimen unter der Erde bleiben. — Die R i n d e der jüngern Aeste, *Cortex Hippocastani sive Castaneae equinae*, ist aussen graubraun, innen gelblich- oder röthlich-braun; sie enthält eisengrünenden Gerbstoff und bittern Extractivstoff. Das Alkaloid, welches *Canzoneri* darin entdeckt zu haben glaubte und das er *Aesculin* nannte, erwies sich als eine Verbindung von Extractivstoff u. Gyps. Die Rinde schmeckt bitter-zusammenziehend und hat einen angenehmen Geruch, welcher sich vorzüglich beim Kochen bemerklich macht. Sie ist als Surrogat der Chinarinde empfohlen worden und in ihrer Wirksamkeit der Weidenrinde ähnlich; sie passt in den Fällen, wo bitter-zusammenziehende Mittel angezeigt sind.

Die Samen, *Semina vel Nuces Hippocastani*, Rosskastanien, enthalten gleichfalls Gerbstoff und bittern Extractivstoff nebst vielem Stärkmehl; sie schmecken süsslich-herbe und bitter. Man hat sie *(Hufeland)* als Surrogat der China und gegen Durchfälle, Blut- und Schleimflüsse empfohlen und zwar geröstet in Abkochung. Sie werden vorzüglich bei manchen Krankheiten der Hausthiere gebraucht, und lassen eine mehrfache Benutzung zu technischen Zwecken zu.

Gruppe 2: *Paullinieae Kunth, Hmb., Bonpl.*

Abtheil. *Acereae Juss.*

Die Gattung *Acer Tournef.*, Ahorn, enthält mehre Arten, welche, wenn man sie im Frühling anbohrt, einen zuckerigen, etwas milchigen Saft in reichlichem Maasse ausfliessen lassen, aus dem man Zucker bereitet. In Nordamerika bohrt man desshalb vorzüglich *Acer saccharinum L.* und *Acer nigrum Michx.* an. Von einem dieser 60—80 Fuss hohen Bäume soll man jährlich 6 Pfd. Zucker gewinnen und der ganze in Nordamerika verbraucht werdende Zucker soll von Ahornbäumen erhalten werden. *Acer rubrum L.* giebt auch viel Zuckersaft, den man häufig in Canada zur Zuckerbereitung verwendet, allein man muss noch einmal so viel Saft haben, wenn man eine gleiche Menge Zucker, wie aus dem Safte der erstern beiden Arten, gewinnen will. Auch die in den europäischen Wäldern vorkommenden Ahorne, *Acer Pseudo-Platanus L.* u. *Acer platanoides L.* geben, wenn man sie zu Ende des Winters oder im Frühjahr anbohrt, viel eines zuckerhaltigen Saftes, aus dem man gleichfalls Zucker oder ein angenehmes weinartiges Getränk darstellen kann. Man rühmte diesen Saft gegen Krankheiten der Harnwerkzeuge, bei Hautausschlägen und gegen Scorbut. — *Acer tataricum L.*, ein 15—30 Fuss hoher Baum im südöstlichen Europa und Mittelasien, hat Früchte mit aufgerichteten oder zusammen-neigenden Flügeln, welche als *Samarae Aceris tartarici* gegen Wecheslfieber empfohlen wurden.

Abtheil. *Meliantheae Rchb.*

*Melianthus major L.*, ein 5—7 Fuss hoher Strauch an sumpfigen Stellen am Vorgebirge der guten Hoffnung, dessen Blüten einen blassrothen, sehr angenehm süss und schleimig schmeckenden Saft aussondern, welcher beim Schütteln des Strauchs regenartig herausfällt. Die Colonisten am Kap sammeln und geniessen ihn wie Honig und gebrauchen ihn auch als Arznei. Dasselbe gilt auch von einem andern daselbst wachsenden Strauche, *Melianthus minor L.*, nur ist der Honig von schwärzlicher Farbe und hat einen widrigen Geruch.

Gruppe 1: *Zygophylleae R. Br.*

Gattung: *Guajacum Plum.* Pockenholz.

*(Decandria, Monogynia Syst. Linn.)*

Kelch tief 5theilig, mit stumpfen Zipfeln. Blumenkrone 5blättrig, gleich. Staubgefässe 10, am Grunde nackt. Fruchtknoten auf einem dicklichen Stiele (Stempelträger, *Gynophorum*) stehend, 5eckig, 5fächrig (bisweilen nur 2- oder 3-fächrig), mit pfriemlichem Griffel und kleiner Narbe. Kapseln meist durch Fehlschlagen nur 2- oder 3fächrig, doch auch bisweilen 5fächrig und ebensoviel kantig; Fächer einsamig.

1. Art: *Guajacum officinale L.* Gebräuchliches Pockenholz, Franzosenholz, Guajakholzbaum.

Blätter 2—3paarig-gefiedert: Blättchen kaum gestielt, verkehrt-eirund oder oval, stumpf, ganz kahl; Blüten langgestielt, gegen die Enden der Aestchen zu mehren (6—10) gehäuft; Frucht breit-verkehrt-herzförmig, zusammengedrückt, berandet, meist 2fächrig und zweisamig. (Taf. 18.)

Ein immergrüner Baum von etwa 40 Fuss Höhe auf fast allen Inseln von Westindien. Der schenkeldicke Stamm ist mit einer harten, graubraunen, glatten Rinde und die Aeste sind mit einer grauen und gelbgefleckten, runzeligen Rinde bedeckt. Die Blättchen der 2paarig-gefiederten Blätter stehen an einem 1 Zoll langen rinnigen Stiele und sind kaum merklich gestielt, oval, stumpf 1—1½ Zoll lang, dick lich, lederig, von vielen gedrängten Nerven parallel gestreift, kahl, glänzend. Die Blüten stehen zu 6—10 gegen das Ende der Aestchen gehäuft auf 1—1½ Zoll langen, fein-weichhaarigen Stielen. Kelchzipfel oval, stumpf, concav. Blumenblätter doppelt länger, verkehrt-eirund-keilförmig, stumpf, in einen kurzen Nagel verschmälert, blasshellblau. Staubgefässe etwas kürzer als die Blumenblätter, aufrecht. Fruchtknoten kurzgestielt, verkehrt-herzförmig, gewöhnlich zusammengedrückt und 2fächrig, selten mehrfächrig und dann auch mehreckig,, mit einem kurzen, pfriemförmigen Griffel. Kapsel fleischig-lederig, verkehrt-herzförmig, ½ Zoll lang, an den Ecken zusammengedrückt. Samen eiförmig, etwas zusammengedrückt, glatt und röthlichbraun.

2. Art: *Guajacum jamaicense Tausch.* Jamaikanisches Pockenholz.

Blätter 2—3paarig-zunehmend-gefiedert: Blättchen verkehrt-eiförmig, deutlich-geadert (nicht parallel-nervig.) *(Guajacum officinale β Linn. Seba, Thesaur. 1. t. 32. f. 2.)*

Ein dem vorigen sehr ähnlicher Baum auf Jamaika, der bisher nur für eine Abänderung desselben gehalten wurde.

Von vorstehenden beiden Baumarten erhält man das Guajak-, Pocken- oder Franzosenholz, *Lignum Guajacum s. Guajaci s. Guajaci sancti s. Lignum gallicum*, das auch sonst häufig Heilig- oder Heiligenholz, *Lignum sanctum s. Lignum benedictum* und *Lignum vitae* genannt wurde. Es kommt in dicken Stämmen oder Klötzen, die theilweis noch mit Rinde bedeckt sind, zu uns. Der innere Kern ist grünlichbraun oder grünlich- und bläulichgrau, sehr schwer und sehr hart und von einem gelblichen Splinte umgeben. Es hat nur einen schwachen Geruch, welcher beim Reiben und Verbrennen nicht unangenehm gewürzhaft wird. Der Geschmack ist gewürzhaft, scharf und kratzend. Specif. Gewicht: 1,333. Dieses Holz ist sehr harzreich; nach *Trommsdorff* enthalten 100 Theile 26 Theile Guajakharz. Man wendet es geraspelt an. Da es sehr hart und dauerhaft ist, so gebraucht man die guten Stücke beim Schiffbau und zu vielen andern Gegenständen, als zu Mörsern, Pistellen, Kegelkugeln, und raspelt nur die rissigen Stücke, was gleich in den Seestädten geschieht. Das geraspelte Holz, *Rasura Ligni Guajaci s. Lignum Guaj. raspatum*, besteht aus einem Gemenge des Splints und des Kernes und hat eine grünliche Farbe, welche durch die Einwirkung des Sauerstoffs der Luft entstanden ist. Im Handel kommen die weisslich-gelben Stücke des Splints gewöhnlich als Heiligenholz, *Lignum sanctum* vor. — Ferner erhält man die Rinde, *Cortex Guajaci s. Ligni Guajaci*, in grossen 1 Fuss langen und bis gegen 6 Zoll breiten, stets und oft stark gebogenen Stücken, deren Oberhaut bei jüngern Exemplaren dünn, bräunlichgelb oder lederbraun und mit grössern röthlichbraunen Flecken versehen, und von Längsrissen nebst wenigern Querrissen durchzogen ist. An ältern Rinden ist die Oberhaut weit dicker und grau, so wie mit weissen Flechtenanflügen versehen. Die darunter liegende Rindenschicht macht den grössten Theil aus und besteht aus mehrern dicht-faserigen, schmutzig-lederbraunen oder schwärzlichbraunen Lagen, die an ältern Stücken inniger mit einander verwachsen sind. Die Innenseite der Rinde wird durch eine dünne, lang- und feinfaserige Bastschicht gebildet und ist glatt, gelblichweiss bis hellbraun oder bei ältern Rinden schmutzigbraun bis chokoladenbraun. Nicht selten findet man im Baste sehr kleine glänzende Krystalle verstreut. Der Geschmack ist scharf, etwas bitterlich und kratzend; der Geruch nur unbedeutend und rindenartig. Weil die Rinde mehr Harz als das Holz enthält, so wird jetzt dieselbe häufiger als jenes angewendet. — Endlich gewinnt man von obigen Bäumen das Guajakharz, früher Guajakgummi genannt, *Resina Guajaci s. Gummi-Resina Guajaci*. Es fliesst entweder freiwillig oder nach in die Rinde gemachten Einschnitten aus oder man legt der Länge nach durchbohrte Holzstücke mit dem einem Ende über Feuer und fängt das am andern Ende ausfliessende Harz in untergestellte Kalabassen auf. Endlich zieht man es auch mittelst Weingeist aus dem geraspelten Holze. Das freiwillig oder durch Einschnitte ausfliessende Harz wird Natürliches Guajakharz, *Resina Guajaci nativa* genannt. Es besteht aus kugeligen oder länglichen, tropfenähnlichen Stücken von schmutzig-dunkelgrüner Farbe, welche auf dem schwach muscheligen Bruche stark glänzen. Sie haben einen schwachen, harz- oder benzoeartigen Geruch und einen etwas scharf- und bitterlichen kratzenden Geschmack. — Die gewöhnlichere Sorte heisst *Guajacum in massis* und wird wahrscheinlich durch das angegebene Verfahren gewonnen. Die Stücke sind gross, von unbestimmter Form, von schwarzgrüner oder pistaziengrüner Farbe und enthalten in den Vertiefungen der ungleichen Oberfläche ein schmutziggelbes oder grünliches Pulver. Der Geschmack ist unangenehmer und anhaltend kratzend. — Häufig kommt auch eine sehr geringe, unreine, mit Holzspänen untermischte Sorte im Handel vor.

Die Wirkungen des Holzes, der Rinde und des Harzes sind zwar übereinstimmend, doch beim erstern schwächer als beim letztern; sie wirken nämlich reizend-erregend auf die Organe der Verdauung, auf die Gefässe des Unterleibs, vorzüglich auf das Pfortadersystem, sowie auch in Folge auf das gesammte Gefässsystem, besonders auf die Lymphgefässe und die Venen, endlich auch auf die Schleimhäute und Nieren. Desshalb wendet man sie an bei Unterleibstockungen, Gicht, langwierigem Rheumatismus, bei Stockungen in den Lymphgefässen und Drüsen, bei veralteter Syphilis, vorzüglich wenn sie mit Merkurialkrankheit verbunden ist. — Man giebt das geraspelte Holz als Theespecies, ferner das Extract des Holzes und der Rinde, Tinkturen und andere Präparate des Harzes. — Das Pockenholz ist schon seit dem Jahre 1508 als Heilmittel in Europa in Anwendung und wurde seit 1517 als Mittel gegen Syphilis durch *Ulrich v. Hutten* berühmt.

3. Art: *Guajacum sanctum L.* Heiligenholz-Baum, Mastixblättriges Pockenholz.

Blätter 4—7paarig-gefiedert: Blättchen oval, stumpf, stachelspitzig, Blattstiele und Aeste schwach-flaumhaarig. (*Black. Herb. t.* 350. *f.* 3—4.)

Ein Baum in Westindien und Brasilien, der dem Gebräuchlichen Pockenholzbaum ziemlich ähnlich, aber kleiner ist. Er findet in Amerika dieselbe Benutzung wie jener und er soll das ächte Heiligenholz, *Lignum sanctum*, liefern, welches eine weisslich-gelbe Farbe hat, aber nicht im Handel vorkommt. Was man unter diesem Namen erhält ist, wie schon angeführt wurde, der Splint des Holzes beider vorigen Arten.

### 122. *Fam.* Rautengewächse. *Rutaceae Juss.*

Diese Familie umfasst in der von *Reichenbach* angenommenen Umgränzung mehre Familien anderer Autoren, welche vornehmlich in ihrer Fruchtbildung eine grössere Uebereinstimmung zeigen, wie aus der Darstellung der einzelnen Gruppen deutlich hervorgehen wird.

#### Gruppe 3: *Simarubeae Rich.*

#### Abtheil. *Quassieae Rchb.*

Bäume oder Sträucher mit abwechselnden, meist zusammengesetzten, sehr selten einfachen Blättern ohne drüsige Punkte und ohne Nebenblätter. Die Blüten sind gewöhnlich zwitterig, selten nur durch Fehlschlagen diclinisch, regelmässig, zu Dolden, Trauben oder Rispen vereinigt. Der Kelch hat 4 oder 5 Zipfel, die Blumenkrone eben so viele freie oder zu einer Röhre verbundene Blätter, die in der Knospe gedreht sind. Staubgefässe doppelt so viele als Blumenblätter; ein jedes entspringt am Rücken einer hypogynischen Schuppe und ist frei; die Antheren sind über ihrer Basis an den Staubfaden befestigt und haben 2 anliegende Fächer. Die 3 oder 5 Fruchtknoten (eigentlich nur einer, der aus 3 od. 5 Karpellen besteht) sind auf einen Stiel, *Gynobasis*, gestellt und etwas verbunden, sie enthalten in jedem Fache ein einzelnes aufgehängtes Eichen; der einzelne Griffel trägt eine 4- oder 5lappige Narbe. Die 3 oder 5 Steinfrüchte enthalten einzelne aufgehängte Samen ohne Eiweisskörper, mit nach obengekehrtem Würzelchen und dicken Samenlappen.

#### Gattung: *Simaruba Aubl.* Simarube.
*(Decandria, Monogynia Syst. Lin.)*

Blüten ein- und zweihäusig oder polygamisch. Kelch 5theilig. Blumenkrone 5blättrig, offen oder ausgebreitet.

Staubgefässe 5 oder 10; jedes vom Rücken eines Schüppchens entspringend. Fruchtknoten 3 oder 5 mit einem kurzen getheilten Griffel und 3- oder 5lappiger Narbe. Steinfrüchte 3 oder 5. (Die männl. Blüten haben sehr kleine Rundimente von Pistillen und die weiblichen 10 Schüppchen als Rundimente der Staubgefässe).

1. Art: *Simaruba excelsa DeC.* Hohe Simarube, Bitterholzbaum, Bitteresche.

Blätter unpaarig-gefiedert: Blättchen 9—13, gegenständig, gestielt, ei-länglich od. länglich-lanzettlich, zugespitzt, kahl; Blüten polygamisch, in blattwinkelständigen und seitlichen rispenförmigen Trugdolden; Staubgefässe 5; Griffel 3spaltig; Steinfrüchtchen 3, kugelig-verkehrt-eiförmig. (Taf. 19. *Quassia excelsa Swartz. Quassia polygama Wright.*)

Ein 80—100 Fuss hoher Baum in den Wäldern Jamaikas und der Antillen. Er gleicht unserer Esche und hat bisweilen einen Stamm von 10 Fuss im Umfange, der mit einer aschgrauen, rissigen Rinde bedeckt ist. Die Blätter sind über 1 Fuss lang, und die Blättchen $2\frac{1}{2}$—$3\frac{1}{2}$ Zoll lang und 1—$1\frac{1}{2}$ Zoll breit. Die kurzen, aber ziemlich sparrigästigen Rispen haben viele männliche und zwitterige Blüten mit sehr kleinen Deckblättern. Die Kelchzipfel sind eiförmig und spitzlich, die Blumenblätter länglich, stumpf und weiss. Die pfriemförmigen, weichhaarigen Staubfäden stehen auf sehr kleinen, eirunden, zottigen Schüppchen. Gewöhnlich stehen nur 3 Karpelle des Fruchtknotens auf einer walzenförmigen, abgestutzten Scheibe *(Gynobasis)*. Die erbsengrossen, schwarzen, verkehrt-eirundlichen Steinfrüchte öffnen sich mit 2 Klappen und enthalten einen rundlich-eiförmigen Samen. — Dieser Baum liefert das Jamaikanische oder Dicke Quassienholz, Bitterholz, *Lignum Quassiae jamaicensis*, welches in grossen, oft 1 Fuss dicken und 4—6 Fuss langen Scheiten im Handel vorkommt, und zwar weit häufiger als das Surinamische Quassienholz (v. *Quassia amara*). Es hat eine schmutzig-weisse Farbe und ist oft graugestreift: selten findet man Rinde daran, oft aber in breiten abgelössten Stücken dabei. Der Geruch ist unbedeutend, der Geschmack aber stark und anhaltend bitter, ziemlich unangenehm. Hinsichtlich seiner übrigen Eigenschaften und Wirkungen stimmt es mit dem Surinamischen Quassienholze überein.

2. Art. *Simaruba gujanensis Rich.* Gujanische oder Aechte Simarube.

Blätter gleichpaarig-gefiedert: Blättchen 10—15, wechselständig, kurzgestielt, länglich, stumpf oder an der Spitze zugerundet, unterseits flaumhaarig; Blüten einhäussig, in ästigen Rispen; Staubgefässe 10; Griffel 5spaltig; Steinfrüchte 5, verkehrt-eiförmig. (*Simaruba amara Aubl. Simaruba officinalis DeC pro parte. Quassia Simaruba Lin. fil., non Wright.*)

Ein 60—70 Fuss hoher Baum auf sandigen Stellen in Gujana mit einem geraden, bis 2 Fuss im Durchmesser dicken Stamme und einer astreichen Krone. Die ziemlich glatte, grauschwarze Rinde lässt nach Verletzungen einen gelblichen, bittern Saft ausfliessen. Die Blätter sind 1—1½ Fuss lang und die sehr kurzgestielten Blättchen 4—5 Zoll lang, 1½ Zoll breit, dicklich, lederartig und dunkelgrün. Die grosse, ausgebreitete Rispe hat wechselständige Aeste und gestielte, spatelförmige, blattartige Deckblätter nebst kurzgestielten, weisslichen, männlichen und weiblichen Blumen. Kelch kurz, glockenförmig, mit eirunden, spitzlichen Zähnen. Blumenblätter länglich-lanzettlich-spitzig. Staubgefässe kaum so lang als die Blumenblätter, auf einer verkehrt-eiförmigen, zottigen Schuppe. In den männl. Blüten findet sich ein 5fächriger Ansatz zu einem Pistille und in den weiblichen ist der auf einer runden Scheibe befindliche Fruchtknoten von 10 Schuppen (Rudimenten der Staubgefässe) umgeben; der 5furchige Griffel hat eine kopfige genabelte Narbe mit 6 länglich-zungenförmigen strahligen Lappen. Die Früchte sind fast olivenartig, erhaben-netzaderig, schwarz. — Die Rinde der Wurzel (und wahrscheinlich auch zum Theil des Stammes) ist seit länger als 100 Jahren in Europa als Simarubarinde oder Ruhrrinde, (*Cortex Simarubae s. Simarubae verae*, als Heilmittel gebräuchlich. Sie kommt in 1—3 Fuss langen, ziemlich (bisweilen bis 2 Fuss) breiten, der Länge nach zusammengerollten oder gedrehten Stücken vor. Die äussere Fläche ist ganz oder zum Theil von einem dünnen, weisslich-gelben und glänzenden Häutchen bedeckt, hat viele kleine Erhöhungen von dunklerer schmutzig-rostbräunlicher Farbe und zahlreiche kleine Querrunzeln. Unter der Oberhaut befindet sich ein schwammiger, brauner Rindentheil, der auf seiner Unterseite von einer hellgelben, faserigen Bastlage bedeckt wird. Der Bruch ist sehr faserig. Die Rinde lässt sich sehr schwer pulvern, ist fast geruchlos und hat einen kräftigen reinbittern Geschmack, der nach lang fortgesetztem Kauen endlich schleimig wird. Die vorwaltenden Bestandtheile sind bittrer Extractivstoff u. Schleim. Die Ruhrrinde wirkt desshalb tonisch und einhüllend, vorzüglich auf die Verdauungsorgane und Schleimhäute. Man wendet sie an bei regelwidrigen Schleimsecretionen, welche auf Erschlaffung und Schwäche beruhen und davon abhängigen Krankheiten, als Durchfällen, Ruhren, Schleimflüssen u. s. f. und zieht sie in diesen Fällen der Quassienrinde vor.

Das Holz dieser Simarubeart ist dem der vorigen ähnlich, gleichfalls sehr bitter und mag bisweilen auch als Jamaikanisches Quassienholz im Handel vorkommen.

3. Art: *Simaruba amara Hayn. (non Aubl.)* Bittere Simarube.

Blätter gleichpaarig-gefiedert: Blättchen 8—14, wechselständig, kurzgestielt, verkehrt-eirund-länglich oder länglich-etwas keilförmig, an der Spitze zugerundet, kurz- und stumpfgespitzt, kahl; Blüten zweihäusig, in blattwinkel- und endständigen zusammengesetzten Trauben; Staubgefässe 10; Griffel 5spaltig; Steinfrüchte 5, ellipsoidisch. *(Quassia Simaruba Wright. non Lin. fil. Simaruba officinalis De C. pro parte.)*

Ein hoher stattlicher Baum in den Wäldern auf Jamaika und den Antillen, der dem vorigen so ähnlich ist, dass er lange Zeit hindurch mit ihm für eine Art gehalten worden ist. Die Rinde des Stammes und der Aeste ist glatt, grau und gelb gefleckt, im Alter grauschwarz, innen weisslich. Die Blätter sind kleiner als bei vorigen beiden Arten, nur $\frac{1}{2}$—1 Fuss lang, die Blättchen 2—3 Zoll lang, $\frac{3}{4}$—1 Zoll breit, gegen den Grund keilförmig verschmälert, vorn zugerundet und mit einem aufgesetzten kurzen stumpfen Spitzchen versehen, fast lederartig, oberseits dunkelgrün und glänzend, unterseits blässer. Die Deckblätter sind blattartig, gestielt länglich-spatelförmig. Kelche, Blumenkronen und Staubgefässe haben viel Aehnlichkeit mit denen voriger Art. In den männl. Blüten befindet sich als Ansatz zu dem Pistille eine zehnkantige, gestutzte, oben flache Scheibe; der Fruchtknoten der weiblichen Blüten ist von 10 Schuppen umgeben, hat einen stielrunden, oben 5spaltigen Griffel mit ausgebreiteten und zurückgebogenen Zipfeln und spitzigen Narben. Die Früchte sind länglich-oval, etwas zusammengedrückt, glatt, schwarz, die Samen schief länglich. — Die Wurzelrinde, welche als *Cortex Simarubae* mit der ächten von voriger Art abstammenden vermischt vorkommt, hat eine blässere Farbe und soll sich besonders durch kleine gestielte Warzen auf der Oberfläche unterscheiden. Sie ist bitterer als die ächte Ruhrrinde, kommt aber in ihren übrigen Eigenschaften mit derselben überein.

*Simaruba versicolor St. Hil. (Plantes usuelles des Brasiliens t. 5. — Quassia versicolor Sprgl.)* ist ein Strauch oder ein bis 20 Fuss hohes Bäumchen in Brasilien, dessen Rinde die dortigen Aerzte *Cortex Paraibae* nennen, für ein specifisches Mittel gegen die Folgen des Bisses giftiger Schlangen halten, sich ihrer zu Waschungen bei hartnäckigen Hautkrankheiten, vorzüglich syphilitischer, und als Wurmmittel bedienen.

### Gattung: *Quassia Lin.* Quassienbaum.
### *(Decandria, Monogynia Syst. Linn.)*

Blüten zwitterig. Kelch klein, 5theilig, gefärbt. Blumenkrone 5blättrig, vielmal länger als der Kelch, röhrenartig zusammengeneigt. Staubgefässe 10; jedes vom Rücken eines Schüppchens entspringend. Fruchtknoten einer 5kantigen Scheibe *(Gynobasis)* aufsitzend, aus 5 Karpellen bestehend, einen sehr langen, gipfelständigen ungetheilten Griffel tragend. Die 5 oder 4 Früchte sind anfangs steinfruchtartig, springen zuletzt 2klappig an der innern Seite auf und enthalten jede einen Samen. (Nach Abtrennung der vorigen und der Gattung *Simaba Aubl.* verblieb dieser nur 1 Art.)

1. Art: *Quassia amara Lin. fil.* Bitterer od. Aechter Quassienbaum, Bitterholzbaum.

Ein Strauch oder Bäumchen von 10—15 Fuss Höhe in den Wäldern von Surinam einheimisch und fast das ganze Jahr hindurch blühend, aber auch in Gujana, im nördlichen Brasilien und in Westindien cultivirt. Der Stamm ist mit einer ziemlich glatten, gelblich-aschgrauen Rinde bedeckt und theilt sich in viele stielrunde, braunröthliche, kahle Aeste und Aestchen. Die langgestielten Blätter stehen zerstreut, sind 6—8 Zoll lang, unpaarig-3—5zählig-gefiedert; der gemeinschaftliche Blattstiel ist am Grunde verdickt, gelenkartig geflügelt, wo die Blättchen beginnen am breitesten und wie abgestutzt; die Blättchen gegenständig, ungestielt verkehrt-eiförmig-lanzettlich, zugespitzt, fast ganzrandig und am Rande etwas umgebogen, oberseits hellgrün, unterseits blass und von einem purpurrothen Mittelnerven durchzogen, $2\frac{1}{2}$—$3\frac{1}{2}$ Zoll lang und $\frac{3}{4}$—$1\frac{1}{2}$ Zoll breit. Die schönen hochrothen Blüten stehen am Ende der Aeste in aufrechten 8—10 Zoll langen Trauben auf purpurrothen Stielen und sind von kleinen spatelig-lanzettlichen zurückgebogenen Deckblättern gestützt. Die Kelche sind sehr klein, purpurroth und die Zipfel eiförmig, stumpf, fein gewimpert. Blumenblätter 1 Zoll lang und länger, lanzettlich-linealisch, nach vorn allmälig schmäler und spitzlich, schwach rinnig; sie stehen aufrecht zu einer ziemlich kegelförmigen Röhre zusammengerollt und klaffen nur mit den Spitzen etwas auseinander. Von den aus der Blume etwas hervorstehenden 10 Staubgefässen sind 5 abweshselnd etwas länger und kürzer; Staubfäden pfriemig-fadenförmig, aus dem Rücken einer verkehrt-eiförmigen zottigen Schuppe entspringend; Antheren oval, am Grunde kurz-zweispaltig. Der 5karpellige Fruchtknoten steht auf einer breitern abgestutzten 5kantigen Scheibe (Stempelboden); aus jedem Karpell entspringt ein Griffel, der nur an seinem Grunde etwas frei, dann aber innig mit den übrigen verwachsen ist und diese so nur einen einzigen ausmachen, der die Staubgefässe überragt und in eine stumpfe Narbe endigt. Die Früchte (steinfruchtartigen, später mit 2 Klappen aufspringenden Karpelle) sind verkehrt-eiförmig, etwas zusammengedrückt, netzaderig-runzelig, schwarz und enthalten längliche Samen. — Von diesem Gewächse ist das Holz des Stammes und der dickern Aeste seit etwa 80 Jahren als Surinamisches Quassien- od. Bitterholz, *Lignum Quassiae surinamensis* s. *Lignum Quassiae verum*, und die Rinde desselben als Quassienrinde, *Cortex Ligni Quassiae surinamensis*, in Europa als ein sehr kräftiges rein bitteres Arzneimittel in Anwendung. Das Holz kommt in walzenförmigen, 2—6 Fuss langen, gewöhnlich nur 1—2 Zoll dicken, doch nicht selten auch dünnern oder bis zu 4 Zoll dicken Stangen oder Stäben, die bisweilen Astansätze zeigen, vor. Es ist leicht, von schmutzig-weisser Farbe, aussen von einer dünnen, glatten, grau-weissen und grünlich-graugefleckten Rinde umgeben, welche gewöhnlich, ja fast immer nur lose anhängt; wenn sie ganz fehlt, so erscheint das Holz aussen gelbweiss, bisweilen theilweiss bläulich oder schwärzlich gefärbt, und in seltnen Fällen auch ganz bläulich-grau. Der Geruch ist schwach, nicht eigenthümlich, der Geschmack rein bitter, sehr stark und lange anhaltend. Der vorwaltende Bestandtheil ist ein alkaloidischer bitterer Extractivstoff: Quassienbitter od. Quassin. Das Quassienholz gehört den bittersten, tonischen, erregenden, vorzüglich auf die Verdauungswerkzeuge wirkenden Mitteln und wird desshalb bei Schwäche derselben und den dadurch bedingten Krankheiten seltener in Substanz als Pulver, häufiger als wässeriger oder weiniger Aufguss oder in Abkochung des zerschnittenen oder geraspelten Holzes angewendet. Das gebräuchlichste Präparat ist das *Extractum Quassiae*.

Abtheilung: *Coriarieae DeC.*

*Coriaria myrtifolia L. (Dioecia, Decandria Lin. syst.)*, ein in Südeuropa und Nordafrika einheimischer Strauch, verdient hier der Erwähnung, weil durch die Vermischung seiner giftigen Blätter mit den Sennesblättern in Frankreich höchst schädliche Verfälschungen vorgekommen sind. Diese Blätter sind sehr kurz gestielt, eiförmig und ei-lanzettlich, zugespitzt, oberseits dunkelgrün u. glänzend, unterseits blass u. mit 3 Nerven durchzogen, kahl, 1—1½ Zoll lang, 4—9 Linien breit. Da sie viel Gerbstoff enthalten, so giebt der Aufguss durch salzsaures Eisen einen schwarzblauen Niederschlag.

Gruppe 2: *Rutariae Rchb.*

3. Abtheilung: *Ruteae Rchb.*

2. Unterabtheilung: *Diosmeae R. Br.*

Die Diosmeen sind meist Sträucher oder Bäume und nur wenige Kräuter. Blätter gegen- oder wechselständig, einfach oder 3zählig oder gefiedert, drüsig-punktirt, meist mit durchscheinenden Punkten. Nebenblätter fehlen. Blüten blattachsel- oder endständig, zwitterig, regelmässig oder unregelmässig. Kelch 4- od. 5theilig. Blumenkrone 4- od. 5blättrig, frei, nur selten am Grunde etwas verbunden, sehr selten auch fehlend, gleich wie die Kelchzipfel in der Knospe gewöhnlich gedreht-zusammengerollt, sehr selten fast klappig. Staubgefässe in derselben oder doppelten Anzahl wie die Blumenblätter und mit diesen an der äussern Seite eines scheiben- oder fast becherförmigen, bisweilen auch undeutlichen Torus befestigt, frei oder bei den verwachsen-blättrigen Blumenkronen diesen angeklebt; Antheren aufrecht, aus 2 anliegenden, der Länge nach sich öffnenden Fächern bestehend. Der Fruchtknoten besteht aus ebensovielen Karpellen als Blumenblätter vorhanden sind, bisweilen auch aus wenigern; jedes Karpell enthält 2 neben- oder übereinander stehende Eichen!, selten 4; die Griffel entspringen aus dem innern Rande unter der Spitze der Karpelle u. sind entweder durchaus oder nur am Ende mit einander verwachsen und tragen eine 5furchige oder 5lappige Narbe. Die Frucht besteht aus einer oder gewöhnlicher aus 5 gesonderten, selten verwachsenen Kapseln; die pergamentartige Fachhaut trennt sich von der lederartigen 2klappigen Fruchthülle und öffnet sich für sich an der Basis durch 2 Klappen, die durch eine die Samen tragende Haut verbunden sind; jedes Karpell enthält 1 oder 2 glatte Samen mit einem fleischigen Eiweisskörper, welcher jedoch bisweilen auch fehlt; der Keimling ist gerade oder gekrümmt, mit gewöhnlich nach oben gerichtetem Würzelchen; die Samenlappen sind beim Keimen blattartig.

### c. *Cusparieae De C.*

Blätter einfach od. 3zählig. Blüten meist unregelmässig. Staubgefässe von einem becherförmigen Torus entspringend. Karpelle 2eiig. Samen ohne Eiweisskörper, mit gekrümmtem Keimling.

Gattung: *Galipea Aubl.* Galipea.
(*Pentandria*, *Monogynia Linn. syst.*)

Kelch kurz, 5zähnig oder 5spaltig. Blumenkrone trichterig-präsentirtellerförmig, 5theilig oder 5blätterig, (im letztern Falle mit sehr genäherten Blumenblättern), mit kurzer 5seitiger Röhre. Staubgefässe gewöhnlich 5, doch auch 4 oder 7, der Blumenröhre angewachsen, ungleich, meist nur 2 davon mit vollkommnen Staubbeuteln, die übrigen unfruchtbar. Fruchtknoten 5knöpfig, einer aus 5 Schuppen gebildeten Stempelhülle eingesenkt, welche denselben gewölbartig bedeckt; Griffel keulenförmig, mit kopfförmiger oder 5spaltiger Narbe. Frucht gewöhnlich aus 5, bisweilen auch nur aus 3 oder 2 Hülsenkapseln gebildet, welche bei der Reife sich trennen und nach oben und innen der Länge nach aufspringen, indem sich die innere hornartige Fruchthaut ablöst. 1, seltner 2 Samen in jeder Kapsel.

1. Art: *Galipea officinalis Hancock.* Gebräuchliche Galipea, Aechter Angusturabaum, Caronyrindenbaum.

Blätter 3zählig: Blättchen kaum länger als der Blattstiel, länglich, ganzrandig, kahl; Blütentrauben gestielt, blattachsel- u. endständig; Blumenkrone unregelmässig, mit 2 längern Zipfeln; Staubgefässe 7, nur 2 davon fruchtbar: Hülsenkapsel 2samig.

Ein 12—15, seltner bis 20 Fuss hoher Baum mit einem 3—5 Zoll dicken Stamme, welcher häufig auf den Bergen (600—1000 Fuss über der Meeresfläche) im spanischen Gujana, vorzüglich in den Missionen von *Corony* und *Orinoko* wächst. Die Ureinwohner oder Indianer nennen ihn *Orayuri* und die dortigen Spanier die Rinde *Cascarilla de Carony* oder *Quina de Carony*. Die unregelmässig aus dem Stamme entspringenden und sich verzweigenden Aeste sind mit einer glatten, grauen Rinde bekleidet. Blätter wechselständig, 3zählig; der gemeinschaftliche oberseits schwach gerinnte Blattstiel hat fast die Länge der Blättchen, welche meist 6—10 Zoll lang und 2—4 Zoll breit sind; das mittlere ist etwas länger als die seitlichen; die Blättchen sämmtlich sind länglich, nach beiden Enden verschmälert, kurzgestielt, kahl und glänzendgrün, die end- und blattachselständigen, rispenartigen Trauben sind langgestielt, reichblütig und mit lanzettlichen Deckblättern versehen. Kelch kurzglockig, 5zähnig, behaart. Blumenblätter 1 Zoll lang, am Grunde zu einer kurzen Röhre verwachsen, der übrige Theil nach aussen gebogen, behaart, 2 davon etwas breiter und länger als die übrigen. Vollkommne Staubgefässe 2, mit kurzen Staubfäden und noch einmal so langen 4furchigen, 2fächerigen Antheren; die 5 unfruchtbaren Staubgefässe sind länger als jene, aber dennoch viel kürzer als die Blumenblätter; sie tragen an ihrer Spitze kleine kugelige, durchsichtige Drüsen. Der 5knöpfige Fruchtknoten ist einem lederartigen Stempelboden eingesenkt, welcher nach und nach um denselben in die Höhe wächst und ihn endlich als eine gewölbartige Decke umgiebt bis er beim Abfallen der Blumenkrone gänzlich verborgen ist; der einfache, fadenförmige, in der Mitte haarige Griffel trägt eine kopfförmige Narbe. Wenn später die Fruchtknoten anfangen sich zu erheben, so erweitert sich der Stempelboden, verdickt sich und bleibt als Träger der ihm eingefügten Früchte stehen. Die Frucht besteht aus 5 2klappigen, höckerigen, rauhhaarigen Hülsenkapseln, von denen oft 2 oder 3 fehlschlagen; jede Kapsel enthält eigentlich 2 kugelige, erbsengrosse, schwarze Samen, häufig aber durch Fehlschlagen auch nur einen. Die Hülsenkapseln werden elastisch aufgesprengt und die Samen weit fortgeschnellt, indem die hornartige 2klappige Fachhaut von der übrigen gleichfalls 2klappigen Fruchthülle sich lostrennt und auseinanderspringt. — Die Rinde dieses Baums ist die Aechte Angustura-Rinde, *Cortex Angusturae sive Angosturae verus*, die man bereits seit etwa 60 Jahren in Europa angewendet hat, deren wahre Abstammung aber erst seit 1828 durch *John Hancock* bekannt wurde, dessen Beobachtungen über den *Orayuri* oder den wahren Angusturarindenbaum am 11. Jul. 1828 in der med. bot. Gesellschaft zu London vorgelesen wurden. (*Transactions of the medico-botanical Society of London. Vol. 1. Part. 1. July* 1829. mit Abbild. Uebers. im Pharm. Centralbl. 1831 No. 4 gleichfalls mit Abbild.) Bis dahin leitete man sie her von *Galipea Cusparia St. Hil.* (*Bonplandia trifoliata Wlldw.*) — Die wahre Angusturarinde (von *Mutis* schon 1759, in England und Deutschland aber erst seit 1788 angewendet) wird wahrscheinlich vom Stamme und den dickern Aesten gesammelt, da sie aus flachen, nur selten schwach gekrümmten, gewöhnlich 2—6 Zoll langen, 1—2 Zoll breiten, häufig aber auch weit grössern, bis 15 Zoll langen Stücken besteht. Sie ist aussen graulichgelb und glatt oder nur mit feinen Querrissen versehen und häufig mit bräunlichen und grünlichen Flechten überzogen. Die Innenseite ist glatt, fahlgelb oder röthlich, bisweilen noch mit gelblichem Splinte bedeckt. Die Rinde zerbricht leicht und ist auf der glatten Bruchfläche braunröthlich, harzig und schwachglänzend. Sie hat einen unangenehmen gewürzhaften Geruch und einen sehr bittern zugleich gewürzhaften etwas beissenden Geschmack. Der kalte wässrige Aufguss von hell-bräunlich-orangegelber Farbe wird durch kohlensaures Kali dunkelroth, durch Schwefelsäure stark getrübt, giebt mit salzsaurem Eisen einen gelblichbraunen, mit schwefelsaurem Eisen einen weisslichgrauen Niederschlag. Vorwaltende Bestandtheile sind bitterer Extractivstoff und ätherisches Oel. Die Angostura wirkt tonisch und reizend-erregend auf das Gefäss- und Nervensystem. Man wendet sie an bei Schwäche der Verdauungsorgane, bei Durchfällen, Ruhren, atonischen Schleimflüssen, passiven Blutflüssen, Wechselfiebern, bösartigen Geschwüren u. s. w. sowohl innerlich als äusserlich in Substanz (als Pulver), Aufgüssen und Abkochungen. Im Ganzen gebraucht man diese Rinde, die man in Amerika häufig anwendet, nicht so oft, als sie ihrer Eigenschaften halber verdiente, weil durch die Verwechselung mit einer ähnlichen, aber giftigen, *Brucin* enthaltenden Rinde, die man Falsche Angusturarinde *Cortex Angusturae spurius*, genannt hat, häufig sehr gefähr liche Zufälle und selbst der Tod herbeigeführt worden sind, Die Abstammung dieser Falschen Angustura ist noch ganz unbekannt, doch weiss man, dass sie nicht von *Brucea antidysenterica Mill.*, von welcher man sie ableitete, herstammt; sie gehört vielmehr wahrscheinlich einem Gewächse aus der Familie der Strychneen an. Die Stücke dieser falschen Rinde sind kleiner, mehr zerbrochen, nicht selten rückwärts gekrümmt, aussen mit weissen oder gelblichen runden Warzen besetzt und dunkel rostgelb, auf der Innenseite glatt und schwarzgrau, auf der Bruchseite bräunlich, aber nicht harzig. Der Geschmack ist sehr unangenehm und lange anhaltend bitter und gar nicht gewürzhaft. Der kalte wässerige Aufguss wird durch kohlensaures Kali grünlich, zugleich einen schmutziggelben Niederschlag gebend, durch Schwefelsäure nicht verändert, durch salzsaures Eisen gelblichgrün und durch schwefelsaures Eisen grün gefärbt.

2. Art: *Galipea Cusparia St. Hil.* Cuspabaum.

Blätter dreizählig: Blättchen fast doppelt länger als der Blattstiel; Blütentrauben gestielt, meist endständig; Blumen regelmässig (od. nach *Kunth* nur mit einem längern Zipfel); Staubgefässe 5, aber nur 2 oder 3 fruchtbar; Antheren 2-spornig. Hülsenkapsel einsamig. *(Bonplandia trifoliata Wlldw. Cusparia febrifuga Hmb. et Bonpl. etc.)*

Dieser südamerikanische, gegen 80 Fuss hohe Baum ist dem vorherbeschriebenen sehr ähnlich und man hielt ihn allgemein für die Stammpflanze der Angusturarinde; nach *Hancock* ist jedoch die Rinde desselben heller gelb und hat einen eckelhaft bittern Geschmack. Hinsichtlich ihrer Wirksamkeit soll sie der wahren Angustura weit nachstehen, wenn sie auch ähnliche Kräfte besitzt.

### *b. Diosmeae genuinae Rchb.*

Blätter einfach oder 3zählig. Blüten regelmässig. Staubgefässe hypo- oder perigynisch. Karpelle 2eiig, nur sehr selten 1eiig. Samen meist mit einem Eiweisskörper, welcher jedoch bisweilen sehr dünn wird od. in wenigen Fällen auch ganz fehlt.

Gattung: *Barosma Wlld.* Buccostrauch.
*(Pentandria, Monogynia Lin. syst.)*

Kelch 5spaltig oder 5theilig. Blume 5blättrig: Blumenblätter kaum benagelt. Staubgefässe 10, jedoch die 5 den Blumenblättern entgegengestellten unfruchtbar und blumenblattartig. Fruchtknoten 5karpellig, 5lappig, mit einem einzigen, nach oben verdünnten Griffel und sehr kleiner 5lappiger Narbe. Kapsel aus 5 Karpellen bestehend, welche bei der Reife sich trennen und an ihrer Spitze geöhrt sind.

1. Art: *Barosma crenata Kunze.* Kerbblättriger Buccostrauch.

Blätter gegenständig, länglich- oder lanzettlich oval, stumpflich, am Rande mit drüsigen kerbartigen Sägezähnchen besetzt, unbehaart, durchscheinend-drüsig-punktirt; Blütenstiele einzeln, achselständig, deckblättrig. *(Syn.: Diosma crenata Lin.)*

Ein niedriger, selten bis gegen 5 Fuss hoher, aufrechter, kahler Strauch, mit gegen- bisweilen gleichsam wirtelständigen Aesten und Zweigen. Die nahe bei einander- und abstehenden Blätter sind ¾ bis gegen 1 Zoll lang und stehen auf kurzen, kaum 1 Linie langen Stielen. Die weissen Blüten stehen einzeln in den obern Blattachseln auf 3—4 Linien langen Stielen, welche einige kleine cirundliche Deckblättchen tragen. Er wächst in Südafrika, vorzüglich am Cap der guten Hoffnung und enthält in allen seinen Theilen ein eigenthümliches gewürzhaft riechendes Oel und ausser andern Gegenständen auch einen eignen Extractivstoff, *Diosmin* genannt. Vorzüglich aber sind diese Bestandtheile nebst Harz in den Blättern, Buccoblätter *Folia Bucco s. Buchu* enthalten, wesshalb sie einen durchdringend gewürzhaften eigenhümlichen Geruch und einen starkgewürzhaften Geschmack haben. Am Vorgebirge d. g. H. benutzt man sie häufig gegen Krämpfe, nach Erkältungen, bei rheumatischen Zufällen u. s. w. Weil sie adstringirend-resolvirend und zugleich flüchtig erregend, vorzüglich auf die Schleimhäute und Nieren wirken, so wendet man sie zuweilen in Europa bei Schleimflüssen, besonders der Harnwerkzeuge, ferner wenn Neigung zur Bildung von Blasensteinen vorhanden ist und gegen Wassersucht an.

Ausser diesen Blättern kommen auch bisweilen andere im Handel vor, welche ziemlich gleiche Eigenschaften haben. Als Lange Buccoblätter, *Folia Bucco longa*, findet man die Blätter von *Barosma serratifolia Wlldw.*, welche länger linealisch-lanzettlich und dabei schärfer gesägt sind; sie unterscheiden sich ausser durch ihre Form besonders durch den Mangel der Drüsen zwischen den Sägezähnen. — Auch von einem verwandten Strauche des Vorgebirges, von *Empleurum serrulatum Sol. (Diosma unicapsularis Lin. fil.)*, kommen die Blätter als Buccoblätter im Handel vor; sie sind lineal-lanzettlich, spitzig, 1—2 Zoll lang, 2—3 Linien breit, fein-drüsig-gekerbt, durchscheinend-drüsig-punktirt, kahl und unterseits etwas runzelig. Die einzelnen einfächrigen Fruchtkapseln, welche man unter den Blättern findet, geben leicht die Gewissheit, dass sie zu *Empleurum* gehören. — In Südafrika werden auch häufig die Blätter anderer Gewächse in gleicher Weise angewendet, als: von *Barosma betulina* und *pulchella Bartl. et Wendl.*, von *Barosma odorata Wlldw.*, von *Diosma hirsuta Thunb.* und andern Arten, von vielen Arten von *Agathosma* u. s. w.

Von *Esenbeckia febrifuga Mart. (Düsseld. vollst. Samml. 3. t. 20.)*, einen gegen 30—40 Fuss hohen Baume im östlichen Brasilien, wo man ihn *Loranjeiro do Mato* oder *Tres folhas vermellas* nennt, kommt die sehr bittere Rinde der Aechten Angusturarinde hinsichtlich ihrer Wirksamkeit sehr nahe und wird in Amerika häufig als eine sehr vorzügliche Arznei angewendet. Auch gelangt dieselbe gar nicht selten schon seit längerer Zeit als Brasilianische China nach Europa. Da sie ein höchst bitteres Alkaloid (*Esenbeckin*) enthält, so verdient sie alle Aufmerksamkeit. Sie besteht aus dickern und dünnern Stücken (vom Stamme und von den Zweigen); die dünnern sind von 2—6 Zoll Länge, ½—1 Zoll Breite und höchstens eine Linie Dicke, aussen schmutzig-weiss, mit einzelnen schwammig-warzenartigen Erhabenheiten besetzt; innen dunkelbraun und auf dem Bruche eben; die stärkern Stücke sind gewöhnlich mit einer auf der Aussenfläche bräunlichgelben und schmutzig weissgefleckten, dicken und weichen Rinde versehen; wenn aber diese fehlt, zeigen sie sich schmutzigbraun und längsrissig.

### a. *Dictamneae Bartl.*

Blätter gefiedert. Blüten unregelmässig. Staubgefässe hypogynisch. Karpelle 4eiig. Samen mit fleischigem Eiweisskörper.

### Gattung: *Dictamnus Lin.* Diptam.
### (*Decandria, Monogynia Lin. syst.*)

Kelch tief 5theilig, fast 5blättrig, ungleich. Blumenkrone 5blättrig: Blumenblätter benagelt, ungleich, die beiden obern aufwärts gerichtet und genähert, die beiden mittlern seitwärts abstehend, das untere abwärts gerichtet. Staubgegefässe 10, niederwärts geneigt, dann aufsteigend: Staubfäden nach oben drüsig. Pistill auf einem dicklichen kurzen Stiel (Stempelboden) empor gehoben: Fruchtknoten 5-karpellig, 5lappig; Griffel (wie die Staubgefässe) abwärtsgeneigt, dann aufsteigend, längsstreifig, eine kleine, fast einfache Narbe tragend. Frucht aus 5 Karpellen bestehend, welche an ihrem Grunde und in der Achse zusammengewachsen sind, bei der Reife aber sich trennen und nach oben und innen in einer Längsspalte aufspringen, wobei die innere Fruchthaut in 2 Klappen elastisch sich ablöst; jedes Karpell enthält 1 oder 2 Samen.

1. Art: *Dictamnus albus Lin.* Weisser oder Gemeiner Diptam, Ascher- oder Escherwurzel.

Blätter gestielt, unpaarig (5—9zählig)- gefiedert: Blättchen sitzend, eirund-länglich, spitzig, feingesägt, unterseits wie der schmalgerandete Blattstiel schwach flaumhaarig: Blüten in einer dichten endständigen Traube. (*Dictamnus Fraxinella Pers.*)

Diese 2—3 Fuss hohe schöne perennirende Pflanze wächst auf sonnigen und steinigen Anhöhen, in trocknen Bergwäldern des mittlern und südlichen Deutschlands und Südeuropas, im Mai und Juni blühend. Die dicke, ästige, weissliche Wurzel dringt tief in den Boden. Der steife, aufrechte, astlose, rundlich-eckige Stengel ist mit kurzen, abstehenden Haaren und vielen dunkelröthlichen Drüsen besetzt. Blätter etwas lederartig, sehr schwach behaart, 4—8 Zoll lang; die untersten einfachen länglich-ovalen weit kleiner; die andern unpaarig-gefiedert; Blättchen sitzend, gegenständig, 1—2 Zoll lang, die seitlichen oval oder länglich ungleichseitig, das endständige eiförmig oder oval; sämmtlich stumpf und ausgerandet, ungleich- und feinkerbig-gesägt. Blütentraube anfangs überhängend, beim Blühen steif aufrecht, 5—10 Zoll lang, 10—20blütig; die Blütenstiele, von denen die untersten meist etwas ästig sind, werden dicht von rothbraunen Drüsen bedeckt. Blüten nickend auf ½—1 Zoll langen Stielen, weiss oder dunkelrosenroth, mit dunklern Adern durchzogen, stark und nicht unangenehm riechend. Deckblätter linealisch-lanzettlich. Kelchzipfel oder Kelchblätter länglich, abstehend. Blumenblätter elliptisch-lanzettlich. Staubgefässe und Pistill wie in dem Gattungscharakter angegeben worden ist. Kapseln steifhaarig, drüsig, mit 1 oder 2 verkehrt-eiförmigen, schwarzen Samen. Man kann leicht 2 Abänderungen unterscheiden: α. mit undeutlich geflügelten Blattstielen und rothen Blumen *(Dict. Fraxinella Link.)* und β. mit deutlich gefl. Blattstielen und weissen Blumen *(Dict. albus Link).* — Von dieser Pflanze ist die dicke weissliche Wurzelrinde als *Radix Dictamni s. Diptamni s. Fraxinellae*, Specht- oder Aescherwurzel officinell, aber jetzt nicht häufig mehr in Anwendung. Sie hat, vorzüglich wenn sie noch frisch ist, einen kräftigen, nicht unangenehmen, etwas harzigen Geruch und einen sehr bittern gewürzig-scharfen Geschmack, was durchs Trocknen sehr vermindert wird. Die vorwaltenden Bestandtheile, bittrer Extractivstoff, ätherisches Oel und Harz, machen sie zu einem tonisch-reizend und erregend auf die Verdauung wirkenden und die Menstruation befördernden Mittel, das man bei Verdauungsschwäche, Stockungen im Unterleibe und Darmkanale, sowie der Menstruation und gegen Würmer anwendet.

1. Unterabtheilung: *Ruteae genuinae Rchb.*

Kräuter oder Halbsträucher mit zerstreuten vielschnittigen, selten ganzen, gewöhnlich drüsig-durchscheinend-punktirten Blättern. Die regelmässigen Zwitterblüten stehen am Ende in Trugdolden od. einzeln. Kelch 4—5theilig, bleibend.

Blumenblätter 4 oder 5, am Grunde einer dicken drüsigen Scheibe (*Torus*) eingefügt; in der Knospe gedreht oder zusammengerollt. Staubgefässe in der doppelten, selten in der dreifachen Anzahl der Blumenblätter, frei od. nur ganz unten am Grunde verwachsen. Antheren aufrecht, mit anliegenden, der Länge nach sich öffnenden Fächern. Fruchtknoten aus 4—5 verwachsenen Karpellen gebildet, 4—20, selten 2 hängende od. an der Achse befestigte Eichen enthaltend: Griffel einfach od. unten getheilt, mit stumpfer eckiger oder furchiger Narbe. Kapsel 4- oder 5lappig, 4- oder 5fächrig, mit an der Spitze und nach einwärts sich öffnenden Fächern (bisweilen auch 3fächrig, mit am Rücken aufspringenden Fächern); die innere Fruchthaut trennt sich beim Oeffnen von der äussern nicht. Samen hängend oder angewachsen, nierförmig, feingrubig. Der mit nach oben gerichtetem Würzelchen versehene Embryo liegt in einem fleischigen Eiweisskörper. Die Samenlappen sind beim Keimen blattartig.

Gattung: *Ruta Tournef.* Raute.

*(Decandria, Monogynia Lin. syst.)*

Kelch 4- oder 5theilig. Blumenkrone 4- oder 5blättrig, ausgebreitet: Blumenblätter benagelt, concav. Staubgefässe 8 oder 10: Staubfäden pfriemig-fadenförmig. Fruchtknoten 4- oder 5furchig, nach oben 4- oder 5lappig und drüsig, auf einer tellerförmigen Scheibe sitzend, welche an den Seiten 8 oder 10 Nectarlöcher zeigt; Griffel aus der Mitte der Karpelle entspringend, am Grunde 4- oder 5theilig, dann einfach, eine kleine 4- oder 5lappige Narbe tragend. Kapsel fast kugelig, doch bis zur Hälfte 4- oder 5klappig, 4- oder 5fächrig; an der innern Naht der Lappen aufspringend: am innern Winkel jeden Faches durch einen dicken runzeligen Samenträger 4—6eckig-nierförmige Samen befestigt.

1. Art: *Ruta graveolens L.* Gemeine oder Starkriechende Raute, Garten- oder Weinraute.

Blätter gestielt, im Umrisse fast 3eckig oder eiförmig, doppelt-3fach-fiederschnittig: Abschnitte verkehrt-eiförmig-spatelig, die untern länger, die obern zusammenfliessend, der oberste verkehrt-eirundlich-spatelig od. fast keilförmig:

Blumenblätter plötzlich in den Nagel verschmälert, ganzrandig oder gezähnelt; Kapseln stumpflappig. (Taf. 24.)

An sonnigen und steinigen Orten in den Gebirgen Südeuropas und auch Süddeutschlands wächst diese $1\frac{1}{2}$—3 Fuss hohe halbstrauchartige Pflanze wild; wird aber auch in den Gärten häufig angepflanzt. Aus einer holzigen ästigen Wurzel entspringt ein aufrechter, gleich von seinem Grunde an, ästiger Stengel mit steifen aufrecht-abstehenden Aesten und Aestchen. Die oben beschriebenen Blätter sind dicklich und etwas fleischig, seegrün; sie gehen nach oben in einfachere und endlich in linealische oder fast lanzettliche Deckblätter über. Die Trugdolde ist unregelmässig-gabeltheilig, vielblütig. Blumenblätter gelb ins Grünliche ziehend, vertieft, am Rande oft buchtig-kraus, bisweilen gezähnelt. Die abstehenden Staubgefässe bewegen sich, einander ablösend, gegen die Narbe, um das Pollen auszustreuen und gehen dann in ihre erste Lage zurück. Der Fruchtknoten ist dicht mit Drüsen besetzt und desshalb runzelig. Die Kapsel hat vorstehende abgerundete Lappen und mehrsamige Fächer. — Gebräuchlich sind die Blätter, Rautenkraut, *Herba Rutae s. Rutae hortensis*; sie haben frisch einen starken, eigenthümlich harzigen, wenig angenehmen, etwas betäubenden Geruch, der durchs Trocknen bedeutend schwächer wird und einen bittern, etwas beissenden, unangenehm gewürzhaften Geschmack. Sie enthalten äther. Oel und bittern Extractivstoff vorwaltend und wirken reizend u. krampfstillend auf den Unterleib und vorzüglich auf den Uterus, wesshalb man sie bei Störungen der Menstruation, bei krampf- und schmerzhaften Unterleibskrankheiten, bei Hysterie, gegen Würmer u. dergl. Leiden mehr und äusserlich bei schlechten Geschwüren, Brand, ödematösen Anschwellungen u. s. w. sonst weit häufiger als jetzt anwendet. Früherhin waren viele Präparate und auch der Samen, *Semen Rutae* officinell. — Auch die übrigen Arten dieser Gattung haben gleiche oder ähnliche Wirksamkeit.

In die 2. Abtheilung: *Xanthoxyleae Juss. fil.* gehört die Seite 117 erwähnte *Brucea antidysenterica Mill.*, ein Strauch in Abyssinien; ferner die Gattung *Xanthoxylon Colden. (Zanthoxylum L.)*, von der mehre

Arten in ihrem Vaterlande gebräuchliche Heilmittel liefern. Die Rinde von *Xanthoxylon Clava Herculis* L., einem westindischen Baume, soll bisweilen als *Cortex Geoffroyae jamaicensis* im Handel vorkommen.

Aus der 1. Abtheilung: *Empetreae Rchb.* ist blos *Cneorum tricoccum* L., ein niedriger ästiger, immergrüner Strauch des südlichen Europas und nördlichen Afrikas zu erwähnen, dessen Blätter früher als *Herba Olivellae* officinell waren und als Purgirmittel dienten.

Gruppe 1: *Euphorbiaceae Juss.*

Meist weissmilchende Kräuter, Sträucher oder Bäume, mit zerstreuten, selten gegenständigen, einfachen, ganzen oder handförmig-gelappten Blättern, ohne oder mit kleinen häutigen Nebenblättern. Blüten oft sehr unvollständig, ein- oder 2häusig, in den Blatt chseln oder am Ende, gewöhnlich in Aehren oder Trauben, seltner einzeln oder büschelig gehäuft. Kelchblätter meist 4 oder 6, bisweilen 2, am Grunde verwachsen, oft mit drüsenartigen Anhängen versehen, bisweilen ganz fehlend. Blumenblätter ebenso viele als Kelchblätter und mit diesen abwechselnd, bisweilen mehre, häufig fehlend. Die männlichen Blüten enthalten in ihrer Mitte, seltner dem Rudimente eines Pistills eingefügte Staubgefässe in bestimmter oder unbestimmter Zahl, frei oder verwachsen; Antheren mit 2 der Länge nach sich öffnenden Fächern. Die weibl. Blüten enthalten ein Pistill, dessen Fruchtknoten aus 3, seltner aus 2 oder mehren, Karpellen gebildet ist; die Fächer enthalten gepaarte oder einzelne aufgehängte Eichen; Griffel sind ebensoviele als Karpelle vorhanden, frei oder verbunden, mit getheilten Narben. Die Frucht ist eine trockne oder seltner fleischige Springfrucht mit einem bleibenden Mittelsäulchen. Samen einzeln oder gepaart, nabelwulstig; Embryo in einem fleischigen Eiweisskörper mit nach oben gegen den Nabel gerichteten Würzelchen und blattartigen Kotyledonen.

3. Abtheilung: *Buxeae Rchb.*

3. Unterabtheilung: *Buxeae genuinae.*

*Buxus sempervirens* L., Gemeiner Buchsbaum. (*Monoecia, Tetrandria L. syst.*) Ein immergrüner

Strauch des südl. Europas, welcher häufig zur Zierde und zu Einfassungen von Beeten in den Gärten gezogen wird. Die einhäusigen Blüten stehen geknauelt oder büschelig. Kelch oder Blütenhülle 4blättrig. Die männl. Blüten von einem Deckblatte unterstützt, mit 4 unverwachsenen Staubgefässen; die weibl. Bl. mit 3 Deckblättern unterstützt, mit einem unverwachsenen Fruchtknoten, 3 Griffeln und dicken stumpfen Narben. Kapsel 3schnäbelig, 3knöpfig, mit 2samigen Knöpfen. Früher waren die 9—15 Linien langen und 5—7 Linien breiten, eirund-länglichen, stumpfen od. an der Spitze ausgerandeten, lederartigen glänzenden Blätter, *Folia Buxi*, als gelind abführendes Mittel im Gebrauche; das geraspelte Holz, *Lignum Buxi*, wirkt schweisstreibend und wurde bei langwierigen rheumatischen Beschwerden und bei Syphilis gebraucht.

2. Unterabtheilung: *Cluytieae Rchb.*

*Cluytia collina Roxb*; ein kleiner Baum in Cirkars, hat eine äusserst giftige Rinde und Früchte.

1. Unterabtheilung: *Phyllantheae Rchb.*

*Emblica officinalis Gaertn.* (*Phyllanthus Emblica L.*), Amlabaum, Myrobalanenbaum, (*Monoecia, Triandria L. syst.*) ist ein 20—30 Fuss hoher Baum in Ostindien, wo er auch häufig angebaut wird, weil man das Fleisch seiner steinfruchtartigen 3kammerigen Springfrüchte roh und eingemacht geniesst. Früher kamen sie in den Apotheken Europas als Graue Myrobalanen *Myrobalani emblici*, vor und wurden als Purgirmittel gebraucht.

2. Abtheilung: *Crotoneae Rchb.*

Gattung: *Aleurites Forst.* Doppelnuss.
(*Monoecia, Polyandria Lin. syst.*)

Blüten einhäusig-rispig. Kelch 2- oder 3spaltig. Blumenblätter 5, mit 5 Drüsen abwechselnd. Staubgefässe zahlreich, unten monadelphisch verbunden. Griffel 2, 2theilig. Springfrucht 2kammerig.

1. Art: *Aleurites laccifera Wlldw.* Lackgebende Doppelnuss, Lack-Kroton.

Blätter herz-eiförmig, spitzig, fein- und entfernt-gesägt oder ganzrandig, sternhaarig-scharf, die jüngern eckig und fast filzig; Rispen end- und achselständig. *(Croton lacciferus L.)*

Ein kleiner oder nur mittelmässiger Baum in Ceilan und auf den Molukken. Er hat nur wenige aber lange und abstehende Aeste. Die langgestielten Blätter sind 5—6 Zoll lang. Die weissen Blütenrispen sind aus mehren ährenartigen Trauben zusammengesetzt. Die runden, runzeligen u. gleichsam punktirten Früchte haben die Grösse kleiner Pfefferkörner. Von den in Ceilan wachsenden Bäumen, die von den auf den Molukken vorkommenden wahrscheinlich specifisch verschieden sind, erhält man zum Theil das Gummilack, *Gummi sive Resina Laccae.* Es ist dasselbe der harzige erhärtete Saft, welcher entweder freiwillig oder durch die Stiche ausfliesst, welche von der Lackschildlaus, *Coccus Laccae Kerr.*, in die jüngern Aeste gemacht werden Der Saft, welcher auf diese Weise ausfliesst, bildet um das Insect eine zellenartige Hülle. Die mit diesen Gummilackzellen bedeckten Zweige werden 2mal im Jahre, im Februar und im August, abgebrochen und gesammelt. — Das Gummilack, welches in medicinischer Hinsicht nicht angewendet wird, sondern zur Bereitung von Siegellack, Firnissen u. dergl. dient, wird auch noch von verschiedenen andern ostindischen Bäumen gewonnen z. B. von *Ficus religiosa L.*, *Ficus indica Vahl*, *Butea frondosa Roxb.*

### Gattung: *Jatropha L.* Brechnussbaum.
### *(Monoecia, Monadelphia Lin. syst.)*

Blüten einhäusig, in Rispen oder Doldentrauben. Kelch 5theilig. Blumenkrone 5theilig (bisweilen fehlend). Im Grunde der Blüte 5 freie, oder ringförmig mit einander verwachsene Drüsen. In den männl. Bl. 6 oder 10 ungleiche, am Grunde monadelphisch verwachsene Staubgefässe; in den weibl. Blüten ein Fruchtknoten, mit 3 zweitheiligen Griffeln. Springfrucht 3knöpfig, 3kammerig.

1. Art: *Jatropha Curcas L.* Schwarzer Brechnussbaum, Amerikanischer Purgirnussbaum.

Blätter fast herzförmig, 5lappig, mit ganzrandigen Lappen, kahl; Doldentrauben unter dem Griffel der Aeste seitlich, reichblütig. (Abbild.: *Jacq. Hort. Vind.* 3. *t.* 63. *Winkler, Homoeop. Arzneigew. t.* 36.)

Ein kleiner Baum oder Strauch in Südamerika u. Westindien, besonders auf Cuba; jetzt auch in Ostindien angepflanzt. Die Blätter stehen nur an den Enden der übrigens kahlen Aeste auf 5—6 Zoll langen Stielen, sind 5—7 Zoll lang, 4—6 Zoll breit, 5eckig oder fast 5lappig, die untern Lappen zugerundet, die obern spitzig, am Grunde schwach oder abgestutzt herzförmig. Die trugdoldigen Rispen (Doldentrauben?) enthalten zahlreiche männl. Blüten, aber nur wenige weibliche und zwar so, dass jedesmal nur eine in der Mitte eines Trugdoldchen sich befindet. Die ovale stumpfdreikantige, anfangs gelbliche, später schwärzliche Springfrucht hat die Grösse einer kleinen wälschen Nuss und enthält 3 bohnengrosse, ovallängliche, an der Aussenseite gewölbte, an der Innenseite undeutlich-eckige, schwärzliche oder schwarzbraune Samen. — Diese Samen, welche den Ricinussamen ähnlich, aber viel grösser sind, waren früher als *Semina Ricini majoris sive Sem. Ficus infernalis siv. Nuces catharticae americanae s. barbadensis*, Grosse oder Schwarze Brechnüsse, und das fette Oel aus denselben unter den Namen Höllenöl, *Oleum infernale vel Oleum Ricini majoris* officinell. Die Samen wie das Oel wirken heftiges Purgiren und Brechen erregend. Die homöopathischen Aerzte gebrauchen die Samen noch.

*Adenoropium multifidum Pohl. (Jatropha multifida L.)*, ein 8—12 Fuss hoher Strauch in Südamerika, hat sehr langegestielte kahle vieltheilige Blätter mit keilförmigen, fiederspaltigen Lappen und linealischen Läppchen. Die Gattung unterscheidet sich von voriger nur durch einen 5spaltigen, drüsig-gezähnten Kelch und durch herzschildförmige, wellige Narben auf den 3 Griffeln. Die wallnussgrossen fast birnförmigen safrangelben Früchte enthalten 3 ovalrundliche, undeutlich-dreiseitige, braune Samen, welche als Purgirnüsse, *Nuces purgantes*, *Avellana purgatrix*, *Been magnum*, ehedem, sowie noch jetzt in Südamerika, als Laxirmitttel angewendet werden. Man vermuthet, dass das in neuerer Zeit aus Brasilien gekommene Amerikanische Ricinusöl, Brechöl oder Pinhoenöl daraus bereitet wird, indem man ausgepresstes Oel aus diesen Samen mit Ricinusöl mischt, welches dadurch seine drastischen Eigenschaften erhält.

### Gattung: *Croton Lin.* Kroton.

### (*Monoecia, Polyandria Lin. syst.*)

Blüten ein- sehr selten zweihäusig, traubig. — Männl. Blüte: Kelch 5theilig. Blumenblätter 5, mit 5 Drüsen abwechselnd. Staubgefässe 10—20, selten auch viele, frei oder nur schwach verwachsen. — Weibl. Blüte: Kelch 5theilig. Blumenblätter meist fehlend oder wie in den männl. Blüten. 5 Drüsen. Fruchtknoten frei, mit 3 zwei- oder mehrtheiligen Griffeln und fädlichen Narben. Kapsel (Springfrucht) 3knöpfig, 3kammerig, in ihre 2klappigen Knöpfe zerspringend; an dem obern Ende des mittelständigen, 3kantigen bleibenden Samenträgers hängt in jedem Knopffache ein Samen.

(Diese noch immer artenreiche Gattung, wenn gleich mehrfach andere Gattungen davon abgetrennt worden sind, enthält Bäume, Sträucher oder Kräuter mit abwechselnden, schülferigen (*lepidotus*) oder sternhaarigfilzigen, nicht selten auch drüsigen Blättern und 2 hinfälligen Nebenblättern.)

a. Sträucher oder Bäume mit am Grunde drüsenlosen Blättern.

1. Art: *Croton Eluteria Sw.* Wohlriechender Kroton.

Jüngere Aeste zusammengedrückt, rostbraun-weichhaarig; Blätter eiförmig-elliptisch, spitzlich, ganzrandig, oben sparsam-, unterseits dichtsternhaarig-schülferig, schimmernd; Blüten in achsel- u. endständigen zusammengesetzten ährenförmigen Trauben. (Taf. 25.)

Dieser baumartige Strauch wächst in den Wäldern der westindischen Inseln, vorzüglich auf Jamaika. Sein Stamm und die ältern Aeste sind mit einer aussen weissen, innen braunen Rinde bedeckt, die eckigen, etwas zusammengedrückten jüngern Aeste und Zweige sind gerillt und rostbraun weichhaarig. Die eiförmigen oder eiförmig-elliptischen Blätter sind kurz und stumpf zugespitzt, durchscheinend punktirt, oberseits glänzend grün und mit zerstreuten Schülfern, unterseits dicht mit sternförmigen Schülfern besetzt und daher schillernd oder schimmernd, 2—3 Zoll lang, 1½—2 Zoll breit und stehen auf kaum ½ Zoll langen schülferigen Stielen. Die zahlreichen kleinen und weisslichen Blüten stehen auf sehr kleinen Stielchen genähert in achsel- und endständigen, zusammengesetzten, sparrigen Trauben, welche nicht so lang als die Blätter sind; die männl. Blüten sind zahlreich und in den obern Theilen der Traube, die wenigen weiblichen und noch kürzer gestielten am untern Theile derselben befindlich; männl. und weibl. Blüten haben Blumenblätter. Kelchzipfel eiförmig, concav, abstehend, silberfarbig-schülferig, am Rande weisslich-zottig. Blumenblätter klein, eiförmig, weiss. Staubgefässe 10—12, am Grunde wollig. Fruchtknoten rundlich, rostbraun punktirt; Griffel 2theilig mit ausgesperrten Zipfeln. Frucht rundlich, 3furchig, feinwarzig und schülferig, erbsengross. — Erst in neuerer Zeit ward dieser Strauch durch *Wrights* Angabe als die wahre Stammpflanze der Cascarill- oder Schakarill-Rinde, *Cortex Cascarillae sive Chaçarillae*, bekannt; früher leitete man dieselbe von *Croton Cascarilla L.* her. Sie kommt in 3—4 Zoll langen, starkgerollten, häufig aber zerbrochenen Stücken vor, weil sie leicht bricht; ausserdem ist sie schwer, aussen runzelig, durch viele Querrisse furchig, mit weissen krustigen Flechten überzogen, bisweilen auch schwärzlich gefleckt, innen glatt, gelblich- oder röthlichbraun, auf dem glatten Bruche braunroth und etwas glänzend: gerieben od. angebrannt riecht sie gewürzhaft und moschussartig; sie schmeckt bitter-gewürzhaft, etwas widrig. Sie enthält einen bittern Extractivstoff, ein gelbliches äther. Oel und ein braunes gewürzhaftes Harz. Sie gehört zu den kräftigen tonischen und flüchtig-reizenden, vorzüglich auf die Verdauungswerkzeuge wirkenden Arzneien. Man wendet sie in Pulverform, Aufguss und Abkochung gegen Krankheiten aus Schwäche der Verdauung, als Dispepsie, Durchfälle, Verschleimung, gegen Würmer, bei asthenischen Fiebern u. s. w.

an. Häufig macht die Rinde einen Bestandtheil der Räucherpulver aus. — Die in kleinen schwachen Stückchen als *Cortex Eluteriae sive Cascarilla nova* vorkommende Rinde soll von den jungen Zweigen abstammen. — Wahrscheinlich ist es, dass auch von *Croton nitens Sw.*, einem in Westindien und Südamerika wachsenden ähnlichen Strauche, die Rinde, welche denselben Geruch und Geschmack, wie die Cascarille besitzt, mit im Handel vorkommt.

2. Art: *Croton Pseudo-China Schlchtd.* Kopalchestrauch, Kopalchikroton.

Blätter eiförmig u. schwach herzförmig, stumpfzugespitzt, fast ganzrandig, schwach ausgeschweift, unterseits silberweissschülferig; Trauben achsel- und endständig, rostbraun schülferig. (*Düsseld. vollst. Samml.* Liefr. 5. *t.* 9.)

Ein kleiner Baum oder Strauch in Mexiko, wo man dessen Rinde, *Quina blanca* oder *Quina Copalche* nennt und wie die Chinarinde gegen Fieber anwendet. Sie wird auch als *Cortex Copalchi* oder *Cortex Copalke* nach Europa gebracht, hat aber nicht viel Anwendung gefunden, obgleich sie sehr empfohlen wurde. Sie hat einen gewürzhaften, der Cascarille ähnlichen, aber weniger bittern Geschmack und ähnliche Wirksamkeit. Sie besteht aus fusslangen, rinnenförmig-gerollten, mit weisslicher Borke besetzten, gelblichgrauen, innen schmutzig-rostbraunen, auf dem Bruche etwas faserigen Stücken.

b. Sträucher oder Bäume mit am Grunde drüsigen Blättern.

3. Art: *Croton Tiglium L.* Purgirkroton.

Jüngere Aeste kahl; Blätter eirund-länglich, zugespitzt, entfernt gesägt, 3- oder fast 5nervig, beiderseits kahl, am Grunde 2drüsig; Trauben einfach, endständig; Blüten blumenblattlos; Früchte kahl. (Taf. 26.)

Ein kleiner 15—20 Fuss hoher, oft strauchartiger Baum in Ostindien und auf den malaischen Inseln. Der Stamm wird oft schenkeldick und ist krumm, häufig auch theilt er sich vom Grunde an in schlanke kahle Aeste. Die 3—5 Zoll langen und $1\frac{1}{2}$—2 Zoll breiten Blätter stehen auf gegen 4

Zoll langen dünnen Stielen und tragen an ihrem Grunde 2 rundliche, etwas vertiefte Drüsen. Die kleinen Blüten stehen in endständigen, aufrechten 2—3 Zoll langen Trauben, die weit zahlreichern männl. als weibl. Blüten befinden sich über den wenigen weiblichen. Kelchzipfel eiförmig, spitzig, gelblichgrün. Nach Einigen sind die Blüten sämmtlich ohne Blumenblätter, nach Andern haben, besonders die männl. Blüten längliche stumpfe, starkwimperige, weisse Blumenblätter. In den männl. Bl. 15—20 freie, am Grunde zottige Staubgefässe, in den weibl. ein dicht sternhaarig-filziger Fruchtknoten mit 3 tief 2theiligen Griffeln. Frucht verkehrteirund, stumpf-3seitig, gelblich, mit oval-länglichen, schwarzen, glänzenden Samen. In Ostindien wendet man verschiedene Theile dieses Gewächses als Heilmittel an. In Europa ist jetzt fast nur das Krotonöl, *Oleum Crotonis*, in Anwendung, welches aus den Samen, Kleine Purgirkörner, Granatill, *Grana Tiglii s. Tilli s. Tiglia*, *Grana moluccana*, gepresst wird. Die Samen sind geruchlos, entwickeln aber durch Erwärmung einen sehr scharfen Dunst; ihr Geschmack ist anfangs milde ölig, dann aber scharf, anhaltend kratzend und brennend. Sie enthalten ein dickes, fettes, mit bitterm, drastischen harzigen Stoffe und Krotonsäure verbundenes Oel, welches stark drastisch purgirend und äusserlich eingerieben ätzend wirkt. Man wendet dieses Oel bei hartnäckigen Verstopfungen, bei Verschleimungen, Stockungen und Atonie des Darmkanals und daher rührenden Krankheiten, als Gelb- und Wassersucht, gegen Würmer u. s. w. in kleinen Gaben und vorsichtig an; man gebraucht es auch bisweilen in Klystiren und zu Einreibungen auf den Unterleib, sowie für sich zur Hervorbringung künstlicher Geschwüre. — Früherhin brachte man auch das Holz als Purgirholz, *Lignum Pavanae s. Panavae s. Lignum moluccanum*, nach Europa. Im frischen Zustande wirkt es drastisch-purgirend, im ältern nur gelind abführend und schweisstreibend. Es wurde das Purgirholz aber auch von einem sehr verwandten ostindischen Baume, von *Croton Pavana Hamilt.* gesammelt. Er hat eiförmige, zugespitzte, sägerandige, fast 3nervige, kahle Blätter; Blattstiele, welche an ihren obern Ende 2 Drüsen haben, fast endständige Trauben u. steifhaarige Früchte. Wahrscheinlich ist es, dass, da in Ostindien die Samen ganz so wie von voriger Art benutzt werden, diese auch als *Grana Tiglii* vorkommen und Krotonöl liefern.

*Croton Draco Schlchtd.*, Drachenblut-Kroton, ist ein Baum od. Strauch in Mexiko, welcher in allen seinen Theilen einen blutrothen Saft enthält, der, nachdem er getrocknet ist, ein vorzügliches Drachenblut, *Sanguis Draconis*, liefert. Es unterscheidet sich dieses Drachenblut von den andern noch zu erwähnenden Sorten leicht, indem es eine sandartige, schwarz-bräunliche Pulvermasse bildet, welche aus sehr ungleichen, undurchsichtigen, eckigen, glimmerartig-glänzenden Körnern besteht und einen bitterlich-zusammenziehenden Geschmack hat. Der Drachenblut-Kroton unterscheidet sich von andern Krotonarten durch die herz-eiförmigen, zugespitzten, ungleich-buchtig-gezähnten oder fast ganzrandigen, 5nervigen, unterseits kleiig-sternhaarigen, am Grunde mit 2 kleinen Drüsen versehenen Blättern, endständigen, ährenartigen, schwanzförmigen Trauben und sternhaarig-filzigen Früchten. Die Blätter sind 6—9 Zoll lang, 4½—7 Zoll breit und stehen auf gleichlangen Blattstielen, die an ihrem obern Ende 2 Drüsen tragen, welche grösser sind als die am Blattgrunde befindlichen. Alle Theile dieses Baumes sind mit einem kleiig-sternhaarigen, etwas abwischbaren Filze überzogen, welcher auch die erwähnten Blattdrüsen verbirgt.

Auch der mit dieser Art sehr verwandte *Croton hibiscifolius Kunth.* in Columbien und *Croton sanguifluus Kunth.* am Amazonenstrome enthalten einen rothen Saft, der als Drachenblut dient.

*Crozophora tinctoria Ad. Juss. (Croton tinctorium Lin.)* Tournesolpflanze *(Monoecia, Pentandria Lin. syst.)* ist eine einjährige (⊙) in Südeuropa und Nordafrika wachsende der zottigen Abänderung des Schwarzen Nachtschattens *(Solanum nigrum L. var. S. villosum Lam.)* im Habitus ähnliche Pflanze. Die Gattung unterscheidet sich von voriger vorzüglich durch nur 5, unten verwachsene auf dem drüsigen Blumenboden stehende Staubgefässe und durch die 10theiligen Blütenhüllen oder Kelche der weibl. Blüten. — Die Blätter sind eirund-rautenförmig ausgeschweift, beiderseits pulverig-filzig, am Grunde 2drüsig, Die 3kammerigen Springfrüchte hängen, sind kleienartig-schülferig und höckerig. — Früherhin waren die Samen und Blätter als Wurmmittel in Anwendung; mit dem ausgepressten scharfen Safte beizt man Warzen weg. In Frankreich färbt man mittelst dieses Saftes und durch eine Behandlung mit Kalk u. Urin Leinwandstückchen blau, die als Blaue Schminkläppchen, *Bezetta coerulea sive Torna solis*, zum Färben, vorzüglich des blauen Zuckerpapiers, verschiedener Zuckerbäckerwaaren und der Aussenseite holländischer Käse dienen; durch Säuren werden die Läppchen zu Rothen Schminkläppchen od Tournesoltüchern, *Bezetta rubra sive Torna solis rubra*, welche gleichfalls zum Färben und Schminken dienen. Jetzt bereitet man die letztere gewöhnlich durch Cochenill- oder Fernambukholzabkochungen.

1. Abtheilung: *Euphorbieae Rchb.*

2. Unterabtheilung: *Ricineae Rchb.*

c. *Ricineae genuinae Rchb.*

Gattung: *Siphonia Rich.* Siphonie oder Federharzbaum.

(*Monoecia*, *Monadelphia Lin. syst.*)

Blüten einhäusig, in traubigen Rispen. Kelch (Blütenhülle) 5spaltig oder 5theilig. Männl. Blüte: Staubgefässe 5—10, säulenartig-verwachsen, nur an den Spitzen frei und daselbst die wirtelständigen, nach aussen aufspringenden Antheren tragend. — Weibl. Blüte: Fruchtknoten stumpf-3kantig, 3sitzende, niedergedrückt-2lappige Narben tragend. Springfrucht 3kammerig, sehr hart, mit faseriger Mittelhaut und 2klappigen, einsamigen Knöpfen. Samen hängend.

1. Art: *Siphonia elastica Pers.* Federharz-Siphonie, Aechter Federharz- oder Cautschuckbaum.

Blätter langgestielt, 3zählig: Blättchen verkehrt-eirund-keilförmig, ganzrandig, kahl, unterseits graulichweiss; Blüten in lockern, ästigen (rispenartigen) Trauben; Kelche 5spaltig. (*Jatropha elastica Lin. fil. Hevea guianensis Aubl.* Düsseld. vollst. Samml. Liefr. 13. *t.* 18.)

Ein 50—60 Fuss hoher Baum in Guiana und Brasilien, dessen 2½ Fuss im Durchmesser haltender Stamm mit einer grauen Rinde bedeckt ist und lange und weit ausgebreitete Aeste trägt. Alle Theile sind vollkommen kahl. Die Blätter stehen am Ende der Aeste in spiraliger Reihe auf langen, am Grunde aufgetriebenen rinnigen Stielen, welche an ihrer Spitze 3 verkehrt-eirund-längliche, gewöhnlich etwas keilförmige, vorn abgerundete od. nur kurzgespitzte, am Grunde zu einem kurzen Stielchen verschmälerte, oben dunkelgrün-glänzende, unten graulich-weisse oder seegrüne, 3—5 Zoll lange Blättchen tragen. Die achsel- und endständigen sparrigen Rispen haben die Länge der Blattstiele und tragen kleine gelblichgrüne Blüten, von denen die weiblichen einzeln am Gipfel stehen und die andern alle männlich sind. Die Frucht ist eine grosse, eiförmig-3knöpfige Springkapsel, welche, indem das trockne Fleisch (die Mittelschicht des Pericarpiums) sich lostrennt, aussen faserig erscheint; die innere Fruchthaut ist holzartig und gelb. Die Samen sind einzeln oder zu zweien in den Knöpfen, eiförmig, gelblich-grau mit einem braunen Flecken und einer Längsfurche versehen; sie enthalten einen öligen essbaren Kern. — In allen Theilen dieses grossen Baums ist ein scharfer, weisser Milchsaft enthalten, welcher, nachdem er erstarrt ist, die vorzugsweise im Handel vorkommende, aus Amerika stammende Sorte des Federharzes, Kautschuk, *Resina elastica*, *Gummi elasticum*, *Caoutschouc*, sein soll. Obgleich das Federharz in verschiedenen Formen vorkommt, so ist die gewöhnlichere doch die rundlicher oder birnförmiger Schläuche, Flaschen genannt. Man erhält diese durch folgendes Verfahren: Zur Zeit, wenn der Saft am reichlichsten ausfliesst, vom Mai bis zum August macht man senkrechte Einschnitte in die Stämme, unter welche man kleine Näpfchen von Thon klebt, damit der ausfliessende Saft darin sich sammle. Hierauf streicht man denselben über runde hohle thönerne Formen und hängt diese des schnellern Trocknens halber in den Rauch, welchen man durch langsames Verkohlen u. Verbrennens des Holzes der Onassupalme (*Attalea speciosa Mart.*) erzeugt. Anfangs ist das Kautschuk schmutzig weiss und wird erst durch dieses Räuchern röthlichbraun oder schwärzlich. Wenn der Ueberzug von Kautschuk die verlangte Dicke durch mehrmaliges Ueberstreichen erlangt hat, so schlägt man darauf, damit die Thonform darin zerbreche, und entleert den Kautschukbeutel durch Ausklopfen und Auswaschen. Jetzt erhält man nicht selten dicke tafelartige Stücke, Gummi- oder Kautschukspeck, als eine geringere Sorte. Kautschuk ist eine Verbindung des Kohlen- und Wasserstoffs, welche keinen Sauerstoff enthält und ist vorzüglich ausgezeichnet durch seine ausserordentliche Elasticität. Man gebraucht es zur Verfertigung verschiedener chirurgischer Instrumente und Bandagen und in neuester Zeit sehr häufig und vielfach zu technischen Zwecken.

Einen Federharz enthaltenden Milchsaft besitzen auch noch mehre andere Gewächse verschiedener Familien, deren wichtigste hier aufgezählt werden sollen. Aus der Familie der *Euphorbiaceae: Hippomane Mancinella L.* und *Hura crepitans L.* in Westindien; *Omphalea diandra* und *triandra Aubl.* und mehre Arten aus den Gattungen *Jatropha* und *Plukenetia* in Amerika; *Mabea Taquari* und *Piriri Aubl.* in Guiana; *Exoecaria Agallocha L.* in Ostindien. — Aus der Familie *Apocyneae: Urceola elastica Roxb.* auf Sumatra (liefert vorzüglich die aus Ostindien kommende Sorte); *Tabernaemontana squamosa Smith.* auf Madagaskar. — Aus der Familie der *Urticeae Juss.* (*Artocarpeae R. Br.*): *Ficus religiosa L.*, — *elastica Roxb.*, — *indica Vahl.* in Ostindien, *Ficus Toxicaria L.* auf Sumatra, *Ficus nymphaeaefolia L.* in Westindien u. Caracas, *Fic. Radula Wlldw.* am Orinoko und *Ficus populnea Wlldw.* auf Portorico; *Cecropia peltata L.* und *C. palmata Wlldw.* in Südamerika; *Mithridatea quadrifida Wlldw.* auf Madagaskar; *Artocarpus integrifolia L.* in Südasien. — Aus der Familie *Terebinthaceae: Balsamodendron madagascariense Rchb.* (*Commiphora madagascariensis Jacq.*) auf Madagaskar.

*Manihot utilissima Pohl. (Jatropha Manihot Lin. pro part. Tussaç. fl. des Ant. 3. t. 1.)* und *Manihot Aipi Pohl. (Jatropha Manihot Lin. pro part. Jatropha mitis Rottb.)* zwei Sträucher des tropischen Amerika, die man daselbst in vielen Abänderuugen cultivirt, sind wegen ihrer dicken grossen Wurzelknollen, welche sehr viel Stärkmehl und Zucker enthalten, sehr wichtige Nahrungspflanzen der Südamerikaner. Das Satzmehl dieser Wurzeln nennt man *Mandioca*, *Cassave* oder *Manihot* und eine feinere Sorte *Tapioca*. Die erste Pflanze hat einen nach Blausänre riechenden, sehr giftigen Saft, nichts desto weniger aber ist sie die gebräuchlichere, wenn gleich der Saft der zweiten Pflanze ganz unschädlich. Man entzieht durch Rösten, Kochen, Auswaschen und andere schickliche Behandlung das flüchtige scharfe Gift. Aus dem ausgepressten und gegohrenem Safte bereitet man ein berauschendes Getränk, und verändert ihn durch Kochen so, dass er sehr gute und nährende Brühen giebt. — Auch *Manihot Janipha Pohl. (Jatropha Janipha L.)*, gleichfalls in Südamerika einheimisch, hat eine knollige, innen faserige Wurzel, die Süsse Cassave genannt und geröstet oder gebraten häufig gegessen wird. Die Samen sämmtlicher 3 Arten sind heftig purgirend und brechenerregend.

Gattung: *Ricinus Tournef.* Wunderbaum.
*(Monoecia, Monadelphia Lin. syst.)*

Blüten einhäusig, straussständig, die untern männlich. Kelch 3—5theilig. Blumenkrone fehlend. Männl. Blüten: Kelch 5theilig; Staubgefässe zahlreich, in mehre ästige Säulen verwachsen (polyadelphisch); Antheren 2knöpfig, mit getrennten nach oben aufspringenden Fächern. Weibliche Blüten: Kelch 2- oder 3theilig; ein einzelner eiförmiger Fruchtknoten, mit 3 sitzenden 2theiligen Narben. Springkapsel 3knöpfig; Knöpfe elastisch 2klappig-zerspringend, einen Samen enthaltend, der am obern Ende des bleibenden mittelständigen Samenträgers hängt. (Anmerkung: der Kelch ist eigentlich nur eine Hülle [*Involucrum*] und es müssen die ästigen Staubgefässsäulen für so viele einzelne nackte männliche Blumen angesehen werden und sind sonach monadelphisch. Diese Ansicht ist dieselbe, welche man bei der Gattung *Euphorbia* annehmen muss.)

1. Art: *Ricinus communis L.* Gemeiner Wunderbaum, Christuspalme.

Stengel aufrecht, ästig, kahl wie die ganze Pflanze, nebst den Aesten und Blattstielen röhrig, gewöhnlich bläulichbereift; Blätter langgestielt, fast schildförmig, handförmig-7—9theilig, mit halblanzettlichen, zugespitzten, ungleich-zahnartig-gesägten Zipfeln; Blüten in einer am Grunde unterbrochenen, kegelförmigen, straussartigen Rispe; Springkapseln meist igelstachelig. (Taf. 27.)

Diese schöne, aus dem südlichen Asien stammende Pflanze, findet sich in den wärmern Ländern und auch in Südeuropa verwildert. In unsern Gärten bleibt sie krautartig, ist einjährig und wird 7—8 Fuss hoch; in ihrem Vaterlande und in den Tropenländern überhaupt, dauert sie mehre Jahre aus, erhält einen am Grunde fast holzigen Stamm und wird bis gegen 40 Fuss hoch. Die im Durchmesser 5—20 Zoll messenden Blätter haben lange, runde, hohle Stiele, welche an ihrem obern Ende 1 oder 2 grosse, niedergedrückte oder schüsselförmige Drüsen und bisweilen auch noch 2—3 dergleichen weiter unterwärts tragen; die Sägezähne der oben beschriebenen Blattflächen haben einwärtsgekrümmte, mit einer Drüse versehene Spitzen. Die grossen breit-eiförmigen, spitzigen Nebenblätter umfassen das junge Blatt hüllenartig, fallen aber nach seiner Entwickelung ab und hinterlassen eine ringförmige, wulstige Narbe um den Blattstiel. Die straussartige Blütenrispe ist fast pyramiden- od. kegelförmig, 4—8 Zoll lang, aus kleinen sitzenden, 4—10 blütigen Trugdoldchen zusammengesetzt, deren jedes von einem häutigen, abfallenden Deckblättchen unterstützt wird; an der obern Hälfte stehen die weibl. an der untern die männl. Blüten. Die Blüten wurden in dem Gattungscharakter geschildert. Die rundlich-3seitigen, igelstacheligen Springfrüchte sind so gross wie eine Haselnuss od. grösser und enthalten 3 ovale, bohnenförmige, 4 Linien lange, hellaschgraue Samen mit gelben und braunen Flecken und Strichelchen. — Diese Samen sind die gebräuchlichen Purgir- oder Brechkörner, Ricinussamen, *Semen Ricini sive Cataputiae majoris.* Sie enthalten ein fettes, frisch mildes, durch Ranzigwerden scharfes Oel, welches man aus ihnen presst und als Ricinusöl, *Oleum Ricini sive Oleum castoris sive Palmae Christi*, nicht selten anwendet. Es wirkt im frischen Zustande gelind-abführend, ranzig geworden hingegen drastisch, und wird bei hartnäckigen Verstopfungen, gegen Würmer, bei Wassersucht, Kolik, Kindbettfieber u. s. w. gebraucht. Frisches gutes Oel hat eine helle blassweingelbe Farbe und einen milden Geschmack. Durch die Eigenschaft, sich in Weingeist aufzulösen, unterscheidet es sich von andern fetten Oelen. Durch heisses Auspressen oder zu langes Kochen gewonnes Oel enthält Schärfe, ist trübe und wirkt drastisch-purgirend.

Die übrigen Arten dieser Gattung haben gleiche Eigenschaften und werden von manchen Botanikern blos für standhafte Abänderungen oder Abarten gehalten.

### *b. Acalypheae Reichb.*

*Alchornea latifolia Sw. (Dioecia, Monadelphia L. syst.)* ist ein gegen 20 Fuss hoher Baum auf Jamaika und in Guiana. Der gerade Stamm hat wagrecht abstehende od. herabgebogene, warzige Aeste. Die langgestielten Blätter sind eiförmig, am Grunde schwach herzförmig, kurz und stumpf-zugespitzt, entfernt- und stumpf-gesägt, unterseits 3nervig, durch viele Queradern runzelig: die untersten sind 6—8 Zoll lang und 5—6 Zoll breit, nach oben zu an den Aesten werden sie aber immer kleiner. Die Blüten der männlichen Bäume stehen in 3—6 Zoll langen abstehend-ästigen aufrechten ährigen Rispen; jede Blüte enthält 8 am Grunde ringförmig verwachsene Staubgefässe in einem 2—4theiligem Kelche. Auf den weibl. Bäumen stehen die Blüten in 6—10 Zoll langen einfachen, fast hängenden Aehren entfernt von einander und enthalten in den 3- oder 5zähnigen Kelchen einen rundlichen Fruchtknoten mit einem kurzen, tief-2thei- Griffel und langen linealischen Narben. Die erbsengrossen, schwarzen, beerenartigen Springfrüchte sind gewöhnlich 2-kammerig, selten 3kammerig; die Kammern öffnen sich 2-

klappig und enthalten einen eirunden Samen. — Die Rinde dieses Baumes ist die gegen Lungensucht gepriesene, jetzt in Europa kaum noch angewendete Alkornokrinde, *Cortex Alcornoque sive Cortex Chabarro.* Man hat in neuerer Zeit die Abstammung von der *Alchornea* in Zweifel gezogen und es ist sehr wahrscheinlich, dass die Alkornokrinde des Handels von verschiedenen Gewächsen gesammelt wird, aber desshalb kann sie auch von der *Alchornea* genommen werden. Die aus Jamaika kommende Rinde ist allerdings von der aus Guiana erhaltenen sehr verschieden und es ist am besten sie nicht anzuwenden, da sie überhaupt vor andern tonischen Heilmittel nichts voraus zu haben scheint.

Gattung: *Mercurialis Tournef.* Bingelkraut.

*(Dioecia, Enneandria Lin. syst.)*

Blüten 2häusig, die männl. in geknauelten Aehren, die weiblichen ährig-knäuelig oder einzeln in den Blattachseln. — Blütenhülle (Kelch ?) 3theilig, selten 4theilig. In den männl. Blüten: 8—12 Staubgefässe mit 2knöpfigen, kugeligen Antheren. In den weibl. Blüten: ein 2knöpfiger Fruchtknoten mit 2theiligem Griffel und federigen Narben; am Grunde des Fruchtknotens 2 antherenlose Staubfäden. Springkapsel 2knöpfig, in ihre 2klappigen, einsamigen Knöpfe zerspringend.

1. Art: *Mercurialis annua L.* Jähriges Bingelkraut, Speckmelde, Hundskohl, Ruhr- oder Schweisskraut.

Stengel aufrecht oder aufsteigend, ästig; Blätter eiförmig und elliptisch-lanzettlich, gleichförmig-gesägt, wimperig; Staubgefässe zu 12; weibl. Blüten meist gepaart und fast sitzend, *(Hayn.* Arzneigew. 5. t. 11.)

Ein oft lästiges Unkraut in Gärten, Weinbergen und auf Feldern im grössten Theile von Europa. Diese krautartige, kahle, einjährige Pflanze hat eine zaserästige Wurzel, einen aufrechten, stumpf-4-kantigen, kreuzästigen, knotig-gegliederten Stengel, gegenständige, gestielte, eirunde oder eirundlanzettliche, gesägte Blätter mit kleinen lanzettlichen Nebenblättern. Die männl. Pflanzen haben achselständige fadenförmige, sehr unterbrochene Aehren, welche länger als die Blätter sind; die Blüten stehen zu 8—10 in Knäueln; jede enthält gewöhnlich 12 Staubfäden. Die weibl. Pflanzen tragen in jeder der obern Blattachseln 2—3 kurzgestielte Blüten. Springkapseln zusammengedrückt-2knöpfig, mit steifhaarigen, oberwärts weichstachelígen Knöpfen. Samen kugelig-eiförmig, körnig-rauh, braun. — Das Kraut, *Herba Mercurialis*, riecht unangenehm und schmeckt schleimig-fade, etwas salzig-bitterlich und unangenehm. Es wurde sonst häufiger als jetzt äusserlich als erweichendes od. innerlich als gelind purgirendes Mittel gebraucht; als Haus- und Volksmittel steht es noch in manchen Gegenden in Ansehen.

2. Art: *Mercurialis perennis L.* Ausdauerndes oder Wald-Bingelkraut. (Führt auch alle Namen der vorigen.)

Stengel einfach; Blätter elliptisch und elliptisch-lanzettlich, spitzig, gesägt, schwach kurzhaarig; Staubgefässe zu 9; weibliche Blüten zn 2—3 auf einem Stiel. (*Hayn.* Arzneigew. 5. *t.* 10.)

An schattigen Stellen der Wälder, besonders in Berggegenden durch fast ganz Europa. Diese ausdauernde ½—1 Fuss hohe Pflanze unterscheidet sich von voriger durch einen kriechenden Wurzelstock, einen ganz astlosen Stengel, beiderseits kurzhaarige Blätter und durch die langgestielten weiblichen Blüten. Das Kraut, *Herba Cynocrambes sive Mercurialis montanae*, wurde sonst ähnlich wie das der vorigen gebraucht; es besitzt weit mehr purgirende und brechenerregende Wirksamkeit und ist zugleich narkotisch giftig. Beim Trocknen werden die Stengel und zum Theil auch die Blätter schön blau, was auf Indiggehalt deutet.

*a. Hippomaneae Reichb.*

*Hippomane Mancinella L.* Manschenillebaum. (*Mancinella venenata Tussac. Fl. des Antil.* 3. *t.* 5.)

Ein in Westindien einheimischer, stattlicher, unsern Birnbäumen ähnlicher Baum mit eirunden, spitzigen, feingesägten, kahlen, glänzenden Blättern, welche am Grunde oder auch am Ende des Blattstiels eine flache braune Drüse tragen. Die männl. Blüten bilden fast kugelige Knäuel in den aufrechten lockern Aehren. Die apfelförmigen, 1 Zoll im Durchmesser haltenden, 6—7kantigen Steinfrüchte haben ebensoviele Fächer, aber gewöhnlich nur 3—5 silberweisse Samen. — In allen Theilen ist reichlich ein ätzender sehr giftiger Milchsaft enthalten. Der Genuss der Früchte ist tödtlich, doch soll die in der Nähe wachsende *Bignonia Leucoxylon L.* ein sicheres Gegengift liefern. Krebse sollen die Früchte ohne Schaden fressen, der Genuss derselben aber dann selbst schädlich sein. Der Milchsaft, welcher Kautschuk enthält, dient zum Vergiften der Pfeile; äusserlich wird er als Aetzmittel bei schwammigen Auswüchsen, vorzüglich syphilitischer Art angewendet.

*Sapium Hippomane Mey.* (*Hippomane biglandulosa L.*) Ein grosser Baum auf den Bergen von Westindien enthält in allen Theilen reichlich einen fast ebenso giftigen kautschukhaltigen Milchsaft wie voriger.

*Sapium Aucuparium Jacq.*, ein in Surinam und Westindien wachsender Baum, hat einen Milchsaft, aus dem man eine Art Kautschuk bereitet, welches man auch als Vogelleim und zum Brennen braucht.

*Hura crepitans L.*, Sandbüchsenbaum. (*Tuss. Fl. des Ant. 4. t. 6.*) In Westindien und Südamerika. Dieser 60—80 Fuss hohe Baum enthält einen sehr scharfen Milchsaft, welcher zur Bereitung von Kautschuk benutzt werden kann. Die wohlschmeckenden Samen wirken drastisch purgirend und brechenerregend. Der unreifen Früchte bedient man sich, nachdem man die Samen herausgenommen hat, zu Streusandbüchsen. Die niedergedrückten, kreisrunden, 2—3 Zoll breiten reifen Kapseln zerspringen mit einem starken Knalle und sehr grosser Gewalt in ihre 12—18 zweiklappigen Fachknöpfe und schleudern die Samen weit hinweg.

*Exoecaria Agallocha L.* Agalloch-Blindenbaum. In Ostindien und auf den Inseln des indischen Oceans als ein übelaussehender krüpelhafter Baum mit eiförmigen, spitzlichen, gekerbten Blättern und 2häusigen Blüten; von denen die männlichen in Kätzchen stehen und zwar hinter jeder nierförmigen concaven Schuppe 3 einmännige Blüten mit kleinen schüppchenartigen Kelchen; die weiblichen befinden sich in kürzern ährigen seitenständigen Trauben, haben einen aus 3 Schüppchen bestehenden Kelch und einen 3theiligen Griffel. Die 3kammerigen Springfrüchte sind etwas fleischig. — In allen Theilen ist ein dicklicher weisser Milchsaft von so bedeutender Schärfe enthalten, dass er, kommt er zufällig ins Auge, heftige Entzündung und leicht Blindheit verursacht. Er wird auf den Molukken nebst der Rinde des Baums als ein Brech- und Purgirmittel gebraucht. Auch soll Kautschuk aus ihm bereitet werden können. Bisweilen findet man am untern Theil des Stammes und an der Wurzel im Splinte gleichsam ausgefressene Höhlen, welche von einer harten und brüchigen, fettigen, aussen schwarzen, innen röthlichen, leicht entzündlichen Masse, die frisch angenehm benzoeartig riecht, erfüllt sind. Solche Masse enthaltende Holzstücke werden als eine Art Aloeholz, *Lignum Aloës sive Agallochi*, von welchem bei *Aquilaria malaccensis Lam.*, einem Baume aus der *Famil. Thymelaeaceae*, die Rede sein wird, in Indien verkauft und benutzt. —

2. Unterabtheilung: *Tithymaleae Vent.*

Gattung: *Euphorbia Lin.* Wolfsmilch.

(*Dodoecandria, Trigynia Lin. syst* nach *Linnés* Ansicht, *Monoecia Monandria* nach *Roeper's.*) Wichtig für diese Gattung ist: *Roeper, Enumeratio Euphorbiarum, quae in German. et Pannon. gignuntur. Goett.* 1834. *Linné* und seine Nachfolger hielten bis in die neuern Zeiten die Blüten für zwitterig; allein eine solche Zwitterblüte ist richtiger, und der Analogie mit andern Familiengliedern gemäss, ein Blütenstand, nämlich ein kleines Döldchen, in dessen Mitte eine gestielte, nackte weibliche Blüte und um dieselbe herum mehre 4—15, nackte, männliche Blüten, nämlich die einzelnen Staubgefässe sich befinden. Was *Linné* Kelch nennt, ist eine glockig-kreiselförmige Hülle, deren 4—5 ganze, gefranzte od. vieltheilige Zipfel meist mit ebenso vielen fleischigdrüsigen od. rundlichen 2hörnigen Anhängen (welche *Linné*

Blumenblätter, *Petala* nennt) abwechseln. Jedes einzelne Staubgefäss ist eine nackte männl. Blüte, welche auf einem Blütenstielchen gliedrig-eingelenkt steht und später abfällt. Die weibliche Blüte steht in der Mitte auf einem längern Stielchen und wird aus 3 mit einander verwachsenen Fruchtknoten mit 3 zweispaltigen Griffeln gebildet; bisweilen befindet sich am Grunde des Fruchtknotens eine kleine eckige Scheibe als eine Andeutung zum wahren Kelche. Diese Döldchen stehen entweder einzeln oder gehäuft oder am gewöhnlichsten in 3- bis vieltheiligen Trugdolden. Vorstehendem gemäss muss der Gattungscharakter in nachstehender Weise gegeben werden:

Hülle androgynisch, 4- oder 5spaltig, 4 oder 5 fleischigdrüsige Anhänge tragend. Blüten einhäusig, nackt; männliche 4—15 im Umfange der Hülle, aus einem einzelnen Staubgefässe bestehend, dessen säulenförmiger Staubfaden auf dem Blütenstielchen gliedrig-eingelenkt ist und später abfällt; Antheren knöpfig, mit getrennten, nach oben aufspringenden Fächern; weibliche Blüte in der Mitte des Blütenstandes einzeln, gestielt: Fruchtknoten 3knöpfig, mit 3 zweispaltigen Griffeln und walzlichen od. an der Spitze verdickten Narben. Springkapsel 3knöpfig, in ihre 2klappigen Knöpfe elastisch zerspringend, 3samig. Samen am obern Ende des bleibenden mittelständigen Samenträgers hängend.

Diese Gattung enthält weissmilchende Kräuter od. Sträucher von einem sehr verschiedenen Ansehen; mehre verschiedenen Arten von *Cactus* ähnlich, blattlos und stachelig oder blos an den Enden beblättert; bei andern der Stengel stielrund, einfach od. verästet, ohne Stacheln, mit zerstreuten, selten gegenständigen Blättern. Nebenblätter vorhanden od. fehlend. Blütendöldchen einzeln od. gehäuft od. am häufigsten in 3- bis vieltheiligen Trugdolden.

a. Stachelige, fleischige, cactusähnliche Sträucher ohne Blätter oder mit blos am Ende stehenden Blättern.

1. Art: *Euphorbia antiquorum L.* Wolfsmilch der Alten.

Stamm blattlos, abstehend-ästig. 3- seltner 4kantig, mit ausgeschweiften, buchtig-stacheligen Rändern der Kanten: Blütendöldchen einzeln. (*Rheed. Hort. malab.* 2. *t.* 42.)

Ein in Aegypten, Arabien und Ostindien einheimischer 6—12 Fuss hoher Strauch. Der Stamm ist am Grunde einfach, holzig, bräunlich und kahl, über dem Grunde aber theilt er sich in zahlreiche abstehende, gewöhnlich 3kantige, gliederartig-eingeschnürte Aeste, welche im jungen Zustande grün und fleischig, im Alter aber wie der Stamm bräunlich und holzig sind; an den stark hervorspringenden, buchtigen Kanten befinden sich gepaarte, steife, gerade, auseinander stehende Stacheln, und hier und da an den jüngsten Aesten zwischen diesen Stacheln auf kurzen, dicken und flachen Stielchen sehr unvollkommene, kleine, rundliche, dicke Blätter. Die Blütendöldchen entspringen aus den Buchten der Kanten einzeln, seltner zu 2 oder 3 auf ½ Zoll langen Stielen, sind ½ Zoll breit und gelblichgrün. Die 5spaltige Hülle hat ebensoviele stumpfe Anhänge. Der Fruchtknoten steht mit seinem Grunde auf einem kleinen ringförmigen Kelche. Die Springkapsel ist rundlich-3eckig, mit abgerundeten Ecken. — Von dieser Art, sowie von den beiden folgenden afrikanischen Arten stammt das Euphorbium oder Euphorbienharz *Euphorbium s. Gummi vel Gummi-Resina Euphorbii.* Es ist der erhärtete Milchsaft, der nach Verletzungen reichlich ausfliest und am Stamme und den Aesten trocknet. Heutzutage wird es mehr von *Euph. canariensis L.* als von andern und nach *Hamilton* von vorstehender Art, wenigstens in Ostindien, nicht gesammelt. — Es besteht aus rundlicheckigen, erbsen- bis bohnengrossen, gewöhnlich zerbrochenen und durchlöcherten schmutzig-gelblichen oder bräunlichen Stücken. Der Geschmack ist anfangs gering, später aber heftig brennend und scharf. Es enthält vorwaltend ein scharfes Hartharz und äpfelsaure Salze, ausser diesen auch Kautschuk, Cerin, Myricin und Phytocolla. Innerlich wirkt es sehr scharf, drastisch purgirend, äusserlich die Haut röthend, Blasen ziehend und ätzend. Früherhin gebrauchte man es innerlich bei Atonie der Verdauungswerkzeuge, hartnäckigen Verstopfungen, Wassersucht u. drgl.; jetzt gebraucht man es nur äusserlich als ein reizendes, die Haut entzündendes und Blasenziehendes Mittel (es macht einen Bestandtheil des *Emplastrum vesicatorium perpetuum* u. *Emplastrum ischiadicum* aus) und als *Tinctura Euphorbii* bei cariösen Geschwüren. Die Thierärzte verordnen es noch häufig innerlich.

2. Art: *Euphorbia canariensis L.* Canarische Wolfsmilch.

Stamm holzig, ästig, nach oben wie die Aeste fleischig u. meist 4kantig, blattlos, stachelig; Stacheln gepaart, kurz, widerhakig; Blütendoldchen am Gipfel der Aeste auf den Kanten, meist zu 3 bei einander, ungestielt. Hülle krugförmig, die drüsigen Anhänge derselben quer-länglich, abgestutzt, purpurroth; die weibl. Blüte äusserst kurz gestielt und in der Hülle eingeschlossen. (Taf. 28.)

Ein Strauch von 5—8 Fuss Höhe auf den kanarischen Inseln. Der am Grunde holzige, unregelmässig-eckige und graue Stamm hat zahlreiche, aufrechte, fast gleichhohe, 1½—2 Zoll dicke, 4- selten 5kantige, grüne, kahle Aeste; die Kanten sind mit vielen kleinen, runden, braunschwieligen Erhabenheiten besetzt, aus denen gepaarte, kurze, oft gekrümmte braune Stacheln entspringen, welche später wieder verloren gehen und an dem Stamme und alten Aesten nicht mehr vorhanden sind. Die Blütendoldchen stehen an den Astenden zwischen und über den Stacheln, meist zu 2 oder 3 gesellt, auf sehr kurzen Stielen, zu beiden Seiten ein kurzes, eirundes Deckblatt tragend. — Die krugförmige und geschlossene Hülle hat 5, seltner 6 einwärts geschlagene, gezähnte Zipfel und ebensoviele nach aussen gekehrte, querlängliche, sehr stumpfe, fleischig-drüsige, purpurrothe Anhänge. Im Grunde der Hülle sind fast haarförmig-geschlitzte, spreublattartige Organe befestigt. Auf den kurzen Staubfäden stehen purpurrothe Antheren. Der eirundliche abgerundet-3kantige Fruchtknoten ist an seinem Grunde von einem kleinen, ringförmigen Kelche umgeben. — Vorzüglich von dieser Art stammt das jetzt im Handel vorkommende *Euphorbium.*

3. Art: *Euphorbia officinarum L.* Officinelle Wolfsmilch.

Stamm unten holzig, nach oben fleischig, meist einfach (unverästet) vielkantig, blattlos, stachelig; Stacheln gepaart, kurz; Blütendoldchen auf den Kanten am Gipfel einzeln, sitzend; Hülle krugförmig, mit rundlichen, sehr stumpfen gelben Drüsenanhängen; die weibliche Blüte langgestielt, aus der Hülle hervortretend. (Taf. 29.)

Im mittlern und südlichen Afrika einheimisch. Aus einer fleischig-holzigen, länglichen, dicken, nach unten ästigen Wurzel entspringt ein 3—4 Fuss hoher, aufrechter, armsdicker Stamm, welcher von 10—18 tiefen Längsfurchen durchzogen ist, wodurch ebensoviele hervorspringende Kanten gebildet werden, auf denen gepaarte, steife, gerade od. gekrümmte weissliche Stacheln, wie bei voriger Art auf kleinen eirunden Knötchen oder Warzen entspringen. Bisweilen treibt auch der, gewöhnlich einfache, Stengel nach allen Seiten hin aufrechte oder abstehende, ebenso wie er gestaltete Aeste. Die grünlichgelben Blütendolden kommen auf den Kanten am Gipfel des Stengels und der Aeste einzeln hervor und sind denen voriger Art ziemlich ähnlich. — Von dieser Art sammelt man in Afrika viel Euphorbium, das nach Europa gelangt.

b. Kräuter oder Sträucher mit wechselständigen nebenblattlosen Blättern, und Blütendoldchen, die zu deckblättrigen Trugdolden vereinigt sind. Blütenhülle mit abgerundeten Drüsenanhängen.

4. Art: *Euphorbia helioscopia L.* Sonnenwendige Wolfsmilch.

Krautartig; Blätter verkehrt-eiförmig oder keilförmig-spatelig, nach vorn feingesägt, kahl; Trugdolde 5strahlig. Srahlen 3theilig, Strahlchen gabeltheilig; Drüsenanhänge der Blütenhülle ganz; Springkapseln kahl und glatt; Samen wabenartig- (grubig) netzförmig. (*Winkler*, Giftgew. Deutschl. 2 Aufl. *t.* 17. *Hayn.* Arzneig. 2. *t.* 20.)

Auf bebautem Lande, in Gärten und auf Aeckern durch ganz Europa. Dieses gemeine 4—12 Zoll hohe Sommergewächs war sonst als *Herba Esulae vel Tithymali* officinell und ward als Purgirmittel angewendet.

5. Art: *Euphorbia palustris L.* Sumpfwolfsmilch.

Krautartig, ästig; Blätter sitzend, lanzettlich, fast ganzrandig, kahl; Trugdolde 5- oder mehrstrahlig, Strahlen 3theilig, gabeltheilig; Drüsenanhänge der Blütenhülle ganz; Springkapseln warzig, durch längliche kurzstielrunde Warzen; Samen glatt. (*Winkler*, Giftgew. Deutschl. 2. Aufl. *t.* 20. *Hayn. Arzneigew.* 2. *t.* 23.)

Eine ausdauernde 3—4 Fuss hohe in Gräben und Sümpfen des mittlern und südlichen Europas, so wie Mittelasias wachsende Pflanze. Die starke vielköpfige Wurzel ist in starke und lange zahlreiche Aeste und Fasern getheilt und treibt nach oben viele Stengel. Früher war besonders die braune Rinde der Wurzel so wie die Wurzel selbst als *Cortex radicis et Radix Esulae majoris* officinell. Sie enthalten viel scharfen Milchsaft u. wirken emetisch-purgirend. Den frischen Saft braucht man zum Wegbeizen der Warzen.

c. Kräuter, sehr selten Sträucher mit nebenblattlosen, wechselständigen (Die untern bisweilen gegenständig.) Blättern; Blütendoldchen in deckblättrigen Trugdolden; Blütenhülle mit 3eckig-mondförmigen, meist 2 hörnigen Drüsenanhängen.

6. Art: *Euphorbia Peplus L.* Gartenwolfsmilch.

Krautartig; Blätter gestielt, verkehrt eirund, sehr stumpf nach dem Grunde verschmälert, ganzrandig, die untersten fast kreisrund; Trugdolde 3strahlig, Strahlen wiederholt gabelig; Deckblätter eiförmig; Drüsenanhänge der Blütenhülle 2hörnig; Springkapseln kahl, auf dem Rücken der Knöpfe 2kielig, mit fast geflügelten Kielen; Samen auf der einen Seite zweifurchig, auf der andern grubig-punktirt. *Winkler, Giftgew. Deutschl.* 2. *Aufl. t.* 23.

Ein in Gärten und auf bebauetem Boden gemeines 4—8 Zoll hohes einjähriges Pflänzchen, das sonst unter dem Namen *Herba Esulae rotundifoliae* officinell war und als Purgirmittel diente.

7. Art: *Euphorbia Lathyris L.* Kreuzblättrige Wolfsmilch, Springkraut, Maulwurfskraut.

Krautartig; Blätter kreuzweis-gegenständig, ungestielt, länglich-linealisch, spitzig, ganzrandig, seegrünlich, kahl, die obern und die astständigen abwechselnd, und letztere am Grunde herzförmig; Trugdolde 4strahlig, Strahlen wiederholt-gabeltheilig; Deckblätter länglich-eiförmig, spitzig; Drüsenanhänge der Blütenhülle 2hörnig; Springkapseln kahl und glatt (getrocknet aber runzelig); Samen runzelig- fast netzartig. (*Winkler*, Giftgew. Deutschl. 2. Aufl. *t.* 14 u. 15. *Düsseld. Samml. Liefr.* 4. *t.* 6.)

Im südlichen Europa einheimisch, hier und da im mittlern Europa in Weinbergen, Gärten und um die Dörfer verwildert. Die zweijährige Wurzel ist spindelig-ästig und weiss. Der 2—4 Fuss hohe, steif aufrechte, stielrunde, etwas hohle Stengel ist nur nach oben etwas ästig, treibt aber am Grunde bisweilen viele Nebenstengel und bildet dadurch einen Busch. Die zahlreichen Blätter stehen am Stengel genähert einander kreuzweiss gegenüber; sie sind $2\frac{1}{2}$—5 Zoll lang und 6—16 Lin. breit, die obern am Grunde fast herzförmig. An der grossen 4strahligen Trugdolde befinden sich herzförmige, lang- und fein-zugespitzte Deckblätter. Die weisslichgelbe, bisweilen röthliche Blütenhülle trägt 4 zweihörnige gelbe Drüsenanhänge. Die ziemlich kirschengrossen rundlichen, etwas 3eckigen, an den Ecken schwach-rinnigen Früchte sind sehr schwammig und glatt; bei der Reife schrumpfen sie desshalb. Die verkehrt-eiförmigen od. ovalen Samen sind grau u. braun marmorirt, netzartig-runzelig und tragen an der Spitze eine abfällige, schildförmige, weisse Keimwarze. — Die Samen sind die früherhin officinellen Kleinen Spring- od. Purgirkörner, *Semen Cataputiae minoris s. Tithymali latifolii s. Lathyridis majoris.* Sie besitzen anfangs einen milde-öligen, dann aber scharfen kratzenden Geschmack und wirken heftig purgirend. Das aus ihnen durch Pressen erhaltene Oel hat man als ein Ersatzmittel des Krotonöls (aus dem Samen des *Crotron Tiglium L.*) empfohlen. Mit der scharfen Milch des Krautes und der Stengel, welche man durch Zerquetschen erhält, reinigen in manchen Gegenden die Landleute Geschwüre der Hausthiere, besonders der Rinder und Pferde.

8. **Art: *Euphorbia Esula L.* Gemeine Wolfsmilch, Eselsmilch.**

Krautartig; Wurzel kriechend; Blätter lanzettlich oder linealisch-lanzettlich, nach der Basis verschmälert, kahl, an den Spitzrändern schärflich, die untersten fast gestielt; die astständigen schmäler; Trugdolde vielstrahlig, Strahlen wiederholt gabeltheilig. Deckblätter rhombisch- oder 3eckig-eiförmig, breiter als lang, stumpf, stachelspitzig oder kurz zugespitzt; Drüsenanhänge der Blütenhülle 2hörnig; Knöpfe der Springkapseln am Rücken fein punktirt-scharf. Samen glatt. (*Winkler*, Giftgew. Deutschl. 2. Aufl. *t.* 18. *Flora danic. t.* 1270. *Reichenb. Icon. fl. germ. t.* 146. *f.* 4791.)

Diese auf sandigen Wiesen, an Gräben, Flussufern und auf Hügeln in vielen Gegenden Deutschlands und Europas gemeine ausdauernde Pflanze hat eine ziemlich starke gelblichbraune Wurzel, die, sowie vorzüglich die Rinde derselben als *Radix et Cortex radicis Esulae sive Tithymali* ehemals als Purgirmittel gebräuchlich war.

9. Art: *Euphorbia Cyparissias L.* Cypressen-Wolfsmilch, Hundemilch.

Krautartig; Wurzel kriechend; Blätter durchaus linealisch oder nur gegen die Basis wenig verschmälert, ganzrandig, kahl; die astständigen sehr schmal; Trugdolde vielstrahlig, Strahlen wiederholt-gabeltheilig; Deckblätter rhombisch oder fast 3eckig-eiförmig, breiter als lang, kurz zugespitzt, ganzrandig; Drüsenanhänge der Blütenhülle 2hörnig; Knöpfe der Springkapseln am Rücken fein punktirt-scharf; Samen glatt. (*Winkler*, Giftgew. Deutschl., 2. Aufl. *t.* 19. *Hayne*, *Arzneigew.* 2. *t.* 22.)

Diese ½—1 Fuss hohe Pflanze wächst auf Hügeln, Triften und Feldrainen in ganz Europa häufig. Die ausdauernde vielköpfige, lange u. ästige Wurzel und deren Rinde waren sonst als *Radix et Cortex radicis Esulae minoris*, sowie das Kraut als *Herba Euphorbiae cupressinae* officinell. Der darin enthaltene scharfe Milchsaft wirkt purgirend.

1. Unterabtheilung: *Callitrichineae Link.*

Hierher gehört nur die Gatt. *Callitriche Lin.*, Wasserstern, welche keine officinellen Gewächse enthält.

## 121. *Fam.* Ranunkelgewächse : *Ranunculaceae Juss.*

### Gruppe 3: *Magnoliaceae Juss.*

Bäume und Sträucher mit wechselständigen, gestielten einfachen, ganzrandigen, fiedernervigen, deutlich eingelenkten, in der Knospe meist eingerollten Blättern. Die hinfälligen Nebenblätter umhüllen die jungen Blätter. Die regelmässigen, meist grossen und schönen Blüten sind zwitterig, selten nur eingeschlechtig, achsel- und endständig, in der Knospe gewöhnlich von einem scheidigen Deckblatt umhüllt. — Kelchblätter 3 oder 6, abfallend. Blumenblätter 3—30 in mehrern Reihen, in der Knospe geschindelt. Staubgefässe zahlreich, frei, mit angewachsenen Antheren, welche sich nach innen durch 2 Längsspalten öffnen. Karpelle meist zahlreich und dann ährig-gehäuft oder in bestimmter Zahl und dann wirtelständig, jedes in einen kurzen Griffel mit einfacher Narbe ausgehend. Frucht entweder trocken und hülsen- od. balgkapselartig sich öffnend oder selten geschlossen bleibend, oder auch saftig beerenartig. Samen einzeln oder mehre, bisweilen bemantelt, oft an einer sehr langen Nabelschnur hängend. Embryo klein, gerade, am Grunde des fleischigen Eiweisskörpers.

### Abtheilung: *Illicieae DeC.*

Blätter durchsichtig-punktirt. Karpelle wirtelständig, selten einzeln.

### Gattung: *Drimys Forst.*, Gewürzrindenbaum.
*(Polyandria, Tetragynia Lin. syst.)*

Kelch tief 2- od. 3theilig. Blumenblätter 6—24 in einem einfachen oder doppelten Wirtel stehend. Staubfäden kurz, nach oben verdickt; Antheren fast 2knotig, mit getrennten Fächern. Fruchtknoten 4 — 8, mit sitzenden punktförmigen Narben. Fruchtkarpelle 4—8, gehäuft, beerenartig, einfächrig, mehrsamig.

1. Art: *Drimys Winteri Forst.* Winters Gewürzrindenbaum, Winters-Rindenbaum.

Blätter länglich stumpf, unterseits seegrün, lederartig; Blütenstiele meist einfach, gehäuft oder sehr kurz und in verlängerte Stielchen getheilt; Blüten gewöhnlich mit 4 Fruchtknoten. *(Wintera aromatica Murr. Hayn. Arzneigew. 9. t. 6.)*

Ein gewöhnlich 8—13 Fuss hoher, doch bisweilen auch 15—40 Fuss hoher Baum auf sonnigen Hügeln an der Südspitze von Südamerika, vorzüglich an der Magellansstrasse. Der Stamm ist mit einer aussen aschgrauen innen braunen Rinde bedeckt, welche an den Aesten und Aestchen dicht benarbt erscheint. Blätter kurzgestielt, länglich, gegen den Grund keilförmig-verschmälert, stumpfgespitzt, 3—4 Zoll lang, 1—1⅓ Zoll breit, oberseits dunkelgrün und glänzend, unterseits blaugrün und matt. Blütenstiele zusammengedrückt, theils einzeln in den obern Blattachseln, theils gehäuft zwischen den obersten Blättern und endlich auch endständig, 1—3blütig. Kelchblätter 2 oder 3, eirundspitzig, concav, bisweilen am Grunde etwas verwachsen. Blumenblätter 6—12, eirund-länglich, stumpf, ganz ausgebreitet weiss. Staubgefässe gegen 30. Beeren 4—6, verkehrt-eiförmig, schwarz, mit 3—4 fast 3seitigen Samen. Die sehr gewürzhafte Rinde, *Cortex Winteranus verus, Cortex magellanicus vel Cortex Costi acris,* Winters Rinde, Magellanische Rinde, kommt in gerollten oder rinnigen ½—2 Fuss langen und 1—2 Zoll breiten Stücken vor, ist aussen gelblichgrau ins Bräunliche ziehend u. hat dunkle od. röthliche Flecke; die Innenseite ist zimmt- od. nelkenbraun u. dichtfaserig, die Bruchfläche ist kurzfaserig; sie riecht stark und angenehm gewürzhaft und schmeckt brennendscharf gewürzhaft, stechend zimmt- nelken- und pfefferartig; sie enthält vorwaltend ätherisch Oel und scharfes Harz, dann Extractiv- u. Gerbstoff u. s. w. Obwohl sie sehr kräftig tonisch-reizend wirkt und bei Magenschwäche, Scorbut, Fieber u. ähnlichen Leiden gute Dienste leistet, so wird sie dennoch nicht häufig angewendet, wahrscheinlich weil sie bisweilen mit andern weniger wirksamen Rinden ist verwechselt worden. Man giebt sie in Substanz oder in Aufguss.

2. Art: *Drimys granatensis Lin. fil.* Mehrblütiger Gewürzrindenbaum.

Blätter länglich-lanzettlich, stumpflich oder an beiden Enden spitzig, unterseits seegrün; Blütenstiele verlängert,

3—5 blütig; Karpelle meist 8. *(Humbl. et Bonpl. pl. eq. 1. t. 58.)*

Ein Strauch oder gewöhnlich ein 15—25 Fuss hoher Baum in Columbien und Brasilien, dessen Stamm und Aeste mit einer gleichfalls sehr aromatischen Rinde bedeckt sind, welche in Brasilien *Casca d'Anta* genannt u. sehr geschätzt wird und aus Columbien als Malamborinde, *Cortex Malambo sive Melambo*, nach Europa gebracht wurde. Sie besteht aus langen, wenig gebogenen, aussen gelblichgrauen, röthlichgefleckten und etwas warzigen, innen schmutzigbraunen, auf der Bruchfläche schwachsplitterigen Stücken, welche gerieben wie Kalmus und Pfeffer riechen und sehr gewürzhaft, scharf-bitter schmecken.

Gattung: *Illicium Lin.* Stern-Anis.

*(Polyandria, Polygynia Lin. syst.)*

Kelch 3- oder 6blättrig, fast blumenblattartig, gefärbt. Blumenkrone 9- oder mehr- (bis 30-) blättrig. Karpelle 6—12, bisweilen sogar 18, sternförmig gestellt, an der obern Naht der Länge nach aufspringend, einsamig.

1. Art: *Illicium anisatum L.* Gebräuchlicher Stern-Anis, Badianenbaum. (Taf. 30.)

Blätter länglich-elliptisch, an beiden Enden verschmälert; Blumenblätter 27—30; die äussern länglich, die innern linealisch-lanzettlich oder linealisch-pfriemförmig; Karpelle 6—9.

Ein immergrüner Strauch oder ein Baum von 20—25 Fuss Höhe in China und Japan, woselbst er auch häufig cultivirt wird. Stamm aufrecht mit ästiger Krone. Aestchen blattlos, meist 3- oder 4theilig, am Ende verdickt und von neuem in kleinere, nur am Ende Blätter tragende Aestchen sich theilend. Die kurzgestielten elliptisch-lanzettlichen, zugespitzten, 3—4 Zoll langen, 1—1½ Zoll breiten, lederartigen, immergrünen Blätter stehen am Ende der Zweige meist zu 5 genähert. Nebenblätter länglich-lanzettlich, weisslich, bald abfallend. Die kurzgestielten Blüten entspringen einzeln aus mehren gehäuften Knospen. Erst nach dem Verblühen werden die Blütenstiele fast 2 Zoll lang. Kelchblätter 3, 5 oder 6, eiförmig, abgerundet, concav, hinfällig. Die äussern

Blumenblätter länglich, stumpf, concav, die innern ganz schmal und zugespitzt, sämmtlich gelblichweiss, Staubgefässe meist 19 oder 20, doch auch bis 30. Fruchtknoten meist 8, bisweilen auch 7 oder 6, länglich an der Basis erweitert, nach innen zusammengedrückt, mit der Basis dem abgestutzt-kegelförmigen Fruchtboden aufsitzend, aufrecht mit hakenförmigen Griffeln und länglichen Narben. Fruchtkarpelle meist 8, doch auch 7, 9 od. 10, am Grunde sternförmig mit dem Fruchtboden vereinigt, fast eirund, zusammengedrückt, am freien Ende dreieckig und schwach hakenförmig nach oben gebogen, äusserlich runzelig, innerhalb glatt und glänzend, einfächrig, einsamig, am obern Rande der ganzen Länge nach aufspringend. Der äussere Theil jedes einzelnen Karpells besteht aus einer röthlichbraunen, korkartigen, lockern sehr aromatischen Rinde, die innere Schicht dagegen ist holzig, gelblich-rothbraun, glänzend. Samen eiförmig-länglich, schwach zusammengedrückt, glatt, gelblich-leberbraun, glänzend, am obern Rande durch die vorspringende Rhaphe gekielt, am Nabelrande abgestutzt und mit einer ziemlich 3eckigen, von einer ringförmigen Wulst umgebenen Nabelgrube versehen, unter welcher ein Grübchen liegt, in dem sich die Micropyla befindet. Der Samen hat 3 Häute, eine äussere feste hornartige, eine mittlere häutige braune und eine innere, sehr zarte dünne, gleichfalls braune; der weisse ölreiche Eiweisskörper hat die Gestalt des Samens und enthält den sehr kleinen rundlich-spatelförmigen Embryo in einer Höhle am innern untern Winkel. — Die Früchte sind als Stern-Anis, *Semen Anisi stellati siv. Anisi sinensis sive Badiani s. Badiani stellati v. moscovitici*, officinell; sie haben einen angenehm-gewürzhaften anisartigen Geruch und Geschmack und enthalten ein ätherisches Oel, ein grünes fettes Oel, Harz, Gerb- u. Extractivstoff, Gummi, äpfelsauren Kalk u. s. w. Sie wirken tonisch-reizend, blähungswidrig und werden am gewöhnlichsten im Aufgusse mit andern *Speciebus* gegeben. Man bereitet daraus ein äther. Oel, *Oleum aether. Anisi stellati*, und einen Liqueur, *Anisette de Bordeaux*, genannt. Ehedem war auch die Rinde, *Cortex Badiani sive Anisi stellati sive Lavola*, gebräuchlich; sie besitzt den Geschmack und Geruch der Früchte, jedoch in weit geringerm Grade.

Abtheilung: *Magnolieae DeC.*

Blätter nicht durchsichtig punktirt. Karpelle ährenständig.

*Liriodendron Tulipifera L.*, Virginischer Tulpenbaum (*Polyandria, Polygynia Lin. syst.*), ein in Nordamerika einheimischer Baum, der seiner grossen Tulpen ähnlichen Blüten halber in unsern Garten- und Park-Anlagen nicht selten gezogen wird. Die Rinde der Wurzel und der jüngern Zweige, *Cortex Liriodendri sive Cortex Tulipiferae*, hat einen bittern, stechend gewürzhaften, etwas herben Geschmack und wird in Amerika häufig statt der Chinarinde oder der Cascarille angewendet. Ausser bitterm Extractivstoffe enthält sie vorzüglich einen krystallinisch-harzigen, sublimirbaren, bittern Stoff, *Liriodendrin.* Dieser Stoff findet sich bei einigen Arten der Gattung *Magnolia* gleichfalls vor.

Gruppe 2: *Dillenieae Salisb.*
enthält keine in Europa officinellen Gewächse.

Gruppe 1: *Ranunculeae DeC.*

Meistens Kräuter, selten Halbsträucher oder Sträucher mit abwechselnden, nur sehr selten gegenständigen, ganzen oder auf verschiedene Art getheilten, bisweilen mehrfach zerschnittenen Blättern. Die Blattstiele sind gewöhnlich am Grunde erweitert und umfassen theilweiss die Stengel oder Aeste. Nebenblätter fehlen. Blüten zwitterig, sehr selten nur durch Fehlschlagen eingeschlechtig, meist regelmässig, doch auch vielfach unregelmässig, einzeln am Ende der Triebe, doch auch trauben- und rispenständig. Kelch gewöhnlich 5blättrig, selten 3- oder 6blättrig, häufig corollinisch, gefärbt und abfallend, seltner gefärbt und bleibend, in der Knospe geschindelt oder seltner klappig. Blumenblätter in derselben oder doppelten oder 3fachen Zahl der Kelchblätter, oft von ungewöhnlicher Form, in der Knospe geschindelt; bisweilen auch ganz fehlend. (Da diese Blumenblättter nach *Linnés* Ansicht Honiggefässe oder Nektarien waren (z. B. bei *Helleborus*, *Aconitum*, *Delphinium etc.*), so mussten die gefärbten Kelchblätter für Blumenblätter gelten und es hatten sonach diese Gewächsgattungen keinen Kelch.) Staubgefässe in unbestimmter Anzahl, meist zahlreich, frei, mit aufrechten, auswärts gewendeten, oder seitwärts der Länge nach sich öffnenden oder selten einwärts gekehrten Antheren. Fruchtknoten meist zahlreich, auf dem Fruchtboden spiralig gehäuft, frei und eineiig, oder in geringer bestimmter Anzahl, wirtelig gestellt, frei od. häufiger theilweiss verwachsen, vieleiig, sehr selten auch und zwar durch Fehlschlagen einzeln; jedes Karpell trägt einen freien Griffel mit einfacher Narbe. Die Früchte sind entweder zahlreiche Kammerfrüchte *(Camerae)*, welche man häufig *Caryopsen* nennt, oder es sind vielsamige Balgkapseln, in seltenen Fällen auch beerenartige Früchte (z. B. bei *Actaea*, *Cimicifuga)*. Samen in den Kammerfrüchten einzeln, aufrecht oder hängend, in den Balgkapseln horizontal an beiden Rändern der Naht befestigt. Embryo sehr klein, in einem Grübchen am Grunde des grossen hornartigen Eiweisskörpers; Samenlappen beim Keimen blattartig.

Abtheilung: *Paeonieae DC.*

Antheren nach einwärts gekehrt. Balgkapseln.

Gattung: *Paeonia Tournef.* Gichtrose.

*(Polyandria, Digynia Lin. syst.)*

Kelch 5blättrig: Blätter ungleich, blattartig-lederig, bleibend. Blumenblätter 5—10, flach. Staubgefässe zahlreich. Fruchtknoten 2—5, am Grunde von einer fleischigen Scheibe umgeben; mit sitzenden wellig-gebogenen, aus 2 Plättchen bestehenden Narben. Balgkapseln 2—5, hülsenartig, nach aussen gebogen, lederig, vielsamig.

1. Art: *Paeonia officinalis L.* Gebräuchliche Gichtrose, Päonie, Pfingstrose, Königsblume.

Wurzeln mit knollig-verdickten Fasern; Stengel stielrund, undeutlich kantig; Blätter 2—3fach-3schnittig (oder fiederartig-wiederholt-3schnittig): Abschnitte länglichlanzettlich, unterseits kahl oder schwach behaart und dann blaugrünlich, oberseits glänzend, der Endabschnitt halb-3-spaltig; reife Balgkapseln aufrecht-abstehend, an der Spitze zurückgebogen. (Taf. 31.)

Eine ausdauernde krautartige Pflanze in den Bergwäldern Südeuropas, auf Waldwiesen in Kärnthen, Baiern, in der Schweiz. In den Gärten wird sehr häufig die kahlblättrige Abänderung mit gefüllten Blumen (*Paeonia festiva Tausch*) cultivirt. Die Wurzelfasern sind stellenweis, oft perlschnurartig, mit länglichen, walzenrundlichen, braunen, innen weissen knolligen Anschwellungen versehen. Aus einer Wurzel enstpringen meist mehre stielrunde, mit einer Längsfurche bezeichnete und dadurch undeutlich-eckige, einfache oder verästete 2—2½ Fuss hohe Stengel, welche am untersten Grunde mit 2 oder 3 eiförmigen grossen, häutigen Schuppen umgeben und daselbst röthlich sind. Die grossen Blätter stehen auf langen stielrundlichen, rinnigen Stielen und sind 3-fach3schnittig: die seitlichen Abschnitte länglich-lanzettlich, stumpflich, meist ganz oder ungetheilt, die endständigen ganz- oder halb3theilig; die obern Blätter sind kürzer gestielt, nur doppelt-3schnittig, oder 3schnittig mit fiedertheiligen Abschnitten; die obersten sind weit kleiner, nur fiedertheilig oder 3theilig; sämmtliche Blätter sind oberseits dunkler grün, etwas glänzend, unterseits matt- oder bläulichgrün, ganz kahl oder mit zerstreuten Härchen besetzt. Die 3—5 Zoll im Durchmesser haltenden Blüten stehen einzeln am Ende der Aestchen. Von den sammtartig behaarten Kelchblättern sind nicht selten die beiden äussersten oder eins derselben zu länglichen Deckblättern verändert. Die 5—8 Blumenblätter sind verkehrt-eirund, abgerundet oder an der Spitze etwas eingedrückt, ganzrandig oder schwach gekerbt, dunkelkarmin- oder blutroth; in den Gärten findet man verschiedene Farbenabänderungen durch Purpur- und Rosenroth bis zum Weiss. Auf den zahlreichen, fadenförmig-pfriemlichen, hellpurpurrothen Staubfäden stehen längliche, 4seitige, 2fächrige, gelbe Antheren. Gewöhnlich sind 2 oder 3, selten 4 oder nur ein einziger Fruchtknoten vorhanden; es sind dieselben länglich-eirund, etwas zusammengedrückt, zottig-sammtartig; sie tragen schneckenförmig-zurückgerollte, zusammengedrückte, purpurrothe Narben; im jungen Zustande stehen sie gerade aufrecht, später und bei der Reife nach auswärts gebogen. Balgkapseln bauchig, länglich, etwas zusammengedrückt, aussen sammtartigzottig, innen glänzendroth. Die zahlreichen, eiförmig-rundlichen, glatten, schwarzen, glänzenden Samen stehen am innern Winkel in zwei Reihen befestigt und sind wechselweiss unvollkommen.

Gebräuchlich sind die Wurzel, Blumenblätter und Samen, *Radix, Flores et Semen Paeoniae*. Die Wurzel hat einen süsslichbittern und widrig-scharfen Geschmack, der sich durchs Trocknen bedeutend mindert. Frisch enthält sie einen flüchtignarkotisch-scharfen Stoff, welcher durchs Trocknen verloren geht, so dass nur bitterer Eztractivstoff, etwas Gerbstoff, Stärkmehl und Zucker übrig bleibt. Ehedem wendete man sie häufiger als jetzt an bei verschiedenen Krampfkrankheiten, besonders gegen die sogenannten Gichter (daher der Name Gichtrose) und sogar gegen Epilepsie, ferner gegen Menostasien, Asthma, Rheumatalgie u. s. w. Ganz ähnlich, nur schwächer und adstringirender wirken die Blumenblätter, die auch *Flores Rosae benedictae sive regiae*, heissen. Die Samen sind fast ganz ausser Gebrauche. Abergläubische kaufen dieselben auf Schnuren gereihet, um sie Kindern um den Hals zu hängen, wodurch sie denselben das Zahnen zu erleichtern glauben.

Auch die übrigen im südlichen Europa wachsenden Arten, als *Paeonia peregrina DC.* und *P. corallina Retz.*, besitzen ähnliche Eigenschaften und wurden von den alten Aerzten angewendet.

Abtheilung: *Caltheae Rchb.*

*Caltha palustris L.* Kuh- oder Dotterblume. (*Winkl. Giftgew. Deutschl.* 2. *Aufl. t.* 47.) Diese überall, auf sumpfigen Wiesen, an Gräben und Teichen gemeine Pflanze schmückt mit ihren schönen grossen gelben Blumen schon im April ihre Standorte. Sie enthält, vorzüglich in der Wurzel Schärfe und gilt für giftig. Früherhin waren die Blätter und Blüten, *Herba et Flores Calthae palustris*, officinell.

Abtheilung: *Actaeariae Rchb.*

*Actaea spicata L.*, Gemeines Christophskraut, Christophswurz, Wolfswurz. *(Hayne, Arzneigew. 1. t. 14. Winkl. homoeop. Arzneigew. t. 121. Reichenb. Icon. fl. germ. et helv. Ran. — Actaeariae t. 121. f. 4739.)* Eine in den meisten Gebirgswäldern Europas wachsende, ausdauernde Pflanze, welche sich von den übrigen Familienverwandten vorzüglich durch den einzelnen Fruchtknoten mit sitzender Narbe und die vielsamige Beere unterscheidet. Sie hat 4 abfallende Kelchblätter und 4 Blumenblätter. Die Wurzel besteht aus einem gebogenen, geringelten, etwas knotigen, vielköpfigen, röthlichbraunen, innen gelblichen Wurzelkörper mit zahlreichen langen ästigen Wurzelfasern. Der Stengel wird 1½—3 Fuss hoch und trägt 2 oder 3 grosse den wurzelständigen ähnliche Blätter, welche 3fach-3schnittig und deren Abschnitte eiförmig oder eirundlich-rautenförmig und eingeschnitten-gesägt sind. 8—15 kleine weisse Blüten mit zahlreichen Staubgefässen bilden eine kurze lockere endständige Traube. Ehedem war die Wurzel als *Radix Christophorianae s. Aconiti racemosi* officinell: sie wurde innerlich gegen Kropf, Asthma u. s. w. und äusserlich bei Hautkrankheiten und wird noch jetzt von den Thierärzten gebraucht. Sie verdient aber besonders desshalb Berücksichtigung, weil sie zuweilen statt der Schwarzen Niesswurz *(Rad. Hellebori nigri)* gesammelt werden soll. Ueber ihre Unterscheidungsmerkmale wird bei *Helleborus niger* geredet werden.

*Cimicifuga L.*, Wanzenkraut, eine von *Actaea* blos durch die Früchte, nemlich 1—15 Balgkapseln, unterschiedene Gattung.

*Cimicifuga Serpentaria Pursh. (Actaea racemosa L. Düsseld. Samml. Liefr. 14. t. 12.)*, eine stattliche, in den Bergwäldern Nordamerikas wachsende Pflanze mit weissen, in ruthenförmigen, überhängenden Trauben stehenden Blüten, deren jede nur eine einzelne Balgkapsel hinterlässt, und grossen 3zählig-doppelt-fiederschnittigen Blättern mit eirund-länglichen ungleich gesägten Abschnitten. Sie wird in unsern Gärten bisweilen als Zierpflanze gezogen. — Die unangenehm adstringirend-bitter u. zuletzt etwas schleimig schmeckende Wurzel ist in Nordamerika als *Radix Actaeae racemosae s. Christophorianae americanae s. Cimicifugae Serpentariae* gebräuchlich und vorzüglich gerühmt gegen Lungenschwindsucht und ähnliche Krankheiten, ferner gegen Wassersucht und Unterleibsleiden. Auch nach Europa ist sie gebracht worden.

*Cimicifuga foetida L. syst. nat. ed.* 12. *pag.* 659. (*Actaea Cimicifuga L. sp. pl.* 722. *Lamarck, Illustr. t.* 487. *Reichenb. Icon. fl. germ. et helv. Ranunc. — Actaeariae t.* 121. *f.* 4738.) Diese höchst unangenehm und widrig riechende Pflanze, welche von Ost-Preussen, Mähren und Ungarn an durch das ganze östliche Europa und nördliche Asien, so wie auch an der Westküste von Nordamerika wächst, war sonst unter dem Namen *Herba Cimicifugae* officinell und bewirkt heftiges Erbrechen und Abführen. Jede Blume hinterlässt gewöhnlich 4 kurzgestielte Balgkapseln: die eirundlänglichen Abschnitte der in gleicher Weise wie bei der vorigen Art getheilten, aber kleinern Blätter sind eingeschnitten-gesägt.

Abtheilung: *Helleboreae DeC.*

Blätter wechselständig. Kelchblätter in der Knospe geschindelt. Blumenblätter häufig unregelmässig, oft 2lippig und mit Honigdrüsen versehen, oder auch fehlend. Fruchtknoten in bestimmter Zahl, wirtelständig, bisweilen verwachsen, vielsamig, an der innern oder obern Naht sich öffnend

Gattung: *Helleborus (Tournef.) L.* Niesswurz.

(*Polyandria, Polygynia L. syst.*)

Kelch bleibend, 5blättrig, bisweilen gefärbt. Blumenblätter (*Nectaria L.*) 8 oder 20, sehr kurz, röhrig-2lippig, im Grunde Honigdrüsen bergend. Staubgefässe zahlreich. Fruchtknoten 3 — 10. Hülsenkapseln 3 — 10, lederartig: Samen in doppelter Reihe am Innenrande.

1. Art: *Helleborus niger L.* Schwarze Nieswurz, Christwurz, Weihnachts-blume od. -rose.

Blätter sämmtlich von der Wurzel entspringend, lederartig, fussförmig, mit keilförmig-länglichen an der Spitze gesägten Zipfeln; Schaft 1—2blütig; jede Blüte durch ein Deckblatt gestützt. (Taf. 32.)

Auf den Alpen Deutschlands (bes. in Ober-Oesterreich, Salzburg, Steiermark) und der Schweiz, auf den Apenninen und Pyrenäen. Der unterirdische Stamm (gewöhnlich Wurzelstock genannt) ist 2—3 Zoll lang und dabei höchstens von der Dicke eines kleinen Fingers, ziemlich gerade, seltner etwas schlangenartig gebogen, mit ringförmigen Absätzen, schwarzbraun, inwendig weiss, ringsum mit vielen, einfachen, sehr langen, fleischigen, senkrecht in den Boden dringenden Fasern versehen; durchs Alter verdickt sich dieser Stamm, er wird knorriger, ästig, vielköpfig, und treibt aus jeder seiner zahlreichen Knospen ein Blatt und einen Blütenschaft hervor. Das Blatt steht auf einem dicken rinnigen und gerieften, am Grunde scheidenartig-erweiterten Stiele; die sehr lederige und steife, kahle und glänzende Blattfläche ist fussförmig zerschnitten; die mittlern Abschnitte sind gleichsam in einen kurzen Stiel verschmälert und nur die äussern vollkommen sitzend; 2½—5 Zoll lang, ¾—2 Zoll breit, entweder verkehrt-eiförmig-länglich, oder länglich-keilförmig oder auch länglich-lanzettlich, doch stets gegen den Grund stärker verschmälert als nach vorn, grösstentheils ganzrandig, meist erst oberhalb der Mitte, gegen die Spitze hin sägezähnig, vorn stumpflich od. spitzig, ungleichseitig. Schaft aufrecht, 4—8 Zoll lang, dick, stielrund, meistens ebenso wie der Blattstiel fein purpurroth punktirt oder gefleckt und am Grunde von wenigen häutig-lederartigen Scheiden umgeben; an dem obern runzeligen Ende befindet sich gewöhnlich nur eine übergebogene Blüte, unter welcher ein od. zwei eiförmige, concave Deckblätter stehen; zuweilen aber entspringt auch aus der Achsel eines dritten, noch tiefer stehenden Deckblatts noch eine zweite Blüte von 2 besondern Deckblättchen unterstützt. Die Blüten sind gross oft gegen 2 Zoll breit. Die 5 bleibenden Kelchblätter sind gewöhnlich bei der ersten Blüte rosenroth oder ziehen ins Fleischrothe, bei der zweiten dagegen sind sie weiss und nur aussen rosenroth überlaufen, übrigens rundlich, stumpf, concav und ausgebreitet. Gewöhnlich befinden sich 12—15 Blumenblätter kreisständig in einer Blüte; sie sind klein, röhrig-tutenförmig, kurzgestielt, an der Mündung oft zwei- seltner einlippig, gelblichgrün; im Grunde Honig absondernd. Die zahlreichen Staubgefässe (80—90) sind viel länger als die Blumenblätter uud halb so lang als die Kelchblätter; die gelben, rundlich-elliptischen, plattgedrückten Antheren stehen auf einem fadenförmigen, kahlen weissen Staubfaden. 5—9 schiefländliche Fruchtknoten sind in einen pfriemförmigen Griffel verlängert, der eine fast nierförmige Narbe trägt und stehen auf einem kegelförmigen Fruchtknoten. Die 5 — 9, am Grunde verwachsenen Balgkapseln stehen ausgebreitet, sind schief länglich, schwach zusammengedrückt, der Quere nach gefurcht, an beiden Nähten gekielt und laufen in einen pfriemförmigen, etwas zurückgebogenen Schnabel aus; sie springen an der innern Naht der Länge nach auf und tragen daselbst mehre eiförmige, bräunliche Samen, die mit einer deutlichen wulstförmigen Nabellinie versehen sind. — Die Schwarze Niesswurz blüht gewöhnlich im December und dann wieder im Februar.

Gebräuchlich ist die Wurzel, *Radix Hellebori nigri sive Melampodii s. Veratri nigri*; sie besitzt einen schwachen unangenehmen Geruch und einen anfangs süsslichen, später kratzenden und endlich scharfen Geschmack; die vorwaltenden Bestandtheile sind bittrer Extractivstoff und ein scharfes Weichharz. Die Wirkung einer geringen Gabe ist kräftig-reizend und umstimmend für den Darmkanal und das Lymphgefässsystem; bei einer grössern Gabe drastisch-purgirend und brechenerregend. Man wendet die Schwarze Niesswurzel jetzt nicht sehr häufig und zwar bei Trägheit und Schwäche der Unterleibsorgane, bei Stockungen im Pfortadersysteme, bei Gelbsucht, Wassersucht, gegen Würmer u. vorzüglich auch bei solchen Geisteskrankheiten an, welche durch materielle Ursachen, als Stockungen im Darmkanale u. s. w., bedingt sind. Wenn auch der Ἐλλέβορος μέλας des

*Hippocrates* eine andere Pflanze als unser *Helleborus niger* und zwar wahrscheinlich *Helleborus orientalis Lam.* ist; so ist dies doch nicht die vorzüglichste Ursache wesshalb man die ehedem so gerühmte Niesswurz so wenig und nur etwa noch häufiger in der Thierheilkunde anwendet, sondern es liegt diese auch darin, dass man zu häufig falsche unwirksame oder ganz verschieden wirkende Wurzeln statt der Niesswurz erhält. Wir wollen hier die gewöhnlichsten Verwechselungen und Verfälschungen anführen. Wenn die Wurzel von *Helleborus viridis L.* statt der ächten gegeben wird, so ist dies schwer zu erkennen u. auch von keinem Nachtheil, weil die Wirkungen dieselben und nur kräftiger sind. Beide, die ächte Schwarze Niesswurz und die des *Hellebor. viridis* geben mit Bleizuckerlösung eine starke, weissliche Trübung, mit Sublimatlösung eine gleichfalls weissliche aber schwächere Trübung. Häufig ist die Verwechselung mit der Wurzel von *Actaea spicata L.* (s. 158.) vorgekommen; die stärkern Wurzelfasern zeigen auf dem Querdurchschnitt die Figur eines Kreuzes und das Infusum giebt mit Bleizuckerlösung eine gelbliche Trübung und bleibt mit Sublimatlösung unverändert. Die verwechselte Wurzel von *Helleborus foetidus L.* ist grösser, 5—10 Zoll lang, mehrköpfig, spindelig-ästig und mit vielen starken und verästeten Fasern besetzt; auch entsteht durch Bleizuckerlösung ein bräunlich-fleckiger Niederschlag, während Sublimatlösung nicht verändert wird. Die Verwechselungen mit den Wurzeln von *Adonis vernalis L.*, von *Trollius europaeus L.*, von *Astrantia major L.* sind leicht zu erkennen, da allen der der Nieswurz eigne unterirdische Stamm fehlt. Dass man die ganz verschiedene Wurzel des Napell-Eisenhuts, *Aconitum Napellus L.* damit verwechseln könne, ist kaum zu glauben.

2. Art: *Helleborus orientalis L.* Orientalische Niesswurz.

Stengel 2theilig, 4—6blütig; Wurzelblätter lederartig, unterseits weichhaarig, fussförmig mit 7 länglich-keilförmigen, scharf-gesägten Zipfeln; Stengelblätter sitzend, handförmig-3—5lappig; Kelchblätter oval. (*Tratt. Archiv. t.* 226. *Hayn. Arzneigew.* 1. *t.* 2. (unvollständig). Neueste Abb. *Edwards*

*Bot. Reg.* 1842. *t.* 34. *Helleborus officinalis Salisb.* — *Sibthorp. Fl. graec. t.* 583.)

Diese in Griechenland und Kleinasien wachsende ausdauernde Pflanze ist nach dem übereinstimmenden Dafürhalten der besten Botaniker u. Pharmakologen der Ἑλλέβορος μέλας des Hippokrates und Dioskorides. Man nahm später statt ihrer *Helleb. niger* und *Helleb. viridis* unter die Arzneigewächse auf.

3. Art: *Helleborus viridis L.* Grüne Niesswurz.

Stengel gabelästig, 2—4blütig; Wurzelblätter fussförmig, mit 9—11 länglich-lanzettlichen, spitzigen, fast doppelt- und sehr scharf-gesägten, kahlen oder unterseits an den Nerven schwach-weichhaarigen Abschnitten, deren äusserste zusammenfliessen; Stengelblätter fast sitzend, handtheilig; Kelchblätter grün, ausgebreitet. (*Hayn. Arzneigew.* 1. *t.* 9. *Winkl. Giftgew. Deutschl.* 2. *Aufl. t.* 49.)

Diese Art ist in den Gebirgswäldern Mitteleuropas nicht selten, wesshalb die Wurzel häufig statt der Aechten Niesswurz und zwar ohne Nachtheil gesammelt wird, da sie jener nicht nur im Aeussern und in ihrem Verhalten gegen Reagentien ganz gleicht, sondern auch hinsichtlich ihrer kräftigern Wirkungen sogar übertreffen soll. Der Wurzelstock (oder unterirdische Stamm) ist gewöhnlich etwas kürzer und mit weit mehr Fasern besetzt als bei *Hell. niger.* Aus ihm entspringen mehre aufrechte 1 bis gegen 1½ Fuss hohe Stengel, welche am Ursprunge der Aeste und der Blütenstiele 3theilige oder 3spaltige, fast sitzende Blätter mit lanzettlichen, scharfgesägten Zipfeln; an den beiden untern den Stengel scheidig-umfassenden Blättern sind die äussersten seitlichen Zipfel 2spaltig. Die weit grössern Wurzelblätter haben 4—15 Zoll lange Stiele, welche am Grunde wie die Stengel von häutigen Schuppen umgeben sind. Die Blüten haben 1—1½ Zoll Breite und stehen auf runzeligen, weichhaarigen Stielen. Kelchblätter oval, stumpf, vertieft, blassgrün. Blumenblätter gelblichgrün, röhrig-tutenförmig, mit 2 einwärts gerollten Lippen, von denen die untere gekerbt ist. Balgkapseln 3 od. 5 mit eiförmigen, braunen Samen.

4. Art: *Helleborus foetidus L.* Stinkende Niesswurz.

Stengel beblättert, verästet, vielblütig; Blätter gestielt, lederig, fussförmig, mit 7—9 schmal-lanzettlichen, spitzig-gesägten Abschnitten; die obersten Blätter nur 3—5theilig, auf grossen Blattstielscheiden sitzend; Deckblätter oval. (*Hayn. Arzneig.* 1. *t.* 10. *Winkl. Giftgew. Deutschl.* 2. *Aufl. t.* 50.)

Diese 1—2¼ Fuss hohe Pflanze wächst auf waldigen Hügeln und Bergen im südl. und westl. Europa ausdauernd. Sie unterscheidet sich leicht durch ihren dicken u. ästigen Stamm, durch die zahlreichen Blüten, an denen die verkehrt-eirunden, fast abgestutzten, ausgehöhlten, gelblichgrünen, gewöhnlich vorn purpurröthlich-gesäumten Kelchblätter sehr zusammenneigen und durch die 5—7 blassgelblichen, röhrig-tutenförmigen, abgestutzt-gezähnelten Blumenblätter mit sehr undeutlichen Lippen, sowie endlich durch 2—3 weichhaarige Balgkapseln. — Ehemals waren das Kraut u. die Wurzel, *Herba et Radix Hellebori foetidi* s. *Helleborastri* officinell: sie haben einen unangenehmen Geruch, einen bitter-scharfen Geschmack und wirken drastisch-purgirend, wesshalb man sie vorzüglich bei Wurmkrankheiten u. hartnäckigen Unterleibsstockungen anwendete.

*Eranthis hyemalis Salisb.* (*Helleborus hyemalis Lin. Jacq. Fl. austr. t.* 202.) Ein kleines Pflänzchen in gebirgigen Gegenden Süddeutschlands, der Schweiz, Italiens und Frankreichs mit einer rundlich-knolligen Wurzel, welche einen einzelnen 3—5 Zoll hohen Schaft treibt, der an seiner Spitze eine gelbe Blüte mit darunterstehendem tiefgespalteten Deckblatt trägt. In frühern Zeiten war die bitterlich-scharfe Wurzel als *Radix Hellebori hyemalis* s. *Aconiti hyemalis* officinell.

Gattung: *Nigella Tournef.* Schwarzkümmel.

(*Polyandria, Pentagynia Lin. syst.*)

Kelch (*Corolla Lin.*) 5blättrig, gefärbt, blumenkronenartig. Blumenblätter (*Nectaria Lin.*) 5—10, klein, 2lippig, gekrümmt, im Grunde der hohlen Platte mit einem Honiggrübchen. Staubgefässe zahlreich. 5—10 am Grunde mehr oder weniger oder ganz verwachsene Fruchtknoten. 5—10 durch ebensoviel einfache, verlängerte und bleibende Griffel geschnäbelte Balgkapseln mit zahlreichen entweder flach zusammengedrückten oder 3kantigen Samen. (Die Balgkapseln zeigen sowohl in ihrer äussern Form, als auch in ihrem Innern eine bedeutende Verschiedenheit, indem bei einigen Arten dieselben einfächrig und nur an ihrem Grunde mit einander zusammengewachsen sind und fast 5 einzelne Kapseln darstellen; bei andern dagegen durch innige und der ganzen Länge nach stattgehabte Verwachsung gleichsam nur eine einzige 5- od. 10fächrige Kapsel entstanden ist, indem im zweiten Falle jedes einzelne Karpell durch eine Scheidewand in ein inneres wahres (samentragendes) und in ein äusseres falsches Fach getrennt wird.)

Die hier zu betrachtenden Arten haben 3kantige Samen.

1. Art: *Nigella sativa L.* Aechter Schwarzkümmel, Schwarzer oder Römischer Coriander, Nardensamen.

Drüsig-flaumhaarig; Stengel wenig-ästig; Blüten nackt (d. h. ohne Hülle); Staubbeutel ohne Stachelspitze; Balgkapseln 5, knötlich-scharf, am Rücken einnervig, bis zur Spitze verwachsen; Samen zahlreich 3kantig, runzelig, schwarz. (*Rchb. Icon. fl. germ. et helv. Ranunc. Hellebor. t.* 120. *f.* 4736.)

Diese einjährige, bei uns hier und da angebauete und dadurch verwilderte Pflanze wächst auf Aeckern und unter den Saaten in Südeuropa und Nordafrika wild. Die dünnspindelige, wenigfaserige Wurzel treibt einen aufrechten 1—2 Fuss hohen rundlich-eckigen, einfachen oder nur oben etwas ästigen Stengel, der wie die Blätter durch kurze weiche, drüsige Haare etwas klebrig ist. Blätter im Umrisse eirund, die untern gestielt, die obern sitzend, sämmtlich fiederschnittig, die Abschnitte doppeltfiederspaltig, mit schmalen, linealischen oder lanzettlichen od. lanzettlich-linealischen spitzlichen Zipfeln. Blüten gegen 1 Zoll im Durchmesser. Die bläulichweissen corollinischen Kelchblätter sind elliptisch, spitzig, kurzbenagelt. Blumenblätter 8, gegen 3 Linien lang, grünlich, aber am Nagel und an der schüppchenartigen, eirund-länglichen, zugespitzten Oberlippe bläulich: die Unterlippe ist in 2 eiförmige stumpfe Zipfel gespalten, deren jeder in der Mitte eine gelbe Drüse trägt. Die zahlreichen Staubgefässe stehen in 5 Reihen und in 8 mit den Blumenblättern abwechselnden Abtheilungen. Die auf den mit warzenartigen Drüsen besetzten Fruchtknoten befindlichen Griffel sind während der Blütezeit herabgebogen, vor und nach derselben aber aufgerichtet. Die aus den 5 (bei cultivirten Pflanzen häufig auch aus 6 oder 7) durchaus verwachsenen Karpellen bestehende Kapsel ist blassgrünlich-bräunlich, von zerstreuten körnigen Drüsen scharf, mit den 5 (6 oder 7) bleibenden, gedrehten, aufrechten etwas gebogenen Grifleln gekrönt, 5- (6- oder 7-) fächrig, an den einwärtsgerichteten Nähten aufspringend, vielsamig. Samen sammtschwarz, feinrunzelig, geschärft-3kantig. — Die beim Zerreiben gewürzhaft, doch nicht angenehm riechenden und gewürzhaft beissend schmeckenden Samen waren sonst als Schwarzkümmel oder Schwarzer Coriander, *Semen Nigellae s. Melanthii* (*Μελάνθιον Hipp. Diosc*) um zu eröffnen, zu reizen, die Harnaussonderung und Milchabsonderung zu befördern in Anwendung; jetzt werden sie nur wenig und vorzüglich als ein Volksmittel bei Thierkrankheiten gebraucht. Häufig benutzt man sie in manchen Gegenden als Küchengewürz. Sie enthalten vorwaltend ätherisches und fettes Oel. — Sie sollen bisweilen mit den Samen der Kornrade, *Lychnis Githago Lam.* (*Agrostemma Githago Lin.*) und denen des Stechapfels, *Datura Stramonium L.* verwechselt worden sein, was sich leicht durch die Gestalt und den Geschmack unterscheiden und erkennen lässt. Häufiger kommt eine Verwechselung oder Vermischung mit den sehr ähnlichen aber weit minder kräftigen Samen von beiden folgenden Arten vor.

2. Art: *Nigella damascena L.* Damascener od. Türkischer Schwarzkümmel, Gretchen im Grünen, Gretchen im Busch, Braut in Haaren etc.

Stengel mit abstehenden Aesten, kahl; Blüten von einer Blätterhülle umgeben; Staubbeutel ohne Stachelspitze; Balgkapseln 5, glatt und kahl, bis zur Spitze mit einander verwachsen, doppelfächerig; Samen zahlreich, in den innern 5 Fächern befindlich, dreikantig, querrunzelig, schwarz. (*Hayn. Arzneigew.* 6. *t.* 15. *Reichenb. Icon. fl. germ. et helv. Ranunc. t* 120. *f.* 4737.)

Dieses bekannte und bei uns häufig in Gärten gezogene einjährige Ziergewächs ist zwischen den Saaten in den Küstenländern des Mittelländischen Meeres einheimisch und hat schwachgewürzhafte Samen.

3. Art: *Nigella arvensis L.* Wilder od. Feld-Schwarzkümmel, Acker-Nigelle.

Stengel weitschweifig-ästig, kahl; Blüten ohne Hülle; Staubbeutel mit Stachelspitzen; Hülsenkapseln nur bis zur Mitte verwachsen, glatt, auf dem Rücken 3nervig, zusammen eine verkehrt kegelförmige Kapsel darstellend; Samen 3kantig, fein-körnig-schärflich, schwarz. (*Hayn. Arzneigew.* 6. *t.* 17. *Reichenb. Icon. fl. germ. et helv. Ranunc. t.* 120. *f.* 4735.

Dieses Sommergewächs findet sich auf Aeckern zwischen den Saaten vieler Gegenden im mittlern u. südlichen Europa. Die Samen sind etwas gewürzhaft u. werden mit denen der erstern Art gleich gebraucht.

### Gattung: *Aconitum Tournef.* Eisenhut, Sturmhut.

(*Polyandria, Trigynia L. syst.*)

Kelch gefärbt, blumenkronenartig, 5blättrig, das obere Kelchblatt (*Cassis*, Haube) weit grösser, hauben- oder helmförmig. Blumenblätter 5, die beiden obern (Honiggefässe nach *Linné*) langgestielt, kapuzenförmig und gespornt; die 3 übrigen klein, linealisch oder auch fehlend. 3 oder 5 Balgkapseln mit zahlreichen Samen. (Diese schöne Pflanzengattung ist von *Ludw. Reichenbach* vortrefflich monographisch bearbeitet worden in dem Werke: *Illustratio specierum generis Aconiti, additis Delphiniis quibusdam. Lips.* 1823—27. Mit 72 illuminirten Kupfertafeln. Die deutschen Eisenhutarten sind von demselben ausgezeichneten Botaniker in seinem schönen Werke: *Icones Florae germanicae et helveticae etc. Lips.* 1840. 4to in der Abtheilung, welche den Seperattitel führt: *Ranunculaceae*, *Anemoneae*, *Clematideae*, *Helleboreae*, *Paeonieae in Flora germanica excursiora recensitae etc.* sehr schön in vielen Abbildungen dargestellt. In botanisch-pharmaceutischer Hinsicht ist diese Gattung von demselben vorzüglich und ausführlich bearbeitet und in der von *G. Kunze* herausgegebenen Uebersetzung von *A. Richard's* medicinischer Botanik (Berlin 1826) *Theil* 2. *p.* 1016 niedergelegt worden. Wir müssen uns begnügen, hier nur wenig Arten anzuführen und verweisen auf jene vortrefflichen Arbeiten.

1. Art: *Aconitum Stoerkianum Rchb.* Störck's Eisenhut.

Haube (*Cassis*, oberes Kelchblatt) gewölbförmig; obere Blumenblätter (*Nectaria L.*) auf einem oberwärts bogigen Nagel schief geneigt, mit einem hakenförmigen Sporn; Staubfäden behaart; die Balgkapseln in jungen Zustande einwärtsgekrümmt, zusammenneigend; Samen geschärft-3-kantig, auf dem Rücken geschärft-runzelig-faltig. (*Reichenb. Ill. gen. Acon. t.* 71. — *Ejusd. Icon. fl. germ. et helv. Ranunculaceae t.* 86. *f.* 4692. *Syn.: Acon. Napellus Stoerk., Mill., Houtt., Schkhr. (Handb. t.* 145.) *Sturm etc.* — *Acon. Cammarum L.? (nec Jacq.) Arzneigew.* 12. *t.* 15. — *Acon. intermedium DC.* —) (Taf. 33.)

Diese Art wächst durch fast ganz Europa in Bergwäldern, in Deutschland, besonders in Oesterreich und Krain, in Böhmen, Schlesien, am Unterharz, in Thüringen, auf dem Untersberg bei Salzburg und wohl auch anderwärts; sie ist überhaupt am gemeinsten und wird seit sehr langer Zeit überall in Europa in den Gärten cultivirt, da sie eine vorzügliche Zierpflanze abgiebt. Die ausdauernde bräunliche Wurzel hat die Grösse einer grossen Wallnuss, ist häufig aber auch kleiner, rettig- oder rundlich-rübenförmig, langgeschwänzt und mit vielen Seitenfasern versehen, welche von einem braunen Filze bekleidet werden; an einer Wurzel bilden sich jährlich gewöhnlich 2 neue solcher Rüben, welche sich später trennen und nur durch die mit einander verwebten Fasern in Verbindung bleiben. Der Stengel wird

2—3 Fuss, bei Gartenpflanzen auf 5—6 Fuss hoch; ist aufrecht, steif, stielrund, federkieldick, reichbeblättert, kahl, am obern Ende einige Blütenäste treibend. Die untern Blätter sind lang gestielt und von den obern fast sitzenden durch grössere Theilung verschieden; die untern sind im Umrisse rundlich, 2—4 Zoll im Durchmesser, am Grunde herzförmig-fast 3schnittig, die seitlichen Abschnitte wiederum tief 2theilig, wodurch das Blatt fast 5schnittig erscheint, jeder der 5 Abschnitte im Umrisse rautenförmig, gegen die Basis stark keilförmig verschmälert (der mittlere Abschnitt deutlich-gestielt, wiederholt 3spaltig und eingeschnitten, mit zugespitzten Zipfeln; je höher am Stengel die Blätter stehen, desto weniger werden der Einschnitte, so dass die obersten sitzenden nur 3theilig sind und allmälig in die Deckblätter übergehen. Die Blüten stehen eigentlich in einer schlaffen kurzen Traube, aber die untersten Blütenstiele sind meist etwas verästet, wenigstens 2blütig, wodurch also eine Neigung zur Rispenform sich ausspricht; die etwa zolllangen kahlen Blütenstiele sind am Grunde abstehend, dann aber aufsteigend, an ihrem Ende zu einem Blütenboden verdickt und daselbst 2 kurze lanzettliche Deckblätter tragend. Auf trocknem Boden gewachsene Pflanzen haben einen kleinern und gedrängtern Blütenstand, kleinere Stengel und Blätter; auf üppigem Boden gewachsene dagegen haben einen schlaffern, mehr ästigen und reichhaltigern, rispenförmigern Blütenstand, dunklere und grössere Blüten und Blätter. Die Blüten (Kelchblätter) sind von der Länge der Blätter veilchenblau, bei einer Abänderung auch weiss mit veilchenblauen Rändern. Das oberste Kelchblatt oder die Haube ist mehr als halbkugelig-gewölbt, wenig zusammengedrückt und vorn (an der Stirn) flach eingedrückt; die beiden mittlern oder seitlichen Kelchblätter sind fast rund und schief, muschelförmig, der Aussenrand ist umgerollt und der Oberrand von der Haube bedeckt; die untern sind elliptisch, stumpf; alle innen behaart, aussen kahl. Die beiden obern Blumenblätter (Honiggefässe) liegen dem Rücken der Haube an und sind nach vorn umgebogen, dass die Honigkappen unter dem Scheitel der Haube liegen; die Honigkappen (Platten der

Blumenblätter) haben einen kurzen kopfförmigen, nach oben umgebogenen Sporn, erweitern sich in eine Tute, welche in eine zurückgerollte, verkehrt-herzförmige Lippe übergeht; die Nägel und die Honigkappen sind blassblau, der Sporn ist dunkelschwarzblau. Die Staubfäden der 20—30 Staubgefässe sind vorn dünner und behaart; sie tragen rundliche schwarze Staubbeutel mit weissem Blütenstaube. Die grünen Pistille stehen zu 3 oder 5 und haben kurze blaue Griffel, welche nach dem Verblühen und auch im reifen Zustande zusammengeneigt bleiben. Die braunen Balgkapseln enthalten kurz-pyramidenförmige, netzartig-gerunzelte, schwarzbraune Samen.

Wir haben diese Art desshalb so ausführlich beschrieben, weil sie als die gemeinste zum Heilgebrauche am meisten gesammelt werden mag, und weil es die einzige ist, von der man sicher weiss. wie sie wirkt, denn auf sie beziehen sich die meisten Beobachtungen, welche man von *Aconitum Napellus* aufgezeichnet findet. Die Abbild. in *Stoerck's Libell. de Acon.* gehört durchaus zu dieser Art und ebenso, nach *Reichenbach's* Zeugnisse, auch die der *Düsseld. Samml.* Liefer. 6, *t.* 14. — Hayne (Arzneigew. 12. *t.* 15) hält diese Art für *Aconit. Cammarum Lin. (nec Jacq.)* Nach den Angaben älterer Autoren sollen alle blaublühenden Sturmhutarten gleiche Wirksamkeit besitzen, was jedoch nicht richtig ist, nach Neuern wirken diese und die hier noch folgenden Arten am kräftigsten. Officinell sind die Blätter, *Herba Aconiti sive Napelli s. Aconiti Napelli;* sie haben zerrieben einen widrigen Geruch und einen scharfen bitterlichen Geschmack; ihre vorwaltenden Bestandtheile sind Aconitin und Gerbstoff; sie wirken kräftigreizend auf den Darmkanal, ferner die Thätigkeit der Haut und Harnwerkzeuge erhöhend, schweiss- und harntreibend, und überhaupt auf das lymphatische System; sie werden desshalb am häufigsten angewendet gegen Gicht, Rheumatalgien, veraltete Syphilis, und bei Drüsengeschwülsten, aber auch bei Hautausschlägen, Geschwüren, Harnbeschwerden, angehender Lungensucht, chronischen Blutflüssen und andern Leiden.

Aeusserlich gebraucht, röthen sie die Haut, ziehen Blasen und ätzen.

2. Art: *Aconitum Napellus Dodon. et Veterum*, Napell-Eisenhut der Alten.

Haube convex-halbkugelig, klaffend, kahl werdend; Honiggefässlippe (an der Platte der obern Blumenblätter) zurückgerollt; Blumenstiele aufrecht; Blätter fussförmig-5theilig, mit verlängerten 3spaltigen und eingeschnitten-fiederspaltigen Abtheilungen und linealischen, schmalen Zipfeln. (*Reichenb. Illust. Gen. Ac. t.* 1—3. *Reichenb. Icon. fl. germ. et Helv. Ranunc. Hellebor. t.* 92. *f.* 4700. *Acon. variabile Napellus Hayn.* Arzneigew. 12. *t.* 12.)

Diese Art wächst auf den höhern Gebirgen und Alpen von Mitteleuropa, in der Schweiz, Frankreich, auf den Pyrenäen u. s. w. vorzüglich häufig um die Sennerhütten, wo es an Kuhdünger nicht fehlt. Wir geben hier keine vollständige Beschreibung, sondern erwähnen nur Das, was sich an dieser Art anders als bei der vorhergehenden verhält, da beide in vielen Stücken übereinstimmen. Wurzel schwärzlichbraun. Stengel unten kahl, nach oben flaumhaarig. Blattstiele tiefrinnig. Blätter in 5 Abschnitte getheilt, jedoch so, dass die beiden äussern jeder Seite etwas verbunden sind, wesshalb die Blattscheibe am Grunde fast fussförmig erscheint; jeder Abschnitt 3spaltig (der mittelste oft noch einmal 3spaltig) und eingeschnitten, jedoch an der untern sehr keilförmigen Hälfte ganz; Zipfel und Zipfelchen ausgesperrt, schmal, linealisch oder lanzettlichlinealisch, spitzig, am Rande etwas wenig umgerollt; die Blätter nehmen, je höher sie am Stengel stehen, an Grösse ab, sind weniger getheilt und gehen endlich in die kleinen, linealisch-lanzettlichen Deckblätter über. Blüten in einer verlängerten, einfachen oder seltner unten etwas ästigen Traube ziemlich gedrängt. Blütenstiele aufgerichtet, flaumhaarig, kürzer als die Blüten, gleich unter der verdickten Spitze 2 linealisch-spatelige Deckblättchen tragend. Kelchblätter violblau. Haube halbkugelförmig-gewölbt, mit einem kurzen, stumpfen Schnabel, von den abgerundet-keilförmigen Seitenblättern etwas entfernt; die untern länglich. Die Honigkappe an der Wölbung der Haube anliegend, mit zurückgerollter ausgerandeter Lippe. Fruchtknoten 3, nach dem Verblühen ausgespreizt, bei der Reife wieder aufgerichtet. Balgkapseln 6—8 Lin. lang, bräunlich, kahl. Samen schwarzbraun, geschärft 3kantig, am Rücken von geraden oder geschlängelten Querrunzeln durchzogen. — Diese Art dürfte seltner die *Herba Aconiti* liefern. Wir führten sie aber besonders desshalb auf, weil sie ale Repräsentant der Gattungsgruppe *Napelloidea Reichb.* angesehen werden soll, indem *Koch* in *Roehling's* Deutschlands *Flora.* Bd. 4. p. 72 alle Arten derselben unter dem Namen *Aconitum Napellus L.* vereinigt. Ziemlich in gleicher Weise vereinigt *Hayne* (*Arzneig.* 12. *t.* 12, 13, 14.) die verwandten Arten unter seinem *Aconitum variabile.* Wenn nun dieses *Acon. variabile Hayn.* oder das *Açon. Napellus Lin.* zum Arzneigebrauche von manchen Pharmacopöen empfohlen oder vorgeschrieben wird, so bedarf es wohl keine Entschuldigung es hier mit angeführt zu finden.

3. Art: *Aconitum neubergense* (Clus.) *De C.* Neuberger Eisenhut.

Haube geschlossen, halbkugelig; Sporn der Honigkappe kopfförmig, Lippe derselben umgerollt; Staubfäden behaart; Blütenstiele steif abstehend; Blätter fussförmig-7theilig, mit rhombischen zerschlitzten Theilstücken. (*Reichenb. Illustr. t.* 69. *Reichenb. Icon. Fl. germ. et helv. Ranunc. — Hellebor. t.* 88. *f.* 4694. *Açon. variabile neubergense Hayn. Arzneigew.* 12. *t.* 14. — *Aconit. Napellus Lin. Fl. suec. ed.* 1755. *p.* 186. *Jacq. Fl. austr. III. t.* 381. *Acon. neomontanum Wulf.*)

Diese Art wächst auf niedern und höhern Gebirgen Deutschlands, vorzüglich auf dem Neuberger Gebirgszuge im Herzogthume Steyermark, besonders um die Rinderställe herum an den Stellen wo die Rinder während des Sommers weiden, und blüht im Juli. Wurzel rübenförmig, ziemlich gross. Stengel 2—4, doch auch 6—8 Fuss hoch, etwas kantig, aufrecht, steif, nach oben abstehend-ästig. Blätter kahl, lebhaft glänzend, sattgrün, unterseits blass, fussförmig-7theilig, Theilstücke rhombisch, tief zerschlitzt und eingeschnitten, Abschnitte lanzettlich, mehr oder weniger breit. Die mattvioletten Blüten stehen in einer sehr langen, schlaffen, sehr reichblütigen, am Grunde ästigen, feinbehaarten Traube, welche besonders durch steif abstehende Blütenstiele sich auszeichnet. Blüten vor dem Aufblühen, graufeinbehaart. Die Haube ist halbkugelig und hat eine ziemlichgerade abgeschnittene Oeffnung. Honigkappen Sförmig gebogen. Balgkapseln zu 3, 4 oder 5 fast 1 Zoll lang. Samen meist 6kantig. —

Nach *Geigers* Beobachtungen und Aussprüchen (*Geig. Magazin*, Bnd. 18. S. 73—78. — *Geiger's Pharmacie.* Bnd. II. Abtheilung 2—8. 1152) so wie nach dessen mündlichen Mittheilungen an Hayne enthalten alle *Napelloiden* (d. sind die Arten der Gruppe *Napelloidea Rchb*, zu welcher diese und die vorige gehören) oder die Arten mit divergirenden Früchten, so viel er auch untersucht hat, stets eine beträchtliche Schärfe. Er ist, nicht ohne Grund, geneigt anzunehmen, dass *Stoerck*, wahrscheinlich aus Versehen, eine minder scharfe Art (*Acon. Stoerkianum Rchb.*) habe abbilden lassen, als er geprüft und untersucht habe, da er von der grossen Schärfe derselben rede, welche die abgebildete nicht besitze. *Aconitum neubergense Clus.* soll zu den schärfsten Arten gehören. —

*Hayne* hat (*Arzneigew.* 12. *t.* 16.) das *Aconitum Cammarum Jacq.* (*Jacq. Fl. austr. t.* 424. *Syn. Acon. variegatum Lin.*) unter dem Namen *Acon. altigaleatum* aufgeführt und abgebildet und dazu mehre von Reichenbach aufgestellte Arten als Varietäten gezogen. Nach Geiger's Beobachtungen ist diese Gruppe minder scharf als die *Napelloiden* und also auch minder heilkräftig. — Wenn man die Aconiten in der von Hayne versuchten Vereinigung als Arten annimmt, so kann man leicht den Ausspruch thun, dass fast alle blaublühenden deutschen Arten officinell sind, nur dass die Gruppe *Napelloidea Rchb.*, die Hayne *Aconit. variabile* nennt, am kräftigsten ist.

Gattung: *Delphinium Tournef.*, Rittersporn. (*Polyandria, Trigynia Lin. syst.*)

Kelch 5blättrig-gefärbt, blumenkronenartig, unregelmässig, das obere in einen hohlen Sporn verlängert. Blumenkrone (*Nectaria Lin.*) 4blättrig: die beiden obersten spornförmigen Blätter in dem hohlen Sporn des Kelchs befindlich (bisweilen auch alle 4 Blätter innig verwachsen). Staubgefässe zahlreich. Fruchtknoten 1—3, bisweilen 5. Balgkapseln 1 oder 3, seltner 5.

1. Art: ***Delphinium Staphisagria L.*** **Scharfer Rittersporn, Stephanskraut, Läusekraut.**

Stengel steif aufrecht, zottig; Blätter handförmig-5—7-theilig, mit 3spaltigen oder ganzen Zipfeln; Blütenstiele doppelt länger als die Blüten, am Grunde von einem grössern Deckblatte unterstützt und 2 kleinere ebendaselbst tragend; Sporn sehr kurz; Balgkapseln 3, mit wenigen grossen Samen. (*Sibthorp. Fl. graec. t.* 508. *Plenck. Pl. med. t.* 434. *Reichenb. Icon. Fl. germ. et helv. Ranuncul. Hell. t.* 69. *f.* 4674. *Winkl. homöop. Arzneig. t.* 116.

Diese 2jährige Pflanze wächst im südlichen Europa an unfruchtbaren Stellen und wird auch im Kleinen cultivirt. Aus der spindelförmigen Wurzel entspringt ein 2—3½ Fuss hoher, steif-aufrechter, einfacher oder oben etwas ästiger zottiger Stengel. Die untern Blätter sind von den obern verschieden, stehen auf langen, oberseitsrinnigen zottigen Stielen, sind im Umrisse herzförmig-rundlich, 2—4 Zoll im Durchmesser gross, in 7—9 elliptisch-lanzettliche, zugespitzte und 2- oder 3spaltige Lappen getheilt; die obern kürzer gestielt und allmälig kleiner, mit 5 lanzettlichen, ganzrandigen Lappen, die obersten nur 3theilig. Die Blüten stehen in einer schlaffen Traube; die wenigen Aeste bilden seitliche Trauben. Die Kelchblätter sind blassblau oder schön violett, aussen weichhaarig und unterhalb der Spitzen grün; das oberste hat einen sehr kurzen dicken Sporn. Die am Grunde etwas zusammenhängenden Blumenblätter sind weisslich oder nach oben bläulich, die beiden obersten schief länglich, ausgerandet, nach hinten gespornt und schwarzblau, die beiden untern länger, spatelförmig, 2spaltig. Balgkapseln bauchig, zugespitzt zottig. Samen gross, 3seitig, auf einer Seite gewölbt, grubig-gegittert, braungrau. — Officinell sind die Samen als *Semina sive Grana Staphis agriae vel Staphidis agriae vel Pedicularis*, Stephanskörner, Läusekörner. Beim Zerreiben riechen sie etwas unangenehm und schmecken äusserst scharf und bitter; sie enthalten ein scharfes Alkaloid, *Delphinin* und wirken brechenerregend und purgirend, äusserlich reizend, die Haut röthend. Man wandte sie früherhin als Purgir- und ein vorzügliches Wurmmittel an; jetzt gebraucht man sie nur noch äusserlich, gegen Ungeziefer (Läusepulver, Läusesalbe) und bisweilen bei Ausschlagskrankheiten.

*Delphinium Consolida L.* Feld-Rittersporn. (*Flor. dan. t.* 683. *Plenck. t.* 433. *Reichenbach*, *Icon. fl. germ. et helv. Ranunc.* — *Hell. t.* 66. *f.* 4669.) Diese auf den Feldern unter den Saaten durch ganz Europa ziemlich gemeine einjährige Pflanze hat einen abstehend-ästigen, flaumhaarigen Stengel, doppelt- oder einfach-fiedertheilige Blätter mit schmal linealischen Zipfeln. Die schönblauen Blüten stehen in lockern etwas ästigen Trauben. Die Blütenstiele sind etwas länger als die linealischen Deckblätter, aber dennoch kürzer als der lange dünne Sporn der Blüten. Die Balgkapseln stehen einzeln und sind kahl. Sonst waren die Extractiv- und Gerbstoffhaltigen schön blauen Blüten und die Samen als *Flores et Semen Consolidae regalis s. Calcatripae* officinell. Die Blüten sollten harn- und wurmtreibend wirken, werden jetzt aber nur ihrer schönen Farbe halber zu manchen Species und Räucherpulvern gebraucht. Die Samen wendet man noch bisweilen in Tinktur gegen Krampfhusten an.

*Aquilegia vulgaris L.* Akelei oder Aglei (*Hayne*, *Arzneig.* 3. *t* 6. *Winkler*, *Giftgew. Deutschl. t.* 73. *Winkler*, *homoeop. Arzneigew. t.* 119.) Eine in Gebirgen, Wäldern und auf Waldwiesen durch fast ganz Europa und im nördlichen Asien vorkommende ausdauernde Pflanze, welche in vielen Farben und Formen in unsern Gärten zur Zierde cultivirt wird. Aus dem kurzen vielköpfigen Wurzelstock, welcher mit starken ästigen bräunlichen Fasern besetzt und oben durch Blattreste beschopft ist, entspringen mehre steif aufrechte, 1½—3 Fuss hohe, nach oben ästige Stengel und zahlreiche, langgestielte, doppelt 3zählige, oberseits dunkelgrüne, unterseits meergrüne Blätter mit rundlichen oder breit-verkehrt-eiförmigen stumpfgekerbten Blättchen. Die stengelständigen Blätter sind kürzer gestielt und einfacher, die obersten sitzend. Die am Ende des Stengels und der Aestchen auf überhängenden Stielen stehenden Blüten bilden zusammen eine armblütige Doldentraube und sind hell- oder dunkelviolett, röthlich oder weiss. Die 5 Kelchblätter sind eiförmig oder eirund-länglich. Die 5 Blumenblätter sind kappenförmig und gehen in einen langen hohlen Sporn aus, welcher im Grunde seines einwärts gerollten Endes Honig absondert. Zahlreiche Staubgefässe, von denen die innersten unfruchtbar, lanzettlich und wellig-kraus sind. Die 5 Pistille verändern sich zu eben so vielen walzlich-zusammengedrückten, mit dem langen Griffel gekrönten, an einander schliessenden Balgkapseln mit eirunden glänzend schwarzen Samen. — Früher waren die Wurzel, Blätter, Blüten und Samen, *Radix*, *Herba*, *Flores et Semen Aquilegiae sive Chelidonii medii* officinell. Wurzel und Kraut, welche einige Schärfe enthalten und ausleerend wirken, wendete man sonst gegen Gelbsucht und Scorbut an. Die Blätter sollen narkotisch-scharf-giftig sein und die Samen sollten vorzüglich nützen bei Ausschlagskrankheiten der Kinder. Die blauen und violetten Blüten können statt der *Flores Violae* zum Veilchensyrup benutzt werden.

Abtheilung: *Clematideae DeC.*

Blätter gegenständig. Kelchblätter in der Knospe klappig oder eingeschlagen. Blumenblätter meist fehlend oder flach. Karpelle frei, zahlreich, einsamig, durch den stehenbleibenden Griffel geschwänzt. Samen hängend.

Gattung: *Clematis Tournef.* Waldrebe.
*(Polyandria, Polygynia Lin. syst.)*

Kelchblätter *(Corolla Lin. Perigonium Recens.)* 4, 6 oder 8, gefärbt, Blumenkronartig. Blumenblätter fehlend. Staubgefässe zahlreich, die äussern bisweilen ohne Antheren, verbreitert und blumenblattartig. Kammerfrüchte zahlreich, federig-geschwänzt.

1. Art: *Clematis erecta Allion.* Aufrechte Waldrebe, Brennkraut.

Stengel aufrecht; Blätter fiederschnittig, kahl, mit herzeiförmigen und eirund-lanzettlichen, zugespitzten, ganzrandigen Abschnitten; Blütenstand trugdolden-rispenartig; Kelchblätter länglich-spatelig, kahl, am Rande aussen flaumhaarig. (Taf. 34. — *Clematis recta Lin. Winkl. Giftgew. Deutschl.* 2. Aufl. *t.* 45.)

Auf Hügeln, sonnigen Waldstellen, im Gebüsch im mittlern und südlichen Europa und in Sibirien. Wurzel ausdauernd, ästig, starkfaserig, vielköpfig, viele aufrechte, 2—5 Fuss hohe, fast einfache, kahle, nach oben zu flaumhaarige Stengel treibend, die ihrer Schwäche halber bei grösserer Höhe sich legen oder an benachbarte Gestände, Gebüsche u. s. w. lehnen. Blätter gegenständig, gestielt, abstehend oder ausgesperrt, fiederschnittig; Abschnitte 5—9, gegenständig, 1½—3 Zoll lang, 8—20 Linien breit, auf 4—6 Linien langen gekrümmten Stielen, herzeiförmig, meist ungetheilt, selten 2lappig, oberseits kahl und dunkelgrün, unterseits seegrünlich und mit einzelnen Härchen besetzt. Rispe wiederholt 3theilig, trugdoldig, vielblütig, mit gegenständigen, fiedertheiligen oder linealisch-borstlichen Deckblättern. Kelchblätter meist 4, weiss. Kammerfürchte eiförmig, bräunlich, am Rande verdickt, schwachweichhaarig oder kahl, mit einem langen, geschlängelten, weisszottigen Schwanze. — Alle Theile enthalten, vorzüglich im frischen Zustande einen ätzenden, brennendscharfen, auf der Haut Blasen ziehenden Saft. Officinell sind die Blätter, *Herba Clematidis erectae sive Flammulae Jovis.* Sie werden bei veralteter Syphilis, Knochengeschwülsten, Geschwüren, feuchtem Brustkrebs, Gicht, Ausschlagskrankheiten frisch und getrocknet, innerlich und äusserlich empfohlen, aber nicht häufig angewendet.

2. Art: *Clematis Vitalba L.* Kletternde od. Gemeine Waldrebe, Hagseilrebe.

Stengel kletternd; Blätter fiederschnittig, kahl, mit fast herzeiförmigen, zugespitzten, ganzrandigen, oft eingeschnitten-gesägten od. etwas gelappten Abschnitten; Blütenstiele, achselständig, trugdoldig, kürzer als die Blätter; Kelchblätter länglich-filzig. (*Winkler*, Giftgew. 2. Aufl. *t.* 44. *Reichenb. Icon. fl. germ. et helv. Ranunc. t.* 64. *f.* 4667.)

Ein Strauch oder richtiger ein Halbstrauch in Gebüschen und Wäldern von Mittel- und Südeuropa, mit zahlreichen holzigen, schlanken, gefurchten, weit umherkletternden Stengeln, welche sich durch die Blattstiele, die sich rankenartig wickeln und drehen, an Gesträuchen und Bäumen anhalten. Die Abschnitte der fiederschnittigen Blätter stehen meist zu 5, und zwar paarig; sie sind eiförmig oder am Grunde gestutzt-herzförmig, meist grob gesägt, fast 3nervig, $1\frac{1}{2}$—$3\frac{1}{2}$ Zoll lang, 1—$2\frac{1}{2}$ Zoll breit und stehen auf $\frac{1}{2}$—$1\frac{1}{2}$ Zoll langen sich drehenden und windenden Stielen. Die in allen obern Blattachseln stehenden Trugdolden sind einfach- oder doppelt-3theilig, 3- bis 15blütig, mit lanzettlichen oder linealisch-lanzettlichen blattartigen Deckblättern besetzt. Kelchblätter meist 4, fast lederartig, weiss, auf beiden Flächen filzig. Kammerfrüchte weichhaarig, mit einem langen gekrümmten, weisszottigen Schwanze. — Diese Pflanze besitzt, wie die vorige, in allen Theilen eine flüchtige bedeutende Schärfe, wesshalb man die Blätter in gleicher Weise und unter denselben Namen oder als *Herba Clematidis sylvestris* anwendet. Bisweilen werden auch die scharfen jungen Stengel, *Stipites*, gesammelt. —

Abtheilung: *Anemoneae DeC.*

Blätter wechselständig. Kelchblätter in der Knospe geschindelt. Blumenblätter meist fehlend oder flach. Karpelle und Kammerfrüchte zahlreich, frei, einsamig, mit hängendem Samen.

### Gattung: *Pulsatilla Tournef.* Küchenschelle (wol Küheschelle?).

(*Polyandria, Polygynia Lin. syst.*)

Hülle (*Involucrum*) 3blättrig, von der Blüte entfernt. Kelchblätter 6, gefärbt, corollinisch. Blumenkrone fehlend. Staubgefässe zahlreich. Kammerfrüchte (gewöhnl. Karyopsen genannt) federig-geschwänzt.

1. Art: *Pulsatilla pratensis Mill.* Wiesen-Küchenschelle, Wind- oder Osterblume, Wiesenanemone, Beisswurz.

Blätter fiederschnittig, mit vieltheiligen Abschnitten und linealischen Zipfeln; Hüllblätter sitzend; Blüte überhängend; Kelchblätter glockenförmig zusammenschliessend an der Spitze zurückgerollt. (Taf. 35. — *Anemone pratensis L.*)

Diese ausdauernde Pflanze wächst auf sonnigen und sandigen Hügeln, Triften und kurzgrasigen Wiesen im mittlern und nördlichen Europa, wo sie bereits im April blüht. Die entweder schief oder ziemlich senkrecht in die Erde dringende Wurzel ist fingerslang u. fingersdick, ästig-faserig, schwarzbraun, oben geschopft. Die Blüten, welche sich etwas früher als die 5—7 Blätter entwickeln, stehen auf 2—6 Zoll langen, späterhin noch bis zu 1 Fuss Höhe und d'rüber erwachsenden Schäften, welche stielrund und zottig-haarig sind und etwas entfernt unterhalb der Blüte, die aus 3 zusammengewachsenen Blättern bestehende Hülle tragen. Die Hüllblätter sind sehr langzottig, fingerig-vieltheilig und fast fiederspaltig, mit linealischen Zipfeln. Die sämmtlich aus der Wurzel entspringenden Blätter sind an ihrem Grunde von mehren eirund-länglichen, zugespitzten, zottig-seidenhaarigen Blattstielscheiden umgeben; in der Jugend sind sie stark zottig, später blos haarig, langgestielt, fiederschnittig, mit doppelt fiedertheiligen Abschnitten und schmalen linealischen, spitzigen, ganzrandigen Zipfeln. Der an der Stelle der Hülle aus dem Schafte entspringende Blütenstiel richtet sich nach dem Verblühen auf und wächst etwa noch 2—3 Zoll länger. Kelchblätter länglich-elliptisch, an der Spitze stumpf, ausgerandet und zurückgebogen oder gerollt, dunkelviolett, aussen von silberglänzenden weissen Haaren stark zottig. Von den zahlreichen Staubgefässen, die fast die Länge des glockigen Theils des Kelchs erreichen, verändern die äussern sich zu gestielten Drüsen. Kammerfrüchte lanzettlich, sehr langgeschwänzt und zottig. — Alle Theile, vorzüglich aber die **Wurzeln** und **Blätter**, enthalten eine bedeutende flüchtige Schärfe, so dass man zu Thränen gereizt wird, wenn man an das zerquetschte **Kraut**, *Herba*

*Pulsatillae s. Pulsatillae nigricantis s. P. minoris* riecht. Die vorwaltenden Bestandtheile sind Pulsatillenkampfer (*Anemonin*, eine Verbindung ätherischen Oels mit Anemonsäure) und Gerbstoff. Das Pulsatillenkraut wird jetzt nur selten, weil es durchs Trocknen seine Wirksamkeit verliert, bei Syphilis, Gicht, Amaurose u. s. w. gebraucht.

2. Art: *Pulsatilla vulgaris Mill.* Gemeine Küchenschelle, Grosse Osterblume u. s. w. wie vorige.

Blätter fiederschnittig, mit vieltheiligen Abschnitten und linealischen Zipfeln; Hüllblätter sitzend; Blüte fast aufrecht; Kelchblätter aufrecht, von der Mitte an ausgebreitet oder abstehend. (*Winkl.* Giftgew. Deutschl. 2. Aufl. *t.* 41. *Winkl.* Arzneigew. Deutschl. *t.* 147. *Anemone Pulsatilla L. Hayne, Arzneigew.* I. *t.* 22.) Diese der vorigen sehr ähnliche Pflanze kommt an gleichen Stellen im östlichen Deutschlande seltner, im westlichen u. südlichen Deutschlande und Europa dagegen häufiger vor. Sie unterscheiden sich durch die grössern heller violetten aufrechten Blumen mit geraden, an der Spitze nicht zurückgebogenen, nicht glockenförmig zusammenschliessenden u. zartern Kelchblättern und verhältnissmässig weit kürzern Staubgefässen. In ihren Eigenschaften, Heilkräften, wie in ihrer Anwendung kommt sie ganz mit voriger überein. Früher unterschied man sie als *Radix et Herba Pulsatillae vulgaris sive Puls. coeruleae sive Nolae culinariae.* — Eine gleichfalls sehr scharfe Art ist *Pulsatilla patens Mill.* (*Anemone patens L. Reichenb. Icon. Fl. germ. et helv. Ranuncul. — Anemoneae. t.* 57. *fig.* 4661.)

*Anemone nemorosa L.* Hain- oder Busch-Anemone, Weisses Waldhähnchen. (*Hayn. Arzneig.* I. *t.* 24. *Winkl.* Giftgew. Deutschl. 2. Aufl. *t.* 39. *Reichenbach, Icon. l. c. t.* 47. *f.* 4644.) Gemein auf Wiesen und in lichten Wäldern und Hainen durch ganz Europa und in Nordasien, mit ihren weissen oder carminröthlich überlaufenen Blumen schon im April und Mai erscheinend. Die ganze Pflanze enthält flüchtige Schärfe. Früher war die walzliche, horizontale, fast gänsekieldicke Wurzel und das Kraut als *Radix et Herba Ranunculi albi vel Ran. nemorosi* officinell.

*Hepatica triloba Chaix.* (*Anemone Hepatica L., Hepatica nobilis Mnch.*) Leberblume, Herz- oder Leberkraut (*Hayn. Arzneig.* 1. *t.* 21.) Eine in Hainen und Gebirgswäldern Europas gemeine ausdauernde niedrige Pflanze, welche man häufig in Gärten ihrer schönen blauen oder rothen, oft gefüllten Blumen halber anpflanzt, da sie im ersten Frühlinge, schon im März und April blüht. Früher waren die herzförmig-3lappigen Blätter mit breit-eirunden, spitzlichen, ganzrandigen Lappen als *Herba Hepaticae nobilis sive Trifolii aurei* officinell.

Von *Thalictrum flavum L.*, Gelbe Wiesenraute, Feld-Rhabarber (*Flor. dan. t.* 939. *Reichenb. Icon. Fl. germ. et helv. Ran. — Anemon. t.* 44. *f.* 4639), einer auf feuchten Wiesen im nördlichen Asien und in Europa wachsenden Pflanze sammelte man sonst die Wurzel als *Radix Thalictri sive Rhabarbari pauperum s. Pseudo-Rhabarbari.* Sie schmeckt bitter und etwas scharf, wirkt stuhl- und harntreibend und färbt dabei die Ausleerungen gelb.

*Adonis vernalis L.* Frühlings-Adonis. (*Hayne, Arzneigew.* 1. *t.* 11. *Winkl.* Giftgew. Deutschl. 2. Aufl. *t.* 37. *Reichenb. Icon. fl. germ. et helv. Ranunc. — Anem. t.* 24. *f.* 4622.) Eine schöne auf sonnigen Hügeln und Bergen in Europa und Nordasien wachsende ausdauernde Pflanze, deren Wurzel gesammelt wird, um sie für *Radix Hellebori nigri* zu verkaufen. Sie unterscheidet sich dadurch, dass sie im trocknen Zustande ganz schwarz (nicht braun wie *Hell.*) ist und aus einem dicken, länglichen, aber kurzen, ästigen, vielköpfigen Wurzelstocke besteht, von dem aus nach allen Seiten hin zahlreiche, einfache 3—6 Zoll lange Fasern entspringen. Sie schmeckt scharfbitter und erregt heftiges Purgiren und Erbrechen.

Von *Adonis aestivalis L.*, Adonisröschen, Feuerröschen (*Jacq. Fl. austr. t.* 354. *Reichenb. Pl. critic. Cent. IV. t.* 317. *Reichenb. Icon. fl. germ. et helv. Ranunc. t.* 24. *f.* 4619), einem auf den Aeckern unter den

Saaten durch fast ganz Europa nicht seltenem Sommergewächse, waren in frühen Zeiten die **Blüten** und **Samen** als *Flores et Semen Adonidis* bei Verschleimungen, Harnleiden und sogar bei Steinkrankheiten in Anwendung.

Abtheilung: *Ranunculeae genuinae.*

Blätter wechselständig. Kelchblätter in der Knospe geschindelt. Blumenblätter 2lippig oder häufiger am Grunde mit einem Honigschüppchen, seltner mit einem Honiggrübchen versehen. Kammerfrüchte zahlreich, frei, einsamig, mit aufrechtem Samen.

Hierher gehört die artenreiche Gattung *Ranunculus Tournef.*, welche sich von den verwandten durch einen 5blättrigen Kelch, eine 5blättrige Blumenkrone, an deren Blumenblattnägeln ein Honiggrübchen oder ein Schüppchen sich befindet, unterscheidet. Die Kammerfrüchte stehen kopf- od. ährenförmig gehäuft, sind von den Seiten etwas zusammengedrückt oder laufen in ein kurzes Schnäbelchen aus. — Die meisten Arten sind ausdauernde, nur wenige einjährige Kräuter und enthalten sämmtlich mehr oder weniger einer flüchtigen Schärfe. Früherhin waren mehre Arten officinell, die hier kurz angeführt werden sollen.

*Ranunculus Thora L.* (*Reichenb. Icon. fl. germ. et helv. Ranunc. t. 9. f.* 4593.) In Bergwäldern Süddeutschlands, der Schweiz, Oberitaliens und Ungarns. Der Saft dieser äusserst scharfen Giftpflanze soll, wenn er in Wunden gelangt, tödtliche Wirkungen äussern. Früherhin soll man *Aconitum Anthora L.*, **Giftheil**, (*Reichenb. Illustr. gen. Acon. t.* 59. *Reichenb. Icon. fl. germ. et helv. Ran. t.* 100. *f.* 4711.) als ein Gegenmittel gegen Vergiftung mit demselben gebraucht haben, was desshalb nicht gut zu glauben ist, weil *Ac. Anthora* ebenfalls Schärfe besitzt.

*Ranunculus Lingua L.* **Grosser** oder **Sumpfhahnenfuss**, **Speerkraut** (*Reichenb. Icon. fl. germ. et helv. Ran. t.* 10. *f.* 4595. *Winkl.* Giftgew. Deutschl. 2. Aufl. *t.* 29.) Diese Art, welche in Gräben, Teichen und Sümpfen von Europa, Nordasia und Nordamerika ausdauernd wächst, gehört zu den grössten, denn sie wird 2 — 4 Fuss hoch und höher. Sonst war die brennend-scharfe Wurzel u. das Kraut als *Radix et Herba Flammulae majoris sive Ranunculi flammei majoris* gebräuchlich.

*Ranunculus Flammula L.* Kleiner Sumpfhahnenfuss, Kleines Speerkraut (*Reichenb. Icon. fl. l. c. t.* 10. *f.* 4595. *Winkler*, Giftgew. Deutschl. 2. Aufl. *t.* 28.) Auf nassen Wiesen, an und in Gräben und Teichen durch die ganze nördlich gemässigte Zone ausdauernd. Der Saft ist ätzend scharf und bringt leicht in die Haut eingerieben Blasen hervor, wesshalb die Landleute mancher Gegenden noch jetzt davon Gebrauch machen; sie reiben mit den zerquetschten Blättern z. B. den Oberarm bei Zahnschmerzen und das hilft dann, wann nämlich ableitende Mittel helfen können. Ehemals war die Pflanze auch als *Herba Flammulae minoris s. Ranunculi flammei minoris* officinell.

*Ranunculus sceleratus L.*, Wasserhahnenfuss, Frosch-Pfeffer, Frosch-Eppig, Knäckenknie. (*Reichenb. Icon. fl. l. c. t.* 11. *f.* 4598. *Winkl.* Giftgew. Deutschl. 2. Aufl. *t.* 30. *Winkl. homoeop. Arzneigew. t.* 110.) Eine auf nassen Stellen, überschwemmten Plätzen, an Teichrändern etc. durch Europa und Asia gemeine einjährige Pflanze. Ihre bedeutende Schärfe ist sehr flüchtig und wird durchs Kochen vernichtet, wesshalb nach *Schkuhr* in Zeiten der Noth sie von armen Leuten ohne Nachtheil als Gemüse gegessen worden ist. Sonst war sie als *Herba Ranunculi palustris sive R. aquatici* in den Apotheken vorräthig. In der Homöopathie ist sie jetzt in Anwendung.

*Ranunculus acris L.* Scharfer Hahnenfuss, Wiesen- oder Waldhähnchen, Butterblume. (*Reichenb. Icon. fl. l. c. secunda tabula XVI.* und *t. XVII. f.* 4606. *Winkl.*, Giftgew. Deutschl. 2. Aufl. *t.* 31.) Eine auf allen Wiesen der Ebene und zum Theil auch der Gebirge gemeine ausdauernde Pflanze; im Juni geben ihre gelben Blüten den Wiesen das Colorit. Sie enthält sehr viel ätzende Schärfe, war sonst als *Herba Ranunculi pratensis s. acris* officinell und wird von den Landleuten mancher

Gegenden noch jetzt als ableitendes blasenziehendes Mittel gebraucht, in dem sie den Saft in die Haut einreiben.

*Ranunculus bulbosus L.* Knolliger oder Rüben-Hahnenfuss. (*Reichenb. Icon. fl. l. c. t.* 20. *f.* 4611. *Winkl.* Giftgew. Deutschl. *t.* 33. *Winkl. homoeop. Arzneigew. t.* 109.) Diese auf trocknen Wiesen und Triften, auf Hügeln und Ackerrainen in Europa und Nordamerika häufige, ausdauernde Pflanze hat einen aufrechten, mehrblütigen, am Grunde knollig-verdickten Stengel, einfach- oder doppelt-3schnittige Blätter mit 3spaltigen, eingeschnitten-gezähnten Abschnitten, gefurchte Blütenstiele und an dieselben zurückgeschlagene Kelchblätter und berandete, glatte, kurzgeschnäbelte Kammerfrüchte. — Von dieser äusserst scharfen Art war sonst die Wurzel und der untere knollig-verdickte Stengeltheil als *Radix Ranunculi bulbosi* officinell. Die Homöopathiker bedienen sich der im Mai gesammelten Pflanze als Heilmittel.

*Ficaria ranunculoides Mnch.* (*Ranunculus Ficaria L.*) Feigwarzen- oder Scharbocks-Kraut, Kleines Schöllkraut. (*Hayn. Arzneigew.* 5. *t.* 27. *Reichenb. Icon. fl. germ. et helv. Ranunc. t.* 1. *f.* 4572. *Winkl.* Giftgew. Deutschl. 2. Aufl. *t.* 36.) Diese durch ganz Europa in Hainen und Wäldern häufig und gesellig wachsende, im April und Mai blühende, ausdauernde Pflanze, hat eine aus mehren sehr ungleichgrossen länglichrundlichen, meist etwas keulenförmigen fleischigen Knöllchen und langen Fasern bestehende Wurzel, einen ausgebreitet auf den Boden gestreckten und aufsteigenden Stengel, herzförmige, stumpfe, eckig-geschweifte oder stumpfgekerbte untere und mehr eckige und spitzige, bisweilen 3- oder 5lappige obere glänzendgrüne, etwas saftige Blätter, und glänzend goldgelbe Blüten mit 3 Kelch- und 9—12 sternförmig ausgebreiteten Blumenblättern. Sonst wendete man die Wurzel und das Kraut, *Radix et Herba Chelidonii minoris* als schleimauflösende Mittel in mehrern Brustkrankheiten, bei Hämorrhoidalleiden und gegen Scorbut an. — In manchen Gegenden isst man im Frühjahre die Blätter als Salat oder Gemüse, oder nimmt sie unter die Suppenkräuter. — Im Juni sterben bereits die Blätter und Stengel ab und verschwinden gänzlich, so dass nur die Wurzeln und die häufig in den Blattachseln sich entwickelnden Knöllchen übrig bleiben. Wenn nun die Wurzel- und Stengelknöllchen durch heftige Regengüsse entblösst und fortgeführt werden, so finden sie sich dann in ansehnlichen Massen in den trocknen Wasserfurchen und niedrigen Stellen, welche Erscheinung zu den Sagen von Getreideregen Veranlassung gegeben hat.

## Ordn. 1. Wandsamige: *Thylachocarpicae.*

### Reihe 2. Cistusblütige: *Cistiflorae.*

120. *Fam.* Bixaceen: *Bixaceae* (Bixineae) *Kunth.*

Aus dieser Familie ist hier nur der Gemeine Orlean- oder Rukubaum, *Bixa Orellana L. (Hayn. Arzneig. 9. t. 34.)*, welcher in die *Polyandria*, *Monogynia L. syst.* gehört u. in Südamerika u. Westindien wächst zu bemerken. Er erreicht eine Höhe von nur 10—20 Fuss, hat 5—12 Zoll lange, eirundlängliche zugespitzte, am Grunde herzförmige, kahle, glänzendgrüne, auf 2—5 Zoll langen Stielen stehende Blätter. Die 1½ Zoll breiten Blüten haben einen 5blättrigen, rosenrothen Kelch, eine 5blättrige, blassrosenrothe Blumenkrone, zahlreiche Staubgefässe mit keulenförmigen Antheren. Die rundlich-herzförmige, spitzige, 2—3 Zoll lange Kapsel ist dicht mit steifen rothbraunen Borsten besetzt, und enthält von einem dunkelscharlachrothen, stark an den Fingern klebende Teige umgebene, erbsengrosse sehr zusammengedrückte, weissliche oder röthliche Samen. Der in den Kapseln befindliche Teig wird durch Waschen, Gähren und späteres Kochen die Masse, welche unter den Namen Orlean oder Ruku, *Terra Orellana sive Urucu*, als Farbe angewendet wird. Früher brauchte man sie auch als abführendes, magenstärkendes oder blutstillendes Mittel in der Medicin, jetzt nur noch zum Färben von Pflastern, Salben u. dergl. Sie findet sich im Handel in 3—4 Pfund schweren Kugeln oder Kuchen, die einen eigenthümlichen, etwas thierischen Geruch und einen zusammenziehenden Geschmack besitzen.

### 119. *Fam.* Cistusgewächse: *Cistineae Juss.*

Abtheilung: *Cisteae Juss.*

Sträucher, Halbsträucher und einige Kräuter mit einfachen, gegen- oder wechselständigen Blättern, mit oder ohne Nebenblätter. Blüten zwitterig, regelmässig; einzeln oder in einseitswendigen, zuweilen rispigen Trauben. Kelchblätter 5, bleibend, ungleich, die 2 äussern kleinern bisweilen fehlend, die 3 innern in der Knospe gedreht. Blumenblätter 5, hinfällig, in der Knospe geknittert und in einer den Kelchblättern entgegengesetzten Richtung gedreht. Staubgefässe zahlreich, frei, mit der Länge nach sich öffnenden Antheren. Kapseln 1-, 3- oder 5fächrig, 3- oder 5-, selten 10klappig, mit zahlreichen wandständigen oder am innern Rande der Scheidewand stehenden Samen. Embryo spiralförmig oder gekrümmt, in der Mitte eines mehligen Eiweisskörpers, mit einem vom Nabel weggewendeten Würzelchen und blattartigen Samenlappen.

Gattung: *Cistus Tournef.* Cistrose.
*(Polyandria, Monogynia Lin. syst.)*

Kelch 5blättrig. Blumenkrone 5blättrig. Staubgefässe zahlreich. Kapsel 5- oder 10fächrig, 5- oder 10klappig.

1. Art: *Cistus creticus L.* Cretische Cistrose.

Blätter gestielt, spatelförmig-eirund oder lanzettlich, filzig-kurzhaarig, am Rande wellig; Blütenstiele kurz, einblütig, weichhaarig; Kelchblätter zottig-filzig. *(Hayn.* Arzneigew. 13. *t.* 33. *Reichenb. Icon. fl. germ. et helv. Cistineae. t.* XL. *f.* 4568.)

Ein 2—5 Fuss hoher sehr ästiger und klebriger Strauch auf der Insel Candia (Creta), Sicilien, in Calabrien, Griechenland, Kleinasien und Syrien. Er hat sperrig-abstehende Aeste, von denen die jüngern dicht mit weichen abstehenden und kürzern, sternförmigen Haaren besetzt sind. Die ¾—1½ Zoll langen Blätter sind auf beiden Flächen dicht mit kurzen Sternhaaren bedeckt und dadurch graugrün, am Grunde in einen kurzen Blattstiel verschmälert, der mit dem gegenüberstehenden zu einer kurzen Scheide verwachsen ist. Kelchblätter sternhaarig-filzig und zottenhaarig, die 2 äussern eirund länglich mit den Spitzen abstehend, die 3 innern eirund, randhäutig, plötzlich in eine Spitze verschmälert. Blumenkrone 1½ Zoll breit, rosenroth oder purpurröthlich, mit verkehrt-eirunden Blätttern. Kapsel eirund, zottig-weichhaarig, braun, von den bleibenden, aufrechten oder nur wenig abstehenden Kelchblättern umgeben. Samen klein, eckig, rothbraun. — Die Aeste und Blätter dieses Strauchs, so wie der folgenden, sondern ein wohlriechendes Harz aus, welches von den griechischen Mönchen dadurch gesammelt wird, dass sie einen ledernen Riemen über die Sträucher wegziehen, wodurch das Harz abgestreift wird. Es ist als Ladanumharz, *Resina s. Gummi Ladanum s. Labdanum*, bekannt und kommt in verschiedenen Sorten, doch jetzt seltner als sonst, im Handel vor. Man wendet es jetzt nur als Räucherungsmittel an, da es wie andere Harze wirkt und häufig verfälscht wird. Die gewöhnliche Sorte ist das *Ladanum in tortis*, welches in platten oder spiralförmig gewundenen Stücken von grauschwarzer Farbe verkauft wird; bisweilen hat es Stangenform und heisst dann *Lad. in baçulis.*

2. Art: ***Cistus cyprius Lam.*** **Cyprische Cistrose.**

Blätter sehr kurzgestielt, fast sitzend, länglich-lanzettlich, oberseits kahl, unterseits graufilzig; Blütenstiele meist 3blütig; Kelchblätter 3; Blumenblätter am Grunde gefleckt; Kapsel 5fächerig. (*Hayne, Arzneigew.* 13. *t.* 35.)

Ein auf der Insel Cypern einheimischer 4—6 Fuss hoher Strauch mit aufrecht-abstehenden, stark klebrigen Aesten und 1½—3 Zoll langen und ⅓—1 Zoll breiten Blättern. Dem Kelche fehlen die beiden äussern Blätter, wesshalb nur 3 Kelchblätter vorhanden sind. Die Blumenkrone hält fast 3 Zoll im Durchmesser; die schön weissen Blätter sind am Grunde gelb und haben daselbst einen purpurrothen Flecken. — Von diesem Strauche wird in Cypern eine gute Sorte Ladanharz, *Resina Ladani in massis s. Ladanum cyprium*, gesammelt, die noch bisweilen im Handel sich findet. Es sind dunkel rothbraune oder schwarzbraune, bisweilen mehre Pfunde wiegende, in Lorbeerblätter eingehüllte Klumpen od. die etwas zähe Masse befindet sich in grossen Blasen. Es hat dieses Harz einen sehr angenehmen storaxähnlichen Geruch und balsamischen Geschmack. —

3. Art: *Cistus ladaniferus L.* Ladan-Cistrose.

Blätter fast sitzend, durch die scheidige Basis mit dem gegenüberstehenden verwachsen, linealisch-lanzettlich, oberseits kahl, unterseits filzig; Blütenstiele meist einblütig: Kapseln 10fächrig. *(Hayn. Arzneigew.* 13. *t.* 36.)

Dieser ziemlich grosse Strauch wächst in Südfrankreich, Spanien und Portugal, wo man durch Auskochen seiner Zweige eine schlechtere Sorte Ladanharz, nämlich das *Ladanum in baculis*, gewinnt.

4. Art: *Cistus Ledon Lam.* Ledon-Cistrose.

Blätter fast sitzend, lanzettlich oder länglich-lanzettlich, 3nervig, oberseits kahl und glänzend, unterseits zottig-seidenhaarig; Blüten 4—7, schirmtraubig-afterdoldig; Blütenstiele und Kelchblätter zottig-seidenhaarig. *(Hayn.* Arzneigew. 13. *t.* 34.)

Ein 3—5 Fuss hoher ästiger Strauch in Südfrankreich und Spanien, aus dessen Zweigen man durch Auskochen ebenso wie von denen voriger Art *Ladanum in baculis*, erhält.

*Helianthemum vulgare Gaertn. (Cistus Helianthemum Lin. Helianthemum variabile Spach.)* Sonnen- od. Gold-Röschen, Haideschmuck. *(Rchb. Icon. fl. germ. et helv. Cistineae. t.* 30. *f.* 4547. *Fl. dan. t.* 101.) Eine auf sonnigen Hügeln und Anhöhen, Rainen und trocknen Wiesen in Europa wachsende halbstrauchige Pflanze mit zahlreichen, niedergestreckten Stengeln, aufsteigenden Aesten, ovalen oder länglich-linealischen Blättern und grossen gelben in schlaffen Trauben stehenden Blüten. Ehedem brauchte man das Kraut, *Herba Helianthemi sive Chamaecisti vulgaris*, als gelind-zusammenziehendes und als Wundmittel.

Abtheilung: *Drosereae Salisb.*

Hier ist nur *Drosera rotundifolia L.*, Rundblättriger Sonnenthau zu erwähnen. (*Hayn. Arzneig.* 3. *t.* 27. *Winkl.* Giftgew. Deutschl. 2. Aufl. *t.* 51. *Winkl. Arzneigew. Deutschl. Suppl. t.* 14. *Winkl. homoeop. Arzneigew. t.* 132. *Reichenb. Icon. fl. germ. et helv. Cistin. t.* 24. *f.* 4522.) Eine auf Torf- und Moorboden in den Gebirgen wie in den Ebenen Europas wachsende einjährige Pflanze, welche sich nebst den andern europäischen Arten derselben Gattung durch zahlreiche auf der Oberfläche der Blätter stehende weissliche, nach dem Rande hin purpurrothe Drüsenhaare, welche eine rothe Drüse tragen, aus der im Sonnenscheine ein rein wasserheller Safttropfen hervortritt, auszeichnet. Die kreisrunden langgestielten Blätter schmecken säuerlich-scharf und bitter, und ziehen durch Einreiben in die Haut auf derselben Blasen. Ehedem waren sie als *Herba Rorellae sive Roris solis*, bei verschiedenen Krankheiten, als Brustleiden, Wechselfiebern, Wassersucht, Augenkrankheiten u. s. w. in Anwendung, auch waren sie äusserlich als hautreizendes Mittel gebräuchlich. Man hat dies Pflänzchen vor mehrern Jahren wiederum empfohlen und es verdient Beachtung, Die homöopathischen Aerzte wenden es an. Im Handel und leider auch in manchen Apotheken erhält man ganz andere Dinge dafür, z. B. das Laubmoos, *Polytrichum commune L.*

118. *Fam.* Veilchengewächse. *Violaceae Juss.*

Abtheilung: *Violeae DeC.*

Meist ausdauernde und einige jährige Kräuter, weniger Halbsträucher mit wechselständigen Blättern und einzelnen achselständigen gestielten oft überhängenden unregelmässigen Blüten. Kelchblätter 5, bleibend, frei oder am Grunde verwachsen. Blumenblätter 5, mit den Kelchblättern wechselnd, das oberste meist von anderer Form. Durch den übergebeugten Blütenstiel ist die Blume in eine umgekehrte Stellung gekommen, so dass das grösste unpaarige Blatt des Veilchens, welches das oberste ist, das unterste zu sein scheint.) Staubgefässe 5, davon 2 am Grunde mit einem spornförmigen Anhange oder einer Drüse versehen. Fruchtknoten aus 3 verwachsenen Karpellen gebildet, einfächrig, mit 3 linealischen, vieleiigen Wandsamenträgern; Griffel einzeln bleibend, meist herabgebogen, mit etwas schiefer Narbe. Kapseln einfächrig, 3klappig, mit elastisch sich öffnenden Klappen. Samen in unbestimmter Zahl von einer weichen Haut umgeben und nabelwulstig. Embryo gerade, in der Mitte eines fleischigen Eiweisskörpers, mit gegen den Grund des Samens gekehrtem Würzelchen.

Gattung: *Viola Tournef.*, Veilchen.
*(Pentandria, Monogynia L. syst.)*

Kelch 5blättrig, ungleich, bleibend: Kelchblätter am Grunde mit ohrförmigen Anhängen. Blumenkrone 5blättrig, unregelmässig: das unpaarige oberste (scheinbar unterste) meist grössere Blumenblatt gespornt, die 4 übrigen paarweis einander gleich. Staubgefässe stark zusammenschliessend; Antheren fast sitzend, mit einer häutigen Verlängerung des Conectivs (die die Antherenfächer verbindende Fortsetzung der Staubfäden) über der Spitze; Staubfäden der beiden obern Staubgefässe mit hornförmigen Fortsätzen am Rücken, welche in den Sporn des grössern Blumenblatts hineinragen. Fruchtknoten eiförmig, mit nach oben verdickten, abwärts geneigten oder geknieten Griffel und verschiedengestalteter Narbe. Kapseln einfächrig, 3klappig; Samenträger wandständig, auf der Mitte der Klappen stehend.

1. Art: *Viola odorata L.* Wohlriechendes Veilchen.

Stengellos (der verkümmerte Stengel ist wurzelstockartig und zum Theil unterirdisch), Ausläufer treibend; Blätter fast kahl oder wenig flaumhaarig, die zuerst erscheinenden nieren-herzförmig, die spätern breit-herzförmig; Nebenblätter zur Hälfte dem Blattstiel angewachsen, wimperartig-gezähnelt; Kelchblätter stumpf; Narbe hakenförmig.

An Waldrändern und Hecken und Zäunen, unter Gesträuchen und auf freien Grasplätzen, häufig in grasigen Obstgärten in Europa und Sibirien. Die ausdauernde Wurzel dringt senkrecht in den Boden und besteht aus vielen

Wurzelfasern. Der Stengel, welcher gewöhnlich für den Wurzelstock gehalten wird, ist sehr kurz und treibt mehre kriechende, ausläufer- oder sprossenartige Aeste, welche rund und hin und wieder mit einzelnen lanzettförmigen spitzigen Schuppen besetzt sind und stellenweis Blätter und Blüten hervor treiben. Die sämmtlich grundständigen (gleichsam aus der Wurzel entspringenden) Blätter sind langgestielt, rundlich-herzförmig, stumpf, gekerbt, fast kahl, nur in der Jugend sammt den Blattstielen weichhaarig, später kahl werdend. Nebenblätter lanzettlich, zugespitzt, wimperartig-borstig-gesägt. Blütenstiele einblütig, achselständig, fadenförmig, so lang wie die Blätter, kahl, über der Hälfte ihrer Länge mit 2 fast gegenständigen, lanzettförmigen, spitzigen, ganzrandigen Deckblättchen versehen; Blüte überhängend und dadurch umgekehrt. Kelchblätter 5 länglich, stumpf, oberhalb der Basis angewachsen, stehen bleibend. Blumenblätter 5, ungleich, ganz, violett, selten weiss; das oberste, wegen der umgekehrten Stellung der Blume aber scheinbar unterste, ist gerade, am Grunde in einen stumpfen Sporn verlängert, welcher zwischen den Kelchblättern hervorragt; die beiden seitlichen, gerade, am Grunde etwas bärtig; die beiden untern (jedoch nach oben gerichteten) grösser und zurückgeschlagen. Staubgefässe 5: Antheren auf sehr kurzen Staubfäden, länglich, abgeplattet, zweifächerig, an der Spitze mit einer zarten, fast eirunden, spitzigen orangegelben Haut versehen, schmutzig weisslich, unter einander zusammenhängend; die beiden dem gespornten Blumenblatte entsprechenden, am Rücken mit einem breiten hornförmigen Fortsatze versehen, welcher im Sporne des Blumenblatts verborgen liegt. Fruchtknoten frei, fast kegelförmig, mit einem am Grunde etwas gebogenen, nach oben verdickten Griffel und spitziger, hakenförmig-gekrümmter Narbe. Kapsel fast kugelrund, undeutlich stumpf-3seitig, einfächrig, 3klappig, mit kurzen Härchen besetzt. Samen länglich-eiförmig, mit einer schwammigen Nabelwulst versehen, in der Mitte der Klappen an linealischen Samenträgern befestigt, glatt, gelblichweiss. Aus den im März—Mai erscheinenden schönen, wohlriechenden Blüten entwickeln sich keine Früchte, sondern es kommen später andere, sehr unansehnliche, mit verstümmelten und im Kelche verborgenen Blumenblättern zum Vorschein, welche fruchtbar sind. Zur Zeit der Reife findet man die Kapseln oft beinahe ganz in der Erde verborgen. — Gebräuchlich sind jetzt blos die Blumen, *Flores Violae sive Violae martiae sive Violariae*, die man zur Bereitung des als Reagens wichtigen Veilchensyrups gebraucht; sie haben gar keine Heilkräfte. Früherhin waren auch die Wurzel und die Samen, welche einen scharfen, brechenerregenden, an Aepfelsäure gebundenen Stoff *(Violin)* enthalten, officinell; sie werden aber gar nicht mehr gebraucht.

2. Art: *Viola tricolor L.* Dreifarbiges Veilchen, Dreifaltigkeitsblume, Stiefmütterchen, Freisamkraut.

Stengel eckig, ästig, ausgebreitet, kahl; Blätter länglich, gekerbt-sägezähnig, fast kahl; Nebenblätter leierförmig-fiederspaltig; Sporn dick, stumpf, länger als die Kelchanhängsel; Narbe krugförmig. (Taf. 37.)

Diese bekannte einjährige Pflanze wächst auf Aeckern, zwischen den Saaten, auf trocknen Grasstellen in den Ebenen bis in die Alpen Europas, auch in Nordasia und Nordamerika. Sie findet sich in sehr vielen Formen, sowohl hinsichtlich ihres Habitus, als auch hinsichtlich des Verhältnisses ihrer einzelnen Theile, ohne hierbei die mannigfachen Abänderungen, welche in den Gärten durch die Cultur hervorgebracht werden, mit in Anschlag zu bringen. Hinsichtlich der Blüten unterscheidet man gewöhnlich eine Var. α. *parviflora*, Ackerveilchen *(Viola arvensis Roth)* mit Blumenblättern, welche kaum so lang od. höchstens eben so lang als der Kelch und meist einfarbig, gelb sind, und

Var. β. *grandiflora (Viola tricolor Roth et Aut.)* mit Blumenblättern, welche länger als der Kelch und meist verschieden, gelb, blau und violett gefärbt sind.

Die einjährige Wurzel ist dünn, spindelförmig, ästig, weisslich, einen oder mehre aufrechte od. aufsteigende oder fast gestreckte einfache oder ästige Stengel treibend, welche in einer Länge von 3—15 Zoll abändern, ungleich 3- oder 4eckig, fast kahl oder weichhaarig sind. Blätter gestielt, wechselständig, mehr oder minder weichhaarig; die untern eiförmig, sehr stumpf, am Grunde herzförmig, lang gestielt, die obern eirund-länglich oder länglich, in den kürzern Blattstiel etwas verschmälert und am Ende weniger stumpf, die obersten lanzettlich. Nebenblätter gepaart, leierförmig-fiederspaltig, mit linealischen ganzrandigen Seitenlappen und einem weit grössern länglichen oder lanzettlichen gekerbt-sägezähnigeu Endlappen. Blüten einzeln auf langen blattachselständigen Stielen überhängend und dadurch umgekehrt. Blütenstiel 4seitig, länger als die Blätter, kahl, nach oben mit 2 sehr kleinen Deckblättchen versehen. Kelchblätter 5, lanzettlich, spitzig, weichhaarig, wimperig, mit seicht ausgeschweiften Anhängseln. Blumenblätter 5, ungleich, ganz, bald weit kleiner, bald viel grösser als der Kelch, im erstern Falle oft ganz unscheinbar und blassgelb, im letztern oft über 1 Zoll breit, von allgemein bekannter sehr verschiedner Färbung. Die Stiefmütterchen oder *Pensées* der Franzosen sind heutzutage ein Gegenstand der Blumisten, ganz in ähnlicher Weise wie die Aurikel, Primel, Nelken, Tulpen, Georginen u. s. w. Staubgefässe 5; Staubfäden breit und sehr kurz; Antheren herzförmig, plattgedrückt, gelblichweiss, mit ihren gewimperten Rändern zusammenhängend, an der Spitze mit einem häutigen, eiförmigen, orangefarbnen Anhange versehen, die beiden vor dem gespornten Blumenblatte stehenden haben am Rücken einen grünlichen hornförmigen Fortsatz und ragen damit in die Höhlung des Sporns. Fruchtknoten eiförmig-stumpf-3seitig; Griffel am Grunde gebogen, nach oben allmälig sich verdickend, in eine kugelförmige, nach vorn urnenartig-ausgehöhlte, mit kurzen Haaren besetzte und zu beiden Seiten des Grundes in einen kurzen bärtigen Lappen auslaufende, grünliche Narbe ausgehend. Kapsel länglich, stumpf 3seitig, mit dem bleibenden Griffel gekrönt, vom Kelche umgeben, einfächrig, 3klappig, etwa 30 länglichrunde, mit einer gewölbten Nabelwulst versehene Samen enthaltend. — Von der grossblütigen Art sammelt man die ganze blühende

Pflanze, *Herba Jaceae s. Trinitatis s. Violae tricoloris*, Freisamkraut, Stiefmütterchenkraut; es ist geruchlos und hat frisch einen schleimigen, etwas scharfen Geschmack; es wirkt urintreibend, aber in grössern Gaben auch purgirend und brechenerregend; man wendet es an gegen chronische Hautausschläge der Kinder, vorzüglich gegen den Milchschorf, Freisam, daher der Name und giebt es als Theeaufguss und äusserlich in Bädern.

*Jonidium Ipecacuanha Vent.* Ein in Brasilien wachsender Halbstrauch mit 4—6 Zoll senkrecht in den Boden dringender federkielsdicker Wurzel und einem zottigen, aufsteigenden, ästigen, ½—2 Fuss langen Stengel, abwechselnden, länglichen oder elliptischen, gesägten Blättern und lanzettlichen, feinzugespitzten Nebenblättern. Die Blumen haben drüsig-gewimperte, lanzettliche und zottig-behaarte Kelchblätter und weisse Blumenblätter. — Die Wurzeln sind die Weisse Brechwurzel oder weisse Ipecacuanha, *Radix Ipecacuanhae albae*, welche in Brasilien, wo sie *Poaya branca* oder *Poaya da praya* genannt werden, häufig in Anwendung sind: sie kamen zuweilen nach Europa, werden aber nicht angewendet. Sie wirken Purgiren und Brechen erregend.

*Jonidium Poaya St. Hil.* Ein gleichfalls in Brasilien, vorzüglich auf den Triften in der Provinz Minas Geraes wachsender sehr rauhhaariger Halbstrauch mit abwechselnden beinahe sitzenden, fast herz-eiförmigen, undeutlich gezähnten Blättern und linealisch-fadenförmigen ganzrandigen Nebenblättern, ganzrandigen Kelchzipfeln und breit-verkehrt-herzförmigem grösserm Blumenblatte. Die geschlängelte, federkieldicke, 2—3 Zoll lange, weissliche Wurzel heisst in Brasilien *Poaya do campo* und wird, wie die *Ipecacuanha* bei uns, angewendet.

## Reihe 1. Kreuzblütler: *Cruciferae.*

### 117. *Fam.* Kapperngewächse: *Cappárideae Juss.*

Da aus dieser Familie eigentlich kein Gewächs officinell ist, so führen wir auch blos den Kappernstrauch, *Capparis spinosa Lin.*, der in den Ländern am Mittelmeere auf Felsen und alten Mauern wächst hier auf, weil seine in Essig eingelegten Blütenknospen als Kappern bekannt sind und früher die bittere Wurzelrinde, *Cortex radicis Capparidis*, als eröffnendes, kräftig auflösendes und harntreibendes Mittel im Gebrauche war.

## 116. *Fam.* Mohngewächse: *Papaveraceae Juss.*

### Gruppe 3: *Berbereae Rchb.* — *Berberideae Juss.*

Meist kahle Sträucher oder Kräuter mit zerstreuten, ganzen, lappigen oder fiederschnittigen Blättern, von denen die primären oft zu Dornen verändert sind. Die Nebenblätter fehlen. Die Zwitterblüten stehen in Trauben, Rispen oder einzeln. Die 4 oder 6 gewöhnlich gefärbten Kelchblätter stehen zweireihig und werden von gefärbten Deckblättern umhüllt. Die Blumenblätter, welche entweder in gleicher oder in doppelter Anzahl, wie die Kelchblätter vorhanden und diesen entgegengesetzt sind, tragen oft am Grunde Drüsen oder Schüppchen und sind hinfällig wie die Kelchblätter. Die Staubgefässe, in gleicher, doppelter oder dreifacher Anzahl der Blumenblätter, vor denen sie stehen, haben angewachsene Antheren, deren Fächer klappenartig von unten nach oben sich öffnen oder durch eine neben dem Konnektiv verlaufende Spalte aufspringen. Der einfächrige Fruchtknoten trägt einen sehr kurzen Griffel und eine kreisförmige oder schildförmige Narbe. Die beeren- oder kapselartige Frucht enthält 1—3 oder zahlreiche Samen, deren Embryo gerade ist und in der Achse des hornartigen Eiweisskörpers liegt, ein nach unten gerichtetes Würzelchen und flache, beim Keimen blattartige Samenlappen hat.

#### Gattung: *Berberis Tournef.* Sauerdorn.
#### *(Hexandria, Monogynia Syst. Linn.)*

Kelch 6blättrig, von 3 Deckblättchen umgeben. Blumenblätter 6, von denen jedes am Grunde 2 Drüsen trägt. Staubgefässe 6, zahnlos. Beere 2—3samig.

Art: *Berberis vulgaris Linn.* Gemeiner Sauerdorn, Essigdorn, Sauerrach, Weinschädling, Berberitze.

Dornen 3theilig; Blätter verkehrt-eirund, wimperig-gesägt; Trauben vielblütig, hängend, Blumenblätter ganz. (Taf. 38.)

Ein 6—10 Fuss hoher, an allen Theilen kahler Strauch wächst in Gebüschen und Wäldern in Europa und Westasia; er wird nicht selten angepflanzt. Die Wurzel ist sehr ästig und innen gelb; sie breitet sich weit aus und treibt nach oben steife Stengel mit etwas gebogenen kantigen und graubraunen Aesten. Unter den scheinbar büschelförmig stehenden Blättern (denn sie stehen einzeln auf einem sehr verkürzten Aestchen) befindet sich ein tief 3theiliger abstehender Dorn. Blätter 1½—3 Zoll lang und ½—1 Zoll breit, in einen kurzen Blattstiel verschmälert, verkehrt-eiförmig, stumpf, sägezähnig, mit in steife Borstchen ausgehenden Sägezähnen. Trauben einzeln an den verkürzten Aestchen. Am Grunde jedes Blütenstielchens 3 sehr kleine Deckblättchen und noch 3 andere ovale ganz nahe unter dem Kelche. Kelchblättchen 6, eiförmig stumpf, grünlich gelb; die 3 äussern grösser als die innern. Blumenblätter aufrecht abstehend, oval-länglich, gelb, mit 2 länglichen dunklergelben Drüsen innen am Grunde. Beeren oval-länglich, am Ende genabelt, gewöhnlich roth, seltner violett, schwärzlich, gelb oder weisslich, sehr sauer schmeckend, mit 2 eirund-länglichen Samen. — Die freie Aepfelsäure enthaltenden Beeren, *Baccae Berberidis sive Berberum*, können die Citronensäure ersetzen und dienen zur Bereitung des *Syrupus Berberum*. Schon früherhin war die gelbe innere Rinde der Aeste als *Cortex Berberidum* gegen Gelbsucht und Unterleibsbeschwerden im Gebrauche, heutzutage ist noch mehr die Wurzelrinde, *Cortex radicis Berb.*, dagegen empfohlen worden; sie enthält einen den Rhabarbarin verwandten bittern und purgirenden Extractivstoff, das Berberidin, und soll als Surrogat des Rhabarbers vorzüglich in der Armenpraxis angewendet werden.

Gruppe 2: *Papavereae Rchb. Papaveraceae Autor.*

Kräuter, selten Sträucher mit milchigem gelbem Safte, abwechselnden Blättern ohne Nebenblätter und einzeln am Ende der Triebe oder in Trauben und Dolden stehenden Zwitterblüten. Kelch 2- selten 3blättrig, hinfällig, meist grün, nur äusserst selten von Deckblättern umgeben; Kelchblätter ausgehöhlt, niemals gekielt. Blumenblätter in doppelter Anzahl der vorigen, also 4 oder 6, hinfällig, in der Knospe zerknittert liegend oder der Länge nach gefaltet. Staubgefässe 8 oder 12 bis 100 in 2 oder vielen Reihen, mit 2fächrigen Antheren, die sich der Länge nach öffnen. Fruchtknoten aus 2 oder vielen mit einander verwachsenen Karpellen gebildet und ebenso viele vieleiige Wandsamenhalter enthaltend; Griffel meist fehlend oder kurz und die Narben zu einer einzigen verwachsen. Kapseln ein- oder unvollständig vielfächrig, bisweilen schotenförmig und mit Klappen sich öffnend, meist kapselartig durch Löcher aufspringend. Die zahlreichen, selten einzelnen Samen haben einen sehr kleinen Embryo, welcher am Grunde eines fleischig-öligen Eiweisskörpers sich befindet; das Würzelchen ist gegen den Nabel gerichtet und die Samenlappen sind beim Keimen blattartig, zuweilen zu 3 oder 4.

Gattung: *Papaver Tournef. Mohn.*

Kelch 2blättrig, hinfällig. Blumenblätter 4. Staubgefässe zahlreich. Narbe sitzend, strahlig. Kapsel einfächrig (eigentlich unvollkommen vielfächrig), unter der Narbe durch Löcher sich öffnend, vielsamig.

I Art: *Papaver somniferum Linn.* Schlafbringender Mohn, Magsamen, Oelsamen, auch Gartenmohn.

Seegrün: Blätter länglich, ungleich-gezähnt, die obern ganz, am Grunde herzförmig, stengelumfassend, die untern buchtig, oft buchtig-fiederspaltig, am Grunde verschmälert; Staubfäden nach oben verbreitert; Kapseln fast kugelig, kahl. (Taf. 39.)

Diese bekannte einjährige Pflanze ist ursprünglich im Oriente und in Südeuropa einheimisch, aber hier und da verwildert, weil sie häufig der ölreichen Samen halber im Grossen kultivirt und in den Gärten in zahlreichen Abänderungen, vorzüglich hinsichtlich der Farben zur Zierde angesäet wird. Man kann hauptsächlich 2 Abänderungen, welche von vielen Botanikern für 2 Arten gehalten werden durch folgende Kennzeichen unterscheiden:

Var. α. *P. somniferum Linn.* Kapseln fast kugelig: Löcherdeckel unter der Narbe horizontal abstehend und desshalb die Löcher offen: Scheidewände dem Mittelpunkte sich nähernd. — Stengel 2—4 Fuss hoch; Blumen lilla, roth und weiss in zahlreichen Nüancen, am Grunde der Blumenblätter ein deutlicher oder verloschener schwarzer Flecken. Samen hechtblau.

Var. β. *P. officinale Gmel.* Kapseln mehr eiförmig: Löcherdeckel aufwärts gebogen, desshalb die Löcher geschlossen: Scheidewände vom Mittelpunkte weit entfernt. — Stengel 4—6 Fuss hoch; Blumen weiss, am Grunde der Blumenblätter ein violetter Flecken. Samen weiss oder bläulichgrau.

Wurzel spindelig, faserig-ästig, weiss. Stengel steifaufrecht, stielrund, nach oben mit einigen aufrechten Aesten und daselbst mit einzelnen Borsten besetzt oder kahl wie die ganze Pflanze und seegrün bereift. Die Blätter sind ziemlich gross und die Sägezähne endigen jedoch nur bei wildgewachsenen Pflanzen (*Pap. setigerum DeC.*) in eine Borste. Kelchblätter eiförmig-oval, tief-ausgehöhlt, randhäutig, kahl oder seltner etwas borstig. Blumenblätter rundlich, doch fast breiter als lang, gegen den Grund schwach keilförmig-verschmälert. Kapseln gross, von der grossen, schildförmigen etwas vertieften, 8—16strahligen sitzenden Narbe gekrönt, unter derselben in kleinen Löchern mittelst Deckklappen sich öffnend oder ziemlich geschlossen bleibend. Samen äusserst zahlreich (gegen 3000 in einer Kapsel). Alles Uebrige ist oben bei den Abänderungen angegeben worden.

Man gebraucht die unreifen Kapseln, *Capita vel*

*Capsulae Papaveris* und die weissen Samen von der Var. β. als *Semen Papaveris albi*, vorzüglich zu Samenmilch. Aus den Mohnsamen wird das Mohnöl, *Oleum Papaveris*, durch Auspressen gewonnen und zu vielen technischen Zwecken, jetzt häufig auch statt des Olivenöls an die Speisen verwendet. Es hat die für viele Zwecke nützliche Eigenschaft leicht zu trocknen. — Am wichtigsten aber als Heilmittel ist der Mohnsaft, *Opium.* Es wird derselbe häufig in Persien, in der Levante, in Aegypten und Ostindien dadurch erhalten, dass man die noch unreifen Kapseln ritzt, wodurch der Milchsaft hervorquillt, an der Luft und Sonne trocknet und dann des Abends oder Morgens abgekratzt wird; oder man presst auch die unreifen Kapseln aus oder kocht endlich dieselben nebst den Blättern, wodurch schlechtere Opiumsorten entstehen. — Man unterscheidet im Handel vorzüglich 3 derselben. 1. Das armenische, levantische od. smyrnaische Opium, *Opium levanticum sive smyrnaeum.* Es besteht aus unregelmässig runden, etwas zusammengedrückten, 1—2 Pfund schweren Stücken, welche hart, spröde und röthlichbraun, aber im Innern oft etwas weich sind. Die Bruchfläche ist dunkel-röthlichbraun und etwas glänzend. — 2. Das ägyptische, thebaische od. türkische Opium, *Opium aegyptiacum s. thebaicum s. turcicum.* Es besteht aus flachen, runden, 3—4 Zoll im Durchmesser haltenden, aussen mehr braunen und im Innern dunkelbraunen Broden; auf der Bruchfläche sind dieselben matt und werden erst an der Luft glänzend. 3. Das ostindische Opium, *Opium indicum*, das selten in den europäischen Handel gelangt. Es besteht aus länglichen, flachen, kaum 1 Unze schweren schwarzbraunen ziemlich weichen Massen. — Die beiden ersten sind in Mohnblätter gewickelt und die erste auch mit den Samen einer Ampferart, *Rumex orientalis Bernh.*, bestreut, die 3te dagegen nicht eingewickelt. Der Geruch der ersten beiden ist stark, eigenthümlich, unangenehm und betäubend und der Geschmack sehr bitter, etwas scharf; doch Geruch und Geschmack der 2ten Sorte geringer. Die 3te Sorte riecht unangenehmer und schmeckt stechend, sehr bitter und ekelhaft. — Das Opium enthält als Hauptbestandtheile ein narkotisches Alkaloid, das *Morphium*, mit *Mekonsäure* verbunden und ein davon ganz verschiedenes nicht narkotisches Subalkaloid, das *Narcotin* oder *Opian*, ferner das kräftige *Codëin*, endlich fettes Oel, braunes Weichharz, Kautschuk und Extractivstoff. Dieses sehr wichtige Heilmittel, das den orientalischen Völkern und den Chinesen als Berauschmittel dient, wird in zahlreichen chronischen Krankheiten, welche auf einer Verstimmung des Nervensystems beruhen, also auch bei Krampfkrankheiten, aber auch ferner, bei Kachexien, Durchfällen und Ruhren, sowie gegen Vergiftungen mit metallischen Substanzen angewendet. — Die unreifen Mohnköpfe kommen in ihren Wirkungen mit dem Mohnsafte überein, wirken aber schwächer und enthalten kein Morphin. — Man gebraucht sie auch unrechter Weise um Kinder in den Schlaf zu bringen.

2. Art: *Papaver Rhoeas Linn.* Wilder oder Feld- oder Klatzsch-Mohn, Kornrose, Klatzschrose.

Stengel und Blütenstiele abstehend-rauhhaarig; Blätter einfach- oder doppelt-fiedertheilig, mit länglich-lanzettlichen, eingeschnitten-gezähnten Zipfeln; Staubfäden pfriemförmig; Kapseln verkehrt-eiförmig, am Grunde abgerundet, kahl; die Läppchen der Narbe am Rande sich deckend. (Taf. 40.)

Diese sehr häufig auf Feldern in Europa, Asia und Afrika wachsende einjährige Pflanze hat eine dünne spindelige ästige Wurzel, einen aufrechten 1—3 Fuss hohen Stengel mit mehren Aesten, der überall mit wagrecht-abstehenden, am Grunde dickern, langen borstenartigen Haaren besetzt ist. Von den einfach- od. doppelt-fiedertheiligen, mit borstenartigen Haaren besetzten Blättern sind die untern gestielt, länglich, die obern sitzend, weit kürzer und breiter; die ungleichen und groben Randzähne gehen in lange Borsten aus. Die langen Blütenstiele sind wie die eirundlänglichen, tief ausgehöhlten Kelchblätter, abstehend-borstenhaarig. Die grossen rundlichen, fast nagellosen scharlachrothen Blumenblätter haben am Grunde einen dunkelrothen oder schwärzlich-violetten, verwaschenen Flecken. In den Gärten zieht man verschiedene Farbenabänderungen. Staubgefässe schwärzlich lillaroth. Narbe 6—16strahlig, mit am Rande sich deckenden Läppchen. Kapsel verkehrt-eirund oder etwas mehr länglich, stets am obern Ende fast abgestutzt, am untern abgerundet, mit graulichschwarzen Samen. — Officinell sind die scharlachrothen Blumenblätter, *Flores Papaveris Rhoeados s. Pap. erratici s. Flores Rhoeados vel Cynorrhodi.* Sie riechen frisch schwach opiumähnlich und schmecken schleimig-bitterlich; der Geruch verliert sich beim Trocknen. Sie wirken einhüllend, reizmindernd und schmerzstillend.

Wenn die kleinern Blumenblätter von *Papaver dubium Linn.* zugleich mit eingesammelt worden sein sollten, so bringt dies keinen Nachtheil.

Gattung: *Chelidonium Tournef.* Schöllkraut.
*(Polyandria Monogynia Linn. syst.)*

Kelch 2blättrig, hinfällig. Blumenblätter 4. Staubgefässe zahlreich (16—24). Narbe 2lappig. Kapsel schotenförmig 2klappig; die Klappen vom Grunde nach der Spitze hin aufspringend. Samenträger einen Rahmen bildend. Samen zahlreich, nabelwulstig.

Art: *Chelidonium majus Linn.* Grosses Schöllkraut, Gilbkraut, Goldwurz.

Blätter fiederschnittig: Abschnitte rundlich, buchtig gezähnt, herablaufend; Blütenstiele doldig; Blumenblätter ganz. (Taf. 41.)

Diese ausdauernde Pflanze ist in ganz Europa an schattigen Stellen, Hecken, Gebüschen, an Mauern, auf Schutt u. s. w. anzutreffen. Die mehrköpfige Wurzel ist kurz-kegelförmig, nach unten ästig und viele Fasern treibend, hellorangegelb mit schwärzlichen Häutchen besetzt. Die $1\frac{1}{2}$—3 Fuss hohen Stengel sind gabeltheilig und oben ästig, an den Gelenken stark verdickt, so wie daselbst stärker mit weissen langen Haaren besetzt. Die grundständigen Blätter haben ziemlich lange fast 3kantige Stiele, die stengelständigen dagegen sind kurzgestielt oder fast sitzend, sämmtlich im Umrisse oval-länglich, in 5 oder 3, fast gegenständige Paare, etwas gestielter, eiförmiger, stumpfgelappter, am Grunde ungleicher Abschnitte getheilt, mit einzelnen Haaren besetzt, oberseits mattgrün, unterseits weisslichgrün. Dolden langgestielt, meist 5- oder 6strahlig; die Strahlen am Grunde von kleinen eirunden weisslichen Deckblättern unterstützt. Kelchblätter verkehrt-eiförmig, ausgehöhlt, mit einzelnen Haaren besetzt. Blumenblätter verkehrt-eiförmig, gelb. Kapseln gegen 2 Zoll lang, linealisch, stielrundlich, durch die Samen wulstig, durch die zusammengedrückte Narbe geschnäbelt. Samen braun, am Nabel mit einer weissen Wulst versehen. — Gebräuchlich ist das Kraut, seltner die Wurzel, *Herba et Radix Chelidonii majoris*, welche frisch unangenehm riechen und scharf bitter schmecken. Die ganze Pflanze enthält einen scharfen Milchsaft, der auch in grösserer Menge narkotisch wirkt. Man wendet heutzutage dies Extrakt selten an als ein Auflösungsmittel bei Verstopfungen des Unterleibs und daraus entspringenden Krankheiten; früher auch häufiger bei veralteter Syphilis.

*Sanguinaria canadensis Linn.*, Canadisches Blutkraut, ist eine mit einem knollenartig-verdickten unterirdischen Stengel voll rothen Saftes versehene Pflanze in den Wäldern Nordamerikas, von Canada bis Florida. Die bitter und scharfschmeckende Wurzel, *Radix Sanguinariae*, enthält ein Alkaloid, *Sanguinarin*, und wird in Amerika ähnlich wie die *Digitalis purpurea L.* gebraucht; auch hat man sie schon nach Europa gebracht.

*Glaucium luteum Scop.*, Gelber Hornklee, eine am Strande des mittelländischen und atlantischen Meeres, so wie der Nord- und Ostsee wachsende Pflanze, die sich durch lange schotenförmige Kapseln auszeichnet, lieferte sonst das Kraut, *Herba Chelidonii Glaucii sive Paveris corniculati*, welches gleiche Eigenschaften, Wirkungen und Anwendung hat wie das grosse Schöllkraut.

Gruppe I: *Fumarieae.* — *Fumariaceae DeC.*

Kahle Kräuter mit wässrigem Safte und nicht selten mit knolligen Wurzeln. Blätter doppelt-fiederig oder vielfachzerschnitten. Nebenblätter fehlen. Zwitterblüten meist in deckblättrigen Trauben. Kelch 2blättrig, ziemlich gefärbt, abfallend, von 2 kleinern hinfälligen Deckblättern umgeben. Blumenblätter 4, paarweis mit einander und mit den dazwischenstehenden unvollkommnen Staubgefässen verwachsen. Staubgefässe entweder 4 und frei oder häufiger 6 zu 2 Partieen mit einander verwachsen, deren jede 3 Staubbeutel enthält. Fruchtknoten durch 2 Karpelle gebildet, einfächrig oder selten durch Querscheidewände vielfächrig, vieleiig: Narbe 2- oder 4spaltig. Frucht schotenförmige vielsamige Kapseln oder nussartige Kapseln mit 1 oder 2 Samen. Embryo klein, am Grunde des Eiweisskörpers mit gegen den Nabel gekehrtem Würzelchen.

Gattung: *Fumaria Tournef.* Erdrauch.

Kelch 2blättrig *(Diadelphia Hexandria Linn. syst.)*. Blumenblätter 4, das obere am Grunde gespornt. Staubgefässe 6, diadelphisch. Nüsschen vor der Reife steinfruchtartig, fast kugelig, einsamig. Samen ohne Nabelwulst.

1. Art. *Fumaria officinalis Linn.* Gebräuchlicher oder Gemeiner Erdrauch oder Erdraute, Taubenkropf.

Aufrecht, später weitschweifig-ästig; Blätter mehrfachfiederschnittig, Abschnitte nach vorn etwas verbreitert; fruchttragende Trauben schlaff; Nüsschen breit rundlich. (Taf. 42.)

Eine auf Feldern, bebauetem Boden, auf Schutt fast in allen Erdgegenden gemeine einjährige Pflanze. Wurzel dünn, gebogen mit Fasern besetzt. Stengel $\frac{1}{2}$—$1\frac{1}{2}$ Fuss hoch, kantig, wie die ganze Pflanze seegrün-bereift, gewöhnlich schon vom Grunde an in abstehende, späterhin nach allen Seiten ausgebreitete Aeste getheilt. Blätter 3fach- oder doppeltfiederschnittig: Abschnitte 2—3spaltig, gegen den Grund hin keilförmig, mit länglichen oder verkehrt-eirundlich-länglichen, spitzlichen Lappen. Trauben achsel- und endständig, aufrecht, vielblütig. Blüten klein rosen- oder purpurroth. Deckblätter länger als die Blütenstielchen, später aber kürzer als dieselben, lanzettlich, spitz; die beiden unter der Blüte befindlichen, eilanzettlich, spitzig, wimperig gesägt. Kelchblätter länglich, nach vorn spatelig-erweitert, das obere grösser und am Grunde in einen kurzen dicken, zugerundeten Sporn verlängert. Blumenblätter länglich-spatelig, spitzig, an den Spitzen zusammenhängend. Staubgefässbündel unten hautartig und erweitert, oben 3spaltig, 3 Antheren tragend. Griffel von der Länge der Staubgefässe, mit stumpf-3zähniger Narbe. Früchte kugelig, von oben etwas zusammengedrückt, um die Spitze herum fast eingedrückt. — Gebräuchlich ist das fast geruchlose, aber unangenehm stark und bitter, sowie zugleich etwas salzig schmeckende Kraut, *Herba Fumariae*, welches bittern Extractivstoff, mehre Salze und ein Alkaloid (*Corydalin*) enthält. Es ist ein kräftig-auflösendes und tonisches Mittel und wird bei Stockungen im Unterleibe und den zahlreichen davon herrührenden Krankheiten häufig angewendet.

*Corydalis cava Schweig. et Koert.* Hohlwurz, Helmwurz. (*Fumaria bulbosa et cava L. — Corydalis bulbosa Pers.*) Diese schöne in Gebüschen und Wäldern durch fast ganz Europa wachsende Pflanze, welche schon mit ihren purpurrothen oder weissen Blütentrauben im März und April prangt, hat einen tief in der Erde liegenden hohlen Wurzelknollen, welcher sonst als *Radix Aristolochiae cavae* officinell war und das bereits erwähnte Alkaloid Corydalin enthält.

Von *Corydalis solida Smith.* (*Coryd. digitata Pers. — Corydal. Halleri Wlldw. — Fumaria bulbosa γ. Lin.*) gilt dasselbe, nur war die Wurzel ebenso wie die von *Corydalis fabacea Pers.* (*Fumaria bulbosa β. Lin.*) als *Radix Aristolochiae fabaceae* officinell.

### 115. *Fam.* Viermächtige: *Tetradynamae.* (Kreuzblütige: *Cruciferae Juss.*)

#### Gruppe 3: *Acroschistae sive Coilocarpicae.* (*Resedeae DeC.*)

Die kleine Familie der *Resedaceae Aut.* ist für die Arzneikunde ziemlich unwichtig. Von *Reseda Luteola Linn.*, Wau-Resede, Färberwau, Gelbkraut, welche auf Schutt, Mauern, in Weinbergen, an Wegen durch ganz Europa als 2jährige Pflanze wächst und ihres färbenden Krautes halber häufig angebaut wird, waren früherhin die rettigartig-riechende Wurzel und das beinahe geruchlose aber anhaltend bitterschmeckende Kraut, *Radix et Herba Luteolae*, als schweiss- und harntreibende Mittel im Gebrauche.

Von *Reseda lutea Linn.*, Gelbe Resede, welche gleichfalls 2jährig in Europa wächst, ward die Wurzel als *Radix Resedae*, in gleicher Weise wie von voriger Art angewendet.

Gruppe 2: *Amphischistae Rchb.* u. Gruppe 1: *Synclistae Sprengel.*

*Fam.* Kreuzblütler: *Cruciferae Juss.*

Jährige, zweijährige oder ausdauernde Kräuter, selten Halbsträucher mit abwechselnden ganzen oder verschieden gespalteten und geschnittenen Blättern ohne Nebenblätter. Blüten zwitterig, in deckblattlosen Trauben oder Doldentrauben, selten einzeln, achselständig. Kelchblätter 4, in der Knospe abwechselnd geschindelt, sehr selten klappig. Blumenblätter 4, mit den Kelchblättern abwechselnd, Staubgefässe 6, viermächtig, d. h. 4 paarig-gegenständige länger als die beiden übrigen gleichfalls gegenständigen; Antheren fast aufliegend, mit 2 anliegenden, der Länge nach sich öffnenden Fächern. Drüsen an der das Pistill am Grunde umgebenden Scheibe oder *Torus* in bestimmter Zahl und Anordnung zwischen den Staubgefässen, Blumenblättern und dem Pistille. Das Pistill aus 2 ganz verwachsenen Karpellen gebildet, mit kurzem oder verlängertem Griffel und mit 2 den Samenhaltern entgegengesetzten Narben. Frucht eine Schote (*Siliqua*) oder ein Schötchen (*Silicula*). (Eine Schote ist eine 2klappige mit einer häutigen Scheidewand, an der die Samen befestigt sind, versehene Frucht, deren Längsdurchmesser die Querdurchmesser vielmals an Länge übertreffen: ein Schötchen dagegen eine dergleichen Frucht, bei welcher der Querdurchmesser von dem Längsdurchmesser nicht oder höchstens einmal an Länge übertroffen wird.) Die Schote ist bei dieser Familie bisweilen gliederhülsig d. h. nach Art der Gliederhülsen mit Querscheidewänden durchsetzt, wie bei *Raphanus etc.* und das Schötchen nicht selten nussartig, d. h. einfächrig und klappenlos. Die eiweisslosen Samen sind zu beiden Seiten an den Rändern der rahmenartig umgebenen dünnhäutigen Scheidewand, welche nach dem Abfallen der Klappen stehen bleibt, so angeheftet, dass 2, 4 oder mehre in einer einfachen Reihe hängen (sehr selten einzeln, jeder von einer feinen, zuweilen flügelartig-ausgebreiteten Haut dicht umhüllt). Embryo ölig, gekrümmt, mit stielrundem gegen den Nabel gekehrtem und entweder auf die Mitte des Samenlappen zurückgebogenem (Rückenwurzeliger Keim, *Embryo notorrhizeus*) oder auf die eine Seite beider Samenlappen d. h. auf die Spalte, durch welche ihre Ränder sich trennen, gekrümmtem (Seitenwurzeliger Keim, *Embryo pleurorrhizeus*) Würzelchen. Die Samenlappen entweder flach aufeinander liegend oder rinnig-gefaltet oder eingerollt oder eingeknickt, doch stets beim Keimen blattartig.

Nach der Verschiedenheit der Früchte zerfällt diese Familie in 3 Abtheilungen: 1. *Nucamentaceae:* Früchte nussartig, nicht aufspringend oder wie eine Gliederhülse in einzelne Stücke zerfallend, oder schötchenartig, wobei jedoch die sich von einander trennenden Fächer sich nicht öffnen, sondern geschlossen bleiben. — 2. *Siliculosae:* Schoten zweifächrig, 2klappig, nicht viel länger als breit. — 3. *Siliquosae:* Schoten zweifächrig, 2klappig, vielmal länger als breit.

### 3. Abtheilung: *Siliquosae*, Schotentragende.

### Gattung: *Brassica Tournef.* Kohl.

*(Tetradynamia, Siliquosa Linn. syst.)*

Kelch aufrecht (meist angedrückt). 2 Drüsen unter den Schotenklappen und 2 unter den Samenleisten. Schoten rundlich, pfriemenspitzig: Klappen bei der Reife mehrrippig. Samen einreihig, kugelig: Samenlappen rinnig-gefaltet.

1. Art: *Brassica Rapa Linn.* Rübenkohl, Weisse Rübe, Wasser-Rübe, Turnips, Rübsen, Reps od. Raps.

Unterste Blätter steif behaart, dunkelgrün, folgende kahl und bläulich bereift, leierförmig, stumpflappig, oberste Blätter herzförmig, stengelumfassend; Blütentrauben gegipfelt (d. h. fast ebenständig); Kelch später ausgebreitet-abstehend; Staubgefässe aufsteigend; Schoten fast aufrecht. *(Taf. 43.)*

Das Vaterland dieses überall angebauten zwei- oder einjährigen Gewächses ist noch nicht gehörig erforscht. Die dünne spindelförmige Wurzel wird durch Kultur sehr fleischig, länglich und rübenförmig, aber auch rundlich oder von oben her niedergedrückt; sie ist weiss, röthlich, gelblich oder braunschwärzlich. Die 2—3 Fuss hohen Stengel sind einfach oder nach oben ästig. Die grundständigen Blätter, welche bald absterben, liegen dem Boden angedrückt, sind leierförmig und gezähnt, beiderseits mit zerstreuten Borsten besetzt und dunkelgrasgrün, die übrigen weissgrün bereift und kahl, mit dem herzförmigen Grunde den Stengel umfassend, die untern gleichfalls leierförmig, die mittlern länglich, ganz und gezähnt, die obern ganzrandig. Die gelben Blüten bilden anfangs eine ziemlich dichte fast ebenständige Doldentraube, welche sich später verlängert. Kelchblättchen fast wagrecht abstehend, länger als die Nägel der Blumenblätter. Schoten stielrundlich, etwas gedrückt, wulstig, $1\frac{1}{2}$—2 Zoll lang. Samen rundlich, braun. — Man unterscheidet vorzüglich 2 Abänderungen: nämlich die zweijährige als Rübs, Winterrübs, Wintersaat, Oelsaat und die einjährige als Sommerreps, Sommerrübs, Sommersaat. — Man benutzt die fleischige grosse Wurzel, die sogen Weisse Rübe, *Radix Rapae*, als ein auflösendes, antiscorbutisches Heilmittel, aber auch als ein leicht verdauliches Gemüse, zu welchem sich besonders die sogen. Teltower Rübe, eine kleine Wurzeln habende Spielart eignet. Den ausgepressten Saft empfiehlt man bei katarrhalischen Hals- und Brustleiden. Sehr wichtig ist die Benutzung der Samen zum Auspressen des fetten Oels, welches aber auch von *Brassica Napus L.* gewonenn wird.

*Brassica oleracea Linn.*, Garten- oder Gemüse-Kohl, ist eine bekannte Pflanze, welche in sehr vielen Abänderungen kultivirt wird. Die gewöhnlichste ist der Grün- oder Braunkohl; dann der Wirsing oder Welschkohl; ferner der Kopfkohl oder das sogen. Kraut; weiter der Kohlrabi, Kohlrabe, Kohlrübe; ferner der Blumenkohl oder Karfiol und endlich der Spargelkohl oder Broccoli.

Alle diese Abänderungen sind gesunde Speisen, die aber von Leuten mit schwachem Magen und schlechter Verdauung, so wie von zu Blähungen geneigten nicht gut vertragen werden.

Gattung: *Sinapis Linn. Senf.*
*(Tetradynamia, Siliquosa Linn. syst.)*

Kelch offen oder abstehend. Schoten stielrundlich, wulstig: Klappen 3—5nervig, mit geschnabeltem Griffel. Samen kugelig, einreihig: Samenlappen rinnig-gefaltet.

1. Art: *Sinapis nigra Linn.* Schwarzer Senf.

Schoten aufrecht, fast angedrückt, kahl, 4kantig; Blätter sämmtlich gestielt, die untersten leierförmig, mit einem sehr grossen Endlappen, die obersten linealisch. *(Taf. 44. — Brassica nigra Koch. — Brassica sinapioides Roth.)*

Diese auf Feldern und an Flussufern im mittlern und südlichen Europa wachsende jährige Pflanze wird auch hier und da kultivirt. Die dünne ästige Wurzel treibt einen $1\frac{1}{2}$—3 Fuss hohen stielrunden Stengel, welcher nach oben ästig und kahl, unten aber etwas rauhhaarig ist. Die untern und mittlern 2—4 Zoll langen und $1\frac{1}{2}$—2 Zoll breiten Blätter sind leierförmig-fiedertheilig und ungleich gezähnt; die 2 od. 4 Seitenlappen sind klein, der endständige jedoch sehr gross, eiförmig, stumpf und kurz gelappt; die obern Blätter sind kleiner, kürzer gestielt, länglich, am Grunde keilförmig und wenig gezähnt, die obersten linealisch und ganzrandig, herabhängend oder abstehend. Die Trauben sind vor dem Aufblühen doldentraubig, später sehr verlängert u. ruthenförmig. — Gebräuchlich sind die ölreichen Samen, *Semen Sinapis sive Sinapis nigrae sive Sinapeos s. Erucae nigrae.* Sie enthalten einen eigenthümlichen Stoff, das *Sulphosinapin* und wirken stark reizend für die Absonderung der Schleimhäute und Nieren, weshalb sie bei verschiedenen Verdauungsbeschwerden und Krankheiten des Unterleibs und der Lungen aus Erschlaffung verwendet werden. Aeusserlich wendet man sie als *Sinapismus* an, um Röthe der Haut hervorzubringen.

2. Art: *Sinapis alba Linn.* Weisser Senf.

Schoten wulstig, steif behaart, abstehend: Klappen 5-nervig, kürzer als der zweischneidige Schnabel; Blätter leierförmig-fiederspaltig, stumpf, grob gesägt. *(Taf. 44. — Leucosinapis officinalis Nees ab Esenb.)*

Diese jährige Pflanze wächst unter den Saaten im südl. Europa und zerstreut auch im mittlern; wird aber in vielen Gegenden angebaut, wo sie dann leicht verwildert. Die Wurzel ist dünn-spindelförmig und ästig. Der aufrechte $1\frac{1}{2}$—3 Fuss hohe Stengel ist einfach, häufig etwas ästig, unten mit zurückgebogenen Borsten besetzt, übrigens kahl. Blätter gestielt 2—4 Zoll lang, 1—2 Zoll und darüber breit, in 5—9 eiförmige oder längliche, fast buchtige oder ausgeschweift-gezähnte stumpfe Lappen getheilt, von denen die obersten mit dem grössern Endlappen zusammenfliessen, beiderseits mit zerstreuten, kurzen Borstchen besetzt oder seltner kahl; die obersten Blätter sind kleiner, fast 3lappig. Die anfangs ziemlich flachen Doldentrauben, verlängern sich später zu sehr langen Trauben. Die citrongelben Blüten stehen auf abstehenden kantigen feinborstenhaarigen Stielchen. — Kelchblätter linnealisch, rinnig, wenig länger als die Nägel der verkehrt-eiförmigen Blumenblätter. Schoten 15—18 Lin. lang, gegen 3 Lin. breit, durch die Samen holperig-aufgetrieben, dicht mit abstehenden steifen weissen Borsten besetzt, in den zweischneidigen etwas gekrümmten grossen Schnabel ausgehend. — Gebräuchlich ist der Samen, als Weisser Senf, Englischer Senf, *Semen Sinapis albae sive Sinapis citrinae s. Erucae s. Erucae albae.* Er ist minder scharf als der von der vorigen Art, wird aber in gleicher Weise verwendet.

*Eruca sativa Lam.*, Gemeine Ruke od. Rauke, Raukekohl, an Wegen und auf Schutt in den Ländern am Mittelmeere, ist trotz seines nicht angenehmen Geschmacks in jenen Gegenden eine Gemüsepflanze, welche sogar für ein Aphrodisiacum gilt. Die Samen waren ehedem als *Semen Erucae* gebräuchlich und kommen den Senfsamen nahe.

Gattung: *Sisymbrium Linn.* Rauke.
*(Tetradynamia, Siliquosa Linn. syst.)*

Kelch abstehend. Schote linealisch, stielrundlich oder etwas eckig: Klappen gewölbt und von 3 Längsnerven durchzogen. Narbe stumpf oder ausgerandet. Samen einreihig. Embryo rückenwurzelig; Samenlappen auf einander liegend.

1. Art: *Sisymbrium officinale Scop.* Gemeine Rauke, Wilder Senf, Gelbes Eisenkraut. *(Erysimum officinale Linn. Hayne, Arzneigew.* 2. *t.* 13.)

Weichhaarig; Blätter tief schrotsägeförmig, mit 5—7 Lappen, die seitlichen länglich, gezähnt, der endständige spiessförmig; Schoten an den gemeinschaftlichen Blütenstiel angedrückt, linealisch-pfriemlich.

Diese an Wegen, auf Schutthaufen und wüsten Plätzen, an Mauern und Zäunen in ganz Europa gemeine einjährige Pflanze wird 2 Fuss hoch, und hat kleine blassgelbe Blüten. Häufig ist der Stengel violet gefärbt. Früherhin waren das Kraut und der Samen, *Herba et Semen Erysimi*, officinell und wurden als ein auflösendes, harntreibendes und den Auswurf beförderndes Mittel gerühmt; gegen Heiserkeit brauchte man den *Syrupus Erysimi* und heutzutage wird derselbe noch von Sängern häufig benutzt und vorzüglich aus Frankreich bezogen, wo man das Kraut *Herbe aux chantres* nennt.

Von *Sisymbrium amphibium Lin.*, Wasserrettig *(Nasturtium amphibium R. Br.)*, einer in schlammigen Gräben, Teichen und sumpfigen Stellen wachsenden Pflanze mit einer kurzen abgebissenen Wurzel und niederliegenden später aufsteigenden Stengeln mit länglichen ganzen, sägerandigen Blättern, welche ausserhalb des Wassers gewachsen sind, und kammförmig-fiederschnittigen untergetauchten Blättern, nebst gelben Blüten, waren früherhin die Wurzel und das Kraut, *Radix et Herba Raphani aquatici*, officinell.

*Sisymbrium Sophia Linn.*, Sophienkraut, eine an Wegen, auf Mauern, Schutt, wüsten Stellen in ganz Europa gemeine einjährige 2—3 Fuss hohe Pflanze mit graulichen, doppelt-fiederschnittigen Blättern, deren Abschnitte länglich-linealisch, schmal und eingeschnitten sind. Die Blüten sind sehr klein und grünlich-gelb. Die 1 Zoll langen sehr schmalen Schoten stehen in langen Trauben. — Früherhin waren das scharf und beissend schmeckende Kraut und die Samen *Herba et Semen Sophiae chirurgorum*, gebräuchlich und wurden angewendet als schweiss- und harntreibende Mittel, gegen Ruhr und äusserlich bei Wunden und Geschwüren.

*Alliaria officinalis Andrz.* Knoblauchskraut (*Erysimum Alliaria Lin. — Sisymbrium Alliaria Scop.*), eine in Hecken, Gebüschen und Wäldern durch ganz Europa 2jährig wachsende, 2—4 Fuss hohe Pflanze mit fast nierförmigen grobgekerbten untern, und herzförmigen spitziggezähnten obern Blättern, weissen Blüten und gegen 2 Zoll langen und längern Schoten. — Beim Zerreiben zwischen den Fingern verbreiten alle Theile einen starken knoblauchsartigen Geruch. Sonst waren Kraut und Samen, *Herba et Semen Alliariae*, als eröffnende, schweiss- und harntreibende, antiseptische Mittel in Anwendung.

*Barbarea vulgaris R. Br.* Gemeines Barbenkraut (*Erysimum Barbarea Lin. — Sisymbrium Barbarea Crantz.*), eine auf Triften, in Wäldern und an Gräben durch ganz Europa vorkommende 2jährige Pflanze mit untern leierförmigen Blättern, deren Endlappen gross ist, und verkehrt-eiförmigen, gezähnten obern Blättern, mit gelben Blüten und mit zolllangen Schoten auf mehr oder weniger abstehenden Fruchtstielchen. — Das kressenartig riechende und schmeckende Kraut, *Herba Barbareae*, war sonst in gleicher Weise wie das von vorigen Arten in Anwendung.

*Hesperis matronalis Linn.*, Gemeine Nachtviole, Frauenveil, Winter-Viole, eine in Hecken und Gebüschen des südlichen u. z. Theil auch des mittlern

Europas vorkommende ausdauernde Pflanze, die in den Gärten des angenehmen Geruchs ihrer Blüten halber mit rothen und weissen, einfachen und gefüllten Blumen häufig kultivirt wird. — Das kressenartig riechende und schmeckende Kraut und der scharfe Samen, *Herba et Semen Hesperidis, sive Violae matronalis sive Violae damascenae*, waren ehemals gegen veralteten Schleimhusten und andere Brustkrankheiten als den Auswurf befördernde, aber auch als schweiss- und harntreibende Mittel gerühmt.

*Nasturtium officinale R. Br.*, Gebräuchliche Brunnenkresse (*Sisymbrium Nasturtium Linn.*), eine an Quellen, in Bächen und fliessenden Gräben in der alten und neuen Welt ausdauernd wachsende Pflanze mit faseriger Wurzel, aufsteigenden ästigen Stengeln und fiederschnittig-leierförmigen Blättern, deren 6 — 14 seitliche Abschnitte schief-oval, stumpf und geschweift sind, der endständige aber herz-eirund oder länglich-oval ist. Die Blattstiele sind am Grunde mit 2 Oehrchen versehen. Die vielblütigen Doldentrauben mit ziemlich kleinen weissen Blüten erheben sich anfangs nur wenig über die Blätter, wachsen aber später zu langen Trauben aus. Fruchtstielchen ½ Zoll lang, niedergebogen-abstehend. Schoten ebenso lang, kurz griffelig etwas gekrümmt. — Gebräuchlich ist das scharfkressenartig schmeckende frische Kraut, Brunnenkresse, *Herba recens Nasturtii aquatici*, welches als antiscorbutisches Mittel und besonders in Frühjahrskuren gebraucht wird. — Nicht selten findet man das weniger gut- und mehr bitterschmeckende Kraut von der Bitterkresse, *Cardamine amara Linn.* statt jener gesammelt, was den Geschmack ausgenommen nichts ändert. Es war dasselbe sogar sonst als *Herba Nasturtii majoris amarae sive Cardamines amarae* officinell. Bei dieser Art, welche an feuchten und schattigen Stellen an Gräben und in Wäldern wächst, sind die Doldentrauben wenig blütiger, die Blüten grösser und die Staubbeutel bläulich, bei jener jedoch gelb. Die 1 Zoll langen Schoten stehen auf abstehenden (nicht zurückgeschlagenen oder auswärts gerichteten) Fruchtstielen, welche weit kürzer sind als die Schoten.

Von dem in allen Erdländern auf Wiesen wachsenden Wiesenschaumkraute oder von der Wiesenkresse, *Cardamine pratensis Lin.*, wurden ehedem das Kraut und die Blüten, *Herba et Flores Nasturtii pratensis s. Cardamines pratensis*, angewendet und die Blüten vorzüglich gegen Krampfkrankheiten empfohlen.

Von dem bekannten Goldlack, Gelben Veil, *Cheiranthus Cheiri L.*, der in Süddeutschland und Südeuropa auf steinigen Plätzen und alten Mauern als eine zweijährige Pflanze wächst und in verschiedenen Abänderungen mit gefüllten und ungefüllten Blüten kultivirt wird, waren ehedem die stark- und wohlriechenden Blüten, *Flores Cheiri*, officinell und wurden besonders gegen Stockungen im Unterleibe und Gelbsucht gerühmt.

Die Gemeine oder Zwiebeltragende Zahnwurz, *Dentaria bulbifera Lin.*, welche in Bergwäldern Südeuropas und des Orientes wächst, lieferte ehedem die Wurzel, *Radix Dentariae minoris vel Antidysentericae*, welche gegen Kolik und Ruhr angewendet ward.

2. Abtheilung: *Siliculosae*, Schötchentragende.

*Camelina sativa Crantz.*, Gemeiner Leindotter, Dotterkraut, Dötter, Kleiner Oelsamen, wächst auf Feldern und unbebaueten Stellen, unter den Saaten in ganz Europa und Nordasien ⊙ und wird häufig als eine gute Oelpflanze angebaut. Früherhin waren das Kraut und die Samen, *Herba et Semen Camelinae sive Sesami vulgaris*, gebräuchlich und ersteres wurde gegen Augenentzündungen in Umschlägen angewendet. Das Samenöl dient ausser zu technischen Zwecken auch als erweichendes, einhüllendes und schmerzlinderndes Mittel so wie auch gegen Hautkrankheiten.

*Lunaria rediviva Lin.*, Mondkraut, Silberblatt oder Atlasblume (letztere beide Namen wegen der glänzenden sehr dünnhäutigen stehenbleibenden Fruchtscheidewand), wächst in Bergwäldern und auf den Voralpen im Gebüsch im mittl. und südl. Europa ausdauernd. Die Blumen sind purpurröthlich und wohlriechend. Die überhängenden reifen Früchte (Schötchen sind 2—3 Zoll lang und 10—15 Lin. breit, rundlich, durch den Griffel zugespitzt. Samen flach-rundlich-nierförmig, braun, gegen 3 Lin. im Durchmesser. — Diese kressenartig riechenden und schmeckenden Samen, waren als *Semen Violae lunariae sive Lunariae graecae*, wie ähnliche andere in Anwendung.

Gattung: *Armoracia Rupp.* Meerrettig.
*(Tetradynamia, Siliculosa Linn. syst.)*

Kelch offen und abstehend. Schötchen rundlich: Klappen hochgewölbt, fast halbkugelig, ohne Mittelrippe oder Rückennerven. Staubfäden zahnlos, gerade. Samen punktirt: Samenlappen parallel an einander liegend.

1. Art: *Armoracia rusticana Fl. Wett.* Gemeiner Meerrettig, Kren.
*(Cochlearia Armoracia Lin. Armoracia sativa Hell.)*

Wurzelblätter eirund oder oval-länglich, eingeschnittenstumpf-gezähnt; Stengelblätter fiederspaltig, oberste lanzettlich, ganzrandig. *(Taf. 46.)*

Der bekannte Meerrettig wächst ausdauernd auf feuchten Wiesen, an Gräben und Flussufern, wird aber auch häufig angebaut. Die dicke (bisweilen armsdicke) stielrunde Wurzel dringt tief senkrecht in den Boden, treibt unten Aeste und Ausläufer, von denen später wieder mehre Wurzelköpfe entspringen. Stengel aufrecht 1½—3 Fuss hoch, rundlicheckig, röhrig, nach oben in mehre aufrechte Blütenäste getheilt und wie die ganze Pflanze kahl. Wurzelblätter 1—2 Fuss lang, 3—6 Zoll breit, langgestielt, eirund-länglich, am Grunde ungleich-fastherzförmig, grob- und ungleich-gekerbt, mit einem dicken Mittelnerven; Stengelblätter weit kleiner, untere kürzer gestielt bis nach oben endlich sitzend, breiter oder schmäler lanzettlich, theils ganz, theils fiederspaltig, mit linealischen, stumpfen, ganzrandigen oder gezähnten Zipfeln, die obersten lanzett-linealisch, stets ungetheilt und meist ganzrandig. Trauben zahlreich, zusammen eine grosse doldentraubige Rispe bildend. Kelchblättchen ei-länglich, vertieft, am Rande weisshäutig. Blumenblätter fast 3mal länger als der Kelch, verkehrt-eiförmig, weiss. Die Schötchen bilden sich selten aus, sind klein, durch den kurzen Griffel mit knopfiger Narbe gespitzt, 6—8samig. — Gebräuchlich ist die bekannte frische Wurzel, *Radix recens Armoraciae sive Raphani rusticani*; sie wird ihrer bedeutenden Schärfe halber, die sie einem flüchtigen Oele verdankt, als Reizmittel bei träger Verdauung, Verschleimungen, Wassersuchten, Scorbut u. s. w. wird aber auch häufig äusserlich gebraucht, um die Haut zu röthen.

Gattung: *Cochlearia Tournef.* Löffelkraut. (*Tetradynamia, Siliculosa Linn. syst.*)

Kelch abstehend. Schötchen rundlich, fast kugelig; Klappen mit einer Mittelrippe oder Rückennerven. Staubfäden zahnlos, gerade. Samen rauh, gekörnelt: Samenlappen parallel aneinander liegend.

1. Art: *Cochlearia officinalis Linn.* Gebräuchliches Löffelkraut.

Wurzelblätter langgestielt, breit-eirund, am Grunde schwach-herzförmig, die stengelständigen sitzend, tiefherzförmig, stengelumfassend, eiförmig-länglich, eckig-gezähnt; Schötchen eirund-kugelig. (*Taf.* 47.)

Zweijährige Pflanze am Meeresstrande des nördl. und südl. Europas, und um Salinen. Die Wurzel ist lang, walzig-spindelig, federkielsdick, am Ende etwas ästig, weisslich. Stengel aufrecht $\frac{1}{2}$ — 1 Fuss hoch, einfach oder meist am Grunde einige aufsteigende ästige Nebenstengel treibend. Wurzelblätter zahlreich $\frac{1}{2}$ — 1 Zoll lang und eben so breit oder noch breiter, auf 1—4 Zoll langen Stielen; die untern Stengelblätter kurzgestielt, eiförmig, stumpf, beiderseits 1—3 stumpfe Zähne tragend, die übrigen herzförmig-stengelumfassend. Blüten in Doldentrauben, die sich in lange Fruchttrauben ausdehnen. Kelchblätter oval, stumpf, am Rande weisshäutig. Blumenblätter mehr als zweimal länger als die Kelche, verkehrt-eiförmig. Schötchen eirundlich-kugelig, durch den Griffel stachelspitzig, auf abstehenden Stielchen: Klappen mit einem Rückennerven. Samen 6—10, rothbraun. — Gebräuchlich ist das frische Kraut, *Herba recens Cochleariae*; es riecht zwischen den Fingern gerieben beissend scharf und schmeckt ebenso. — Man gebraucht es frisch wie die andern Kräuter von Gewächsen aus dieser Familie bei Unterleibsstockungen, Scorbut u. s. w. als vorzügliches antiscorbutisches Mittel und bereitet damit den *Spiritus Cochleariae*.

*Capsella Bursa pastoris Linn.* Gemeines Hirtentäschel, Täschelkraut (*Thlaspi Bursa pastoris Linn.*), eine auf der ganzen Erde gemeine einjährige Pflanze, welche früherhin als *Herba Bursae pastoris* gegen Blutflüsse und Ruhren in Anwendung war, und hier und da in diesen Krankheiten als Hausmittel noch sehr geschätzt wird.

*Lepidium sativum Linn.*, Gartenkresse, eine einjährige aus dem Oriente stammende, häufig in den Gärten kultivirte Pflanze mit antiscorbutischen Heilkräften, die frisch oder als Salat gegessen wird, deren Kraut und Samen aber ehedem auch als *Herba et Semen Nasturtii hortensis* officinell waren.

*Lepidium latifolium Linn.*, Breitblättrige Kresse, Grosses Pfefferkraut, wächst ausdauernd an feuchten u. schattigen Stellen auf salzigem Boden, am Meeresstrande und um Salinen im mittlern und südlichen Europa. Die untersten Blätter sind 4 — 6 Zoll lang, eiförmig und kerbig-gesägt, die obern sind sitzend, eirund-lanzettlich, lanzettlich und ganzrandig, weiss-grau-grün. Die äusserst zahlreichen Doldentrauben bilden zusammen eine sehr grosse Rispe und enthalten Tausende sehr kleiner Blüten. Früher waren die Wurzel und das Kraut, *Radix et Herba Lepidii*, gegen Scorbut, Unterleibsstockungen, Wassersucht, aber auch gegen Hüftweh und Hautausschläge in Anwendung.

Von *Thlaspi arvense Linn.*, von *Thlaspi perfoliatum Linn.*, von *Lepidium campestre R. Br.* (*Thlaspi campestre Linn.*) und einigen andern Pflanzen dieser Familie waren sonst die Samen, *Semen Thlaspeos*, als harntreibendes und den Auswurf beförderndes Mittel in Anwendung.

*Senebiera Coronopus Poir. (Cochlearia Coronopus Linn.)* eine auf Triften, an Wegen am Meeresstrande und salzigem Boden in Europa und andern Erdtheilen gemeine kleine Pflanze mit in zahlreiche Aeste getheiltem Stengel, welcher dem Boden angedrückt liegt, und mit tief fiedertheiligen Blättern. Das Kraut, d. h. die ganze Pflanze, *Herba Coronopi sive Nasturtii verrucosi*, riecht u. schmeckt stark kressenartig und ward wie die bereits genannten, aber auch zu Asche verbrannt, als berühmtes Geheimmittel gegen Blasensteine angewendet.

1. Abtheilung: *Synclistae.*

*Isatis tinctoria Linn.*, Färber-Waid, eine im Oriente, in Süd- und Mitteleuropa wachsende zweijährige Pflanze, welche des blauen Farbstoffs halber häufig im Grossen angebaut wird. Der 2—3 Fuss hohe Stengel verästet sich nach oben in eine grosse doldentraubige Rispe und ist mit vielen Blättern besetzt, von denen die untersten länglich und gross (5—15 Zoll lang, und 1½—3 Zoll breit) sind, sie verschmälern sich in einen Blattstiel und tragen zerstreute, etwas steife Härchen; die folgenden sind sitzend, kahl, länglich-lanzettlich, nach unten verschmälert und umfassen mit dem pfeilförmigen Grunde den Stengel, nach oben zu werden sie allmälig kleiner; die obersten sind spitzig, gegen den Grund nicht verschmälert und lang pfeilförmig-spitzig. Die 6—8 Linien langen, länglich-keilförmigen, gegen den Grund verschmälerten, flachen, einfächrigen, 2klappigen, einsamigen Schötchen hängen an haarförmigen Stielchen. — Früherhin waren die scharf rettigartig riechenden u. schmekkenden Blätter, *Folia sive Herba Glasti vel Isatidis*, besonders äusserlich bei Wunden, Geschwüren, Blutungen und innerlich gegen Krankheiten der Milz in Anwendung.

*Raphanistrum arvense Wallr.* Heidenrettig, Hederich (*Raphanus Raphanistrum Linn.*), diese einjährige Pflanze ist in manchen Jahren ein sehr häufiges und lästiges Unkraut zwischen den Saaten. Sie zeichnet sich aus durch die zwischen den Samen deutlich eingeschnürten Früchte, welche bei der Reife in einzelne geschlossene

Glieder sich trennen. Früherhin schrieb man dem Genusse der scharfen Samen, die unter dem Getreide sich finden, die unheilsame Wirkung zu, die Kriebelkrankheit zu erzeugen, weshalb man jene Krankheit *Raphania* und die Pflanze „Kriebelrettig“ genannt hat. Die Samen wurden als *Semen Rapistri* ganz wie die schwarzen Senfsamen angewendet.

*Raphanus sativus Linn.*, Rettig, Gartenrettig, eine bekannte ein- oder zweijährige Pflanze, welche wegen der rettigförmigen Wurzel in verschiedenen Abänderungen z. B. Schwarzer und Weisser Sommer- und Winterrettig, Radischen u. s. w. häufig kultivirt wird. Ehedem waren die Samen, *Semen Raphani nigri s. hortensis*, als auflösende, schweiss- und harntreibende Mittel bei Stockungen im Unterleibe, bei zu reichlicher Schleimabsonderung in den Athmungs- und Verdauungsorganen, sowie in den Harnwerkzeugen, besonders bei Leucorrhöe in Anwendung.

*Cakile maritima Scop.* Gemeiner Meersenf, eine häufig am Meeresstrande in Nordeuropa und in allen Ländern am Mittelmeere wachsende einjährige Pflanze, welche eine zweigliedrige, 2samige Gliederschote trägt, deren oberes doppelt längeres Glied in den Griffel verlängert ist und einen aufrechten, das untere dagegen einen hängenden Samen enthält. Der Stengel ist weitschweifig-ästig, die Blätter sind 1½—3 Zoll lang, fiederspaltig, mit linealischen entfernt stehenden Lappen. Blüten purpurröthlich. Das Kraut, *Herba Cakiles sive Erucae maritimae sive Raphani marini*, welches früherhin officinell war, besitzt antiscorbutische, harntreibende und auflösende Heilkräfte, wie die meisten Arten dieser Familie.

## Cl. VII. Kelchblütige: *Calycanthae.*

### Ordn. 3. Gleichförmigblütige: *Concinnae.*

#### Reihe 2. Myrtenblütige: *Myrtiflorae.*

114. *Fam.*: Amygdalaceen: *Amygdalaceae.*

Bäume oder Sträucher mit bisweilen dornigen Aesten, zerstreuten, ganzen, sägerandigen Blättern, deren Blattstiele und unterste Sägezähne meist drüsig sind. Nebenblätter frei, hinfällig, meist drüsig. Blüten zwitterig, deckblättrig, regelmässig, einzeln oder gepaart, oder in Trauben, Doldentrauben und Dolden. Kelch frei und abfallend, 5spaltig; Zipfel in der Knospe dachziegelig, der unpaarige nach unten stehend. Blumenblätter 5, dem das Pistill umgebenden Ringe am Schlunde des Kelchs eingefügt, in der Knospe gedreht. Staubgefässe 4—6 mal soviel als Blumenblätter, frei, in der Knospe einwärts gekrümmt; Staubbeutel rundlich, 2fächrig, der Länge nach durch eine Spalte sich öffnend. Fruchtknoten aus einem einzigen Karpellenblatte gebildet, einfächrig, mit 2 aufgehängten Eichen, einen einfachen, endständigen, an einer Seite mit einer Furche versehenen Griffel tragend, mit einer fast knopfigen oder nierförmigen Narbe. Die Steinfrucht enthält eine holzige, sehr harte, zweiklappige, ein- seltner 2samige Kernschale. Die etwas zusammengedrückten eiweisslosen Samen sind an einer Nabelschnur aufgehängt, welche im Grunde der Kernschale entspringt und fast bis zur Spitze derselben reicht. Der gerade Embryo hat ein kurzes, nach oben gerichtetes Würzelchen, und grosse fleischige, beim Keimen blattartige Samenlappen.

Gattung: *Amygdalus Tournef.* Mandelbaum.

Kelch röhrig oder glockig, 5spaltig. Blumenblätter 5. Staubgefässe 20—30. Steinfrucht flaumig-sammtartig, saftlos, faserig, unregelmässig zerreissend. Kernschale mit kleinen Löcherchen versehen oder glatt.

1. Art: *Amygdalus communis Linn.* Gemeiner Mandelbaum.

Blätter länglich-lanzettlich, drüsig gesägt; Blüten gepaart; Steinfrüchte oval zusammengedrückt. *(Taf. 48.)*

Ein ursprünglich im Oriente und Nordafrika einheimischer stattlicher Baum mittlerer Grösse, der in Südeuropa in verschiedenen Abänderungen kultivirt wird und fast ganz verwildert sich vorfindet. Blätter 3—4 Zoll lang, $\frac{3}{4}$—1 Zoll breit, auf 6—15 Linien langen, nach oben meist mit 4 oder mehr Drüsen versehenen Blattstielen. Blüten paarig, sitzend oder sehr kurz gestielt, aus besonderen Knospen und früher als die Blätter hervorkommend und in solcher Menge, dass sie die Aeste ganz verhüllen. Blumenblätter gross, blassrosenroth, eiförmig, kurzbenagelt. Kelch fast glockenförmig, mit abstehenden, eirundlänglichen sehr stumpfen Zipfeln. Staubgefässe meist gegen 30. Griffel so lang wie die Staubgefässe und kürzer als die Blumenblätter, mit einer schwach nierförmigen Narbe, auf einem länglich-eiförmigen, mit einer Furche an der Kante versehenen zottigen Fruchtknoten. Steinfrucht eiförmig oder oval, von den Seiten etwas zusammengedrückt, zugespitzt, lederartig-trockenfleischig, graugrün, weichfilzig. Kernschale ziemlich runzelig, durch kleine Löcher punktirt, an einer Kante stumpf, an den andern geschärft-kielig, sehr hart oder leicht zerbrechlich (Knack- oder Krach-Mandeln), einen oder seltner zwei bräunlich gelbe Samen enthaltend. — Die wichtigsten oder Hauptvarietäten dürften etwa folgende sein: *var. α. dulcis DC.* Süssmandelbaum, *var. β. amara DeC.* Bittermandelbaum, *var. γ. fragilis DeC.* Krachmandelbaum, *var. δ. macrocarpa DeC.* Grossfrüchtiger Mandelbaum, *var. ε. persicina DC.* Pfirsich-Mandelbaum. — Man gebraucht als Arzneien die bittern oder süssen Mandeln, *Amygdalae dulces et amarae*; sie enthalten ein mildes fettes Oel, Gummi und Schleimzucker und die bittern ausserdem noch ein ätherisches mit Blausäure innigst verbundenes Oel, oder nach andern Untersuchungen einen eigenthümlichen bittern, krystallinischen Stoff, *Amygdalin* genannt, welcher durch Destillation erst das ätherische blausäurehaltige Oel bilden soll. Die süssen Mandeln werden zu Samenmilch, zu einem kühlenden Getränke u. s. w. benutzt, man presst sie auch aus und wendet das dadurch gewonnene frische Mandelöl, *Oleum Amygdalarum recens* da an, wo milde fette Oele angezeigt sind; die bittern Mandeln benutzt man zur Bereitung eines destillirten Wassers, welches vielfach statt des Kirschlorbeerwassers empfohlen worden ist.

*Persica vulgaris DeC.*, Gemeiner Pfirsichbaum *(Amygdalus persica Linn.)*, ein bekannter mässiger Baum oder Strauch, der seiner wohlschmeckenden Früchte halber bei uns in vielen Abänderungen kultivirt wird und ursprünglich aus Persien stammt. — Früherhin waren die Blätter, Blüten und Samen, *Folia, Flores et Semina Persicorum*, gebräuchlich. Die Samen kommen ganz mit den bittern Mandeln überein und werden im Oriente und Griechenland zur Bereitung des *Persico-Liqueurs* angewendet; auch die frischen Blätter riechen gerieben stark wie bittere Mandeln, sie dienten als ein harntreibendes und gelindes Abführmittel gegen Würmer, Stockungen im Darmkanale, daher entstehender Wassersucht, auch gegen Hautausschläge, ferner gegen Niorensteine und Krankheiten der Harnwerkzeuge.

*Armeniaca vulgaris Lam.*, Aprikosenbaum, ein im Oriente einheimischer, jetzt in Europa häufig kultivirter Baum, dessen bekannte Früchte ein angenehmes Obst liefern. Die Samenkerne gleichen im Aeussern sowie hinsichtlich ihrer Bestandtheile und Eigenschaften ganz den süssen Mandeln.

Gattung: *Prunus Tournef.* Pflaumenbaum.
*(Icosandria, Monogynia Lin. syst.)*

Steinfrucht fleischig, ganz kahl, bereift, nicht aufspringend: Kernschale zusammengedrückt, an beiden Enden spitzig, an den Nähten fast gefurcht, sonst ziemlich glatt.

1. Art. *Prunus spinosa Linn.* Schlehdorn, Schwarzdorn, Heckdorn.

Aeste dornig, die jüngsten flaumhaarig; Blätter elliptisch oder lanzettlich, ungleich- und fast doppelt-sägezähnig, anfangs weichhaarig, später kahl; Blüten meist zu 2, seltner einzeln, auf kahlen Stielen; Früchte kugelrundlich auf aufrechten Stielen.

Dieser bekannte Strauch wächst im Gebüsch, an Waldrändern, in Hecken und Zäunen und blüht zu Ende des Aprils, ehe die Blätter erscheinen; er ist sehr ästig und hat an den Enden spitzige Dornen. Die gestielten Blätter werden 1 bis gegen 2 Zoll lang und ½—1 Zoll breit. Die weissen Blüten erscheinen sehr zahlreich zu zweien oder einzeln aus besondern Knospen. Die kugelrundlichen Früchte erreichen die Grösse sehr grosser Zuckererbsen, sie haben ein grünliches herb und zusammenziehend schmeckendes Fleisch und eine schwarzblaue, blassblau bereifte Schale. — Gebräuchlich sind die Blüten und Früchte, *Flores et Fructus Acaciae nostratis s. germanicae*. Die bitterlich-herb schmekkenden Blüten dienen als eine auflösende, gelind abführende Arznei, aus den sehr herben Früchten bereitet man ein Extrakt, *Succus Acaciae nostratis*, welches gegen Durchfälle, Ruhren, Blut- und Schleimflüsse angewendet wird. Ehedem war auch die bittere, zusammenziehende Rinde und Wurzel, *Cortex et Radix Acaciae nostratis*, vorzüglich gegen Wechselfieber in Rufe.

2. Art: *Prunus domestica L.* Gemeiner Pflaumen- oder Zwetschenbaum.

Aeste im Alter dornenlos, auch die jüngsten kahl; Blätter oval-elliptisch, gesägt, unterseits (in der Jugend) weichhaarig; Blütenstiele einzeln oder gepaart, weichhaarig oder kahl; Steinfrüchte länglich-oval. (*Taf.* 49.)

Ein in Südeuropa und im Oriente einheimischer und häufig in zahlreichen Abänderungen hinsichtlich der Früchte kultivirter bekannter Baum. Die Blätter sind jung auf beiden Seiten, späterhin nur auf der Unterseite weichhaarig; sie entwickeln sich gewöhnlich mit den Blüten gleichzeitig. Der glockenförmige Kelch hat längliche stumpfe feingesägte und bewimperte Zipfel. Die länglichen Blumenblätter sind grünlich weiss. Die ovalen, eirunden oder verkehrt-eirunden Früchte haben eine schwarzblaue, violette, rothe, gelbe oder grünliche Färbung; die gewöhnlichste ist die schwarzblaue, mit einem bläulichweissen Reife überzogene, wobei das Fruchtfleisch gelb erscheint.

Als gelinde eröffnende und auflösende Mittel dienen die Früchte, *Fructus Prunorum*, besonders die durch Hitze getrockneten, gebackenen Pflaumen und das Pflaumenmus, *Pulpa Prunorum*.

## Gattung: *Cerasus Juss.* Kirschbaum.
*(Icosandria, Monogynia Lin. syst.)*

Steinfrucht rundlich oder am Grunde genabelt, fleischig, ganz kahl, unbereift, nicht aufspringend: Kernschale fast kugelig, glatt.

1. Art: *Cerasus avium Mönch.* Süsskirschbaum, Vogelkirschbaum, Zwiesel- oder Kasbeere.

Aeste weit abstehend steif; Blätter elliptisch, zugespitzt, drüsig-gesägt, unterseits weichhaarig: Blattstiele ein- oder zweidrüsig; Blüten in blattlosen sitzenden Dolden um die Blattknospe gehäuft. *(Prunus avium Lin.)*

Dieser ursprünglich in den Wäldern Europas einheimische bekannte Steinobstbaum gilt für das Stammgewächs der Süsskirschen, Herzkirschen und Knorpel- oder Knackkirschen, die in zahlreichen Abänderungen der Früchte hinsichtlich der Farbe, Grösse und des Geschmacks vorkommen und häufig kultivirt werden. — Als Arznei werden die schwarzen Herzkirschen oder seltner die kleinen Vogelkirschen, *Fructus Cerasorum nigrorum*, und zur Destillation eines Wassers benutzt, das etwas weniges von Blausäure enthält.

2. Art: *Cerasus acida Grtnr.* Sauerkirschbaum.

Aeste ruthenförmig, meist hängend; Blätter elliptisch, zugespitzt flach, ganz kahl, glänzend, drüsig-gesägt; Blattstiele drüsenlos; Blütendolden einzeln, mit einigen kleinen Blättern. *(Taf. 50. — Prunus Cerasus Lin.)*

Dieser Baum, welcher aus Kleinasien stammt und erst durch *Lucullus* nach Italien gebracht wurde, findet sich jetzt allgemein in Europa kultivirt und hier und da verwildert. Der Baum ist niedriger als der vorige, und zeichnet sich durch seine dünnern, längern, gewöhnlich herabhängenden Aeste, sowie durch seine kleinern, mehr lederartigen, unbehaarten, glänzenden, seichter gesägten Blätter aus. Die

Knospenschuppen, welche die sitzenden oder kurzgestielten Blütendolden umgeben, stehen aufrecht, nie ausgebreitet, und die innersten derselben sind so vollkommen blattartig, dass sie sich nur durch ihre weit geringere Grösse von den übrigen Blättern unterscheiden. Die niedergedrückt-kugelrundlichen Früchte sind schwärzlich oder roth und schmecken sauer. Man unterscheidet hinsichtlich der Früchte zwei Hauptabänderungen, nämlich die Amarellen oder Glaskirschen *(Cerasus acida)* und die Weichseln oder Morellen *(Cerasus austera)*; erstere sind kurzgestielt und enthalten einen ungefärbten Saft, letztere sind langgestielt mit färbendem Safte. — Zwischen Süsskirschen und Weichseln oder Sauerkirschen hat man verschiedene Bastardformen. — Die Heilkunst benutzt die schwarzrothen Früchte, *Fructus Cerasorum acidorum*, und vorzüglich den aus ihnen gewonnenen *Syrupus Cerasorum* als Korrigens übelschmeckender Arzneien sowie als Kühlungsmittel und Getränk in hitzigen Fiebern. — Die Frucht- seltner die Blütenstiele, *Stipites Cerasorum*, werden wie die jungen Blätter häufig als Hausmittel bei Katarrhen, seltner auch als harntreibendes und beruhigendes Mittel angewendet.

*Cerasus Mahaleb Mill.* Mahaleb-Kirschbaum, Steinweichsel *(Prunus Mahaleb L.)*, ein Strauch oder kleiner Baum in Bergwäldern des südlichen und mittlern Europa mit rundlich-eiförmigen, oft etwas herzförmigen, kurzzugespitzten, stumpf- und drüsig-gesägten Blättern, mit in Doldentrauben stehenden Blüten und rundlich-ovalen Früchten. — Ehemals waren die bitterschmeckenden Beeren und die viel Blausäure enthaltenden Samen, *Fructus et Semen Mahaleb*, Morgalpsamen, Mogaleb, gegen Steinkrankheiten im Gebrauche. Das wohlriechende Holz, Luzien- oder Gregoriusholz, *Lignum Sanctae Luciae s. St. Gregorii*, galt als ein Mittel gegen Hundswuth und als schweisstreibendes Mittel. Aus den jungen geraden Stämmchen, die besonders dazu kultivirt werden, macht man die bekannten und beliebten wohlriechenden Tabakspfeifenröhre, Weichselröhre.

3. Art: *Cerasus Padus DeC.* Traubenkirschbaum, Ahlbeere, Schiessbeere, Faulbaum. *(Prunus Padus Lin.)*

Blätter oval- oder verkehrteiförmig-elliptisch, kurzgespitzt, am Grunde verschmälert, stumpf oder fast herzförmig, etwas runzelig und fast doppelt-gesägt; Blattstiele 2-drüsig; Trauben vielblütig, meist überhängend; Früchte rundlich, glänzend-schwarz. *(Hayne, Arzneigew. 4. t. 40.)* Dieser an Flussufern und feuchten Stellen in Laubwäldern und Gebüschen, sowie als Strauch in Hecken Europas und Nordasiens vorkommende Baum hat an den nicht zu alten Aesten eine graubraune, sparsam weiss punktirte Rinde. — Die 3—5 Zoll langen reichblütigen Trauben stehen am Ende der seitlichen jungen Aestchen herabgebogen und sind weiss. — Man gebraucht die Rinde der jungen Aeste, *Cortex Pruni Padi sive Cerasi racemosi*, welche einen unangenehmen etwas bittermandelartigen Geruch und einen herben sehr bittern Geschmack hat, als schweiss- und harntreibendes Mittel bei Rheumatismen, Gicht, Wechselfieber, Syphilis und Hautausschlägen.

4. Art: *Cerasus Lauro-Cerasus DeC.* Lorbeerkirschbaum, Kirschlorbeer.

Blätter länglich, stumpf-zugespitzt, entfernt- und kleingesägt, lederig, kahl, spiegelnd, unterseits zur Seite der Mittelrippe 2- oder 4drüsig; Blütentrauben aufrecht ziemlich von der Länge der Blätter; Steinfrüchte eiförmig. *(Taf. 51. Prunus Lauro-Cerasus L.)*

Ein 8—12 Fuss hoher, aus Kleinasia stammender Strauch, der jetzt auch in Südeuropa verwildert sich vorfindet. Die lederigen Blätter sind 4—6 Zoll lang, $1\frac{1}{4}$—$2\frac{1}{2}$ Zoll breit, steif, sehr glatt und stark glänzend. Die reichblütigen Trauben stehen in den Blattachseln. Die eiförmigen etwas zugespitzten, schwarzen Früchte werden etwa so gross wie nicht zu kleine Kirschen. — Officinell sind die Blätter, *Folia Lauro-Cerasi*, welche auffallend nach bittern Mandeln riechen und schmecken und ein blausäurehaltiges äther. Oel reichlich enthalten. Man destillirt darüber die häufig angewendet werdende *Aqua Lauro-Cerasi*, die in sehr vielen und verschiedenen Krankheiten nützlich sich beweist.

### 113. *Fam.* Myrtaceen: *Myrtaceae.*

Eine Familie, welche nur Bäume oder Sträucher enthält, die meist den wärmern Gegenden der Erde angehören. Blätter meist gegenständig, selten abwechselnd, ganz und ganzrandig, häufig drüsig-durchscheinend-punktirt, fiedernervig, ohne Nebenblätter. Zwitterblüten achsel- oder endständig, häufig auch trugdoldig, doldentraubig oder ährig; jede Blüte häufig mit 2 gegenständigen Deckblättern versehen. Kelchröhre dem Fruchtknoten angewachsen, mit 4—5- oder selten 6theiligen, in der Knospe dachziegelig-liegendem Saume. Blumenblätter soviel als Kelchzipfel und mit diesen abwechselnd, selten fehlend. Staubgefässe doppelt soviel oder häufig zahlreich, mit freien oder polyadelphisch verwachsenen Staubfäden, und kleinen zweifächrigen Antheren, welche der Länge nach sich öffnen. Fruchtknoten 4- oder 5-, selten 6fächrig, durch Fehlschlagen zuweilen ein- oder zweifächrig, vieleiig. Frucht trocken, kapselartig, oder auch geschlossen bleibend, häufiger eine Beere oder Steinfrucht. Samen meist zahlreich, ohne Eiweisskörper, mit geradem oder gekrümmtem Embryo, mit gegen den Nabel gekehrtem Würzelchen und zuweilen fleischigen Samenlappen.

#### Gattung: *Pimenta Nees v. Esenb.* Piment.
#### *(Icosandria, Monogynia Lin. syst.)*

Kelch fast kugelig: Saum 4—5theilig. Blumenblätter 4—5. Staubgefässe zahlreich. Beere 1—3fächrig, 1—3samig. Samen fast kugelig. Würzelchen des Embryo verlängert, spiralig-zusammengerollt. Samenlappen sehr kurz, fast verwachsen, central.

1. Art: *Pimenta aromatica Kostel.* Gewürzhafter Piment, Neugewürz.

Aestchen 4kantig-zusammengedrückt, sammt den Blütenstielchen etwas weichhaarig; Blätter länglich oder oval, federig, kahl, durchscheinend punktirt, glänzend; Blütenstiele achsel- und endständig, 3spaltig-rispig, kürzer als die Blätter; Beeren rundlich. — *(Taf. 52. Myrtus Pimenta Lin. — Eugenia Pimenta DeC.)*

Ein in Westindien wachsender 20—30 Fuss hoher Baum mit einem gegen 1 Fuss dicken aufrechten Stamme, glatter Rinde, sehr zahlreichen stielrunden Aesten, von denen die jüngsten 4kantig und kahl sind. Die gestielten 3—4 Zoll langen, 1—2 Zoll breiten kahlen Blätter sind oberseits dunkelgrün und glänzend, unterseits blässer. Rispen doldentraubig, dicht, durch kleine weisse in den Gabelspalten sitzende und kurzgestielte endständige Blüten. Kelch flaumhaarig, mit 4 ausgebreiteten eirunden, stumpfen Zipfeln. Blumenblätter 4, rundlich, etwas ausgehöhlt feingezähnt und durchscheinend-punktirt, von der Länge der Staubgefässe. Beere rundlich, schwarzbraun, erbsengross, 2fächerig. Samen 1 oder 2; entweder rundlich, wenn ein einzelner, oder auf der einen Seite gewölbt auf der andern flach, wenn 2 in der Beere vorhanden, braun. — Die sehr gewürzhaften unreifen Beeren werden vorzüglich als Gewürz an die Speisen verwendet und zwar unter den Namen Piment, Englisches oder Neu-Gewürz, Nelken- oder Jamaika-Pfeffer; in den Apotheken führen sie die Namen: *Pimenta*, *Semen Amomi vel Piper jamaicense*; sie enthalten vorwaltend viel eines scharfen äther. und eines grünen fetten Oels, ferner Extraktiv- und Gerbstoff, Harz, Gummi und Zucker.

*Myrtus communis Linn.*, Gemeine Myrte *(Hayne, Arzneigew.* 10 *t.* 36.*)*, ein Strauch von 4—8 Fuss Höhe in den Ländern ums Mittelmeer, häufig kultivirt und in nördlichen Gegenden in Töpfen und Gewächshäusern gezogen, desshalb sehr bekannt. Die gewürzhaft und bitterlich-zusammenziehend schmeckenden Blätter und Früchte, *Folia et Baccae Myrti*, waren früherhin officinell und als tonisch-reizendes Mittel bei Durchfällen, Schleim- und Blutflüssen, gegen Wassersucht u. s. w. in Anwendung.

*Jambosa vulgaris DeC.*, Gemeine Jambuse *(Eugenia Jambos Lin. Winkl. homoeop. Arzneigew. t.* 141.*)*, ein schlanker Baum Otindiens, der seiner Schönheit und seiner äpfelartigen, jedoch nicht vorzüglich schmeckenden Früchte halber überall in den heissen und wärmern Gegenden angebaut wird. Die scharfen, etwas gewürzhaften Samen wirken etwas zusammenziehend und sind gegen leichte Durchfälle in Anwendung. Die homöopathische Heillehre verordnet diese Samenkörner gleichfalls.

*Eucalyptus resinifera Sm.*, Harzige Schönmütze (*Hayne, Arzneigew.* 10. *t.* 5.), ein grosser stattlicher Baum mit reichästigem Wipfel in Neuholland, aus dessen Rinde nach Verletzungen ein röthlicher schleimharziger, sehr zusammenziehender Saft ausfliesst. Erhärtet stellt derselbe das Neuholländische oder Botanybay-Kino, *Kino Novae Hollandiae sive Kino australe*, dar, welches sonst häufig nach Europa gebracht wurde.

Gattung: *Caryophyllus Tournef.*, Gewürznelkenbaum.

(*Içosandria, Monogynia Lin. syst.*)

Kelchröhre walzenförmig, Saum 4theilig. Blumenblätter 4, an der Spitze mützenartig zusammenhängend. Staubgefässe zahlreich, unverwachsen, jedoch in 4 Abtheilungen. Beere 1—2fächrig, 1—2samig. Samenlappen fleischig, dick.

1. Art: *Caryophyllus aromaticus Lin.* Aechter Gewürznelkenbaum, Nägleinbaum.

Blätter länglich-lanzettlich, an beiden Enden zugespitzt; Trugdolden vielblütig. (*Taf.* 53.)

Ein ursprünglich auf den Molukken einheimischer und daselbst sowie auf den Maskarenhas, in Ost- und Westindien, in Gujana und Brasilien kultivirter 20—30 Fuss hoher Baum, dessen Stamm jedoch gewöhnlich nur 4—6 Fuss hoch wird, indem derselbe sodann sich vielfach verästet zu einem pyramidalen Wipfel. Die Rinde ist ziemlich glatt und kahl. Die gestielten Blätter stehen abwechselnd oder kreuzweis einander gegenüber, sind 3—4 Zoll lang, 1—1½ Zoll breit, ganz kahl, fest, jung bräunlichroth, später oberseits dunkelgrün und stark firnissartig glänzend, unterseits gelblichgrün. Trugdolden gestielt, am Ende der Aestchen 3theilig, 18—27blütig. Blütenstiele und Blütenstielchen kurz, gegliedert, und an den Gliederungen mit gegenständigen, hinfälligen Deckblättchen besetzt. Kelch braunroth, mit 4 eirundlichen, spitzigen, aufrechtabstehenden Zipfeln. Blumenblätter ziemlich klein, rundlich, vertieft, blassröthlichweiss. Fruchtknoten 2fächrig, etwa 20 Eichen in jedem Fache enthaltend, mit pfriemigem, am Grunde von einem 4eckigen Walle umgebenem Griffel mit einfacher spitzlicher Narbe. Die Beere ist länglich-bauchig, 1½ Zoll lang, dunkelbraun, genabelt und vom Kelche gekrönt, lederartig, nur 1—2samig; der Same, wenn er einzeln, walzenförmig, und wenn sie zu 2 vorhanden halbwalzenförmig. — Die Blütenknospen sind die bekannten und häufig als Gewürz angewendeten Gewürznelken, Gewürznäglein oder Nelken, *Caryophylli aromatici.* Man sammelt dieselben zur Zeit, wo die Blumenkrone als ein kleines kugelrundes Knöpfchen auf der ½ Zoll langen Kelchröhre steht, bringt sie einige Tage in den Rauch, wodurch sie die sogen. nelkenbraune Farbe erhalten, hierauf trocknet man sie vollständig an der Sonne. Sie enthalten vorwaltend ein schweres äther. Oel, das sogen. Nelkenöl, *Oleum Caryophyllorum*, ferner Harz, Gummi, Extraktiv- und Gerbstoff. Das Nelkenöl wird in Ostindien aus den zerbrochenen Nelken, aus den Blütenstielen, aber auch aus guten Nelken durch Destillation gewonnen; die so benutzten Nelken kommen als feuchte Nelken dann noch in den Handel und zuweilen findet man durch mehrmaliges Destilliren ihres Oels gänzlich beraubte Nelken unter andere gemischt vor. — Sie sind ein kräftig reizendes und erhizzendes Mittel. Ehedem waren auch die Beeren unter dem Namen Mutternelken, *Anthophylli*, gebräuchlich; sie sind dunkel schwärzlichbraun, haben zwar die Form der Gewürznelken ziemlich, sind aber dicker und saftiger und tragen keine Blumenkrone; die 4 Kelchzähne haben sich hakenförmig gegen einander geneigt. — Die Mutternelken enthalten nur wenig äther. Oel, werden aber in Indien angewendet.

Gattung: *Syzygium Gaertn.* Mützenblume.
*(Icosandria, Monogynia Lin. syst.)*

Kelch verkehrt-eiförmig, mit einem ganzen oder ausgeschweift-lappigen Saume. Blumenblätter 4 oder 5, mützenartig-verwachsen und dadurch einen häutigen ringsum sich lostrennenden Deckel bildend. Staubgefässe zahlreich. Beere einfächrig, 1- oder wenigsamig. Samenlappen sehr gross, fleischig, halbkugelig.

1 Art: *Syzygium caryophyllaeum Gaertn.* Nelkengewürzige Mützenblume.

Blätter verkehrt-eiförmig, stumpf oder ausgerandet, et-

18

was lederartig, nicht punktirt; Blüten in endständigen doldentraubigen Trugdolden. (*Hayne, Arzneigew.* 10. *t.* 39.)

Ein in Ceilon einheimischer stattlicher Baum mit geradem Stamme und einem langen pyramidalen Wipfel. Er ist mit einer graulichweisslichen, an den jungen Aesten bräunlichen glatten Rinde bedeckt. Die kurzgestielten Blätter sind 2—3 Zoll lang und 1— gegen 2 Zoll breit, glänzend grün und gerippt-aderig. Die röthlichweissen, sehr kleinen Blüten stehen auf kurzen Stielchen gewöhnlich zu 3 an den Aestchen der Trugdolde. Die Beere ist 2samig. — Früherhin kam die gewürzhafte, etwas gewürznelkenartig riechende und schmeckende Rinde, *Cortex Cassiae caryophyllatae sive Cassia caryophyllata*, nach Europa und wurde als aromatisches Heilmittel angewendet; jetzt erhält man unter diesem Namen aus Brasilien die Rinde von *Persea caryophyllata Mart.*

Gattung: *Melaleuca Lin.* Cajeputbaum.

(*Polyadelphia, Polyandria Lin. syst.*)

Kelchröhre halbkugelig, Saum 5theilig, abfallend. Blumenblätter 5. Staubgefässe zahlreich in 5 Bündel verwachsen: Staubbeutel aufliegend. Kapsel von der Kelchröhre eingeschlossen, 3fächerig, vielsamig.

1. Art: *Melaleuca Cajuputi Roxbg.* Aechter Cajeputbaum.

Blätter abwechselnd, elliptisch-lanzettlich, etwas sichelförmig, spitzig, 3—5nervig, jung seidenhaarig; Blüten ährig, etwas entfernt; Kelche und Aestchen weichhaarig. (*Taf.* 54.)

Ein Baum von mittlerer Höhe mit einem oft krummen, schenkeldicken Stamme auf den Molukken, Celebes und Borneo. Der Stamm ist am untern Theile schwärzlich, nach oben und an den Aesten mit einer weissen, der unserer Birke ähnlichen, Rinde bedeckt, daher der Gattungsname *Melaleuca*, so wie *Leucadendron*. An den ausgebreiteten gabeltheiligen Aesten entspringen hängende Aestchen nach Art der Hängebirken, von denen die jüngsten anliegend weichhaarig sind. Die meist vertikal stehenden kurzgestielten Blätter sind 3—5 Zoll lang, ½—¾ Zoll breit, bisweilen etwas sichelförmig, später ganz kahl. Die Blütenähren stehen anfangs ziemlich an den Enden der Aestchen, da diese aber fortwachsen, später seitlich. Hinter jedem Deckblatte stehen 3 Blüten. Der bauchige glockenförmige seidenhaarige Kelch hat eirunde stumpfe, später abfallende Zipfel. Die rundlichen, vertieften kurzgenagelten weissen Blumenblätter sind länger als der Kelch. 30—40 Staubgefässe sind zu 5 Bündeln verwachsen. Der fadenförmige Griffel, welcher die Staubgefässe überragt, hat eine stumpfe undeutlich-3lappige Narbe. Die häutige Kapsel ist mit der dicken holzigen Kelchröhre verwachsen und kann daher nur an der nicht überwachsenen Spitze aufspringen; sie enthält zahlreiche keilförmig-eckige bräunliche Samen. — Alle Theile dieses Baumes, vorzüglich aber die Blätter und Früchte enthalten ein ätherisches Oel, das man aus ihnen durch Destillation gewinnt, und das unter den Namen Cajeputöl, *Oleum Cajeput sive Cajeputi*, seit lange in Europa bekannt ist. Es hat eine blassgrünliche Farbe, ist sehr dünn-flüssig und riecht stark, aber nicht angenehm gewürzhaft und schmeckt scharf, kampferartig, später kühlend. Es soll weniger als andere ätherische Oele erhitzen und weit anhaltender wirken und ward um 1830 besonders gegen *Cholera asiatica* gerühmt.

### 112. *Fam.* Polygalaceen: *Polygalaceae.*

Kräuter, Halbsträucher und Sträucher mit sitzenden oder kurzgestielten Blättern, die der Anzahl nach fast zu gleichen Theilen der gemässigten und heissen Zone angehören. Die Nebenblätter fehlen. Die unregelmässigen Zwitterblüten stehen entweder einzeln in den Blattachseln oder häufiger in endständigen deckblättrigen Trauben. Kelchblättchen 5, die beiden seitlichen meist blumenblattartig und grösser; von den 3 äussern steht das eine nach hinten, die beiden andern nach vorn gekehrt. Blumenblätter 3—5, mit der Staubfädenröhre und unter sich verwachsen; das grösste nach vorn stehende ist kahnförmig, entweder gewöhnlich mit einem kammförmigen Anhange versehen oder auch 3lappig; 2 andere stehen nach hinten und 2 zur Seite des grössern; letztere fehlen jedoch zuweilen. Staubgefässe 4 oder 8, im letztern Falle zu einer der Länge nach gespaltenen Röhre verwachsen; Staubbeutel aufrecht, meist einfächerig und durch ein Loch am Ende sich öffnend. Fruchtknoten 2fächrig, mit einzelnen hängenden, sehr selten paarigen Eichen; das eine Fach zuweilen verkümmernd. Griffel einfach, gekrümmt, mit trichterförmiger oder 2lappiger Narbe. Die Frucht ist meist eine seitlich-zusammengedrückte, 2klappige, 2- oder 1fächrige Kapsel, selten steinfrucht- oder flügelfruchtartig. Samen hängend, mit einer Nabelwulst versehen, bisweilen haarig oder schopfig. Embryo im fleischigen Eiweisskörper, gerade oder schwach gekrümmt, mit gegen den Nabel gewendetem Würzelchen.

### Gattung: *Krameria Loeffl.* Kramerie.

*(Tetrandria, Monogynia Lin. syst.)*

Kelch 4- — 5blättrig, innenseits gefärbt. Blumenblätter 4 oder 5, die 2 oder 3 obern genagelt, verwachsen; die beiden andern rundlich. Staubgefässe 3 oder 4, am Grunde schwach monadelphisch verwachsen. Steinfrucht trocken, borstig-widerhakig-stachelig, einfächrig, einsamig.

1. Art: *Krameria triandra R. et Pav.* Dreimännige Kramerie.

Blätter länglich, spitz, seidenhaarig-zottig; Blüten 3männig; Blütenstielchen fast länger als die Blätter, mit 2 Deckblättern. Kelch und Blumenkrone 4blättrig. *(Taf. 55.)*

Ein niedriger Strauch von nur etwa ½ — 1 Fuss Höhe auf trocknen Stellen am Abhange der Anden von Peru. Die Wurzel ist sehr gross und ästig und besteht aus einem unregelmässig-knollenförmigen, bis 2 Zoll dicken Wurzelstocke mit zahlreichen dickern, bis fingersdicken, und dünnern, hin und hergebogenen, meist verzweigten Aesten, welche eine dunkelbraunrothe, runzelige, zum Theil querrissige und warzige Rinde, die auf dem Querschnitte hellroth oder auch zimmtbräunlich erscheint, und einen holzigen, hellern Kern haben. Der Stamm ist sparrig-vielästig; die untern Aeste liegen auf den Boden nieder, sind unterwärts schwärzlich und kahl, nach vorn aber, wie die krautigen Theile graulich-seidenhaarig. Der ausgebreitete Kelch ist aussen grau-seidig, innen roth. Die beidan längern getrennten Blumenblätter sind lineal-spatelig, spitzig, blassroth, die beiden kürzern rundlich, vertieft, schuppig-runzelig, dunkelpurpurroth. Die fädlichen Staubfäden sind kürzer als die längern Blumenblätter, und tragen kegelförmige, einfächrige durch ein Loch sich öffnende Staubbeutel. Der eirunde Fruchtknoten ist dicht mit langen weissen Haaren bedeckt, trägt einen einfachen Griffel mit einer kleinen Narbe. Die fast kugelige erbsengrosse Nuss ist zwischen den widerhakigen Borsten zottig.

Die oben beschriebene Wurzel, Ratanhiawurzel, *Radix Ratanhiae s. Ratanhae.* hat einen kaum merklichen Geruch und einen zusammenziehenden und bitterlichen Geschmack. Ihr wesentlicher Bestandtheil ist eisengrünender Gerbestoff. Sie ist als ein rein adstringirendes, tonisches Mittel jetzt nicht mehr so häufig als vor einiger Zeit im Gebrauche. Doch wird das Extrakt, *Extractum Ratanhiae,* vorzüglich das aus Amerika, welches aus der frischen Wurzel bereitet wird, *Extr. Ratanhiae americanum,* und eine trockne braunrothe spröde, innen glänzende Masse darstellt, sehr geschätzt und bei Blut- und Schleimflüssen, bei Durchfällen u. s. w. angewendet.

*Krameria Ixina Lin.*, **Antillische Kramerie**, ein Strauch auf den Antillen und in dem benachbarten Südamerika, hat eine ähnliche Wurzel wie vorige Art, die in Amerika und in Frankreich als *Radix Ratanhiae antillarum* in gleicher Weise wie vorige angewendet wird.

### Gattung: *Polygala Tournef.* Kreuzblume.

*(Diadelphia, Octandria Lin. syst.)*

Kelch 5blättrig, bleibend; die beiden innern Kelchblätter gefärbt und grösser, flügelförmig. Blumenblätter 3 oder 5: das untere kahnförmig. Staubgefässe 8, in 2 Bündel verwachsen. Kapsel zusammengedrückt, 2fächrig, 2samig. Samen nabelwulstig.

1. Art: *Polygala amara Lin.* **Bittere Kreuzblume.**

Unterste (Wurzel-) Blätter am grössten, rosettig, verkehrt-eirund oder länglich, fast breit lanzettlich, stumpf; die beiden innern Kelchblätter verkehrt-eirund-elliptisch, länger und breiter als die verkehrt-herzförmige Kapsel. *(Taf. 56.)*

Diese kleine niedliche Pflanze wächst auf feuchten und trocknen Wiesen, mehr in Gebirgsgegenden als in Ebenen durch Mittel- und Nordeuropa ausdauernd. Sie hat eine dünne fast fadenförmige, mehr oder weniger zaserästige Wurzel, aus welcher mehre blühende Stengel entspringen, welche kahl sind, wie alle übrigen Theile aufsteigen 2—6 Zoll hoch werden und einfach oder wenig ästig sind. Die grundständigen und untersten stengelständigen Blätter sind rosettig gehäuft, verkehrt-eiförmig oder spatelförmig-länglich, vorn abgerundet oder stumpf, $\frac{1}{2}$—1 Zoll lang, $2\frac{1}{2}$—7 Lin. breit; die übrigen höhern Stengelblätter sind länglich oder lineallänglich, stumpf oder spitzlich und werden nach oben kleiner. Die blassblauen Blüten stehen am Ende der Stengel und der aufrechtabstehenden Zweige in ziemlich schlaffen Trauben. Die innern Kelchblätter werden nach dem Verblühen, nachdem sie vorher bläulich waren, grünlich und haben die halbe oder ganze Breite der rundlich- oder keilig-verkehrt-herzförmigen Kapsel und sind bald kürzer, bald ebenso lang, bald länger als diese. — Viele Botaniker unterscheiden mehre verwandte Arten, welche andere nur als Abänderungen anerkennen. Man vergleiche desshalb *Koch's*

*Flora germanica et helv.* und *Reichenbach's Flor. germ. excursoria.*

Man sammelt die ganze blühende Pflanze sammt der Wurzel als Bitteres Kreuzblumenkraut, *Herba Polygalae amarae.* Es ist dies Kraut fast geruchlos und hat einen starken rein bittern Geschmack; es wird als gelind reizendes und stärkendes, vorzüglich die Absonderungen der Schleimhäute und Nieren beförderndes Mittel bei verschiedenen Brustkrankheiten, besonders bei Schleimschwindsucht angewendet.

2. Art: *Polygala vulgaris Lin.* Gemeine Kreuzblume, Himmelfahrtsblümchen.

Wurzelblätter lanzettlich-spatelig, kleiner als die übrigen linealisch-lanzettlichen Blätter; die Flügel (oder innern Blätter) des Kelchs elliptisch, von der Länge der Blumenkrone, aber länger und breiter als die verkehrt-herzförmig-keilige Kapsel. *(Winkl. Arzneigew. Deutschl. Taf.* 175. *Fig. B.).*

Häufig auf trocknen Wiesen, Triften, Anhöhen und Waldwiesen durch ganz Europa ausdauernd. Aus der dünnspindeligen, schlänglich-gebogenen holzigen wenigästigen Wurzel entspringen mehre Stengel, welche mit ihrem ästigen Grunde niederliegen und dann aufsteigen, 6 Zoll hoch, dünn, schlank, stielrund oder schwachkantig, kahl oder kurzweichhaarig sind. Blätter abwechselnd, alle auseinander gerückt, die untern kleiner elliptisch in's Verkehrteirunde ziehend, die obern schmal lanzettlich. Die endständigen reichblütigen Trauben sind nach dem Verblühen einseitswendig. Die beiden innern und grössern Kelchblätter (Flügel) sind elliptisch in's Verkehrteirunde gehend, 3nervig, die Nerven an der Spitze durch eine schiefe Ader verbunden, die beiden seitlichen Nerven auswärts aderästig, die Adern zu Maschen vereinigt. Die meist kornblumenblauen doch bisweilen auch carminrothen oder weissen Blumenkronen haben eine pinselartig zerschlitzte Unterlippe. Die beiden seitlichen eirundlichen Deckblätter sind halb so lang als das Blütenstielchen. Der Fruchtknoten ist während der Blütezeit so lang wie der ihn tragende Stiel *(Gynophorum).* Die Frucht ist bald mehr keilförmig, bald mehr verkehrt-herzförmig, bald ziemlich kreisrund. Auch hierzu ziehen einige Botaniker als Abänderungen, was Andere für Arten halten. —

Man sammelt die Wurzel nebst den untern Theilen der Stengel als Gemeine Kreuzblumenwurzel, *Radix sive Radix cum Herba Polygalae vulgaris.* Sie ist, wie die ganze Pflanze ohne eigentliche Bitterkeit, besitzt aber in ihrer Rinde einen reizenden, Speichel erregenden Geschmack, dem sie einem der Gattung eigenthümlichen kratzenden Stoffe zu verdanken scheint. — Sie wird als ein wirksames Mittel bei verschiedenen Lungenkrankheiten empfohlen und scheint allerdings der Senegawurzel *(v. Polygala Senega)* ähnliche Eigenschaften zu besitzen. Früherhin ist diese Pflanze häufig als *Polygala amara* gesammelt worden, die eine gleichfalls ähnlich wirkende Wurzel hat. Die Wurzel der *Polygala comosa Schkhr.*, die mit voriger auf gleichen Stellen wächst ist nicht davon zu unterscheiden und besitzt auch gleiche Eigenschaften, wesshalb eine Verwechselung nicht schaden kann.

3. Art: *Polygala major Jacq.* Grosse Kreuzblume.

Wurzelblätter klein, verkehrt-eiförmig, die übrigen lanzettlich-linealisch; die innern Blätter des Kelchs (Flügel) elliptisch, kürzer als die Blumenkrone und fast doppelt so lang, wie die verkehrt-herzförmige am Grunde keilförmiggestielte Kapsel *(Reichenb. pl. crit. I. t. 27.)*.

Die Wurzel dieser auf trocknen Wiesen, Hügeln und Bergen im südlichen Europa, Oesterreich, Mähren, Ungarn u. s. w. wachsenden 8—16 Zoll hohen Pflanze, welche weit stärker als die von voriger Art ist und diese in ihren Eigenschaften und Wirkungen noch übertreffen soll, kommt im Arzneiwaarenhandel ebenfalls mit den untern Theilen der Stengel vor als Ungarische oder Grosse Kreuzblumenwurzel, *Radix Polygalae hungaricae sive Pol. majoris.*

4. Art: *Polygala Senega Lin.* Senega-Kreuzblume, Klapperschlangenwurzel, Senegapflanze.

Stengel mehre, aufrecht, einfach, stielrund; Blätter eirund oder elliptisch-lanzettlich, die obersten zugespitzt; Trauben endständig, fast ährig; die beiden innern Kelchblätter (Flügel) rundlich, schmäler als die rundlich-ovale, ausgerandete Kapsel; das untere Blumenblatt undeutlich gekämmt. *(Taf. 57.)*

Eine in den Gebirgswäldern von Nordamerika ausdauernd wachsende Pflanze. Die strohhalm- bis federkieldicke Wurzel ist in wenige starke Aeste getheilt. Meist entspringen mehre etwas schlaffe, aufrechte oder schiefe 9—16 Zoll hohe, einfache kraus-flaumhaarige Stengel aus einer Wurzel. Die abwechselnden Blätter stehen sämmtlich aus einander gerückt; die untersten sind klein schuppenförmig, oval, die folgenden bis gegen die Mitte des Stengels stehenden schmal-länglich und die obern grössten sind breitlanzettlich, an beiden Enden verschmälert, am Rande schärflich, 1—3 Zoll lang, $\frac{1}{3}$—fast 1 Zoll breit. Die endständige 1—$2\frac{1}{2}$ Zoll lange Blütenähre ist etwas nickend, schlaff und nicht sehr reichblütig. Die $1\frac{1}{2}$—2 Lin. langen Blüten sind weiss, rosenröthlich und grünlich; die Kelchflügel sind breiteirund bis fast kreisrund, fiedernervig, die Gabelenden der Nerven nicht zu Maschen vereinigt; die Unterlippe der Blumenkrone ist kammförmig getheilt. Die Kapseln sind kreisrund, vorn eingedrückt.

Von dieser Pflanze und vielleicht noch von einer ähnlichen rosenroth blühenden Art ist die Wurzel als Senega- oder Klapperschlangen-Wurzel, *Radix Senegae seu Polygalae virginianae*, officinell. Sie kommt in 2—3 Zoll langen, verschieden gekrümmten und gewundenen, wenig ästigen und schwachfaserigen graubraunen Stücken vor, welche oben gewöhnlich einen knorrigen Wurzelkopf tragen; die eine Seite der Wurzeläste ist gewöhnlich gewölbt, gliederartig-höckerig und runzelig, die entgegenstehende Seite dagegen in eine kielartige vorspringende Längskante zugeschärft. Die Wurzel hat einen schwachen Geruch, erregt aber beim Zerstossen heftiges Niessen: der Geschmack ist schwach bitterlich, reizend, speichelerregend und lange im Schlunde bleibend. Der wirksame Bestandttheil soll ein scharf-kratzender in Wasser unlöslicher (harziger?) Stoff, *Senegin*, sein. Die Senegawurzel gehört zu den wirksamen reizend-auflösenden, die Absonderung der Schleimhäute und die Thätigkeit der Lympfgefässe, sowie den Stoffwechsel befördernden Heilmitteln und wird bei manchen entzündungslosen Lungenleiden, bei Schleimflüssen des Unterleibs, bei Wassersuchten, Gicht und andern Krankheiten angewendet.

## Reihe 1. Nachtkerzenblütige: *Onagriflorae.*

### III. *Fam.*: Weiderichgewächse: *Lythrarieae.*

### 2. Abtheilung: *Granateae Reichenb. (Don.)*

### Gattung: *Punica Tournef.* Granatbaum.

*(Icosandria, Monogynia Lin. syst.)*

Kelch 5—10spaltig, meist 6spaltig, lederig. Blumenkrone 5—10blättrig, meist 6blättrig. Staubgefässe zahlreich, unverwachsen. Frucht kürbisartig, lederig, vom Kelche gekrönt, durch eine horizontale Scheidewand in 2 übereinander befindliche Kammern getheilt, davon die obere und weit grössere 5—9fächrig, die untere nur 3fächrig. Samen zahlreich, an den von den Wänden ausgehenden Samenhalter befestigt, beeren- oder richtiger steinfruchtartig, indem jeder Samen von einer fleischigen Samendecke (Mantel, *arillus*) eingeschlossen ist.

1. Art: *Puniça Granatum Lin.* Aechter Granatbaum.

Baumartig; Blätter länglich-lanzettlich und verkehrt-eiförmig-länglich. *(Taf. 58.)*

Ein 15—20 Fuss hoher Baum, welcher ursprünglich im nördl. Afrika einheimisch gewesen sein soll, jetzt aber in ganz Südeuropa, in der Levante und im ganzen Oriente bis nach Ostindien hin häufig kultivirt wird. Der aufrechte Stamm ist häufig sehr unregelmässig und stark verästet, so dass er nicht selten auch sogar strauchartig erscheint. Die Rinde des Stammes und der alten Aeste ist braun in's Graue ziehend, an den jungen Aesten röthlich. Blätter kurzgestielt, gegenständig, zuweilen fast büschelartig genähert, länglich-lanzettlich, die untern breiter, verkehrt-eirundlänglich, spitzlich, stumpf oder auch ausgerandet, $1\frac{1}{4}$—$2\frac{1}{2}$ Zoll lang, 5—10 Lin. breit, kahl und glänzend. Blüten an den Enden der Aestchen sehr kurz gestielt, einzeln oder einige beisammen, gross. Kelch glänzend und dunkelscharlachroth; Zipfel meist 6, doch auch 5 oder 8, dick, fleischig-lederig, eiförmig oder halblanzettlich, vorn in ein kleines fleischiges Höckerchen endigend. Blumenblätter so viel als Kelchzipfel, gross, verkehrt-eiförmig, etwas wogig-gebogen schön scharlachroth. Staubgefässe kürzer als der Kelch, auf rothen Staubfäden gelbe Staubbeutel. Der etwas gekrümmte Griffel ist kaum so lang als die Staubgefässe und trägt eine niedergedrückt-knopfige Narbe. Die etwas niedergedrückt-kugeligen Früchte halten 3—4, nicht selten sogar bis 6 Z. im Durchmesser, sind durch die Kelchröhre und die aufrechten Kelchzipfel schön gekrönt, hart-lederartig, grünroth, hochroth oder blutroth; zwischen den schöngelbrothen und häutigen Scheidewänden befinden sich die sehr zahlreichen Samen dicht beisammen, so dass sie den Raum der Frucht ganz ausfüllen. Die Samen sind eirundlich-länglich und unregelmässig-eckig, fleischroth, fast durchsichtig und glänzend. — Man gebraucht die Wurzelrinde des Granatbaums, *Cortex radicis Granati sive Mali punicae*; die Rinde der Frucht, *Cortex Granati sive Malicorii* und die Granatblüten, *Flores Balaustiorum vel Granatorum.* — Die Granatwurzelrinde kommt in 2—4 Zoll langen und $\frac{3}{4}$—1 Zoll breiten, ziemlich dünnen, gebogenen Stücken vor, welche aussen gelb-grau und schmutzig-grün gefleckt oder grau-bräunlich, und innen blass-gelblich sind; sie schmeckt bitterlich-herbe, färbt den Speichel gelb und enthält Gerbstoff, Gallussäure, Harz und ausser noch einigen andern einen eigenthümlichen krystallinischen, *Granatin* genannten, Stoff. Sie war schon in alten Zeiten gegen den Bandwurm gerühmt und ist auch in neuern Zeiten mehrmals mit dem besten Erfolge angewendet worden; doch wird sie häufig durch die Rinde des Sauerdorns, *Berberis vulgaris Lin.* und des Buxbaums, *Buxus sempervirens Lin.* verfälscht, und daher mag zum Theil auch die Klage über Unwirksamkeit kommen. — Die Rinde der Frucht, *Cortex Granatorum sive Psidii*, *Malicorium*, Granatschalen, kommen in gebogenen, oft den vierten Theil der Fruchtschale ausmachenden, oft zerbrochenen, gegen 1 Lin. dicken Rücken vor, die aussen heller oder dunkler braun, innen gelb sind. Sie haben einen sehr herben Geschmack und werden in Pulver oder Abkochung als tonisch-adstringirendes Mittel angewendet. Dies gilt auch von den Granatblumen, welche man aber heutzutage nur noch selten zu zusammenziehenden Gurgelwässern gebraucht. Die sonst gebräuchlichen Samen sind jetzt ganz absolet.

### 110. *Fam.*: Nachtkerzen: *Onagraceae.*

Sträucher oder häufiger Kräuter, mit ganzen, nur selten fiederspaltigen Blättern ohne Nebenblätter. Blüten einzeln in den Blattachseln oder in endständigen Aehren oder Trauben. Kelch mit dem Fruchtknoten verwachsen; Kelchsaum 4theilig. Blumenblätter 4, selten auch nur 2 oder 3, selten fehlend; in der Knospe gedreht. Staubgefässe in derselben oder doppelten Anzahl, in welcher die Blumenblätter vorhanden sind; Staubbeutelfächer anliegend, der Länge nach sich öffnend. Fruchtknoten meist 4fächrig, mit einer Scheibe gekrönt. Die Frucht ist eine Kapsel oder Beere, selten ziemlich steinfruchtartig, 4fächrig, vielsamig, selten wenigsamig. — Aus dieser Familie sind jetzt keine Gewächse als Arznei gebräuchlich.

*Circaea lutetiana Lin.* Gemeines Hexenkraut, ein ausdauerndes Gewächs in schattigen Laubwäldern, dessen Blätter als *Folia Circaeae* zum Zertheilen und Erweichen besonders von Condylomen gebraucht und gerühmt wurden.

*Epilobium angustifolium Lin.* Schmalblättriges Weidenröschen, St. Antons Kraut, eine auf Felsen und sonnigen Stellen, besonders in Bergwäldern wachsende ausdauernde Pflanze, welche durch ihre lange aufrechte reichblütige Traube mit carminrothen Blumen sich auszeichnet. Sonst waren die Wurzel und Blätter,

*Radix et Herba Lysimachiae Chamaenerion*, als erweichende und zertheilende Mittel in Anwendung. Die Kamtschadalen geniessen das Kraut sowohl als Gemüse, als auch als Thee (Kurilischer Thee).

*Oenothera biennis Lin.* Gemeine Nachtkerze, Garten-Rhapontika, Rapunzel, eine aus Nordamerika stammende, in Deutschland häufig angebaute und überall verwilderte zweijährige Pflanze, deren Wurzel als Salat und Gemüse gegessen wird, früherhin aber auch unter den Namen *Radix Onagrae sive Oenotherae s. Rapunculi* als eröffnendes und reinigendes Heilmittel nebst den Blättern angewendet ward.

Von der Gemeinen Wasser- oder Stachelnuss, *Trapa natans Lin.*, waren die Früchte, die man auch gekocht isst, sonst als *Nuces aquaticae vel Semina Tribuli aquatici* offizinell.

109. *Fam.:* Halorageen: *Halorageae.* enthält keine heilkräftigen Gewächse.

## Ordn. 2. Aehnlichblütige: *Confines.*

### Reihe 2. Rosenblütige: *Rosiflorae.*

### 108. *Fam.:* Rosaceen: *Rosaceae.*

#### Abtheilung: Pomaceen: *Pomaceae.*

Sträucher oder Bäume mit abwechselnden ganzen oder seltner fiederschnittigen Blättern und unverwachsenen Nebenblättern, welche meist nebst den Deckblättern hinfällig sind. Die Blüten stehen in endständigen Trauben, nur seltner einzeln. Die Kelchröhre ist glocken- oder krugförmig, fleischig, den Fruchtkarpellen angewachsen; Kelchsaum 5theilig. Blumenblätter 5, wie die Kelchzipfel in der Knospe geschindelt. Staubgefässe zahlreich. Karpelle 5 oder selten durch Fehlschlagen nur 2 oder 3. — Eichen aufsteigend, gewöhnlich gepaart neben einander. Die Apfelfrucht geschlossen oder selten an der Spitze geöffnet, 1—5fächrig; Fachwände pergamentartig oder sehr hart und dann geschlossen bleibend. Samen 1 oder 2, nur selten mehre in jedem Fache.

Gattung: *Cydonia Tournef.* Quittenbaum. *(Icosandria, Pentagynia Lin. syst.)*

Kelchsaum 5theilig, mit blattartigen, gesägten Zipfeln. Blumenblätter 5. Griffel 5. Apfelfrucht geschossen, 5fächrig; Fächer pergamentartig, vielsamig. Samen aussen schleimig.

1. Art: *Cydonia vulgaris Pers.* Aechter Quittenbaum, Quittenapfel- oder Quittenbirnbaum.

Blätter eiförmig, ganzrandig, unterseits gleich den Kelchen filzig. *(Taf. 59.)*

Ein im südlichen Europa einheimischer, nur 12 — 15 F. hoher Baum oder Strauch, der jetzt auch, da man ihn nicht selten in den Gärten cultivirt, im mittlern Europa in Zäunen und Gebüschen verwildert angetroffen wird. Von den abstehenden Aesten sind die jüngern weissfilzig. Blätter kurzgestielt, eirund oder länglich-oval, bisweilen am Grunde etwas herzförmig oder auch verkehrt-eiförmig, vorn stumpf oder nur kurz zugespitzt, 2 — 3½ Zoll lang und 1½—2½ Zoll breit, im jungen Zustande auf der Oberseite flockig-weichhaarig, später kahl, unterseits stets graulich-filzig. Nebenblätter eiförmig, drüsig, gezähnelt. Blüten einzeln am Ende der Triebe auf kurzen Stielen. Kelchröhre dichtfilzig; Kelchzipfel zurückgeschlagen, eirund-länglich, spitzig, kleingesägt, unterseits drüsig. Blumenkrone gegen 2 Zoll im Durchmesser; Blumenblätter weisslich-rosenroth, verkehrteiförmig-rundlich, zurückgedrückt, am Grunde bärtig. Früchte gross, rundlich und apfelartig oder länglich und ziemlich birnförmig, citrongelb, anfangs durchaus, späterhin nur stellenweis von einem lockern graulichen Filze bedeckt. Die braunrothen, eirund-länglichen, breitgedrückten Samen sind von einem schleimigen Marke umgeben.

Gebräulich sind sowol die Früchte, Quitten, *Cotonea vel Cydonia vel Fructus Cydoniae*, als auch häufiger die Samen, *Semen Cydoniorum*, Quittenkerne. Die Quitten riechen eigenthümlich angenehm, schmecken aber herb oder zusammenziehend-süsslich oder säuerlich; man bereitet aus ihnen Syrup, Conserve u. s. w. und wendet diese Präparate als kühlende, einhüllende aber zugleich als etwas adstringirende Mittel an. Die Quittenkerne werden zur Bereitung des Quittenschleims benutzt, welcher bei Augenentzündung häufige Anwendung findet.

## Gattung: *Pyrus Lin.* Kernobstbaum.
*(Icosandria, Pentagynia Lin. syst.)*

Kelchsaum 5theilig, verwelkend. Blumenblätter 5. Griffel 5 (seltner 2 oder 3). Apfelfrucht geschlossen, meist 5fächrig. Fächer knorpelig-pergamentartig, zweisamig. Samen aussen nicht schleimig.

1. Art: *Pyrus Malus Lin.* Apfelbaum.

Blätter eiförmig, spitz oder kurz zugespitzt, stumpf gesägt (oder gekerbt), kahl oder unterseits weichfilzig; Blüten fast doldig, kurzgestielt. *(Taf. 60.)*

Der wilde Apfelbaum findet sich in Wäldern durch ganz Europa verbreitet und wird häufig in zahlreichen Abänderungen, vorzüglich hinsichtlich der Früchte cultivirt. Die Blätter sind breit eiförmig, oder eirund-länglich, kerbiggesägt, mit einwärts gebogenen, ein Drüschen tragenden Sägezähnen, 2—3mal länger als die Blattstiele, entweder nebst den Blütenstielen und Kelchen weichhaarig-filzig oder gleich diesen schon im jungen Zustande kahl. Blüten zu 3- bis 6 doldigbeisammen, aussen rosenroth, innen weiss. Kelch kreiselförmig mit lanzettlichen zugespitzten Zipfeln. Früchte kugelrundlich-niedergedrückt, an beiden Enden trichterförmig vertieft. — Früher war die Rinde des wilden Apfelbaums, *Cortex Mali sylvestris*, gegen Wechselfieber in Anwendung. Jetzt sind nur die säuerlichen Früchte (Borsdorfer- und Reinetten-Aepfel) *Poma acidula*, zur Bereitung des Aepfelsauern Eisenextracts und der apfelsauern Eisentinktur im Gebrauche.

Vom wilden Birnbaume, *Pyrus communis Lin.*, wurden die Früchte, Holzbirnen, *Fructus Pyri sylvestris*, welche sehr herb und adstringirend sind, besonders bei Durchfällen gebraucht und sind noch jetzt ein Volksmittel. Dasselbe gilt auch von den Mispeln und deren Samen, *Fructus et Semen Mespili*, welche der Mispelstrauch, *Mespilus germanica Lin.* trägt.

Von *Sorbus Aria Crantz. (Crataegus Aria Lin.)* wurden die Früchte, Arolsbeeren oder Mehlbirnen, *Baccae Sorbi alpini*, bei Brustkrankheit, Durchfällen und Ruhren gebraucht. Ebenso war es mit den Elsebeeren oder Darmbeeren, *Baccae Sorbi torminalis*, welche *Sorbus torminalis Crantz. (Crataegus torminalis Lin.)* trägt. — Die Früchte der Gemeinen Eberesche, *Sorbus Aucuparia Lin.*, Ebsch- oder Speierling-Beeren, *Baccae Sorbi Aucupariae*, dienten als Ekel und Brechen erregendes, aber auch Harn treibendes Mittel. — Die birnförmigen Früchte der Zahmen Eberesche, *Sorbus domestica Lin.*, welche erst durch längeres Liegen essbar und wohlschmeckend werden, waren sonst als *Baccae Sorbi domesticae sive sativae* gegen Durchfälle und Ruhren im Gebrauche.

Von *Crataegus Oxyacantha Lin.*, dem Gemeinen Weissdorn, Mehlfässchenstrauch, waren ehedem die Blätter, Blumen und Früchte, *Folia, Flores et Baccae Spinae albae seu Oxyacanthae*, als gelind adstringirende Mittel in Anwendung.

### Abtheilung: Eigentliche Rosen: *Rosae genuinae.*

Sträucher mit meist stachligem Stengel und fiederschnittigen (gefiederten gleichenden) Blättern und dem Blattstiele angewachsenen Nebenblättern. Blüten zwitterig, endständig, gehäuft oder einzeln. Kelchröhre fleischig, mit 5, oft fiederschnittigen Kelchzipfeln. Nüsschen in dem beerenartig-fleischigen Kelch eingesenkt. Samen aufgehängt.

### Gattung: *Rosa Tournef.* Rose, Rosenstrauch. *(Icosandria Polygynia Lin. syst.)*

Kelchröhre krugförmig, die Fruchtknoten enthaltend; Kelchsaum 5theilig. Blumenblätter 5. Staubgefässe zahlreich. Pistille zahlreich; die Narben aus dem Kelchschlunde hervorragend. Nüsschen zahlreich, von der beerenartig-fleischig gewordenen Kelchröhre umschlossen.

#### 1. Art: *Rosa centifolia Lin.* Centifolie oder Hundertblättrige Rose.

Stacheln zahlreich, fast gerade, am Grunde nur wenig verbreitert. Blätter unpaarig-fiederschnittig: Abschnitte kurzgestielt, eiförmig oder elliptisch-oval, unterseits weichhaarig, am Rande einfach gesägt und drüsig; Blattstiele, Blütenstiele und Kelche drüsig-borstig, klebrig; Kelchzipel fiederspaltig, abstehend; Fruchtkelche eirund, breiig. *(Taf. 61.)*

Das Vaterland dieses seit den ältesten Zeiten häufig und in vielen Spielarten kultivirten Rosenstrauchs ist wahrscheinlich der Orient, in den Wäldern am Kaukasus soll die einfache 5blättrige Rose vorkommen. Die kahlen Aeste sind mit zahlreichen, am Grunde breitern, nur wenig zurückgebogenen Stacheln besetzt. Die drüsig-borstigen, fast stachellosen Blattstiele tragen 5 oder 7 kurzgestielte Blättchen (Blattabschnitte) und an den Seiten angewachsene Nebenblätter mit einer freien lanzettlichen Spitze. Die Blumen stehen zu 2—3 auf ziemlich langen, mit rothen Drüsen besetzten Stielen, welche nebst den Kelchen klebrig sind. Die verkehrt-eiförmige Kelchröhre hat 5 eilanzettliche, langzugespitzte, ganze oder fiederspaltige Zipfel mit linealischen Lappen, Die Blumenblätter haben die eigentliche rosenrothe Färbung, jedoch bald blässer bald dunkler. Die rothen Fruchtkelche stehen aufrecht. — Arzneilich benutzt man die Blumenblätter der Centifolie, *Flores Rosarum pallidarum sive incarnatarum*; sie haben einen anfangs süsslichen, später bitterlich herben Geschmack und wirken gelind adstringirend und reizend; man bereitet mit ihnen Rosenwasser, Rosenessig, Rosenhonig u. s. w.

2. Art: *Rosa gallica Lin.* Französische oder Apothekerrose, Essigrose.

Stacheln ungleich, die grössern etwas sichelig, die kleinern borstenförmig mit vielen Drüsenborsten untermischt; Blätter unpaarig-fiederschnittig: Abschnitte länglich-elliptisch, am Grunde schwach herzförmig, etwas lederartig, einfach gesägt und drüsig. Blütenstiele und Kelche drüsig-borstig; Früchte fast kugelig. (*Taf.* 62.)

Dieser Rosenstrauch, welcher gleichfalls in zahlreichen Spielarten kultivirt wird, wächst auf sonnigen Bergen im südlichen Europa. Die aus der kriechenden Wurzel entspringenden jungen Stengel sind mit vielen rothen Drüsenborsten und dünnen fast geraden sowie mit grössern schwach gekrümmten Stacheln besetzt; an den alten Stengeln und Aesten stehen die stärkern Stacheln weit einzelner. Uebrigens hat diese Art mit der vorigen viel Aehnlichkeit, nur haben die Blätter eine festere Consistenz, die Blumenblätter sind meist dunkelroth, die Kelchröhre ist dünner und länger, die Kelchzipfel schlagen sich später zurück und die rundlichen Fruchtkelche sind mehr lederartig. — Die stärker adstringirenden Blumenblätter, *Flores Rosarum rubrarum*, werden wie die voriger Art, doch meist zu Rosenessig benutzt.

3. Art: *Rosa moschata Mill.* Bisam-Rose.

Stacheln zerstreut, zurückgekrümmt; Blattstiele drüsig-weichhaarig und stachelig; Blätter unpaarig-fiederschnittig: Abschnitte eiförmig und eirundlich-länglich, zugespitzt, einfach gesägt, glänzend, fast kahl, unterseits seegrünlich; Doldentrauben vielblütig; Blütenstiele und Kelche schwach filzig weichharig; Früchte eirund. (*Taf.* 63.)

Ein im nördlichen Afrika, Kleinasia und überhaupt im südlichen Asia einheimischer, 8—12 Fuss hoher Strauch oder auch bis 30 Fuss hoher Baum, dessen Aeste mit einzelnen starken, am Grunde verdickten nnd zusammengedrückten Stacheln und gegen ihre Spitze hin mit Drüsenborsten besetzt sind. Die gefiederten Blätter tragen 7 oder 5 ganz kahle Abschnitte oder Blättchen. Die linealischen zugespitzten Nebenblätter sind nach vorn gezähnt. Blüten sehr zahlreich beisammen, weiss, auf drüsenhaarigen Stielen. Kelchröhre verkehrt-eiförmig, mit schmal lanzettlichen, ganz oder halbfiederspaltigen am Rande drüsigen Zipfeln. Griffel unter einander verbunden. In Nordafrika, in Persien und im Oriente, in Südasia und in China kultivirt man diesen sehr stark riechenden Rosenstrauch um davon das ätherische Rosenöl, *Oleum Rosarum turcicum*, zu bereiten.

Das Verfahren bei der Gewinnung des Rosenöls ist in verschiedenen Gegenden verschieden. Es geschieht durch eine mehr oder minder vorsichtige Destillation; es sollen 600 Pfund Rosenblätter nicht viel über eine Unze Rosenöl geben. Da das chinesische mittelst Sesamsamen, die man befeuchtet hat und zwischen welche die Rosenblätter gelegt werden, bereitet wird, so enthält es etwas fettes Oel zugleich.

4. Art: *Rosa canina Lin.* Hundsrose. Hagbuttenrose. Hagrose.

Stacheln ziemlich gleich, derb, sichelförmig, zerstreut; Blätter auf stacheligen Stielen, mit eiförmigen oder elliptischen scharf gesägten Abschnitten (Blättchen), und zusammenneigenden Sägezähnen; Blütenstiele und Kelche kahl. Kelchzipfel fiederspaltig zurückgeschlagen; Früchte eiförmig. — Dieser bekannte und gemeine, auf sonnigen Hügeln und Rainen, an Wegen und Waldrändern häufig wachsende Strauch lieferte ehedem die Wurzelrinde und die Blumenblätter, *Cortex radicis et Flores Rosae sylvestris* sowie die Früchte oder Haghutten, Hahnebutten und deren Samen, *Fructus et Semen Cynosbati* in die Officinen. Auch die Schlafäpfel, Schlafkunzen, Rosenschwämme, *Bedeguar sive Spongia Cynosbati*, das sind die schwammigen mit grünen und rothen verworrenen Haaren besetzten bekannten Auswüchse an den Zweigen, welche durch den Stich entstehen, welche die Rosenwespen, *Cynips Rosae Lin.* und *Cynips Brandtii Ratzeb.* behufs des Eierlegens hinein machen, kommen davon her. Sie waren sonst gegen Wasserscheu, Diarrhöen, Ruhren, Fieber etc. berühmt und sollten schon Schlaf hervorbringen, wenn man sie unter die Kopfkissen der Kinder legte.

Abtheilung: Agrimonieen: *Agrimonieae.*

*Agrimonia Eupatoria Lin.* Gemeiner Odermennig, Ackermennig, Leberklette. (*Hayne, Arzneigew. II. t.* 19.) Eine auf trocknen Wiesen, Ackerrainen und Hügeln in ganz Deutschland wachsende ausdauernde rauhhaarige Pflanze, deren Kelchröhre mit hakigen Borsten besetzt ist, die 5 Blumenblätter, 10 — 15 Staubgefässe, 2 Griffel und 1 oder 2 von dem verhärteten Kelche eingeschlossene Nüsschen hat. Die unterbrochen fiederschnittigen Blätter haben elliptisch-längliche, spitze, grob- und eingeschnitten-gesägte Abschnitte. Die anfangs ziemlich gedrängten Blütenähren verlängern sich später sehr und werden unterbrochen. Die gelben Blumen sind klein und die Fruchtkelche verkehrt kegelförmig. Sonst war das Kraut *Herba*

*Agrimoniae sive Lappulae hepaticae s. Eupatorii veterum*, gebräuchlich und wurde bei Erschlaffung und Trägheit der Verdauungsorgane bei Harnkrankheiten und als Wundmittel angewendet.

### Abtheilung: Potentilleen: *Potentilleae.*

#### 1. Unterabtheilung: Spiräeen: *Spiraeeae.*

#### Gattung: *Spiraea L.* Spierstaude.
*(Icosandria, Polygynia Lin. syst.)*

Kelch 5spaltig, bleibend. Blumenblätter 5. Staubgefässe zahlreich. Karpelle 5 — 15, gesondert. Balgkapseln 2 — 6samig.

*Spiraea Aruncus Lin.* Waldspierstaude, Waldgaisbart. Eine 3—6 Fuss hohe Staude in feuchten Bergwäldern Europas. Die Blätter sind fast 3fach-fiederschnittig mit eirund-länglichen, zugespitzten, doppelt- und scharfgesägten Abschnitten (Blättchen). Die sehr zahlreichen gelblichweissen kleinen Blüten stehen in Aehren, welche gemeinschaftlich eine grosse schöne Rispe bilden. Sonst waren die Wurzel, Blätter und Blüten, *Radix*, *Folia et Flores Barbae caprae*, als tonische, gelind zusammenziehende Mittel in Fiebern gebräuchlich.

*Spiraea Ulmaria Lin.* Ulmen- oder Sumpf-Spierstaude, Wiesenkönigin. Eine auf nassen Wiesen, an Gräben und unter Gebüsch in Europa und Nordasia gemeine Staude mit unterbrochen-fiederschnittigen Blättern, deren ungleich-eiförmige spitzige Abschnitte, von denen der oberste 3 — 5lappig ist, unterseits weissfilzig und bei einer Abänderung *(var. denudata)* auch kahl sind. Die weissen Blüten stehen in einer sprossenden Trugdolde und riechen nicht unangenehm süsslich. Die Karpelle sind zusammengedreht. Sonst waren die Wurzel, die Blätter und Blüten, *Radix*, *Herba et Flores Ulmariae vel Reginae prati, vel Barbae seu Barbulae caprinae*, gebräuchlich und neuerdings hat man das Kraut wieder empfohlen. Es ist gelind adstringirend.

*Spiraea Filipendula Lin.* Knollige Spierstaude, Rother Steinbrech, Filipendelwurz. Eine Staude auf trocknen Wiesen in Europa und Asia. Der fast senkrechte Wurzelstock ist unten fast abgebissen und wie die zahlreichen starken Fasern, von denen einige sich gegen ihre Spitze zu länglichen Knollen verdicken, dunkelbraun. Die unterbrochen-fiederschnittigen Blätter haben längliche, fiederspaltig eingeschnittene Abschnitte mit gesägten Lappen und sind sehr zierlich. Die für diese Gattung ziemlich grossen weissen Blüten stehen in sprossenden Trugdolden. Die zahlreichen Karpelle sind gerade und kurz behaart. — Sonst waren die Wurzel, die Blätter und Blüten, *Radix, Herba et Flores Filipendulae seu Saxifragae rubrae*, wie die der ersten Art (*Sp. Aruncus*) in Anwendung.

2 Unterabtheilung: Rubeen: *Rubeae Rchb.* (*Fragariaceae Alior.*)

Gattung: *Rubus (Tournef.) Lin.* Bromm- und Himbeerstrauch.

(*Icosandria, Polygyuia Lin. syst.*)

Kelch 5theilig, ohne Deckblättchen. Blumenblätter 5. Staubgefässe und Pistille zahlreich. Griffel fast-endständig, abfallend. Steinfrüchtchen zahlreich, zu einer falschen Beere gehäuft und verwachsen, von dem saftlosen kegelförmigen Fruchtboden vereinigt abfallend.

1. Art: *Rubus Idaeus Lin.* Aechter Himmbeerstrauch.

Stengel stielrund, schwach bereift, mit feinen Stacheln besetzt; Blätter unterseits weissfilzig, an den jungen noch unfruchtbaren Trieben 5—7 zählig - fiederschnittig, an den zweijährigen fruchttragenden holzigen Stengeln 3zählig-geschnitten. Blütenstiele doldentraubig, filzig; Blumenblätter fast keilförmig, aufrechtstehend, hinfällig. (*Taf.* 64.)

Ein 3—6 Fuss hoher Strauch mit einer weit unter dem Boden hinkriechenden Wurzel, die überall Stengel hervor treibt. In Gebüschen und Wäldern in Europa und Nordasia gemein. Dieses bekannte und wegen seiner angenehm süsssäuerlichen Früchte in Gärten häufig und in verschiedenen Abänderungen der Farbe derselben cultivirte Gewächs liefert die Himmbeeren, *Baccae Rubi Idaei*, von denen der *Syrupus Rubi Idaei* bereitet und als kühlendes Getränk in entzündlichen Krankheiten und hitzigen Fiebern angewendet wird.

2. Art: *Rubus fruticosus Lin.* Brommbeer- oder Kratzbeerstrauch.

Stengel 5eckig, gefurcht, kahl; Stacheln zerstreut; Blätter 5- oder 3zählig-schnittig; Abschnitte (Blättchen) oval oder verkehrt-eirund-länglich, zugespitzt, unterseits weissfilzig; Rispen zusammengesetzt, verlängert; Fruchtkelch zurückgeschlagen. (*Taf.* 65.)

Ein in Europa und Nordasia häufig in trocknen Wäldern, sonnigen Stellen und Hecken wachsender Strauch, aus dessen Wurzel zahlreiche Stengel hervorkommen, von denen die unfruchtbaren 10—15 Fuss und darüber lang werden, herabgebogen oder niederliegend und die blühenden und fruchttragenden mehr aufgerichtet sind. Die jungen Triebe wie die ältern holzigen Stengel sind mit zahlreichen lanzettlichen Stacheln besetzt, die eine breite Basis haben. Von den 5 oder 3 Blattabschnitten ist das äusserste lang- und die übrigen kurzgestielt, die Blattstiele mit gekrümmten Stacheln besetzt. Die Rispenstiele sind filzig-weichhaarig und entweder unbewehrt oder mit einzelnen kleinen Stacheln versehen. Die weissfilzigen Kelche haben eiförmige, zugespitzte Zipfel. Die verkehrt-eirunden Blumenblätter stehen ausgebreitet und sind weiss oder blassrosenroth. Die Früchte haben anfangs eine rothe, später eine schwarze stark glänzende Farbe. *Weihe* und *Nees von Esenbeck* haben in ihrer Monographie (Die deutschen Brommbeersträucher. Elberfeld 1822—27.) sehr viele Abänderungen als Arten dargestellt. Gebräuchlich sind die reifen Früchte, *Baccae Rubi fruticosi seu vulgaris sive nigri*, *Mora Rubi*, ähnlich wie die Himmbeeren, stehen diesen aber an Wohlgeschmacke nach und sind, besonders in nördlichen Gegenden, wo die Maulbeeren *(Mora)* nicht reif werden, zur Bereitung eines Zuckersaftes, *Syrupus Rubi fruticosi*, statt des Maulbeersyrups gebräuchlich.

Von *Rubus arcticus Lin.* (Nordische Himmbeere) einem niedrigen, nur 3—5 Zoll hohen Strauche im nördlichsten Europa, Sibirien und Canada sollen die Früchte noch weit gewürzhafter und wohlschmeckender sein als die Himbeeren, und sind in Nordeuropa als *Baccae nordlandicae* officinell.

Ein Gleiches gilt von den Früchten von *Rubus Chamaemorus Lin.* (Torfbeere, Multebeere) der in denselben Gegenden einheimisch ist, doch auch in den Sudeten vorkommt. Die Beeren heissen *Baccae Chamaemori*.

### 3. Unterabtheilung: Dryadeen: *Dryadeae*.

### Gattung: *Geum Lin.* Nelkenwurz.

*(Icosandria, Polygynia Lin. syst.)*

Kelch 5theilig, mit 5 angewachsenen Deckblättchen. Blumenblätter 5. Staubgefässe zahlreich. Pistille zahlreich, langgeschnabelt, Griffel auf dem Schnabel eingelenkt, abfallend. Fruchtboden kegelförmig, walzig, schwammig.

Nüsschen (Karyopsen) spindelförmig, in eine lange hakige Granne endigend.

1. Art: *Geum urbanum Lin.* Aechte Nelken- oder Benediktwurz, Garaffel- oder Karniffelwurz.

Wurzelblätter leierförmig-fiederschnittig; Stengelblätter 3schnittig; Blüten aufrecht; Blumenblätter verkehrt-eirund, ausgebreitet; Fruchtkelch zurückgeschlagen; Fruchtschnabel unten fein behaart, viermal länger als der Griffel. (*Taf.* 66.)

Dieses ausdauernde Gewächs findet sich in Laubwäldern, Gebüsch, Hecken und unter Weidenbäumen in und an den Dörfern ziemlich häufig durch ganz Europa. Der kurze, meist schiefe, unten wie abgebissene, innen röthliche, aussen braune Wurzelstock ist mit zahlreichen langen und starken Fasern besetzt. Der Stengel ist 1—3 Fuss hoch, nach oben ästig. Die langgestielten Wurzelblätter werden $2\frac{1}{2}$—4 Zoll lang, sind fast kahl oder behaart; die Abschnitte sind ungleich und kerbig-gezähnt, der endständige ist rundlich, stets 3lappig, unter ihm befinden sich noch 2 oder 3 Paar an Grösse abnehmende verkehrt-eiförmige und einige kleine Abschnitte. Die untern stengelständigen Blätter haben höchstens 5 Abschnitte, die obern sind kürzer gestielt, nur 3spaltig, die obersten endlich einfach, aber durch die stengelumfassenden Nebenblätter, die Blattabschnitten ziemlich gleichen scheinbar sitzend-3lappig. Die kleinen gelben Blüten stehen auf langen zottig-weichhaarigen Stielen. Zwischen den eirund-länglichen 5 Kelchzipfeln stehen 5 viel kleinere lineaлische Deckblätter. Die Karyopsen sind steifhaarig. — Offizinell ist die Wurzel, *Radix Caryophyllatae*, Nelkenwurz, Benediktwurz. Sie hat einen bitterlich herben Geschmack und einen schwachen nelkenähnlichen Geruch und ist ein vortreffliches bitter-adstringirendes, etwas aromatisches Heilmittel gegen Durchfälle, Wechselfieber, typhöse und Faulfieber, scheint aber nicht hinreichend beachtet und häufig angewendet zu werden. Die Landleute benutzen sie oft und lassen auch Branntwein darüber digeriren.

Von *Geum rivale Lin.* Wasser-Nelkenwurz, das auf nassen Wiesen und an Gräben überall wächst, war sonst die Wurzel, *Radix Caryophyllatae aquaticae* gebräuchlich.

Gattung: *Tormentilla Tournef.* Tormentille.
(*Icosandria, Polygynia Lin. syst.*)

Kelch 4theilig, mit 4 angewachsenen Deckblättchen. Blumenblätter 4. Staubgefässe zahlreich. Pistille zahlreich.

mit abfallendem Griffel. Nüsschen (Karyopsen) klein, runzelig, auf trocknem Fruchtboden.

I. Art: *Tormentilla erecta Lin.* Gemeine Tormentille, Ruhrwurz oder Blutwurz, Siebenfingerkraut.

Stengel aufsteigend oder aufrecht, bisweilen fast gestreckt; Blätter 3schnittig, die stengelständigen sitzend; Nebenblätter fingerspaltig; Blütenstiele einzeln achselständig. *(Taf. 67.) Syn.: Potentilla Tormentilla Schrank.*

Häufig auf feuchten und torfigen Wiesen durch ganz Europa ausdauernd. Wurzelstock walzlich-knotig schief, dick mit starken Fasern besetzt, schwarzbraun, innen gelblichweiss und auf dem Querschnitte mit einem röthlichen fünfstrahligen Sterne gezeichnet. Mehre, bisweilen sogar zahlreiche Stengel kommen aus einer Wurzel hervor, sind 6—12 Zoll lang, dünn, geschlängelt, weissroth, gewöhnlich in einem Kreise ausgebreitet und aufsteigend, häufig auch aufrecht. Wurzelblätter langgestielt, gewöhnlich 5zählig-geschnitten, doch auch nur 3zählig oder 3lappig. Die stengelständigen Blätter sitzend, stets 3zählig-geschnitten mit verkehrt-eiförmigen, länglich- oder lanzettlich-keilförmigen, gegen den Grund ganzrandigen, übrigens eingeschnitten-gesägten Abschnitten. Die 3—7theiligen sitzenden Nebenblätter haben lanzettliche Lappen. Die kleinen schöngelben Blumen stehen auf aufrechten Stielen. Die 4 Deckblättchen zwischen den Kelchzipfeln sind lanzettlich. Die schwachrunzeligen Früchtchen stehen auf einem behaarten Fruchtboden. — Die gebräuchliche Wurzel, *Radix Tormentillae sive Heptaphylli*, ist im getröckneten Zustande geruchlos, und schwach-rosenartig auf einem neuen Durchschnitte; der Geschmack ist stark herbe-zusammenziehend, von dem bedeutenden Gehalte an eisengrünenden Gerbstoff herrührend. Man wendet die Wurzel im Aufgusse oder im Extracte an gegen Durchfälle und Ruhr, Schleim- und Blutflüsse.

*Potentilla Anserina Lin.* Gänsefingerkraut, überall auf feuchten Triften und an Wegen wachsend, lieferte sonst *Radix et Herba Anserinae sive Argentinae*, und ist gelind-tonisch und zusammenziehend.

*Potentilla reptans Lin.* Kriechendes Fünffingerkraut, mit voriger Art an gleichen Orten und besonders an Gräben vorkommend, gab ehedem *Radix et Herba Pentaphylli s. Quinquefolii*, die mit voriger gleiche Anwendung gegen Durchfälle u. s. w. fand.

*Comarum palustre Lin.* Sumpf-Siebenfingerkraut, Blutauge, auf sumpfigen Torfwiesen, ausgezeichnet durch die dunkelrothen Blumen und einen schwammigen fast kugelrunden Fruchtboden, lieferte früher *Radix et Herba Pentaphylli s. Heptaphylli aquatici*, welche gleiche Wirkungen wie vorhergehende Arten haben.

*Fragaria vesca Lin.* Gemeine Erdbeere, Walderdbeere. Diese bekannte nnd beliebte Pflanze lieferte sonst ausser ihren wohlschmeckenden falschen Beeren (denn der Fruchtboden ist beerenartig geworden) *Baccae Fragariae*, denen man auch Heilkräfte gegen Gicht, Unterleibsstockungen, Schwindsucht und besonders gegen Nieren- und Blasensteine zuschrieb, *Radix et Herba Fragariae* für die Offizinen; sie sind gelind zusammenziehend; die getrockneten Blätter schmecken im Aufgusse ähnlich wie der chinesische grüne Thee. *Fragaria elatior Lin.* Die Grosse Walderdbeere findet sich besonders in Bergwäldern und wird neben den ausländischen Arten in Gärten häufig cultivirt.

## Abtheilung: *Sanguisorbeen: Sanguisorbeae DeC.*

*Poterium Sanguisorba Lin.* Gemeine Becherblume, Schwarze Bibernell. Auf sonnigen trocknen Wiesen, an Hügeln und Bergen ausdauernd. Die später röthlichen, anfänglich grünen Blumen bilden kleine Köpfchen. Das Kraut, *Herba Pimpinellae italicae minoris*, wurde sonst gegen Durchfälle, Ruhren, Blut- und Schleimflüsse angewendet, es hat frisch einen etwas herben und gewürzhaften Geschmack, ähnlich wie der von Gurken, wesshalb man es den Salaten und Suppenkräutern beimischt.

*Sanguisorba officinalis Lin.* Gemeiner Wiesenknopf, Blutstropfen, Blutkraut, ist auf Wiesen gemein, und zeichnet sich durch ihre dunkelblutrothen Blütenköpfe, die auf langen Stielen stehen, sowie durch ihre gefiederten Blätter mit gestielten herzförmigen grobgesägten Blättchen aus. Früher war die Wurzel, *Radix Pimpinellae italicae*, besonders gegen Lungensucht gebräuchlich.

*Alchemilla vulgaris Lin.* Gemeines Alchemistenkraut, Sinau, auf grasreichen Wiesen ausdauernd, hat nierförmige 7—9lappige gefaltete Blätter mit fast halbkreisrunden spitzig-gesägten Lappen. Die kleinen grünen Blüten haben keine Blumenkrone und stehen in gabelspaltigen Trugdolden. Früher waren Wurzel und Kraut, *Radix et Herba Alchemillae*, als bitterliche adstringirende Mittel gegen Durchfälle u. s. w. in Gebrauch.

107. *Fam.*: **Aizoideen**: *Aizoideae Rchb.*

Hier ist nur die Gruppe: *Oleraceae Lin.* — *Chenopodeae DeC.* — in Betracht zu ziehen. Sie enthält Kräuter und Sträucher mit wechselständigen, oft etwas fleischigen Blättern und unansehnlichen Blüten, die bald zwitterig, diklinisch oder polygamisch sind, entweder einzeln oder geknäuelt in den Blattachseln oder in Trauben und Rispen stehen. Der bleibende krautige meist 5theilige Kelch vergrössert und verändert sich später. Die Blumenkrone fehlt. Der meist freistehende einfächrige Fruchtknoten hat ein aufrechtes oder verkehrtes am Grunde des Faches befestigtes Eichen. Der Embryo liegt entweder gekrümmt um den mehligen Eiweisskörper oder wenn dieser fehlt, spiralig oder zusammengefaltet.

Gattung: *Chenopodium Tournef.* Gänsefuss.
(*Pentandria, Digynia Lin. syst.*)

Blumen zwitterig. Kelch 5theilig Zipfel der Länge nach gekielt. Staubgefässe 5. Griffel 2- (selten 3-) theilig. Schlauchfrucht im unveränderten Kelche sehr dünnhäutig. Samen wag- und senkrecht. Samenhaut krustig.

1. Art: *Chenopodium ambrosioides Lin.* **Wohlriechender Gänsefuss, Mexikanisches Traubenkraut, Jesuiten-Thee, Spanischer oder Mexikanischer Thee.**

Stengel krautig; Blätter unterseits drüsig, die stengelständigen lanzettlich, buchtig-gezähnt, die obern blütenständigen ganzrandig; Blüten in aus Knäueln gebildeten beblätterten Aehren; Samen senkrecht. (*Taf.* 68.)

Eine einjährige in Westindien und Südamerika einheimische Pflanze, die in Europa hier und da angebaut wird und dadurch verwildert ist. — Der Stengel aufrecht, kurz flaumhaarig und drüsig, 1—2 Fuss hoch. mit kurzen schlanken aufrecht-abstehenden Blütenästen. Blätter lanzettlich, an beiden Enden verschmälert, entfernt gezähnt, in der Jugend beiderseits flaumhaarig, später kahl werdend, unterseits drüsig, von sitzenden zerstreuten Drüsen. Die Blütenknäule bilden achselständige beblätterte, meist einfache ährenförmige Schweife. Der Kelch oder das Perigon ist kahl, 3- oder 5theilig: die Zipfel sind eirund, stark vertieft. Die kaum ½ Lin. hohe Schlauchfrucht ist von den Seiten her zusammengedrückt, gegen den Scheitel kurzhaarig; die häutige Fruchthülle ist leicht ablösbar. Same ziemlich linsenförmig, schwarzbraun, glatt und glänzend. — Gebräuchlich sind die Blätter und Blütenschweife, *Herba Chenopodii ambrosiaci s. ambrosioidis s. Botryos mexicanae.* Sie haben einen kräftigen, eigenthümlich aromatischen, aber nicht angenehmen Geruch und einen stark gewürzhaften, etwas kampferartigen Geschmack. Sie sind ein flüchtig-reizendes krampfstillendes Mittel in nervösen Krankheiten, Krämpfen, vorzüglich Brustkrämpfen.

*Chenopodium bonus Henricus Lin.* Guter Heinrich. Eine auf Schutt und Düngerhaufen, um die Viehställe in Dörfern gemeine einjährige Pflanze mit 3eckig-spiessförmigen ganzrandigen Blättern, die sich wie die ganze Pflanze fettigpulverig anfühlen. Das Kraut und die etwas bitterscharfe Wurzel, *Herba et Radix boni Henrici s. Lapathi unctuosi s. Totabonae,* stehen noch jetzt bei den Landleuten in grossem Ansehen, und die Blätter werden vorzüglich zu zertheilenden und erweichenden Umschlägen sowie als Heilmittel bei Wunden häufig angewendet.

Von *Chenopod. rubrum Lin.* waren die Blätter als *Herba Atriplicis sylvestris* und von *Chenopod. Botrys Lin.* als *Herba Botryos* gebräuchlich; letzteres ist hinsichtlich seiner Wirkung den *Chen. ambrosioid.* ähnlich. *Chenopod. Vulvaria Lin. (Chen. olidum Curt.)* hat ein äusserst widrig, nach faulen Heringen riechendes Kraut, *Herba Vulvariae s. Atriplicis foetidae,* welches sonst gegen Hysterie und Krampfkrankheiten gebraucht wurde; die Homöopathie rühmt es gegen Kopfschmerz, Magenweh und Menstruationsbeschwerden. Von *Chenopod. hybridum Lin.* waren die Blätter als *Herba Pedis anserini,* äusserlich zu erweichenden und schmerzstillenden Umschlägen in Anwendung. Den Schweinen soll diese Pflanze ein tödtliches Gift sein, wesshalb sie auch Sautod heisst. Da die Blätter viel Aehnlichkeit mit denen vom Stechapfel haben, so könnten sie vielleicht damit verwechselt werden.

*Atriplex hortensis Lin.* Gartenmelde, stammt aus der Tatarei und ist durch die häufige Cultur bei uns verwildert. Die Blätter geben ein gesundes eröffnendes Gemüse und waren sonst als *Herba Atriplicis albae s. rubrae,* als kühlendes und erweichendes Mittel in Anwendung. Die Samen, *Semina Atriplicis albae et rubrae* sollen emetisch-purgirend sein. Von *Spinacia oleracea Lin.* und *Spinacia inermis Mnch.* Spinat, haben die Blätter, welche häufig genossen werden, gleichfalls gelind eröffnende Kräfte, und sie wurden sonst als *Herba Spinaciae s. Spinachiae* zu erweichenden und zertheilenden Umschlägen gebraucht.

*Salicornia herbacea Lin.*, Glasschmalz, Meersalzkraut, wächst einjährig an Meeresküsten, auf salzigem Boden bei Salinen in Europa. Es ist ein fleischiges blattloses Kraut von einem sehr salzigem Geschmacke und wurde sonst als *Herba Salicorniae* gegen scorbutische und faulige Krankheiten angewendet.

Von den verschiedenen Formen des Gemeinen Mangold, Runkelrübe, *Beta vulgaris Lin.*, welche häufig ihrer zuckerreichen grossen Wurzeln halber angebaut werden, machte man sonst auch medicinische, jetzt nur noch ökonomische Anwendung und bereitet daraus den Rübenzucker.

Mehre Arten aus den Gattungen *Salsola*, *Anabasis*, *Salicornia*, *Schoberia*, *Halimus etc.* werden zur Sodabereitung benutzt.

106. *Fam.:* Portulakgewächse: *Portulaçaceae Juss.*

Gruppe: Portulaceen: *Portulaceae.*

*Portulaca oleracea Lin.*, Gemeiner Portulak, wächst einjährig am Meeresstrande, auf Schutthaufen und Mauern in Europa, Asia und Amerika und wird als Gemüsepflanze häufig gebaut. Sonst waren das Kraut und die Samen, *Herba et Semen Portalucae*, offizinell und letztere gehörten zu den sogen. 4 kleinen kühlenden Samen, *Semina quatuor frigida minora.*

Gruppe: Polygoneen: *Polygoneae.*

Meist Kräuter, selten Sträucher mit abwechselnden ganzen und meist ganzrandigen Blättern, deren Blattstiele am Grunde scheidig und gewöhnlich zu einer Tute, *Ochrea*, nebst den trockenhäutigen Nebenblättern verwachsen sind. Die Blüten sind gewöhnlich zwitterig, selten diklinisch und stehen in den Blattachseln oder in Trauben und Rispen. Perigon- oder Kelchblätter 3 oder 6, am Grunde verwachsen, in der Knospe dachziegelig, oft sämmtlich blumenblattartig gefärbt oder die 3 äussern krautig und die innern gefärbt. Staubgefässe 3 oder 9, den Perigonzipfeln paarweis oder einzeln entgegengesetzt. Fruchtknoten 3seitig oder linsenförmig, einfächrig, mit einem aufrechten Eichen und 2—3 Griffeln. Karyopse meist vom Perigon bedeckt, nüsschenartig. Samen mit mehligem Eiweisskörper; der Embryo verkehrt, seitlich, verschieden gekrümmt oder am Umfange liegend, selten mittelständig und fast gerade; das Würzelchen nach oben gerichtet.

*Coccoloba uvifera Lin.* Aechte Seetraube. Ein Baum in Westindien und dem benachbarten Festlande von Südamerika. Der Stamm wird 15—30 Fuss hoch, ist aber hin und her gebogen und mit zahlreichen, nach allen Seiten unregelmässig ausgebreiteten Aesten versehen. Die kurzgestielten Blätter sind eirundlich, sehr stumpf, ganzrandig, kahl und glänzend, mit purpurnen Adern und abgestutzten Tuten. Die fast fusslangen schlanken Trauben sind kurzgestielt, anfangs aufgerichtet, später herabgebogen. Die kleinen weissen Blüten mit gefärbtem 5theiligem Kelche haben 8 Staubgefässe, einen 3eckigen Fruchtknoten mit 3 kurzen Griffeln und kurz- 3lappigen Narben. Die 3lappigen Nüsse bilden mit dem fleischig gewordenen Kelche eine purpurrothe Beere. Durch Auskochen der Theile dieses Baumes soll man das Westindische oder Amerikanische Kino, *Kino occidentale sive americanum* erhalten. Es kommt auch als *Extractum Ratanhiae falsum* zuweilen vor und besteht in unebenen rothbraunen Stücken von verschiedener Grösse, die zusammenziehend und bitter schmecken und den Speichel stark braunroth färben.

*Fagopyrum esculentum Mnch. (Polygonum Fagopyrum Lin.)* Buchweizen, Heidekorn. Eine in Asien einheimische, seit dem 15. Jahrhundert in Europa im Grossen angebaute einjährige Pflanze, deren Samen zu Grütze und Mehl als Nahrungsmittel dienend, verarbeitet werden. Dieses Mehl, *Farina Fagopyri,* wird zu erweichenden und zertheilenden Umschlägen angewendet.

### Gattung: *Polygonum Lin.* Knöterich.
### *(Octandria Trigynia Lin. syst.)*

Kelch 5spaltig corollinisch, später die Frucht einhüllend. Staubgefässe 8 oder 5. Griffel 2—3spaltig mit knopfigen Narben. Karyopse 2—3kantig. Embryo seitlich.

*Polygonum Bistorta Lin.* Natter- oder Schlangenwurz. Stengel einjährig, einfach; Blätter eilänglich, am Grunde etwas herzförmig, kahl, die grundständigen in einen langen Stiel herablaufend. Blütenrispe walzlich, sehr gedrängt. Eine ausdauernde zierliche Pflanze auf feuchten Wiesen in Europa, Nordasia und Nordamerika. Der fingersdicke wurmförmig gebogene oder hin und her gedrehte *(bis torta)* Wurzelstock ist mit starken Fasern besetzt, aussen braun und innen blassroth. Er ist als *Radix Bistortae* gebräuchlich, getrocknet geruchlos, bitter schmeckend und enthält vorwaltend viel eisenbläuenden Gerbstoff, Gallussäure, Kleesäure und Stärkmehl; er ist ein kräftiges adstringirendes Mittel. Die jungen Blätter werden im Norden und auch in der Niederlausitz als Gemüse gegessen.

Von *Polygonum amphibium Lin.* wurde sonst das Kraut als *Herba Persicariae acidae* und von *Polyg. Persicaria Lin.* als *Herba Persicariae mitis* angewendet. — *Polyg. Hydropiper Lin.* Wasserpfeffer hat brennendscharf schmeckende, im Munde sogar Blasen erregende Blätter, die als *Herba Hydropiperis sive Persicariae urentis* gegen Stockungen im Darmkanale und daraus entspringende Gelb- und Wassersucht u. s. w. gebraucht wurden.

*Polygonum aviculare Lin.* Vögelknöterich, Angerkraut, eine einjährige auf Triften, Angern, an Wegen äusserst gemeine und häufige Pflanze, lieferte sonst die *Herba Centumnodiae sive Polygoni sive Sanguinariae*, welche gelind zusammenziehend wirkt und bei Durchfällen, Blutflüssen und Wunden angewendet wurde.

### Gattung: *Rheum Lin.* Rhabarber.
### (*Enneandria, Trigynia Lin. syst.*)

Kelch- oder Perigonblätter 6, gefärbt, am Grunde vereinigt. Staubgefässe 9. Narben 3, kopfig-schildförmig, auf 3 Griffeln. Nüsschen (Karyopsen) 3kantig, geflügelt.

1. Art: *Rheum australe Don.* Südliche Rhabarber.

Blätter herzförmig-rundlich, stumpf, ganzrandig, etwas wellig, beiderseits flaumig-schärflich; Blattstiele stielrundlich, gefurcht, oberseits flach und gerandet. (*Rheum Emodi Wall.*) *Taf.* 69.

Eine stattliche ausdauernde Pflanze auf dem Himalaya von Nepaul bis zur Tatarei 9—10,000 Fuss über dem Meere. Die grosse mehrköpfige, ästige, aussen braune, innen schöngelbe Wurzel treibt einen 4—6 Fuss hohen, aufrechten, gefurchten schön dunkel-purpurrothen Stengel. Die Wurzelblätter sind 1½—2 Fuss lang und wenig schmäler, mit rothen Adern durchzogen. Die dunkelrothen kleinen Blüten stehen in rispenständigen Trauben. Eine Zeitlang leitete man vor Kurzem die ächte Rhabarber davon ab; jetzt ist man wieder mehr der frühern Annahme hinsichtlich der Abstammung dieses sehr wichtigen Heilmittels beigetreten.

2. Art: *Rheum palmatum Lin.* Handblättrige Rhabarber.

Blätter herzförmig-handförmig-vielspaltig, gebuchtetgezähnt, beiderseits schärflich-kurzhaarig: Lappen zugespitzt;

Blattstiele stielrundlich, oberseits gerinnt, unterseits glatt, kahl. (*Taf.* 70.)

Eine grosse ausdauernde Pflanze auf der Hochebene in Mittelasien, in der Tatarei, Tibet und Nepaul. Die noch grössere und stärkere Wurzel als die der vorigen Art, treibt einen 4—8 Fuss hohen ästigen hellgrünen Stengel. Die 1—2 Fuss langen und fast eben so breiten Blätter stehen auf 1½ Fuss langen Stielen und haben 5—7 lange, bis zur Mitte reichende in seitliche kleinere spitzige Läppchen gespaltene Lappen. Die gelblichweissen Blüten stehen in sehr grossen Rispen und sind äusserst zahlreich. Die Perigonblätter sind länglich-oval und stumpf. Die Karyopsen sind rothbraun. Dieses Gewächs nun soll nach der Annahme der meisten Autoren durch seine Wurzel die ächte Rhabarber, *Radix Rhei sive Rhabarbari*, liefern. Dieser wichtige und theuere Arzneikörper gelangt aus China entweder auf dem Landwege über Kiachta nach Russland und Europa oder auf dem Seewege durch die überseeischen Handel treibenden Nationen. Die russische Regierung, welche contractlich eine bestimmte Quantität davon jährlich erhält, prüft bei Uebernahme jedes Stück durch Anbohren und lässt die schlechte Waare, so wird berichtet, verbrennen. Daher kommt es, dass die Russische oder Moskowitische Rhabarber, *Rheum rossicum sive moscoviticum*, fast stets vorzüglich ist. In neuerer Zeit haben wir selbst mehrmals Chinesische oder Indische Rhabarber, *Rheum chinense sive indicum*, d. h. über das Meer gekommene Waare, in grossen Mengen gesehen, die jener an Güte durchaus nicht nachsteht; aber gewöhnlich nicht vollständig geschält ist und desshalb äusserlich ein anderes Ansehen darbietet. Wenn man die noch vorhandene Wurzelrinde abraspelt und die so entstandenen eckig-rundlichen Stücke mit feinem Rhabarberwurzelpulver einreibt, so erscheinen sie schön dottergelb und sind nicht zu unterscheiden, und unterscheiden in der That sich auch nicht. Freilich wird man auch manche leichte und verdorbene Stücke darunter finden. Ganze Kisten enthalten schlecht getrocknete oder auf der Seereise verdorbene Waare. Gute Rhabarber besteht aus mässig grossen rundlichen oder unregelmässig eckigen, gewöhnlich mit einem weiten Bohrloche versehenen, aussen hochgelb bestäubten, innen weissen, roth und bräunlich fein geaderten oder marmorirten, dichten Stücken. Die Bruchfläche erscheint uneben, und mit Wasser befeuchtet feurig dunkel- oder dottergelb. Der Geruch ist eigenthümlich unangenehm, und der Geschmack wiederlich bitter, etwas herbe und süsslich. Beim Kauen knirscht die Rhab., etwas zwischen den Zähnen und färbt den Speichel gelb. — Die Rhabarber enthält vorwaltend einen eigenthümlichen, kräftig purgirenden harzigen Stoff, das *Rhabarbarin* oder *Rhëin*, ausserdem einen gelben Färbstoff, eisengrünenden Gerbstoff, Gallussäure, Zucker, Gummi, ein fettes und ein flüchtiges Oel und kleesauern und äpfelsauern Kalk. Sie wirkt kräftig auf die Verdauungsorgane, erhöht deren Thätigkeit, vermehrt und verbessert die Absonderungen, ist in kleinen Gaben stärkend und kann selbst gegen Durchfälle und Ruhren mit Erfolg angewendet werden, in stärkern Gaben dagegen ist sie eröffnend und sogar stark purgirend.

3. Art: *Rheum undulatum Lin.* Welligblättrige Rhabarber.

Blätter herzförmig, stark wellig-kraus, beiderseits kurz steifhaarig; Blattstiele halbstielrund, scharfrandig.

Diese gleichfalls grosse Art wächst auf den Gebirgen Mittelasiens und wird als eine der Pflanzen angeführt, welche Rhabarberwurzel liefern. Man baut sie in Frankreich im Grossen an und verwendet die Wurzel als Französische Rhabarber, *Rheum gallicum*, vorzüglich bei armen Leuten. — *Rheum hybridum Murr.*, *Rh. compactum Lin.* und *Rh. tataricum Lin.* werden gleichfalls als Gewächse genannt, welche Rhabarber liefern; von der letztern stammt wahrscheinlich die bucharische Rhabarber, *Rheum bucharium*, welche nach Russland gebracht wird.

4. Art: *Rheum Rhaponticum Lin.* Rhapontik.

Blätter herzförmig-eirund, ganz stumpf, kahl, am Grunde etwas keilförmig; Blattstiele niedergedrückt, gefurcht, nach oben hin schwach-rinnig.

In Kleinasien und im südlichen Sibirien einheimisch. Der dicke gefurchte Stengel wird 6 — 8 Fuss hoch. Die Nerven sind am Grunde der herzförmigen Blätter nackt und desshalb erscheinen die Blätter in der Grundbucht keilig hervorgezogen. Die in einer reichblütigen Rispe stehenden Blüten sind klein und weisslich, die Früchte breitgeflügelt und an beiden Enden ausgerandet. Von dieser Pflanze, welche auch in Ungarn und Frankreich sowie in einigen Gegenden Deutschlands gebaut wird, erhält man die Rhapontikwurzel, *Radix Rhapontici veri*, welche ähnliche aber geringere Wirksamkeit als die Rhabarber besitzt und besonders von Thierärzten angewendet wird.

## Gattung: *Rumex Lin.* Ampfer.
### *(Hexandria, Trigynia Lin. syst.)*

Blütendecke 6blättrig, die 3 innern grösser zusammenschliessend (Richtiger: Kelch tief 3theilig. Blumenkrone [die 3 innern grössern Blätter] 3blättrig.) Staubgefässe 6 (oder 12) meist paarig vor den Kelchblättern. Pistill mit 3 kurzen Griffeln und 3 pinselförmigen Narben. Nüsschen 3kantig.

### 1. Art: *Rumex obtusifolius Lin.* Stumpfblättriger Ampfer.

Wurzelblätter herzförmig, stumpf, Stengelblätter herzförmig-länglich, spitz, oberste Blätter lanzettlich; Trauben blattlos, mit gesonderten Quirlen; innere Blütendeckblätter (Blumenkronenblätter) sämmtlich schwielig, eirund 3eckig, netzaderig, unten mit pfriemlichen Zähnen und langer, stumpfer, ganzrändiger Spitze. *(Taf. 71.)*

Wächst überall auf feuchten schattigen Stellen, auf Triften, um die Dörfer, an Gräben und auf Schutthaufen durch ganz Europa, Nordasia und Nordamerika ausdauernd. Die Wurzel ist ästig, vielköpfig, aussen braun, inwendig gelb mit einem weisslichen Gefässringe. Die aufrechten Stengel werden 2—4 Fuss hoch, sind furchig-gerillt, vielästig. Die langgestielten Wurzelblätter sind am Rande etwas wellig und feingekerbt, grün oder auch blutroth geadert und im letztern Falle auch in allen entsprechenden (d. h. Gefässe enthaltenden) Theilen blutroth. Wirtel zahlreich, vielblütig, die untern etwas entfernt. Die äussern Perigonblätter (Kelch) wagrecht-abstehend, linealisch, die innern (Blumenkrone) viel grösser, am Grunde eiförmig-dreieckig und daselbst auf beiden Seiten mit einigen pfriemigen fast borstenförmigen weit abstehenden Zähnen besetzt, die nach vorn gerichtete Spitze ganzrandig, stumpf. Von den eiförmig-länglichen Schwielen am Grunde dieser Blätter ist die an jenem grösser. — Diese Ampferart ist es vorzüglich die in der Nähe von Leipzig die Grindwurzel, *Radix Lapathi acuti s. Oxylapathi* liefert. Sie enthält vorwaltend Gerb- und bittern Extractivstoff, gehört unter die zusammenziehend bittern Mittel, wirkt tonisch und erregend auf den Darmkanal und secundär auf die Thätigkeit der Haut und wurde sonst häufig gegen jede Art der chronischen Hautausschläge angewendet und gerühmt. — Ausser von dieser Art soll man die Grindwurzel auch sammeln von *Rumex crispus L.* häufiger von *Rumex nemorosus Schrad.*, *Rum. sanguineus Lin.* und *Rum. Nemolapathum Ehrh.*

*Rumex alpinus L.*, Alpenampfer, Alpen-Grindwurz, Mönchsrhabarber, wächst auf den Alpen in Europa und auf dem Kaukasus, wird aber der Wurzel halber auch in der Ebene gebaut. Die starke Wurzel ist öfters 2—4 Zoll im Durchmesser, ästig, vielköpfig, aussen schwärzlichbraun, innen gelb. Wurzelblätter herzförmig-wellig, abgerundet-stumpf oder kurz gespitzt, Stengelblätter am Grunde ungleich. Rispen gedrungen, vielästig, fast blattlos. Innere Perigonblätter herz-eiförmig, häutig, ganzrandig und ohne Schwielen. Die grosse bitter und säuerlich herb schmeckende Wurzel, *Radix Rhabarbari monachorum*, Mönchsrhabarber, dient als Purgirmittel und wird noch jetzt in vielen Gegenden der Wohlfeilheit halber statt der Rhabarber gebraucht.

*Rumex aquaticus Lin.*, — *R. maximus Schreb.*, — *R. Hydrolapathum Huds.* wachsen in Gräben, an und in Teichen, am Uferrande der Flüsse u. s. w. Es sind 3—5 Fuss hohe stattliche Pflanzen mit grossen Blättern und reicher Rispe. Die adstringirend-bittere Wurzel und die Blätter, *Radix et Herba Britanicae s. Lapathi aquatici s. Hydrolapathi*, wurden gegen faulige Krankheiten, Scorbut, böse Geschwüre, Ausschlagskrankheiten gebraucht. — In gleicher Weise wendet man auch die Wurzel von *Rumex Patientia Lin.* vom Garten- oder Gemüse-Ampfer, als *Radix Patientiae* an.

Vom Gemeinen- oder Sauer-Ampfer, *Rum. Acetosa Lin.* mit pfeilförmig-länglichen Blättern, der auf allen trocknen und nassen Wiesen wächst, waren sonst *Radix, Herba et semen Acetosae officinalis s. pratensis*, und von *Rum. scutatus Lin.*, Französischer Sauerampfer, gleichfalls die Blätter als *Herba Acetosae rotundifoliae s. romanae* officinell.

## Reihe 1. Sedumblütige: *Sediflorae.*

### 105. *Fam.:* Ribesiaceen: *Ribesiaceae Rchb.*

Dornige oder dornenlose Sträucher mit wechselständigen, handtheilig-nervigen, gelappten oder eingeschnittenen Blättern ohne Nebenblätter. Die Blüten in achselständigen arm- oder reichblütigen Trauben oder einzeln, entwickeln sich gleichzeitig mit den Blättern. Der oberständige 4——5-theilige Kelch hat in der Knospe dachziegelig liegende gefärbte Zipfel. Blumenblätter 5, meist klein. Fruchtknoten einfächrig mit 2 vieleiigen Wandsamenträgern. Beere saftig vom verwelkten Kelche gekrönt, vielsamig. Samen mit einem Mantel versehen, an langen Nabelschnüren befestigt, mit kleinem excentrischen, am Grunde des Eiweisskörpers befestigten Embryo, dessen Würzelchen gegen den Nabel gekehrt ist.

Gattung: *Ribes Lin.*, Johannis- und Stachelbeerstrauch.

*(Pentandria, Monogynia Lin. syst.)*

Kelch krugförmig, 5lappig. Blumenblätter 5, im Kelchschlunde vor den Einschnitten, klein, aufrecht. Staubgefässe 5. Fruchtknoten unterständig, Griffel mit 2 oder 4 Narben. Beere einfächrig vielsamig.

1. Art: *Ribes rubrum Lin.* Rothe (u. Weisse) Johannisbeere.

Unbewehrt; Blätter stumpf-lappig, drüsenlos, unterseits weichhaarig, später fast kahl; Trauben fast kahl, zur Fruchtzeit hängend; Kelch schüsselförmig, kahl, fast flach; Blumenblätter spatelförmig; Deckblättchen eirund, kürzer als die Blütenstielchen. *(Taf.* 72.)

Ein bekannter in den Wäldern Südeuropas, in vielen Gegenden häufig kultivirter und desshalb im nördlichern Europa hie und da verwilderter Strauch von 4—6 Fuss Höhe. Die genabelten und vom Kelche gekrönten runden Beeren sind entweder roth oder gelblich weiss und als *Baccae Ribium vel Ribesiorum rubrorum* als ein kühlendes säuerliches Mittel gebräuchlich; sie enthalten vorzüglich Schleimzucker, Apfel- und Citronensäure.

2. Art: *Ribes nigrum Lin.* Schwarze Johannisbeere, Gichtbeere.

Unbewehrt; Blätter 5lappig, unterseits drüsig punktirt; Blütentrauben hängend, schlaff, weichhaarig; Deckblätter pfriemig, viel kürzer als die Blütenstielchen; Kelch glockig, drüsig-weichhaarig, mit länglichen zurückgebogenen Zipfeln; Blumenblätter länglich.

Alle Theile dieses 4—5—6 Fuss hohen in Gebüschen und Wäldern Europas und Nordasias wachsenden Strauchs haben einen ziemlich starken, etwas unangenehmen muskateller oder wanzenartigen Geruch und die jungen Aeste und Blätter einen süsslich zusammenziehenden Geschmack. Es sind besonders als Hausmittel gebräuchlich die Blätter, jungen Triebe und Beeren, *Folia, Stipites et Baccae Ribium vel Ribesiorum nigrorum.* Sie sind vorzüglich stark harn- und schweisstreibend, wirken aber auch vortheilhaft auf den Unterleib und die Brustorgane und werden häufig gegen Husten, Katarrh, leichte Lungenleiden u. s. w. sowie gegen Gicht, Rheumatismen, Wassersucht und Gelbsucht angewendet.

Vom bekannten Stachelbeer- oder Krausbeerstrauche, *Ribes Grossularia Lin.* waren sonst die säuerlichen Beeren, *Baccae Grossulariae sive Uvae crispae*, officinell.

### 104. *Fam.:* Loasaceen: *Loasaceae Juss.*

Diese Gewächsfamilie enthält mehre Arten, die mit Brennborsten versehen sind und auf der Haut sehr schmerzhaftes Gefühl erregen aber keine Medicinalpflanzen.

### 103. *Fam.:* Gehörntfrüchtige: *Corniculatae.*

Die jetzt obsoleten Gewächse dieser Familie sollen hier eine kurze Erwähnung finden.

*Sempervivum tectorum Lin.* Hauswurz, Hauslaub, gab *Herba Sempervivi seu Sedi majoris;* diese saftigen Blätter werden noch jetzt häufig auf Hühneraugen oder Leichdorne gelegt.

*Sedum Anacampseros Lin* war als *Herba Anacampserotis* — von *Sedum Telephium Lin.* waren die Wurzel und die Blätter als *Radix et Herba Telephii seu Crassulae majoris s. Fabariae,* — von *Sedum album Lin.* das Kraut, *Herba Sedi minoris seu Sedi albi* — und von *Sedum acre Lin.* gleichfalls das Kraut, *Herba Sedi acris s. minoris* officinell.

*Umbilicus pendulinus DeC. (Cotyledon Umbilicus β. Lin.)* lieferte *Herba Umbilici Veneris sive Cotyledonis*, das für harntreibend galt.

*Rhodiola rosea Lin.* hat eine angenehm rosenartig riechende Wurzel die als *Radix Rhodiae* ein zertheilendes und schmerzstillendes Mittel war.

## Ordn. 1. Verschiedenblütige: *Variflorae.*

### Reihe 2. Hülsenfrüchtige: *Leguminosae.*

Die Familien dieser Reihe stimmen vornehmlich darin überein, dass ihre Früchte Hülsen oder Gliederhülsen sind.

### 102. *Fam.:* Mimosaceen: *Mimosaceae R.Br.*

Meist Bäume oder Sträucher, nur sehr wenige Kräuter mit paarig- oder meist 2—3fach gefiederten Blättern, deren Blättchen stets ganzrandig sind, aber bisweilen fehlschlagen, wo dann der Blattstiel blattartig wird. Die freien Nebenblätter verändern sich oft in Dornen. Die Blüten sind häufig polygamisch oder zwitterig, regelmässig und stehen in Achren oder Köpfen. Die 4 oder 5 Kelchblätter stehen in der Knospe klappig und sind zu einem 5zähnigen Kelche verwachsen. Blumenblätter 4 oder 5, fast immer hypogynisch, meist frei, in der Knospe klappig. Staubgefässe zahlreich, hypogynisch, gewöhnlich am Grunde monadelphisch verwachsen. Hülse oder Gliederhülse, wenig- oder vielsamig. Samen meist an einer langen gewundenen Nabelschnur. Embryo gerade mit unentwickeltem Knöspchen.

Gattung: *Acacia Tournef.* Akazie.
*(Polygamia, Monoecia Lin.)*

Blüten polygamisch. Kelch 4- oder 5zähnig. Blumenblätter 4 oder 5, frei oder am Grunde verwachsen. Staubgefässe zahlreich, monadelphisch verwachsen. Hülse marklos, 2klappig, vielsamig.

1. Art: *Acacia Catechu Wlldw.* Katechu-Akazie.

Dornen gepaart, später umgebogen; Blätter gleichpaarig-doppelt gefiedert: Fiedern 10paarig: Blättchen 40—50-paarig, linealisch, weichhaarig; Blattstiele am Grunde mit einzelnen, und 2—3 Drüsen zwischen den letzten Fiedern; Achren bauchig-walzig, zu 2—3 in den Blattachseln. *(Taf. 73.)*

Ein grosser Baum in Bengalen und Coromandel. Stamm aufrecht, oft missgestaltet, vielästig. Blätter ½—1 Fuss lang mit abnehmenden Fiedern; Blättchen sitzend, 2 bis 3 Lin. lang. Blütenähren 2 Zoll und darüber lang, gelb. Hülse lineal-lanzettlich, gerade, flach, an beiden Enden zugespitzt, querstreifig, gerandet, 3—4 Zoll lang und bräunlich. — Aus dem geraspelten und vom Splinte befreiten Holze gewinnt man mittelst Auskochens und Eindickens eine Sorte Katechu, *Catechu vel Terra Catechu v. Terra japonica,* die jetzt selten nach Europa zu kommen scheint.

2. Art: *Acacia Seyal Delil.* Seyal-Akazie.

Dornen gepaart, gerade, länger als die Blätter; Blätter gleichpaarig-doppelt-gefiedert: Fiedern 2—4paarig: Blättchen 8—12paarig, länglich-linealisch, kahl, zwischen den obersten, sowie unter dem untersten Paare eine Drüse; Blütenköpfchen kugelig, gehäuft, achselständig; Hülsen linealisch-sichelig, zusammengedrückt, holperig *(torulosae)* spitzig, kahl, *(Taf. 74.)*

Ein Strauch oder 15—20 Fuss hoher Baum mit zahlreichen abstehenden Aesten der in Oberägypten, Lybien, Nubien und Dongala wächst. Die pfriemförmigen 1—2 Zoll langen weisslichen Dornen sind am Grunde verwachsen. Die

Blätter sind 1—1½ Zoll lang und haben kurzgestielte, kaum 3 Lin. lange, stumpfe Blättchen. Die 4 Zoll langen, 3 Lin. breiten Hülsen sind gerippt-streifig, dunkelrostbraun. — Die Beduinen sammeln davon viel *Gummi arabicum s. Mimosae.*

3. Art: *Acacia vera Wlldw.* Wahre Akazie.

Dornen gepaart, fast gerade; Aestchen kahl; Blätter kahl, gleichpaarig-doppelt-gefiedert: Fiedern 2paarig, zwischen jedem Paare eine Drüse: Blättchen 8—10paarig, länglich-linealisch; Blütenköpfchen kugelig, zu 2—5 in den Blattachseln gehäuft; Hülsen zusammengedrückt-perlschnurartig, kahl. *(Taf. 75.)*

Ein Baum von mittlerer Grösse mit vielbeugigen rothbraunen Aesten und pfriemlichen 4—8 Linien langen rothbraunen Dornen. Er wächst in der nördlichen Hälfte Afrikas von Senegambien bis Aegypten. Die Hülsen werden gegen 4 Zoll lang. Dieser Baum liefert gleichfalls *Gummi Mimosae.* Sonst wurde auch aus den unreifen Hülsen ein tonisches, adstringirendes Extract, *Succus Acaciae verae sive Ac. aegyptiacae*, bereitet, das auch nach Europa gebracht wurde.

4. Art: *Acacia arabica Wlldw.* Arabische Akazie.

Dornen gepaart, gerade; Aestchen weichhaarig; Blätter weichhaarig, gleichpaarig-doppelt-gefiedert: Fiedern 4—6paarig, zwischen dem ersten und zwischen dem letzten Paare eine Drüse: Blättchen 10—20paarig, länglich-linealisch; Blütenköpfchen kugelig, zu 3—5 in den Blattachseln; Hülsen zusammengedrückt-perlschnurartig, weisslich-filzig. *(Taf. 76.)*

Dieser grosse Baum, dessen Stamm im Durchmesser häufig über 1 Fuss stark wird, wächst von Oberägypten an, durch Arabien bis nach Ostindien. Die weisslichen Dornen sind 1—2 Zoll lang. Die Hauptblattstiele sind 3 Zoll, die Blättchen nur 3 Lin. lang. Die Blütenstiele tragen etwas über der Mitte eine kleine 2—3theilige Hülle. Die Hülsen werden 6—8 Zoll lang und jetzt in Europa unter dem Namen *Bablah* oder *Babolah* zum Schwarzfärben gebraucht. — Man bereitete ehemals auch aus den unreifen Hülsen den *Succus Acaciae verae,* jetzt sammelt man von diesem Baume nur noch *Gummi Mimosae*, das noch dazu nur eine schlechtere Sorte sein soll.

Ausser von den bereits angeführten Akazienarten sammelt man das Mimosengummi, *Gummi arabicum*, auch noch von *Ac. tortilis Forsk.*, die in Oberägypten, Lybien, Nubien,

Arabien wächst, — von *Ac. Ehrenbergiana Hayn.* als Strauch in Lybien, Nubien und Dongala wachsend — von *Ac. gummifera Wlldw.* im nordöstlichen Afrika einheimisch, und wahrscheinlich auch von andern Arten dieser Gattung.

Von *Ac. Verek. Guill. et Per.*, einem mittelmässigen Baume von 16—20 Fuss Höhe, der nördlich vom Senegal häufig wächst, soll vorzüglich die Sorte Gummi, die als Senegalgummi, *Gummi Senegal*, bekannt ist, gesammelt werden.

*Acacia virginalis Pohl. (Inga cochliocarpos Mart.)*, ein mässiger Baum auf den Bergen in Brasilien, hat keine Dornen, 3paarig gefiederte Blätter, mit 3paarigen 1—2 Zoll langen Blättchen. Die Blütenköpfchen stehen einzeln oder gepaart und die Hülsen sind spiralig gewunden. Die dicke rissige, aussen röthlichgraue, innen schwarzrothe, sehr faserige Rinde ist als *Cortex adstringens brasiliensis*, oder wenn die Borke fehlt, auch als *Cortex Barbatimao* nach Europa gebracht aber nur wenig gebraucht worden.

Von *Acacia Jurema Mart.*, einem ziemlich unbekannten Baume Brasiliens wird die adstringirende und unangenehm bittere Jurema-Rinde, *Cortex Jurema*, abgeleitet.

### 101 *Fam.:* Cassiaceen: *Cassiaceae Rchb.*

#### Gruppe: *Caesalpinieae Rob. Brown.*

Bäume, Sträucher oder Kräuter mit einfach- oder doppelt-gefiederten, selten einfachen und dann 2spaltigen Blättern. Die Blumenkrone ist selten schmetterlingsförmig, meist unregelmässig 5blättrig, oder selten ganz fehlend. 10 perigynische unverwachsene Staubgefässe. Frucht eine Hülse oder zuweilen steinfruchtartig. Samen ohne Eiweisskörper mit geradem Embryo, dessen Würzelchen gegen den Nabel gekehrt ist, und mit grossen blattigen Samenlappen.

*Aloëxylon Agallochum Lour.*, ein Baum auf den hohen Bergen Cochinchinas, lieferte sonst die theuerste Sorte des Aloeholzes, *Lignum Aloës s. Agallochi*, das man *Calambak* od. *Gilam* nannte, und in Asien mit Golde aufwiegt, weil es einen sehr angenehmen Geruch besitzt.

Von mehren Arten der Gattung *Hyminaea*, besonders von *Hym. Courbarit*, von *Trachylobium Martianum Hayn.* und andern Arten und von *Vouapa phaselocarpa Hayn.* erhält man den Brasilianischen Copal, aus dem man Lacke bereitet.

### Gattung: *Cassia Lin.* Cassie.
### *(Decandria Monogynia Lin. syst.)*

Kelchblätter 5, am Grunde schwachverbunden, abfallend. Blumenblätter 5, ungleich. Staubgefässe 10, ungleich: 3 untere länger, niedergebogen, 4 mittlere kurz und gerade, die 3 obersten meist unfruchtbar; Staubbeutel an der Spitze sich öffnend. Hülse verschieden.

#### 1. Art: *Cassia Fistula Lin.* Röhrencassie.

Blätter gleichpaarig-gefiedert: Blättchen in 4—7 Paaren, eirund-länglich, zugespitzt; Trauben schlaff, ohne Deckblätter; Hülsen stielrund, ziemlich gerade, stumpflich, glatt, holzig, geschlossen bleibend, durch Querscheidewände vielfächrig: die Fächer mit Mark erfüllt und einsamig *(Syn.: Cathartocarpus Fistula Pers.* — *Bactyrilobium Fistula Willdw.) (Taf. 77.)*

Ein schöner Baum von 30—45 Fuss Höhe, der ursprünglich in Ostindien einheimisch ist, aber jetzt in den Tropenländern überhaupt und sogar in Aegypten angepflanzt wird. Die Blätter sind 1½ Fuss lang, die Blättchen 3—6 Zoll lang, 1½—3 Zoll breit, die untern mehr eiförmig, die obern mehr länglich. Die achselständigen hängenden schlaffen Trauben sind 1—2 Fuss lang und tragen grosse gelbe Blüten. Die sämmtlich fruchtbaren Staubgefässe haben verschiedene Gestalt, die 3 untern sind länger als die Blumenblätter doppelt gekrümmt mit 2ritzig aufspringenden Staubbeuteln, die übrigen sind weit kleiner und ihre Beutel springen durch 2 Löcher auf. Die hängenden walzenrunden Früchte sind 1—2 Fuss lange ¾—1 Zoll dicke Fachhülsen, deren Fächer durch feste Scheidewände gebildet werden, einen Samen enthalten und mit einem schwarzbraunen zähe-süsslich-säuerlichen Marke erfüllt sind. Diese dunkel rothbraunen Hülsen sind unter dem Namen Röhrenkassie, *Fructus Cassiae fistulae*, gebräuchlich, indem man das Mark als ein gelindes Purgirmittel anwendet. Heutzutage ist ihr Gebrauch als Arznei sehr geringe, desto häufiger werden sie von den Tabaksfabrikanten zur Bereitung von Tabakssauçen benutzt.

#### 2. Art: *Cassia lanceolata*, *Forsk.* Lanzettblättrige Cassie.

Blätter gleichpaarig-gefiedert: Blättchen 3—5 paarig, sehr kurz gestielt, fast lederig, eilanzettlich, kurz-stachelspitzig, schwach weichhaarig; Blattstiele kleindrüsig; Hülsen etwas sichelig-oval, zusammengedrückt, in der Mitte beiderseits aufgetrieben. *(Taf. 78.)*

Ein niedriger, nur $1\frac{1}{2}$ Fuss hoher vielästiger Strauch in Oberägypten und Nubien. Die gefiederten Blätter sind 2—4 Zoll lang, die Blättchen 6—15 Lin. lang und 3—4 Linien breit. Die achselständigen Trauben tragen 8—12 blassgelbe, dunkelgeaderte Blüten. Die Hülsen werden $1—1\frac{1}{2}$ Zoll lang und 7—9 Lin. breit und haben am Rande eine oliven-grünlich, in der Mitte, wo sie über den Samen sich befinden, dunkelbraun. — Dieser Strauch liefert den grössten Theil der Alexandrinischen und Tripolitanischen Sennesblätter, *Folia Sennae alexandrinae et tripolitanae* und zwar besteht die erste Sorte blos aus Blättern dieses Strauchs und einem bedeutenden Antheile der Blätter von *Solenostemma Argel Hayn.* (s. daselbst) einem Strauche aus der Familie der Asclepiadeen, und die zweite Sorte gleichfalls zum grössten Theile aus den Blättern dieser Cassie und denen von *Cassia obovata Collad.* und von *Cassia obtusata Hayn.* ohne Argelblätter.

3. Art: *Cassia acutifolia Delil.* Spitzblättrige Cassie.

Blätter gleichpaarig-gefiedert: Blättchen in 5, 7 oder 9 Paaren, kurzgestielt, hautartig, lanzettlich, zugespitzt und stachelspitzig, fast kahl; Blattstiel kleindrüsig; Hülsen schwachsichelig-länglich, in der Mitte beiderseits aufgetrieben. *(Taf. 79.)*

Ein dem vorigen ähnlicher niedriger Strauch, welcher von Oberägypten, durch Arabien bis nach Ostindien und westlich von Aegypten bis zum Senegal häufig wächst. Die Stengel werden höher als bei voriger Art und sind rundlicheckig; die doppelt längern Blättern werden 1—2 Zoll lang und 3—5 Lin. breit und sind nicht lederig, sondern hautartig, auch fast kahl. Die Hülsen sind eben so breit als vorige, aber länger. Von diesem Strauche erhält man die Indischen, Arabischen oder Mochaischen Sennesblätter, *Folia Sennae indicae sive arabicae s. de Mocca s. de Mecca*, welche sonst als eine schlechte Sorte in den Apotheken nicht geführt werden sollten, sie sind aber, wenn sie nicht zu viel Stielchen und andere fremde Blätter enthalten, sehr brauchbar, und die in neuester Zeit zu uns gekommenen *Folia Sennae Tenevillae* sind eine sehr reine und vorzügliche aus lauter langen und ganzen Blättern bestehende Sorte, welche den doppelten Preis in England gilt.

4. Art: *Cassia obovata Collad.* Verkehrteiförmigblättrige Cassie.

Blätter gleichpaarig-gefiedert: Blättchen in 4—7 Paaren, verkehrt-eiförmig, kurz gespitzt und stachelspitzig; Blattstiele kleindrüsig; Hülsen sichelig, beiderseits kammartig aufgerieben.

Ein kleiner Strauch von 1—1½ Fuss Höhe in Aegypten und Arabien. Die Stengel und Aeste sind rund. Die Blätter sind 3—4 Zoll lang und die Blättchen 6—10 Lin. lang und 3—5 Lin. breit. Die in den obern Blattachseln stehenden Trauben tragen 12—20 gelbe Blüten. Die Hülsen haben eine Länge von 14—20 Lin. und eine Breite von 8—9 Lin. und eine kammartige unterbrochene Leiste in der Mitte. Die Blätter dieser Art finden sich in geringer Menge unter den Tripolitanischen Sennesblättern, *Folia Sennae tripolitanae.*

5. Art: *Cassia obtusata Hayn.* Gestumpftblättrige Cassie.

Blätter gleichpaarig-gefiedert: Blättchen in 4—6, (doch auch 7) Paaren, länglich, verkehrt-eirund, gestumpft oder zurückgedrückt, sehr kurz stachelspitzig; Blattstiele kleindrüsig; Hülsen stark sichelförmig, beiderseits kammartig-aufgetrieben. (*Taf.* 80.)

Dieser niedrige Strauch, welcher gleichfalls in Aegypten wächst, ist dem vorigen bis auf die angegebenen Unterschiede durchaus ähnlich und wird von den meisten Botanikern nur für eine Abänderung gehalten. Seine Blätter finden sich gleichfalls in geringer Menge unter den Tripolitanischen Sennesblättern.

*Cassia Absus Lin.*, ein in Aegypten, Mittelafrika und Indien wachsendes einjähriges Kraut mit ½—1 Fuss hohem Stengel, zweipaarig-gefiederten Blättern und verkehrt-eirunden, kahlen, gewimperten, punktirten Blättchen so wie mit einzelnen Blüten in den untern und traubenständigen Blüten in den obern Blattachseln. Die Blumen sind blassgelb oder gewöhnlich orangegelb mit rothen Adern oder blutroth. Die Hülse wird 1½—2 Zoll lang und 3—4 Lin. breit, ist schwertförmig-länglich, drüsenhaarig, gelblichbraun; sie enthält 5—6 eirunde, zusammengedrückte glänzende, bräunlich-schwarze Samen, welche als Chichmsamen in Aegypten und Mittelafrika gegen Augenentzündungen angewendet werden. Man brachte sie auch als *Semen Cismae sive Cassiae Absus* nach Europa, um sie gegen Augenentzündungen anzuwenden.

Gattung: *Tamarindus Tournef.* Tamarinde.

Kelch 4spaltig, der unterste Zipfel breiter, an der Spitze 2zähnig. Blumenblätter 3, mit den obern Kelchzipfeln abwechselnd, das mittlere kappenförmig. Staubgefässe 9 oder 10, nur 2 oder 3 davon fruchtbar und monadelphisch, die übrigen sehr kurz, ohne Staubbeutel. Hülse gestielt, länglich, geschlossen bleibend: die Klappen markig.

Einzige Art: *Tamarindus indica.* Indischer Tamarindenbaum. (*Taf.* 81.)

Dieser grosse schöne Baum ist ursprünglich in Südasia und Mittelafrika einheimisch, wird aber jetzt in allen heissen Ländern kultivirt. Der hohe Stamm trägt einen ausgebreiteten, dicht belaubten Wipfel. Die paarig-gefiederten Blätter sind 4—6 Zoll lang und bestehen aus 10—18 Paaren von lineal-länglichen, ganzrandigen, vorn abgerundeten oder zurückgedrückten, am Grunde ungleichen, 8—12 Lin. langen, 2—4 Lin. breiten Blättchen, die nur bei schönem trocknen Wetter am Tage ausgebreitet, gewöhnlich aber zusammengeneigt stehen. Die seiten- und endständigen Trauben haben 6—10, etwas überhängende, wohlriechende Blüten, mit sehr hinfälligen, gegenständigen, eiförmigen Deckblättern. Staubgefässe und Pistill aufwärts gebogen. Hülsen hängend, 3—6 Zoll lang, 8—12 Lin. breit, stielrundlich, zusammengedrückt, gekrümmt, graubraun, wenigsamig; die Klappen enthalten zwischen der brüchigen Aussenrinde und der glatten innern Fruchthaut ein fleischiges schwarzbraunes säuerliches Mark, welches von verästeten Gefässbündeln durchzogen ist. — Dieses Mark ist unter den Namen Tamarinden, Tamarindenmark, *Fructus Tamarindorum*, officinell, wird aber jetzt nur noch selten als ein gelindes Purgirmittel angewendet; häufiger dagegen wird es gebraucht, um Schnupftabaken einen weinsäuerlichen Geruch und eine, besonders manchen Schnupfern angenehme, reizende Eigenschaft zu geben. In den Tropenländern geniesst man die Hülsen als Obst und bereitet kühlende Getränke daraus. — Man zieht die levantischen oder ostindischen schwarzen Tamarinden den westindischen braunen vor.

Gattung: *Haematoxylon Lin.* Blutholzbaum.

Kelch kurzröhrig: Saum 5theilig, abfallend. Blumenblätter 5, fast gleich. Staubgefässe 10, am Grunde behaart. Hülse lanzettlich, 2—3samig, Nähte geschlossen bleibend: Klappen in der Mitte der Länge nach aufspringend.

Einzige Art: *Haematoxylon campeçhianum Lin.* Westindischer Blutholzbaum, Campecheholz.

Ein gegen 50 Fuss hoher Baum in Mexiko, an der Campechebai und jetzt auch auf vielen Inseln Westindiens. Der meist krumme Stamm ist mit einer runzeligen, rissigen, schwarzbraunen Rinde bedeckt nnd trägt zahlreiche, weit verbreitete krumme Aeste, die entweder kleine Dornen haben oder dornenlos sind. Die kahlen paarig-gefiederten Blätter haben 6—8 gegenständige, sehr kurz gestielte, verkehrt-eiförmige, zurückgedrückte, 6—9 Lin. lange, 4—7 Lin. breite Blättchen. Die vielblütigen Trauben welche länger sind als die Blätter stehen einzeln oder selten auch gepaart in den Blattachseln. Die Kelche sind vor dem Blühen purpurroth, später gelb wie die Blüten. Die $1\frac{1}{2}$ Zoll lange Hülse ist kaum 4 Lin. breit, an beiden Enden verschmälert, flach und dünn, graulich Der feste, dichte, dunkelrothe Holzkern des Stammes ist das Campecheholz, Blauholz oder Blutholz, *Lignum campechianum sive coeruleum;* es ist bisweilen mit einer gelben Splintschicht umgeben. Es ist jetzt nur selten als Arznei in Anwendung, ward aber sonst bei Durchfällen, Ruhren, Schleim- und Blutflüssen angewendet. Sehr häufig braucht man es als Färbemittel.

*Caesalpinia Sappan Lin.*, ein 15—20 Fuss hoher stacheliger Baum in Ostindien, liefert das Kernholz seines Stammes und seiner Wurzel das Sappanholz, falsches Santelholz, *Lignum Sappan*, das als Färbemittel dient.

Von *Hymenaea Courbaril Lin.* und mehren verwandten Arten der Gattung, als *Hym. confertifolia Hayn.*, *H. confertiflora Mart.*, *H. Candolleana Kunth.*, *H. Olfersiana Hayn.*, *H. Martiana Hayn.* und andern stammt der Westindische oder Brasilianische Kopal, *Resina Copal occidentalis*, *brasiliensis sive americana*, den man zur Bereitung feiner Lackfirnisse sehr häufig benutzt. — Der Kopal ist freiwillig ausgeflossenes Harz, welches man vorzüglich in der Erde unter den Pfahlwurzeln der Bäume findet.

Auch mehre Arten von *Trachylobium*, vorzüglich *Tr. Martianum Hayn.*, *Tr. Hornemannianum*, *Tr. Lamarckianum Hayn.* liefern ebenso wie *Vouapa phaselocarpa Hayn.* brasilianisches Kopalharz.

### Gruppe: *Ceratonieae Rchb.*

Diese Gruppe unterscheidet sich durch 5 oder 10 Staubgefässe enthaltende Blüten ohne Blumenkrone.

Gattung: *Copaifera Lin.* Copaivabaum.
*(Decandria, Monogynia Lin. syst.)*

Kelch 4theilig, abstehend; Zipfel fast gleich. Blumenkrone fehlend. Staubgefässe 10, fast gleich. Hülse gestielt, holzig-lederartig, einsamig. Samen halbbemantelt.

1. Art: *Copaifera Jacquini Desf.* Jacquin's-Copaivabaum.

Blätter meist paarig-gefiedert: Blättchen 4—10, fast abwechselnd, gekrümmt-eiförmig, ungleichseitig, stumpfzugespitzt, durchscheinend-punktirt. *(Taf. 83.)*

Ein schöner hoher Baum Westindiens und im nördlichen Columbia. Die zunehmend-gefiederten Blätter haben einen 3—5 Zoll langen Blattstiel und kurzgestielte, 2—3 Z. lange, 14—18 Lin. breite, einwärts gekrümmte, an der Spitze zuweilen auch ausgerandete, etwas lederige, kahle, oben glänzende Blättchen. Die achsel- und endständigen sparrigen Rispen haben die Länge der Blätter oder sind etwas länger. Die Staubgefässe sind 2½ Mal länger als die abfallenden Kelchzipfel. Der eiförmige, am Rande zottig-weichharige Fruchtknoten trägt einen langen Griffel, der anfangs eine Schlinge bildet und später bogig zurückgekrümmt ist. Die Hülse ist 1 Zoll lang, schief verkehrt-eirund, kurzstachelspitzig, kahl, glatt, röthlichbraun. Der länglichovale braune Same ist zur Hälfte von einem weisslichen Mantel bedeckt. — Durch Einschnitte in den Stamm dieses Baums fliesst eine Art des officinellen Copaivabalsams, *Balsamum Copaivae*, die nicht zu dem besten gehört. Doch ist es derjenige Baum, von dem man zuerst wusste, dass er Copaivabalsam liefere; jetzt weiss man, dass die folgenden Arten dieses Produkt besser und reichlicher geben.

2. Art: *Copaifera coriacea. Mart.* Lederblättriger Copaivabaum.

Blätter paarig-gefiedert: Blättchen 2—3paarig, oval, gleichseitig, ausgerandet, nicht punktirt; Blatt- und Blütenstiele fast kahl. *(Taf. 84.)*

Ein Baum in der Provinz Bahia Brasiliens. Der Stamm hat eine glatte, schwachrissige, schwärzlichaschgraue Rinde und zahlreiche, wagrechtabstehende Aeste. Blättchen 8—16 Lin. lang, 6—10 Lin. breit, gegenständig, auf einem 10—16 Lin. langen Blattstiele, stark lederig, am Rande etwas umgebogen, glänzend, unterseits seegrün. Rispen eben so lang oder länger als die Blätter. Die Kelchzipfel sind eirund-länglich, spitzig. Diese und die hier noch namentlich mit kurzen Diagnosen aufzuführenden Arten dieser Gattung liefern den meisten brasilianischen Copaivabalsam, als: *Cop. guianensis Desf.* 3—4 Paar gleichseitige, eiförmige, langzugespitzte, durchscheinend punktirte Blättchen, Gujana; — *Cop. Martii Hayn.* 2—3 Paar gleichseitige, ovale, kurz zugespitzte und ausgerandete, nicht punktirte Blättchen, Brasilien; — *Cop. bijuga Hayn.* 2 Paar einwärts gekrümmte, ovale ungleichseitige, stumpfzugespitzte durchscheinend punktirte Blättchen, Brasilien; — *Cop. multijuga Hayn.* 6—10 Paar etwas einwärts gekrümmte ungleichseitige, lang zugespitzte und stachelspitzige, durchscheinend punktirte Blättchen, von denen die untern eirundlichlänglich und die obern lanzettlich sind, Brasilien in Para und am Rio negro; — *Cop. nitida Mart.* 2—4 Paar einwärts gekrümmte, ungleichseitige, stumpfzugespitzte, kaum durchscheinend punktirte Blättchen, von denen die untern breit eiförmig, die obern eirundlich-länglich sind, in Minas Geraës in Brasilien; — *Cop. Jussieui Hayn.* 5—6 Paar wechselständige, eilanzettliche, langzugespitzte, stachelspitzige, durchscheinend-punktirte Blättchen, Brasilien; —*Cop. laxa Hayn.* 2—4 Paar fast gleichseitige, schwach einwärts gekrümmte ausgerandete, durchscheinend-punktirte Blättchen, von denen die untern herzeiförmig, die obern eirund-länglich sind; die Blattstiele weichhaarig, die Blütenstiele zottig-filzig. Minas Geraës in Brasilien; — *Cop. Langsdorfii Desf.* 3—5 Paar eiförmige und länglichovale, stumpfe, gleichseitige, welligrandige, kaum merklich bewimperte Blättchen, schwachhaarige Blatt- und Blütenstiele in Sant. Paul in Brasilien; — *Cop. cordifolia Hayn.* Blätter nach beiden Enden hin abnehmend gefiedert, 3 Paar wenig lederige, schwach-weichhaarige Blättchen, von denen die obern verkehrt-eiförmig-oval, die übrigen herzeiförmig sind, Bahia in Brasilien; — *Cop. Sellowii Hayn.* 3—4 Paar etwas ungleichseitige, stumpfe, kaum punktirte Blättchen, von denen die untern eiförmig, die obern fast länglich sind, Blatt- und Blütenstiele sehr schwachfilzig, Bahia in Brasilien; — *Cop. oblongifolia Hayn.* 6—8 Paar oval-längliche, fast gleichseitige, schwach ausgerandete, durchscheinend-punktirte Blättchen, Blatt- u Blütenstiele sehr schwach weichhaarig, Minas Geraës in Brasilien.

Gattung: *Ceratonia Lin.* Johannisbrotbaum.

(*Polygamia Polyoecia Lin. syst. — Polygamia Dioecia sec. Wlldw., Dioecia Pentandria sec. Persoon.*)

Blüten polygamisch. Kelch tief 5theilig. Blumenkrone fehlend. Staubgefässe 5. Hülse länglich, zusammengedrückt, lederartig, geschlossen bleibend, vielsamig; die Klappen fleischig-markig.

Einzige Art: *Ceratonia Siliqua Lin.* Aechter Johannisbrotbaum. (*Taf.* 85.)

Ein in den Ländern am Mittelmeere häufig wachsender Baum mittlerer Grösse, mit zunehmend-gefiederten Blättern und gegenständigen, kurzgestielten, 1—2 Zoll langen, 9—15 Lin. breiten, verkehrt-eirund-ovalen, am Ende zurückgedrückten, wenig ausgeschweiften, etwas welligen, lederigen, kahlen, oberseits glänzend dunkelgrünen, unterseits blassgrünen Blättchen. Die 3—4 Zoll langen, purpurrothen Blütentrauben entspringen selten aus den Blattachseln, häufiger aus nackten blattlosen Aesten und sogar aus dem Stamme. Die Blütenstiele sind schwach weichhaarig, die Kelchzipfel eiförmig, spitzig; der fleischige scheibenförmige Blütenboden, von dessen unterer oder Aussenfläche die Staubgefässe entspringen, ist undeutlich 5lappig oder 5eckig. Die 4—8 Zoll langen 1—1½ Zoll breiten Hülsen sind oft gekrümmt, stumpf, fast 4seitig, braun, glänzend; die Klappen, welche nicht aufspringen, haben zwischen dem Endo- und Ektocarpium eine trocken-markige süssliche Fleischschicht oder Sarkocarpium. Sie sind das Johannisbrot, *Siliqua dulcis*, welches als demulzirendes Mittel einen Bestandtheil mehrer Brustspecies ausmacht. In ihrem Vaterlande dienen sie als Nahrungsmittel für Menschen und Thiere.

### Gruppe: *Sophoreae DeC.*

*Moringa pterygosperma Gaertn.* ein 30 Fuss hoher Baum Ostindiens, welcher jetzt auch im tropischen Amerika cultivirt wird, hat scharf bittere, brechen- und purgirenerregende Samen, Behennüsse, *Nuces Behen sive Glandes unguentariae s. Balani myrepsicae*, welche durch Auspressen ein mildes, geruch- und geschmackloses, nicht ranzig werdendes Oel, Behenöl, *Oleum Behen*, liefern, welches sonst als gelindes Purgirmittel und äusserlich bei Hautausschlägen in Anwendung war, jetzt aber nur noch zur Bereitung wohlriechender Salben und Oele und anderer kosmetischer Dinge dient.

### Gattung: *Myroxylon Lin. fil.* Balsamholzbaum.
### *(Decandria Monogynia Lin. syst.)*

Kelch 5zähnig, Blumenblätter 5, sehr ungleich, das oberste am grössten, ein Fähnchen (Wimpel) bildend. Fruchtknoten gestielt 2—6eiig. Hülse geschlossen bleibend, 1—2-samig, häutig geflügelt.

1. Art: *Myroxylon peruiferum Lin. fil.* Peruanischer Balsamholzbaum, Balsamsame.

Aestchen kahl; Blätter ausdauernd, kahl, unpaarig-gefiedert: Blättchen oval oder länglich, stumpf oder ausgerandet, lederartig; Hülsenflügel auf einer Seite sehr dick. (*Taf.* 86.)

Ein 30—40 Fuss hoher schöner Baum in den niedrigen sonnigen Gegenden von Neugranada, Peru, Columbia und Mexiko. Der dicke aufrechte Stamm hat wagrecht abstehende Aeste, die mit einer groben, festen, harzreichen, grauen, hellbraun warzig punktirten Rinde bedeckt sind. Die wechselständigen gefiederten Blätter tragen 7 — 11 wechselständige Blättchen von 1 — 2 Zoll Länge und ½ — 1 Zoll Breite. Die 3—6 Zoll langen Blütentrauben enthalten 8—25 Blüten und entspringen seitlich zwischen den Blättern und an den Enden der Zweige; die Traubenstiele nebst den Blütenstielchen sind hell rostbraun weichbehaart. Der unterständige, weit-glockige Kelch ist sehr fein behaart mit 5 kurzen deutlichen Zähnen versehen, welche nach dem Verblühen abfallen. Die weisse Blumenkrone hat 5 benagelte Blätter, von denen 4 linealisch und klein sind; das 5. fähnchenartige ist weit grösser, fast kreisrund und vorn ausgerandet. Die 10 freien Staubgefässe sind nebst den Blumenblättern in der Kelchröhre befestigt. Der langgestielte Fruchtknoten enthält in seinem Fache 2 Eichen, von denen eins verkümmert, so dass die Hülse nur einsamig ist. Diese hat eine länglich messerförmige Gestalt, ist sehr ungleichseitig, fast halbherzförmig, 3 — 4 Zoll lang, gegen 1 Zoll breit und kahl.

2. Art: *Myroxylon punctatum Klotzsch.* Punktirtblättriger Balsamholzbaum.

Blätter ungleichpaarig-gefiedert: Blättchen 5 — 9zählig, kahl, lederartig, länglich, langzugespitzt, ganzrandig, mit durchscheinenden runden Punkten; Blattstiele und Blättchenstiele kahl; Trauben seitenständig, einfach, einzeln oder angehäuft, mit spatelförmigen zurückgerollten Deckblättchen.

Ein 50—60 Fuss hoher schöner Baum in den Urwäldern von Pozuzo, Muña und Cuchero, im Flussgebiet des Maranon und in Peru. Die Aeste sind rothbraun, weisslich punktirt und die Aestchen gelbbraun; die Blätter grösser als bei voriger Art, die Blättchen 3—4 Zoll lang, 1—2 Zoll breit, oberseits dunkel-, unterseits blassgrün, mit goldgelber, stark hervortretender Mittelrippe und durchscheinenden, harzführenden, rundlichen Punkten. An den 4 — 7 Zoll langen Trauben stehen 5 — 20 Blüten; die Traubenspindel, Blütenstielchen und Kelche sind allmählig verschwindend rosstfarbig-filzigbehaart. Die flügelfruchtartige geschlossen bleibende Hülse ist strohgelb, 3—5 Zoll lang; an dem verdickten Ende befindet sich das einsamige Fach, auf dessen beiden Seiten ein fast kreisrunder flacher Harzbehälter von 4—5 Lin. Durchmesser liegt, welcher einen flüssigen gelben Balsam enthält, der nach und nach erhärtet und dann alle Eigenschaften des trocknen Tolubalsams oder Opobalsams besitzt. Der hängende, nierförmige, stark gekrümmte, braunrothe Same hat die Grösse einer kleinen Bohne und ist häufig mit Krystallen von Tonkakampfer bedeckt, wesshalb er stark tonkabohnenähnlich riecht.

3. Art: *Myroxylon toluiferum Kunth.* Tolutanischer Balsamholzbaum, Tolubalsambaum.

Aestchen kahl; Blätter ausdauernd, kahl, unpaarig-gefiedert: Blättchen fast häutig, länglich, stumpf zugespitzt, fast gleichseitig, am Grunde abgerundet. *(Taf. 87.)*

Ob dieser den beiden vorigen Arten ganz ähnliche Baum, der in Columbia auf Bergen bei Tolu, Turbako und am Magdelenenstrome wächst, eine eigne Art oder nur eine Abart von *Myr. peruiferum* ist, weiss man noch nicht mit Bestimmtheit, denn *Kunth* sagt selbst in seiner Anleitung zur Kenntniss offic. Gewächse pag. 423: „Herr *Ach. Richard* betrachtet diese Art als einerlei mit *Myroxyl. peruiferum*, und hat hierin vielleicht Recht.“ — Der Stamm hat ein nach der Mitte hin rothes, balsamisch rosenartig riechendes Holz, zerstreut stehende Aeste und runde warzige kahle Aestchen. Der gemeinschaftliche Blattstiel ist 3—3½ Zoll lang, kahl, fast eckig, undeutlich hin und her gebogen und trägt kurzgestielte, gleichseitige, stumpf zugespitzte, am Rande ganze und etwas wellig gebogene, netzförmig fein geaderte, mit kleinen durchscheinenden Punkten und Linien versehene, kahle, auf beiden Seiten gleichhellgrüne glänzende Blättchen; das endständige ist eiförmig-länglich, am Grunde stumpf, 3 Zoll lang und 1¼ Zoll breit; die übrigen sind allmälig kleiner länglich, am Grunde abgerundet, 28—34 Lin. lang, 11—12 Lin. breit; die untersten eiförmig-länglich, 2 Zoll lang. Blüten und Früchte sind noch unbekannt.

Eine 4. Art: *Myroxylon pubescens Kunth.* hat kurzhaarige Aestchen und Blattstiele, fast häutige, aber kahle, unterseits weichhaarige, längliche, am Grunde schwach herzförmige und vorn fast zugespitzte, doch ausgerandete Blättchen. Im Uebrigen verhält sich auch diese Art dem *Myroxyl. peruiferum* ziemlich gleich. Das Vaterland ist Columbia.

Von diesen Bäumen stammt der Schwarze Peru- oder Peruvianische oder Indische Balsam, *Balsamum peruvianum nigrum seu indicum nigrum s. Balsam. de Peru.* Er kommt jetzt allgemein in reinem Zustande vor, wogegen er ehedem, der schleimigen Theile halber, die er enthielt, noch einer Reinigung bedurfte. Nach Einigen soll er durch Auskochen der Rinde des Stammes und der Aeste mit Wasser, nach Andern durch Ausschwelen (ähnlich dem bei der Theerbereitung) gewonnen werden. Er ist einem dunkelbraunen Syrup zu vergleichen, ist aber hell und klar, so dass er in dünnen Schichten gelb- oder rothbraun erscheint; er riecht angenehm vanille- oder benzoëartig und schmeckt scharf-aromatisch-bitterlich, später lange anhaltend kratzend. Einige Tropfen in der Hand verrieben machen diese ölglänzend aber nicht klebrig. Er wirkt als Erregungsmittel für das Gefäss- und Nervensystem und wird besonders bei Schleimflüssen, Nervenleiden, Lähmungen, Rheumatismen, Gicht, Kolik und Brustleiden innerlich in Emulsionen, Pillen und Tropfen gereicht; äusserlich wendet man ihn an bei schlaffen Wunden, Geschwüren, Knocheneiterungen, wunden Brustwarzen u. s. w. in Salben, Einreibungen und Einspritzungen; auch ist er ein Bestandtheil verschiedener, besonders älterer Zusammensetzungen.

Der Weisse Perubalsam oder Indische Balsam, *Balsamum peruvianum album s. indicum album*, ist der freiwillig aus dem Stamme hervorfliessende, an der Luft eintrocknende Balsam. Er kommt jetzt nicht im Handel in flüssiger Form vor, sondern meist nur in Kürbisschalen oder eignen Bastgeflechten eingetrocknet und ist in dieser Form der Trockne Indische oder Peruvianische Balsam, Trockner Opobalsam, *Balsamum indicum s. peruvianum album siccum*, *Opobalsamum siccum.* Er dient jetzt nur als ein feines Räucherungsmittel. Nach der Meinung vieler Pharmakognossen ist auch der Tolu-Balsam, *Balsamum totulanum sive de Tolu*, *Opobalsamum de Tolu*, derselbe Körper von derselben Abstammung; er wird in irdenen Gefässen, Kruken, blechernen Kisten und Kokosnussschalen versendet, da er eine zähe, flüssige Masse darstellt. Durch Kälte wird er hart und ist dann in Farbe, Geruch, Geschmack und übrigem Verhalten den trocknen Opobalsam gleich.

### 100. *Fam.:* Schmetterlingsblütler, *Papilionaceae Lin.*

Bäume, Sträucher und Kräuter mit abwechselnden paarig- oder häufig unpaarig-gefiederten Blättern, an deren Blattstiele

2 Nebenblätter sich befinden; bei einem Blättchenpaare und einem unpaarigen Endblättchen entsteht das 3zählige Blatt, wie z. B. beim Klee. Blüten zwitterig, in Trauben, Aehren oder Köpfchen, selten in Rispen oder einzeln. Kelch aus 5 unter sich verwachsenen Blättchen gebildet und also einblättrig, bald glockig oder röhrig, regelmässig oder 2lippig. Blumenblätter 5, einem kleinen perigynischen Ringe eingefügt, eine Schmetterlingsblume *(flos papilionaceus)* bildend; die beiden untern das Schiffchen *(carina)* bildenden meist verwachsen, bisweilen auch sämmtliche Blumenblätter verwachsen, z. B. beim Klee, sehr selten einzelne fehlend; das oberste 5. unpaarige Blumenblatt gewöhnlich am grössten und Fähnchen oder Wimpel *(vexillum)* geheissen; die beiden gleichen seitlichen sind die Flügel oder Segel, *alae sive vela.* Von den 10 Staubgefässen sind meist 9 zu einer oben offnen Rinne, über welcher das freie 10. Staubgefäss steht, verwachsen (diadelphisch), seltener bilden sie sämmtlich eine geschlossene, das Pistill umgebende Röhre (und sind monadelphisch). Die Frucht ist entweder eine einfache oder durch Einwärtsschlagen der Nähte halb 2fächrige Hülse, bisweilen auch eine Gliedhülse, mit mehren, an der obern Naht befestigten Samen. Die Samen haben keinen Eiweisskörper und einen gekrümmten Embryo mit gegen den Nabel gekehrtem Würzelchen; die Samenlappen, Kotyledonen, sind nach dem Keimen oberirdisch und dann blattartig oder unterirdisch und dann fleischig. Diese Familie wird auch mit den beiden vorhergehenden, mit denen sie sehr verwandt ist, wegen der Früchte Hülsenfrüchtler, *Leguminosae*, genannt.

### Gruppe: *Hedysareae DeC.*

*Dipteryx odorata Wlldw.* (*Baryosma Tongo Gaertn.*) Dieser gegen und über 80 Fuss hohe Baum mit dickem Stamme wächst in den Wäldern von Gujana. Die angenehm gewürzhaft riechenden und aromatisch brennend schmeckenden Samen sind die Tongo- oder Tonkabohnen, *Fabae vel Semina Tongo vel Tonca.* Sie liegen in einer ovalen, fleischig-faserigen, gelblichen Hülse, deren innere Fruchthaut fast nussartig ist; sie sind länglich-zusammengedrückt, 1½—2 Zoll lang, röthlich, getrocknet schwärzlich-braun. Sie enthalten neben vielem fetten Oele den Tonkakampfer oder Coumarin und sind in Amerika als reizendes und schweisstreibendes Mittel, in Europa blos um dem Schnupftabake einen angenehmen Geruch zu ertheilen, in Anwendung.

## Gattung: *Andira Lam.* Kohlbaum.
*(Diadelphia Decandria Lin. syst.)*

Kelch glockig-kreiselförmig, 5zähnig, mit fast gleichen Zähnen. Blumenblätter 5: Fahne rundlich, länger als das Schiffchen. Hülse gestielt, steinfruchtartig, fast rundlich, hart, in 2 Klappen theilbar, einsamig.

1. Art: *Andira retusa Kunth.* Stumpfblättriger Kohlbaum, Surinamischer Wurmrindenbaum.

Blätter gefiedert: Blättchen 5- — 6paarig, länglich-cirund, eingedrückt oder seicht ausgerandet, kahl und glänzend; Rispen gipfelständig; Kelch glockig, kahl. (*Taf.* 88.) (*Syn.: Geoffraea retusa Lam.*)

Ein mittelmässiger Baum mit einer glatten Rinde in Surinam und Cayenne. Die gemeinschaftlichen Blattstiele tragen 9 — 13 kurz gestielte, lederige Blättchen. Die karminrothen Blüten stehen in grossen aufrechten Rispen, die aus mehren steifen Trauben zusammengesetzt sind. Die Hülse ist oval, fast steinfruchtartig. — Die Rinde ist die Surinamsche Wurmrinde, *Cortex Geoffroyae surinamensis;* sie besteht in flachen oder nur wenig rinnigen Stücken von ½ — 1 Fuss Länge, 1—2 Zoll Breite, ist aussen häufig mit einer weisslichen Flechtenkruste bedeckt, die Borke dunkel oder rothbraun, der Bast gelblich oder graubraun bis schwärzlichgrau, aus groben, schichtweis sich durchkreuzenden Fasern gebildet, ziemlich geruchlos, schwach, aber widerlich bitter schmeckend; vorwaltend enthält sie einen eigenthümlichen krystallisirbaren Stoff, *Surinamin* und eisengrünenden Gerbstoff. Sie ist ein kräftig und heftig wirkendes Wurmmittel, was bei uns nur selten angewendet zu werden scheint.

2. Art: *Andira inermis Kunth.* Wehrloser Kohlbaum, Jamaikanischer Wurmrindenbaum.

Blätter unpaarig-gefiedert: Blättchen 5 — 8paarig, verkehrt-eirund-länglich, kurzzugespitzt, kahl; Blüten in end- und blattachselständigen Rispen, sehr kurz gestielt; Kelch beckenförmig-glockig, rostbraun flaumig. (*Syn.: Geoffraea inermis Sw.*)

Ein Baum von mittlerer Grösse in den Wäldern mehrer Antillen-Inseln und in Guiana. Von ihm stammt die Jamaikanische Wurmrinde *Cortex Geoffroyae jamaicensis sive Cortex Cabbagi*, sie hat ein grüngelbliches Bast und eine dergleichen Borke, einen schwachen Geruch und einen mässig bittern Geschmack. Sie enthält ebenfalls einen eigenthümlichen krystallisirbaren Stoff, *Jamaicin* oder *Cabbagin*, und einen gelben extractiven Farbstoff. Sie wird in Amerika, aber kaum noch bei uns in Dekokt gegen Würmer gebraucht.

*Geoffroya vermifuga Mart.*, ein mittelmässiger Baum Brasiliens mit unpaarig gefiederten Blättern. Der Kelch ist glockig, 5spaltig, fast 2lippig, die Hülse steinfruchtartig, oval, beiderseits gefurcht, einsamig. Das Uebrige verhält sich wie bei voriger Gattung. — *Geoffroya spinulosa Mart.* hat 3paarige Blätter mit einem geflügelten, am Grunde etwas dornigen Blattstiele und abstehend traubige Rispen. Von beiden Baumarten sind die Samen, *Semina Angelin* in Amerika als Wurmmittel gebräuchlich und kommen zuweilen im Handel bei uns vor.

*Drepanocarpus senegalensis Nees.* Senegalischer Schneckenfruchtbaum, ist ein Baum mittlerer Grösse mit gefiederten Blättern und 3—4 Paaren ovaler Blättchen der am Senegal in Afrika wächst. Die Rispen stehen am Ende der Triebe. Der Kelch ist mit 2 Deckblättchen versehen, röhrig-glockig, 5zähnig, das Schiffchen kurz, die Staubgefässe mon- oder diadelphisch, die Hülse unregelmässig, ungeflügelt, fast kreisrund, geschlossen bleibend, einfächrig und 1samig. — Von diesem Baume wird das auch bei uns officinelle ächte oder afrikanische Kino, *Kino s. Gummi Kino verum, africanum s. gambiense* erhalten. Es ist der durch Einschnitte in die Rinde hervorfliessende und bald erhärtende Saft, welcher im Handel in kleinen, unregelmässigen, scharfkantigen, starkglänzenden, röthlich-schwarzbraunen, an den Kanten und in dünnen Plättchen rubinroth durchscheinenden Stücken, die sich leicht zerreiben lassen und ein braunrothes Pulver geben. Es ist geruchlos und schmeckt rein adstringirend und enthält vorwaltend eisengrünenden Gerbstoff. Als kräftiges tonisches adstringirendes Mittel giebt man es innerlich bei Durchfällen, Schleim- und Blutflüssen, äusserlich auch bei schlaffen Geschwüren, Blutungen und dergleichen.

Die Gattung *Pterocarpus DeC.* Flügelfruchtbaum hat alles wie vorige, aber die Kelche sind ohne Deckblätter und die 1—3samige Hülse ist rundum geflügelt. *Pterocarpus santalinus Lin. fil.* hat 3—5zählig-gefiederte Blätter mit wechselständigen, rundlichen und ovalen, eingedrückten, kahlen, unterseits greisgrauen Blättchen, blattachselständige einfache oder ästige Trauben, gekerbte, wellige Blumenblätter, rundliche, sichelförmige, kahle, aderig-runzelige Hülsen mit welliger Flügelhaut. Die Kelche sind braun, die Blumen gelb und roth gestreift. Dieser grosse Baum auf den Gebirgen in Ostindien und auf Ceylon liefert das bekannte Rothe Santel- oder Sandelholz, *Lignum Santali rubrum sive sandalinum rubrum*, das in dunkelbraunen in's Violette ziehenden, inwendig theils blutrothen (Kalliaturholz) theils hochrothen, ziemlich schweren, faserigen Stücken nach Europa gelangt und zum Rothfärben und Rothbeitzen gebraucht wird. Es dient in arzneilicher Beziehung nur als Bestandtheil mancher Zahnpulver.

*Pterocarpus indicus Wlldw.*, ein ebensogrosser Baum auf den ostindischen Inseln, und *Pt. Marsupium Roxb.*, ein Baum in Koromandel, liefert durch Einschnitte in die Rinde einen adstringirenden Saft, welcher im trocknen Zustande dem Kino gleicht und vielleicht auch als Ostindisches Kino in den Handel gelangt.

*Pterocarpus Draco Lin.*, ein grosser Baum in Westindien soll das jetzt nicht mehr nach Europa gebracht werdende Amerikanische Drachenblut liefern.

Von der bekannten Esparsette, *Onobrychis sativa Lam. (Hedysarum Onobrychis Lin.)*, die als Viehfutter im Grossen kultivirt wird, war das Kraut als *Herba Onobrychis* vorzüglich bei Harnstrenge und Harnverhaltuug im Gebrauche.

## Gruppe: *Genisteae Brown.*

*Anthyllis Vulneraria Lin.*, ein auf sonnigen Wiesen, auf Hügeln und Bergen wachsendes ausdauerndes Kraut, war als *Herba Anthyllidis sive Vulnerariae* ehedem als Wundmittel sehr berühmt.

*Cytisus Laburnum Lin.*, der Gemeine Bohnenbaum, Goldregen, lieferte sonst die Blätter und Samen, *Folia et Semen Laburni*, welche für zertheilend und auflösend gehalten wurden. Die Hülsen schmecken ekelhaft bitter und enthalten das emetisch-purgirende Cytisin, wesshalb sie giftig wirken.

*Spartianthus junceus Link. (Spartium junceum Lin.)*, Binsenartiger Besenginster, im mittlern und südlichen Europa einheimisch, besitzt harntreibende und brechen- und durchfallerregende Kräfte, wesshalb auch sonst die Samen und die krautigen Zweigspitzen als *Semen et Herba Genistae hispanicae sive Gen. junceae* officinell waren.

*Spartium scoparium Lin.*, Pfriemen oder Besenkraut, an sandigen sonnigen Stellen häufig wachsend, lieferte sonst die jungen Aeste, grossen gelben Blüten und die Samen, *Herba, Flores et Semen Spartii seu*

*Genistae scopariae s. Gen. angulosae*, die wie die von voriger Pflanze wirken.

*Genista (Lin.) Koch.* Ginster, hat einen 2lippigen Kelch, dessen Oberlippe 2theilig oder 2zähnig und die Unterlippe 3zähnig oder fast 3theilig ist. Die Flügel der Schmetterlingsblume sind hinten an ihrem obern Rande querfaltig-runzelig; das Schiffchen ist einblättrig, stumpf. Staubgefässe monadelphisch, die Staubfäden fadenförmig, von gleicher Dicke. Griffel pfriemig, aufsteigend, mit endständiger schiefer, nach der innern oder obern Seite des Griffels abschüssigen Narbe. Hülse zusammengedrückt, meist mehrsamig. — *Genista tinctoria Lin.* Färbeginster, Färbekraut, Gilbkraut oder Gelbe Scharte, wächst auf trocknen Wiesen und lichten Waldstellen durch Europa und Mittelasia. Der Stengel und die Aeste sind dornenlos, stielrund, erhaben gerieft. Die wechselständigen Blätter sind sehr kurz gestielt, lanzettlich oder elliptisch, am Rande flaumhaarig; die Nebenblätter pfriemig und klein. Die gelben Blüten stehen in endständigen Trauben; das Schiffchen hat die Länge der Fahne und die Hülsen sind kahl. — Die Blätter und blühenden Astspitzen, *Herba et Summitates Genistae tinctoriae sive Cytiso-Genistae*, sind getrocknet geruchlos und schmecken schleimig, schwach bitterlich, kaum etwas scharf; sie waren sonst als schweiss- und harntreibendes und die Schleimabsonderuug beförderndes Mittel gebräuchlich. In neuerer Zeit erlangten sie eine vorübergehende Berühmtheit als Mittel gegen Wasserscheu, als welches sie aber sich nicht bewährt haben.

*Genista sagittalis Lin.*, ein Halbstrauch auf trocknen Haiden in Mittel- und Süd-Europa, lieferte sonst die krautigen und blühenden Aeste als *Herba et Summitates Genistellae.*

Gattung: *Ononis Lin.* Hauhechel.
*(Diadelphia Decandria Lin. syst.)*

Kelch glockig, 5spaltig: Zipfel linealisch. Staubgefässe 10, monadelphisch. Hülse aufgetrieben, wenigsamig.

1. Art: *Ononis spinosa Lin.* Dornige Hauhechel, Ochsenbrech, Weiberkrieg.

Stengel aufrecht, weitschweifig, sammt den dornigen Aestchen ein- oder zweireihig-weichhaarig-zottig; Blätter 3zählig und einzählig: Blättchen länglich, am Grunde keilförmig, gesägt; Blüten einzeln, achselständig; Hülsen länger als der Kelch, 3samig. *(Taf. 89.)*

Diese an Wegen, auf Feldrainen und Weideplätzen in Europa gemeine halbstrauchige Pflanze hat eine holzige, tief in den Boden dringende, mehrköpfige, nach unten verästete, röthlichbraune Wurzel. Der Stengel ist 1—2 Fuss lang aufsteigend, vom Grunde an ästig, fast holzig, braunroth, auf einer oder auf 2 Seiten mit kurzen weichen Haaren besetzt, übrigens fast kahl und etwas klebrig. Die Aeste und Aestchen endigen in dornige Spitzen, die mit den verkümmerten Blättchen, die als häutige Schüppchen erscheinen, besetzt sind oder einen kürzern Dorn zur Seite haben. Die Blätter auf den zusammengewachsenen halbeirunden Nebenblättern fast sitzend und nebst diesen mehr oder weniger drüsig. Fahne und Schiffchen rosenroth, mit purpurrothen Streifen; Flügel oder Segel blassroth bis weisslich. Kelch und Hülsen drüsig-zottig, die letztern meist einsamig.

2. Art: *Ononis repens Lin.* Kriechende Hauhechel.

Stengel gestreckt, weitschweifig, fast dornenlos, ganz oder ringsum weichhaarig-zottig; Blätter 3zählig oder einzählig: Blättchen verkehrt-eirundlich, gesägt; Blüten einzeln; Hülsen kürzer als der Kelch, 2samig.

Diese der vorigen sehr ähnliche Art wächst an gleichen Stellen, vorzüglich gern aber auf sandigem Boden. Die Wurzel ist ästiger und der niedergestreckte Stengel wurzelt später an seinem Grunde. Alle Theile sind entweder etwas oder auch stark drüsenhaarig-klebrig. Der Geruch des geriebenen Stengels und der Blätter ist unangenehm, etwas wanzenartig. Die rundliche Fahne der Blume endigt in eine kurze stumpfe Spitze. Die Samen sind blassbraun. — Die Wurzel der vorigen und dieser Art, *Radix Ononidis vel Restae bovis* gehören zu den gelindpurgirenden, harntreibenden und besonders auf die Nieren wirkenden Mitteln.

Gruppe: *Loteae DeC.*

Von *Butea frondosa Roxb.*, einem mässigen Baume auf den Bergen Ostindiens, stammt das Asiatische oder Ostindische Kino, *Kino orientale vel asiaticum*, welches sich von dem ächten Kino durch den Gehalt an eisenbläuenden Gerbstoff unterscheidet. Es ist dasselbe der stark adstringirende schönrothe Saft, welcher nach Verwundungen aus der Rinde fliesst, und an der Sonne trocknet.

*Abrus precatorius Lin.* Paternostererbse, ist ein windender Strauch in Südasia und Mittelafrika, dessen scharlachrothe mit einem schwarzen Flecken versehene Samen zu Rosenkränzen angereiht werden. Die ganz süss schmeckende Pflanze hat dieselben Kräfte wie die Süssholzwurzel und wird in Afrika und Ostindien ganz wie dieses angewendet.

*Mucuna urens DeC.* und *Mucuna pruriens DeC.*, zwei Schlingsträucher, von denen der erste in Westindien und Südamerika, der zweite in Ostindien, aber auch auf den Antillen wächst, haben einige Zoll lange mit zahlreichen Brennborsten besetzte Hülsen, deren Brennborsten unter den Namen *Setae Siliquae hirsutae sive Stizolobii* mit Zuckersafte oder einem andern dicklichen Safte gemischt innerlich gegen Würmer wie in ihrem Vaterlande so auch in Europa gebraucht wurden.

### Gattung: *Phaseolus Lin.* Bohne.
### (*Diadelphia Decandria Lin. syst.*)

Kelch 2lippig: Oberlippe 2zähnig, Unterlippe 3spaltig. Schiffchen nebst den diadelphischen Staubgefässen und dem Griffel spiralig zusammengedreht. Hülse zusammengedrückt oder walzenförmig, vielsamig.

1. Art: *Phaseolus vulgaris Lin.* Gemeine Bohne.

Stengel windend, fast kahl; Blätter gefiedert-3zählig: Blättchen eiförmig, zugespitzt; Trauben gestielt, kürzer als die Blätter; Blütenstielchen gepaart; Hülsen hängend, glatt, gerade, etwas schwertförmig, aus der obern Naht geschnabelt. (*Taf.* 90.)

Ursprünglich in Ostindien einheimisch, doch schon seit sehr langer Zeit in sehr vielfachen Abänderungen in ganz Europa und in den anderen Erdtheilen kultivirt. Der sich windende Stengel wird oft 12 — 16 Fuss hoch und höher. An den lang gestielten Blättern stehen kurzgestielte Blättchen und am Grunde der Blättchenstielchen 2 lanzettliche Nebenblätter; das endständige Blättchen ist rhombisch- oder deltaförmig-eirund, die seitlichen sind sehr ungleichseitig und schief-eirund. Die Trauben tragen 5 — 8 weisse oder gelblichweisse, seltner lillarothe oder violette Blüten. Die Hülsen sind gegen 6 — 7 Zoll lang, gerade oder etwas sichelförmig. Die 5 — 6 Samen einer Hülse sind sehr verschieden gefärbt, entweder einfarbig weiss, braun, schwarz u. s. w. oder gescheckt oder gebändert. — Von weisssamigen Abänderungen dieser und der folgenden Art werden die Samen als *Semina Phaseoli sive Fabae albae* zu erweichenden und zertheilenden Umschlägen gebraucht. Da sie viel Stärkmehl, Gliadin, Schleimzucker, einen gummösen Stoff u. s. w. enthalten, so werden sie häufig als eine gute nährende, jedoch etwas schwer verdauliche und Blähungen erregende Speise gegessen. Die jungen Hülsen geben ein bekanntes Gemüse, das überall häufig genossen wird.

2. Art: *Phaseolus nanus Lin.* Zwerg- oder Buschbohne.

Stengel fast aufrecht, niedrig, buschig-ästig; Blätter 3zählig: Blättchen eiförmig, zugespitzt; Trauben kürzer als die Blätter; Deckblätter eirund, breiter als der Kelch; Hülsen hängend, glatt.

Wahrscheinlich ist diese Art nur aus der vorigen durch die lange, über 2000 Jahre betriebene Kultur entstanden und sie wird jetzt unter zahlreichen Abänderungen am häufigsten angebaut, weil man keine Stangen braucht, an denen sie wie vorige empor sich wände, da sie nur einen niedrigen Busch bildet. Die Benutzung ist ganz dieselbe wie die voriger Art.

*Phaseolus multiflorus Wlldw.* Feuer- oder Türkische Bohne, ist nicht officinell, auch werden die Samen nicht, sondern nur die jungen Hülsen gegessen. Sie ist in Südamerika einheimisch, hat lange windende Stengel, langgestielte Trauben, die fast länger sind als die Blätter, schmale lanzettliche Deckblätter und sichelförmige scharfe Hülsen mit rothen, blau- oder schwarz-marmorirten Samen. Die Blüten sind gewöhnlich scharlachroth, doch auch weiss, oder weiss mit rothem Fähnchen.

Von *Orobus vernus Lin.*, der bekannten schönblühenden Frühlingspflanze unserer Laubwälder, waren einst die Samen, *Semina Galegae nemorensis*, officinell.

Von *Lathyrus tuberosus Lin.*, Acker- oder Erdnuss, Erdeichel, Erdmandel, welche an ihrer ästigen, tief in die Erde dringenden Wurzel hängende Knollen trägt, wodurch sie auf den Feldern Europas zu einem lästigen Unkraute wird, wurden diese Wurzelknollen, *Glandes terrestres*, gegen Diarhöen und Ruhren gebraucht, was jetzt noch zuweilen von den Landleuten geschieht.

*Faba vulgaris Mnch. (Vicia Faba Lin.)* Buff-Bohne, Sau- oder Pferde-Bohne, ist in den Ländern um den Kaspischen See einheimisch, und wird jetzt häufig in verschiedenen Abänderungen kultivirt, weil man die jungen Samen in vielen Gegenden gern isst, obgleich sie schwer zu verdauen sind, und weil sie und die ganze Pflanze ein vorzügliches Viehfutter sind. — Ehedem waren die Stengel, Blüten und Samen, *Stipites, Flores et Semina Fabarum* officinell und sind es in manchen Gegenden zum Theil noch. Das aus der Asche der Stengel ausgelaugte Salz rühmte man gegen Drüsenverhärtungen, das destillirte

Wasser der Blüten galt für ein Schönheitsmittel und die Samen wurden als ein gutes harntreibendes Mittel genannt; mit dem Mehle derselben machte man erweichende und zertheilende Umschläge und in Verbindung mit Honig brauchte man es gegen Krebsgeschwüre.

Von *Ervum Lens Lin.*, der Gemeinen Linse, die in Südeuropa und im Oriente einheimisch ist, jetzt aber überall seiner nährenden Samen halber kultivirt wird, wurden die Samen, *Semina Lentilium*, in Abkochung als harntreibendes Mittel und bei hitzigen Hautausschlägen besonders bei Blattern und Masern, so wie das Mehl derselben zu erweichenden Breiumschlägen gebraucht; in den Rheingegenden kocht man aus Linsenmehl und Bier einen Brei, den man bei Knochengeschwüren rühmt. Linsen wie Kaffee gebrannt und gekocht und davon täglich 3 Mal eine Portion getrunken sollen ein ganz vorzügliches Mittel gegen beginnende Wassersucht sein, wie mir ein Freund versichert hat.

In ganz ähnlicher Weise wendet man die Samen von der bekannten häufig kultivirten Futterwicke, *Vicia sativa Lin.*, gegen Durchfälle, Ruhren und hitzige Exantheme an. Sie waren auch als *Semina Viciae* officinell.

Dieselben und noch mehr Heilkräfte, z. B. gegen Lungenverschleimungen schrieb man den Samen von *Ervum Ervilia Lin.* *(Ervilia sativa Link.)* zu, die als Ervensamen, *Semina Erviliae sive Orobi* officinell waren.

*Pisum sativum Lin.*, die Gemeine Erbse, das ursprünglich in Südeuropa einheimisch ist und jetzt überall angebaut und in vielen Abänderungen z. B. als Zuckererbse, Zuckerschote, in Gärten gezogen wird, lieferte sonst die Samen, *Semina Pisi*, die wie die Bohnen, Linsen und Wicken angewendet wurden.

*Cicer arietinum Lin.*, Kicher, Kichererbse, in den Ländern um das Mittelmeer einheimisch, hat schwarze Samen, die ziemliche Aehnlichkeit mit einem Widderkopfe mit gewundenen Hörnern haben. Diese waren als *Semina Ciceris* officinell, indem man das Mehl derselben zu erweichenden und zertheilenden Breiumschlägen und mit Honig gegen Krebsgeschwüre gebrauchte und die Abkochnng als harntreibendes Mittel anwendete.

### Gattung: *Astragalus Tournef.* Traganth.

***(Diadelphia, Decandria Lin. syst.)***

Kelch 5zähnig. Schiffchen der Blumenkrone stumpf. Staubgefässe diadelphisch. Hülse durch die einwärts eingeschlagene untere Naht zweifächrig oder halbzweifächrig.

1. Art: *Astragulus verus Oliv.* Wahrer oder Aechter Traganth.

Strauchig; Blätter paarig-gefiedert: Blättchen in 8—10 Paaren, linealisch, spitzig, kurzhaarig; Blüten zu 2—5 in den Blattachseln sitzend; Kelch filzig, stumpf-5zähnig. (*Taf.* 91.)

Ein in der Levante, also in Kleinasien, Armenien und im nördlichen Persien wachsender 2—3 Fuss hoher Strauch, dessen zahlreiche Aeste nach obenzu dicht mit den verhärteten Blattstielen und Nebenblättern ziegeldachartig dicht besetzt sind. Die zahlreichen Blätter sind 15—18 Lin. lang, die sehr schmalen linealisch-lanzettlichen Blättchen blos 4—5 Lin. Der Hauptblattstiel endigt in eine Dornspitze, trägt am Grunde zwei seidenzottige lang zugespitzte Nebenblätter, die später fast kahl werden; er bleibt nur mit dem Grundtheile stehen. Die sitzenden Blüten sind durch ein filziges Deckblatt gestützt. — Vorzüglich von dieser, doch auch von den folgenden Arten stammt das Traganthgummi, *Gummi Tragacanthae*; es schwitzt aus der Rinde des Stammes und der Aeste. Man kennt im Handel zwei Sorten nach den Bezugsorten Morea und Smyrna, die sich jedoch nicht unterscheiden lassen, weil in neuerer Zeit aus Morea eben so schöne Waare zu uns gelangt als man früher aus Smyrna erhielt. Der erhärtete Schleim besteht in dünnen langen Fäden oder in dergleichen kurzen, verschiedenartig und wurmförmig zusammengedrehten, oder in schmalen oder breitern, dünnern oder dickern bandförmigen Streifen, oder auch in breiten flachen gestreiften muschelähnlichen oder ganz unregelmässig geformten Stücken von gelblichweisser, bräunlichgelber bis brauner Farbe, die keinen Glanz, Geruch und nur einen schleimigen Geschmack haben. Man sucht die dünnen langen weissen Fäden als beste Sorte aus; dann die dünnen kurzen Fäden, die schmalen kurzen bandförmigen, so wie die zusammengedrehten und wurmförmigen Stücke und nennt sie Vermicelle, man liest sie gewöhnlich aus Morea Traganth. Die grossen breiten flachen dünnern und dickern Stücke, welche concentrische-bogenförmige erhabene Streifen zeigen, so wie die muschelförmigen werden mit dem Namen Smyrna-Traganth bezeichnet, obgleich jetzt auch aus Morea dergleichen gebracht werden. Von diesen Hauptformen bildet man nun noch mehre Sorten, die durch Färbung und sonstige Güte bestimmt werden. Der Traganth besteht aus Bassorin, Acacin und Stärkmehl, wesshalb er in Wasser sich nicht lösst, sondern nur einen gallertartigen Schleim bildet. Er wird als Heilmittel ähnlich wie das Mimmosengummi, *Gummi arabicum*, gebraucht, ist aber nährender und einhüllender. Eine grosse Anwendung findet er in den Künsten und Gewerben.

2. Art: *Astragalus gummifer Labil.* Gummigebender Traganth.

Strauchig; Blätter paarig-gefiedert: Blättchen in 4—6 Paaren, linealisch-länglich, kahl; Blüten zu 2—3 in den Blattachseln sitzend; Kelche 5spaltig, sammt den Hülsen wollig-zottig. (*Taf.* 92.)

Dieser Strauch, welcher in Syrien, vorzüglich am Libanon wächst, ist dem vorigen sehr ähnlich, aber durch die in der Diagnose angegebenen Unterschiede leicht zu erkennen. Die Aeste die bei jenem dachziegelig-schuppig sind, haben keine Schuppen, sondern Dornen, weil die ganzen dornigen Blattstiele und nicht blos deren Grund stehen bleiben. Die Blüten bilden, weil sie in allen Blattachseln gehäuft sitzen, eine schopfige Aehre. — Man sagt, dass auch von diesem Strauche Traganth gesammelt werde, der in grössern Stücken von unbestimmbarer Gestalt, weiss und gelbbraun daran ausschwitze; Andere meinen das *Gummi Kutira*, welches angeblich aus Ostindien gebracht werden solle, stamme davon ab. Dieses Kutiragummi hat das Ansehen von unserm Kirschgummi oder schlechtem Senegalgummi; es hat ähnliche Eigenschaften wie der Traganth, enthält aber kein Stärkmehl, wird nur in einigen Gewerben und zum Verfälschen des Traganths angewendet.

3. Art: *Astragalus aristatus Herit.* Granniger Traganth.

Strauchig; Blätter paarig-gefiedert: Blättchen in 6—9 Paaren, länglich, stachelspitzig, behaart; Blüten zu 4—6 auf einem sehr kurzen Stielchen; Kelchzähne grannig-borstenförmig; Hülse kaum halb-2fächrig.

Dieser in mehrern Gegenden Südeuropas heimische Strauch ist niedriger als die beiden vorigen, und bildet einen buschigen Rasen; an den weit weniger steifen Blattstielen bleiben die häutigen Nebenblätter stehen. Die 3—4 Lin. langen und nur 1 Lin. breiten Blättchen sind meist zottig und dann weiss, bisweilen auch nur weichhaarig und dann grün. Die Kelch- und Deckblätter sind wollig-zottig und die langen Kelchzähne kürzer als die carminröthliche Blumenkrone. Die kleinen Hülsen sind langseidenhaarig.

Von dieser Art, die in Morea häufig wächst und angebaut wird, mag der meiste Morea-Traganth stammen, denn der Strauch, der reichlich mit Morea-Traganth an seinem Stamme besetzt war, und dem Handelshause *Werner & Comp.* in Leipzig durch seinem Reisenden zukam, war einer dortigen Plantage entnommen. Er kam bei der Ausstellung von *Gehe & Comp.* in Dresden, bei der Anwesenheit des norddeutschen Apothekervereins zu öffentlicher Ansicht. Dieser Traganth wird vorzüglich in bedeutender Menge von Patras ausgeführt. *Eresios* schon nennt ihn *Τραγάκανθα ἐν Ἀρκαδίᾳ* um ihn von dem kretischen (Candia) *Τραγάκανθα ἐν Κρήτῃ* zu unterscheiden.

*Astragalus exscapus Lin.*, (*Astragaloides syphilitica Mnch.*) Stengelloser Traganth, wächst in Mitteleuropa und seine Wurzel, *Radix Astragali exscapi*, galt eine Zeit hindurch für ein Heilmittel der Syphilis; sie ist aber jetzt ganz ausser Gebrauche.

Von *Astragalus glycyphyllos Lin.*, einem in Europa und Nordasia einheimischen ausdauernden Gewächse waren in frühern Zeiten die süssschmeckenden Blätter und die Samen, *Herba et Semen Glycyrrhizae sylvestris*, vorzüglich gegen Harnstrenge gebräuchlich.

*Colutea arborescens Lin.*, der Gemeine Blasenstrauch, wächst in Südeuropa, findet sich aber verwildert hier und da, weil er zur Zierde überall in Gärten und sogen. Parkanlagen kultivirt wird. Ehemals waren die Purgiren erregenden Blätter, *Folia Coluteae vesicariae vel Sennae germanicae* officinell und sollen sogar zur Verfälschung der ächten Sennesblätter gebraucht worden sein; heutzutage scheint diese Verfälschung nicht mehr vorzukommen, weil sie zu leicht erkannt werden kann, indem die Blättchen oval oder fast verkehrt-eiförmig, am Grunde stumpf und vorn ausgerandet sind.

Gattung: *Glycyrrhiza Tournef.* Süssholz.
(*Diadelphia Decandria Lin. syst.*)

Kelchröhrig, 5spaltig, 2lippig ($\frac{2}{3}$): die beiden obern Zähne bis zur Mitte verwachsen. Blumenkrone: Fahne eilanzettlich, gerade, die Flügel und das Schiffchen bergend. Staubgefässe diadelphisch. Hülse oval oder länglich, zusammengedrückt, 1—4samig.

I. Art: *Glycyrrhiza glabra Lin.* Gemeines Süssholz.

Blätter unpaarig-gefiedert: Blättchen eirundlich-länglich, stumpf oder zurückgedrückt; Nebenblätter fast fehlend; Blütentrauben ährenförmig, gestielt, kürzer als die Blätter, schlaff; Hülsen kahl 3—4samig. (*Taf.* 93.)

Ein in ganz Südeuropa einheimisches Staudengewächs, dessen fast gleichmässig stielrunde, fingersdicke, ästige, aussen hellbraune, innen gelbe saftige Wurzel tief in den Boden dringt, daselbst fortkriecht und nur wenige Fasern stellenweiss treibt. Die ästigen aufrechten Stengel werden 3—5 Fuss hoch, sind unten stielrund, nach oben etwas eckig. Die Blätter sind 5—9 Zoll lang, 9—13 zählig-gefiedert; die Blättchen 1—2 Zoll lang, ½—1 Zoll breit, kahl, unterseits dicht drüsig-punktirt und desshalb klebrig. Die sehr kleinen und hinfälligen Nebenblätter sind pfriemig. Die gestielten 3—5 Zoll langen Aehren sind anfangs gedrängtblütig, später ziemlich locker und endlich fast traubig, lillaröthliche Blüten tragend. Die Hülsen sind länglich, stachelspitzig und braun. — Die Wurzel, *Radix Liquiritiae*, ist eins der gebräuchlichsten Heilmittel sowohl an sich, als auch als Präparat, weil das eingedickte Extract der sogenannte Spanische Saft oder *Succus Liquiritiae* ist. Sie enthält vorwaltend einen süssen Extractivstoff, *Glycyon* oder *Glycyrrhizin*, wirkt vorzüglich auf die Absonderung der Schleimhäute und wird bei Krankheiten der Athmungsorgane, besonders bei vielen katarrhalischen Affectionen angewendet; auch macht sie einen Bestandtheil aller *Species pectorales* aus.

2. Art: *Glycyrrhiza echinata Lin.* Igelstacheliges Süssholz.

Blätter unpaarig-gefiedert: Blättchen elliptisch oder elliptisch-lanzettlich, stachelspitzig, kahl; Nebenblätter länglich-lanzettlich; Blütentrauben kopfförmig, kurz-gestielt; Hülsen oval borstig-igelstachelig, 2samig. *(Taf. 94.)*

Diese ausdauernde Pflanze wächst im östlichen Südeuropa, vorzüglich in Russland, wo sie auch kultivirt wird. Sie ist fast kahl und auch sehr wenig klebrig. Die Wurzel wird weit stärker als bei voriger Art, ist faseriger und innen blasser gelb. Die rundlichen Blütenköpfchen sind weit kürzer als die Blätter. Vorzüglich unterscheidend sind die borstig-igelstacheligen Hülsen. — Auch von dieser Art ist die Wurzel in gleicher Weise, wie die von voriger als *Radix Liquiritiae* officinell, und findet sich im deutschen Handel in 1—1½ Zoll dicken, 3—4 Fuss langen, wenig ästigen Stücken.

*Galega officinalis Lin.*, Gemeine Geis- oder Pocken-Raute, eine ausdauernde Pflanze des mittlern und südlichen Europa. Aus der vielköpfigen Wurzel entspringen zahlreiche, aufrechte, ästige, 3—5 Fuss hohe Stengel mit abnehmend-6—8paarig-gefiederten Blättern und lanzettlichen stachelspitzigen kahlen Blättchen. Die lillafarbigen Blüten stehen zahlreich in langgestielten aufrecht-abstehenden Trauben. Die 18 Lin. langen schmalen Hülsen enthalten viele Samen. — Sonst war das schleimig-bitterlich schmeckende Kraut, *Herba Galegae seu Rutae Caprariae*, als ein schweiss-, harn- u. wurmtreibendes Mittel sowie besonders bei Hautkrankheiten im Gebrauche und wird auch jetzt noch hier und da zuweilen angewendet.

*Lotus corniculatus Lin.*, Hornklee, Gelber Honig- oder Schotenklee, Pantöffelchen, eine an Wegen, auf Rainen und trocknen Wiesen in ganz Europa gemeine ausdauernde Pflanze, gab sonst das Kraut und die Blüten, *Herba et Flores Loti sylvestris sive Trifolii corniculati*, die als ein zusammenziehendes Wundmittel gebraucht wurden.

### Gattung: *Trigonella Lin.* Kuhhornklee.

*(Diadelphia Decandria Lin. syst.)*

Kelch glockig 5spaltig. Blumenkrone: Fahne und Flügel etwas abstehend, Schiffchen sehr klein. Staubgefässe diadelphisch. Hülse linealisch oder sichelig, zusammengedrückt, geschnabelt, vielsaamig.

1. Art: *Trigonella Foenum graecum Lin.* Gemeiner Kuhhorn- oder Bockshornklee, Griechisch Heu.

Stengel aufrecht, einfach; Blätter 3zählig: Blättchen verkehrt-eiförmig oder keilförmig, stachelspitzig, gezähnelt, kahl, Blüten sitzend, fast einzeln; Hülsen verlängert-schwertförmig, 2—3mal so lang als der Schnabel. *(Taf. 95.)*

Diese einjährige Pflanze wächst in Südeuropa, Kleinasien und in Nordafrika. Sie hat einen ½ bis 1½ Fuss hohen, stielrunden, unten fast kahlen, nach oben schwach weichhaarigen einfachen oder wenig ästigen Stengel. Die blassgelben Blüten stehen einzeln oder gepaart in den obern Blattachseln und hinterlassen 3—5 Zoll lange, etwas über 2 Linien breite, steife bogig-gekrümmte kahle, aderrunzelige, gespitzte mehrsamige Hülsen. Die fast rhombischen, zusammengedrückten, bräunlich-gelben Samen haben 2 schiefe zum Nabel verlaufende Furchen. Diese Samen, *Semina Foeni graeci sive Trifolii cretici*, riechen stark und unangenehm, schmecken schleimig-bitterlich und enthalten ein fettes und wenig ätherisches Oel. Sie gehören zu den erweichenden, Abscesse zeitigenden und einhüllenden Mitteln und werden nur noch äusserlich zu Breiumschlägen gebraucht.

### Gattung: *Melilotus Tournef.* Steinklee. (*Diadelphia Decandria Lin. syst.*)

Kelch röhrig-glockig, 5zähnig; Blumenkrone abfallend: Schiffchen einfach, Flügel kürzer als die Fahne. Staubgefässe diadelphisch. Hülse länger als der Kelch, lederig, aufgetrieben, unvollkommen aufspringend, 1—3samig.

### 1. Art: *Melilotus officinalis (Desr.) Wlldw.* Gebräuchlicher Stein- oder Melilotenklee.

Stengel aufrecht, ästig, gefurcht; Blätter 3zählig; Blättchen oval-länglich, fast abgestutzt, buchtig-gezähnt oder gesägt; Nebenblätter borstenförmig ganzrandig: Blütentraube locker; Blumenkrone: Flügel so lang wie die Fahne und das Schiffchen: Hülsen schief-oval, grubig-runzelig, 2samig: Samen mit Höckern. (*Taf. 96.*)

Diese Pflanze wächst durch ganz Europa an Zäunen und Waldrändern zweijährig und hat eine weisse ziemlich spindelförmig-ästige Wurzel, welche tief in den Boden eindringt. Der rundlich-eckige röhrige Stengel wird 2—6 Fuss hoch und ist mehr oder minder ästig. An den untersten gestielten Blättern sind die Blättchen $\frac{3}{4}$—1 Zoll lang und $\frac{1}{2}$—$\frac{3}{4}$ Zoll breit, verkehrt-eirund, gegen den Grund keilförmig, über denselben bis zur abgestutzten Spitze mehr oder weniger entfernt- und stachelspitzig-gezähnelt-gesägt; an den mittlern Blättern oval-länglich, an den obern schmäler länglich-lanzettlich. Nebenblätter lang pfriemenförmig, ganzrandig. Von den zahlreichen verlängerten lockern Trauben sind die untern ziemlich abstehend, die obern aber aufgerichtet. Der fast glockenförmige Kelch hat pfriemlichborstige gerade aufrechte Zähne. Die Flügel der gelben Blumenkrone haben die Länge der ovalen ausgerandeten Fahne und sind mit dem gleichlangen Schiffchen am Grunde schwach verbunden. Die schief-verkehrt-eiförmigen Hülsen sind zugespitzt, an den Rändern zusammengedrückt, kahl oder schwach behaart, runzelig, schwärzlich: sie enthalten zwei oder auch nur einen ungleichherzförmigen, olivengrünen, fein punktirten Samen. — Gebräuchlich sind die obern blühenden **Stengel- und Zweigspitzen** *Summitates seu Flores Meliloti.* Sie haben getrocknet einen starken eigenthümlichen Geruch und einen bitterlich-schleimigen, etwas scharf-aromatischen Geschmack und enthalten Schleim, ätherisch Oel und Benzoesäure: jetzt werden sie nur noch äusserlich zu zertheilenden Umschlägen und erweichenden Pflastern gebraucht: sonst aber wendete man sie auch innerlich als ein krampfstillendes Mittel an.

In gleicher Weise werden auch dieselben Theile von

*Melilotus arvensis Wallr.* und *Mel. alba Desr.* (*Mel. vulgaris Wlldw.*) gebraucht. Sie haben ein ähnlich, wenn auch schwächer riechendes Kraut. Beim Einsammeln sind die Arten zu vermeiden, welche geruchlos sind, wie *Mel. Kochiana Wlldw.* und *Mel. dentata Wlldw.*

Von dem Gemeinen häufig angebauten Klee, Wiesenklee, *Trifolium pratense Lin.*, waren ehedem Kraut, Blüten und Samen, *Herba, Flores et Semen Trifolii purpurei* officinell. Von dem auf Weideplätzen, Wiesen, an Wegen und Feldern häufig wachsenden und auch angebauten weissblütigen Kriechenden Klee, Honigklee, *Trifolium repens L.*, waren sonst ebenfalls die Blüten, *Flores Trifolii albi*, gebräuchlich.

In neuern Zeiten sammelt man in einigen Gegenden z. B. bei Leipzig unter dem Namen Buschenklee das einjährige auf Feldern häufige *Trifolium arvense Lin.*; man bereitet damit einen Theeaufguss, welcher bei Durchfällen und Ruhren sehr gute Dienste leistet. Schon in früheren Zeiten war es als *Herba et Flores Lagopi* officinell und ist Λαγώπους des Hippokrates und Dioskorides.

Reihe 1. Kleinblütige: *Parviflorae.*

99. *Fam.:* Terebinthaceen: *Terebinthaceae Juss.*

Abtheilung: *Terebinthineae.*

Unterabtheilung: *Sumachinae DeC.*

(*Syn.: Fam. Anacardiineae.*)

Bäume und Sträucher mit harzigem, schleimigem, häufig auch ätzendem Milchsafte. Die abwechselnden Blätter sind einfach, häufiger 3zählig oder unpaarig-gefiedert und nie durchscheinend punktirt. Blüten achsel- oder endständig, rispig oder traubig, zwitterig oder polygamisch oder zweihäusig. Kelch 4—5spaltig. Blumenblätter 3—5, hypogynisch oder fast perigynisch, in der Knospe klappig oder dachziegelig. Staubgefässe in doppelter Anzahl der Blumenblätter, seltner auch in gleicher oder in 4facher Anzahl auf einer Scheibe entspringend, oder auch ohne eine solche und dann am Grunde zusammenhängend. Fruchtknoten einzeln, seltner aus 3 oder 5 verwachsenen Karpellen gebildet, doch immer nur eins fruchtbar. Eichen einzeln mit der Nabelschnur im Grunde des Fachs befestigt. Griffel so viele als Fächer. Steinfrucht einsamig, bisweilen, wenn das Fruchtfleisch trocknet, nussartig. Die eiweisslosen Samen haben ein nach oben oder unten, doch immer nach dem Nabel gekehrtes Würzelchen. —

*Semecarpus Anacardium Lin. fil.*, Herzfruchtbaum, wächst in den Gebirgen Ostindiens. Er hat verkehrt-eiförmig-längliche Blätter von 9—18 Zoll Länge und 4—8 Zoll Breite. Die Blüten stehen in grossen endständigen aus einigen Aehren zusammengesetzten Rispen und sind polygamisch-zweihäusig; die 5 länglich-lanzettlichen, schmutziggrünlichgelben Blumenblätter stehen in einem glockenförmigen 5spaltigen Kelche. Die 1 Zoll langen, zusammengedrückt-herzförmigen Nüsse sind glatt, glänzend und schwarz, und sitzen auf einem etwas birnförmigen, fleischigen, gelben Blumenboden; sie enthalten unter der äussern Schale im Zellgewebe einen schwarzen ätzenden Saft. Sie waren sonst als ostindische Elephantenläuse, *Semina Anacardii orientalis*, officinell, galten für ein sogen. nerven- und hirnstärkendes Mittel, und wurden auch in einigen Brust- und Unterleibskrankheiten, so wie bei chronischen Durchfällen angewendet. Die Samen werden in Indien gegessen; dasselbe gilt von dem fleischig gewordenem Fruchtboden, den man bratet und der dann apfelartig schmeckt.

*Anacardium occidentale Herm.*, Anakardie, Caschunuss, ein mittelmässiger Baum Westindiens und Südamerikas, der aber jetzt auch in einigen Gegenden Afrikas und in Westindien, weil er häufig angebaut ist, verwildert angetroffen wird. Er hat lederige, kahle und glänzende ovale Blätter von 4—6 Zoll Länge und 3—4 Zoll Breite. Die weisslich grünen, später purpurröthlichen Blüten, stehen in grossen schlaffen Rispen; sie sind polygamisch-zweihäusig und haben einen sehr kleinen tief 5theiligen Kelch, eine doppelt grössere 5blättrige Blumenkrone und 10 Staubgefässe. Die 10—14 Lin. lange, 5—7 Lin breite, braungraue nierförmige Nuss hat unter der holzigen Fruchtschale in einem zelligen Gewebe einen schwarzen fast ätzenden Saft und einen nierförmigen schneeweissen, von einer lederigen Haut umgebenen Samen. Der Fruchtstiel vergrössert sich nach allen Dimensionen, so dass er 4—10mal grösser als die Nuss, birnförmig, gelb und roth, glänzend, weiss und schwammig-saftig wird. — Die Nüsse sind die Westindischen Elephantenläuse, *Semina Anacardii occidentalis*, welche wie die von der vorigen Art angewendet wurden. Die wohlschmeckenden Samen werden gegessen und als Arznei wie die Mandeln angewendet. Der schwarze leicht entzündliche Saft, welcher unter der Fruchtschale sich befindet, ist ölartig und ätzend, und wird zu epispastischen Salben und zum Wegbeitzen der Warzen gebraucht. Der schwammig-saftige Fruchtstiel schmeckt wenig-säuerlich und wird roh und zubereitet wie Obst genossen.

### Gattung: *Rhus (Tournef.) Lin.* Sumach.
### *(Pentandria Trigynia Lin. syst.)*

Blüten zwitterig oder polygamisch. Kelch 5theilig, bleibend. Blumenblätter 5. Staubgefässe 5. Fruchtknoten einfächerig, mit 3 kurzen Griffeln oder 3 sitzenden Narben. Steinfrucht fast trocken: Kernschale ein- (selten 2—3) samig.

1. Art: *Rhus Toxicodendron Schult.* Gift-Sumach.

Stengel gewöhnlich wurzelnd; Blätter fiederig-3-zählig: Blättchen eirund-zugespitzt, ganzrandig oder eckig-gezähnt, weichhaarig; Rispen traubig. *(Taf. 97.)*

Ein Strauch Nordamerikas, in den Wäldern von Canada bis Carolina, mit einen 4—10 Fuss langen, vom Grunde an ästigen, in der Jugend wurzelnden, später aber etwas aufgerichteten Stengel, der bei höhern Alter sogar etwas baumartig wird. Die langgestielten Blätter tragen 3 eirunde, zugespitzte, ganzrandige oder eckig-gezähnte 3—5 Zoll lange, 2—4½ Zoll breite Blättchen. Die Blüten stehen in 3—4 Zoll langen, ziemlich einfachen, traubigen Rispen, die in den obern Blattachseln entspringen; sie sind 2häusig und grünlich-gelb. Die Steinfrucht hat die Grösse eines Pfefferkorns, ist rundlich, schmutzig-gelblich-weiss und von 5—8 Furchen durchzogen. — Der in den Stengeln und Blättern enthaltene Saft hat giftige, sehr ätzende Eigenschaften, und bringt, wenn er auf die Haut gelangt, Entzündung, Anschwellung und Ausschlag, in Verbindung mit heftigem Fieber, hervor. Die Blätter, *Folia Toxicodendri sive Rhois Toxicodendri sive Rhois radicantis*, werden besonders bei Lähmungen der Gliedmassen, bei Unterleibs- und einigen Haut-, sowie Ausschlags-Krankheiten, Flechten, scrophulösen Augenentzündungen u. s. w. empfohlen. Sie sind aber wegen der Flüchtigkeit der Schärfe nur im frischen Zustande anzuwenden.

Von *Rhus copallina Lin.* leitete man sonst mit Unrecht den Amerikanischen Kopal ab.

*Rhus Coriaria Lin.*, Gerber-Sumach, Essigbaum, wächst in den Ländern um das Mittelmeer als ein 6—12 Fuss hoher Strauch mit ausgebreiteten Aesten. Die Blätter sind 5—7paarig gefiedert und die sitzenden Blättchen elliptisch, stumpf- und grob-gesägt, 1½—2½ Zoll lang, ½—1 Zoll breit. Die zahlreichen Blüten bilden einen endständigen, dichten, grünlich-gelben, zottigen Strauss. Die linsengrossen Früchte sind purpurröthlich, rauhhaarig. — Die

Blätter und Steinfrüchte, *Folia et Baccae vel Semina Sumachi*, wurden sonst gegen Gallenfieber, Schleim- und Blutflüsse und äusserlich häufig angewendet, da sie sehr adstringirend wirken. Die sauern Früchte werden in der Heimath vielen Speisen zugesetzt. Mit den Blättern und Zweigen gerbt man in Spanien das Safian- und Corduan-Leder.

*Rhus Cotinus Lin.*, Rujastrauch, Perücken-Strauch, wächst durch ganz Südeuropa und wird in Mitteleuropa häufig zur Zierde angebaut, indem seine grossen zottigen Rispen das Ansehen von grossen Haarballen geben. Die Blätter sind rundlich oder verkehrt-eirund, ganzrandig, kahl. — Die Rinde, *Cortex Cotini*, welche etwas gewürzhaft riecht und etwas gewürzhaft-zusammenziehend schmeckt, wirkt fiebervertreibend und soll in vielen Fällen ein recht gutes Ersatzmittel der Chinarinde sein. Das gelbe, unter dem Namen Fisetholz, bekannte Holz, färbt orangegelb und in Verbindung mit andern Dingen, bald grün oder braun u. s. w.

### Gattung: *Pistacia Lin.* Pistazie.

*(Dioecia Pentandria Lin. syst.)*

Blüten zweihäusig, ohne Blumenkronen. Männliche Blüte: Kätzchenartige Traube mit einblütigen Schuppen. Kelch 5spaltig. Staubgefässe 5: Antheren fast sitzend. — Weibliche Blüte: Traube lockerer. Kelch 3—4spaltig. Fruchtknoten 1—3fächrig; Griffel 3, sehr kurz; Narben 3, fast spatelig. Steinfrucht trocken.

1. Art: *Pistacia Lentiscus Lin.* Mastix-Pistazie.

Blätter ausdauernd, gleichpaarig-gefiedert: Blättchen 3- oder 4paarig, länglich- oder eirund-lanzettlich, stachelspitzig; Blattstiel geflügelt. *(Taf. 98.)*

Ein niedriger Baum in den Ländern ums Mittelmeer, oft auch nur ein sehr ästiger Strauch mit abstehenden ganz kahlen und glatten Blättern, deren Blättchen 8—12 Lin. lang, 3—5 Lin. breit, bald lanzettlich, bald linealisch oder auch eiförmig, stumpf, doch immer stachelspitzig und lederig sind. Die Blüten stehen in zusammengesetzten, aufrechten, kurzen, achselständigen Trauben, die männlichen Blüten sind sehr kurz gestielt, röthlich-gelb, die 3—5 Kelchzipfel sehr klein und ungleich; die weibl. Blüten sind länger gestielt, grün und auch die Kelchzipfel sind länger und spitziger. Die erbsengrossen Früchte sind anfangs roth und endlich schwarz. — Durch Einschnitte in die Rinde dieses Gewächses gewinnt man auf den griechischen Inseln, vorzüglich auf Chios, wo es seit länger als 2000 Jahren häufig angebaut wird, ein Harz, Mastix, *Masticke vel Resina Mastix*, genannt; *Chios* allein liefert jährlich gegen 50,000 Centner.

Man unterscheidet im Handel insgemein 2 Sorten, 1) feinen und ausgelesenen, aus kleinen weissen Körnern bestehenden, *Mastix electa vel in granis* und 2) gemeinen Mastix, *Masticke in sortis*. Er enthält ausser Harz und äther. Oel ein eigenthümliches Unterharz, Mastichin; dient als Arznei innerlich gegen Schleimflüsse, vorzüglich aus den Genitalien, wird jetzt aber gewöhnlich nur noch zu Zahnpulvern, Tinkturen, zu Räucherungen gegen laxe torpide Geschwüre u. s. w. angewendet. Im Oriente kaut man Mastix, um das Zahnfleisch zu kräftigen und den Athem angenehm riechend zu machen. In frühern Zeiten wurde auch das Holz, *Lignum Mastiches*, ferner die Blätter, die Früchte und Wurzeln gegen passive Blut- und Schleimflüsse, Durchfälle und Ruhren gebraucht.

*Pistacia Terebinthus Lin.* Terpentin-Pistazie.

Ein mittelmässiger Baum in den Ländern am Mittelmeere, mit 7—9 zählig-gefiederten Blättern und eilanzettlichen spitzigen Blättchen, welche in der Jugend schön roth, später jedoch dunkelgrün sind. Die mit den Blättern gleichzeitig sich entwickelnden männl. Blüten stehen in zusammengesetzten aufrechten Trauben, welche zu 3 und 4 aus braunen wolligen Schuppen hervorkommen; die weiblichen Trauben sind grösser und mehr zusammengesetzt. — Durch Einschnitte in die Rinde dieses Baums erhält man den feinsten Terpenthin, den Cyprischen oder den Terp. von Chios, *Terebinthina cypria vel de Chio*, welcher zu uns nach Deutschland jetzt nicht gebracht zu werden scheint, weil er weit theurer als der Strassburger Terpenthin ist und doch nur dieselbe Wirksamkeit hat.

Von *Pistacia vera Lin.*, der Wahren Pistazie, welche in Persien und Syrien, sowie in allen Ländern um das Mittelmeer herum als ein Baum von etwa 30 Fuss Höhe wächst, erhält man die wohlschmeckenden Samen, *Semina s. Nuculae Pistaciae s. Amygdalae virides*, welche nach Art der Mandeln angewendet werden.

Unterabtheilung: *Amyrideae Kunth.*

Bäume und Sträucher mit balsamischen, harzigen und schleimigen Säften, zerstreuten, unpaarig-gefiederten, oft durchscheinend-punktirten Blättern und achsel- oder endständigen Rispen oder Trauben. Kelch 3-, 4- oder 5spaltig.

Blumenblätter 3, 4 oder 5. Staubgefässe meist in doppelter Anzahl der Blumenblätter. Fruchtknoten aus 2—5 durchaus verwachsenen Karpellen gebildet mit 2 seitlichen Eichen in jedem Fache. Narben in der Anzahl der Fächer, meist sitzend. Steinfrucht 2—5fächrig oder einfächrig, selten kapselartig. Die einzelnen Samen haben kein Eiweiss, ein gerades nach oben gekehrtes Würzelchen und fleischige oder runzelig-gefaltete Samenlappen.

*Icica Icicariba DeC.*, Elemi-Baum, ein in Brasilien einheimischer, noch nicht vollständig gekannter Baum mit 2—3paarig-gefiederten Blättern und kurzgestielten, länglichen, zugespitzten Blättchen und in den Blattachseln gehäuften, fast sitzenden Blüten. — Von ihm soll das Brasilianische oder Westindische Elemiharz, *Elemi occidentale*, stammen. Es wird dasselbe meist zu Lacken und andern technischen Zwecken verwendet und kommt nur zu einigen harzigen Pflastern. — Von der gleichfalls nur sehr unvollständig gekannten *Icica Caranna Kunth*, einem in den Ländern am Orinoko einheimischen Baume, soll das früherhin nach Europa gelangte Harz, *Resina Caranna*, abstammen.

*Elaphrium tomentosum Jacq.*, Filziges Leichtholz, ein 20—30 Fuss hoher Baum Südamerikas, vorzüglich auf Curaçao und andern Inseln. Die 4paarig-gefiederten Blätter sind auf beiden Seiten filzig, haben einen geflügelten Blattstiel und 1 Zoll lange, eiförmige, gezähnte, unterseits rostbräunliche Blättchen. Die wenigblütigen Trauben sind halb so lang wie die Blätter. Der 4theilige Kelch ist weiss; die 4 Blumenblätter sind gelblich. Die grünen, erbsengrossen, kapselartigen Steinfrüchte enthalten schwärzliche, am untern Theile weisse Samen, die von einem scharlachrothen Marke umgeben sind. Mehre Pharmakognosten leiten von diesem Baume eine der verschiedenen Sorten des Takamahakharzes, *Resina Tacamahaca*, ab. Früherhin war es zu Pflastern und Räucherungen häufig im Gebrauche; jetzt wird es meist nur in den Gewerben und Künsten angewendet.

### Gattung: *Balsamodendron Kunth.* Balsambaum.

*(Dioecia Octandria Lin. syst.)*

Blüten diklinisch. Kelch 4zähnig. Blumenblätter 4. Staubgefässe 8, unterhalb der ringförmigen Scheibe eingefügt. Fruchtknoten 2fächrig: Griffel kurz. Steinfrucht 1- oder 2fächrig, 1- oder 2samig.

1. Art: *Balsamodendron Myrrha Ehrenb. et Nees.* Myrrhenbalsambaum, Myrrhebaum.

Aeste dornig; Blätter 3zählig; die Seitenblättchen weit kleiner als das Endblättchen, sämmtlich verkehrt-eiförmig, stumpf, am Ende gezähnelt oder ganzrandig, kahl; Früchte zugespitzt. (*Taf.* 99.)

Ein Baum oder Strauch in Arabien, dessen Aeste weit ausgesperrt-abstehen und in Dornen endigen. Die zahlreichen Blätter stehen auf sehr kurzen und kahlen Stielen, einzeln oder meist büschelig. Die Blättchen sind an der Spitze stumpf-gezähnelt oder tragen 2—3 grosse Zähne, bisweilen nur sind sie auch ganzrandig, die seitlichen eine Linie lang, das endständige wohl 4mal länger. Die Blüten kennt man noch nicht genau. Die kurzgestielten eiförmigen Steinfrüchte sind kurz und stumpf zugespitzt, erbsengross, braun und kahl. Aus der Rinde quillt ein anfangs öliges und blassgelbes Schleimharz, welches später dicker butterartig und goldgelb und endlich beim Verhärten röthlich oder bräunlich wird. Man führt es unter dem Namen Myrrhe, *Myrrha vel Gummi Myrrhae;* es besteht aus unregelmässigen rundlichen und eckigen Stücken, die aussen matt und bestäubt sind, aber durch Befeuchten mit Spiritus ölglänzend erscheinen und bisweilen an den Kanten ziemlich durchscheinend sind, einen eigenthümlichen balsamischen Geruch und einen gewürzhaft-bittern Geschmack haben. Ein besonderes Kennzeichen der Aechtheit gewährt die Tinktur, indem diese durch Salpetersäure violett-roth gefärbt wird. Die Myrrhe wirkt reizend doch zugleich auch tonisch auf Magen, Darmkanal, Respirations- und Sexualorgane und wird desshalb bei Erschlaffung dieser Organe, vorzüglich bei Schleimflüssen der Genitalien und äusserlich bei schlaffen torpiden Geschwüren, um eine gute Granulation zu erzeugen angewendet.

2. Art: *Balsamodendron Kataf Kunth.* Kataf-Myrrhenbaum.

Aeste dornenlos; Blätter 3zählig, die Seitenblättchen fast so gross als das Endblättchen, sämmtlich rundlich, verkehrt-eiförmig, etwas keilförmig, stumpf, ungezähnt oder fein gekerbt, kahl: Blumenstiele gabelspaltig; Frucht kugelig, an der Spitze eingedrückt-genabelt. (*Taf.* 100.)

Unterscheidet sich von vorigem Baume nur durch die dornenlosen Aeste, viel grössere Blätter und fast gleiche Blättchen. Er wurde früherhin fast allgemein für das Muttergewächs der Myrrhe gehalten.

### Gattung: *Boswellia Roxb.* Boswellie.

*(Decandria Monogynia Lin. syst.)*

Blüten zwitterig. Kelch 5 zähnig. Blumenblätter 5. Staubgefässe 10, auf einer schalenförmigen gekerbten, den Grund des Fruchtknotens umgebenden Scheibe eingefügt. Griffel 1, mit verdickter 3 lappiger Narbe. Kapsel 3 fächrig, 3 klappig. Samen 3, geflügelt.

1. Art: *Boswellia serrata (Colebr.) Stackh.* Gesägtblättrige Boswellie, Indischer Weihrauchbaum.

Blätter unpaarig-gefiedert: Blättchen wechselständig, eirund-länglich, stumpf-gesägt, weichhaarig; Trauben einfach, achselständig. *(Taf. 101.)*

Ein in den Gebirgen Ostindiens einheimischer stattlicher Baum, mit am Ende der zahlreichen Aeste dicht stehenden Blättern, welche 9—10 Paare abwechselnd-sitzender stumpflicher 1—1½ Zoll langer Blättchen auf dem sehr weichhaarigen Blattstiele tragen. Die kurzgestielten vielblütigen Trauben sind kürzer als die Blätter, mit denen sie sich gleichzeitig entwickeln. Die Blütenstiele und Kelche sind weichhaarig und die länglichen stumpfen, aussen weichhaarigen Blumenblätter sind blassroth. Die länglich-prismatische Kapsel ist gewöhnlich 3 seitig, seltner 4- und 5 seitig. Die herzförmigen, lang- und feinzugespitzten Samen erscheinen durch die Flügelhaut eiförmig und stumpf. — Aus der Rinde schwitzt der schleimharzige Weihrauch, *Olibanum sive Thus;* sonst nannte man den Weihrauch arabisch, *Olibanum arabicum*, weil er durch Arabien zu uns gelangte, jetzt nennt man ihn gewöhnlich indisch, *Olibanum indicum.* Er hat einen schwach-balsamisch-harzigen Geruch, welcher durch Erwärmung oder Verbrennung stärker hervortritt und einen bitterlichen scharf-gewürzhaften Geschmack. Sonst wendete man ihn innerlich an bei langwierigen Schleimflüssen der Genitalien, jetzt nur äusserlich zu Räucherungen, Pflastern u. s. w.

### Gattung: *Amyris Lin.* Amyris.

*(Octandria Monogynia Lin syst.)*

Blüten zwitterig. Kelch 4 zähnig. Blumenblätter 4. Staubgefässe 8. Fruchtknoten einem verdickten scheibenförmigen Gynophorum aufsitzend, einfächrig, mit sitzender Narbe. Steinfrucht mit papierartiger einsamiger Kernschale.

1. Art: *Amyris Plumieri DeC.* Plumier's Amyris.

Blätter unpaarig-gefiedert: Blättchen 3 oder 5, gesticlt, eiförmig, zugespitzt, fast gesägt, unterseits zottig. (*Taf.* 102.)

Ein Baum oder Strauch Westindiens. Die Rinde des Stammes und der stärkern Aeste ist glatt und grau. Die Blättchen der 3- oder 5zählig-gefiederten Blätter sind lederartig, schwach kerbig-gesägt. Die Blüteurispen stehen in den Blattachseln und an den Enden der Aeste. Die Steinfrüchte sind kugelförmig. Aus der Rinde schwitzt ein Harz, das man Westindisches Elemi, *Elemi occidentale sive Resina Elemi* nennt. Früher leitete man alles Elemi von diesem Gewächse ab.

Unterabtheilung: *Juglandeae DeC.*

Bäume mit zerstreuten gefiederten Blättern. Blüten diklinisch, entweder männliche und weibliche, oder blos die erstern in Kätzchen. Der Kelch der männl., ist dem schuppenartigen Deckblatte angewachsen, häutig, 2-—6theilig, bei den weibl. oberständig, mit 4theiligem abfallendem Saume. Blumenkrone fehlend oder bei den weibl. zuweilen 4blättrig. Staubgefässe 3—36, hypogynisch. Fruchtknoten 1- oder am Grunde 2fächrig, mit 2 erweiterten und zerschlitzten Narben, oder mit nur einer aber 4lappigen Narbe. Steinfrucht mit fast lederiger, später sich ablösenden Fleischhülle, und einer holzigen, 2klappigen, unvollkommen 4fächrigen, einsamigen Kernschale. Samen gross, nach unten 4lappig, eiweisslos. Embryo dem Samen gleichförmig, mit nach oben gerichtetem Würzelchen und dicken fleischigen 2lappigen und buchtig-gerunzelten Samenlappen.

Gattung: *Juglans Lin.* Wallnussbaum, Nussbaum.

(*Monoecia Polyandria Lin syst.*)

Blüten einhäusig. — Männl. Blüten in Kätzchen mit gezähnten Schuppen. Kelch 4-—6theilig. Staubgefässe 18 bis 36. — Weibl. Blüten zu 2—4 gehäuft. Kelchsaum 4theilig. Blumenkrone 4blättrig. Griffel 2, mit dicken, oberseits drüsigblätterigen Narben. Steinfrucht einsamig.

1. Art: *Juglans regia Lin.* Gemeiner Wallnussbaum, Wällischer Nussbaum.

Blätter unpaarig-gefiedert: Blättchen meist zu 9, oval-länglich, fast ganzrandig, kahl; Früchte fast kugelig. (*Taf.* 103.)

Dieser schöne jetzt im grössten Theile von Süd- und Mitteleuropa häufig cultivirte Baum soll ursprünglich aus Persien stammen. Die Blätter haben meist 7—9 Blättchen, von denen das endständige mit dem Blattstiele nicht artikulirt. Die 3—5 Zoll langen männl. Kätzchen sind cylindrisch, hängend, grün; die Antheren sind schwarz. Die weiblichen Blüten stehen meist zu 2—3 beisammen; sie sind grün und haben schmutzig gelbröthliche Narben. Die reife Frucht ist mit einer grünen Fleischhülle umgeben, welche sich spaltet und von der Nuss löst und letztere fallen lässt. — Die sämmtlichen grünen Theile haben einen starken eigenthümlichen nicht unangenehm gewürzhaften Geruch und schmecken bitter und herbe. — Man gebraucht die unreifen Früchte, *Nuces Juglandis immaturae*, und die Fleischhülle der reifen, *Cortex exterior nucum Juglandum sive Putamen nucum Juglandum viride*, als tonische etwas scharfe, bei Verdauungsschwäche, dann besonders um der Erzeugung von Eingeweidewürmern hindernd entgegen zu treten. Das fette Oel der Samen, *Oleum nucum Juglandum*, wird wie das Olivenöl angewendet und soll wirksam sein gegen Würmer, Flechten u. s. w.

## 98. *Fam.:* Kreuzdorngewächse: *Rhamneae.*

Bäume und Sträucher, die häufig dornig sind, mit abwechselnden oder seltner gegenständigen einfachen und ungetheilten Blättern. Die zwitterig oder bisweilen durch Fehlschlagen eingeschlechtigen Blüten sind klein, meist grünlich, achsel- oder endständig. Kelch 4- oder 5spaltig, frei oder dem Fruchtknoten anhängend. Blumenblätter und Staubgefässe mit aufliegenden Antheren 4 oder 5. Fruchtknoten 2- oder 4fächrig, mit einzelnen aufrechten Eichen. Griffel 2 oder 4, meist verwachsen, mit einfachen Narben. Frucht beeren-, steinfrucht- oder kapselartig, mit aufrechten, fast sitzenden Samen. Eiweisskörper fleischig oder selten fehlend; Embryo gross, gerade, achsenständig; Würzelchen klein, nach unten gekehrt; Samenlappen gross, flach.

*Zizyphus vulgaris Lam.*, Judendorn, Brustbeerenbaum, Jujube, ein 10—20 Fuss hoher, dorniger Strauch oder Baum aus dem Oriente stammend und jetzt in ganz Südeuropa und Nordafrika verbreitet. Die 1—2 Zoll langen, 6—9 Lin. breiten Blätter sind eiförmig oder eirundlich-länglich, klein gesägt, vorn eingedrückt, kahl. Die pfriemförmigen Nebenblätter erhärten später zu steifen, kastanienbraunen Dornen, von denen der eine meist zurückgebogen und kleiner ist. Die kurzgestielten Blüten stehen zu 4—5 gehäuft oder einzeln. Die hängenden Früchte sind gegen 1 Zoll und drüber lang und dunkel scharlachroth. Sie sind unter den Namen Rothe Brustbeeren oder Jujuben, *Baccae Jujubae vel Zizyphi*, officinell gewesen und dienten als ein erweichendes, einhüllendes Mittel vorzüglich in Brustkrankheiten. In ihrem Vaterlande sind sie noch häufig im Gebrauch und werden als Obst gegessen.

Gattung: *Rhamnus Tournef.* Wegdorn.
*(Pentandria Trigynia Lin. syst.)*

Kelch 4- oder 5spaltig, frei. Blumenblätter 4 oder 5, sehr klein und ausgerandet oder fehlend. Staubgefässe 4 oder 5. Griffel 3- oder 4spaltig. Beere 2- oder 4fächrig, mit 2 oder 4 knorpeligen Nüsschen.

1. Art: *Rhamnus cathartica Lin.* Purgir-Wegdorn, Kreuzdorn, Farbebeerstrauch.

Strauch dornig; Blätter eirund oder oval, kerbiggesägt, abfallend, fast kahl, die obern Zähne drüsig; Blüten büschelig, polygamisch-2häusig. *(Taf. 104.)*

Ein 6—18 Fuss hoher Strauch oder Baum in Gebüschen und Wäldern Europas. Die zahlreichen ausgebreiteten Aeste stehen einander fast gegenüber und endigen in dornige Spitzen. Die Blätter entspringen aus den seitlichen Knospen büschelig, auf dem Endtriebe abwechselnd, sind 1—2½ Zoll lang, 9—18 Lin. breit. Nebenblätter pfriemlich, klein. Blüten aus den seitlichen Knospen zu 3—5, zuweilen auch zu 10—20, jede einzeln aus der Achsel einer Knospenschuppe entspringend. Kelchzipfel ausgebreitet eirundlänglich zugespitzt. Blumenblätter weit kleiner länglich. Die männl. Blüten enthalten 4 Staubgefässe und das Rudiment eines Pistills ohne Fruchtknoten und Narbe; die weibl. etwas kleinern dagegen haben ein ausgebildetes Pistill mit 4 fadenförmigen Narben und 4 unvollkommene Staubgefässe. Die kugelrunden Beeren sind erbsengross, schwarz, innen gelbgrün, 4kernig. Sie riechen frisch unangenehm, schmecken widrig-bitter und sind unter den Namen Farbebeeren, *Baccae Rhamni catharticae sive Spinae cervinae* officinell; sie wirken stark purgirend und zuweilen brechenerregend und wurden sonst häufiger als jetzt bei Stockungen im Darmkanale, Gelbsucht, Wassersucht u. s. w. angewendet. Häufig benutzt man die noch nicht ganz reifen Beeren zur Bereitung des bekannten Saftgrüns und Schüttgelbs. Im Farbewaarenhandel kommen auch Persische und Morea-Kreuzbeeren als vorzügliche Sorten vor.

Von *Rhamnus infectoria Lin.*, einem südeuropäischen Strauche, dienen die Früchte im noch ungereiften Zustande unter den Namen Gelbbeeren oder Körner von Avignon, *Grana Lycia*, *Grana gallica*, *Graines d'Avignon* zum Gelbfärben.

2. Art: *Rhamnus Frangula Lin.* Glatter Wegdorn, Faulbaum, Pulverholz.

Dornenlos, kahl; Blätter elliptisch und oval, ganzrandig; Blüten 5spaltig.

Ein 5—12 Fuss hoher Strauch, in den Wäldern Europas. Die Rinde ist schwarzgrau und weiss punktirt, kahl, an den jungen Zweigen grünroth und weichhaarig. Die abwechselnden und gestielten, oben dunkel-, unten bleichgrünen Blätter sind schön fiedernervig. Nebenblätter pfriemlich. Die Zwitterblüten stehen zu 3—5 in den Blattachseln gehäuft. Die Beeren haben die Grösse kleiner Erbsen, sind anfangs roth, dann schwarz und enthalten 2 oder 3 rundlich 3seitige Kerne. — Gebräuchlich ist die innere grüne, widrig riechende und ekelhaft bitter schmeckende Rinde, *Cortex Frangulae vel Alni nigrae*; sie wirkt purgirend und wird vorzüglich als Ersatzmittel der Rhabarber in Abkochung bei Armen gebraucht. Sonst waren auch die Beeren, *Baccae Frangulae* officinell.

97. *Fam.*: Doldengewächse: *Umbelliferae Juss.*

Gruppe 3: *Cisseae Rchb.*

Unterabtheilung: *Viteae Juss.* (*Ampelideae*, richtiger *Ampelopsideae De C.*)

Kletternde und rankende Sträucher mit verdickten Gelenken, einfachen oder zusammengesetzten Blättern, die am Grunde Nebenblätter tragen. Die Blütenstiele entspringen den obern Blättern entgegengesetzt und werden beim Fehlschlagen der Blüten oft zu Ranken. Die kleinen meist grünen Blüten haben einen freien, ganzrandigen oder gezähnten Kelch. Blumenblätter 4 oder 5, aussen an der Scheibe, welche den Fruchtknoten unten umgiebt, befestigt, in der Knospe klappig-einwärts geschlagen. Staubgefässe 4 oder 5 mit den Blumenblättern wechselnd, gesondert, mit am Rücken befestigten Antheren. Fruchtknoten 2fächrig, Griffel 1 sehr kurz oder ganz fehlend; Narbe einfach. Beere rundlich, saftig, 2fächrig; bei der Reife jedoch fehlt die Scheidewand oft. Die 4 oder 5 knochenharten Samen sind aufrecht an einem Mittelsäulchen befestigt, und enthalten in dem hartfleischigen Eiweisskörper einen aufrechten Embryo. Die Samenlappen sind lanzettlich, plan-convex.

## Gattung: *Vitis (Tournef.) Lin.* Weinstock, Weinrebe.

*(Pentandria Monogynia Lin. syst.)*

Kelch fast 5zähnig. Blumenblätter 5, an der Spitze zusammenhängend, am Grunde sich trennend und so mützchenartig abfallend. Fruchtknoten von einer in Schuppen ausgehenden Scheibe umgeben, Griffel fast fehlend, Narbe fast kopfig. Beere 2——5samig.

### 1. Art: *Vitis vinifera Lin.* Edler Weinstock.

Blätter herzförmig, gelappt, buchtig-gezähnt, kahl, weichhaarig oder filzig. *(Taf. 105.)*

Dieser allbekannte kletternd-rankende Strauch stammt aus dem Oriente und wird jetzt in mehr als Tausend Abänderungen in den gemässigt warmen Klimaten aller Erdtheile cultivirt. Die langgestielten Blätter ändern in Grösse, Gestalt, Farbe und wolligem Ueberzuge sehr ab. Die Wickelranken sind lang zweispaltig. Die straussförmigen Rispen entspringen den Blättern gegenüber, stehen anfangs aufrecht und hängen, wenn sie reife Früchte tragen. Die eirundlänglichen, fast häutigen Deckblätter stehen einzeln und fallen bald ab. Die grünlichen Blüten sind wohlriechend. Die Weinbeeren haben verschiedene Form, Grösse, Geschmack und Farbe, und sind bei einer *Var. apyrena* ohne Samen. Aus ihnen keltert und bereitet man den Wein, *Vinum*, dessen Sorten, Wirksamkeit und Anwendung hier nicht erläutert werden können; ferner den Weingeist, *Spiritus vini sive Alcohol* und den Weinessig, *Acetum vini.* In den Weinfässern setzt sich nach und nach eine krystallinische Rinde an, d. i. der Weinstein, *Tartarus crudus*, den man gereinigt *Tartarus depuratus* nennt und der die Weinsteinsäure, *Acidum tartaricum*, enthält. Die getrockneten Beeren grossfrüchtiger Trauben sind die Grossen Rosinen, oder Ciheben, *Passulae majores;* die getrockneten Früchte der erwähnten samenlosen und kleinbeerigen Abänderung sind die Kleinen Rosinen oder Korinthen, *Passulae minores sive Uvae corinthiacae.* Die säuerlichherb schmeckenden Weinranken, *Pampini vitis*, sind als blutreinigendes, harn- und schweisstreibendes Mittel und vorzüglich in Extractform bei Knocheneiterungen empfohlen worden. Ehedem wendete man auch die Blätter, *Folia vitis*, ferner den Saft, der beim Beschneiden der Weinreben im Frühjahre reichlich auszufliessen pflegt, Weinthränen, *Lacrymae Vitis*, besonders zu Augenwässern und endlich auch den Saft der unreifen Beeren, *Omphacium*, an. Die

Samen werden in mehren Gegenden als ein Volksmittel gegen Durchfälle gebraucht und geben durch Auspressen ein gutes fettes Oel.

Unterabtheilung: *Corneae Kunth.*

*Cornus mascula Lin.* Kornelbaum, Kornelkirsche, Harlske, Dürlitze, ein im mittlern und südlichen Europa, in Asien bis Japan einheimischer baumartiger Strauch, der häufig, besonders zu Hecken angepflanzt wird. Die gelben Blüten stehen zu 20—30 an den Enden der kurzen Aeste und erscheinen im März und April vor den ovalen zugespitzten, beiderseits schwach weichhaarigscharfen Blättern. Die länglichrunden, gegen 10 Lin. langen schönrothen Steinfrüchte, *Fructus Corni*, schmecken süsslich-sauer, gelind zusammenziehend und wurden bei langwierigen Durchfällen, Blutflüssen und hitzigen Fiebern angewendet.

*Cornus florida Lin.* Virginische Hundsbeere, ein Strauch oder Baum in den Wäldern Nordamerikas von Canada bis Virginien, ist ausgezeichnet durch die grosse 4blättrige Hülle, welche die Dolden unterstützt, und das Ansehen einer Blume gewährt. Die kleinen scharlachrothen Früchte stehen zu 2—6 büschelig beisammen und schmecken sehr bitter. Die Rinde des Stammes und der Aeste ist sehr bitter und in Amerika officinell; sie enthält ein eigenthümliches Alkaloid, das *Cornin*, welches gleiche Wirksamkeit wie das Chinin haben soll; man hat desshalb die Rinde als ein Ersatzmittel der Chinarinden empfohlen.

Gruppe 2: *Araliaceae Juss.*

Unterabtheilung: *Aralieae Rchb.*

*Hedera Helix Lin.*, der Gemeine Epheu, eine bekannte in den Wäldern von ganz Europa vorkommende Pflanze, welche an Bäumen, Felsen und Mauern hoch emporklimmt, lieferte sonst die Blätter, Beeren, das Holz und das entweder freiwillig oder aus in die Rinde gemachten Einschnitten hervorfliessende Harz, *Folia, Baccae, Lignum et Gummi Hederae arboreae.* Heutzutage gebraucht man blos die Blätter äusserlich bei torpiden schlaffen Geschwüren und zum Verbinden der Fontanelle; das Harz wurde bei Schleimflüssen und zur Beförderung der Katamenien gebraucht; die Beeren dienten als ein Brechen und Purgiren erregendes und den Schweiss treibendes Mittel.

*Panax Schin-seng N. ab Esenb.*, Aechte Kraftwurz oder Ginseng, eine perennirende Pflanze in Nebal, der Tatarei, in China und Japan mit möhrenartiger ästiger Wurzel. Die Blätter sind (2—6 Zoll) langgestielt, 5zählig geschnitten. Blättchen (3—9 Zoll lang) länglich-lanzettlich, langzugespitzt, doppelt gesägt, fast kahl. Der Blütenstiel ist meist in der Mitte oder am Grunde 3spaltig, seltner wirtelig getheilt, wovon jeder Theil in eine 15-—30 blütige rundliche einfache Dolde endigt. Die Hüllblättchen sind zahlreich, lanzettlich oder borstenförmig, kurz. Kelchzähne und Blumenblätter lanzettlich. Beere kugelig, undeutlich 3lappig oder fast nierförmig-2lappig, von der Grösse einer Vogelkirsche, scharlachroth, glatt und glänzend. — In Japan und China ist die Wurzel unter den Namen Ginseng oder Schin-seng das wichtigste Heilmittel gegen fast alle Krankheiten, besonders wenn deren Grund in Erschöpfung der körperlichen und geistigen Kräfte zu suchen ist. In frühern Zeiten war sie auch in Europa als *Radix Ginseng* im Gebrauche und wurde mit Gold aufgewogen; da man aber sich bald überzeugte, dass sie keine Wirksamkeit besitze, so wurde sie wieder vergessen.

Unterabtheilung: *Adoxeae Reichb.*

*Adoxa Moschatellina Lin.*, Bisamkraut, (weil es besonders beim Trockenwerden moschusartig riecht), ein kleines einjähriges Gewächs unter Bäumen, in Zäunen und Gebüsch im März und April blühend. Ehedem war die Wurzel, *Radix Moschatellinae* gebräuchlich.

## 1. Abtheilung: *Umbelliferae genuinae schizocarpicae Rchb.:* Eigentliche spaltfrüchtige Doldengewächse.

*(Syn.: Umbellatae Lin.)*

Eine sehr grosse und sehr übereinstimmende (natürliche) Familie, welche meist einjährige oder ausdauernde Kräuter, einige Halbsträucher und Sträucher enthält. Die Wurzeln sind meist möhrenförmig, einfach oder ästig. Stengel stielrund oder vieleckig, glatt, gerillt oder gefurcht, knotig, hohl, wenig- und vielästig. Blätter wechselständig mit scheidig-erweitertem Blattstielgrunde oder einer Blattstielscheide; Blattfläche gewöhnlich mehrfach oder vielfach geschnitten und getheilt, bei *Peucedanum officinale* eingelenkt-zusammengesetzt, selten fehlend und dann die Blattstiele blattartig. Nebenblätter fehlend. Blüten zwitterig, selten durch Fehlschlagen eingeschlechtig, weiss, bisweilen röthlich, häufig gelb, sehr selten blau, in zusammengesetzten mehrstrahligen Dolden; nur bisweilen sind die Dolden einfach und kopfförmig zusammengezogen, bisweilen unregelmässig und wenig blütig, meist mit Hüllen (*Involucrum s. Involucrum universale*) unter der Dolde (*Umbella s. Umbella universalis*) und Hüllchen (*Involuçellum s. Involucrum partiale*) unter den Doldchen (*Umbellula s. Umbella partialis*) oder es fehlen Hülle oder Hüllchen, sehr selten auch beide. Kelch dem Fruchtknoten überwachsen, mit verwischten oder 5zähnigem Saum; abfallend oder bleibend. Blumenblätter 5, epigynisch, gleich oder ungleich (strahlend), ganz, meist aber durch ein eingeschlagenes Vorspitzchen (*Acumen, Lacinula*) ausgerandet, auch 2lappig, bisweilen ganz eingerollt, selten ganz flach, in der Knospe über- selten neben-einander liegend. Staubgefässe 5, epigynisch. Fruchtknoten 2fächrig, mit einzelnen hängenden Eichen, an der Spitze mit einem fleischigen Griffelfuss, *Stylopodium*, überzogen; Griffel 2, getrennt; Narben einfach. Frucht (*Diachenium, Diakenium, Cremoçarpium*) trocken, in 2 einsamige, an einem fadenförmigen, meist 2theiligen Fruchthalter, *Carpophorum*, hängende Theil- oder Halbfrüchtchen (*Mericarpia*), sich trennend. Jedes dieser Früchtchen trägt 5 verschieden gestaltete Riefen oder Rippen (*Costae s. Costae primariae s. Juga Hoffm.*) und 4 Thälchen (*Valleculae*), in denen bisweilen sich noch Nebenriefen oder Rippchen (*Costulae, Costae Hoffm., Costae secundariae s. Juga secundaria*) befinden, und von Oelbehältern, Striemen (*Vittae*) der Länge nach durchzogen sind. Die 5 Rippen eines Theilfrüchtchens werden zuweilen noch besonders bezeichnet. Die mittelste heisst Kielrippe, Kielriefe, *Jugum carinale*, die beiden dieser zunächst liegenden Mittelriefen, *Juga intermedia*, alle 3 zusammen Rückenriefen, *Juga dorsalia*, im Gegensatze zu den beiden übrigen Seitenriefen, *Juga lateralia*. Auch die Nebenriefen, welche häufig mit Dornen, Widerhaken, Flügeln u. s. w. besetzt sind, werden unterschieden in äussere Nebenriefen, *Juga secundaria exteriora s. dorsalia*, die in den Thälchen, zwischen den Rückenriefen sich befinden, und in innere Nebenriefen, *Juga secundaria interiora sive lateralia*, welche zwischen den Seitenriefen und Mittelriefen stehen. Die Stelle, an welcher die beiden Halbfrüchtchen an einander liegen, heisst Fuge oder Berührungsfläche, *Commissura s. Planum commissurale*, und die aussen sichtbare Verbindung beider Flächen Fugennaht, *Sutura commisuralis s. Raphe*. Rückchen (*Dorsula*), heissen die stumpfen Längserhabenheiten, welche durch die Striemen in den Thälchen hervorgebracht werden. — Samen hängend; Samenhaut meist mit der Fruchthülle oder *Pericarpium* verwachsen. Embryo klein und gerade, am Grunde des grossen fleischigen oder fast hornartigen Eiweisskörpers befindlich, mit gegen den Nabel gekehrtem Würzelchen und beim Keimen blattartigen Samenlappen.

Die Doldengewächse, von denen die Mehrzahl in der nördlichen gemässigten Zone wachsen, zeigen eines Theils eine grosse Uebereinstimmung in ihren chemischen Bestandtheilen und sonstigem Verhalten, andern Theils aber auch wieder sehr bedeutende Abweichungen. Sie sind entweder aromatische, ätherölige oder harzige Gewächse, oder sie sind sehr scharf narkotisch, oder sie enthalten nährende wohlschmeckende Stoffe und zwar das eine oder das andere bald in den Wurzeln, im Kraute oder in den Samen.

### *C. Platyspermae Rchb.*

### *c. c. Imperfectae vel irregulariter umbellatae. — Hydrocotyleae De C.*

*Eryngium campestre Lin.*, Feld-Mannstreu, Rodendistel, an Wegen und auf Ackerrainen ausdauernd, lieferte sonst die *Radix Eryngii sive Asteris inguinalis s. Capituli Martis s. Acus veneris.* — *Eryngium maritimum Lin.*, Meerstrands-Mannstreu, gab die *Radix Eryngii maritimi*, die bei mehren Brustkrankheiten, besonders Schwindsucht gebraucht wurde.

*Astrantia major Lin.*, Schwarze oder Falsche Meisterwurz, in Gebirgswäldern Mitteleuropas, lieferte die *Radix Astrantiae s. Imperatoriae nigrae*, die nur etwas scharf und bitter schmeckt und purgiren soll.

*Sanicula europaea L.*, Gemeiner Sanikel, in Gebirgs-Laubwäldern durch ganz Europa. Ehemals wurden die Wurzel und die Blätter, *Radix et Herba Saniculae* äusserlich und innerlich, bei Wunden, Quetschungen und Geschwüren angewendet.

*Hydrocotyle vulgaris Lin.*, Gemeiner Wassernabel, auf sumpfigen Wiesen, an Teichen und Gräben. Das ganze Pflänzchen diente sonst als *Herba Cotyledonis aquaticae*, als harntreibendes und eröffnendes Mittel bei Unterleibsstockungen.

### *b. b. Umbellato-umbellulatae multicostatae.*

### **** Daucineae Koch.*

### Gattung: *Daucus Tournef.* Möhre, Morrübe.

*(Pentandria Digynia Lin. syst.)*

Kelchsaum 5zähnig. Blumenblätter verkehrt-herzförmig, mit eingeschlagenem Zipfelchen, die äussern oft strahlend und tief zweispaltig. Frucht von Rücken etwas zusammengedrückt: Hauptriefen 5, fadenförmig, borstig, 2 davon auf der Berührungsfläche; Nebenriefen 4, geflügelt und in eine einfache Reihe von Stacheln getheilt; Thälchen einstriemig.

1. Art: *Daucus Carota Lin.* Gelbe Möhre, Carote.

Stengel steifhaarig; Blätter 2—3 fach-fiederschnittig: Abschnitte fiederspaltig, Zipfel lanzettlich, feinspitzig; Hüllen ziemlich so lang wie die Doldenstrahlen; Frucht länglich-eirund, mit pfriemigen Stacheln von der Länge wie die Breite der Frucht. (*Taf.* 106.)

Diese auf trocknen Wiesen, Rainen, trocknen Plätzen und Triften durch ganz Europa, Nordasien und Nordamerika gemeine und häufig angebauete Pflanze hat eine langkegelförmige, meist einfache, nur mit wenigen Fasern besetzte Wurzel, welche an wild gewachsenen Exemplaren ziemlich holzig, dünn, schmutzig gelb ist und stark gewürzhaft riecht; an cultivirten und auf fettem Gartenlande gewachsenen Pflanzen ist sie dagegen viel dicker, saftig-fleischig, goldgelb, orange oder roth, hat einen schwächer gewürzhaften Geruch und einen süssen eigenthümlichen Geschmack. Der furchig-gerillte, steifhaarige, ästige Stengel wird 1—3 Fuss hoch. Nur die untersten Blätter sind gestielt, die übrigen sitzen sämmtlich auf länglichen randhäutigen Scheiden; die untersten sind 3fach-fiederschnittig, mit länglichen oder keilförmigen, stumpflichen oder kurzspitzigen Lappen an den Abschnitten; die obern nur doppelt-fiederschnittig mit lanzettlichen und linealen fein zugespitzten Zipfeln an den Abschnitten. Die reichstrahligen Dolden sind anfangs vertieft, während der Blüte schwachgewölbt und später wieder durch Zusammenziehen der äussern Strahlen nestartig-vertieft. Hüllblätter 9—12, von ganzer oder halber Länge der Dolden, 3- oder fiederspaltig, mit abstehenden schmal linealischen, feinspitzigen Zipfeln. Die Hüllchenblätter sind theils ganz, theils 2-—3 spaltig, randhäutig. Die Blüten sind weiss oder blassröthlich; in der Mitte der Dolde befindet sich gewöhnlich eine grosse schwarz-purpurrothe Blüte. Die 2 Linien langen, graubraunen Früchte tragen gerade am Ende widerhakige Stacheln. — Sonst waren die Früchte der wildgewachsenen Pflanzen, *Semen Dauci sylvestris*, officinell; sie haben einen eigenthümlich gewürzhaften Geruch, einen bitterlich-aromatischen Geschmack, und dienten als reizendes, Blähungen und Harn treibendes Mittel. Jetzt ist nur noch die saftige Wurzel der cultivirten Pflanzen, *Radix Dauci sativi*, officinell; sie enthält viel Schleimzucker, ein aromatisch-ätherisches Oel u. s. w. Sie geben eine gesunde und nahrhafte Speise, dienen den Kindern, die sie gern roh essen, als Mittel gegen Askariden, und werden zu Brei gerieben auf wundgelegene und faulige Stellen, schlechte Geschwüre u. s. w. aufgelegt. Der ausgepresste und eingedickte Saft giebt einen sehr auflösenden Syrup, Möhrensaft, *Roob Dauci.* Der bekannte Möhrenzucker wird häufig bei katarrhalischen Beschwerden angewendet.

*** Thapsieae Koch.*

*Laserpitium latifolium Lin.*, Breitblättriges oder Grosses Laserkraut, Weisser Enzian, auf Gebirgen in fast ganz Europa. Die ehemals häufiger angewendete Wurzel, *Radix Gentianae albae*, ist bitter und scharf gewürzhaft und diente als ein kräftiges reizendes und tonisches Mittel.

** Silerinae Koch.*

Von *Galbanum officinale Don.*, einer noch ganz wenig gekannten Pflanze des Orients, soll das Galban- oder Mutterharz, *Gummi-Resina Galbanum*, abstammen. Man unterscheidet eine gute körnige Sorte, *Galbanum in granis*, und eine schlechtere aus unförmlichen klebrigen Klumpen bestehende Sorte, *Galbanum in massis.* Die Wirksamkeit und Anwendung stimmt mit der des Ammoniaks und des stinkenden Asand überein, doch wird dies Schleimharz jetzt selten gebraucht.

*aa. Umbellato-umbellulatae paucicostatae.*

**** Tordylineae Rchb.*

*Tordylium officinale Lin.*, Gebräuchlicher Zirmet, eine einjährige Pflanze des Orients und südlichen Europas, deren Früchte sonst als *Semen Tordylii sive Seseleos cretici*, bei Nieren-, Blasen- und ähnlichen Krankheiten, so wie gegen unterdrückte Menstruation gebräuchlich waren.

*** Peucedaneae De C.*

Gattung: *Archangelica Hoffm.* Engelwurz.

*(Pentandria Digynia Lin. syst.)*

Kelchsaum kurz 5zähnig. Blumenblätter 5, elliptisch, ganz, zugespitzt, mit eingeschlagenem Zipfelchen. Frucht vom Rücken zusammengedrückt, oval; Hauptriefen 5, die 3 mittlern fadenförmig, gekielt, die beiden randenden breitgeflügelt; Kern lose, von zahlreichen Striemen dicht bedeckt.

1. Art: *Archangelica officinalis Hoffm.* Gebräuchliche oder Aechte Engelwurz.

Stengel kahl, rillig; Blätter doppelt fiederschnittig:

Abschnitte fast herzförmig oder eirundlich, scharf gesägt, die endständigen 3lappig; Blattstielscheiden der obern Blätter schlaff, sackförmig aufgeblasen. (*Taf.* 107.)

Diese ausdauernde Pflanze wächst an Bächen und feuchten Stellen vieler Gebirgswälder in Europa ausdauernd. Die Pfahlwurzel ist kurz und dick, geringelt, aus ihr entspringen zahlreiche lange dicke Fasern, welche aussen gelbbraun, innen weisslich, engfächrig und mit einem gelblichen Milchsafte erfüllt sind. Der aufrechte 4—8 Fuss hohe Stengel hält am Grunde 1—2 Zoll im Durchmesser, ist hohl, ästig, purpurroth und bläulichweiss bereift. Die sehr grossen doppelt- oder 3fach fiederschnittigen Wurzelblätter stehen auf langen, stielrunden hohlen Stielen; die 4—6 Zoll langen Blattabschnitte sind eiförmig, am Grunde fast herzförmig oder keilförmig, spitzig eingeschnitten gelappt, ungleich stachelspitzig-gesägt, die endständigen stets breiter und tief 3lappig, oberseits gesättigt grün und kahl, unterseits blässer, bereift, entweder kahl oder auf den Adern mit kleinen Borstchen besetzt. Die stengelständigen Blätter sind ebenso gebildet, nur werden sie nach oben zu kleiner, die Blattstiele kürzer und die obersten sitzen auf den stark bauchig aufgetriebenen und gefurchten Blattstielscheiden; die Abschnitte sind mehr rautenförmig und verkümmern an den obersten Blättern. Die grossen fast kugeligen Dolden werden durch 30—40 schwachweichhaarige dichtstehende Strahlen gebildet. Die 1—3 Hüllblätter sind linealisch-lanzettlich, hinfällig oder fehlen. Die Hüllchen bestehen aus zurückgeschlagenen schmal linealisch-pfriemigen oder fadenförmigen gleichfalls abfallenden Blättchen. Die Blüten haben eine grünlichweisse Farbe. Die Früchte sind 3—4 Lin. lang, elliptisch, an beiden Enden ausgerandet, der Fuge parallel zusammengedrückt, gerippt, geflügelt, mit dem flachen etwas aufrechten, am Rande ausgeschweiften Stempelpolster, und den zurückgebogenen Griffeln gekrönt, schlaff, strohgelb. Samen länglich-eiförmig, planconvex, in der äussern Haut mit zahlreichen, sehr feinen, dicht nebeneinander liegenden Striemen versehen. — Die sehr kräftig eigenthümlich gewürzhaft riechende und scharf aromatisch bitterschmeckende Wurzel, *Radix Angelicae s. Angelicae hortensis s. Ang. sativae s. Ang. Archangelicae*, enthält vorwaltend ätherisches Oel, scharfes Weichharz und bittern Extractivstoff. Sie ist ein sehr vorzügliches kräftiges und anhaltend reizendes Mittel, welches häufig bei Krankheiten angewendet wird, wo erregend und kräftigend auf die Thätigkeit des Magens und Darmkanals, auf die der Haut und der Schleimhäute und zugleich auf das Nervensystem gewirkt werden muss.

*Angelica sylvestris Lin.* Waldengelwurz, Wilde oder Wald-Angelik, eine auf Wiesen, an Gräben und in Wäldern durch ganz Europa wachsende zweijährige Pflanze, welche durch die grossen aufgeblasenen Blattstielscheiden, besonders der obersten Blätter, auffällig sich auszeichnet. Die Wurzel hat ähnliche aber weit schwächere Wirksamkeit als vorige und war sonst als *Radix Angelicae sylvestris* officinell, jetzt wird sie von den Landleuten als Hausmittel noch benutzt und in Süditalien als *Radice di Bracala* gegen Scabies angewendet.

### Gattung: *Levisticum. (J. Bauh.) Koch.* Liebstöckel.

*(Pentandria Digynia Lin. syst.)*

Kelchrand verwischt. Blumenblätter 5, rundlich, einwärts gekrümmt, mit einem breiten stumpfen Läppchen. Frucht oval, vom Rücken zusammengedrückt; Hauptriefen (5) geflügelt, die randenden doppelt breiter; Thälchen einstriemig.

Nur die eine Art enthaltend:

*Levisticum officinale Koch.* Gebräuchlicher Liebstöckel, Badekraut. *(Taf. 108.)*

Diese ausdauernde Pflanze ist auf den Gebirgen Südeuropas einheimisch und wird nördlicher in vielen Gegenden von den Landleuten in den Gärten cultivirt. Sie ist durchaus kahl und glatt. Die lange und dicke, vielköpfige und vielästige, aussen braungelbe, innen weissliche Wurzel, ist mit vielen langen Wurzelfasern besetzt. Die aufrechten, dicken, hohlen Stengel werden 4—8 Fuss hoch und theilen sich oben in kurze steife Aeste. Die Blätter gleichen denen des Sellerie sehr, haben aber lederig-fleischige, rautenartig-keilförmige, dunkelgrüne und starkglänzende Blättchen, von denen die untersten auf langen hohlen Blattstielen, und die obersten einfacher zusammengesetzten auf kurzen weitscheidigen Blattstielscheiden sitzen. Die endständigen 8—12 strahligen schwachgewölbten Dolden sind von 6—12 zurückgeschlagenen linealischen, gelblich berandeten Hüllblättern unterstützt. Die kurzgestielten Blüten sind gelb. Die 2—2½ Lin. langen, bräunlich gelben Theilfrüchtchen sind gekrümmt. Der Geruch aller Theile ist sehr stark und desshalb widrig. Jetzt braucht man besonders noch die Wurzeln, *Radix Fistulae s. Levistici*, sonst brauchte man auch die Blätter und die Samen, *Folia et Semen Levistici s. Ligustici.* Erstere enthält frisch einen blassgelben harzigen Milchsaft, riecht unangenehm gewürzhaft und schmeckt erst süsslich, dann brennend gewürzhaft und bitter. Sie ist ein kräftiges Reizmittel für das Gefäss- und Nervensystem, und wird auch bei Unterleibsstockungen mit Nutzen gebraucht.

*Heracleum Sphondylium Lin.* Aechte Bärenklaue, eine auf Wiesen, in Gebüschen und Laubwäldern durch ganz Europa und Nordasia gemeine zweijährige Pflanze, mit möhrenartig-ästiger, gegen 1 Fuss langer und 2 Zoll dicker Wurzel und grossen scharfrauhhaarigen fiederschnittigen Blättern, deren Abschnitte aus 3—5 ungleich kerbiggesägten Abschnitten bestehen. Die weissen Blüten stehen in 15—30strahligen flachen Dolden. Die strohgelben Früchte sind am Ende ausgerandet, flach zusammengedrückt, mit 5 Riefen, von denen die seitlichen, die einen verbreiterten Rand bilden, von den 3 mittlern entfernt stehen. Die Wurzel und Blätter. *Radix et Herba Brancae ursinae germanicae s. spuriae vel Sphondylii*, von denen die erste tonischreizend auf den Darmkanal und die letztern gelind auflösend wirken, sind als Heilmittel bei den Landleuten noch im Gebrauche.

*Pastinaca sativa Lin.* Gemeine Pastinak, eine auf Wiesen durch ganz Europa und Nordasia gemeine zweijährige Pflanze mit möhrenartiger Wurzel, welche durch Cultur in fettem Boden dick, grösser und fleischig wird und häufig als Nahrungsmittel dient. Die bitterlich gewürzigen Früchte, *Semina Pastinacae* waren sonst officinell.

### Gattung: *Anethum Tournef.* Dill.
### *(Pentandria Digynia L. syst.)*

Kelchsaum undeutlich 5zähnig, fast verwischt. Blumenblätter oval, eingerollt: das Zipfelchen fast quadratisch, abgestutzt. Frucht vom Rücken linsenförmig zusammengedrückt, von einem flachen verbreitertem Rande umgeben; Hauptriefen gleichweit entfernt, fadenförmig, die 3 mittlern gekielt, die seitlichen in den Rand verlaufenden schwächer; Thälchen einstriemig.

1. Art: *Anethum graveolens Lin.* Gemeiner oder Gebräuchlicher Dill.

Stengel stielrund; Blätter 3fach-fiederschnittig: Abschnitte 2- und 3spaltig, mit borstenförmig-linealischen Zipfeln; Früchte elliptisch, von einem verbreiterten Rande umgeben. *(Taf. 109.)*

Diese in Südeuropa und im Oriente einheimische einjährige Pflanze ist durch die Kultur in vielen Gegenden verwildert. Aus der möhrenförmigen ästig-faserigen Wurzel entspringt ein aufrechter 1—3 Fuss hoher, weisslich und grün gestreifter, nach oben ästiger Stengel. Die 3fachfiederschnittigen Blätter mit linealisch-fädenförmigen Abschnitten stehen auf länglichen breitrandhäutigen Blattstielscheiden. Die grossen flachen 15—30strahligen Dolden tragen gelbe Blüten. Die $2\frac{1}{2}$ Lin. langen grünlichbraunen Früchte sind am Rande und an den Riefen heller gefärbt. Sie haben einen eigenthümlich gewürzhaften Geruch und Geschmack und sind als *Semen Anethi*, wie andere ätherischölige Früchte dieser Familie gebräuchlich.

*Bubon Galbanum Lin.* verdient blos darum der Erwähnung, weil es lange Zeit hindurch für die Stammpflanze von dem Schleimharze *Galbanum* gehalten wurde.

Gattung: *Imperatoria Tournef.* Meisterwurz. *(Pentandria Digynia Lin. syst.)*

Kelchrand verwischt. Blumenblätter durch das eingeschlagene schmale Zipfelchen verkehrt-herzförmig oder ausgerandet. Frucht vom Rücken her flach zusammengedrückt, am Rande breit geflügelt.

1. Art: *Imperatoria Ostruthium. Lin.* Gemeine Meister- oder Kaiserwurz.

Blätter 3schnittig: Abschnitte breit-eiförmig, die seitlichen zweilappig, eingeschnitten gesägt, der endständige 3lappig. (Taf. 110.)

Eine auf den höhern Gebirgen des südlichen und mittlern Europa's einheimische ausdauernde Pflanze, mit dickem kurzem, abgebissenem, geringeltem Wurzelstocke, aus welchem sprossenartig einige mit vielen Fasern besetzte Wurzelköpfe entspringen. Der aufrechte Stengel wird 1—3 Fuss hoch, ist einfach oder nach oben etwas ästig. Die einfachen oder 3schnittigen Wurzelblätter stehen auf langen, halbstielrunden, röhrigen Stielen, die Stengelblätter sitzen auf aufgeblasenen weiten Scheiden und sind 3schnittig, mit 2—3 Zoll langen, 1—$2\frac{1}{2}$ Zoll breiten eiförmigen scharf- und stachelspitzig-gesägten Abschnitten. Die grossen flachen Dolden tragen auf 40—50 ziemlich ungleich langen Strahlen weisse Blüten. — Die Doldchen sind von 3—6 borstlichen, abfallenden Hüllblättchen unterstützt. Früchte rundlichoval 2—3 Lin. lang, strohgelb Die Wurzel, *Radix Imperatoriae albae sive Ostruthii s. Astrutii* [d. h. die gesprossten länglichen Wurzelköpfe] riecht stark und durchdringend gewürzhaft und schmeckt gewürzhaft scharf und bitter. Sie hat ähnliche Kräfte wie die Angelik, wird aber heutzutage weniger angewendet als sonst.

*Oreoselinum legitimum M. Biebst.* (*Peuceda-*

*num Oreoselinum. Mnch.)* Grundheil, Augenwurzel. Eine auf trocknen Hügeln und Bergen wachsende ausdauernde Pflanze gab *Radix, Herba et Semen Oreoselini sive Apii montani.* Der Geschmack aller Theile ist angenehm gewürzhaft und bitter und sie werden noch zuweilen als reizende und stärkende, die Aussonderungen befördernde Mittel angewendet.

*Cervaria Rivini Gaertn. (Athamanta Cervaria Lin.)* Hirschwurz, eine auf trocknen Wiesen, Hügeln und Anhöhen Mitteleuropa's ausdauernde Pflanze, lieferte Wurzeln und Früchte, *Radix et Semen Cervariae nigrae sive Gentianae nigrae*, die aromatisch-bitter sind und jetzt nur von Thierärzten und von Landleuten als Hausmittel gegen Wechselfieber angewendet werden.

*Peucedanum officinale Lin.*, Haarstrang, eine auf trocknen Wiesen Mitteleuropa's ausdauernde Pflanze mit 5fachfiederschnittigen Blättern und langen schmalen Abschnitten derselben. Die Wurzel, *Radix Peucedani sive Foeniculi porcini*, ist fleischig, dick walzlich oder möhrenförmig, aussen schwarz, innen gelbweiss mit gelblichem Milchsafte erfüllt; sie wirkt reizend harn- und schweisstreibend, wird aber nur selten bei uns angewendet, dagegen häufig von Russland aus verlangt.

*Thysselinum palustre Hoffm. (Selinum palustre Lin.)* Sumpfsilge, Elsenich, wächst auf sumpfigen Wiesen und lieferte ehedem die *Radix Thysselini vel Ölsnitii*, die scharf aromatisch und bitter ist.

*Dorema Don.* Kelchsaum verwischt. Blumenblätter eiförmig, mit eingeschlagenen langen Zipfelchen. Frucht zusammengedrückt; Rückenriefen haarfein, Seitenriefen in dem flachgeflügelten Rande verschwindend; Thälchen einstriemig; Berührungsfläche 4striemig.

*Dorema ammoniacum Don.* Ammoniakpflanze. Diese einzige Art der zwischen *Ferula* und *Peucedanum* innestehenden Gattung wächst im nördlichen Persien und in Armenien, und hat gegen 2 Fuss lange gestielte, fast doppeltschnittige Blätter, mit eingeschnitten-fiederspaltigen Abschnitten, von denen die obersten zusammenfliessen; die Lappen der Abschnitte sind länglich, stachelspitzig, 1—5 Z. lang, ½—2 Z. breit. Die Dolden haben Aeste und sprossen, die Döldchen sind kurz gestielt und kugelig und mit kurzen Wollhaaren besetzt. Hülle und Hüllchen fehlen. Die weissen Blüten sind ganz von Wolle eingehüllt. Die ovale, stark zusammengedrückte Frucht ist von einem ziemlich breiten Rande umgeben. — Alle Theile enthalten einen weissen Milchsaft, welcher vorzüglich an den Doldenstrahlen von selbst ausfliesst und an der Luft erhärtet; er ist das **Ammoniakharz**, *Gummi-resina Ammoniacum*, das entweder in weissen Körnern oder Thränen von der Grösse der Mandeln bis zu der der Wallnüsse, die zu einer ziemlich trocknen od. sogar spröden Masse zusammengebacken sind, vorkommt, *Ammoniacum in granis*, oder in einer minder guten Sorte sich vorfindet, die mehr schmierig, gelblich oder bräunlich ist und aus unförmlichen Stücken besteht. Das Ammoniak enthält Harz, Schleim und ätherisch Oel, wirkt kräftig und anhaltend reizend auf die Thätigkeit der Unterleibsorgane und die Absonderungen der Schleimhäute, so wie äusserlich zertheilend und zeitigend bei Geschwülsten, Abscessen, Verhärtungen u. s. w.

### Gattung: *Ferula Tournef.* Steckenkraut.
### *(Pentandria Digynia Lin. syst.)*

Kelch kurz 5zähnig. Blumenblätter eiförmig, zugespitzt, mit der Spitze aufsteigend oder eingekrümmt. Frucht vom Rücken her flach zusammengedrückt; die 3 Rückenriefen fadenförmig, die seitlichen undeutlich und in den flachgeflügelten Rand verschwindend; Thälchen 3striemig; Berührungsfläche 4striemig.

#### 1. Art: *Ferula Asa foetida Lin.* Stinkasandpflanze.

Stengel stielrund, einfach, nur mit Blattstielscheiden versehen; Blätter sämmtlich grundständig, fiederschnittig: Abschnitte buchtig-fiederspaltig, mit länglichen stumpfen Zipfeln. (Taf. 111.)

Diese in Persien auf dem Gebirge von Khorasan wachsende Pflanze ist seit **Kaempfer**, der sie beschrieb und abbildete, nicht wieder von Botanikern gesehen worden. Die starke Wurzel ist möhrenförmig und zwar entweder einfach oder nur in 2—3 Aeste getheilt, aussen schwarz, innen weiss und milchend, oben mit einem rothbraunen Schopfe versehen. Die ziemlich einfachen Stengel sind 6—9 Fuss hoch, am Grunde gegen 2 Z. dick, gerillt, kahl und tragen aufgeblasene grosse Blattstielscheiden, von denen einige mit unvollkommenen Blattansätzen versehen sind. Die grossen Wurzelblätter, welche im Herbste hervorkommen und im nächsten Frühjahre wieder verwelken, stehen auf spannenlangen runden Stielen und haben ziemliche Aehnlichkeit mit denen von der Pfingstrose oder Päonie. Unter den Döldchen der 25—30strahligen Dolden stehen statt der Hüllchen kleine braune Schuppen. Die Blüten sind gelblichweiss und die Früchte rothbraun, etwas rauh. Der **Stinkasand** oder **Teufelsdreck**, *Asa foetida sive Gummi-resina Asa foe-*

*tida*, wird von obiger Pflanze allgemein abgeleitet und soll nach Kämpfer gewonnen werden, indem man von der armsdicken, in der Erde stehen bleibenden Wurzel eine horizontale Scheibe abschneidet, worauf auf der Schnittfläche ein gelblichweisser Milchsaft hervorquillt, der an der Sonne erhärtet und gesammelt wird; hierauf schneidet man eine neue Scheibe ab und setzt dasselbe Verfahren einige Male fort, doch soll auch aus den Stengeln und steifen Blättern der Milchsaft freiwillig hervorfliessen. Der Stinkasand kommt im Handel in 3 Sorten vor; die beste ist der Mandelartige Asand, *Asa foetida amygdaloides*, welcher aus rundlichen oder eckigen weisslichen, mandel- oder nussgrossen Körnern besteht, die in einer weichen braungelben Masse eingeknetet liegen, oder ohne dieselbe an einander gebacken sind; auf dem Bruche sind sie im frischen Zustande weiss u. wachsglänzend, werden aber später pfirsichblütroth, violett und endlich bräunlich. Die zweite Sorte: der Körnige Asand, *Asa foetida in granis*, besteht aus einzelnen, nur wenig zusammengeklebten gelblichen, gelblichröthlichen oder braunen Körnern und findet sich nur selten im Handel. Eine dritte Sorte ist erst seit etwa 20 Jahren vorgekommen und ist der Steinige Asand, *Asa foetida petraea*, welcher aus unförmlichen steinähnlichen weisslichen Stücken, die viele glänzende Punkte und Blättchen enthalten und an der Luft bald gelb und endlich braun werden. Der Stinkasand überhaupt hat einen starken unangenehm knoblauchartigen Geruch und einen sehr eigenthümlichen, Vielen unangenehmen gewürzhaften, etwas scharfen und bitterlichen Geschmack und besteht aus einem eignen ätherischen Oele, Harz, Gummi, Traganthstoff und andern Dingen. Er ist ein die Nerven reizendes und belebendes, die Thätigkeit des Darmkanals und der Schleimhäute erhöhendes Heilmittel, das auch in vielen krampfartigen Krankheiten, Hysterie u. s. w. angewendet wird.

*Ferula persica Wlldw.*, eine 4—5 Fuss hohe ausdauernde Pflanze Persiens mit starker Wurzel liefert gleichfalls Stinkasand. Sonst glaubte man, dass davon das Schleimharz Sagapenum, *Gummi Sagapenum sive Serapinum* herkomme, dessen Abstammung man jetzt jedoch nicht kennt.

*Opopanax Chironium Koch. (Pastinaca Opopanax Lin.)* wächst ausdauernd in Südeuropa und hat eine gegen 2 Fuss lange, sehr dicke, fleischige Wurzel, welche einen gelben Milchsaft enthält; man macht sowol Einschnitte in dieselbe als auch in den Grundtheil des 6 Fuss hohen Stengels und erhält dadurch das Schleimharz *Opopanax*, das heutzutage weit weniger als sonst angewandt wird und in seiner Wirksamkeit dem Asand, Galbanum und Ammoniak ähnlich ist.

### * *Ammineae Koch.*

### a. *Ammineae-Cumineae: teretiusculae contractae, secundarie 4-costatae.*

### Gattung: *Cuminum Linn.* Kreuzkümmel. *(Pentandria Digynia Lin. syst.)*

Kelchsaum 5zähnig. Blumenblätter länglich zweispaltig, mit einem eingeschlagenen Zipfelchen. Frucht von der Seite zusammengezogen: Hauptriefen fadenförmig, fein weichstachelig, die seitlichen randend; die 4 Nebenriefen mehr hervorstehend, stachelig; Thälchen einstriemig.

1. Art: *Cuminum Cyminum Linn.* Aechter Kreuzkümmel, Römischer oder Langer Kümmel.

Blätter doppelt- oder einfach-dreischnittig: Abschnitte linealisch-borstlich, spitzig; Dolde 3—5strahlig; Hüllchen länger als die weichhaarigen, oder kahlen Früchte. (Taf. 112)

Diese einjährige Pflanze wächst in Aethiopien u. Aegypten und wird auch in Süditalien cultivirt. Sie hat einen aufrechten $\frac{1}{2}$—$1\frac{1}{2}$ F. hohen kahlen Stengel mit langen abstehenden gabelspaltigen Aesten. Die Blätter stehen auf kurzen randhäutigen Scheiden. Dolden blattgegenständig, klein etwas gewölbt, von lineal-borstlichen einfachen oder 2- od. 3-theiligen Hüllblättern von der Länge der Doldenstrahlen unterstützt. Döldchen 3—6blütig, mit carminröthlichen oder weissen Blumen. Von den lanzettlich-borstigen Kelchzähnen sind die beiden äussersten dreimal länger. Die länglichen, 3 Lin. langen, gelblichgrauen Früchte sind auf den Hauptriefen mit sehr kurzen und auf den Nebenriefen mit etwas längern borstenförmigen Stacheln besetzt. — Diese Früchte, *Semen Cumini vel Cymini*, sind noch hier und da officinell, obschon der Gemeine Kümmel sie entbehrlich macht, da er ganz ähnliche, wenn auch etwas schwächere Kräfte besitzt. Sie gehören zu den 4 grössern erhitzenden Samen.

### b. *Ammineae-Seselineae teretiusculae. (Seselineae Koch.)*

*Crithmum maritimum Lin.*, Meerfenchel, am Ufer des Mittelländischen Meeres als ein niedriger Strauch wachsend, gab sonst die Blätter, *Folia Crithmi sive Foeniculi marini sive Herba Sancti Petri*, welche als harn- und wurmtreibendes Mittel gebraucht wurden.

*Meum athamanticum Jacq.* Mutter- Bärwurz, Bärendill, Bärenfenchel (*Athamanta Meum Lin.*) wächst in den Gebirgen Europa's ausdauernd und lieferte die wohlriechende, stark gewürzhaft u. scharf schmekkende Wurzel, *Radix Mei vel Anethi ursini sive Foeniculi ursini*, die jetzt kaum noch angewendet wird; auch die Früchte waren als *Semen Mei* gebräuchlich. *Meum Mutellina* Gärt. lieferte *Radix Mutellinae*, die wie vorige gebraucht wurde; jetzt aber nur noch als Thierarznei angewendet wird.

Von *Silaus pratensis Bess.*, Falsche Bärwurz, Mattensteinbrech, einer durch ganz Europa auf Wiesen nicht selten wachsenden ausdauernden Pflanze, waren sonst die Wurzel, Blätter und Früchte, *Radix Herba et Semen Silai vel Seseleos pratensis vel Saxifragae anglicae*, officinell.

*Athamanta macedonica Sprgl.* Macedonische Augenwurz od. Petersilge, in Griechenland und Nordafrika ausdauernd wachsend, hat angenehm riechende und schmeckende Früchte, die als *Semen Petroselini macedonici sive Apii saxatilis s. petraei* wie andere gewürzige Früchte dieser Familie angewendet wurden. Ebenso wurden auch die Früchte von *Athamanta cretensis Lin.*, einer südeuropäischen Gebirgspflanze als *Semen Dauci cretici sive Myrrhidis annuae* gebraucht.

*Seseli tortuosum Lin.*, eine ausdauernde südeuropäische Pflanze, lieferte ehedem die gewürzhaft-bittern Früchte, die als *Semen Seseleos massiliensis* officinell waren.

### Gattung: *Foeniculum Adans.* Fenchel.
### (*Pentandria Digynia Lin. syst.*)

Kelchrand wulstig, zahnlos. Blumenblätter rundlich, eingerollt, mit einem fast quadratischen, abgestutzten Zipfelchen. Frucht länglich (im Querdurchschnitt fast stielrund); die 5 Hauptriefen einer Theilfrucht stumpf gekielt, die seitlichen davon randend und etwas breiter; Thälchen einstriemig.

### I. Art: *Foeniculum officinale All.* Gebräuchlicher Fenchel.

Stengel am Grunde stielrund; Blätter mehrfach fiederschnittig: Zipfel verlängert, linealisch pfriemlich. Dolden (12—25-) 13—20strahlig, ohne Hülle. (Taf. 113).

Diese ausdauernde bekannte südeuropäische Pflanze wird jetzt häufig kultivirt. Aus der langen möhrenförmigen, ästigen Wurzel entspringt der aufrechte 3—6 Fuss hohe stielrunde, etwas ästige Stengel. Die Wurzelblätter sind vielfachfiederschnittig, gestielt, die folgenden 3fach, die übrigen nur doppelt fiederschnittig und auf den breiten randhäutigen Blattstielscheiden sitzend. Die endständigen und den Blättern gegenständigen sind gross und flach, tragen gelbe Blüten und haben weder Hüllen noch Hüllchen. Die gelblichgrauen, 3 Lin. langen Früchte haben braune Striemen. Officinell waren die Wurzeln und es sind es jetzt noch die Früchte, *Radix et Semen Foeniculi vulgaris.* Letztere schmecken süss-aromatisch und sind bei Schwäche des Magens und Darmkanals sowie bei vielen Lungen- und Brustleiden in Anwendung.

Vom *Foeniculum dulce Casp. Bauh.* sind in südlichern Gegenden die Früchte, *Semen Foeniculi cretici*, in gleicher Weise gebräuchlich.

*Aethusa Cynapium Lin.*, Garten-Gleisse, Kleiner oder Garten-Schierling, ist eine einjährige auf Schutthaufen, Gemüsefeldern und in Gärten gemeine Pflanze, welche giftig wirkt nnd am häufigsten unter der Petersilge gefährlich sein kann. Sie zeichnet sich aus durch die glänzenden Blätter und die einseitig stehenden Hüllchen, die aus drei herabgeschlagenen linealisch-pfriemlichen Blättchen bestehen. Als Sommergewächs wächst sie schnell und überragt die Petersilge bald.

### Gattung: *Oenanthe Tournef.* Rebendolde.
*(Pentandria Digynia Lin. syst.)*

Kelchsaum lang 5zähnig. Blumenblätter verkehrt-herzförmig, mit eingeschlagenen Zipfelchen. Frucht fast stielrundlich oder oval-länglich oder fast kreiselförmig, mit den langen, fast aufrechtstehenden Griffeln und den Kelchzähnen gekrönt. Hauptriefen der Theilfrüchte stumpfgewölbt, die seitlichen randend und wenig breiter; Thälchen einstriemig. Fruchthalter angewachsen.

1. Art: *Oenanthe Phellandrium Lam.* Fenchelsamige Rebendolde, Wasser- oder Rossfenchel.
*(Syn.: Phellandrium aquaticum Lin.)*

Wurzel spindelförmig, mit büschelig-wirtelständigen dünnen fadenförmigen Wurzelfasern; Stengel ausgesperrtästig; Blätter 2—3fach fiederschnittig: Zipfel eiförmig, ausgesperrt, eingeschnitten; Dolden hüllenlos (Taf. 114.).

Diese in Gräben, Teichen, Sümpfen durch ganz Europa gemeine zweijährige Pflanze hat eine dicke möhrenförmige, innen schwammige und fächrige Wurzel, welche an den zahlreichen absetzenden Knoten viele wirtelständige Fasern treibt und in den am Grunde sehr dicken Stengel unmerklich übergeht. Die Blätter sind sämmtlich gestielt. Die Dolden stehen den Blättern gegenüber und am Ende des Stengels und der Aeste und sind kurzgestielt, flach, vielstrahlig. Unter den etwas gewölbten Doldchen stehen linealisch pfriemliche Hüllblättchen. Die weissen kleinen Blüten sind sämmtlich fruchtbar und unter einander ziemlich gleich. Die länglichen Früchte sind gegen 2 Lin. lang, nach dem Grunde etwas verdickt, gelblich- oder grünlich-braun, von den Kelchzähnen und Griffeln gekrönt. Sie sind als *Semen Phellandrii sive Foeniculi aquatici* officinell und haben einen scharf gewürzhaften Geschmack und nicht angenehmen Geruch. Man wendet sie besonders gegen Krankheiten der Brustorgane, Schleimflüsse, Asthma, Lungenschwindsucht u. s. w. an.

*Oenanthe pimpinelloides Lin.* lieferte sonst *Radix et Herba Oenanthes sive Filipendulae tenuifoliae* und *Oenanthe fistulosa Lin. Radix et Herba Oenanthes sive Filipendulae aquaticae*, welche für harntreibend gehalten wurden.

### c. *Ammineae genuinae.*

*Bupleurum rotundifolium Lin.*, Durchwachs, ein auf Feldern nicht seltenes Sommergewächs, lieferte *Herba et Semen Perfoliatae*, die man gegen Kröpfe, bei Wunden und bei Brüchen anwendete. Von *Bupleurum falcatum Lin.* war sonst *Herba Bupleuri sive Auriculae leporis sive Costae bovis* als Wund- und Fiebermittel im Gebrauche. *Sium latifolium Lin.*, Wassermerk, eine in Gräben, Sümpfen und Teichen gemeine ausdauernde Pflanze, lieferte sonst *Radix et Herba Sii plustris sive Pastinacae aquaticae.* In gleicher Weise wurden von *Berula angustifolia Koch.* (*Sium angustifolium Lin.*) *Herba Sii vel Berulae* gesammelt.

### Gattung: *Pimpinella Lin.* Pimpinell-Bibernell.
### (*Pentandria, Digynia Lin. syst.*)

Kelchsaum verwischt. Blumenblätter verkehrt-herzförmig mit eingeschlagenen Zipfelchen. Frucht eiförmig, von der Seite zusammengezogen, von dem kissenförmigen Griffelpolster und den zurückgebogenen Griffeln gekrönt. Hauptriefen der Theilfrüchte fadenartig, die seitlichen randend; Thälchen vielstriemig.

1. Art: *Pimpinella Saxifraga Lin.* Gemeine oder Stein-Bibernell, Steinbrech, Pimpinell.

Stengel fein gerillt, nach oben fast nackt; Blätter sämmtlich fiederschnittig: Abschnitte der grundständigen eirund, stumpf, gesägt, ganz, gelappt oder geschlitzt; Griffel kürzer als der Fruchtknoten; Frucht eiförmig, kahl. (Taf. 115.)

Eine auf Hügeln, Anhöhen und trocknen Wiesen in ganz Europa ausdauernde Pflanze, deren länglich-möhrenartige Wurzeln aussen weisslichbraun oder schwärzlich sind. Die Stengel werden $1\frac{1}{2}$ F. hoch. Die kahlen oder flaumigen Blätter haben oft rundliche und stumpfsägerandige oder eirunde und tief- und ungleichgesägte oder auch spitzig-eingeschnittene und 3spaltige oder sogar fiederspaltige Abschnitte. Die obern und obersten gewöhnlich nur einfach fiederschnittigen Blätter haben nur schmal lanzettliche oder linealische Abschnitte. Die Dolden sind 10—15strahlig und die Doldchen enthalten 10—20 weisse Blütchen. Die eiförmigen Früchte sind braun und glatt. — Man sammelt die Wurzel, *Radix Pimpinellae albae sive Pimp. hircinae s. Tragoselini*, welche frisch unangenehm gewürzhaft riecht und brennend scharf gewürzhaft schmeckt. Sie ist getrocknet fingersdick, gelblich-graulich, fein geringelt und dient bei verschiedenen Beschwerden des Halses und der Athmungsorgane, namentlich bei Heiserkeit, leichten schmerzhaften Entzündungen, angeschwollenen Drüsen u. s. w.

Ganz in gleicher Weise wird die Wurzel von *Pimpinella magna Lin.*, welche häufig auf Wiesen und Grasplätzen der Wälder durch ganz Europa wächst, unter dem Namen *Radix Pimpinellae magnae sive Tragoselini majoris sive Dauci cyanopi*, angewendet.

2. Art: *Pimpinella Anisum Lin.* Gemeiner Anis, Anis-Bibernell.

Unterste Blätter einfach, rundlich-herzförmig, eingeschnitten-gesägt, die folgenden 3schnittig und fiederschnittig, mit keilförmigen gelappten u. gezähnten od. lanzettlichen Abschnitten; Früchte eiförmig, angedrückt weichhaarig. (Taf. 116.)

Diese ursprünglich in Griechenland und Aegypten einheimische einjährige Pflanze wird jetzt hier und da im Grossen angebaut. Sie wird 1—2 F. hoch, hat einen nach oben abstehend ästigen Stengel, langgestielte Wurzelblätter und Stengelblätter, von denen die höhern immer kürzer gestielt sind und die obersten sitzen. Die ziemlich lockern, fast flachen Dolden sind 6—12strahlig und die Doldchen enthalten ebensoviele weisse Blütchen; unter den letztern stehen einzelne pfriemliche Hüllblättchen. Die Frucht ist eiförmig, gegen $1\frac{1}{2}$—2 Lin. lang, feingerieft und angedrückt-weichhaarig-graugrün. Diese Früchte sind als *Semen Anisi sive Anisi vulgaris* seit langen Zeiten officinell; sie haben einen eigenthümlich gewürzhaft süssen Geschmack, der von einem ätherischen Oele herrührt, welches mit einem fetten Oele, Schleimzucker, Harze u. s. w. verbunden ist. Sie wirken blähungstreibend und erregend auf die Thätigkeit des Magens und Darmkanals, aber ganz vorzüglich bei Atonie der Schleimhäute der Athmungsorgane und dienen auch häufig als ein süsses Gewürz in den Haushaltungen und zur Bereitung von Likören.

### Gattung: *Carum Lin.* Kümmel.
### *(Pentandria, Digynia Lin. syst.)*

Kelchsaum verwischt. Blumenblätter gleich, verkehrtherzförmig, mit einwärts gebogenen Zipfelchen. Frucht fest, länglich, von den Seiten her stark zusammengedrückt. Hauptriefen 5, fadenförmig, gleich; Thälchen einstriemig; Fruchthalter frei.

#### 1. Art: *Carum Carvi Lin.* Gemeiner Kümmel, Carve.

Wurzel möhrenförmig; Stengel aufrecht, kantig gerieft; Blätter doppelt-fiederschnittig-vieltheilig, um die Hauptrippe kreuzweis (sparrig) gestellt, Zipfel linealisch, spitz; Dolden nackt oder mit wenigblättriger Hülle; Hüllchen fehlend. (Taf. 117).

Diese auf Wiesen und Triften durch ganz Europa häufige einjährige Pflanze wird häufig im Grossen kultivirt. Die ziemlich fingersdicke fleischige Wurzel treibt nur wenige Aeste und ist aussen blassbraun, innen weisslich. Der aufrechte, 1—3 Fuss hohe Stengel ist kantig gerieft und gleich vom Grunde an ästig. Die länglichen gestielten Blätter haben entgegenstehende zahlreiche Abschnitte; die Lappen der untern Blätter sind lanzettlich-linealisch, die der obern weit länger und blos schmal linealisch, mit einem weisslichen, zuweilen röthlichen Spitzchen. Die obern Blätter sitzen auf weissrandigen Scheiden. Die Döldchen und Dolden sind ziemlich flach, 10—16strahlig. Die Hüllen bestehen aus einem bis zu drei linealischen Blättchen. Die gegen 2 Lin. lange braune Frucht hat hellere Riefen und breite Striemen. — Diese Früchte sind unter den Namen Kümmel oder Carve, *Semen Carvi*, sehr bekannt und werden schon seit sehr langer Zeit als Arznei und Gewürz häufig angewendet. Sie enthalten vorzüglich ein gewürzhaftes, brennend scharf schmeckendes ätherisches Oel vorwaltend. Als Heilmittel gebraucht man sie vorzüglich bei Unterleibsbeschwerden durch Erkältung, gegen Blähungen u. s. w. Auch werden sie äusserlich zu Pflastern gebraucht.

*Aegopodium Podagraria Lin.*, Geissfuss oder Giersch, eine durch ganz Europa und Nordasia als ein lästiges Unkraut auch in den Gärten gemeine ausdauernde

Pflanze mit kriechender Wurzel, hat ein nur gering gewürziges Kraut, das als *Herba Podagrariae sive Herba Gerhardi* sonst gegen Podagra und äusserlich bei Wunden angewendet wurde; in neuester Zeit hat man es wiederum empfohlen.

*Ammi majus Lin.*, Grosses Ammi od. Ammey, eine einjährige Pflanze mehrerer Länder am Mittelmeere, hat sehr gewürzhafte Früchte, *Semen Ammeos vulgaris*, die sonst officinell waren und zu den sogenannten Vier kleinen erhitzenden Samen, *Semina quatuor calida minora* gehörten.

*Sison Ammomum Lin.*, Gewürzhaftes Sison, wächst zweijährig in Südeuropa, ganz Frankreich und England. Die balsamisch-gewürzhaften Früchte waren früher als Deutsches Amomum, *Semen Amomi vel Amomi vulgaris*, ähnlich wie der Kümmel officinell.

*Helosciadium nodiflorum Koch.*, eine ausdauernde Pflanze des südlichen und westlichen Europa, lieferte sonst das etwas gewürzhafte Kraut, *Herba Sii nodiflori*, welches als ein harntreibendes und Blasenstein zersetzendes Mittel, sowie bei unterdrückter Menstruation angewendet wurde.

*Helosciadium leptophyllum Koch.* (*Sison Ammi Lin.*), ein einjähriges Gewächs Amerika's, welches jetzt in Südeuropa und Aegypten, wohin es eingewandert ist, nicht selten vorkommt, hat angenehm gewürzhaft schmeckende Früchte, welche als Cretischer Ammey, *Semen Ammeos veri sive Am. cretici sive Foeniculi lusitanici*, angewendet wurden, obgleich dies nur fäschlich geschah, indem die eigentlich so genannten Früchte von der folgenden Pflanze abstammen.

*Ptychotis coptica DeC.* (*Ammi copticum Lin.*) ein Sommergewächs auf Candia und in Aegypten, lieferte seit alten Zeiten die gewürzigen Früchte, *Semina Ammeos veri seu cretici*, statt deren späterhin die von voriger Pflanze gesammelt wurden.

Von *Ptychotis Ajowan DeC.*, einer ostindischen einjährigen Pflanze, sind die gleichfalls brennend-gewürzigen Früchte als *Semina Ajowan sive Adjowaën* nach Europa gebracht, aber nur wenig angewendet worden.

### Gattung: *Petroselinum Hoffm.*, Petersilge.
(*Pentandria Digynia Lin. syst.*)

Kelchsaum verwischt. Blumenblätter gleich, rundlich-gekrümmt, mit einwärts gebogenen länglichen kaum ausgerandeten Zipfelchen. Frucht eiförmig, von der Seite zusammengedrückt u. daher fast zweiknöpfig: Hauptriefen 5, fadenförmig, stumpf, die seitlichen randend; Thälchen einstriemig. Fruchthalter frei, zweitheilig.

1. Art: *Petroselinum sativum Hoffm.* Gemeine oder Garten-Petersilge.

Stengel aufrecht, eckig, gerillt; untere Blätter 3fach-fiederschnittig, mit eirunden, 3spaltigen, eingeschnitten-gesägten, am Grunde keilförmigen Abschnitten; obere Blätter fiederschnittig, mit linealisch-lanzettlichen Abschnitten; Hüllchenblättchen fadenförmig, kürzer als die Doldchen. (Taf. 118.)

Diese bekannte, häufig cultivirte Pflanze stammt von felsigen Stellen Südeuropa's. Sie hat eine weissliche, möhrenförmige, wenig ästige Wurzel und treibt mehre aufrechte 3—4 Fuss hohe ästige Stengel, mit langen ruthenförmigen Aesten. Die oben beschriebenen Blätter sind glänzend dunkelgrün, bei einer krausblättrigen Abänderung auch hellgrün. Die Dolden entspringen den Blättern gegenüber und am Ende der Aeste und sind locker, 6—20strahlig. Unter den Dolden stehen 1—2 linealisch-borstenförmige Hüllblätter und unter den Doldchen 6—8 pfriemlich-fadenförmige Hüllchenblättchen. Die kleinen Blüten sind blos grünlich gelb. Die Frucht ist eine Linie lang, grünlich-braun und mit hellen fast weisslichen Riefen versehen. Officinell waren sonst die Wurzel, Blätter und Früchte, *Radix*, *Herba et Semen Petroselini sive Apii hortensis*, jetzt sind es meist nur noch die Früchte und zuweilen die Wurzel, welche letztere sonst zu den 5 grossen eröffnenden Wurzeln, *Quinque radices aperientes majores*, gehörte und vorzüglich harntreibend wirken soll. Die Früchte dienen vorzüglich bei Halskrankheiten, Katarrhen, Husten u. s. w. ähnlich wie die Pimpinellwurzel, werden aber auch bei Krankheiten des Uterus empfohlen.

*Apium graveolens Lin.*, Sellerie oder Eppig, eine bekannte am Meeresstrande, auf feuchten Wiesen mit Salzboden und an Gräben durch ganz Europa häufig wachsende zweijährige Pflanze, welche für den Küchengebrauch häufig angebaut wird, lieferte sonst die Wurzel und die Früchte, *Radix et Semen Apii* für die Officinen; die erstere gehörte zu den *Radices quinque aperientes majores* und die letztern zu den Vier kleinern erhitzenden Samen, *Semina quatuor calida minora*.

*Cicuta virosa Lin.*, Wasserschierling, Wütherig, eine an Gräben und Teichen durch ganz Europa und Nordasia ausdauernde Pflanze, welche wegen ihrer gefährlichen Giftigkeit, da die Wurzel mit der Selleriewurzel verwechselt werden kann und oft schon geworden ist, besondere Beachtung verdient. Die Wurzel enthält mehrere hohle Fächer übereinander und lässt sich dadurch beim Durchschneiden leicht erkennen. Das Kraut, *Herba Cicutae aquaticae*, ist in manchen Gegenden ähnlich wie der Gefleckte Schierling im Gebrauche.

### *B. Solenospermae Rchb.*

### **** Caucalineae Koch.*

Keine bemerkenswerthe Arzneipflanze enthaltend.

### **** Smyrnieae Koch.*

### Gattung: *Conium Lin.* Schierling.

*(Pentandria Monogynia Lin. syst.)*

Kelchsaum verwischt. Blumenblätter verkehrt-herzförmig, mit kurzem eingeschlagenem Zipfel. Frucht fest, eirund, an den Seiten zusammengedrückt; Hauptriefen der Theilfrüchte 5, gleich hervorragend, besonders vor der Reife wellig-gekerbt, die seitenständigen randend; Thälchen gerillt, striemenlos.

### 1. Art: *Conium maculatum*, Wahrer, Grosser od. Gefleckter Schierling.

Stengel ästig, zart gerillt, kahl wie die ganze Pflanze; Blätter 3fach fiederschnittig; Abschnitte eirund-länglich od. lanzettlich, fiederspaltig, mit eingeschnitten-gesägten Zipfeln; Blattstiele stielrund, röhrig, Hüllen vielblättrig, zurückgeschlagen; Hüllchen halbirt, mit 3—4 am Grunde verwachsenen Blättchen. (Taf. 119.)

Eine zweijährige auf wüsten Plätzen, Schutt, an Wegen und Waldrändern wachsende 4—8 Fuss hohe Pflanze. Die möhrenförmige weissliche Wurzel ist gewöhnlich einfach, selten verästet. Der Stengel ist aufrecht, röhrig, gerillt, glänzend und bläulichweiss bereift, oft am Grunde rothgefleckt, oben ästig, mit wirtelig gestellten Aesten. Die oberseits dunkelgrünen, unterseits hellern, etwas glänzenden Blätter sind vollkommen kahl, die untersten gross und mit stielrunden hohen Stielen versehen, die obersten auf kurzen schmalen randhäutigen Scheiden sitzend. Die Blattabschnitte sind fiedertheilig, nach oben hin nur eingeschnitten-gesägt, mit spitzigen oder stumpflichen, weiss- kurz-stachelspitzigen Zähnen. Die zahlreichen ziemlich flachen Dolden haben 10—20 Strahlen und ziemlich kleine weisse Blüten. Die Hüllen bestehen meist aus 5 lanzettlichen, zugespitzten, randhäutigen, zurückgeschlagenen Blättern, und die Hüllchen aus 3—4 Blättchen, welche am Grunde zusammengewachsen und vorn lanzettlich-zugespitzt sind. Die Frucht ist 1½ Lin. lang und ziemlich ebenso breit, graubraun, hat im jungen Zustande gekerbte, später bloss wellige Riefen. — Gebräuchlich sind die Blätter *Herba Conii maculati sive Cicutae s. Cicutae majoris.* Die ganze Pflanze hat bei trockner Witterung einen den der Canthariden ähnlichen Geruch, der sich jedoch beim Trocknen ziemlich verliert. Der wirksamste Bestandtheil scheint ein giftiges narkotisches Alkoloid mit scharfem Harze zu sein. Die Blätter sind ein stark narkotisch-scharfes Heilmittel, welches häufig bei Stockungen im Lympfgefässsysteme, bei Drüsenanschwellungen und Verhärtungen, bei Scropheln, gegen krebsartige Geschwüre u. s. w. angewendet wird.

**Scandicinae Koch.*

*Myrrhis odorata Scop., (Scandix odorata Lin.)*

Myrrhen- oder Anis-Kerbel, Süssdolde, wächst auf Waldwiesen in gebirgigen Gegenden ausdauernd und hat einen anisartigen, angenehmen Geruch. Sonst war davon *Radix, Herba et Semen Cerefolii hispanici sive Ciçutariae odoratae s. Myrrhidis majoris* gebräuchlich.

Gattung: *Anthriscus Hoffm.* Klettenkerbel.

*(Pentandria Digynia Lin. syst.)*

Kelchsaum verwischt. Blumenblätter verkehrt eiförmig, abgestutzt oder ausgerandet, mit eingeschlagenen Zipfelchen. Frucht von der Seite zusammengezogen, geschnabelt, riefenlos, striemenlos, länger als der 5- oder 10riefige Schnabel.

1 Art: *Anthriscus sylvestris Hoffm.* Grosser Klettenkerbel *(Chaerophyllum sylvestre Lin.)*

Stengel gefurcht, kahl, an den Knoten zottig; Blätter 3fach-fiederschnittig: Abschnitte eiförmig, fiederspaltig, Zipfel länglich, lanzettlich, kurz stachelspitzig; Dolden endständig; Früchte länglich, viermal länger als der Schnabel. (Taf. 120.)

Eine auf Wiesen, Grasplätzen, Obstgärten und Wäldern durch Europa und Nordasia gemeine ausdauernde Pflanze mit möhrenförmig-ästiger Wurzel und 2 — 4 Fuss hohem, gefurchtem, hohlem, nach oben ästigem Stengel, welcher an seinen Knoten etwas verdickt und zottig, am Grunde mit zurückstehenden Haaren besetzt, übrigens aber kahl ist. Die Wurzelblätter stehen auf langen röhrigen, fast 3kantigen, oberseits rinnigen Stielen und sind 3- bis 4fach-fiederschnittig, glänzend, unterseits und am Rande fein behaart; die Abschnitte sind eirundlich-länglich, mit linealisch-lanzettlichen zugespitzten und stachelspitzigen Lappen, von denen die äussersten nur eingeschnitten und ganz sind. Die Stengelblätter sind nur dreifach- oder doppelt-fiederschnittig und stehen auf kürzern Stielen, so wie die obersten nur auf den länglichen randhäutigen Scheiden. Die flachen Dolden haben auf 15—20 Strahlen weisse Blüten, mit kaum ausgerandeten Blumenblättern, von denen die äussern etwas grösser sind. Die Hülle fehlt gewöhnlich, doch finden sich zuweilen ein oder zwei Blättchen. Die Hüllchen bestehen aus 5—8 lanzettlichen zottig-wimperigen Blättchen. Die 3—4 Linien lange, schwarzbraune Frucht ist glänzend und glatt, nur am Schnabel etwas gefurcht. Das unangenehm-gewürzig riechende und bitterlich-scharf schmeckende Kraut ist als *Herba Cicutariae* officinell und wird vorzüglich bei syphilitischen Krankheiten empfohlen.

*Anthriscus Cerefolium Hoffm.* (*Scandix Cerefolium Lin.*) Gemeiner od. Gartenkerbel, Suppenkerbel. Eine einjährige im südlichen Europa einheimische und überall kultivirte bekannte Pflanze mit einem eigenthümlich angenehm gewürzhaften Geruche und Geschmacke. Aus dem frischen Kraute, *Herba Cerefolii sive Chaerophylli*, presst man den Saft und wendet ihn mit andern Frühlingskräutern in den Frühjahrskuren an. Es ist gelind reizend und auflösend, soll auch harntreibend sein.

*Scandix Pecten Veneris Lin.*, einjährig auf Feldern wachsend und durch seine langen langgeschnabelten Früchte ausgezeichnet, war sonst als *Herba Pectinis Veneris* officinell.

### *A. Coriandreae Koch.*

### Gattung: *Coriandrum (Tournef.) Lin.* Koriander.

*(Pentandria Digynia Lin. syst.)*

Kelchsaum mit 5 deutlichen, ungleichen bleibenden Zähnen. Blumenblätter verkehrt-herzförmig, mit eingeschlagenem Zipfel, ungleich, die äussern weit grösser, tief 2spaltig. Frucht fast kugelig, 10riefig; Theilfrüchte kaum sich trennend, .mit 5 niedergedrückten Hauptriefen und 4 mehr hervorstehenden, gekielten Nebenriefen; Thälchen striemenlos; Berührungsfläche vertieft mit 2 halbmondförmigen Striemen.

1 Art: *Coriandrum sativum Lin.* Gemeiner Koriander. Hüllchen 3blättrig. (Taf. 121.)

Eine in Südeuropa und Kleinasien einheimische einjährige, hier und da angebaute Pflanze mit langer dünner Wurzel und 1—3 Fuss hohem nach oben ästigem Stengel. Die untern langgestielten Blätter sind 3lappig und fiederschnittig, mit eirundlichen, eingeschnitten-gesägten oder 2- bis 3spaltigen Lappen und Abschnitten; die übrigen sitzenden Blätter sind doppelt- und 3fach-fiederschnittig, mit lanzettlich-linealischen ganzrandigen oft 2—3theiligen spitzen Abschnitten. Die endständigen oder blattgegenständigen ziemlich lang gestielten Dolden sind flach u. nur 3—6strahlig. Die Hüllchen bestehen aus 3 linealischen Blättchen. Die Doldchen tragen 8—15 weisse Blütchen, von denen die mittelsten gewöhnlich unfruchtbar und die randständigen weit grösser sind. Die $1\frac{1}{2}$—2 Lin. im Durchmesser haltenden Früchte sind blass bräunlich-gelb. — Die ganze Pflanze riecht frisch sehr unangenehm und betäubend. — Die reifen Früchte haben einen eigenthümlichen gewürzhaften Geruch und sind als Schwindelkörner oder Koriander, *Semen Coriandri*, gebräuchlich, werden aber, da sie wie Kümmel, Anis und dergl. wirken, mehr als Korrigens übelschmeckender Arzneien gebraucht; auch dienen sie als Gewürz an die Speisen.

# Cl. VI. Ganzblumige: *Sympetalae*.

## Ordn. 3. Sternblütler: *Stelliflorae*.

### 96. Fam. Sapotaceen: *Sapotaceae*.

### Gruppe: Styracineen: *Styracineae*.

Bäume und Sträucher mit zerstreut stehenden ungetheilten Blättern ohne Nebenblätter und meist regelmässigen Zwitterblüten; selten sind die Blüten auch zweihäusig und polygamisch. Kelch dem Fruchtknoten angewachsen, 4- od. 5spaltig, selten ungetheilt. Blumenkrone dem Kelchschlunde eingefügt, 4- oder 5spaltig. Staubgefässe vom Grunde der Blume entspringend, schwach zusammenhängend oder verwachsen, 8, 10, oder mehre, mit der Länge nach sich öffnenden Staubbeuteln. Fruchtknoten 3—5fächrig, mit meist 4fächrigen Eichen. Beere trocken, steinfruchtartig, am Grunde vom Kelche umgeben oder mit demselben gekrönt, 1-—5fächrig, mit häutigen Scheidewänden. Samen einzeln, aufsteigend oder aufgehängt. Embryo gerade in der Mitte des fleischigen Eiweisskörpers, mit verlängertem und gegen den Nabel gerichtetem Würzelchen und blattartigen sehr kurzen Samenlappen.

Gattung: *Styrax Tournef.* Storaxbaum.
*(Decandria Monogynia Lin. syst.)*

Kelch glockig, 5zähnig. Blumenkrone 5theilig. Staubgefässe 10 (6—14) im Grunde der Blumenkronenröhre angeheftet und fast ringförmig an ihrem Grunde verwachsen. Kapsel (trockene Steinfrucht) lederig, einfächrig, unregelmässig aufspringend, ein- (selten 2 oder 3) samig. Samen gross, hart, nussartig.

1. Art: *Styrax officinalis Lin.* Gebräuchlicher Storaxbaum.

Blätter rundlich-oval, unterseits durch sternförmige Haare dünn weissfilzig; Trauben einfach, wenigblütig, gipfelständig, abwärts geneigt. (Taf. 122.)

Ein 20—30 Fuss hoher Baum oder Strauch im Oriente und in Südeuropa. Blätter 1½—2¼ Zoll lang, 1—1½ Z. breit, auf 3—5 Lin. langen Stielen, oval oder verkehrt-eiförmig, stumpf oder stumpflichgespitzt, oberseits kahl, grün und glänzend, unterseits weissgraulich ins Blaugrüne ziehend. Trauben einzeln am Ende der Aeste, wenigblütig, überhängend, mit weissen wohlriechenden Blüten. Kelch gegen 3 Lin. lang, glockig, weissfilzig. Blumenkrone 10 Lin. lang, aussen filzig; die kurze Röhre trägt 5 oder auch 7 ausgebreitete, längliche, stumpfe Zipfel. Die 10—14 Staubgefässe sind kürzer als das Pistill und die Blumenkrone. Steinfrucht ziemlich kugelrund, oft etw s kurzspitzig, regelmässig aufspringend. Nussschale etwas grubig oder furchig, 1—2fächerig. Samen verkehrt-eiförmig, weisslich. — Von diesem lange bekannten Baume stammt das Harz, *Styrax* oder *Storax* geheissen. Man findet im deutschen Handel etwa zwei Sorten, nämlich seltner den Mandel-Storax, *Storax amygdaloides vel in massis*, der aus trocknen, brüchigen, braunen Massen besteht, in denen gelblichweisse grössere Körner eingebettet liegen, und den Gemeinen Storax, *Styrax vulgaris sive Scobs styracina*, welcher meist ein Kunstprodukt ist und aus Sägespänen, die mit Storax, wohlriechenden Harzen und andern Dingen getränkt sind, besteht. Man wendete diesen Arzneikörper früherhin gegen Brustkrankheiten, vorzüglich gegen schleimige Lungensucht an, jetzt wird er gewöhnlich nur äusserlich zu Räucherungen benutzt und kommt noch zu einigen ältern Zusammensetzungen.

Gattung: *Benzoin Hayn.* Benzoëbaum.
*(Decandria Monogynia Lin. syst.)*

Kelch bleibend, undeutlich 4- oder 5zähnig. Blumenkrone trichterförmig mit 4- oder 5theiligem Saum. Staubgefässe 10: Staubbeutel linealisch, einfächrig, an dem obern Theil der Staubfäden der Länge nach angewachsen. Steinfrucht mit einer nicht aufspringenden einsamigen (selten 2- oder 3samigen) Nuss.

1. Art: *Benzoin officinale Hayn.* Aechter Benzoëbaum.

Blätter eirund-länglich, lang zugespitzt, unterseits dünn weissfilzig; Trauben zusammengesetzt, ziemlich von der Länge der Blätter. (*Syn.: Styrax Benzoin Dryand.* Taf. 123.)

Ein stattlicher auf Sumatra, Borneo und Java wachsender Baum mit kastanienbraunen kahlen Aesten und fein rostbraun filzigen jungen Zweigen. Blätter 4—6 Zoll lang, 1¼—2½ Z. breit, auf 4—6 Lin. langen filzigen Stielen, oberseits dunkelgrün, unterseits kurz weissfilzig und auf den hervortretenden Adern rostbraunfilzig. Die weissen Blüten stehen in traubigen Rispen. Sämmtliche Blütenstiele, die elliptisch-länglichen hinfälligen Deckblätter und die Kelche sind weissfilzig; auch die weissen, 8 Linien langen Blumenkronen sind aussen filzig. Die 8 oder 10 Staubgefässe haben die Länge der Blume; an der obern Hälfte der weichhaarigen Staubfäden befinden sich die schmallinealischen Antheren. Der zottig-filzige, einfächrige Fruchtknoten hat einen langen fadenförmigen Griffel mit spitziger Narbe. Die holzige niedergedrückt-kugelige, runzelige, weisslichbraune Frucht hat einen nussartigen, röthlichbraunen Samen mit ochergelbem Kerne, der an der Seite mit einem grossen silberweissen Flecken versehen ist. — Durch in den Stamm und die dickern Aeste gemachte Einschnitte fliesst ein Balsam aus, welcher an der Luft bald erhärtet, u. als Benzoë oder wohlriechender Asand, *Resina s. Gummiresina Benzoës*, *Asa dulcis*, in den Handel gelangt, und sich jetzt in 3 Sorten vorfindet. Die feinste besteht aus grössern und kleinern gelben oder weisslichen Körnern oder andern Stücken, welche auf dem Bruche milchweiss und glänzend erscheinen. Die zweite Sorte oder Mandelbenzoe, *Benzoë amygdalina* besteht aus zusammengebackenen Stücken u. Körnern voriger Sorte, zwischen denen sich eine bräunliche od. röthl.-gelbe gestaltlose Masse befindet. Die dritte Sorte od. Gemeine Benzoë, *Benzoë vulgaris* oder *B. in massis*, enthält nur wenige weisse Körner und dagegen die braune Masse dazwischen in überwiegender Menge. Man bedient sich dieses reizenden Schleimharzes nur äusserlich als Tinktur oder zu Räucherungen. Es hat einen starken angenehmen Geruch und einen süsslichen stark balsamischen Geschmack und besteht aus etwa 20 proC. Benzoesäure und aus einem gelben in Aether löslichen und einem braunen, in Aether unlöslichen Harze und zwar so, dass in den bessern Sorten das erstere und in den schlechtern das letztere vorwaltet.

### Gruppe: *Ilicineen: Ilicineae.*

*Ilex Aquifolium Lin.* Gemeine Hülsen, Stechpalme oder Stecheiche, ein Strauch oder Baum im südlichen Europa und einigen andern Ländern, z. B. in Dänemark und England, mit immergrünen dicken glänzenden, elliptischen, buchtigen und dornig gezähnten Blättern, weissen Blüten und scharlachrothen 4kernigen Steinfrüchten. Die Hülsenblätter, *Folia Aquifolii vel Agrifolii*, haben einen schleimig-bittern und herben Geschmack und werden vorzüglich im nordöstlichen Deutschland gegen Rheumatismus, Gicht, chronischen Husten, Störungen der Verdauung, schmerzhafte Durchfälle und sogar gegen Wechselfieber angewendet.

### Gruppe: *Jasmineae Juss. (Oleineae Lin.)*

Sträucher, von denen viele klettern. Blätter gegenständig, selten abwechselnd, 3zählig oder fiederschnittig, bisweilen ungetheilt. Blüten zwitterig, regelmässig. Kelch und Blumenkrone 4—8spaltig; Zipfel der letztern in der Knospe dachziegelig und zugleich gedreht. Steinfrucht, Beere oder Kapsel. Samen einzeln, bisweilen zu 2, aufrecht, ohne oder mit geringem Eiweisskörper. Würzelchen nach unten gekehrt.

Von *Jasminum officinale Lin.*, einem in Südasia einheimischen, jetzt in ganz Südeuropa angebauten und verwilderten Strauche benutzt man die ehedem officinellen Blüten, *Flores Jasmini*, zur Bereitung eines Parfüms, des Jasminöls, das man durch Ausziehen mittelst eines fetten Oels gewinnt. In Indien bereitet man aus den Blüten von *Jasminum Sambac Lin.*, die unter dem Namen *Flores Manorae*, sonst bekannt waren, ein ähnliches, nur stärker riechendes Oel.

### Gattung: *Olea Tournef.* Oelbaum.
#### *(Diandria Monogynia Lin. syst.)*

Kelch 4zähnig. Blumenkrone fast radförmig: Saum 4-theilig. Narbe 2spaltig. Steinfrucht mit 2fächriger, knochiger Steinschale (ein Fach oft fehlschlagend) und 1 oder 2 Samen.

1. Art: *Olea europaea Lin.* Aechter Oelbaum.

Blätter schmal- oder breit-lanzettlich, spitzig, ganzrandig, unterseits weisslichgrau, lederig; Blütentrauben achselständig, einfach oder etwas ästig. (Taf. 124.)

Ein aus dem Oriente stammender Strauch, welcher jetzt als Strauch oder häufiger als Baum in verschiedenen Varietäten in allen Ländern am Mittelmeere häufig kultivirt wird. Die $1\frac{1}{2}$—$3\frac{1}{2}$ Zoll langen und 3—12 Lin. breiten lederartigen Blätter sind am Rande zurück- und umgebogen, oberseits glänzend-dunkelgrün, unterseits meist weissgrau schülferig oder gelblich oder rostbraun. Die Blüten stehen in ziemlich dichten Trauben, die kaum halb so lang als die Blätter sind, auf zusammengedrückt 4seitigen Stielen. Die sehr kleinen Deckblätter fallen bald ab. Der schalenförmige Kelch hat 5 kleine spitzige Zähne. Die weisse Blumenkrone hat eine kurze Röhre und 4 eiförmige spitzige Zipfel. Die Steinfrucht (Olive) ist meist eiförmig, $1\frac{1}{2}$ Zoll lang oder kugelig und dann im Durchmesser kleiner, bald grünbraun oder olivengrün, bald röthlich oder violett. Aus der ölig-fleischigen Aussenschicht derselben erhält man das Oliven- oder Baumöl, *Oleum Olivarum*, und zwar in verschiedenen Sorten, jenachdem es entweder von selbst aus den reifen aufgehäuften Früchten ausfliesst oder durch geringern oder stärkern Druck ausgepresst wird. Die Anwendung dieses vortrefflichen fetten Oels als innerliches und äusserliches Heilmittel, als Zusatz zu arzneilichen Präparaten, so wie in den Gewerben und Künsten etc. ist hinlänglich bekannt.

### Gattung: *Ornus Pers.* Blumenesche.
### *(Diandria Monogynia Lin. syst.)*

Kelch sehr klein 4spaltig. Blumenkrone tief 4theilig, mit linealischen Zipfeln. Staubgefässe 2, fast von der Länge der Blumenkrone: Staubfäden haardünn, Staubbeutel herzförmig. Griffel kurz, mit 2spaltiger Narbe. Flügelfrucht einsamig, lanzettförmig-länglich.

#### 1. Art: *Ornus europaea Pers.* Europäische Blumen- oder Manna-Esche.

Blätter unpaarig-gefiedert: Blättchen 7—9, länglich-eirund, ins Rundliche und Lanzettliche gehend, gesägt, kahl; Rispen endständig, übergebogen, mit gekreuzten Aesten, dichtblütig. *(Fraxinus Ornus Lin.* Taf. 125.)

Ein ästiger Strauch oder ein bis 30 Fuss hoher Baum in ganz Südeuropa. Die knotigen Aeste sind bläulichschwarz und gelbpunktirt und die Knospen grau bepulvert. Die Blätter werden 6—10 Z. lang und haben 7, selten 9 Abschnitte oder Blättchen, von denen das endständige stets elliptisch oder lanzettlich ist. Die grossen Blütenrispen haben gedrängt stehende Aeste; sie entspringen an den Astenden und in den Blattachseln und sind kürzer als die Blätter. Die Deckblättchen sind klein, lanzettlich-pfriemlich und behaart.

Die kurzgestielten wohlriechenden Blüten haben einen kleinen grünlichgelben Kelch und eine fast 4blättrige Blumenkrone mit 4 gegen 5 Lin. langen, sehr schmalen Zipfeln. Die Flügelfrüchte sind schmal, länglich-rund und vorn abgerundet. — Aus Wunden der Rinde, entweder durch den Stich der Mannacikaden oder durch Einschnitte hervorgebracht, fliesst ein schleimig-zuckerartiger Saft aus, welcher an der Luft weniger oder mehr erhärtet und unter dem Namen Manna als ein gelindes Purgirmittel durch ganz Europa in mehren Sorten bekannt ist. Die beste oder Tropfen-Manna, *Manna in lacrymis*, findet sich nur selten im Handel vor; die häufigere Röhren-Manna, *Manna canellata sive longa*, entstehet, wenn nach gemachten Einschnitten der auf Reiser oder Strohbündel ausfliessende Saft im Juli und August bald zu langen gelblichweissen Stücken oder Röhren erhärtet. Die Gemeine Manna, *Manna vulgaris*, besteht aus weisslichen oder gelblichen Körnern, welche durch eine bräunliche klebrige Masse zu Klumpen verschiedener Grösse vereinigt sind; die ausgelesenen losen Körner und tropfenförmigen Stücke geben die Körner- oder Ausgelesene Manna, *Manna in granis sive M. electa*. Diejenige Manna, welche im November und December ausfliesst, erhärtet nur wenig, ist darum weich, schmierig und sehr unrein und heisst Fette oder Dicke Manna, *Manna pinguis vel crassa*. Die Manna besteht aus Mannit oder Mannazucker, das ist ein süsser krystallisirbarer aber nicht gährender Stoff aus einem zweiten, nicht krystallisirbaren, ekelerregenden Stoffe. Die besseren Mannasorten enthalten mehr von dem erstern, die schlechtern mehr von dem letztern.

Von der Gemeinen Esche, *Fraxinus excelsior Lin.*, waren früherhin die Rinde, Blätter und Früchte, *Cortex, Folia et Semina Fraxini*, die letztern auch unter dem Namen *Semina Linguae avis* officinell.

## 95. *Fam.* Drehblütler: *Contortae.*

### Gruppe: *Carisseae.* — *Strychneae Rchb.*

### Gattung: *Strychnos Lin.* Krähenaugenbaum. (*Pentandria Monogynia Lin. syst.*)

Kelch 5zähnig. Blumenkrone röhrig-trichterförmig, mit 5spaltigem Saume. Staubgefässe 5, dem Schlunde eingefügt, Griffel fadenförmig, mit knopfartig verdickter Narbe. Beere mit krustiger trockner Fruchthülle, innen saftig-breiig, ein- bis mehrsaamig.

1. Art: *Strychnos Nux vomica Lin.*, Gemeiner Brechnuss- od. Krähenaugenbaum.

Blätter oval oder rundlich-eirund, kahl, glänzend, 3—5-nervig, ganzrandig; Trugdolden endständig; Früchte kugelig, kahl; Samen vertieft-scheibenförmig. (Taf. 126.)

Ein Baum mit dickem, häufig krummem Stamme in Ostindien. Die kurzgestielten Blätter sind 1½—4 Z. lang u. 1—3 Z. breit. Die kurzen Trugdolden tragen grünlichweisse schwach riechende Blüten mit kurz- u. stumpf- 5zähnigem Kelche u. gegen 6 Lin. langen Blumenkronen mit eirund-länglichen, spitzigen Zipfeln. Die fast sitzenden Antheren ragen zur Hälfte hervor. Die kugeligen, 2—3 Zoll im Durchmesser haltenden Beeren haben eine glatte, harte, dunkelgelbe Rinde u. einen weisslichen gallertartigen Brei nebst 5—8 kreisrund-vertieft-scheibenförmigen Samen, welche mit grauen oder hellbräunlichen dicht anliegenden, seidenartig glänzenden und gegen die Mitte gerichteten Haaren bedeckt sind. Diese Samen, Krähenaugen, Brechnüsse, *Nuces vomicae*, genannt, sind äusserst bitter und giftig. Sie werden, weil sie vorzüglich reizend auf das Rückenmark und dessen Nerven wirken, in vielen Lähmungszufällen, besonders der untern Gliedmaassen und Krampfkrankheiten angewendet; ferner aber auch gegen Wechselfieber, Ruhr, Durchfälle, Wurmbeschwerden, Asthma und Keuchhusten. Dem homöopathischen Arzte sind sie ein sehr vorzügliches und wichtiges Heilmittel, vorzüglich gegen Kopfschmerzen. — Unter den chemischen Bestandtheilen sind 2 eigenthümliche sehr giftige Alkaloide, Brucin und Strychnin, nebst Igasursäure zu bemerken. Die Samen sind für Thiere und Menschen tödtliches Gift. Das Mark der Früchte dagegen soll ganz unschädlich sein und von den Vögeln gefressen werden.

*Strychnos colubrina Lin.*, Schlangenholzbaum, ein dickstämmiger Strauch Ostindiens, der mit seinen langen Aesten an den höchsten Bäumen hinansteigt und sich mit seinen stehenbleibenden rankenartigen Blütenstielen festklammert. Alle Theile desselben sind sehr giftig und heilkräftig, und früherhin gelangte das Holz, *Lignum colubrinum* oder Schlangenholz nach Europa, wo es jedoch nur selten angewendet worden ist.

Von *Strychnos Pseudo-China St. Hil.*, einem kleinen Baume in Brasilien wird daselbst die Rinde als *Quina do Campo* ganz wie die Chinarinde angewendet, doch ist sie bitterer und gleicht in ihrer Wirkung mehr der Quassia.

*Ignatia amara Lin. fil.*, ein auf den Philippinen einheimischer Strauch oder Baum mit kletternden Aesten.

Die spannenlangen eiförmigen Blätter stehen einander gegenüber und tragen in ihren Achseln 3—5blütige Trugdolden mit langen trichterförmigen, an der Röhre fadendünnen Blumen. Die birnförmige grosse Beere hat eine fast holzige Rinde u. olivengrosse, 3- u. 4eckige, stumpfkantige harte hornartige zahlreiche Samen, welche in einem bittern geringen Marke eingebettet liegen. Diese aussen bräunlichgrauen, zartfilzigen, innen schmutzig-gelblichweissen oder auch grünlichgrauen, geruchlosen, aber sehr bitter schmeckenden Samen, Ignatiusbohnen, *Fabae Sti Ignatii*, wirken ähnlich wie die Krähenaugen und werden nur selten angewendet.

Gruppe: *Gentianeae Juss.*

Meist kahle Kräuter, nur selten Sträucher mit gegenständigen sitzenden oder am Grunde scheidigen, fast immer ungetheilten Blättern ohne Nebenblätter. Blüten zwitterig, end- oder achselständig. Kelch 5- (seltner 4-, 6-, 8- od. 12spaltig. Blumenkrone einblättrig, glockig, trichterig, präsentirteller- od. radförmig, mit eben so vielen Zipfeln, wie deren am Kelche vorhanden sind, in der Knospe gedreht. Staubgefässe mit den Blumenzipfeln wechselnd; Antheren aufliegend, mit 2 parallelen der Länge nach oder durch Löcher aufspringenden Fächern. Der Fruchtknoten ist aus 2 innigverwachsenen Karpellen gebildet, und entweder 2- oder einfächrig, vielsamig. Die Samenträger stehen in der Mitte oder am Rande der eingeschlagenen Klappen, sehr selten auch in der Mitte der Klappen. Der gerade Embryo liegt in der Mitte des weichfleischigen Eiweisses mit gegen den Nabel gekehrtem Würzelchen. Die Samenlappen werden beim Keimen blattartig.

*Spigelia Anthelmia Lin.*, ein Sommergewächs in Westindien und im tropischen Südamerika, das frisch sehr unangenehm wie fauliges Wasser riecht und bitter u. scharf schmeckt, liefert die Wurzel und das Kraut, *Radix et Herba Spigeliae*, die in Amerika häufig, vorzüglich gegen Würmer in Anwendung sind, in Europa aber nicht mehr angewendet werden, da ihre Wirksamkeit im frischen Zustande energischer, im trocknen aber unzuverlässig ist.

*Spigelia Marylandica Lin.*, wächst ausdauernd im südlichsten Theile von Nordamerika und wirkt in gleicher Weise wie voriges Gewächs. Man wendet *Radix et Herba Spigeliae marylandicae* vorzüglich in Nordamerika gegen Würmer an.

Gattung: *Gentiana Tournef.* Enzian.
*(Monandria Digynia Lin. syst.)*

Kelch bleibend 5—7zähnig oder halbirt und blütenscheidenartig. Blumenkrone glocken- oder keulenförmig, seltner fast radförmig, mit 4-, 5- od. 7spaltigem Saume. Staubgefässe 5 (seltner 4—9) der Blumenkronenröhre angewachsen: Staubbeutel frei oder zu einer Röhre verwachsen. Kapsel einfächrig, zweiklappig, vielsamig. Die Samen sind an den eingebogenen Klappenrändern befestigt.

### 1. Art: *Gentiana lutea Lin.*, Gelber Enzian.

Untere Blätter elliptisch, gestielt, stark-nervig; Kelch halbirt, häutig, blattscheidenartig; Blumenkrone fast radförmig, tief 5theilig: Zipfel lanzettlich, sternförmig-abstehend. (Taf. 127.)

Eine perennirende Pflanze vorzüglich auf den Schweizer Alpen und dem Juragebirge. Die dicke fleischige walzige, einfache oder etwas ästige Wurzel hat aussen ringförmige Runzeln, ist gelblich-braun und innen gelb; sie dringt tief, oft über 2 Fuss tief in den Boden und treibt einen einfachen aufrechten 1½ bis gegen 5 Fuss hohen dicken und hohlen Stengel. Die untersten Blätter sind sehr gross, die übrigen nehmen aber nach oben bedeutend an Grösse ab; sie haben 5 od. 7 Nerven und sind der Länge nach gefaltet, die untersten gegen 1 Fuss lang, 5—6 Zoll breit, elliptisch in einen breiten Blattstiel verschmälert, die obersten sitzend, oval-länglich, spitzig, nur 3—5 Zoll lang und 2—2½ Zoll breit, die blütenständigen weit kleiner, concav und zahlreiche büschelständige Blüten umgebend. Unter jedem Blütenbüschel befinden sich 4 lange lanzettliche Deckblätter. Der einseitige Kelch ist dünn, häutig, durchscheinend und an der Spitze 2- oder 3zähnig. Die gegen 1½ Zoll lange goldgelbe Blumenkrone ist tief 5- od. seltner 6spaltig, fast radförmig, im Sonnenlichte sternförmig-ausgebreitet. Staubgefässe von der Länge der Blume mit anfänglich zusammenhängenden Staubbeuteln. Am Grunde des Fruchtknotens befinden sich 5 grünliche Drüsen. Die längliche mit dem Griffel versehene Kapsel enthält ovale braunrothe mit einem häutigen Rande umgebene Samen. Die Gelbe oder Rothe Enzianwurzel, *Radix Gentianae luteae sive majoris*, hat einen anfangs etwas süsslichen, gleich darauf aber stark bittern und bleibenden Geschmack. Sie wird als ein vorzügliches tonisch-bitteres Heilmittel in vielen Krankheiten, vorzüglich um den Magen zu stärken, die Verdauung zu verbessern u. s. w. angewendet.

Von *Gentiana purpurea L.*, welche in der Schweiz, den Pyrenäen und in Norwegen vorkommt, wird die Wurzel gleichfalls häufig, aber besonders als *Radix Gentianae rubrae* angewendet. Dies gilt auch von den folgenden Arten, nämlich von *Gentiana pannonica Scop* und *G. punctata L.*, welche vorzüglich auf den Gebirgen von Mitteleuropa wachsen.

*Gentiana cruciata Lin.*, einer durch ganz Mitteleuropa, vorzüglich in Berggegenden wachsende blaublühende Art, war schon früherhin als *Radix et Herba Gentianae minoris* gebräuchlich und ist in neuerer Zeit als ein Mittel gegen Wasserscheu anempfohlen worden. Die ganze Pflanze schmeckt sehr bitter und wirkt tonisch.

Von *Gentiana Asclepiadea L.*, einer auf hohen Bergen und Alpen durch Süd- und Mitteleuropa wachsende Art, die hinsichtlich der Form und Stellung ihrer Blätter viel Aehnlichkeit mit *Cynanchum Vincetoxicum* hat, war ehedem die bittere Wurzel, *Radix Asclepiadeae* officinell.

*Gentiana Pneumonanthe Lin.* Lungenblume, Blauer Dorant.

Eine durch ganz Europa und Nordasia auf feuchten und torfigen Wiesen wachsende ausdauernde Pflanze lieferte früherhin die Wurzel, das Kraut und die Blume *Radix, Herba et Flores Pneumonanthes sive Antirrhini coerulei*, für die Officinen, neuerdings hat man das Kraut mit den Blumen wiederum bei Lungenleiden empfohlen. Es hat eine reine angenehme Bitterkeit.

Von *Gentiana acaulis Lin.*, einer in Gebirgsgegenden wachsenden ausdauernden Pflanze, die wegen ihrer grossen schön blauen Blumen auch in den Gärten gezogen wird, waren die bittere Wurzel und die Blätter, *Radix et Herba Gentianellae alpinae* sonst gegen Gelb- und Bleichsucht gerühmt.

*Gentiana Amarella Lin.* Himmelsstengel, eine einjährige Pflanze, die auf feuchten Wiesen im nördlichen Europa und Deutschland wächst und erst im September blüht, war sonst als *Herba Gentianella* als ein tonisch-bitteres Mittel im Gebrauche. *Chlora perfoliata Lin.*, Bitterling, ein Sommergewächs des südlichern Europas, wird in den Gegenden, in denen es häufig vorkommt, ganz wie das Tausendgüldenkraut angewendet und war als *Herba Centaurei lutei* officinell.

### Gattung: *Erythraea Rich.* Erythräe.

*(Pentandria Digynia Lin. syst.)*

Kelch röhrig, 5spaltig. Blumenkrone trichterig, mit 5theiligem Saum. Staubgefässe 5, Staubbeutel nach der Pollenentleerung spiralig-gedreht. Griffel gerade, mit 2rundlichen Narben. Kapsel halb zweifächerig; Samen an den Klappenrändern.

**1. Art: *Erythraea Centaurium Pers.*, Tausendgüldenkraut, Erdgalle.**

Stengel einfach, 4kantig, am Ende wiederholt gabeltheilig, vielästig; Blätter oval-länglich, meist 5nervig; Trugdolde endständig, gebüschelt, nach dem Verblühen etwas lockerer, stets flach; Blumenkronenzipfel fast oval. (Taf. 128.)

Eine auf trocknen und feuchten Wiesen und in lichten Laubwäldern durch fast ganz Europa wachsende zweijährige Pflanze. Aus der kleinen dünnen verästeten Wurzel entspringen mehre steif aufrechte, einfache ½—1 Fuss hohe 4 kantige Stengel. Die 1—1½ Zoll langen Wurzelblätter stehen um dieselben rosettig, sind oval oder verkehrt eirund-länglich, stumpf, am Grunde in einen kurzen Stiel verschmälert, 3—5 nervig, die stengelständigen sind entfernter, ungestielt, kürzer, schmäler, etwas spitzig und die blütenständigen schmal linealisch. Die Blüten stehen in wiederholt gabeltheiligen gleichhohen Trugdolden auf 4kantigen, fast geflügelten Aesten fast stiellos. Die Zipfel des tiefgespaltenen Kelchs sind pfriemförmig, randhäutig, an die 7—8 Lin. lange Röhre der Blumenkrone angedrückt; der Saum der Blumenkrone ist hellcarminroth und hat stumpfe Zipfel. Die dünne längliche Kapsel ist gelbbräunlich u. 5—6 Lin. lang. Man sammelt die ganze Pflanze zur Blütenzeit als *Herba vel Summitates Centaurii minoris*; sie ist geruchlos, aber sehr bitter und wird bei Störungen der Verdauung, bei Magenschwäche, Verschleimungen des Darmkanals, Würmern u. s. w. angewendet und ist vorzüglich als Hausmittel von Landleuten gebraucht.

*Henricea pharmacearcha Lemair.* (*Gentiana Chirayta Roxb.*) wächst ausdauernd auf den Bergen im nördlichen Theile von Ostindien und hat einen dünnen steif aufrechten 2—4 Fuss hohen Stengel mit lanzettlichen 2—3 Zoll langen Blättern. Die kleinen gelben Blüten stehen in 2 bis 3spaltigen Doldentrauben in den Blattachseln und bilden gemeinschaftlich eine lange Rispe. Die ganze Pflanze wird in Ostindien als ein sehr bitteres Mittel angewendet und ist auch nach Europa gebracht worden. Diese Stengel *Stipites Chiraytae*, scheinen aber, weil wir ähnlich wirkende Mittel genug besitzen, nur wenig angewendet worden zu sein.

**Gattung: *Menyanthes (Tournef.) Lin.* Zottenblume.**

*(Pentandria Monogynia Lin. syst.)*

Kelch 5theilig. Blumenkrone trichterig, mit offenem

5theiligem Saume, dessen Zipfel inwendig mit langen dicklichen Zottenhaaren besetzt sind. Staubgefässe 5. Narbe knopfig, ausgerandet: Kapsel einfächrig, zweiklappig, vielsamig; Samenträger wandständig, mittelklappig. (Nur eine Art enthaltend.)

1. Art: *Menyanthes trifoliata Lin.*: Gemeine Zottenblume, Fiber- oder Bitterklee (Taf. 129.)

Auf sumpfigen torfigen Wiesen, an und in den Gräben in Europa, Vorderasia und Nordamerika ausdauernd wachsend und vor der Entwickelung der Blätter im Mai blühend. Der fingersdicke fleischige Stengel kriecht nahe unter oder an der Oberfläche des Bodens hin, treibt an den Gelenken dicke weisse Fasern, und ist an den etwas aufgerichteten Enden von häutigen trocknen Scheiden bedeckt, die von Resten der Blattstiele herrühren; hier an den Enden entspringen 2 Blätter und der Blütenschaft. Die am Grunde scheidigen, übrigens stielrunden Blattstiele tragen 3 ovale oder verkehrteiförmige, $1\frac{1}{2}$—$2\frac{1}{2}$ Zoll lange gegen 1—$1\frac{1}{2}$ Z. breite Blattabschnitte. Der Blütenschaft entspringt aus der Achsel einer jener Blattstielscheiden, gerade unter den diesjährigen Blättern; er ist vom Grunde aufsteigend, dann aufrecht, 6—8 Zoll lang, halbstielrund und trägt eine 10—20blütige Traube. Die Blütenstiele entspringen einzeln oder zu 2 und 3 aus den Achseln der eiförmigen stumpfen kleinen Deckblätter. Die 5 Kelchzipfel sind aufrecht, länglich, stumpf. Die röthlichweisse Blumenkrone ist 6—8 Lin. lang, an den länglichen spitzlichen Zipfeln mit weissen Zotten besetzt und schliesst die Staubgefässe ein; der Griffel aber ragt hervor. Die eirunde oder eirundlängliche Kapsel ist vom bleibenden Griffel gekrönt. — Die sehr bittern Blätter, *Herba Trifolii fibrini*, werden bei Unterleibskrankheiten, vorzüglich bei Trägheit des Darmkanals und Magens, bei gestörter Verdauung u. s. w. und auch, besonders früherhin, gegen Wechselfieber angewendet.

## 94. *Fam.* Asclepiadeen: *Asclepiadeae.*

*Calotropis gigantea R. Brown. (Asclepias gigantea Ait.)* Ein ostindischer Strauch mit einem scharfen bittern Milchsafte, welcher in Asien seit langer Zeit als Heilmittel benutzt wird, liefert die rothbraune innen weisse Wurzelrinde, welche als *Mudar* oder *Radix Mudarii* nach Europa gebracht und bei verschiedenen Nervenleiden, vorzüglich Krampfkrankheiten, ferner bei chronischen Ausschlägen, Syphilis und gegen Würmer u. s. w. empfohlen und angewendet wurde.

*Cynanchum monspeliacum Lin.*, eine in Südeuropa wachsende ausdauernde Pflanze mit langer fingersdicker walzlicher Wurzel, aus welcher mehre 4—8 Zoll lange Stengel mit nierig-herzförmigen, an der verschmälerten Spitze halblanzettlichen Blättern entspringen. Die wiederholt gabeltheiligen vielblütigen Trugdolden stehen zwischen den Blättern und tragen röthlichweise Blüten. Alle Theile enthalten einen scharfen drastischen Milchsaft, welcher eingedickt wird und mit mehren purgirenden Stoffen und Harzen vermengt das Französische Scammonium *Scammonium gallicum sive monspeliense*, liefert.

*Vincetoxicum officinale Mnch.* Gemeine Schwalbenwurz, Giftwinde (*Cynanchum Vincetoxicum Pers. Asclepias Vincetoxicum Lin.*), eine auf trocknen steinigen Hügeln und Bergen, in lichten Laubwäldern durch fast ganz Europa wachsende ausdauernde Pflanze mit aufrechtem Stengel und herzförmigen zugespitzten Blättern. Die weissen Blüten stehen meist in einzelnen, seltner in gepaarten Dolden. Die gegen 3 Zoll langen Balgkapseln sind langspindelförmig lang zugespitzt u. gestreift. Samen eiförmig, ringsum geflügelt, weissschopfig. Die bitterlich scharfschmeckende Wurzel *Radix Hirundinariae sive Vincetoxici*, enthält das Alkaloid *Asclepiadin*, ätherisches und fettes Oel, Harz, Gummi, Stärkmehl u. s. w. Sie wird als drastisches Purgirmittel bei Wassersucht, Stockungen im Darmkanale, bei unterdrückter Menstruation u. s. w. jetzt weniger als früherhin angewendet.

*Solenostemma Arghel Hayn.* Ein 2—3 Fuss hoher Strauch in Oberägypten und Nubien mit ruthenförmigen Aesten. Die kurzgestielten Blätter stehen einander gegenüber, sind oval-lanzettlich, kurz zugespitzt, 1½— 2 Z. lang, 7—10 Lin. breit, die obern kürzer und weit schmäler, fast linealisch-lanzettlich, spitzig, sämmtlich lederartig, blassgrün, ziemlich kahl. Die weissen Blüten stehen in gestielten ziemlich grossen Doldentrauben zwischen den Blättern. Unter den weichhaarigen Blütenstielchen stehen lineallanzettliche zugespitzte kleine Deckblätter. Die 5 Zipfel des Kelchs sind gleichfalls lineallanzettlich, zugespitzt, am Rande durchscheinend und kaum halb so gross wie die Blumenkronen. Der Saum der radförmigen weissen Blumen ist mit seinen 5 linealischen spitzlichen Zipfeln flach ausgebreitet. Die etwas fleischige Nebenkrone ist kurz 5klappig, mit aufrechten klappenförmigen, einwärts gebogenen am Grunde schwach ausgerandeten Zipfeln. Die Staubfädensäule ist ziemlich so lang wie die Blumenkrone breit ist. Die eiförmiglänglichen stumpfzugespitzten Balgkapseln sind 2½ Z. lang. Die obern kleinern Blätter dieser Pflanze finden sich häufig unter den Alexandrinischen Sennesblättern und zwar mitunter in solcher Menge, dass sie fast den vierten Theil derselben ausmachen; sie schmecken bitter und wirken gleichfalls purgirend, wesshalb sie nicht ausgelesen werden u. in der That als officinell zu betrachten sind. Man erkennt sie leicht an der blassen graugrünen Farbe, an ihrer grössern Dicke, lederigen Beschaffenheit und daran, dass sie auf der Unterseite schwach-runzelig und mehr oder weniger weichhaarig sind.

### Ord. II. Schlundblumige: *Fauciflorae.*

### B. Saumblütler: *Limbatae.*

### 93. Fam. Heidegewächse: *Ericaceae.*

### 3. Gruppe: *Rhodoraceae Vent.*

Immergrüne Sträucher mit zerstreuten ganzen, gewöhnlich lederartigen Blättern ohne Nebenblätter. Die regelmässigen Zwitterblüten haben einen freien 4- oder 5spaltigen Kelch, eine 4- oder 5spaltige oder tief getheilte Blumenkrone, deren Zipfel in der Knospe dachziegelartig liegen. Staubgefässe meist in doppelter Anzahl der Blumenkronenzipfel, dem Blütenboden oder dem Grunde der Blumenkrone eingefügt, mit auffliegenden Antheren, deren Fächer an der Spitze mit einem Loche sich öffnen. Die Kapseln sind 4- od. 5fächerig, mit doppelten Scheidewänden, die bei der Reife sich trennen und das Aufspringen bewirken. Samen klein, an einem Ende befestigt, von einem netzaderigen Häutchen umgeben; Embryo gerade in der Asche des fleischigen Eiweisskörpers mit nach dem Nabel gekehrtem Würzelchen und kurzen schmalen Samenlappen.

### Gattung: *Ledum Lin.* Porst.
### *(Decandria Monogynia Lin. syst.)*

Kelch 5zähnig. Blumenkrone 5blättrig (am Grunde nur wenig zusammenhängend). Staubgefässe 10 od. 5: Staubbeutel an der Spitze durch 2 Löcher sich öffnend. — Narbe knopfig- 5klappig. Kapsel 5fächrig, 5klappig, vom Grunde aus scheidewandspaltig, aufspringend, vielsamig.

### 1. Art: *Ledum palustre Lin.* Sumpfporst, Wilder Rosmarin, Mottenkraut.

Blätter linealisch, am Rande umgerollt, unterseits ebenso wie an den Aesten rostbraunfilzig; 10 Staubgefässe. (Taf. 130.)

Ein niedriger, nur 2—3 Fuss hoher Strauch in sumpfigen Nadelwäldern des nördlichen und mittlern Europas. Der Stamm theilt sich am Grunde in 2 oder 3 Hauptäste, welche in sprossende Zweige ausgehen, so dass immer 3—4 am Ende der Triebe stehen, und die jungen derselben rostbraunfilzig sind. Letztere tragen die kurz gestielten, lanzettlich-linealischen, stumpfen, 9—15 Lin. langen und $1\frac{1}{2}$—3 Lin. breiten, drüsigen, oberseits kahlen, unterseits rostroth filzigen, am Rande zurückgerollten Blätter. Die Blüten stehen auf langen, dünnen, aufrechten Stielen in vielblütigen Doldentrauben, welche am Grunde von ausgehohlten, etwas zottigen Knospenschuppen umgeben sind Die 5 Kelchzähne sind eirund, stumpf. Die weissen Blumenkronen haben 5 längliche verkehrte, eirunde Abschnitte. Die am Grunde etwas wimperigen Staubfäden haben nebst dem Griffel die Länge der Blumenkrone. Die 3—4 Lin. lange, länglich ovale Kapsel bleibt über ein Jahr stehen und springt vom Grunde an auf. Die kleinen Samen sind von einem häutigen, netzadrigen Mantel *(Arillus)* umgeben. Die Blätter, das sogen. Mottenkraut, *Herba seu Folia Ledi palustris sive Rosmarini silvestris*, haben einen starken eigenthümlichen bitteraromatischen Geschmack und etwas widrigen betäubenden Geruch. Sie gehören zu den narkotischscharfen Mitteln und werden selten angewendet bei Keuchhusten, Halsbräune, Fiebern und Hautkrankheiten. Man bedient sich ihrer zur Abhaltung und Vertreibung der Motten und schändlicher Weise um das Bier berauschender zu machen.

### Gattung: *Rhododendron Lin.* Alpbalsam, Alprose.

*(Decandria Monogynia Lin. syst.*

Kelch 5spaltig oder 5theilig. Blumenkrone trichter- oder radförmig, mit ungleich- 5lappigem Saume. Staubgefässe 10, abwärts geneigt: Staubbeutel ohne Anhängsel, an der Spitze durch 2 Löcher sich öffnend. Kapsel 5fächrig, 5klappig, scheidewandspaltig, vielsamig.

#### 1. Art: *Rhododendron Chrysanthum Lin.*

#### Gelbe od. Sibirische Alpenrose, Schneerose.

Blätter länglich, am Rande umgerollt, unterseits fein netzaderig und rostbräunlich; Doldentrauben doldig, gipfelständig; Blumenkronen fast radförmig. (Taf. 131.)

Ein niedriger 1—$1\frac{1}{2}$ Fuss hoher Strauch auf den Gebirgen Sibiriens mit vielen ausgebreiteten, nur an der Spitze beblätterten Aesten, die häufig zum grössten Theile unter dem hohen Moose versteckt sind. Die länglichen, fast verkehrt-eiförmigen $1\frac{1}{2}$—$2\frac{1}{2}$ Zoll langen, $\frac{1}{2}$—1 Zoll breiten Blätter haben ein sehr kleines schwieliges Spitzchen und kurze Stiele; die Oberseite ist grün und eingedrückt-netzaderig, die Unterseite glatt, gelblichgrün oder rostbraun. Fünf bis 10 lange flaumhaarige Blütenstiele entspringen nebeneinander, jeder hinter einer häutigen braunen Knospenschuppe. Der sehr kleine Kelch hat 5 eirunde Zähne. Die 1 Zoll lange gelbe radförmige glockige Blumenkrone hat 5 verkehrt-eiförmige abstehende Zipfel, von denen die obern, etwas grössern gegen den Schlund hin getüpfelt sind. Die Kapsel ist länglich, 5seitig, halbfünfklappig, braun. — Die Aestchen mit den Blättern, *Stipites Rhododendri chrysanthi*, riechen schwach rhabarberartig, schmecken etwas zusammenziehend-bitter und etwas scharf. Sie enthalten vorwaltend bittern Extractivstoff, eisengrünenden Gerbestoff und Spuren eines ätherischen Oels, das ohne Blausäure zu enthalten, dieser ähnlich riecht. — Die Abkochung wirkt schweiss- und harntreibend, in grösserer Gabe auch Durchfall und Brechen erregend, und wird gegen rheumatische und gichtische Anfälle bei uns heutzutage jedoch nur noch selten angewendet; soll aber in Sibirien in höchstem Ansehen stehen.

2. Art: *Rhododendron ferrugineum Lin.* Rostfarbige Alpenrose.

Blätter länglich-lanzettlich, am Rande umgerollt, oben kahl, unten rostfarbig-schülferig; Blumenkrone trichterförmig.

Ein 1 bis 3 Fuss hoher ästiger Strauch auf den Alpen Europas und Mittelasias. Von den gekrümmten 2- oder 3theiligen Aesten liegen die untern zuweilen auf dem Boden nieder und wurzeln daselbst. Die jungen Aestchen, die Blätter, Kelche und Blumen sind dicht mit kleinen kreisrunden Schülferchen besetzt. Die 12—20 Lin. langen, 5—7 Lin. breiten Blätter sind kurzgestielt, oval-länglich oder fast lanzettlich, stumpf, fein, schwielig-gespitzt, oben dunkelgrün, eingedrückt-netzaderig, unten dicht mit kleinen strahligen, in der Mitte ein Drüschen tragenden rostbraunen Schülferchen besetzt. Die Blüten stehen zu 6—15 doldentraubig, auf ziemlich langen Stielen etwas nickend. Die 5 Kelchzähne sind breit-eirund und wimperig. Die hellpurpurrothe mit gelben oder weissen Drüsen bestreute Blumenkrone wird etwa 10 Lin. lang, hat eine am Grunde 5 buckelige, immer etwas haarige Röhre und 5 eiförmige stumpfe Zipfel. Die unten fast zottigen Staubgefässe sind kürzer als die Blumen. Die Kapsel ist eirundlich-länglich, fünfseitig. Die Aestchen mit den Blättern, *Stipites et Folia Rhododendri ferruginei*, wirken wie die von vorigem Strauche schweiss- und harntreibend, doch zugleich etwas norkotisch, und werden gegen Rheumatismen, Gicht und Lähmungen besonders in der Schweiz und Savoyen angewendet. In gleicher Weise gebraucht man die Blätter und Aestchen von *Rhodod. hirsutum Lin.*, welcher kleine Strauch auf den Kalkalpen Europas wächst. Bisweilen findet man dessen Blätter statt derer von voriger Art in den Apotheken; es sind dieselben aber am Rande nicht umgerollt, dagegen kleingekerbt u. nebst den jungen Aesten, Blütenstielen und Kelchen langbewimpert.

Gruppe: *Vaccinieae DeC.*

Die Gemeine Heidel-, Schwarz oder Blaubeere, Besingen, *Vaccinium Myrtillus Lin.*, wächst als ein kleiner ästiger Strauch in grosser Gesellschaft beisammen in Wäldern und Heiden in Nord- und Mitteleuropa und Nordasia. Seine bekannten Beeren, *Baccae Myrtillorum*, enthalten etwas Gerbestoff und dienen als gelind zusammenziehendes Mittel bei Durchfällen. Getrocknet sind dieselben noch kräf- zusammenziehend und werden von Landleuten nicht selten benutzt.

Die Rothe Heidelbeere, Preusselbeere, Krosseln od. Grosseln, *Vaccinium Vitis Idaea Lin.*, ist ein niedriger, höchstens ½ Fuss hoher Strauch mit kriechender Wurzel in den Nadelwäldern und Heiden von Mittel- und Nordeuropa, Nordasia und Nordamerika. Seine Blätter finden sich bisweilen statt derer von der Bärentraube *(Fol. Uvae ursi)* in den Officinen. Sie sind lederig, ½—1 Zoll lang, 3—6 Lin. breit, kurz gestielt, verkehrt-eiförmig-länglich oder ziemlich oval, schwach ausgerandet und mit einem kurzen Spitzchen versehen, oben dunkelgrün und glänzend, unten blassgrün und mit vielen eingedrückten Punkten besetzt (nicht beiderseits eingedrückt netzaderig wie bei der Bärentraube), welche ein kurzes später abfallendes Borstchen tragen. 5—12 weisse Blumen stehen in einer einseitswendigen kurzen Traube auf kurzen Stielen, von kleinen schuppenartigen Deckblättchen gestützt. Die stumpfen eiförmigen Zipfel der glockenförmigen Blumenkrone sind zurückgerollt. Die weisszottigen Staubfäden tragen ungespornte Antheren. Die kugelrundlichen Beeren sind scharlachroth, schmecken säuerlich und werden häufig eingemacht gegessen. Sie wurden sonst als *Baccae Vitis Idaeae* zu einem Syrup eingesotten, den man als Kühlungsmittel zum Getränk im hitzigen Fieber verordnete. Die eisengrünenden Gerbestoff und bittern Extractivstoff enthaltenden Blätter, *Folia Vitis Idaeae*, wurden gegen Stein und chronischen Husten gerühmt.

Von der Torf- oder Sumpfbeere, *Oxycoccos palustris Pers. (Vaccinium Oxycoccos Lin.)*, welche als niedriger Strauch mit ihren dünnen Stengeln und Aesten auf sumpfigen Moosstellen in Europa, Nordasia und Nordamerika umherkriecht, waren sonst die Beeren, *Baccae Oxycoccos*, welche viel Citronsäure enthalten, wie die Preusselbeeren von vorigem Gewächse officinell.

Gruppe: *Ericariae Reichb.*

Gattung: *Arctostaphylos* Adans. Bärentraube. *(Decandria Monogynia Lin. syst.)*

Kelch fünftheilig. Blumenkrone urnenförmig, mit fünfspaltigem zurückgeschlagenem Saum. Staubgefässe 10: Staubbeutel am Rücken zweispornig. Beere glatt mit 5 einsamigen Steinkernen.

1. Art: *Arctostaphylos officinalis Wimm. et Grab.* Gebräuchliche Bärentraube. *(Arbutus uva ursi Lin.)*

Stengel gestreckt; Blätter verkehrt-eiförmig-länglich, ganzrandig, lederig, beiderseits eingedrückt-netzaderig, Trauben endständig, übergeneigt. (Taf. 132.)

Ein niedriger Strauch in Nadelwäldern u. Heiden des nördlichen Europas und Nordamerikas. Aus einer Wurzel entspringen mehre ästige Stengel, welche allseitig niederliegen und am Grunde wurzeln: sie werden oft 1—3 Fuss lang und bilden durch ihre aufsteigenden beblätterten Aestchen Rasen. Die etwas dicht stehenden Blätter sind verkehrt-eiförmig-länglich, vorn entweder stumpf oder schwach ausgerandet, am Grunde in den kurzen flaumigen Stiel verschmälert, dick-lederig, jung flaumig-wimperig, später kahl, auf der Oberseite stärker als auf der Unterseite eingedrücktnetzaderig, oben dunkelgrün, glänzend, unten blassgrün. 5—10 Blumen stehen in kurzen fast büschelförmigen, nickenden Trauben. Die gegen 3 Lin. langen urnenförmigen, bisweilen fleischrothen, doch gewöhnlich röthlichweissen Blumenkronen sind am Grunde fast durchsichtig, am Schlunde eingeschnürt und am kurzen Saume mit 5 abgerundeten zurückgeschlagenen Zähnen versehen. Die 10 Staubfäden sind über dem Grunde bauchig-verdickt u. behaart, von halber Länge der Blumenkrone; die dunkel- fast schwarzrothen nickenden Antheren tragen neben den Oeffnungen 2 borstliche, hakig-gebogene weisse Sporne. Der 5seitige Griffel verdickt sich nach oben. Die erbsengrosse Beere wird scharlach- und später fast schwärzlichroth. Die 5 länglich-eirundlichen, 3seitigen Samen sind an ihrem gewölbten Rücken gerieft. — Die Bärentraubenblätter, *Folia Uvae ursi*, sind geruchlos und schmecken zusammenziehend-bitterlich; sie enthalten vorwaltend Gerbstoff, Gallussäure, Extractivstoff, Harz und apfelsaure Salze und wirken auf die Harnwerkzeuge erregend und aussondernd; desshalb wendet man sie an bei Krankheiten der Nieren und der Harnblase, bei Blenorrhöen, aber auch bei Harnsteinbildungen sowie in Nordamerika besonders gegen veraltete Schleimflüsse und Durchfälle aus Schlaffheit des Darmkanals. — Mit den Blättern der Preusselbeere, (vergl. vorher *Vaccinium Vitis Idaea*) werden diese Blätter wahrscheinlich verfälscht, da jene leicht zu unterscheiden sind, indem sie meist grösser, am Grunde weniger verschmälert, am Rande ziemlich stark umgerollt und auf der Unterseite vertieft punktirt und auf der Oberseite glatt sind, Die Verfälschung durch Buxbaumblätter ist gleichfalls leicht zu erkennen, denn diese Buxblätter sind schön grün, oval-spitzlich, weder punktirt, noch geadert und unangenehm riechend.

Von dem Gemeinen Heidekraute, *Calluna vulgaris Salisb. (Erica vulgaris Lin.)*, welches in Europa in sandigen Wäldern und auf Haiden als ein kleiner Strauch mit niedlichen lillarothen Blumen wächst, waren sonst die beblätterten Zweige als *Herba Ericae* besonders gegen Steinkrankheiten im Gebrauche.

Das Doldige Wintergrün oder Harnkraut, *Chimophila umbellata Nutall. (Pyrola umbellata Lin.)*, welches ausdauernd in Nadelwäldern Mittel- und Nordeuropas, Asias u. Nordamerikas wächst, hat süsslich, später bitterlich-herbe schmeckende Blätter, die als *Herba Pyrolae umbellatae*, nachdem sie in Amerika officinell geworden waren, auch in Europa wegen ihrer tonisch-diuretischen Wirksamkeit gegen Krankheiten der Harnwerkzeuge empfohlen wurden.

Die Blätter von dem Rundblättrigen Wintergrün oder Birnkraute, *Pyrola rotundifolia Lin.*, welches in feuchten schattigen Laubwäldern Nord- und Mitteleuropas und Nordasias ausdauernd wächst, waren sonst als *Herba Pyrolae sive Pyrolae majoris*, als ein vorzügliches Wundmittel innerlich und äusserlich im Gebrauche. — In gleicher Weise wendete man die Blätter von *Pyrola minor Lin.*, die an ähnlichen Stellen wächst, als *Herba Pyrolae s. Pyrolae minoris* an.

## 92. *Fam.:* Primulaceen: *Primulaceae.*

Meist Kräuter mit oft wurzelstockartigem, unterirdischem Stengel, so dass die Blätter grundständig (d. i. Wurzelblätter) sein müssen; bei entwickeltem Stengel stehen die Blätter gegenständig, selten zerstreut. Bei den Gewächsen mit rosettig gestellten grundständigen Blättern entspringen die Blüten einzeln oder doldig auf einem grundständigen Schafte.

bei denen mit einem Stengel aus den Blattachseln einzeln oder traubig oder reispig gehäuft. Der 5spaltige Kelch trägt eine röhrige oder erweiterte Blumenkrone mit 5 Zipfeln. Staubgefässe 5, den Zipfeln der Blumenkrone entgegengesetzt in deren Röhre angewachsen; Antheren aufliegend oder fast aufgerichtet mit parallelen Fächern. Fruchtknoten einfächrig mit zahlreichen Eichen an dem dicken Mittelsäulchen. Kapsel einfächrig, an der Spitze mit Zähnen oder mit Klappen oder ringsum aufspringend, sehr selten fast geschlossen bleibend. Samen zahlreich schildförmig an das Mittelsäulchen befestigt. Embryo im fleischigen Eiweisskörper quer vor dem Nabel liegend und mit blattartigen Samenlappen.

Die aufzuführenden Gewächse haben meist geringe arzneiliche Kräfte und sind desshalb nur selten in Anwendung oder ganz obsolet.

Die Rundblättrige Lysimachie, Pfennig-oder Münzkraut, *Lysimachia Nummularia Lin.*, eine in Wäldern und auf schattigen Wiesenstellen und Gräben, die oft austrocknen, sehr gemeine ausdauernde Pflanze Europas, welche einen niedergestreckten, am Grunde wurzelnden Stengel mit ovalen gegenständigen Blättern besetzt treibt. Die verhältnissmässig grossen citrongelben Blumen stehen einzeln in den Blattachseln. Früher war das geruchlose, säuerlich-bitter schmeckende Kraut, *Herba Nummulariae sive Centumorbiae*, gegen Durchfälle, Ruhren, Blut- und Schleimflüsse, gegen Scorbut u. äusserlich bei Wunden und Geschwüren in Anwendung.

Von *Lysimachia nemorum Lin.*, welche seltner ist und mehr in Bergwäldern Europas vorkommt, war das Kraut als *Herba Anagallidis* sonst gebräuchlich.

Die Gemeine Lysimachie oder der Gelbe Weiderich, *Lysimachia vulgaris Lin.*, welche durch ganz Europa an allen Ufern und Gräben sowie auf feuchten Wiesen wächst, wird 3—5 Fuss hoch und ist durch ihre schön gelben Blüten, die in gegenständigen Doldentrauben stehen und eine stattliche Rispe bilden, ein recht schönes Gewächs. Das Kraut, *Herba Lysimachiae luteae*, wurde ebenso wie von *Lys. Nummularia* angewendet.

Das Acker-Gauchheil oder die Rothe Miere, *Anagallis arvensis Lin.*, ein niedliches einjähriges Sommergewächs, welches durch ganz Europa auf bebaueten Boden häufig vorkommt und durch seine kleinen mennigrothen Blüten leicht auffällt, hat einen anfangs schleimig-faden, später bitterlich-scharfen Geschmack und ist in der That giftig, denn nach Orfilas Versuchen straben die Hunde, denen man das Extract entweder innerlich gab oder in eine Wunde einflösste, und selbst Pferde wurden vergiftet. Man hat gefabelt, dass es neben Arsenik einen Bestandtheil der berüchtigten *Apua Tofana* ausmache. Als *Herba Anagallidis sive Anag. maris* wurde es häufig gegen Unterleibsstockungen, Leberverhärtungen, Wassersucht, ferner bei Schwindsucht, nervösen Krankheiten, sogar gegen Epilepsie und Wahnsinn angewendet; jetzt ist es absolet obgleich es nicht unwirksam ist. — *Anagallis coerulea Allion.*, die voriger Art sehr ähnlich ist, doch blaue Blüten trägt, wurde zuweilen als *Herba Anagallidis foeminae* angewendet.

Die Gemeine Erdscheibe, Erdbrot, Schweinebrot, *Cyclamen europaeum Lin.*, wächst ausdauernd in Bergwäldern des mittlern und südlichen Europas. Aus dem dicken scheibenrunden oft stark zusammengedrückten, zuweilen auch mehr kugeligen Wurzelstocke entspringen nach unten zahlreiche fadenförmige Wurzelfasern und nach oben ein kurzer, nur etwa bis 3 Zoll langer, knotiger, brauner unterirdischer Stengel, aus dem die langgestielten ausdauernden tiefherzförmigen rundlichen, 1—2½ Zoll im Durchmesser haltenden Blätter entspringen, welche auf der grünen Oberseite einen schön gezeichneten mit dem Rande gleichlaufenden Ring zeigen und unterseits purpur-lillafarbig sind. Die 4—7 Zoll langen Blumenstiele tragen an der stark übergebogenen Spitze die schöne und wohlriechende rosenrothe Blume mit zurückgeschlagenen Zipfeln und rollen sich mit der Frucht spiralig zusammen, so dass sie auf dem Boden liegen. Die kugelige Kapsel öffnet sich anfangs mit 5 Zähnen, welche später 5 vollständige Klappen werden. — Der knollige Wurzeltheil, *Radix Cyclaminis sive Arthanitae*, ist scharf giftig; sie schmeckt anfangs schleimig, dann bitterlich und beissendscharf und erregt Erbrechen und Laxiren. Man wendete sie sonst an bei Trägheit und Stockung im Darmkanale, äusserlich bei Drüsenanschwellungen und krebsartigen Geschwülsten. Heutzutage bedienen sich ihrer noch die Homöopathiker.

Das Gebräuchliche oder Frühlingsprimel, Himmelsschlüssel, *Primula officinalis Jacq. (Primula veris L. v. α.)* wächst auf Wiesen, Grasplätzen und Waldrändern durch Mittel- und Südeuropa und ist durch seine dunkelcitrongelben Blumenkronen mit kurzem aufgerichtetem Saume und aufgeblasen-weitem Kelche von dem Grossen Primel *(Primula elatior Jacq.)*, das in vielen buntfarbigen Abänderungen in den Gärten gezogen wird, leicht zu unterscheiden. — Von dem erstern waren sonst die Wurzel, Blätter und Blüten, *Radix, Herba et Flores Primulae veris sive Paralyseos* gebräuchlich, und man schrieb ihnen besondere Wirksamkeit zu gegen nervöse Schwäche, Gliederzittern, Schwindel, Lähmung, Krankheiten der Harnwerkzeuge u. s. w. und brauchte sie auch äusserlich bei Verwundungen und Gelenkschmerzen. — Von der zweiten Art, die jedoch minder kräftig wirkt, machte man eine gleiche Anwendung. — Vom Aurikel oder Bährenohrprimel, *Primula Auricula Lin.*, das vorzüglich auf den Kalkalpen des mittlern Europas wild wächst und citrongelb blüht, und von dem so zahlreiche Farbenabänderungen in unsern Gärten gezogen werden, brauchte man sonst die Wurzel, Blätter und Blüten, *Radix, Folia et Flores Auriculae ursi*, ähnlich wie die von der Frühlings-Schlüsselblume und die Alpenbewohner wenden die Wurzel noch jetzt gegen Husten, Schwindsucht und vorzüglich gegen Schwindel an.

## 91. *Fam.*: Plumbagineen: *Plumbagineae Juss.*

### Gruppe: *Plumbageae Rchb.*

Von der Europäischen Bleiwurz, Zahnwurz oder dem Antonskraute, *Plumbago europaea Lin.*, welche ausdauernde 2—4 Fuss hohe Pflanze in Südeuropa einheimisch ist, waren sonst das Kraut und vorzüglich die Wurzel, *Herba et Radix Dentariae vel Dentellariae*, vorzüglich gegen Zahnschmerzen, weil sie Speichel im Munde erregen, und gegen Hautausschläge in Anwendung.

Die Gemeine Strandnelke, *Statice Limonium Lin.*, wächst ausdauernd auf Salzboden und vorzüglich am Meeresstrande, und lieferte sonst die Wurzel, *Radix Behen rubri*, welche als kräftig zusammenziehendes und stärkendes Mittel vorzüglich bei Blutflüssen gebräuchlich war.

Von der Gemeinen Gras- oder Sandnelke, Meergras, *Armeria vulgaris Wlldw. (Statice Armeria Lin.,)* welche auf trocknen Hügeln und Rainen und an Wegen durch ganz Europa ausdauernd wächst, waren sonst zuweilen die Blätter, *Folia Statices*, gegen Durchfälle und zu reichliche Menstruation in Anwendung.

### Gruppe: *Plantagineae Juss.*

Krautige, häufig stengellose, seltner halbstrauchartige Gewächse mit entweder grundständigen rosettigen oder entgegengesetzten und abwechselnden stengelständigen nervigen Blättern ohne Nebenblätter. Die kleinen Blüten stehen meist in rundlichen oder langen Aehren hinter einzelnen oft randhäutigen Deckblättern. Kelch 4theilig, Zipfel am Rande trockenhäutig. Blumenkrone röhrig-trichterig trockenhäutig mit 4theiligem in der Knospe dachziegelig liegendem Saume. Die 4 Staubgefässe haben lange haarförmige Träger mit drehbaren parallelfächrigen Antheren. Fruchtknoten auf keiner Scheibe sitzend, 2- selten ein- oder 4fächrig, mit ein- oder vieleiigen Fächern, mit haarförmigem Griffel und einfacher, selten 2spaltiger Narbe. Kapsel, vom Kelch oder der Blume umgeben, dünnhäutig, ringsum aufspringend, mit freier Scheidewand und Samen, die entweder einzeln oder zu zweien oder zahlreich schildförmig oder aufrecht ansitzen; äussere Samenhaut sehr schleimig; Embryo länglich-zylindrisch, in der Achse des fleischigen Eiweiskörpers, mit nach unten gerichtetem und vom Nabel entfernten Würzelchen und undeutlichen Knöspchen.

Gattung: *Plantago Lin.*, Wegerich, Wegetritt. *(Tetrandria Monogynia Lin. syst.)*

Blüten zwitterig. Kelch tief 4theilig. Blumenkrone trockenhäutig, präsentirteller- oder krugförmig, mit 4theiligem, später zurückgeschlagenem Saume. Staubgefässe 4, der Blumenkronenröhre eingefügt. Kapsel umschnitten (d. h. ringsum aufspringend) 2- oder 4fährig, 2- oder mehrsamig. Samenträger scheidewandartig, zuletzt frei.

* *Plantago.* Stengel unentwickelt; Aehren auf schaftartigen oder grundständigen Stielen; Samenträger quer.

1. Art: *Plantago major Lin.* Grosser oder Gemeiner Wegerich, Wegebreit.

Blätter eiförmig oder elliptisch, etwas gezähnt, nervig, fast kahl; Blütenschaft stielrund; Aehre walzenförmig, verlängert; Kapseln 8samig. —

Diese bekannte Pflanze ist gemein an Wegen und auf schattigen grasigen Plätzen in ganz Europa, in Asia und Amerika. Sonst waren Wurzel, Blätter und Samen, *Radix, Folia et Semen Plantaginis latifoliae vel Plant. majoris* officinell. Die Wurzel steckt man zu einem kleinen Keile zugeschnitzt und an einen Faden gebunden gegen Zahnschmerzen in das äussere Ohr und gebrauchte sie auch wie die bitterlich zusammenziehenden Blätter gegen Durchfälle, Blut- und Schleimflüsse und Lungenkrankheiten. Die Samen enthalten in ihrer Schale vielen Schleim.

2. Art: *Plantago lanceolata Lin.* Lanzettlicher Wegerich, Schmaler Wegetritt, Hundsrippe.

Blätter lanzettlich, an beiden Enden verschmälert, gezähnelt, kahl oder fast zottig; Schaft tief gefurcht, eine eiförmige oder längliche dichte Aehre tragend; Deckblätter zugespitzt; Kapsel zweisamig.

Eine gleichfalls gemeine ausdauernde Pflanze auf bebaueten und unbebaueten Stellen, Schutt, Rainen, Grasplätzen und Wiesen in Europa, Nordasia und Nordamerika. Sonst waren Wurzel, Blätter und Samen, *Radix, Herba et Semen Plantaginis angustifoliae*, wie die von voriger Art gebräuchlich.

** *Coronopus.* Stengel unentwickelt; Aehren auf schaftartigen Stielen; Samenträger kreuzweise.

3. Art: *Plantago Coronopus Lin.* Fiederspaltiger Wegerich, Krähen- oder Rabenfuss, Hirschhornkraut.

Blätter linealisch, fiederspaltig oder gezähnt-fiederspaltig; Blütenschaft stielrund; Aehre walzenförmig, dicht; Deckblätter eiförmig, pfriemig-zugespitzt; Kapsel 4samig.

Dieses einjährige Pflänzchen wächst am Meeresstrande in Europa, Nordafrika und Kleinasia und war ehemals als *Herba Coronopi vel Cornu cervini*, verschiedentlich und sogar gegen die Hundswuth im Gebrauche.

*** *Psyllium.* Stengel vollkommen entwickelt; Aehren kopfförmig, achselständig; Samenträger quer.

4. Art: *Plantago arenaria Waldst. et Kit.* Sand-Wegerich, Flohkraut.

Stengel krautig, aufrecht, ästig, klebrig-haarig (durch gegliederte Haare und eingestreute Drüsen); Blätter gegenständig, linealisch, flach, fast ganzrandig oder entfernt gezähnt; Aehren eirund-länglich; Deckblätter ungleich, die untersten eirund, pfriemig-zugespitzt, die übrigen spatelig, sehr stumpf; Kelchzipfel ungleich, die vordern grösser, verkehrt-eirund, spatelig, sehr stumpf, die hintern lanzettlich, spitzig; Kapsel 2samig. (Taf. 133.)

Eine einjährige auf Sandfeldern in Mitteleuropa wachsende Pflanze, welche mit folgender viel Aehnlichkeit hat, aber durch die angegebenen Unterschiede sich leicht erkennen lässt. Man sammelt von ihr wie von folgenden beiden Arten die Samen, *Semen Psyllii vel Pulicariae*, Flohsamen.

5. Art: *Plantago Psyllium Lin.* Flohsamen-Wegerich, Flohkraut.

Krautig, aufrecht, ästig, klebrig-haarig; Blätter gegenständig, linealisch, flach, gezähnelt; Aehren eiförmig; Deckblätter gleichförmig, eilanzettlich, spitzig; Kelchzipfel lanzettlich-zugespitzt, gleichförmig. (*Hayne, Arzneigew.* 5. *t.* 17.)

Eine einjährige Pflanze in Südeuropa und Nordafrika auf sandigen Stellen. Der aufrechte Stengel wird 8—16 Zoll hoch, ist einfach oder hat gegenständige aufrecht abstehende stielrunde Aeste, welche wie die ganze Pflanze dicht mit kurzen Drüsenhaaren besetzt sind. Blätter 1—2 Zoll lang und 1—1½ Lin. breit, spitzig, ganzrandig oder einfernt und kurzgezähnt, am Grunde mit langen Wimperhaaren besetzt. Die Aehren entspringen auf langen Aesten in allen obern Blattachseln und sind 3—6 Lin. lang, eirund oder fast halbkugelig. Die hautrandigen in eine krautige Spitze verschmälerten Deckblätter sind so lang als der Kelch und nur die untersten etwas länger. Die gelblichweisse Blumenkrone hat elliptische, zugespitzte, haarspitzige Zipfel. Die etwas unter der Mitte ringsum aufspringende Kapsel enthält länglich-zusammengedrückte, am Rande umgebogene, kahnförmig-vertiefte, am Rücken gewölbte, glänzend-braune Samen. Diese Flohsamen, *Semen Psyllii sive Pulicariae*, enthalten eine so schleimige Samenschale, dass sie mit einer gegen 40Mal grössern Menge Wassers geschüttelt, dasselbe immer noch sehr schleimig machen. Man wendet sie sowol als schleimiges Heilmittel als auch in den Gewerben an.

6. Art: *Plantago Cynops Lin.* Strauchiger Wegerich, Immergrünes Flohkraut.

Stengel halbstrauchig, am Grunde niederliegend, ästig, mit aufsteigenden und aufrechten Aesten, Blätter gegenständig, linealisch, pfriemlich, ganzrandig; Aehren eiförmig; Deckblätter ungleich, die untersten hüllartig, die übrigen eiförmig, stachelspitzig; die vordern Kelchzipfel breit-eirund, die hintern schmäler, gekielt und auf dem Kiele bewimpert; Kapsel 2samig. (Taf. 134.)

Diese in den ums Mittelländische Meer herumliegenden Ländern wachsende halbstrauchige Pflanze unterscheidet sich von den beiden vorigen ihr sehr ähnlichen leicht durch den holzigen, 6—10 Zoll langen, fast niedergestreckten, nur an den Enden und mit den zahlreichen Aesten aufsteigenden Stengel. — Auch von dieser Art erhält man den Flohsamen, *Semen Psyllii sive Pulicariae.*

90. Fam.: Nachtschatten: *Solanaceae Juss.*

Diese Familie enthält meist Kräuter und Sträucher nebst einigen Bäumen. Blätter zerstreut stehend, ganz oder verschieden gelappt, zunächst der Blüte oft zu zwei beisammen, ohne Nebenblätter. Die Blütenstiele entspringen entweder in oder häufiger ausser den Blattachseln oder auch gipfelständig, sie tragen entweder eine oder zahlreiche Blüten ohne Deckblätter. Der Kelch ist 5spaltig, seltner 3- oder 4spaltig, fast regelmässig, bleibend, oft später sich noch vergrössernd, selten blos zum Theil abfallend. Blumenkrone meist regelmässig 5- selten 4spaltig, in der Knospe längsgefaltet liegend. Staubgefässe 5, mit aufrechten oder schaukelnden Antheren, die mit parallelen Fächern versehen, entweder durch Längspalten oder durch Löcher sich öffnen. Der zweifächrige Fruchtknoten enthält 2 an der Scheidewand befestigte zahlreiche Eichen tragende Samenhalter. Die Frucht ist entweder eine 2- oder scheinbar 4fächrige Kapsel, die entweder durch Klappen oder durch einen ringsumschnittenen Deckel sich öffnet, oder eine zweifächrige Beere oder fast eine Steinfrucht. Der Embryo liegt gekrümmt in dem fleischigen Eiweisskörper und oft excentrisch, mit gegen den Nabel gekehrtem Würzelchen und hat beim Keimen blattige Samenlappen. — Die Solaneen, welche über alle Erdtheile vom Aequator bis nach den Polen verbreitet sind, aber in der heissen Zone am häufigsten vorkommen, enthalten eine ziemliche Anzahl narkotisch-scharfer Giftgewächse und daneben wieder geniessbare, wie die Kartoffel; viele sind auch von ziemlich indifferenten Bestandtheilen.

Gruppe: *Mandragoreae Reichb.*

*Mandragora vernalis Bert.*, Frühlingsalraun wächst an feuchtschattigen Stellen in den Berggegenden von Südeuropa ausdauernd. Die stark narkotisch-giftige Wurzel, *Radix Mandragorae*, wurde fast ähnlich wie die Belladonnenwurzel angewendet und auch zum Betäuben solchen Personen gegeben, welche schmerzhafte Operationen zu überstehen hatten. — Aus der Wurzel gefertigte entferntmenschenähnliche Figuren dienten als Alraunen oder Alräunchen sonst Betrügern und Abergläubischen zu ihren vermeintlichen Zaubereien.

Gruppe: *Luridae Lin.*

Gattung: *Solanum Lin.*, *Tournef.* Nachtschatten.

*(Pentandria Monogynia Lin.)*

Kelch 5spaltig. Blumenkrone radförmig mit 5spaltigem gefaltetem Saume. Staubgefässe 5, im Schlunde befestigt, mit zusammenneigenden oder zusammenhängenden, an der Spitze mit 2 Löchern aufspringenden Staubbeuteln. Beere 2- seltner 4fächerig, vielsamig.

1. Art: *Solanum Dulcamara Lin.* Kletternder oder Steigender Nachtschatten, Bittersüss, Alp- und Wasserranken.

Stengel unten holzig, strauchig, kletternd, hin und her

gebogen; Blätter eirund-herzförmig, ganzrandig, zugespitzt, die obern zuweilen spiessförmig-geöhrt; Trugdolden den Blättern fast gegenständig oder seitlich; Beeren eiförmig-länglich. (Taf. 135.)

Diese bekannte Pflanze wächst häufig in Gebüschen vorzüglich an Flussufern, an Gräben oder andern feuchten Stellen durch Europa. Die kriechende Wurzel hat viele Fasern und treibt einen oder mehre ästige Stengel, welche entweder auf Gebüschen oder auf Zäunen emporkriechen oder an freien Stellen niederliegen; sie werden nicht selten bis 20 Fuss lang. Die langen schlanken Aeste, welche im jungen Zustande krautig und grün sind, werden später gelblichgrau und sterben während des Winters grössentheils ab, so dass ausser dem aufrechten fast fingersdicken und holzigen Stamme nur wenig übrig bleibt; diese jährigen Stengel und Aeste sind es, welche als *Stipites Dulcamarae* gesammelt werden. Die gestielten Blätter werden 3—5 Zoll lang und $1\frac{1}{4}$—$2\frac{1}{4}$ Z. breit, nach der Spitze hin kleiner, ganzrandig, kahl oder nur oberseits kurz und angedrückt behaart; die untern sind eirundlänglich, am Grunde stark herzförmig, die obern haben häufig am Grunde einen oder zwei grössere oder kleinere, eirundlängliche, spitzige, ganz abstehende Lappen, die obersten dagegen sind gewöhnlich wieder ganz. Die überhängenden Trugdolden entspringen mit ihren 1—2 Zoll langen Stielen entweder den Blättern gegenüber oder zwischen zwei über einander stehenden Blättern; sie sind fast gabelästig und tragen 10 bis 20 Blumen auf ausgespreizten, am Grunde knotig gegliederten, oben verdickten Stielchen. Die kleinen dunkelvioletten Kelche haben breit-eirunde spitzige Zipfel. Die gegen 10 Lin. breite, violetblaue Blumenkrone hat 5 Zipfel, die an ihrem Grunde zwei grüne weiss eingefasste Honiggrübchen tragen, lanzettlich, spitzig, und später zurückgebogen sind. Die langen gelben Antheren stehen auf kurzen Trägern, hängen fest unter einander zusammen und öffnen sich an ihrer Spitze mit 2 Löchern. Die länglich ovalrundlichen Beeren sind schön hochroth, an der Spitze mit einem Punkte bezeichnet und saftig. — Die ganze Pflanze, vorzüglich aber die schon oben erwähnten jährigen Stengel und Aeste, *Stipites vel Caules Dulcamarae*, schmecken anfangs widrig-bitter, später süsslich nach einem Extractivstoffe (Pikroglycion). Man gebraucht dieselben häufig als schweisstreibendes und die Thätigkeit der Schleim- und serösen Häute umstimmendes Mittel in vielen Krankheiten z. B. bei Hautausschlägen, Krankheiten mit verdorbenen Säften aus Stockungen im Unterleibe bei veralteten Katarrhen u. s. w. Die Wurzel und vorzüglich die Wurzelrinde soll noch kräftiger wirken. Die Beeren erregen heftiges Erbrechen und Purgiren und sollen nach *Linné* sogar tödtlich wirken.

2. Art: *Solanum tuberosum Lin.* Knolliger Nachtschatten, Kartoffel.

Wurzel Knollen tragend; Blätter fiederschnittig, haarig: Abschnitte am Grunde ungleich, wechselsweise sehr klein; Trugdolden langgestielt 2spaltig, Blütenstielchen gegliedert; Blumenkronen 5eckig.

Die allgemein bekannte Kartoffel stammt aus Peru und verdient hier der Erwähnung, weil sie durch ihre Wurzelknollen ein Satzmehl und Weingeist liefert.

3. Art: *Solanum nigrum Lin.* Schwarzer Nachtschatten.

Stengel krautig, aufrecht, abstehend-ästig, mehr oder minder kantig; Blätter langgestielt, eirund ins Dreieckige gehend, spitzig, ausgeschweift oder buchtig-gezähnt, am Grunde in den Blattstiel keilig verschmälert; Blüten in seitenständigen, 4—7blütigen kurzspindeligen, daher doldenartigen Trauben, mit abwärts gebogenen Blütenstielchen: Blumenkrone 5spaltig mit ausgebreiteten oder etwas zurückgebogenen Zipfeln. Beeren fast kugelig; die Fruchtstielchen unter dem Kelche verdickt, herabgebogen.

Diese gemeine einjährige Pflanze wächst durch ganz Europa und in andern Erdtheilen an Wegen, auf Schutt und bebauetem Lande. Aus der schlanken zaserigen Wurzel entspringen die 1—2 Fuss hohen Stengel mit glatten oder weichstacheligen Kanten, welche wie die hell- oder dunkelgrünen Blätter entweder fast kahl oder weichhaarig oder zottig sind. Die 3—5 Lin. im Durchmesser haltenden Blumen sind weiss oder seltener blass violett überlaufen. Die erbsengrossen Beeren haben in den anzuführenden Abänderungen verschiedene Färbung. — *Var. α.* Der Meldenblättrige Nachtschatten. (*Sol. melanocerasum Wlldw. — Sol. atriplicifolium Desport.*) mit starken weichstacheligen Stengelkanten und glänzend-schwarzen Beeren. Die Blätter gewöhnlich dunkelgrün und sehr buchtig-gezähnt. — *Var. β.* Der Niedrige Nachtsch. (*Sol. humile Bernh.*) mit wenigen deutlichen Kanten an den Stengeln und Aesten: Beeren wachsgelb. — *Var. γ.* Der Mennigrothe Nachtsch. (*Sol. miniatum Bernh.*) mit abstehend-zottigen Stengeln und Blättern und mit mennigrothen Beeren. Beim Berühren verbreitet die Pflanze einen moschusartigen Geruch. — *Var. δ.* Der Zottige Nachtsch. (*Sol. villosum Lam.*) mit filzig zottigen Stengeln und Blättern und mit dunkelgelben Beeren. Riecht gleichfalls zuweilen moschusartig. — Man gebraucht die frischen Blätter der blühenden Pflanzen, *Folia s. Herba Solani nigri.* Sie haben gewöhnlich einen unangenehm narkotischen, oft moschusähnlichen Geruch und einen widrig salzig-bitterlichen Geschmack und werden vorzüglich äusserlich als erweichendes und schmerzstillendes Mittel gegen bösartige und hartnäckige Geschwüre, gegen Drüsenanschwellungen, Geschwülste überhaupt und gegen chronische Hautkrankheiten, bisweilen aber auch innerlich gegen Wassersucht angewendet. Sie enthalten das *Solanin* reichlicher als die Blätter anderer Arten und werden desshalb besonders zur Bereitung desselben genommen. Schon ¼ Gran des Solanins soll kräftiges Erbrechen erregen.

Von *Solanum esculentum Dun. (Solanum Melongena et Sol. insanum Lin.)*, das im tropischen Asia und Afrika einheimisch ist, jetzt aber auch in Amerika und Südeuropa kultivirt wird; sind die grossen 4—5 Zoll langen und 2—2½ Zoll dicken Beeren, die eiförmig oder länglich, gerade oder gurkenähnlich gekrümmt und violett, bräunlich-purpurroth, oder gelblich oder weiss sind, und stets ein weisses Fleisch enthalten, in den Tropenländern, sowie in Italien, Südfrankreich und Spanien eine beliebte kühlende Speise. Diese Beeren waren sonst als *Mala insana vel Poma Melongenae* mit Sesamöl gekocht gegen Zahnschmerzen im Gebrauche.

### Gattung: *Capsicum Tournef., Lin.* Beissbeere. *(Pentandria Monogynia Lin. syst.).*

Kelch 5zähnig. Blumenkrone radförmig mit 5spaltigem gefaltetem Saume. Staubgefässe mit zusammenneigenden, der Länge nach aufspringenden Staubbeuteln. Beere vielgestaltig, trocken, 2fächrig, vielsamig.

### 1. Art: *Capsicum annuum Lin.* Gemeine Beissbeere, Spanischer Pfeffer.

Stengel krautig, kahl, meist ästig, undeutlich-kantig; Blätter langgestielt, eirund, an beiden Enden verschmälert, schwach ausgeschweift oder ganzrandig; Blüten einzeln oder zu zweien in den Blattachseln und endständig; Kelchzähne kurz, stumpf oder spitzlich; Beeren saftlos, eiförmig-länglich-kegelförmig mit der erweiterten Basis dem vergrösserten Kelche aufsitzend; Scheidewand gegen die Samenträger hin verdickt. (Taf. 136.)

Diese einjährige aus dem tropischen Amerika stammende Pflanze wird jetzt in den warmen Ländern aller Erdtheile cultivirt. Wurzel spindelförmig, ästig, weisslich. Stengel aufrecht, 1—2 Fuss hoch, etwas ästig oder einfach, stumpf-4- oder 5eckig, fast kahl. Die abstehenden Blätter sind $1\frac{1}{2}$—3 Zoll lang und $\frac{1}{2}$—$1\frac{1}{2}$ Zoll breit, stumpflich zugespitzt, am Grunde etwas in den rinnigen Blattstiel herablaufend. Blütenstiele einzeln selten gepaart, gegen den Kelch hin verdickt, fast eckig, 7—11 Lin. lang. Kelch kahl 5—6eckig, mit 5—6 aufrechten, kurzen, später etwas abstehenden Zähnen. Die schmutzig weisse Blumenkrone hat 5—6 eirundlängliche spitzige Zipfel. Der nach oben verdickte Griffel trägt eine undeutlich 3lappige Narbe. Die Beere wird 1—6 Z. lang und ändert sehr ab; sie ist gewöhnlich länglich-kegelförmig, gekrümmt, oder eiförmig, oder auch schwarz violett, eckig-wulstig, glatt oder runzelig, gesättigt zinnoberroth oder gelb, oder gelb und roth gescheckt, aufrecht stehend oder hängend. Samen rundlich-nierförmig, zusammengedrückt. — Nach der verschiedenen Gestalt, Farbe und Stellung der Früchte so wie nach einigen andern wechselnden Verschiedenheiten haben mehrere Botaniker eine grössere Anzahl von Arten unterschieden, die wohl nur durch die lange Kultur hervorgebrachte Spielarten sein dürften. Die getrockneten Beeren sind der Spanische oder Indische Pfeffer, *Fructus Capsici annui vel Piper hispanicum s. indicum.* Im Handel kommen gewöhnlich die schön glänzendrothen, kegelförmig-länglichen, 2—4 Z. langen, zusammengedrückten lederhäutigen trocknen Früchte vor. Sie gehören zu den schärfsten Reizmitteln des Magens und Darmkanals, röthen äusserlich angewendet die Haut und ziehen Blasen auf derselben. Bei uns benutzt man sie zuweilen bei Zungenlähmung, bei fauliger Bräune, bei Faulfiebern, hartnäckigen und bösartigen Wechselfiebern, schwarzem Staar und bei Lähmungen der Extremitäten. Häufig werden sie auch als Gewürz an die Speisen und zur Schärfung des Essigs gebraucht.

Von der Gemeinen Schlutte oder Judenkirsche, *Physalis Alkekengi Lin.*, welche ausdauernd auf sonnigen Hügeln und in Weinbergen Mittel- und Südeuropas wächst, und durch den grossen blasenförmigen, fast geschlossenen, mennigrothen Kelch, welcher die süsslich-säuerlichen Beeren weit umhüllt, sich leicht bemerkbar macht, waren sonst die Beeren, *Baccae Alkekengi vel Halicacabi*, bei Krankheiten der Harnwerkzeuge und bei Wassersucht officinell.

Gattung: *Atropa (L.) Aut. recens.* Tollkirsche.
*(Pentandria Monogynia Lin. syst.)*

Kelch 5theilig. Blumenkrone röhrig-glockenförmig, mit 5spaltigem Saume. Staubgefässe im Grunde der Blumenkronenröhre befestigt, am Grunde zottig, an der Spitze bogig- gekrümmt. Beere auf dem fortwachsenden Kelche sitzend, 2fächrig, vielsamig. Die dicken Samenträger durch eine schmale Zwischenplatte in die Mitte der Fächer vorgeschoben.

**1. Art: *Atropa Belladonna Lin.* Gemeine Tollkirsche, Wolfskirsche, Teufelsbeere, Belladonna.**

Stengel krautig, gabelästig; Blätter eiförmig oder elliptisch, ganzrandig, fast kahl, die untern wechselständig, die obern gezweit, das eine um die Hälfte kleiner als das andere; Blüten einzeln in den Achseln der kleinern Blätter, überhängend. (Taf. 137.)

Eine nicht selten in den Bergwäldern des mittlern und südlichen Europas ausdauernd wachsende Pflanze. Die Wurzel ist dick, walzenrundlich, spindelförmig, ästig und mit zahlreichen Fasern besetzt, schwach geringelt, aussen schmutzig-gelblich, innen fleischig und weiss. Der Stengel wird 3—5 Fuss hoch und höher, ist stielrund, schwachgerillt, röthlich-braun oder dunkelviolett überlaufen. Die Blätter stehen am Stengel und an den Hauptästen abwechselnd, an den übrigen Aesten gepaart, und zwar das eine um die Hälfte kleiner, in seiner Achsel die Blume tragend. Die Kelchzipfel sind eirund, zugespitzt, die Blumenkronen 1 Zoll lang, unten trüb-grüngelb mit bräunlichen Adern, nach oben schmutzig-violett-braun. Die Staubfäden sind an ihrem Grunde zottig und verschliessen durch diese Haare die Röhre. Die Beere sitzt auf dem vergrösserten und ausgebreiteten Kelche und gleicht einer glänzend-schwarzen Kirsche mit violettrothem Safte. Man sammelt die Wurzel und Blätter, *Radix et Herba Belladonnae sive Solani furiosi vel lethalis*, und zwar erstere im Spätherbste, letztere vor der Blütezeit. Die getrocknete Wurzel ist ziemlich leicht, etwas schwammig und nur wenig faserig, zerbrechlich, ungeschält runzelig, gelblichgrau oder bräunlich, geschält und innerlich schmutzig-gelblichweiss. Die gutgetrockneten und nicht alten Blätter haben einen betäubenden Geruch, wenn dieser fehlt, sind sie von geringer Wirksamkeit; man muss sie in verschlossenen Gefässen aufbewahren, wenn sie eine längere Zeit kräftig bleiben sollen. Wurzel und Blätter gehören zu den wirksamsten narkotisch-scharfen Mitteln und stimmen vorzüglich die krankhaft gesteigerte Sensibilität herab, erhöhen aber die Thätigkeit des Gefässsystems und steigern dieselbe bis zum Fieber. Sie enthalten vorwaltend viel an Aepfelsäure gebundenes Alkaloid, das Atropin und einen azothaltigen Extractivstoff, Pseudotoxin, nebst Kleber,

Eiweis, Schleim, Wachs und Salzen. Man wendet sie vorzüglich an bei langwierigen Krankheiten des Nervensystems, bei Keuchhusten, krebshaften Uebeln und Wasserscheu; äusserlich wirken sie krampf- und schmerzstillend. Man hält die Belladonna für ein Schutzmittel gegen Scharlach und sie ist als solches vorzüglich durch *Hahnemann* in Ruf gekommen. — Die glänzend schwarzen Beeren, welche schon oft Vergiftungen herbeigeführt haben, waren ehedem gleichfalls gebräuchlich. —

Gattung: *Datura, Lin.* Stechapfel.
*(Pentandria Monogynia Lin. syst.)*

Kelch röhrig, 5zähnig, oberhalb des Grundes umschnitten, und mit Hinterlassung eines Grundtheils abfallend. Blumenkrone trichterförmig, mit gefaltetem kurzfünflappigem Saume. Narbe dicklich, zweiplattig. Kapsel zweifächrig, scheinbar (halb-) vierfächrig, vierklappig vielsamig.

1. Art: *Datura Stramonium Lin.* Gemeiner Stechapfel, Rauchapfel.

Blätter eiförmig, buchtig-gezähnt, kahl; Blumen einzeln, achselständig; Kelch 5kantig; Kapseln dornig, aufrecht. (Taf. 138.)

Diese ursprünglich im nördlichen Theile Südasias einheimische Pflanze soll durch die Zigeuner nach Europa gebracht worden sein und ist jetzt in vielen Gegenden aller Erdtheile, in Dörfern, an Wegen, auf Schutthaufen und auf angebauetem Lande gemein. Aus der spindeligen ästigen, senkrecht eindringenden weisslichen Wurzel entspringt ein 1—4 Fuss hoher, stielrunder glatter und kahler, oben gabelspaltig-ästiger Stengel. Blätter 3—8 Zoll lang, 2—5 Z. breit, gestielt, spitzig, zugespitzt-eckig-gezähnt, kahl oder unterseits an den Nerven flaumig. Blüten sehr kurz gestielt. Kelch 2 Zoll lang, 5kantig, kahl mit 5 eiförmigen zugespitzten Zähnen. Blumenkrone 4 Zoll lang und länger; weiss, an der Röhre aussen schmutzig-gelblich-weiss; Saum 5eckig, gefaltet, mit 5 lang zugespitzten Zipfeln. Fruchtknoten eirundlich, dicht mit kurzen krautigen Borsten besetzt. Die platten Narbenzipfel schliessen an einander. Kapsel kurz gestielt, gegen 2 Zoll hoch und ziemlich ebenso dick, auf dem zurückgeschlagenen Kelchgrunde sitzend, eirund, schwach 4seitig, stumpf, mit abstehenden pfriemförmigen Dornen dicht besetzt. Samen flach nierförmig-rundlich braun-schwarz. — Gebräuchlich sind die Blätter und die Samen, *Herba et Semen Stramonii vel Daturae.* Die Blätter riechen unangenehm und betäubend und schmecken ekelhaft bitter; sie enthalten vorwaltend ein narkotisches Alkaloid, *Daturin* genannt. Sie scheinen vorzüglich auf das Gangliensystem, auf das Rückenmark und den *Nervus vagus* ihre narkotisch-scharfen Wirkungen auszuüben. Man wendet sie desshalb auch besonders gegen Nervenleiden und nervöse Krankheiten an, als gegen Epilepsie, bei Wahnsinn, gegen nervöses Asthma und Keuchhusten.

### Gattung: *Nicotiana Tournef.* Tabak.
*(Pentandria Monogynia Lin. syst.)*

Kelch röhrig, 5spaltig, bleibend. Blumenkrone trichter- oder präsentirtellerförmig, mit gefaltetem, kurz- 5lappigem Saume. Kapsel 2- oder 4fächrig, 2- oder 4klappig, an der Spitze 4spaltig-aufspringend, vielsamig.

### 1. Art: *Nicotiana Tabacum Lin.* Gemeiner oder Wahrer Tabak.

Blätter sitzend, länglich-lanzettlich, zugespitzt, die untern herablaufend; der Schlund der Blumenkrone aufgeblasen-bauchig; Zipfel derselben zugespitzt. (Taf. 139.) —

Diese bekannte jetzt unter allen Klimaten häufig cultivirte einjährige Pflanze stammt ursprünglich aus Westindien. Aus der ästigen weissen Wurzel entspringt ein aufrechter 3—6 Fuss hoher, nach oben ästiger Stengel, welcher wie fast sämmtliche andere Theile mit drüsigen weichen Haaren bekleidet ist. Die Blätter werden 8—16 Z. lang und länger und 2—8 Z. breit, die untern kleinern sind oval oder elliptisch in den Blattstiel herablaufend, die folgenden grössten sind länglicher und zugespitzt halbstengelumfassend und etwas am Stengel herablaufend; die obersten sind viel kürzer, schmal lanzettlich, langzugespitzt, sitzend. Die grosse entständige Rispe trägt zahlreiche Blumen. Der bauchige Kelch hat lanzettliche zugespitzte Zähne. Die rosenrothe oder dunklere über 2 Zoll lange Blumenkrone hat eine lange gegen den Schlund bauchig-erweiterte weisse Röhre und 5 breiteiförmige langzugespitzte Zipfel. Die 5 Staubfäden sind unten zottig. Die Kapsel ist eiförmig-oval spitzig. — Die ganze Pflanze verbreitet einen ekelhaften betäubenden Geruch und enthält vorzüglich ein flüchtiges ölartiges Alkaloid (Nikotin) und ein crystallinisches ätherisches Oel (Tabakskampher oder Nikotianin) und wirkt narkotisch scharf-giftig. Die getrockneten Blätter, *Herba Nicotianae*, werden jetzt nur selten innerlich angewendet und wirken vorzüglich reizend auf die Schleimhäute, die Harnwerkzeuge, den Darmkanal und das Lympfgefässsystem, häufig benutzt man sie zu den Tabaksklystiren zur Wiederbelebung Scheintodter oder um eine heftige Reizung im Darmkanale hervorzurufen. Bei hartnäckigen Verstopfungen und, bei eingeklemmten Brüchen u. s. w.

Zur Tabakbereitung werden auch noch einige andere Arten häufig kultivirt, so die sehr ähnliche grossblättrige *Nicotiana macrophylla Sprgl.* und verwandte Arten als *N. fruticosa*, *N. decurrens*; in China und auf den Sunda-Inseln wird *N. chinensis Fischer.* gebaut.

2. Art: *Nicotiana rustica*, *Lin.* Bauern oder Türkischer oder Gelber Tabak.

Blätter gestielt, eiförmig, stumpf; Blumenkronenröhre kurz, walzlich, mit rundlichen stumpfen Saumzipfeln.

Diese gleichfalls aus dem heissen Amerika stammende Art wurde zuerst nach Europa gebracht, da man aber den davon zu erhaltenden Tabak weniger angenehm findet, so wird ihr in einigen Gegenden der Anbau der vorigen vorgezogen; im Oriente aber und verschiedenen Gegenden Deutschlands, wo jene Art minder gedeiht, wird sie gleichfalls häufig kultivirt. Sie ist vorzüglich ausgezeichnet durch die gestielten ovalen stumpfen, am Grunde bisweilen herzförmigen Blätter und durch die kurzen mehr glockenförmigen grüngelben Blumen.

Gattung: *Hyoscyamus Tournef.* Bilsenkraut. (*Pentandria Monogynia Lin. syst.*)

Kelch glockig-urnenförmig, mit 5spaltigem Saume. Blumenkrone trichterig, mit kurzer Röhre und etwas schiefem ungleich 5lappigem Saume. Kapsel 2fächrig, am Grunde bauchig, an der Spitze deckelartig sich öffnend, vielsamig.

1. Art: *Hyoscyamus niger Lin.* Gemeines oder Schwarzes Bilsenkraut, Teufelsauge.

Klebrig-zottig; Blätter eiförmig-länglich, buchtig-eckig oder fast fiederspaltig-buchtig, die untersten gestielt, die übrigen halbstengelumfassend, die blütenständigen fast ganzrandig; Blüten kurzgestielt. (Taf. 140.)

Diese bekannte einjährige oder zweijährige Pflanze wächst auf wüsten Plätzen, Schutt, an Lehmmauern, doch auch häufig auf lockerm bebauetem Boden in ganz Europa. Aus der möhrenförmigen, einfachen oder wenigästigen weissen Wurzel entspringt der $1\frac{1}{2}$—2 Fuss hohe Stengel, der wie die übrigen Theile mit langen, weichen, klebrigen, weissen Zottenhaaren besetzt ist. Die Wurzelblätter sind gestielt, gegen 6—8 Zoll lang und 3—4 Zoll breit, auf gutem Boden, mehr als noch einmal so gross, tief randbuchtig, oder fiederspaltig, mit eirund-länglichen spitzigen Lappen mit einzelnen grossen Zähnen; diese Blätter fehlen den blühenden

Exemplaren und finden sich nur im Herbste oder im ersten Frühjahre an jungen Pflanzen. Die Stengelblätter sind kleiner und werden allmälig nach oben hin immer kleiner; sie umfassen den Stengel halb, sind am Rande buchtig eingeschnitten, vorn und an den Lappen und Zähnen zugespitzt; die blütenständigen Blätter stehen sehr genähert und haben nur 4 oder 2 grosse Zähne und die obersten sind ganzrandig; sämmtliche Blätter haben eine dunkle oder eine helle grüne aber immer düstere und schmutzige Farbe und sind mit klebrigen Zotten besetzt. Die Blüten entspringen einzeln aus allen obern Blattachseln und bilden zusammen eine einseitswendige zurückgebogene Traube, so dass die Fruchtkelche nach oben und die blütenständigen Blätter nach unten gerichtet sind. Der urnenförmige, netzaderige Kelch ist zottig und zwar gegen den Grund hin stärker und hat eiförmige, feinspitzige, bei der Frucht mit der er fortgewachsen war, stechende Zipfel. Blumenkrone 12—15 Lin. lang, schmutzig-gelb, in der Röhre purpurviolett, nach dem Schlunde hin in ein violettes Adernetz ausgehend; die breit-eirunden Zipfel sind stumpf oder zurückgedrückt. Die pfriemförmigen, weissen, etwas zottigen Staubfäden tragen längliche violette Staubbeutel. Der runde Fruchtknoten trägt einen fadenförmigen Griffel mit einer niedergedrückten knopfförmigen Narbe. Die über ½ Zoll lange Kapsel wird von dem knapp anschliessenden Kelche überragt, springt durch ein Deckelchen auf und enthält viele rundlich-nierförmige, gelblich-graue, fein-runzelige Samen. — Man wendet das Kraut und die Samen, *Herba et Semen Hyoscyami*, welche kräftig narkotisch wirken und ein eigenthümliches narkotisches Alkaloid, Hyocayamin, enthalten, vorzüglich als krampf- und schmerzstillende Mittel in vielen Krankheiten, als Nervenfiebern, Epilepsie, Hysterie, Rheumatismus, Husten, Keuchhusten, Magenkrampf u. s. w. aber auch bei Entzündungskrankheiten z. B. Lungenentzündungen und andern innerlich an. Aeusserlich dient das Kraut zu Bähungen und Breiumschlägen, und das damit gekochte Oel und bereitete Pflaster zum Schmerzstillen und Zertheilen. Die Samen, welche man seltner benutzt, enthalten neben Hyoscyamin viel eines fetten Oels und sollen sehr kräftig wirken. Sie bilden einen Bestandtheil der *Massa pilularum e Cynoglosso* der *Pharmacop. bor.* II.

Früherhin war auch bei uns, und ist jetzt noch in Frankreich das Kraut des Weissen Bilsenkrautes, *Hyoscyamus albus Lin.* officinell. Es wächst diese Art an gleichen Stellen wie vorige im südlichen Europa und hat gestielte herzförmig-rundliche, stumpfe und buchtige Blätter, von denen die obern keilförmig-rhombisch und ausgeschweift-gezähnt sind. Die weisslichen einfarbigen oder am Grunde violetten Blumen sind sehr kurz gestielt, so dass sie zu sitzen scheinen. Das **Kraut**, *Herba Hyoscyami albi*, wirkt zwar auch narkotisch aber weniger kräftig als voriges.

### 89. Fam. Larvenblütler: *Personatae Adans.*

#### Gruppe: *Orobancheae.*

*Orobanche Epithymum De C.* **Quendel-Sommerwurz**, und einige verwandte Arten der Gattung *Orobanche* waren als *Radix et Flores Orobanches* gebräuchlich; die bittere und zusammenziehende Wurzel wurde gegen Blähungen, Bauchschmerzen und auch als Wundmittel, die Blüten dagegen bei Nervenleiden, Krampf der Kinder u. s. w. angewendet.

*Lathraea Squamaria L*, **Gemeine Schuppenwurz**, in Laubwäldern auf Baumwurzeln wachsend, lieferte den langen unterirdischen Stengel als *Radix Squamariae vel Dentariae majoris*, welcher gegen Leibschmerzen, Epilepsie und Krämpfe bei Kindern gebraucht wurde.

#### Gruppe: *Scrofularinae Juss.*

Meist jährige oder ausdauernde Kräuter und einige Sträucher mit knotenlosen stielrunden Stengeln und Aesten, sowie wechselständigen Blättern oder mit knotigen und 4seitigen Stengeln und gegen- oder wirtelständigen Blättern ohne Nebenblätter. Die meist unregelmässigen Zwitterblüten stehen in mit Deckblättern besetzten Trauben, Aehren, Büscheln und Trugdolden oder sie stehen einzeln in den Blattachseln. Kelch meist 5- oder 4spaltig oder 5- oder 4theilig. Blumenkrone 2lippig, rachenförmig oder maskirt, mit 5 oder 4 Zipfeln, welche in den Knospen dachziegelig liegen. Staubgefässe der Röhre der Blumenkrone angewachsen, mit deren Zipfeln abwechselnd, meist didynamisch, wo dann das oberste 5te fehlt oder unfruchtbar ist; bisweilen sind auch nur die beiden untern vorhanden; die Staubbeutel sind 2- oder auch einfächrig und öffnen sich der Länge nach. Der Fruchtknoten hat sich aus 2 verwachsenen Karpellen gebildet, ist 2fächrig und trägt an beiden Seiten seiner Mittelsäule einen vieleiigen Samenhalter; der einfache Griffel trägt meist eine zweilappige Narbe. Die Kapsel ist 2fächrig, 2- oder selten 4klappig und hat entweder eine doppelte Scheidewand, welche von den eingeschlagenen Klappenwänden gebildet wird oder sie hat eine einfache Scheidewand, welche dann wieder entweder mit den Klappen parallel oder auch diesen entgegengesetzt steht; nur bisweilen ist die Frucht auch beerenartig; die Kapsel hat meist zahlreiche Samen; der gerade Embryo liegt in dem fleischigen Eiweisskörper mit gegen den Nabel gerichtetem Würzelchen.

### Gattung: *Gratiola Lin.* Gnadenkraut. *(Diandria Monogynia Lin. syst.)*

Kelch 5theilig, gleich, am Grunde mit 2 Deckblättchen. Blumenkrone röhrig: Saum unregelmässig 4theilig, fast 2lippig. Staubgefässe 4, davon nur die beiden längern fruchtbar. Kapsel 2fächrig, scheidewandspaltig-2klappig, vielsamig.

#### 1. Art: *Gratiola officinalis Lin.* Gebräuchliches Gnadenkraut, Wilder Aurin, Purgirkraut, Gottesgnadenkraut.

Stengel aufrecht, am Grunde wurzelnd, gegliedert und stielrund, oben 4kantig, kahl; Blätter gegenständig sitzend, lanzettlich, von der Mitte an gesägt, fast 3nervig; Blütenstiele einblütig, achselständig; Deckblätter linealisch, länger als der Kelch. (Taf. 141.)

Diese kleine ausdauernde Pflanze wächst auf nassen sumpfigen Wiesen, an und in Gräben, an Flussufern und an Seen im mittlern und südlichen Europa. Die kriechende, weisse, federkielsdicke Wurzel ist gegliedert und an den Gelenken faserig. Sie treibt aufsteigende $\frac{1}{2}$—$1\frac{1}{2}$ Fuss hohe, einfache oder nur wenigästige Stengel, die unten stielrund, nach oben aber 4seitig sind. Die Blätter stehen kreuzweis einander gegenüber auf breitem halbstengelumfassendem Grunde; sie sind 15—20 Lin. lang und 3—6 Lin. breit, die untern 3—5nervig, die obern schmälern und spitzigern nur 3nervig und drüsig-punktirt. Die fadenförmigen Blütenstiele sind kürzer als die Blätter und tragen dicht unter dem Kelche 2 linealische, spitzige Deckblätter, die den Kelchblättern, mit denen sie oft gleiche Länge haben, sehr gleichen. Die 8—12 Lin. lange Blumenkrone ist weisslich oder blassröthlich, nach unten gelblich; die Röhre, welche länger als der Kelch ist, hat innen gegen den Schlund hin büschelständige keulenförmige, ochergelbe gegliederte Haare; von den zugerundeten Zipfeln ist der oberste breiter und ausgerandet. Die 2fächrige, vielsamige, 2klappige Kapsel hat Klappen, welche zuletzt halb 2spaltig sind und enthält viele sehr kleine länglich-ovale, gestreifte braune Samen. — Officinell sind die Wurzel und das Kraut, *Radix et Herba Gratiolae*; beide sind geruchlos und schmecken äusserst bitter, wirken scharfgiftig und erregen heftiges Purgiren und Erbrechen. Man wendet sie an bei Unthätigkeit des Darmkanals und den damit in Verbindung stehenden Krankheiten z. B. Hypochondrie, Melancholie und Manie, Gelb- und Wassersucht, starken Verschleimungen und langwierigen Wechselfiebern; äusserlich gebraucht man das Pulver oder das frische gequetzschte Kraut gegen bösartige Geschwüre, bei Beinfrass, Gichtknoten u. s. w.

Gattung: *Verbascum Tournef.* Wollkraut, Königskerze.

*(Pentandria Monogynia Lin. syst.)*

Kelch 5theilig. Blumenkrone radförmig, mit ungleich fünftheiligem Saume und abgerundeten stumpfen Zipfeln. Staubgefässe 5, ungleich; 2 länger. Kapsel zweifächrig, scheidewandspaltig-2klappig, vielsamig.

1. Art. *Verbascum Thapsus Lin. (nec Schrad.)* Gemeines oder Aechtes Wollkraut oder Königskerze, Himmelbrand, Fackelkraut.

*(Syn.: Verbascum thapsiforme Schrad.)*

Blätter am Stengel herablaufend, lanzettförmig-länglich, gekerbt, filzig. Blütentraube dicht, ährenförmig. Zipfel der Blumenkrone verkehrt-eirund, abgerundet. Staubfäden weisswollig, 2 länger und kahl: Staubbeutel fast gleich, doch 2 länglicher. (Taf. 142.)

Diese bekannte 2jährige Pflanze wächst häufiger im südlichen und mittlern Europa als im nördlichen. Sie hat meist nur einen 1½—4 Fuss hohen Stengel, breite elliptische und zwar breitere und tiefergekerbte spitzigere Blätter als die folgende Art. Die Blütenstiele sind länger, die Kelchzipfel eiförmig, zugespitzt. Die Blumenkronen sind 2—3mal grösser als an folgender Art und halten oft 1—1½ Zoll im Durchmesser. Die Staubbeutel der 2 längern Staubgefässe sind noch einmal so lang als die drei übrigen. Gebräuchlich sind vorzüglich von dieser Art, jedoch auch von der folgenden und andern Arten die Blätter und Blumenkronen, *Herba et Flores Verbasci.* Die Blätter, welche getrocknet sehr brüchig sind, haben eine ziemlich gelblichgraue Farbe, riechen frisch eigenthümlich unangenehm und in grössern Massen sogar etwas betäubend, was sich aber durch das Trocknen ganz verliert. Der Geschmack ist bitterlich, etwas schleimig und kaum etwas scharf. Man wendet sie äusserlich zu erweichenden Breiumschlägen oder auch in Klystieren jedoch nicht häufig an. Die Blumenkronen müssen bei trockner Witterung gesammelt und schnell getrocknet werden, weil sie sonst nicht gelb bleiben. Sie besitzen einen angenehmen, schwach honigartigen, etwas gewürzhaften Geruch und einen süsslichschleimigen Geschmack. Sie enthalten vorzüglich Schleim und Schleimzucker nebst etwas ätherischem Oele. Man wendet sie an in Theeaufgüssen als reizlinderndes und gelindschweisstreibendes Mittel bei Brustkatarrhen und leichten Erkältungen.

2. Art: *Verbascum Schraderi G. F. W. Meyer.* Kleinblumiges Wollkraut, sonstige deutsche Benennungen wie bei voriger Art.

(*Syn.: Verbascum Thapsus Schrad. nec Lin. Verb. elongatum Wlldw. Enum. sec. Reichenb.*)

Blätter feingekerbt, dünn- und gelblichfilzig, alle herablaufend, oberste spitzlich oder stumpf; Blütentraube einzeln, dicht und kolbig; Blütenstielchen sehr kurz; Blumenkrone fast trichterförmig, die beiden längern Staubgefässe mit länglichen Staubbeuteln und Staubfäden, welche 4mal länger sind, als die Staubbeutel. (Taf. 143.)

Diese bekannte 2jährige Pflanze wächst wie vorige auf trocknen sandigen oder kiesigen Stellen in vielen Gegenden von Europa, doch vorzüglich im nördlichern Theile. Sie unterscheidet sich von voriger vorzüglich noch in folgenden Stücken. Der Stengel wird höher oft 3—6 Fuss hoch. Die Blätter sind länglich-lanzettlich, nicht so breit und minder tief-gekerbt wie an voriger Art. Die Blüten haben nur sehr kurze Stiele. Die Kelche haben lanzettliche, zugespitzte Zipfel. Die reingelben Blumenkronen sind fast trichterförmig-vertieft und kaum halb so gross wie an voriger Art; sie halten gewöhnlich im Durchmesser nur $\frac{1}{2}$ Zoll. — Die Blätter und Blumenkronen werden unter gleichen Benennungen in gleicher Weise wie die von voriger Art angewendet.

Auch von *Verbascum phlomoides. Lin.*, welches vorzüglich häufig im südlichen und südöstlichen Deutschland wächst, werden in dessen Heimat die Blüten gesammelt und angewendet.

Von *Scrofularia nodosa Lin.* der Gemeinen Braun- oder Knotenwurz, welche durch ganz Europa in feuchten und schattigen Wäldern wächst und sich durch seine eigenthümliche fast urnenförmige Blumenkrone mit schief-5spaltigem fast 2lippigem Saume auszeichnet, war sonst die Wurzel und das Kraut, *Radix et Herba Scrofulariae vel Scrofulariae foetidae vel Sc. vulgaris*, officinell und ward bei Scrofeln, Hautkrankheiten, Geschwülsten, Auswüchsen, Auftreibungen u. s. w. angewendet.

*Scrofularia aquatica Lin.* Wasserbraunwurz an Gräben, Teichen und in Sümpfen gleichfalls ausdauernd wachsend, ist voriger sehr ähnlich und doch leicht erkennlich an den breitgeflügelten 4seitigen Stengeln und Blattstielen. Das Kraut, *Herba Scrofulariae aquaticae vel*

*Betonicae aquaticae*, wurde in gleicher Weise wie das der vorigen Art angewendet.

*Sesamum orientale Lin.*, eine aus Ostindien stammende, jetzt in allen heissen und warmen Gegenden häufig cultivirte Oelpflanze, aus deren Samen schon die Babylonier und alten Aegypter ihr Oel gewannen. Ehedem waren die Samen und das Oel, *Semen et Oleum Sesami*, auch in den europäischen Apotheken zu finden. Das Oel, welches einen süssen angenehmen Geschmack hat, wird gegessen, als Arznei und kosmetisches Mittel, sowie das schlechtere zum Brennen gebraucht. Es soll nicht leicht ranzig werden.

Gattung: *Digitalis (Tournef.) Lin.* Fingerhut.
*(Didynamia Angiospermia Lin. syst.)*

Kelch 5theilig. Blumenkrone röhrig-glockenförmig, mit unregelmässig- fast 2lippigem und 4 oder 5lappigem Saume. Staubgefässe 4 mit 2lappigen Staubbeuteln. Kapsel 2fächrig, scheidewandspaltig-2klappig, vielsamig.

1. Art.: *Digitalis purpurea Lin.* Rother Fingerhut.

Blätter länglich, gekerbt, runzelig, oberseits weichhaarig, unterseits filzig-zottig; Kelchzipfel eirund-elliptisch, kurzzugespitzt, von der Länge der Blütenstielchen; Lappen des Blumenkronensaums stumpf, der oberste ungetheilt. (Taf. 144.)

Diese bekannte zierliche 2jährige Pflanze wächst auf sonnigen und belaubten Bergen im südlichen und mittlern Europa. Aus der weisslichen, ästigen und mit vielen Fasern besetzten Wurzel entspringt ein aufrechter 2—3 Fuss hoher, oft auch höherer stielrunder, meist einfacher oder nur am Grunde etwas ästiger, weichhaarig-filziger Stengel. Die ½—1 Fuss langen, 3—6 Zoll breiten, eiförmigen, stumpfen, am Grunde in einen breiten und langen Blattstiel verschmälerten Blätter sind am Rande doppelt gekerbt und etwas wellig, aderig-runzelig, oberseits flaumhaarig und graulichgrün, unterseits weisslichgrau und fast filzig. Sie sind am Stengel nach oben allmälig kleiner und kürzer gestielt, länglicher, spitziger und gezähnt-gekerbt; die obersten ungestielten sind länglich-lanzettlich, fast ganzrandig. Die langen einseitswendigen Trauben stehen am Ende des Stengels und der Aeste. Die lanzettlichen oder eirundlanzettlichen zugespitzten ganzrandigen Deckblätter haben meist die Länge der fast filzigen Blütenstielchen. Die Kelchzipfel sind oval-länglich, spitzig. Die gegen 2 Zoll lange Blumenkrone ist düster purpurrosenroth, innen behaart und auf der untern Seite weiss mit purpurrothen Flecken; bei einer in Gärten, wo man dieses Gewächs häufig zur Zierde kultivirt, vorkommenden Abänderung sind auch die Blumenkronen ganz weiss. Die niedergebogenen Staubgefässe haben 2 rundliche, an dem einen Ende weit von einander weichende Antherenfächer. Der eirund-längliche zugespitzte Fruchtknoten trägt auf dem langen Griffel eine Narbe mit 2 spitzigen Zipfeln. Die weichhaarige, 2fächrige, 2klappige Kapsel enthält zahlreiche gelbbraune, ovale, mit einer Längsfurche versehene an beiden Enden eingedrückte Samen. — Man sammelt die Blätter *Herba vel Folia Digitalis vel Digit. purpureae*, vor dem Beginne der Blütezeit von in Gebirgswäldern wild gewachsenen Pflanzen, trocknet sie im Schatten und bewahrt sie sorgfältig; doch dürfen sie nicht über 1 Jahr alt sein, da sie sehr an Wirksamkeit verlieren. Getrocknet ist das Kraut geruchlos und besitzt einen ekelhaften stark bittern und etwas scharfen Geschmack, wirkt in grössern Gaben narkotisch-giftig, und erregt in kleinern Gaben eine starke Vermehrung aller Absonderungen und eine Verminderung der Assimilationsthätigkeit, wobei aber auch zugleich die erhöhte Reizbarkeit des Nervensystems herabgestimmt wird. Man wendet das Fingerhutskraut desshalb auch besonders an bei verschiedenen Krankheiten des lymphatischen und Nerven-Systems, als bei Scrofeln, Wassersucht, Kongestionen nach dem Herzen und der Brust, nach dem Kopfe, bei Blutflüssen, chronischen Entzündungen, Keuchhusten, krampfigen Asthma u. s. w. entweder in Pulver oder seltener in Aufgüssen und Abkochungen. Auch bereitet man einige Präparate damit.

*Digitalis Thapsi L.* eine sehr ähnliche Pflanze, welche in Südfrankreich, Oberitalien, Spanien und Portugal wächst, wird in jenen Ländern in ganz gleicher Weise angewendet.

*Antirrhinum majus Lin.*, das Grosse Löwenmaul, Grosser Dorant, Kalbsnase, eine bekannte an alten Mauern, in Ruinen wachsende schöne Pflanze, die in vielen Farbenabänderungen in den Gärten gezogen wird, lieferte sonst das etwas scharfe Kraut, *Herba Antirrhini vel Orontii majoris vel Capitis vitulli*, welches als ein zertheilendes und harntreibendes Mittel angewendet wurde.

Von *Antirrhinum Orontium Lin.*, dem Feldlöwenmaule oder Kleinem Dorant, der als Sommergewächs auf den Feldern durch ganz Europa wächst, brauchte man sonst die ganze Pflanze als *Herba Orontii*, wie die vorige Art. Die Blätter schmecken bitterlich, etwas scharf und zusammenziehend; dass sie giftig wirken, wie Einige anführen, ist fast zu bezweifeln.

**Gattung:** ***Linaria (Tournef) Mill.*** **Leinkraut.**
*(Didynamia Angiospermia Lin. syst.)*

Kelch 5theilig. Blumenkrone maskirt (larvig, *cor. personata)*, am Grunde gespornt; Röhre aufgeblasen; Saum 2lippig, mit 2spaltiger zurückgeschlagener Oberlippe, 3lappiger Unterlippe und einem am Schlunde vorspringenden Gaumen. Kapsel 2fächrig, bis zur Hälfte zweiklappig, mit an der Spitze meist 3zähnigen Klappen, vielsamig.

**I. Art:** ***Linaria vulgaris Mill.*** **Gemeines Leinkraut, Frauenflachs, Marienflachs, Gelbes Löwenmaul.**
*(Syn.: Antirrhinum Linaria Lin.)*

Stengel nebst den Aesten aufrecht, kahl; Blätter sämmtlich wechselständig, gedrängt, lineal-lanzettlich, spitzig; Traube endständig, fast ährenförmig-gedrungen. (Taf. 145.)

Eine auf Hügeln, Feldrainen, an Wegen und Zäunen in Europa und Nordamerika nicht seltene ausdauernde Pflanze mit wagrechter, kriechender, vielbeugiger, ästiger Wurzel. Gewöhnlich kommen einige Stengel aus einer Wurzel; sie werden 1—2 Fuss hoch, sind dünn, steif aufrecht, einfach oder seltner oben etwas ästig, dichtbeblättert und meist ganz kahl. Die ungestielten Blätter sind $1\frac{1}{2}$—2 Z. lang, 1—$1\frac{1}{2}$ L. breit, lineal-lanzettlich, ganzrandig, spitzig, fast 3nervig, kahl, unterseits seegrünlich. Trauben endständig, mit aufrechten gedrängten grossen gelben Blüten mit röthlich-gelbem Gaume der Unterlippe. Die linealischen spitzigen Deckblätter sind etwas länger als die Blütenstielchen. Die ovale Kapsel enthält viele kreisrunde, flache, breitgesäumte, schwarze Samen. — Man sammelt den Obertheil des Stengels mit **Blättern und Blüten** als *Herba Linariae.* Diese Stengelspitzen sind etwas scharf und wurden sogar für giftig gehalten. Man wendet sie an als harntreibendes und eröffnendes Mittel bei Wassersucht, Gelbsucht, Hautkrankheiten, Scrofeln, Rhachitis u. s. w., jetzt braucht man sie nur noch äusserlich zu erweichenden, schmerzstillenden Umschlägen, zu einer Salbe, *Unguentum de Linaria*, vorzüglich bei Hömorrhoidalknoten, und zu Bädern bei rhachitischen Kindern.

***Linaria Cymbalaria Mill.*** *(Syn: Antirrhinum Cymbalaria Lin.)* das **Zympelkraut**, wächst an Felsen und alten Mauern, und ward als *Herba Cymbalariae* bei Wunden, gegen Schleimflüsse der Genitalien und Harnruhr angewendet.

Das bittere **Kraut**, *Herba Elatines* von ***Linaria Elatine Mill.*** *(Syn.: Antirrhinum Elatine Lin.)* einer kleinen mit den Stengeln niederliegenden auf Äckern wachsenden Pflanze, ward sonst ebenfalls gebraucht.

**Gattung:** *Veronica (Tournef.) Lin.* **Ehrenpreis.**
*(Diandria Monogynia Lin. syst.)*

Kelch 4- oder 5theilig. Blumenkrone radförmig, 4lappig, der unterste Lappen schmäler und kleiner und der obere gewöhnlich grösser als die beiden seitenständigen. Staubgefässe 2. Kapsel zusammengedrückt, an der Spitze ausgerandet, 2fächrig, die Scheidewand den Klappen entgegengesetzt (oder, was dasselbe ist, dem schmäleren Durchmesser der Kapsel parallel) vielsamig. Samenträger achsenständig, der Scheidewand aufgewachsen.

**1. Art:** *Veronica officinalis Lin.* **Gebräuchlicher oder Wahrer Ehrenpreis, Grundheil.**

Stengel kriechend, mit den Enden und Aesten aufwärts gebogen, allseitig behaart; Blätter verkehrt-eiförmig oder elliptisch, gesägt oder kerbig-gesägt, weichhaarig; Blütentrauben achselständig, meist abwechselnd, verlängert; Kapsel verkehrt-herzförmig, fast abgestutzt, kurz behaart. (Taf. 146.)

Auf Triften, Haiden, in trocknen lichten Wäldern ausdauernd wachsend. Die ½—1 Fuss langen Stengel sind stielrund, wenig ästig und steifhaarig wie die ganze Pflanze, sie kriechen und richten sich nur mit den Enden und Aesten aufwärts. Die 1½ Z. langen, ½—1 Zoll breiten Blätter sind bald verkehrt-eirund, bald oval, bald elliptisch, selten fast rundlich, immer in ein kurzes Stielchen verschmälert, grobgesägt, graugrün, rauhhaarig, doch zuweilen in höhern Gebirgsgegenden auch fast kahl und dann beinahe glänzend und als *Veronica Allionii Schm.* für eigene Art aufgeführt. Gegen das Ende des Stengels hin befinden sich gewöhnlich nur 2 wechsel- oder gegenständige oder nur eine Traube auf einem drüsig behaarten Stiele, der anfangs 1—2 Z. lang ist, späterhin aber bis gegen 5 Zoll auswächst. Die länglich-linealischen Deckblätter sind weit länger als die Blütenstielchen. Von den 4 länglichelliptischen spitzlichen Kelchzipfeln sind die beiden obern kürzer. Die düster- und blassblaue kleine Blumenkrone ist mit dunklern Adern durchzogen und hat verkehrt-eirundliche Zipfel. Die drüsig-behaarte Kapsel ist noch einmal so lang als der Kelch.

Das officinelle **Kraut**, *Herba Veronicae*, hat einen bitterlichen und zusammenziehenden Geschmack und getrocknet keinen Geruch. Es stand in frühern Zeiten als ein vorzügliches Heilmittel, *herba vera unica* in grossem Rufe bei Verschleimungen der Brustorgane, gegen beginnende Lungensucht, Brustkatarrhe, Rheumatismen und Gicht; auch jetzt noch wird es in vielen Gegenden als ein Hausmittel häufig, von den Aerzten jedoch nur wenig angewendet.

Von folgenden Arten waren früherhin gleichfalls das Kraut u. s. w. in Anwendung; sie sind aber jetzt fast vergessen und nur noch als Hausmittel im Gebrauche. *Veronica Chamaedrys Lin.* Wilder Gamander oder Gamander-Ehrenpreis lieferte *Herba Chamaedryos spuriae foeminae* — *Ver. latifolia L.* Erdbathengel (*Ver. Teucrium Aut.*) gab *Herba Chamaedryos spuriae maris.* — *Ver. Beccabunga Lin.* Bachbungen, Quell-Ehrenpreis lieferte das Kraut, *Herba Beccabungae* und die ähnliche *Ver. Anagallis L.*, Wasser-Ehrenpreis Kleine Bachbungen die *Herba Anagallidis aquaticae.* — Von *Veron. spicata* endlich sammelte man das Kraut als *Herba Veronicae spicatae* und wendete es wie den gebräuchlichen Ehrenpreis an.

Gruppe: *Rhinantheae Vent.*

Kräuter mit gegenüberstehenden Blättern und achselständigen Blumen. Deckblätter häufig gefärbt. Kelch 4—5 spaltig, ungleich. Blumenkrone 2lippig oder maskirt. Staubgefässe 4, didynamisch; Antherenfächer parallel, am Grunde gesondert und in einen Sporn oder eine Spitze endigend. Der zweifächrige Fruchtknoten trägt einen einfachen Griffel mit einer stumpfen Narbe. Kapsel 2fächrig, 2klappig, meist mit 2 Samen in jedem Fache. Embryo verkehrt. Sonst Alles wie bei voriger Gruppe.

*Rhinanthus major Ehrh.* u. *R. minor Ehrh.* Klappertopf, Pfennigkraut, Vasenblume, diese beiden auf allen Wiesen gemeinen Gewächse, welche *Linné* als *Rhinanthus Crista galli* vereinigte, lieferten das Kraut, *Herba Cristae galli*, welches geruchlos ist und etwas herbe, salzig und bitterlich schmeckt.

*Pedicularis palustris L.*, Sumpf-Läusekraut, Sumpfrodel, eine auf sumpfigen Wiesen und in Gräben in Europa und Nordasia einjährig wachsende bekannte Pflanze war als *Herba Pedicularidis aquaticae vel Fistulariae* bei zu starker Menstruation, bei Krankheiten der Harnwerkzeuge und äusserlich bei unreinen Geschwüren und zur Tödtung von Ungeziefer bei Menschen und Thieren gebräuchlich. Auch die kleinere, aber sehr ähnliche *Pedicularis sylvatica L.* ward in gleicher Weise angewendet.

*Odontites rubra Pers.* (*Od. verna et serotina Pers. Bartsia Odontites Huds. Euphrasia Odontites Lin.*) eine auf Feldern und an Wiesenrändern und Gräben gemeine 1jährige Pflanze mit fleischrothen Blumen war sonst als *Herba Euphrasiae rubrae s. Odontitidis* bei Zahnschmerzen (daher der Name) aber auch bei zu reichlicher Menstruation in Anwendung.

*Euphrasia officinalis Lin.*, Officineller Augentrost, eine jährige auf trocknen und feuchten Wiesen, auf Triften, Haiden und in Wäldern gemeine Pflanze, welche in der zweiten Hälfte des Sommers blüht, ward zur Blütezeit gesammelt, als *Herba Euphrasiae* vorzüglich bei Augenleiden gerühmt, aber auch bei Magenschwäche, träger Verdauung, Stockungen im Unterleibe, Gelbsucht u. s. w. angewendet.

Von *Melampyrum arvense Lin.*, Wachtelweizen, Acker-Kuhweizen, einem in manchen Gegenden unter dem Getreide häufigen Sommergewächse sammelte man die Samen *Semen Melampyri* und brauchte deren Mehl als ein vorzüglich zur Zertheilung wirksames Mittel.

88. Fam. Globulariaceen: *Globulariaceae Rchb.*

Von *Globularia vulgaris L.*, Gemeine Kugelblume,, welche ausdauernd auf sonnigen Hügeln und Bergen im südlichen und mittlern Europa wächst, waren die Blätter, *Folia Globulariae* ehedem gebräuchlich. Sie haben einen sehr bittern Geschmack und wurden bei gestörter Verdauung als tonisches gelind purgirendes Mittel, aber auch äusserlich bei Geschwüren und Wunden gebraucht.

Von *Globularia Alypum L.*, welche als ein Halbstrauch an steinigen Stellen Südeuropas wächst, waren die bittern *Folia Alypi* als ein Ersatzmittel der Sennesblätter in Anwendung. In Frankreich werden sie noch jetzt häufig als gelind purgirendes und den Darmkanal zugleich stärkendes Mittel angewendet.

A. Röhrenträger: *Tubiferae.*

87. Fam. Windengewächse: *Convolvulaceae Vent.*

Gruppe: *Convolvuleae Rchb.*

Meist windende Kräuter oder Sträucher mit einem scharfen Milchsafte. Die Blätter sind entweder ganz oder handförmig-gelappt, selten auch fiederspaltig ohne Nebenblätter. Die achsel- oder endständigen Blütenstiele haben entweder einzelne oder viele Blüten und tragen gewöhnlich 2 Deckblätter. Der 5theilige Kelch hat in der Knospe dachziegelig liegende Zipfel. Die trichter- oder fast glockenförmigen Blumenkronen haben einen 5lappigen Saum, welcher in der Knospe gedreht und nach dem Verblühen gewöhnlich eingerollt ist. 5 Staubgefässe sind dem Grunde der Blumenkrone mit deren Zipfeln abwechselnd eingefügt; die Antherenfächer liegen parallel neben einander und springen der Länge nach auf. Der 2- oder 4fächrige, selten einfächrige Fruchtknoten steht auf einer fleischigen ringförmigen Scheibe, hat einen weniger oder mehr zuweilen bis zum Grunde gespaltenen Griffel und stumpfe oder spitzige Narben; in jedem Fruchtknotenfache befinden sich ein oder zwei aufrechte Eichen. Die Frucht ist eine 2- oder 4fächrige Kapsel; die Samen sitzen am Grunde der freien Scheidewand, an deren Kanten die Ränder der Klappen sich anlegen; bei wenigen Arten ist auch die Frucht beerenartig oder besteht aus 4 Nüsschen, Der gekrümmte, von dem wenigen schleimigen Eiweisse umgebene Embryo hat gerunzelte Samenlappen und ein nach unten gerichtetes Würzelchen.

Gattung: *Ipomoea Lin.* Trichterwinde.
*(Pentandria Monogynia L. syst.)*

Kelch 5theilig. Blumenkrone trichterig, mit gefaltetem, undeutlich 5lappigem Saume. Griffel einfach, mit kopfiger oder nur schwach 2—3lappiger Narbe. Kapsel vom bleibenden Kelche umschlossen, vollständig- oder unvollständig-2—4fächrig, klappig-aufspringend, arm- bis vielsamig,

1. Art: *Ipomoea Jalappa Desf.* Jalappen-Trichterwinde.

Blätter herzförmig, stumpf, ganz und buchtig-ausgeschweift, oder 3—5lappig, runzelig, unterseits weisslich-zottig-filzig; Blütenstiele 1—2blütig, von der Länge der Blattstiele; Blumenkronen fast präsentirtellerförmig, mit verlängerter Röhre und ausgeschweift-gelapptem Saume; Kelchzipfel oval; Samen wollig. (Taf. 147.)

Eine ausdauernde Pflanze der heissen Gegenden Mexikos mit grosser rübenförmiger oft gegen 20 Pfund schwerer weisslicher Wurzel, aus welcher mehre mehrkantige 15—20 Fuss hoch um benachbarte Gegenstände sich windende, warzig-scharfe Stengel entspringen. Die 2—4 Zoll langen und fast ebenso breiten Blätter stehen auf 2 Zoll langen hackerig-scharfen Stielen und sind sehr verschieden gestaltet, oberseits etwas runzelig, graugrün, unterseits weisslich. Die Blütenstiele stehen in den obern Blattachseln, sind 1 oder 2- selten auch 3blütig und nach oben etwas warzig-hackerig. Deckblätter klein, eiförmig, hinfällig. Kelchzipfel oval-länglich, angedrückt flaumhaarig, am Rande häutig-bräunlich. Blumenkrone gross; Röhre 3—4mal länger als der Kelch, innen violett, aussen helllilafarbig; der glockig ausgebreitete Saum hält gegen 3 Z. im Durchmesser und ist weiss oder blassviolet; die undeutlichen Zipfel sind abgerundet, buchtig-ausgeschweift. Narben 2köpfig. Kaspsel haselnussgross. Samen rothbraun mit fast 1 Zoll langen zottigen Haaren. — Von dieser Art sollte ebenso wie von folgender die Jallapa-Wurzel, *Radix Jalappae* stammen; allein jetzt weiss man ziemlich gewiss, dass dies nicht der Fall ist und dass auch die Wurzel gar kein purgirendes Harz enthalte. Es ist desshalb auch selbst die Vermuthung nicht anzunehmen, dass die Aechte oder Graue Mechoakannawurzel, *Radix Mechoacanna verae vel griseae*, davon herkomme.

2. Art: *Ipomoea Purga Wender.* Purgirende Trichterwinde, Purgawinde.
(*Syn.: Ipomoea Schiedeana Zucc. — Convolvulus officinalis Pellet.*)

Blätter herzförmig, zugespitzt, kahl; Blütenstiele 1- oder 2blütig; Kelchzipfel eiförmig-abgerundet, die beiden äussern kürzer; Saum der Blumenkrone flach. (Taf. 148.)

Diese schöne Pflanze wächst ausdauernd in den hoch gelegenen Wäldern der mexicanischen Anden. Die knollig-verdickte rübenförmige Wurzel ist aussen narbig, weisslich (an in unsern Gärten kultivirten Exemplaren dunkelgraubraun) innen weisslich, milchend, nach unten in dickere oder fadenförmige Fasern ausgehend, zuweilen auch seitlich einige Aeste hervortreibend. Aus ihr entspringen gewöhnlich mehre fast stielrunde oder schwach kantige, 10—15 Fuss hohe purpurröthliche windende Stengel. Die langgestielten Blätter sind eirund-herzförmig, zugespitzt, ganzrandig, die obern am Grund pfeilförmig, oberseits freudig-grün, unterseits blässer, bisweilen röthlich überlaufen. Blütenstiele 1- oder 2- selten 3blütig, entfernt vom Kelche 2 kleine gegenständige, schuppenförmige Deckblätter tragend. Der Kelch ist trübgrünlich-roth und hat randhäutige Zipfel, von denen die 2 äussern kürzer sind. Die präsentirtellerförmige Blumenkrone ist bläulichroth, fast granatroth, hält 2 Z. im Durchmesser und hat eine 2 Zoll lange Röhre und einen flachen Saum mit abgerundeten und ausgerandeten Lappen. Staubgefässe über den Schlund weit hinausragend.

Nach *Schiede* und *Pelletan* wird von dieser Winde die ächte Jalapenwurzel, *Radix Jalapae s. Jalappae*, die auch die Namen Schwere oder Runde Jal. *Radix Jalapae ponderosae sive tuberosae*, führt, gesammelt. — Im Handel findet sie sich entweder in ganzen rundlichen, fast kugeligen oder birnförmigen, seltner auch fast spindelförmigen Knollen oder in Stücken, welche entstanden sind durch Quer- oder Längsschnitte und zwar finden sich halbe und geviertheilte Knollen. Sie sind aussen runzelig und hökerig, dunkelgraubraun, weil man sie im Rauche über dem Feuer trocknet, auf den Schnittflächen sind sie zwar blässer aber doch rauchig und zeigen mehre concentrische Ringe; die Stücke sind ferner fest, sehr schwer, sehr hart, auf der Bruchfläche matt, von dunklern harzigglänzenden Schichten durchzogen und lassen sich schwer pulvern; der Geruch ist schwach unangenehm, der Geschmack anfangs eckelhaft süss, hinterdrein kratzend. Der wirksame Bestandtheil ist ein eigenthümliches Harz, welches kräftig, sicher und schnell abführend wirkt; man wendet die Wurzel oder auch das ausgezogene Harz in vielen Krankheiten des Unterleibs an, die in Schwäche, Erschlaffung, Unthätigkeit und daher rührenden Stockungen im Darmkanale ihren Grund haben. —

Von *Ipomoea orizabensis Ledanois. (Convolvulus. orizabensis Pelletan.)*, welche in der Nähe von Orizaba in Mexiko wächst, leitet man diejenige Sorte der Jalape ab, welche in neuerer Zeit zuweilen unter dem Namen Jalapenstengel oder Neue, leichte, spindelförmige oder Männliche Jalapenwurzel *Stipites Jalapae, Radix Jalapae nova, levis vel fusiformis*, in den Handel gebracht worden ist. Es sind 1—3 Zoll lange, federkiel- bis 2 Zoll dicke, walzliche oder spindelförmige, oder unregelmässigkantige, runzelige, dunkelbraune oder bräunlichgelbe, innen faserige, mit dunkeln harzigen Streifen durchzogene Stücke, welche viel Jalapenharz enthalten, welches man mit Vortheil aus ihnen darstellen kann.

*Ipomoea Turpethum R. Br.* Turpith-Trichterwinde wächst in Ostindien, hat eine fast holzige, ästige 1—2 Z. dicke und 5—6 Fuss tief in den Boden dringende röthliche Wurzel mit einer dicken braunen stark riechenden Rinde. Mehre 4flügelige 12—15 Fuss emporsteigende Stengel, die am Grunde holzig und fingersdick sind, entspringen aus einer Wurzel. Die 1—1½ Z. langen Blätter sind herzförmig, etwas eckig, stumpflich, stachelspitzig, weichhaarig und stehen auf fast zolllangen geflügelten oben rinnigen Stielen. Die meist 3—4blütigen Blütenstiele sind kürzer als das Blatt. Die Deckblätter sind eiförmig, häutig, hinfällig. Die beiden äusseren Zipfel der seidenhaarigen Kelche sind sehr gross. Die Blumenkrone ist kaum doppelt länger als der Kelch und weiss. Die Wurzel ist ein in Ostindien sehr geschätztes Purgirmittel und kam früher als *Radix Turpethi* auch häufig nach Europa; ist aber durch die Jalapa verdrängt und entbehrlich geworden.

Gattung: *Convolvulus Lin.* Winde.
*(Pentandria Monogynia Lin. syst.)*

Kelch 5theilig. Blumenkrone trichterig, fünfspaltig. Griffel einfach mit 2 fadenförmigen Narben. Kapsel 2—3fächrig, 2—3klappig.

**1. Art: *Convolvulus Scammonia Lin.* Skammonium- oder Purgirwinde.**

Wurzel möhrenförmig; Blätter gestielt, pfeilförmig zugespitzt, mit zugespitzten Zipfeln des Grundes; Blütenstiele meist 3blütig, länger als das Blatt; Blumenkrone glockig, trichterförmig mit verkürzter Röhre; Deckblätter dem Kelche genähert. (Taf. 149.)

Im Oriente ausdauernd wachsend. Die Wurzel ist fleischig, oft 3—4 Fuss lang und verhältnissmässig dick und enthält viel von einem gelblichen Milchsafte. Aus ihr entspringen mehre 4—6 Fuss lange, kahle oder nur schwach behaarte Stengel. Die Blätter stehen auf zolllangen Stielen, sind 1½—3 Z. lang, 10—15 Lin. breit, langzugespitzt, ganzrandig, oder etwas geschweift, kahl; die Grundlappen tragen an der innern Seite oft ein Zähnchen. Die Blütenstiele sind meist doppelt so lang als die Blätter, und theilen sich erst oben in 3, selten in mehre kurze Stielchen, welche von 2 lanzettlich-linealischen kleinen Deckblättern umgeben sind. Die Kelchzipfel sind verkehrt-eiförmig, abgestutzt oder eingedrückt, mit einem kurzen Spitzchen versehen und werden am Grunde von zwei ähnlichen Deckblättern umgeben. Die Blumenkronen sind über 1 Zoll lang, weiss oder röthlich, aussen purpurroth-5streifig. — Der eingetrocknete Milchsaft der Wurzel ist das officinelle Skammonium, *Scammonium vel Gummi-resina Scammonii*, welches schon seit alten Zeiten als ein kräftiges Purgirmittel in Anwendung ist. Man hat mehre Sorten: 1) *Sc. haleppense.* Dieses gewinnt man, indem man in den von der Erde entblössten obern Theil der Wurzel Einschnitte macht und den durch dieselben austretenden Milchsaft an der Sonne erhärten lässt; man erhält es in leichten grünlich-aschgrauen scharfkantigen Stücken verschiedener Grösse, die leicht zerbrechen, und auf dem schwach wachsartig-glänzenden Bruche stellenweiss Höhlungen zeigen, scharf, bitter und widrig schmecken und viel Harz nebst wenig Gummi und Extractivstoff enthalten. 2) *Sc. smyrnaeum.* Diese Sorte wird wahrscheinlich durch Abdampfen des Wurzelsaftes erhalten und besteht gewöhnlich in runden breitgedrückten fast schwarzen Stücken, die weit schwerer und härter sind als vorige Sorte, sich mit den Händen nicht leicht zerbrechen lassen, in der Hitze nur unvollständig schmelzen und im kochenden Wasser weniger löslich sind. Sie enthält nur 20—30 pC. Harz. — 3) *Sc. antiochicum.* Eine schlechte Sorte, welche mit andern purgirenden Pflanzensäften gemengt und oft blos ein Kunstprodukt sein mag. Es sind eckige und auch flache kuchenförmige Stücke, von ziemlicher Härte und Schwere. — Das französische Skammnium, *Scammonium gallicum vel monspeliense* stammt von *Cynanchum monspeliacum Lin.* und gehört also nicht hierher.

Von unserer Gemeinen Ackerwinde, *Convolvulus arvensis L.*, die häufig ein sehr lästiges und nachtheiliges Unkraut wird, sammelte man sonst das Kraut, *Herba Convolvuli minoris*, und brauchte es bei Verwundungen.

Auch die gemeine Zaunwinde oder Zaunglocke, *Convolvulus sepium Lin.* enthält einen purgirenden Saft. Man sammelte sonst die Blätter als *Herba Convolvuli majoris.*

Von der nicht genau und zureichend gekannten Art *Convolvulus Mechoacanna Wlldw.*, welche in Mexico und Brasilien einheimisch ist, war die grosse rübenförmige, weisse, fleischige Wurzel, ehedem als *Radix Mechoacannae albae vel Jalapae albae* officinell. Sie wirkt gleichfalls kräftig purgirend.

*Convolvulus Soldanella Lin.* Meerstrands-Winde. Sie wächst ausdauernd an den sandigen Küsten des Mittelländischen und Schwarzen Meeres. Aus der fadenförmigen mehrköpfigen, kriechenden Wurzel entspringen einige im Kreise niederliegende $\frac{1}{2}$—$1\frac{1}{2}$ Fuss lange Stengel, welche mit herz-nierförmigen $\frac{3}{4}$—$1\frac{1}{2}$ Zoll langen und 10—20 Lin. breiten langgestielten kahlen Blättern besetzt sind. Die geflügelt-kantigen Blütenstiele haben die Länge der Blattstiele ($1\frac{1}{2}$—3 Zoll), stehen aufrecht und tragen grosse, ovale, concave Deckblätter nebst einer Blüte. Die Blumenkrone ist gegen 2 Zoll lang und incarnatroth mit gelben Falten. — Das Kraut, *Herba Brassicae marinae vel Soldanellae*, hat purgirende Kraft und wurde sonst vorzüglich bei Wassersucht und andern von Unthätigkeit des Darmkanals herrührenden Krankheiten angewendet.

*Convotvulus scoparius Lin.* Besenkrautartige Winde, ein dem Besenginster ähnlicher Strauch, welcher auf den kanarischen Inseln wächst. Er hat viele lange fast einfache ruthenförmige Aeste, schmale, linealische schwachbehaarte Blätter. Die Blütenstiele sind fast 3blütig, traubig und die Kelchzipfel eiförmig, spitzig, seidenhaarig. Blumenkrone klein, aber dennoch 3mal länger als der Kelch, weiss, aussen behaart. — Die holzige Wurzel ist eine Art von Rosenholz des Handels, *Lignum rhodium.* Es kommt vor in walzenförmig-knotigen, oder gespaltenen, festen und schweren Stücken, welche gewöhnlich mit einer rissigen grauen Rinde bedeckt, darunter gelblich und in der Mitte röthlich-gelb sind und gerieben angenehm ziemlich rosenartig riechen. Durch Destillation erhält man daraus ein stark rosenölähnlich riechendes ätherisches Oel.

29

Der auf Teneriffa einheimische zierliche Strauch *Convolvulus floridus L.* liefert gleichfalls ein gutes Rosenholz.

Gruppe: *Polemonieae Juss.*

*Polemonium coeruleum L.*, Blaues Sperrkraut, Himmels- oder Jakobsleiter, eine ausdauernde Pflanze des mittlern und südlichen Europas, das nicht selten auch in den Gärten kultivirt wird. Man brauchte sonst die ganze Pflanze als *Herba Valerianae graecae.*

86. Fam. Rauhblättrige: *Asperifoliaceae Lin.*

(Syn.: *Boragineae Juss.*)

* Gruppe: *Idiocarpicae Rchb.*

Die Gewächse dieser Gruppe unterscheiden sich von denen der folgenden nur durch die Früchte, welche steinfruchtartig und nicht wie bei jener 4 getrennte Nüsschen sind.

*Cordia Myxa L.*, Schwarzer Brustbeerbaum. Ein gegen 30 Fuss hoher Baum in Ostindien, Arabien und Aegypten mit rundlichen, ganzrandigen oder fast ausgeschweift-gezähnten, oben kahlen, unten kurzhaarigen Blättern. Die Blumen stehen in doldentraubigen achsel- und endständigen Rispen. Die röhrigen 5zähnigen Kelche sind glatt, die Blumenkronen trichterförmig-glockig mit 5—8spaltigem Saum. Der doppelt 2spaltige Griffel hat hautartige zerissene Narben. Die ovalen, durch den bleibenden Grund des Griffels zugespitzten Steinfrüchte: Schwarze Brustbeeren, *Sebestenae vel Myxae*, sind 10 Lin. lang, am Grunde vom becherförmigen Kelche umgeben, anfangs grün, dann gelb, zuletzt schwarz. Sie enthalten eine ovale zusammengedrückte, gerandete und zugleich an beiden Enden ausgerandete grubige 4fächrige Nuss mit eiförmigem zugespitztem weisslichem Samen. Sie waren sonst häufig gegen Husten, Halsbeschwerden und entzündliche Zustände der Respirationsorgane in Anwendung, da man sie aber nur selten frisch haben kann, so sind sie längst nicht mehr nach Europa gekommen.

Von *Cordia Sebestena Lin.*, einem ähnlichen Baume Westindiens, mit eiförmigen, spitzlichen, ganzrandigen, steifhaarig-scharfen Blättern, endständigen doldentraubigen Rispen, 2—6zähnigen Kelchen und zurückgerollten kopfigen Narben, leitete man sonst die *Sebestenae vel Myxae* irrthümlicher Weise gleichfalls ab. Seine Steinfrüchte sind gleichfalls süss und schleimig und werden in Amerika wie die Schwarzen Brustbeeren gegen Hals- und Brustkrankheiten angewendet, sollen aber nicht nach Europa gebracht worden sein.

*Heliotropium europaeum Lin.* Gemeine Sonnenwende, Skorpionskraut, ein Sommergewächs im südlichen Europa, war sonst als *Herba Verrucariae vel Herba Cancri* gegen Warzen, krebsartige und andere bösartige Geschwüre in Anwendung, ist jetzt aber durchaus absolet.

**Gruppe: *Schizocarpicae Rchb.*

Kräuter oder Sträucher, wenig Bäume, mit knotenlosen stielrundlichen Stengeln und Aesten. Blätter zerstreut, ganz, aderig, mit mehr oder minder steifen Haaren besetzt, die aus einer schwieligen Anschwellung entspringen. Die Nebenblätter fehlen. Die Zwitterblüten stehen in einseitswendigen, 2reihigen, scorpionsschwanzförmigen, zurückgerollten Aehren, Trauben oder Rispen; selten auch einzeln in den Blattachseln. Der Kelch ist 5spaltig, nur selten auch 4spaltig. Die gewöhnlich regelmässige (nur bei der Gattung *Echium* unregelmässige) Blumenkrone ist röhrig und hat gewöhnlich einen 5spaltigen, selten 4spaltigen Saum und oft eine Nebenkrone am Schlunde. Die Saumzipfel liegen in der Knospe dachziegelig. 5 oder 4 Staubgefässe mit aufliegenden oder aufrechten Staubbeuteln mit fast parallelen der Länge nach aufspringenden Fächern. Der Fruchtknoten sitzt auf einer ringförmigen oder 4lappigen verdickten Scheibe, ist 4theilig, in jedem Karpelle ein hängendes Eichen enthaltend; der einfache Griffel entspringt vom Grunde der Karpelle und trägt eine einfache oder 2spaltige Narbe. Die 4 getrennten oder je 2 und 2 verwachsenen Nüsschen (nussartige Karyopsen) enthalten einen eiweisskörperlosen Samen mit umgekehrtem Embryo und ganz flachen, beim Keimen blattartigen Samenlappen.

Gattung: *Cynoglossum (Tournef.) L.* Hundszunge.
*(Pentandria Monogynia Lin. syst.)*

Kelch 5theilig. Blumenkrone trichterförmig, am Schlunde durch 5 hervorstehende Decklappen verengt, nicht ganz geschlossen: Saum 5spaltig. Nüsschen 4, niedergedrückt, widerhakig borstig, mit der innern Seite am Griffel befestigt.

I. Art: *Cynoglossum officinale Lin.* Gebräuchliche Hundszunge.

Stengel aufrecht, Blätter graulich und dünnfilzig, die untersten gestielt, elliptisch, die übrigen halbstengelumfassend, nach vorn lanzettlich; Trauben deckblattlos. (Taf. 150.)

Eine auf Schutt, Ruinen und an Wegen in Europa, Nordasia und Nordamerika 2jährig wachsende Pflanze. Wurzel lang spindelförmig, meist unverästet, braun, innen weisslich. Stengel aufrecht 2—3 Fuss hoch, rundlich-eckig, zottig, nach oben in viele aufgerichtete Blütenäste rispig verzweigt. Wurzelblätter ¾—1 Fuss lang, 3—4 Zoll breit, spitzig, in den langen Blattstiel verschmälert, oberseits haarigschärflich, unterseits dünnfilzig-zottig; die Stengelblätter nur 3—5 Zoll lang, 5—10 Lin. breit, beiderseits dünnfilzig-zottig, die untersten kurzgestielt, die übrigen sitzend, die blütenständigen am Grunde breiter. Die Trauben am Ende der Aestchen sind einfach, schlaff, später verlängert und haben nur am Grunde höchstens 2 lanzettliche Deckblättchen. Der Kelch ist ziemlich bis zum Grunde in 5 eirundlängliche, stumpfe Zipfel getheilt. Die schmutzig oder bräunlichrothe, nur selten auch weisse Blumenkrone ist entweder kürzer oder nur wenig länger als der Kelch. Die purpurnen Decklappen sind sehr stumpf, gewölbt und sammtartig. Nüsschen eiförmig, gerandet, mit Stacheln besetzt, die an der Spitze viele Widerhaken tragen. — Die Wurzel und die Blätter, *Radix et Herba Cynoglossi* sind officinell. Die Wurzel hat einen fade schleimigen, etwas bitterlichen Geschmack und enthält als vorwaltenden Bestandtheil Schleim; sie gilt für ein reizminderndes, einhüllendes und schmerzstillendes Mittel, das man zuweilen gegen Husten, Durchfall und bei Blutflüssen anwendet. Die gleichfalls Schleim enthaltenden Blätter sind kaum noch in Anwendung.

*Borago officinalis Lin.* Gemeiner oder Gebräuchlicher Boretsch, auch häufig Wohlgemuth genannt, ist eine ursprünglich im Oriente einheimische einjährige Pflanze, die aber als Suppen- und Salatkraut in unsern Gärten cultivirt wird und desshalb bisweilen verwildert sich findet. Sie ist ausgezeichnet durch ihre in dieser Familie verhältnissmässig grossen hellblauen Blumen mit den pyramidenartig zusammengeneigten hervorstehenden Deckklappen und Staubgefässen. — Die verkehrteiförmig oder ovalen untern Blätter sind oberseits borstenhaarig und unterseits auf den Adern steifhaarig, sie riechen und schmecken frisch gurkenartig. — Man brauchte sonst die Blätter und Blumen, *Herba et Flores Boraginis*, als ein kühlendes, schleimiges und reizmilderndes Heilmittel und schrieb ihm zuweilen sogar lebensverlängernde Kräfte zu. —

*Symphytum officinale Lin.* Gebräuchlicher Beinwell, Wallwurz. Diese gemeine ausdauernde Pflanze wächst auf feuchten und trocknen Wiesen durch ganz Europa. Sie ist durch den von den herablaufenden Blättern geflügelten Stengel und die walzig-glockenförmige Blumenkrone mit 5zähnigem Saume und einem durch 5 verlängerte kegelförmig zusammenschliessende Deckklappen verschlossenem Schlunde leicht von andern rauhblättrigen Gewächsen zu unterscheiden. — Sonst waren Wurzel, Kraut und Blüten, *Radix, Herba et Flores Symphyti vel Consolidae majoris* offizinell; jetzt ist blos die erstere als ein sehr schleimiges und etwas zusammenziehendes Mittel bei Blutbrechen, Durchfällen und Ruhren noch selten im Gebrauche.

Gattung: *Alkanna Tausch.* Alkanna.
(*Pentandria Monogynia Lin. syst.*)

Kelch 5theilig. Blumenkrone trichterförmig; Saum 5spaltig; Schlund offen; 5 kleine Deckklappen zwischen den Staubgefässen unter dem Schlunde sitzend. Staubgefässe über die Deckklappen hinaus ragend. Nüsschen 4, frei auf dem Stempelboden sitzend, gekrümmt, an der innern Seite des Grundes zu einem aufgeworfenen Halbring vorgezogen.

1. Art: *Alkanna tinctoria Tausch.* Färbende Alkanna.
(*Syn.*: *Anchusa tinctoria Lin.*)

Graulich-steifhaarig; Stengel aufsteigend; Aehren gepaart; Deckblätter länger als die Kelche; Kelchzähne so lang wie die Röhre der Blumenkrone. (Taf. 151.)

Eine ausdauernde Pflanze auf trocknen sandigen Stellen in Südeuropa und Ungarn. Die vielköpfige, möhrenförmige, etwas ästige und holzige Wurzel steigt tief in den Boden hinab und ist von einer weichen, in Lamellen sich ablösenden, schwärzlich-braunrothen und abfärbenden Rinde bekleidet. Aus ihr entspringen mehre Stengel, welche 5—10 Z. lang, schlaff, wie die ganze Pflanze steifhaarig und an der Spitze 2theilig sind. Die fast spatelig-lanzettlichen Wurzelblätter sind 2—5 Zoll lang, vorn 4—5 Lin. breit, stumpflich, gegen den Grund stark verschmälert. Die Stengelblätter sind viel kleiner, linealisch-länglich, sehr stumpf; die obersten am Grunde etwas breiteren gehen allmälig in Deckblätter über. Die lineal-lanzettlichen, spitzigen Kelchzipfel sind so lang als die weisse Blumenkronenröhre. Der Schlund der Blumenkrone ist etwas erweitert und purpurbräunlich, der Saum aber dunkelkornblumenblau. Die geruchlose, fade süsslich, dann etwas zusammenziehend schmeckende Wurzel, *Radix Alcannae vel Alkannae vel Alkannae spuriae*, war früher gegen Durchfälle, bei Hautausschlägen und Geschwüren als Heilmittel im Gebrauche, wird aber jetzt nur noch zum Rothfärben einiger Arzneien, Salben, Pomaden, Tinkturen u. s. w. angewendet.

*Anchusa officinalis Lin.* Gebräuchliche Ochsenzunge, eine im nördlichen und mittlern Europa auf trockenen sandigen Stellen und an Wegen gemeine zweijährige Pflanze lieferte sonst *Radix*, *Herba et Flores Buglossi vel Linguae bovis*, welche nur als schleimige gering zusammenziehende Mittel dienten.

*Lithospermum officinale Lin.* Gebräuchlicher Steinsame, Meer-, Stein- oder Sonnenhirse, Perlsame, Perlkraut, ist eine ausdauernde auf Aeckern und im Gebüsch wachsende Pflanze, von welcher sonst die Nüsschen als *Semen Milii solis vel Lithospermi*, welche steinhart sind und wie kleine weisse Perlen aussehen, gegen Steinkrankheiten, Leucorrhöen, Harnstrenge und als ein die Wehen der Gebärenden beförderndes Mittel angewendet wurden. — Die Früchte von der gemeinen einjährigen Bauernschminke, *Lithospermum arvense*, waren sonst als *Semen Lithospermi nigri* officinell und wurden wie vorige angewendet. Mit der gleich der Alkanna färbenden Wurzel sollen sich die Mädchen in manchen Gegenden schminken. Diese Schminke färbt nicht ab und ist dauerhaft, denn sie verträgt sogar das Waschen des Gesichts.

*Pulmonaria officinalis Lin.* Gebräuchliches Lungenkraut, wächst ausdauernd in feuchten Laubwäldern durch ganz Europa, und lieferte sonst *Radix et Herba Pulmonariae maculosae*, welche als schleimige Mittel bei Heiserkeit, Katarrh und leichten Entzündungskrankheiten der Brustorgane gebraucht wurden.

*Onosma echioides Lin.* Natterkopfartige Lotwurz, ist eine zweijährige Pflanze Südeuropas, Oestreichs und sogar Mährens, wo sie auf sonnigen Hügeln und Bergen wächst. Sie hat eine möhrenförmige, innen schmutzig-weisse mit einer dunkelrothen, aussen schwarzen Rinde bekleidete Wurzel, welche in Frankreich und einigen andern Gegenden wie die Alkanna zum Färben von Arzneien gebraucht wird.

*Echium vulgare Lin.*, Gemeiner Natterkopf, ist gemein auf Schutt, sonnigen, wüsten Plätzen und an Wegen in Europa und Nordamerika. Es ist zur Blütezeit eine stattliche gegen 2—3 Fuss hohe Pflanze mit einer langen blauen Blütentraube am Ende, welche durch die rothen langen Staubfäden sehr geziert wird. Die Gattung *Echium* ist durch die glockig-rachenförmige am Schlunde nackte und tief getheilte Blumenkrone ausgezeichnet. Früherhin dienten die Wurzel, das Kraut und die Früchte, *Radix*, *Herba et Semen Echii vel Viperini vel Buglossi agrestis* als schleimig-kühlende und erweichende Mittel.

## 85. Fam. Lippenblütler: *Labiatae Juss.*

### ***Gruppe: *Angiocarpicae Rchb. (Verbenaceae Juss: Aut.)*

*Vitex Agnus castus Lin.* Gemeine Müllen, Keuschlammstrauch. Ein ästiger Strauch des südlichen Europas an feuchten Stellen und am Meeresstrande wachsend. Er hat fingerig geschnittene Blätter, deren Abschnitte gestielt, lanzettlich, zugespitzt, ganzrandig und unterseits grau sind. Die blauen 2lippigen Blumen stehen fast wirtelig in rispigen Trauben. Die 4fächrigen, 4samigen Steinfrüchte sind kugelig, grauschwärzlich, von der Grösse eines Pfefferkorns und am Grunde von dem Kelche umgeben. Diese Früchte wurden sonst als *Semina Agni casti*, ebenso wie die Blätter gegen Amenorrhöe, zur Beförderung der Austreibung der Nachgeburt, aber auch als Gewürz um die Verdauung zu stärken und zu unterstützen, ferner als harn- und schweisstreibendes Mittel und endlich gegen Wechselfieber und Durchfälle angewendet. Die Homöopathie gebraucht sie noch.

*Aloysia citriodora Orteg.*, ein Strauch in Peru, Chili und Buenos Ayres, der wegen seiner sehr angenehm und stark citronartig riechenden Blätter in unsern Gewächshäusern kultivirt wird. Diese Blätter, *Folia Aloysiae*, sind in Südamerika und in einigen südeuropäischen Ländern ihrer flüchtig reizenden Wirkungen halber in Theeaufguss bei Erkältungen u. s. w. im Gebrauche.

*Verbena officinalis Lin.*, Gemeines Eisenkraut, Eisenhart, eine auf Schutthaufen, an Wegen, auf Triften, feuchten Wiesen und unter Weidenbäumen gemeine Pflanze Europas hat einen 1—2 Fuss hohen mehr oder weniger ästigen Stengel mit kreuzweis abstehenden Aesten, an deren Enden die kleinen röthlichen Blüten in verlängerten Aehren stehen. Die scharf anzufühlenden Blätter sind $1\frac{1}{2}$—3 Zoll lang, $\frac{1}{2}$—$1\frac{1}{2}$ Zoll breit, die untersten ganz, die folgenden am Grunde fiederspaltig und übrigens eingeschnitten gesägt. Diese geruchlosen, bitterlich und etwas zusammenziehend schmeckenden Blätter, *Herba Verbenae*, standen sonst in gewaltigem Ansehen, sie galten nicht nur für ein heilsames Universalmittel, sondern man schrieb ihnen sogar Zauberkräfte zu; jetzt werden sie kaum von Landleuten noch äusserlich bei Wunden und Geschwüren angewendet.

### **Gruppe: *Trachyschizocarpicae.*

(NB. Diese und die folgende Gruppe sind die eigentlichen Lippenblütler der meisten Autoren.)

Kräuter oder Halbsträucher von sehr ähnlichem Ansehen. Stengel und Aeste sind 4kantig, knotig-gegliedert. Blätter kreuz-gegenständig, ganz oder getheilt, meist kerb- oder sägezähnig, nach oben allmälig in Deckblätter übergehend. Nebenblätter fehlend. Blüten zwitterig, unregelmässig, in gegenständigen, oft fast sitzenden sehr verkürzten, bisweilen aber auch deutlich gestielten und ausgedehnteren Trugdolden, selten auch auf ein- oder zwei einzelne Blüten reducirt. Kelch röhrig, 5- oder 10zähnig, 5- oder 10rippig, entweder regelmässig oder zweilippig. Blumenkrone röhrig, mit zweilippigem, meist rachenförmigem Saume; die Oberlippe aus 2, oft ganz verwachsenen Zipfeln und die breitere Unterlippe aus 3 Zipfeln gebildet, beide in der Knospe eingekrümmt. Staubgefässe der Blumenkronenröhre angewachsen, gewöhnlich oder fast immer das oberste fehlend, die 4 bleibenden sind didynamisch oder auch noch zwei davon fehlschlagend und dann diandrisch; Staubbeutel zweifächrig, oft entfernt oder übereinanderstehend, der Länge nach sich öffnend, zuweilen auch das eine Fach fehlschlagend. Fruchtknoten aus 4 freien oder etwas vereinigten Karpellen bestehend, welche auf einer fleischigen Scheibe sitzen und zuweilen von letzterer am Grunde umgeben werden; in jedem Karpell ein einzelnes aufrechtes Eichen; der Griffel entspringt vom Grunde der 4. Karpelle und geht aus der Mitte zwischen derselben hervor; er trägt eine 2spaltige Narbe mit ungleichen spitzigen Zipfeln. Die Frucht besteht aus 4 im Grunde des stehenbleibenden Kelchs befindlichen Karyopsen, von denen zuweilen auch 2 fehlschlagen. Die Samen enthalten gar kein oder nur sehr wenig Eiweiss. Der Embryo ist aufrecht, und hat flache, beim Keimen blattartige Samenlappen. Bei dieser Gruppe haben die Karyopsen eine netzartig-grubige oder gekörnelte Fruchtschale.

*Scutellaria galericulata L.* Gemeines Helmkraut. Eine in ganz Europa in Sümpfen, an Gräben und auf feuchten Wiesen wachsende Pflanze welche sonst als *Herba Tertianariae* vorzüglich gegen Tertian-Wechselfieber, aber auch bei Halsentzündungen gebraucht wurde.

*Scutellaria lateriflora L.* in Kanada und Karolina einheimisch, wurde vor 30 Jahren als ein Vorbauungsmittel bei Hundswuth empfohlen.

*Scorodonia heteromalla Mnch. (Teucrium Scorodonia Lin.)* auf magern oder sandigen Stellen in Südeuropa und Süd- und Westdeutschland wachsend, war früherhin als *Herba Scorodoniae sive Salviae sylvestris* in Anwendung.

## Gattung: *Teucrium Lin.* Gamander.
## (*Didynamia Gymnospermia L. syst.*)

Kelch glocken- oder eiförmig, etwas ungleich 5zähnig oder 5spaltig. Die Oberlippe der Blumenkrone sehr verkürzt, tief gespalten und desshalb nur aus 2 Läppchen oder Zähnen bestehend, zwischen denen die Staubgefässe hervorragen; die Unterlippe abstehend, 3lappig; Staubbeutel gleichförmig. Karyopsen netzaderig-runzelig.

### 1. Art: *Teucrium Scordium L.* Knoblauch duftender Gamander, Lachenknoblauch.

Blätter sitzend, länglich, gezähnt-gesägt, flaumhaarig; Blüten achselständig, meist zu zweien. (Taf. 152.)

Eine ausdauernde Pflanze an Gräben und auf feuchten sumpfigen Wiesen in vielen Gegenden Europas. Die gegliederte, an den Gelenken faserige Wurzel kriecht wagrecht. Der Stengel wird $\frac{1}{2}$ — $1\frac{1}{2}$ Fuss lang und treibt am Grunde viele Ausläufer; er ist aufsteigend, zottig-weichhaarig, einfach oder abstehend-ästig. Blätter 10 — 18 Lin. lang, 5 — 7 Lin. breit, oft auch grösser, grob- und ungleich-gesägt. Kelche zottig-weichhaarig wie der Stengel und die Blütenstiele. Blumenkrone rosenroth. — Gebräuchlich sind die blühenden beblätterten Stengelobertheile als *Herba Scordii*. Sie riechen frisch etwas knoblauchartig und schmecken sehr bitter, etwas gewürzig. Sie gelten als ein reizendes, schweisstreibendes, stärkendes und wurmwidriges Mittel, sollen aber auch vorzüglich fäulnisswidrig wirken. —

### 2. Art: *Teucrium Marum Lin.* Katzen-Gamander, Katzenkraut, Amberkraut, Mastixkraut.

Stengel strauchig, aufrecht, ästig, filzig; Blätter gestielt, eiförmig oder eirund-länglich, spitzlich, unterseits weissfilzig; Trauben ährenförmig, einseitswendig. (Taf. 153.)

Ein kleiner Strauch, welcher in den Ländern die um das mittelländische Meer herumliegen, auf sonnigen, trocknensteinigen und felsigen Plätzen wächst. Der sehr ästige Stengel wird nur $\frac{1}{2}$ — 1 Fuss hoch. Die gegenständigen Aeste sind undeutlich 4eckig und filzig bestäubt. Die 4 — 6 Lin. langen und 2—3 Lin. breiten Blätter sind am Rande umgerollt, oben graugrün, unten weiss. Die bauchig-glockenförmigen Kelche stehen auf kurzen Stielen und haben eiförmige feinzugespitzte Zähne. Blumenkrone rosenroth; die beiden Zipfel der Oberlippe sichelförmig und lang zugespitzt; die seitlichen Zipfel der Unterlippe eiförmig, klein, der mittlere rundlich und viel grösser. — Die ganze Pflanze hat einen durchdringenden eigenthümlichen, gewürzhaft-stechend kampferartigen Geruch, welcher die Katzen anlockt, so dass sie sich auf ihr wie auf den Baldrianwurzeln wälzen, indem ihnen reichlich Speichel entfliesst. Die beblätterten Aeste sind als *Herba vel Summitates Mari veri sive syriaci* gebräuchlich aber nur selten in Anwendung, obschon sie zu den stärksten flüchtigen Reizmitteln aus dieser Gewächsfamilie gehören.

In frühern Zeiten waren noch von verschiedenen Arten dieser Gattung die Blätter oder blühenden Stengelspitzen officinell, die wir hier nur namentlich aufführen wollen. Sie sind sämmtlich mehr oder minder aromatisch und enthalten ätherisches Oel vorwaltend. —

*Teucrium Botrys Lin.* gab *Herba Botryos chamaedryoides;* — *Teucr. Chamaedrys L.* der Gemeine oder ächte Gamander gab *Herba Chamaedryos vel Trixaginis*; — *Teucr. flavum Lin.* wurde wie der Gamander in Südeuropa als *Herba Teucrii flavi* angewendet; — *Teucr. creticum Lin.* lieferte *Herba vel Summitates Polii cretici sive Rosmarini stoechadis facie;* — *Teucr. montanum Lin.* gab *Herba vel Summitates Polii montani vel Polii germanorum*; *Teucr. Polium Lin.* Berg-Poley lieferte *Herba vel Summitates Polii montani gallorum;* — *Teucr. capitatum Lin.* lieferte *Herb. v. Summit. Polii montani anglorum*, obschon es keineswegs in England, sondern mit der vorigen Art in den das Mittelmeer umgebenden Ländern wächst: *Teucr. aureum Schreb.* und *Teucr flavescens Schreb.* waren als *Herba Polii lutei* officinell. —

Auch aus der Gattung *Ajuga Lin.*, welche durch eine sehr verkürzte aufrechte ganze oder nur ausgerandete Oberlippe charakterisirt ist, waren mehre Arten ehedem gebräuchlich; von *Aj. Chamaepitys Schreb.* erhielt man *Herba Chamaepityos vel Herba Ivae arthriticae;* — von *Aj. Iva Schreb.* kam *Herba Ivae moschatae vel Chamapityos monspeliacae* her; — *Aj. montana Dill. (Aj. genevensis Lin.)* lieferte *Herba Bugulae vel Consolidae mediae*; man sammelte aber auch unter demselben Namen die *Aj. pyramidalis L.* und die überall gemeine *Aj. reptans. Lin.*

### *Gruppe: *Leioschizocarpicae.*

Die Gewächse dieser Gruppe unterscheiden sich von denen der vorigen nur durch ihre glatten Karyopsen.

*Melittis Melissophyllum L.* und die sehr verwandte *Mel. grandiflora Smith.* Immen- oder Melissenblatt, schöne grossblumige Gewächse der Bergwälder Süd- und Mitteleuropas lieferten früher die grossen Blätter, welche getrocknet einen angenehmen etwas vanilleähnlichen lange anhaltenden Geruch besitzen, als *Herba Melissophylli vel Melissae Tragi* in die Officinen; sie galten für eröffnend, schweiss- und harntreibend.

Von der in allen feuchten Wäldern und auf Wiesen gemeinen Prunelle, *Prunella vulgaris Lin.* wurde das bitterliche und zusammenziehende Kraut, *Herba Prunellae vel Consolidae minoris*, bei Blutflüssen, Halsschmerzen u. s. w. angewendet.

### Gattung: *Rosmarinus (Tournef.) Lin.* Rosmarin, Meerthau.
### *(Diandria Monogynia Lin. syst.)*

Kelch glockenförmig, 2lippig: Oberlippe ganz, Unterlippe 2spaltig. Blumenkrone 2lippig: Oberlippe aufrecht, 2theilig, Unterlippe zurückgebogen 3spaltig, mit sehr grossem vertieftem Mittelzipfel. Staubgefässe 2: Staubfäden über ihrem Grunde mit einem Zähnchen versehen.

### 1. Art: *Rosmarinus officinalis Lin.* Gebräuchlicher oder Gemeiner Rosmarin.

Blätter sitzend, linealisch, am Rande zurückgerollt, oberseits runzelig, unterseits weissfilzig, ausdauernd; Trauben wenigblütig, am Ende der Aestchen. (Taf. 154.)

Dieser bekannte immergrüne Strauch ist ursprünglich in den Küsten-Ländern des Mittelmeeres einheimisch und jetzt überall cultivirt. Er hat einen 4 — 8 Fuss hohen sehr ästigen Stengel, dessen jährige Triebe graulichfilzig, die jüngsten aber weisslich, gleichsam bestäubt und undeutlich 4seitig sind. Die 7 — 14 Lin. langen, ½ — 1 Lin. breiten Blätter, die an einer Abänderung und an manchen Exemplaren aber auch weit grösser sind, haben eine verschmälerte Basis und eine stumpfe oder fast zugerundete Spitze; sie sind ferner ganzrandig und am Rande zurückgerollt, oberseits runzelig und dunkelgrün, unterseits weissgrau-filzig, bei einer seltnern Abänderung aber auch auf beiden Flächen grün und auch unterseits kahl.) Die Blüten stehen von 3 bis 9 in kurzen lockern Trauben. Die kleinen Deckblätter sind eiförmig oder eilanzettlich kürzer als die Blütenstielchen und nebst den Kelchen weissgraufilzig. Aus den blassblauen Blumenkronen stehen die Staubgefässe und der Griffel mit gespaltener Narbe bogig-gekrümmt hervor. — Vorzüglich sind die Blätter, oder auch zugleich die Blumen, *Herba et Flores Rosmarini vel Anthos*, officinell; sie haben einen stark gewürzigen etwas kampherartigen Geruch und einen stechend gewürzhaften aber unangenehmen und bittern Geschmack; sie sind reich an ätherischem Oele *(Oleum Anthos vel Ol. anthinum vel Rosmarini)* und desshalb ein kräftiges Reizmittel, welches jetzt aber nur äusserlich angewendet zu werden pflegt.

### Gattung: *Salvia (Tournef.) Lin.* Salbey. *(Diandria Monogynia Lin. syst.)*

Kelch röhrig oder fast glockenförmig, 2lippig: Oberlippe ganz oder 3zähnig, Unterlippe 2spaltig. Blumenkrone rachenförmig, die Röhre nach oben erweitert, Oberlippe helmförmig-sichelig, zusammengedrückt, Unterlippe 3spaltig. Staubgefässe 2, die Staubbeutelfächer durch ein langes gekrümmtes Konnektiv, das auf dem Staubfaden beweglich eingelenkt ist, von einander entfernt und das eine (oder untere) Fach davon verkümmert.

#### 1. Art: *Salvia officinalis* Aechte oder Gebräuchliche Salbei, Garten-Salbei.

Stengel strauchig, von Grunde an ästig, aufrecht, zottig-filzig; Blätter gestielt, eirund oder länglich-lanzettlich, fein gekerbt, runzelig, weisslich-grau. Blüten in entfernten, meist deckblattlosen Büscheln (halbirte Scheinquirle bildend); Kelche 2lippig, 5zähnig, länger als die Deckblätter. (Taf. 155.)

Dieser kleine Strauch, welcher auf sonnigen Bergen und felsigen Stellen im südlichen Europa heimisch ist, wird durch ganz Deutschland in den Gärten gezogen. Der Stengel wird 1—2 Fuss hoch, ist vom Grunde an ästig; die aufrechten Aeste sind 4seitig, die jüngern weissgrau-filzig. Blätter gestielt, 1—3 Zoll lang, 4—15 Lin. breit, stumpf oder spitzlich, einzelne zuweilen am Grunde geöhrt, jung beiderseits weissgrau-filzig, später oberseits grünlich und blos weichhaarig, unterseits graulich-filzig, beiderseits runzelig. Wirtel zu 4—8 über einander stehend, an den Haupttrieben 6—10 blütig, an den Seitentrieben sowie an der Spitze oft nur 2—4 blütig. Deckblätter eiförmig oder eilanzettlich, zugespitzt, vertieft, leicht abfallend. Kelch glockig, bräunlichroth, drüsig-punktirt und weichhaarig, mit eiförmigen zugespitzten Zähnen. Blumenkrone gegen 1 Zoll lang, hellblau ins Violette ziehend, bisweilen auch röthlich-violett oder auch weiss, flaumig und drüsig-punktirt, innen bärtig; die Seitenzipfel der Unterlippe schief-eirund, der mittlere verkehrt-herzförmig. Karyopsen rundlich, schwarz, glänzend, glatt. — Heutzutage ist blos noch das vor dem Blühen gesammelte Kraut, *Herba vel Folia Salviae*, vordem waren aber auch die Blüten und Früchte, *Flores et Semen Salviae*, officinell.

Das Kraut hat einen starken, beim Reiben durchdringenden eigenthümlichen gewürzhaften Geruch und einen gleichfalls eigenthümlichen bitterlich-gewürzigen Geschmack; es enthält ausser vielem äther. Oele auch Bitter- und Gerbestoff. Es gehört zu den kräftigsten gewürzhaft zusammenziehenden Mitteln, wirkt die Verdauungsorgane und das Nervensystem erregend und zugleich die krankhaften Absonderungen der Schleimhäute mindernd, desshalb wendet man es innerlich im Aufgusse an bei kolliquativen Schweissen, Verschleimung in der Brust und bei versetzten Blähungen, äusserlich als Mund- und Gurgelwasser bei Halsgeschwüren, Anschwellungen der Mandeldrüsen, nachdem die Entzündung vorüber und bei scorbutischem Zustande des Zahnfleisches und der Mundhöhle.

Aus dieser äusserst artenreichen Gattung sind noch einige Arten zu bemerken, die ehedem gleichfalls officinell waren. — Die gemeine Wiesensalbei, Scharlachkraut, *Salvia pratensis Lin.* hat einen stark balsamischen, aber widrigen Geruch und war als *Herba Hormini pratentis vel Salviae pratensis* besonders bei krampfhaften Beschwerden und andern Nervenleiden ganz wie die Muskatellersalbei oder das Grosse Scharlachkraut, *Salvia Sclarea L.* deren Kraut, *Herba Sclareae vel Hormini sativi vel Gallitrichi* genannt wurde, in Anwendung. — *Salvia Horminum Lin.*, Schopfige Salbei, ausgezeichnet durch die Deckblätter, von denen die obersten am grössten sind, keine Blüten tragen und entweder schön blau, schön roth oder rosenroth, seltner auch meist gefärbt sind, lieferte früher das Kraut, *Herba Hormini sive Gallitrichi.* —

Gattung: *Ocimum (Tournef.) Lin.* Basilienkraut.
*(Didynamia Gymnospermia Lin. syst.)*

Kelch glockig, 2lippig: Oberlippe flach, rundlich, ganz, auf der 3—4spaltigen Unterlippe aufliegend. Blumenkrone 2lippig, umgekehrt, die nach unten stehende Lippe (eigentlich die Oberlippe) länger, vorgestreckt, ganz; die nach oben gekehrte (Unterlippe) 3—4lappig. Staubgefässe abwärts geneigt; Staubfäden am Grunde mit einem Haarbüschel, Anhängsel oder Zähnchen versehen.

1. Art: *Ocimum Basilicum Lin.* Gemeines oder Grosses Basilienkraut.

Krautig; Stengel aufrecht ästig, schwachweichhaarig; Blätter gestielt, eirund-länglich, stumpf, undeutlich-gesägt, kahl; Blüten gestielt, überhängend, in gegenständigen Büscheln, am Ende der Stengel und der Aeste unterbrochene Trauben bildend; Kelchzähne gewimpert. (Taf. 156.)

Diese im südlichen Asia wachsende einjährige Pflanze kommt in sehr vielen Formen und Abänderungen vor, welche von manchen Botanikern auch als eigne Arten aufgeführt worden sind; so ändert sie ab durch Behaartheit, durch Kahlheit, durch Form, Farbe und Beschaffenheit der Blätter und deren Ränder. So sind z. B. *Oc. hispidum Lam.* und *pilosum Wlldw.* behaarte Formen, *Oc. integerrimum Wlldw.* und *caryophyllatum*, kahle Formen mit kaum sägerandigen Blättern; *Oc. album* hat grosse und dicke Blätter und genäherte Blütenwirtel; *Oc. nigrum Thuin.* hat schwärzlich violette krautige Theile als Stengel, Blätter, Deckblätter u.s.w., *Oc. bullatum Lam.* hat sehr grosse blasig- und blatterartig aufgetriebene Blätter, und so sind andere Abänderungen mehr vorhanden. Der Stengel wird meist 1—2 Fuss hoch und ist mehr oder minder ästig. Die langgestielten Blätter sind 15 Lin. bis 3 Zoll lang, ½—2 Zoll breit, eiförmig, am Grunde meist etwas verschmälert, vorn stumpflich oder spitzig, unterseits drüsig-punktirt. Die Trauben sind oft 8—12 Zoll lang, die untern Wirtel stehen entfernter, die obern näher beisammen. Die gestielten Deckblätter sind etwas länger als die Kelche, die untern eiförmig, die obern eilänglich, zugespitzt, wimperig. Die flache Oberlippe des kurzröhrigen Kelchs ist gewimpert und gewöhnlich gefärbt, die Unterlippe ist länger und schmäler mit 4 ei-länglichen, feinzugespitzten, wimperigen Zipfeln versehen. Die grosse weisse Blumenkrone hat eine sehr breite nach oben gekehrte Unterlippe mit 4 kurzen abgerundeten, oft gekerbten seltner fast gefranzten Zipfeln und eine nach unten gekehrte spatelige kerbig gezähnte Oberlippe. Die Staubfäden der beiden kürzern Staubgefässe sind mit einem Anhange versehen. — Die **Blätter** sammt den blühenden Aesten, *Herba Basilici*, haben frisch einen starken sehr angenehmen balsamischen Geruch, einen gewürzhaften kühlenden etwas salzigen Geschmack und enthalten hauptsächlich äther. Oel und eisengrünenden Gerbestoff. Sie wirken vorzüglich reizend und erregend, werden aber jetzt nur äusserlich unter den aromatischen Kräutern angewendet.

### Gattung: *Melissa (Tournef.) Lin.* Melisse.

*(Didynamia Gymnospermia Lin. syst.)*

Kelch röhrig oder glockig, 5nervig, am Schlunde 2lippig: Oberlippe flach, kurz-3zähnig, Unterlippe 2spaltig. Blumenkrone 2lippig: Oberlippe ausgerandet, schwach gewölbt, Unterlippe 3lappig, der Mittellappen zugerundet oder schwach ausgerandet.

1. Art: *Melissa officinalis Lin.* Gebräuchliche oder Citronenmelisse.

Stengel aufrecht, ästig, nach oben zottig; Blätter gestielt, eirund-elliptisch, spitz, grobgesägt, flaumhaarig; Blüten in gegenständigen, einseitswendigen Trugdoldchen in den Blattachseln. (Taf. 157.)

Diese in unsern Gärten häufig gezogene ausdauernde Pflanze wächst in Südeuropa wild. Aus der vielköpfigen sehr ästigen und faserigen Wurzel entspringen zahlreiche $1\frac{1}{2}$—3 Fuss hohe aufrechte, steife von unten an ästige 4seitige, kurz drüsenhaarige nach oben etwas zottige Stengel. Die Blätter sind $1\frac{1}{2}$—$2\frac{1}{2}$ Zoll lang, 1—$1\frac{3}{4}$ Zoll breit, die untersten langgestielt, grobsägezähnig, am Grunde schwach herzförmig, oberseits mit zerstreuten Haaren besetzt, unterseits kahl, die übrigen allmälig kleiner, kürzer gestielt, eiförmig, die obersten am Grunde fast keilförmig-verschmälert, beiderseits weichhaarig. Die Trugdoldchen haben nur 3—5 Blütchen. Die gestielten lanzettlichen zugespitzten Deckblätter sind nebst den Kelchen zottig-weichhaarig. Die Kelchoberlippe ist zurückgebogen-abstehend und ihre Zähne sind kurzbegrannt; die Unterlippe ist fast gerade und hat 2länger begrannt-zipfelähnliche Zähne. Die kleine weisse Blumenkrone hat eine rundlich-verkehrt-herzförmige Oberlippe und eine Unterlippe deren Mittelzipfel rundlich und ganzrandig ist, deren seitliche Zipfel aber kleiner und eirund sind. — Officinell ist das Kraut, das vor der Blütezeit aber nur von der citronenartig riechenden Abänderung (*M. off. var. L. citrata*) und nicht von rauchhaarig-zottigen (*M. off. var. β. villosa Benth.*) gesammelt werden soll, als *Herba Melissae s. Mel. citratae*. Es besitzt hauptsächlich äther. Oel, bittern Extractivstoff und eisengrünenden Gerbestoff und wirkt gelind erregend und beruhigend, ähnlich wie die noch zu erwähnende Krauseminze, aber noch milder, man wendet es desshalb an im Aufgusse bei krampfigen Beschwerden, leichten Nervenleiden, Blähungs- und andern Unterleibsbeschwerden. Es bildet einen Bestandtheil des berühmten Karmeliterwassers oder zusammengesetzten Melissengeistes.

*Calamintha officinalis Mnch.* Gebräuchliche Bergminze oder Bergmelisse (*Syn.: Melissa Calamintha Lin. — Thymus Calamintha Scop.*) in Gebirgsgegenden des südlichen Europa's und südlichen Deutschlands. Diese Pflanze hat einen ähnlichen Geruch und Geschmack wie die Melisse und Krauseminze und war sonst als *Herba Calaminthae vel Calaminthae montanae* gebräuchlich.

Von *Calamintha grandiflora Mnch. (Melissa grandiflora Lin.)*, in Süddeutschlands Gebirgs- und Alpengegenden heimisch, wendete man das Kraut, *Herba Calaminthae praestantioris* an.

Von *Calamintha Nepeta Link. (Melissa Nepeta Lin.)* welche auf Mauern und Felsen in südlichen und westlichen Europa wächst, wird in Frankreich und England das Kraut noch jetzt angewendet; früher war es als *Herba Melissae Nepetae sive Calaminthae Pulegii odore vel Cal. agrestis* officinell.

*Acinos vulgaris Pers. (Thymus Acinos Lin. Melissa Acinos Benth.)* Steinpolei, Bergbasilie, eine einjährige Pflanze auf trocknen sonnigen Hügeln, war sonst als *Herba Clinopodii sylvestris vel Ocimi sylvestris vel Acinos* gebräuchlich.

*Clinopodium vulgare Lin.*, Gemeine Wirbeldosten, eine in trocknen Wäldern und Gebüschen durch ganz Europa nicht seltene ausdauernde Pflanze von schwachem angenehm gewürzigem Geruche lieferte sonst *Herba Clinopodii vulgaris.*

### Gattung: *Thymus (Lin.) Scop.* Thymian.
### *(Didynamia Gymnospermia Lin. syst.)*

Kelch röhrig, 10streifig, 2lippig: Oberlippe zurückgeschlagen, 3zähnig, Unterlippe aufwärts gebogen, 2spaltig oder 2borstig; Kelchschlund nach dem Verblühen durch Zottenhaare verschlossen. Blumenkrone 2lippig: Oberlippe kürzer, aufrecht, ausgerandet; Unterlippe 3lappig, der Mittellappen breiter, ganz oder ausgerandet. Staubgefässe gerade, auseinanderstehend.

### 1. Art: *Thymus Serpyllum Lin.* Feld-Thymian, Quendel, Feldkümmel.

Stengel niederliegend, kriechend oder sammt den Aesten aufsteigend, kurz und kraus behaart oder zottig; Blätter länger oder kürzer gestielt, verschieden gestaltet (eirund, oval, länglich bis fast linealisch), stumpf, am Grunde verschmälert und daselbst meist gewimpert, mit flachem, ungesägtem Rande; Blüten gestielt, in achselständigen, gegenüberstehenden Büscheln gehäuft, am Ende der Aeste genäherte, dichte, beblätterte, scheinquirliche Köpfe bildend. (Taf. 158.)

Diese halbstrauchige Pflanze ist durch ganz Europa und Nordasia gemein an Wegen, auf Rainen, sonnigen Plätzen

Wiesen, Hügeln und Bergen, wo sie mit ihrem Wohlgeruche die Luft würzt. Sie ändert ungemein ab. Die Stengel werden $\frac{1}{2}$ — 1 Fuss lang und oft länger, nicht selten bleiben sie aber auch weit kürzer; sie haben viele vierkantige Aeste, die an den Kanten oder auch auf den Seitenflächen mit längern oder kürzern weichen weissen Haaren mehr oder weniger dicht besetzt sind; bald bilden sie kleine Büschchen, bald sind sie rasenartig, bald endlich langniedergestreckt. Die gestielten Blätter werden 2 bis 3 Lin. lang, $1\frac{1}{2}$ — 2 Lin. breit, sind stumpf oder zugerundet, oft eirund oder rundlich-oval, beiderseits kahl, am Grunde und am Blattstiele bewimpert, mit der Lupe betrachtet punktirt. Die Blütenwirtel, zu 3—6 und mehren, zum Theil, vorzüglich die untern, entfernt oder die obern kopfförmig genähert. Die Deckblätter sind den übrigen Blättern ähnlich, nur mehr in die Länge gezogen. Die Blumen stehen zu 4—8 in jedem Wirtel. Die aufrecht abstehenden Blütenstiele sind meist kürzer und nur selten ebenso lang als der Kelch, welcher meist röthlichbraun oder häufig auch violett gefärbt und etwas borstlich-rauchhaarig ist. Die Kelchzipfel haben die Länge der Kelchröhre, die 3 obern sind lanzettlich, die beiden untern lang und borstenförmig. Die carmin- oder rosenrothen seltner weisslichen Blumenkronen sind aussen weichhaarig und haben zugerundete ganzrandige Zipfel, von denen der oberste ausgerandet ist. Die Staubgefässe sind gewöhnlich in der Röhre verborgen, ragen jedoch zuweilen auch daraus hervor. Die kleinen Karyopsen sind verkehrt-eirund, kaffeebraun. — Man kann die zahlreichen Formen in 2 Hauptabtheilungen bringen. — a. *Th. S. latifolius Wallr.* Der Breitblättrige Quendel. Die Blätter sind rundlich bis oval-länglich, oberseits flach, der Stengel ist (meist) nur an den Kanten und kürzer oder länger behaart, auf den Seitenflächen mehr oder weniger kahl. Hierher gehört *Thym. Chamaedrys Fries.*, der einen aufrechten weitschweifigen Stengel, Aeste mit 2 Reihen weicher Haare, eiförmige fast ganz kahle Blätter und theils kopfförmige genäherte oder entfernt stehende Blütenwirtel hat. Ferner gehört hierher die Waldform *Thym. sylvestris Schreb.* — und *Thym. S. humifusus Bernh.*, der am Boden Kriechende Quendel (*Thym. lanuginosus Schkuhr*). Diese Form unterscheidet sich am meisten durch den langgestreckten Habitus, indem der kriechende Stengel stellenweis wurzelt, zottig behaart ist und nur schlaffe fadenförmige Aeste treibt; häufig sind die Blätter fast kreisrund oder elliptischspatelig, stets behaart oder bewimpert. — Die zweite Hauptform ist b. *Th. S. angustifolius Wallr.*, der Schmalblättrige Quendel.

Die Blätter sind linealisch oder lineal-länglich, oberseits rinnig vertieft; der Stengel ist überall ziemlich gleichmässig behaart. Hierher gehört auch *Thym. angustifolius Schreb.* und *Thym. odoratissimus M. Bbst.* — Zum Arzneigebrauche werden von allen Abänderungen die blühenden und beblätterten Stengel und Aeste genommen und als *Herba Serpylli* angewendet. Der Geruch ist kräftig angenehm gewürzhaft und der Geschmack gewürzhaft, zusammenziehend-bitterlich. Die vorzüglichsten Bestandtheile sind äther. Oel, Gerbestoff und bitterer Extractivstoff. Man wendet das Quendelkraut vorzüglich als ein äusserliches flüchtig-erregendes Mittel häufig an, z. B. bei Quetzschungen, Verrenkungen, Geschwülsten und Lähmungen um mit dem Quendelgeist (*Spiritus Serpylli*) die krankhaften Stellen zu waschen; vorzüglich wirkt es vortheilhaft, wenn man mit dem Infusum die entzündeten Augen Neugeborener betupft. Häufig macht das Quendelkraut einen Hauptbestandtheil der aromatischen Kräuter, *Species aromaticae*, aus.

2. Art: *Thymus vulgaris Lin.* Wahrer oder Garten-Thymian, Römischer Quendel.

Stengel aufsteigend, sehr ästig; Aeste aufrecht, weisslich-zottig oder filzig: Blätter eirund-länglich, am Rande zurückgerollt, punktirt, unterseits weisslich; Blüten in achselständigen Trugdolden, welche gipfelständige, unterbrochene, scheinquirlige Aehren bilden. (Taf. 159.)

Ein 4—8 Zoll hoher sehr ästiger Halbstrauch auf unbebaueten steinigen Plätzen und Hügeln in Südeuropa einheimisch, der aber auch häufig in den Gärten gezogen wird. Die Wurzel ist reich zaserästig. Die längern Aeste des Stengels liegen am Grunde oft darnieder, wurzeln und kriechen etwas. Die Blätter sind klein, 3—4 Lin. lang, dicklich, oberseits kurz- und dicht-flaumig, mattgrün, beiderseits eingestochen-drüsigpunktirt. Die aufrechten oder abstehenden Blütenstielchen sind so lang, länger oder kürzer als der glockig-röhrige, drüsig-punktirte kurzhaarige Kelch, dessen Zähne steifhaarig-bewimpert sind; der Kelchschlund ist vor und nach dem Blühen durch einen dichten Kranz von Zottenhaaren geschlossen. Die Blumenkronen sind weisslich oder blasslilla; die Oberlippe ist tiefausgerandet, die Zipfel der Unterlippe sind zugerundet. Die Staubgefässe ragen aus der Blumenkrone hervor. — Die blühenden und beblätterten Aeste, *Herba Thymi*, besitzen einen kräftigen angenehm-gewürzhaften Geruch und einen gewürzhaft-erwärmenden, etwas kampherartigen Geschmack, und enthalten als vorzüglich wirksamen Bestandtheil äther. Oel. Sie dienen wie die übrigen aromatischen Kräuter als erregende und nervenstärkende Mittel zu Bähungen, Umschlägen und Bädern und zu den *Species aromaticae.*

Von *Thymus creticus Brot. (Satureja capitata Lin. — Thymus capitatus Link.)*, einem Strauche aus den Ländern am Mittelmeere, erhielt man sonst die aromatische *Herba Thymi cretici.*

*Thymus Mastichina Lin.*, Mastix-Thymian, ein kleiner Strauch auf Bergen und Felsen in Südfrankreich, Spanien und Nordafrika, hat einen starken sehr angenehmen mastixähnlichen Geruch und wird jetzt noch in seiner Heimath wie früher auch in andern Ländern als *Herba Mastichinae vel Mast. gallorum vel Mari vulgaris* angewendet.

*Molucella laevis Lin.*, Glatte Molukke, wächst im Oriente, besonders Syrien und Palästina einjährig lieferte *Herba Molucellae*, welche einen angenehmen melissen- und melonenartigen Geruch und bitterlichen schwach gewürzhaften Geschmack hat.

*Ballota nigra L.*, Schwarzer Andorn, eine an Zäunen, Mauern, auf wüsten Plätzen und Schutt in ganz Europa gemeine Pflanze. Das unangenehm riechende und bitter und etwas herbe schmeckende Kraut, *Herba Marrubii nigri vel Marr. foetidi vel Ballotae* war sonst bei hypochondrischen und hysterischen Leiden, aber auch äusserlich bei Podogra sehr gebräuchlich.

### Gattung: *Marrubium (Tournef.) Lin.* Andorn.
*(Didynamia, Gymnospermia Lin. syst.)*

Kelch walzenförmig, 10streifig, 5- oder 10zähnig, mit ausgebreitetem Saume und bärtigem Schlunde. Blumenkrone 2lippig: Oberlippe linealisch, flach, gerade aufsteigend, 2-spaltig, Unterlippe 3spaltig, der mittlere Zipfel breiter und ausgerandet.

### 1. Art: *Marrubium vulgare Lin.* Gemeiner oder Weisser Andorn.

Stengel aufrecht, vom Grunde an ästig, weiss-wollig-filzig; Blätter gestielt, eirundlich oder oval, sehr runzelig, ungleich-gekerbt, oben weichhaarig, unten weissfilzig; Blüten sitzend in achselständigen, sehr dichten Büscheln, Scheinquirle bildend; Kelche 10zähnig, Kelchzähne und Deckblättchen pfriemförmig, zottig, von der Mitte an kahl, an der Spitze hakenförmig zurückgebogen. (Taf. 160.)

Diese ausdauernde Pflanze wächst auf unfruchtbaren steinigen Plätzen, in Sandgruben in Europa, Mittelasia und Nordamerika. Der Stengel wird 1—2 Fuss und darüber hoch; er ist entweder aufrecht oder vom Grunde an aufsteigend und ästig, anfangs fast zottig, später dichtfilzig und weisslichgrau. Die Blätter sind 1—1½ Z. lang, 8—14 L. breit, dicklich, fast kraus, die grundständigen und untersten Stengelblätter sind langgestielt, rundlich, am Grunde herzförmig, beiderseits mit anliegenden Haaren besetzt und gekerbt, die übrigen höher am Stengel stehenden eiförmig oder rundlich-oval, stumpf, am Grunde in den Blattstiel verschmälert, unregelmässig-kerbig-gezähnt, oberseits graulich, unterseits weisslich-filzig. Die Blüten stehen sehr zahlreich (oft 40—50) und dicht in Wirteln beisammen in allen Blattachseln an der obern Hälfte des Stengels. Die Deckblätter sind linealisch-borstenförmig, wollig-filzig, an der steifen grannenartigen und hakig-gebogenen Spitze kahl. Kelche filzig, am Schlunde durch lange aufrechte Zotten bärtig, mit 10 abwechselnd kürzern steifen borstenförmigen, widerhakigen Zähnen. Die Blumenkronen sind klein und weiss, durch die tief 2spaltige Oberlippe charakterisirt. — Officinell ist das kurz vor der Blüthezeit gesammelte Kraut, *Herba Marrubii vel Marrubii albi*; es hat frisch zwischen den Fingern gerieben einen eigenthümlichen, etwas gewürzhaften Geruch, der sich beim Trocknen verliert, der Geschmack ist schwach aromatisch aber bedeutend bitter. Das Weisse Andornkraut wird als tonisches, auflösendes und dabei zugleich etwas erregendes Mittel vorzüglich bei Brustverschleimungen und Stockungen im Darmkanale angewendet.

Von *Marrubium paniculatum L. (Marr. peregrinum Sprgl.)*, von *Marr. creticum Lob. (M. peregrinum Jacq.)* und von *Marr. peregrinum L.*, welche 3 Arten gewöhnlich verwechselt worden sind, wurde das Kraut als *Herba Marrubii peregrini* in gleicher Weise wie voriges in den südeuropäischen Ländern angewendet.

### Gattung: *Lavandula (Tournef.) L. Lavendel.*
### *(Didynamia Gymnospermia L. syst.)*

Kelch röhrig, ungleich 5zähnig, nach dem Verblühen durch die zusammenneigenden Zähne geschlossen. Blumenkrone trichterig-präsentirtellerförmig, mit langer fast walzenförmiger Röhre; die Lippen meist flach, die obere 2spaltig, die untere 3spaltig mit gleichen Zipfeln. Die Staubgefässe sind nebst dem Griffel in der Röhre der Blumenkrone verborgen; die Staubbeutel sind nierenförmig, einfächerig, nach dem Aufspringen ein kreisrundes flaches Plättchen darstellend.

1. Art: *Lavandula Spica De C.* Breitblättriger Lavendel.
(*Syn.: Lavandula latifolia Vill. Ehrh. — Lavand. Spica . Lin.*)

Blätter spatelig-lanzettlich; Aehre am Grunde unterbrochen; Deckblätter lanzettlich oder linealisch, fein zugespitzt, trockenhäutig. (Taf. 161.)

Ein 1—4 Fuss hoher ästiger Strauch auf sonnigen Hügeln und Bergen in Südeuropa, vorzüglich in Südfrankreich. Die Aeste sind sehr zahlreich und steigen auf, sie sind theils sehr kurz, nur beblättert und unfruchtbar, theils lang und schlank, 4seitig, dünnfilzig, unten beblättert, dann eine Strecke lang nakt und oben die Blütenähre tragend. Die Blätter an den ältern kurzen und unfruchtbaren Aesten sind spatelig, oft gegen 6 Lin. breit und in einen Blattstiel verschmälert, am Rande ziemlich eben: die an den jährigen Aesten dagegen lanzettlich-lineal und am Rande wie bei der folgenden Art stark zurückgerollt. Die endständigen Blütenähren sind gewöhnlich einzeln, doch finden sie sich auch zu 3 beisammen, die beiden seitlichen sind häufig etwas schief einwärts geneigt; die Aehren selbst sind kürzer und dichter als an der folgenden Art und der unterste Wirtel steht nur wenig von den übrigen entfernt. Die Deckblätter sind viel schmäler und länger, nie plötzlich- oder abgebrochen zugespitzt, sondern mehr lanzettlich ins Linealische übergehend. Die Kelche sind sammtartig-pulverig, selten gefärbt und nur wenig kürzer als die Röhre der Blumenkrone. Das Kraut und die Blüten, *Herba et Flores Lavandulae*, sollen noch stärker als von der folgenden Art riechen und werden ganz wie jene angewendet.

2. Art: *Lavandula vera De C.* Gemeiner Lavendel, Spike.
(*Syn.: Lavandula angustifolia Ehrh. — Lavand. Spica α. Lin.*)

Blätter linealisch oder linealisch-lanzettlich; die Aehre am Grunde unterbrochen; Deckblätter rhombisch, verkehrteirund, lang und feinzugespitzt, trockenhäutig.

Diese Art ist ebenfalls auf sonnigen Hügeln und Bergen in Südeuropa einheimisch und wird bei uns häufig in den Gärten zu Beeteinfassungen benutzt. Sie ist im Ganzen voriger Art sehr ähnlich, wird aber meist nur ein 1—2 Fuss hoher sehr ästiger Strauch mit sitzenden, am Grunde gegenseitig fast verbundenen Blättern von 1—2 Z. Länge und nur 1—3 L. Breite; sie sind ferner ganz, am Rande zurückgerollt, jung greisgraufilzig, später kahler werdend und dann grün; der greisgraue Filz wird durch sehr feine sternförmige Haare gebildet; die Unterseite der Blätter ist gewöhnlich mit sehr vielen silberartig glänzenden feinen Drüschen besetzt. Die Aehre wird 1½ — 5 Z. lang ist walzlich, und besteht aus mehreren Wirteln, die gewöhnlich 6—12, häufig aber auch weniger oder mehr Blüten enthalten, und von denen der unterste Wirtel oft etwas weit entfernt, die übrigen aber entweder näher beisammen oder gleichfalls etwas von einander entfernt stehen. Die Deckblätter sind drüsig, kürzer als die Kelche, verschieden gestaltet, doch stets etwas rhombisch, am Grunde verschmälert und oben (abgebrochen-)plötzlich-zugespitzt; die linealisch-pfriemförmigen Deckblättchen sind sehr klein. Die gefurchten Kelche sind zottig-filzig und violett, nicht sammtartig-gepulvert; vier Zähne sind sehr kurz und zugerundet, der fünfte ist rundlich-rhombisch, fast deckelartig. Die lavendelblaue Blumenkrone hat zugerundete Zipfel, von denen die 2 obern grösser sind als die 3 untern. — Auch von dieser Art kommt das Lavendelkraut und die Blumen, *Herba et Flores Lavandulae*. Im Handel unterscheidet man Französische und Deutsche Lavendelblumen, *Fl. Lav. gallicae et Fl. Lav. germanicae*. Die Französischen werden auch *Fl. Lav. angustifoliae sive L. feminae* genannt; sie stammen von *Lav. vera DeC.* und sind durch die auffallend blaue Farbe der Kelche sehr unterschieden. Die deutschen Lavendelblumen heissen auch *Fl. Lav. latifoliae vel Lav. maris*; sie haben eine bläulich oder bräunlichgraue oder mehr weissliche Farbe und stammen von ersterer Art, von *Lav. Spica DeC.* — Die Lavendelblumen, d. h. eigentlich die Kelche, denn die Blumenkronen sind entweder ausgefallen oder verschrumpft, haben einen starken angenehmen eigenthümlichen Geruch und einen gewürzhaften etwas kampferartigen Geschmack. Man wendet sie als flüchtig-erregendes Mittel nur äusserlich zu Umschlägen, Bähungen und Bädern an, und zwar stets in Verbindung mit andern Mitteln. Aus den Blumen von *Lav. vera DeC* wird das äther. Lavendelöl, *Oleum Lavandulae*, und aus denen von *Lavend. Spica DeC.* das Spiköl, *Oleum Spicae*, in Südfrankreich bereitet. Von ersterem finden sich im Handel verschiedene Qualitäten und letzteres soll häufig durch andere äther. Oele verfälscht werden. Der Geruch ächten Spik- und Lavendelöls ist sehr verschieden.

Von *Lavandula Stoechas L.*, welcher kleine sehr ästige Strauch in Südeuropa und Nordafrika wächst, waren sonst die kurzen Blütenähren als *Flores Stoechadis arabicae* officinell.

Von *Sideritis hirsuta Lin.*, einem südeuropäischen Halbstrauch, waren die beblätterten und blühenden Zweigspitzen als Berufkraut, Gliedkraut, *Herba Sideritidis*, gebräuchlich, man wendete aber in mittlern und nördl. Europa dafür das Kraut von *Stachys recta L.* an.

*Dracocephalum Moldavica Lin.* Türkische Melisse. Eine einjährige Pflanze des südöstl. Europas und Mittelasias, welche einen starken, den der Melisse ähnlichen, aber minder angenehmen Geruch hat. Die Blätter waren und sind es noch in einigen Gegenden als *Herba Melissae turcicae vel peregrinae vel Citraginis turcicae v. Cedronellae turcicae* officinell.

*Nepeta Cataria Lin.*, Katzenminze, Neptenkraut, eine auf Schutt, wüsten Plätzen, an Mauern und Zäunen in Mittel- und Südeuropa nicht seltene, zwei- oder mehrjährige Pflanze, deren Blätter einen gewürzhaften minzen- oder melissenartigen Geruch und bitterlichen etwas kampherartigen Geschmack besitzen; sie waren sonst als *Herba Nepetae vel Catariae* als ein krampfstillendes Mittel, vorzüglich aber gegen Bleichsucht, Hysterie, Verschleimung in den Brustorganen und im Darmkanale in Anwendung; die Homöopathie macht noch jetzt davon Gebrauch.

## Gattung: *Glechoma Lin.* Gundelrebe.
### *(Didynamia Gymnospermia Lin. syst.)*

Kelch röhrig, gestreift, 5spaltig. Blumenkrone langröhrig, 2lippig: Oberlippe kurz, gerade, 3spaltig-ausgerandet, Unterlippe 3spaltig, der Mittellappen am grössten, ausgerandet. Staubfäden gerade, die Staubbeutel zweier Staubgefässe genähert und gemeinschaftlich die Form eines Kreuzes bildend.

### 1. Art: *Glechoma hederaceum Lin.* Gemeine Gundelrebe, Gundermann, Erdeppig, Erdepheu.

Stengel kriechend, ästig, flaumhaarig, an den Gelenken bärtig; Blätter gestielt, herz-nierförmig, grob gekerbt, schwach flaumhaarig; Blüten gestielt zu 3—5 (trugdoldig) in den Blattwinkeln; Kelchzähne fein zugespitzt. (Taf. 162.)

Diese ausdauernde Pflanze ist sehr gemein durch ganz Europa in Gebüsch, feuchten Laubwäldern, in Obstgärten und auf Triften und Grasplätzen. Der Stengel wird $\frac{1}{2}$—1 Fuss, oft aber auch weit länger und kriecht auf dem Boden hin, oder steigt am Fusse der Bäume etwas empor, er ist meist kahl, selten kurzhaarig; an den stets behaarten Gelenkknoten entspringen Wurzelfasern und aufrechte entweder Blätter oder Blüten und Blätter tragende Aeste. Die Blätter haben je nach dem Boden und Standorte eine sehr verschiedene Grösse; sie sind gestielt, nierförmig-rundlich, grob und tief gekerbt, fast kahl, nur am Rande und an den Stielen kurzbehaart, dunkelgrün, unterseits blässer aber oft purpurröthlich oder violett überlaufen. Die Zähne der kurzhaarigen Kelche sind pfriemlich zugespitzt. Die blaue Blumenkrone hat eine weissliche 2—3mal so lange Röhre als der Kelch und ist am Schlunde bärtig; die Oberlippe ist verkehrt herzförmig, fast viereckig, der mittlere Zipfel der Unterlippe ist gleichfalls sehr erweitert, fast 4eckig, ausgerandet oder verkehrt-herzförmig. Ueber die Form und Stellung der Staubgefässe giebt der Gattungscharakter Auskunft. — Das Kraut, *Herba Hederae terrestris vel Chamaeclemae vel Calaminthae humilioris*, besitzt einen starken etwas balsamischen eigenthümlichen, aber nicht angenehmen Geruch und einen bitterlichen etwas scharfen Geschmack. Es ist ein wirksames Mittel, das nur nicht häufig von Aerzten, häufiger als Hausmittel bei Brustverschleimungen und Stokkungen im Darmkanale und vorzüglich bei Frühjahrskuren, wobei man es zu den frischen Kräutersäften mischt, anwendet.

*Betonica officinalis Lin. (Stachys Betonica Benth.)* Betonienkraut. Diese ausdauernde Pflanze findet sich auf trocknen Waldwiesen und in Hainen durch einen grossen Theil von Deutschland und im mittlern und südlichen Europa. Früherhin waren Wurzel, Blätter und Blüten, *Radix, Herba et Flores Betonicae* officinell und sehr berühmt, jetzt sind sie obsolet.

Auch von der artenreichen Gattung *Stachys*, Ziest, waren einige Arten früherhin officinell. Sie können hier nur kurz angeführt werden. *Stachys recta Lin.* wurde, wie bereits erwähnt, als *Herba Sideritidis* gebraucht. — *Stachys palustris L.* lieferte *Herba Marrubii aquatici acuti vel Stachydis aquaticae vel Galeopsidis foetidae.* — *Stachys sylvatica L.* lieferte *Herba Galeopsidis sylvaticae v. Lamii sylvatici foetidi vel Urticae inertis foetidissimae.* — Die zartwollige *Stachys germanica Lin.* gab *Herba Stachydis vel Marrubii agrestis.*

*Galeopsis ochroleuca Lam.*, Grossblumiger oder Ochergelber Hohlzahn, Zottige Hanfnessel. Eine einjährige Pflanze auf Feldern in einigen Gegenden des nördlichen und westlichen Deutschlands. Der Stengel ist stumpf-4kantig, 1—2 Fuss hoch, an den Gelenken nicht verdickt, weichhaarig und dazwischen, besonders nach oben zu, drüsenhaarig. Blätter eirundlich-länglich oder fast lanzettlich, stumpf und grob gesägt, seidig-weichhaarig. Die

Kelche sind zottig, ungleich gezähnt und 4mal kürzer als die ochergelbe oder blassröthliche Blumenkrone mit dem kurz-2spaltigem Helme und mit gekerbt gezähnelten Zipfeln der Unterlippe, von denen der mittelste länger, breiter und ausgerandet ist, die seitlichen aber oval-rundlich sind. — Früher schon war die ganze Pflanze als *Herba Galeopsidis* gegen Lungenschwindsucht gebräuchlich und sie wurde in der Jetztzeit anfangs als ein Geheimmittel gegen diese Krankheit unter den Namen Lieber'scher Thee oder Lieber'sche Auszehrungskräuter wiederum häufig angewendet.

*Galeopsis Tetrahit Lin.* lieferte sonst *Herba Cannabis sylvestris.*

*Panzeria tomentosa Mnch.* (*Ballota lanata Lin.*— *Leonurus lanatus Pers.*) eine ausdauernde Pflanze des südlichen Sibiriens vom Obi bis zum Baikalgebirge. Sie gleicht sehr der Gatt. *Leonurus* hat aber dornige Kelchzähne, von denen die drei obern kürzer sind. Der mittlere Zipfel an der Unterlippe der Blumenkrone ist 2spaltig. Der Stengel wird 1—1½ Fuss hoch und ist dicht weiss-wollig. Die Blätter sind gegen 2 Zoll lang und breit, handförmig-5—7-lappig, oberseits grün und weichhaarig, unterseits weissfilzig. Die gegen 15 Lin. lange, gelblichweisse Blumenkrone ist dicht und lang-wollhaarig. Diese wenig riechende aber stark bitterschmeckende Pflanze ist längst in Sibirien als ein kräftiges harntreibendes Mittel bekannt und wird jetzt als *Herba Ballotae lanatae* in Europa bei Gicht, Rheumatismus und Wassersucht in Abkochung angewendet.

*Leonurus Cardiaca Lin.*, Wolfstrapp, Herzgespannkraut. Wächst ausdauernd auf wüsten Plätzen, Schutthaufen, in und um die Dörfer und lieferte sonst sein unangenehm riechendes Kraut, *Herba Cardiacae*, dem man grosse Kräfte gegen Herzklopfen und Magenleiden zuschrieb.

*Lamiu malbum L.* Weisser Bienensaug oder Taubnessel, eine sehr gemeine, und bekannte Pflanze, lieferte sonst das Kraut und die weissen Blumen, *Herba et Flores Lamii albi vel Urticae mortuae* und es werden jetzt noch die Blumen häufig als ein Hausmittel bei Katarrhen, besonders aber gegen den Weissen Fluss angewendet. Aehnlich wie dieses soll auch *Lamium maculatum Lin.* in Italien und andern südlichen Gegenden angewendet werden, wo es als *Herba Lamii Plinii vel Herba Milzadella* officinell war.

*Cunila mariana Lin.* in Pensylvanien, Maryland u. Virginien einheimisch, wird in Nordamerika als *Herba Cunilae* angewendet und ist sehr reich an ätherischem Oele.

### Gattung: *Hyssopus (Tournef.) Lin.* Yssop oder Isop.
*(Didynamia Gymnospermia Lin. syst.)*

Kelch röhrig, gestreift, 5zähnig. Blumenkrone 2lippig: Oberlippe kurz, gerade, ausgerandet, Unterlippe 3lappig, meist flach, die Seitenlappen aufsteigend, der Mittellappen grösser, verkehrt-herzförmig, fast 2lappig, fein gekerbt. Staubgefässe vorragend, gerade, auseinander stehend.

#### 1. Art: *Hyssopus officinalis Lin.* Gebräuchlicher Isop.

Blätter lanzettlich-linealisch; Wirtel vielblütig, aus gegenständigen, kurzgestielten Trugdolden bestehend, welche an den Enden der Stengel und der Aeste einseitswendige, traubenförmige Rispen bilden. (Taf. 163).

Ausdauernd auf sonnigen Hügeln und Bergen des südlichen Europa's, häufig in deutschen Gärten gezogen. Der Stengel wird 1—2 F. hoch, ist am Grunde holzig und fast rund, ästig, nach oben krautig, 4seitig und durch kurze Härchen wie bestäubt. Die kurzgestielten oder sitzenden Blätter sind 8—16 Lin. lang, 1—4 L. breit, spitzlich oder fast stumpf, fast kahl, nur äusserst kurz behaart. In den untern Blattachseln entstehen unvollkommene Blätterästchen. Die Blumenwirtel bestehen aus deutlich gestielten 7—9-blütigen Trugdolden. Die schmal linealischen Deckblätter endigen in eine Borste. Der kurzhaarige, gleichsam bestäubte Kelch hat eilanzettliche fein zugespitzte Zähne, von denen die beiden untersten etwas mehr von einander abstehen. Die kornblumenblaue, rosenrothe oder bisweilen weisse Blumenkrone hat eine Unterlippe, deren seitliche Zipfel klein, schief eirund und stumpf sind, der mittlere Zipfel aber in 2 zurückgekrümmt-ausgesperrte stumpfe Zipfelchen gespalten ist. — Man wendet die beblätterten blühenden Aeste als *Herba Hyssopi* an. Sie haben einen starken gewürzigen Geruch und einen bitterlich gewürzhaften etwas kampherartigen Geschmack. Man gebraucht sie vorzüglich als tonisch erregendes Mittel im Aufguss bei Schwäche der Verdauungsorgane und der Lungenschleimhaut, bei Brustbeklemmungen und Rheumatismen. Aeusserlich kommen sie zu Breiumschlägen, Gurgel- und Augenwässern.

### Gattung: *Origanum (Tournef.) Lin.* Dosten.
*(Didynamia Gymnospermia Lin. syst.)*

Kelch röhrig, 5zähnig, seltner 2lippig, oder endlich einseitig, mit am Grunde kappenförmig-eingeschlagenem Rande (dann einem obern Deckblatt ähnlich, die Gattung *Majorana*

*Tournef.*, *Moench.* bildend). Blumenkrone röhrig, 4lappig, kaum 2lippig: die Oberlippe aufrecht, ausgerandet, die Unterlippe 3lappig, mit ziemlich gleichgrossen Lappen.

I. Art: *Origanum vulgare Lin.* Gemeiner Dosten, Wohlgemuth.

Stengel aufrecht, nach oben ästig, wiederholt 3gabelig, zottig; Blätter gestielt, eirund, spitzlich, undeutlich-gesägt oder ganzrandig, zottig-flaumhaarig; Aehren kurz, im Umrisse eiförmig, stielrundlich, in dicht-gedrängte Trugdolden gehäuft, welche gemeinschaftlich eine Art von Rispe darstellen; Deckblätter elliptisch, gefärbt, länger als die röhrigen 5zähnigen Kelche. (Taf. 164).

Diese Pflanze wächst ausdauernd auf sonnigen, unbebauten Stellen, an Wegen, Zäunen, Rainen, in Weinbergen und Gebirgsgegenden, überhaupt fast in ganz Europa. Der Stengel wird $1\frac{1}{2}$—2 Fuss hoch, ist stumpf 4kantig, meist purpurbraun überlaufen, nach oben rispig- und wiederholt-3gabelig verzweigt. Die Blätter sind oberseits flaumig oder kahl, unterseits wie die Blattstiele mehr oder weniger krausflaumhaarig und von eingesenkten Drüsen durchscheinend-punktirt. Die gedrungenen 4zeiligen Aehren sind $\frac{1}{4}$—1 Z. lang, kurzgestielt und stehen zu 3 oder 5 am Ende der Zweige, die seitlichen von einem eirunden, meist etwas längern Deckblatte als der Blütenstiel lang ist, gestützt. Jede einzelne Blume ist gleichfalls von einem elliptischen, spitzigen, beiderseits drüsenlosen, etwas längern oder doppelt so langen Deckblättchen, als der Kelch lang ist, gestützt. Der Kelch ist entweder dichtflaumhaarig oder weniger haarig bis kahl, stets mit kleinen gelben harzglänzenden Drüschen bestreut und im Schlunde mit einem dichten Haarkranze versehen, nebst den Deckblättchen nur oberwärts oder über und über purpurbräunlich, selten hellgrün. Die Blumen sind dunkler oder blässer carminroth bis weisslich; die Röhre ist fast doppelt länger als der Kelch mit lang hervorragenden Staubgefässen, seltner nur von der Länge des Kelchs mit verkürzten Staubgefässen. — Obschon der Gemeine Dosten in der Behaarung aller Theile sehr abändert und auch fast kahl vorkommt, so unterscheidet man doch hauptsächlich nach der Grösse der Aehren 2 Formen:

a. *Var. brachystachyum*, kurzähriger g. D. mit kurzen im Umrisse länglichen Aehren. Sind die Deckblätter, Kelche und Blumen gefärbt, so ist es die gewöhnlichste Abänderung, sind die erstern grün und die Blumen weisslich, so ist es *Origanum virens Link. et Hoffmsgg.*

b. *Var. megastachyum*, grossähriger g. D. mit verlängerten deutlich 4kantigen Aehren. Zu der Abänderung mit gefärbten Kelchen, Deckblättern und Blüthen gehört nach *Vogel (Linnaea XV. 79.) Origanum creticum Lin.* Sind die Deckblätter und Kelche grün und die Blumen weisslich, so ist es *Orig. megastachyum* und *macrostachyum Link.* und die auf der Tafel 165 als

*Origanum creticum Hayn. (Lin.)* Cretischer Dosten.

Stengel aufrecht, kahl oder steifhaarig-zottig: Blätter kurzgestielt, eirund oder elliptisch, spitzlich, meist ganzrandig, zottig; Aehren verlängert, vierseitig; Deckblätter verkehrteirund, spitzig, zottig, grün; Kelche röhrig, 5zähnig) dargestellte Abänderung. — Gebräuchlich sind die blühenden Stengel und Astspitzen als Dostenkraut, *Herba vel Summitates Origani s. Origani vulgaris.* Man sammelt gewöhnlich die Abänderung mit gefärbten Deckblättern, Kelchen und Blumen.

Die Aehren oder vielmehr die ganzen blühenden Stengelspitzen der auf Taf. 165 dargestellten *Var. macrostachyum Link.* kommen oft als spanischer Hopfen, *Herba Origani cretici*, entweder für sich allein oder mit andern *Origanum* im Handel vor.

Das Gemeine Dostenkraut ist in allen seinen Abänderungen ein aromatisches flüchtig reizendes Mittel, das heut zutage selten innerlich und zwar gewöhnlich in Theeaufguss mit andern aromatischen Kräutern bei Katarrhen, Rheumatismus, Krämpfen, bei unterdrückter Menstruation u. s. w. häufiger noch äusserlich mit andern aromatischen Kräutern zu Bädern, nassen und trocknen Umschlägen angewendet wird. Es macht einen Bestandtheil der *Species resolventes* Arten von *et Spec. aromaticae* aus.

2. Art: *Origanum smyrnaeum Benth.* Smyrnaischer Dosten, Cretischer oder Spanischer Hopfen.

Stengel fast einfach, abstehend zottig und dazwischen feinfilzig; Blätter oval- oder rundlich-eirund, mehr oder weniger gesägt; grauzottig oder filzig, die untern gestielt, die obern fast sitzend: die Deckblätter aussen drüsig punktirt, auf der Innenseite drüsenlos, dicht ziegeldachig, lange Aehren bergend, die am Ende des Stengels zu einer ziemlich flachen Doldentraube zusammengedrängt stehen.

*(Syn. Origanum smyrnaeum et Onitis Lin. sec. Benth. — Majorana smyrnaea Nees.)*

Diese in Dalmatien, Griechenland, auf Kreta und in Kleinasia ausdauernd wachsende Pflanze hat einen $\frac{1}{2}$—1 Fuss hohen Stengel, und Blätter, die oft mit einigen deutlichen Sägezähnen und beiderseits mit vielen dunkelgelben oder braun-rothen Drüsen versehen sind. Die 3gabeligen blühenden Aeste stehen sämmtlich am Gipfel doldentraubig genähert. Die stumpf-4kantigen, kurzen und eiförmigen oder langen und mehr gestreckten Aehren haben 4zeilig stehende rundlich-eirunde, stumpfe, nervige, kurz- oder rauh-haarige, gewimperte Deckblätter. Der Kelch ist rundlich-verkehrt-eirund, auf der nach vorn gekehrten Seite offen und nur am Grunde etwas kappenförmig eingeschlagen, nervig, aussen drüssigpunktirt, innen oberwärts kurzhaarig, nebst den Deckblättern grünlich. Die Blumen sind weiss. —

Die blühenden Stengelspitzen sind als Cretischer Dosten, Spanischer Hopfen, *Herba vel Summitates Origani cretici*, officinell, werden aber nur wenig und meist in Verbindung mit andern aromatischen Kräutern angewendet. Der vorwaltende wirksame Bestandtheil ist das ätherische Oel, welches auch für sich als Beruhigungsmittel bei Zahnschmerzen gebraucht wird. Die Wirkung ist der des Gemeinen Dosten gleich. — Wie schon bemerkt, wird auch eine Abänderung des Gemeinen Dosten, oder auch ein Gemisch vom Cretischen und dem kurzhaarigen Dosten, *Origanum hirtum Koch.* (*Syn.: Origanum creticum Nees.* in der Düsseldorfer Samml. t. 177 f. 1—6.) oder letzterer für sich unter obigem Namen im Handel angetroffen, wesshalb das Ansehen dieser Drogue sehr verschieden ist.

### 3. Art: *Origanum Majorana Lin.* Majoran, Wurstkraut.

(*Syn.: Majorana hortensis Mnch.*)

Stengel vom Grunde an ästig, nebst den Blättern fein grau-filzig; Blätter gestielt, elliptisch oder oval, ins Eirunde und Rundliche gehend, stumpf ganzrandig, am Grunde etwas in den Blattstiel herablaufend; Aehren durch die auf der Innenseite drüsenlosen Deckblätter dicht-dachig, zu 3 köpfig-gehäuft, selten einzeln auf einfachen Blütenstielen, in eine schmale Rispe oder fast traubenartig gestellt; Kelch halbirt, ganzrandig oder undeutlich-gezähnt. (Taf. 166).

Diese bei uns häufig kultivirte bekannte Pflanze ist in Nordafrika und den Ländern Europas am Mittelmeere einheimisch. — Man sammelt die beblätterten blühenden Stengel als *Herba Majoranae* und wendet sie ähnlich wie die beider vorigen Arten, doch meist äusserlich in Verbindung mit andern ätherischen Mitteln zu Kräuterkissen, Bähungen, Bädern und zu einer Salbe an. — Der Gebrauch als Küchengewürz ist häufig und bekannt.

*Satureja hortensis Lin.*, Gemeiner Saturei, Pfefferkraut oder Bohnenkraut, eine ursprünglich in

Südeuropa einheimische einjährige Pflanze, welche für den Küchengebrauch häufig in Gärten cultivirt wird, und einen angenehmen, stark gewürzhaften Geruch und etwas scharfen pfefferartigen Geschmack hat, war sonst als *Herba Saturejae vel Cunilae sativae* gebräuchlich.

*Satureja Thymbra Lin.*, im südlichsten Europa und den übrigen Ländern am Mittelmeere einheimisch, lieferte sonst *Herba Thymi cretici*, welche aber auch von *Thymus creticus Brot.* (*Satureja capitata Lin.*) gesammelt wurde.

### Gattung: *Mentha Tournef.* Minze.
### (*Didynamia Gymnospermia Lin. syst.*)

Kelch röhrig oder glockig, gleichförmig-5zähnig oder 5spaltig. Blumenkrone röhrig-trichterförmig, ziemlich regelmässig 4spaltig, der obere Zipfel (Oberlippe) etwas breiter und meist ausgerandet. Staubgefässe gerade, auseinander stehend.

1. Art.: *Mentha piperita Lin.* Pfefferminze.

Blätter gestielt, eirund-länglich, scharf gesägt, kahl; Trugdolden in einer am Grunde unterbrochenen ähren- oder schweifförmigen Rispe genähert; Kelch röhrig: die Zähne desselben pfriemlich, kürzer als die Röhre. (Taf. 167.)

Diese bekannte ausdauernde Pflanze wird jetzt in sehr vielen Ländern cultivirt und kommt nur in England wild wachsend vor. Die aufrechten ästigen Stengel werden 1—3 F. hoch und sind mit sehr kleinen zerstreuten etwas steifen Härchen, besonders an den Kanten besetzt, meist dunkelpurpurroth oder purpurbräunlich überlaufen. Die Blätter stehen auf 3—4 Lin. langen, bewimperten Blattstielen, sind 2—2½ Zoll lang, 8—12 Lin. breit, kurz zugespitzt, an dem eirunden Grunde ganzrandig, übrigens mit fast zugespitzten Sägezähnen versehen, oberseits kahl und dunkelgrün, unterseits an den Nerven kurz und steifhaarig, überall mit glänzendgelben Drüschen besetzt und heller grün. Am Ende des Stengels stehen 8—16 Blütenwirtel beisammen und bilden so scheinbar eine kegelförmig-spitzige, später verlängerte und stumpfe Aehre. Die Deckblätter sind fast linealisch, wimperig, von der Länge der Wirtel oder kürzer. Die Kelche sind röhrig-trichterig 10rippig, kahl, purpur- oder blauroth, reihenweis gelbdrüsig-punktirt, mit aufrecht pfriemigen Zähnen. Die Blumenkrone hat eine weisse Röhre von der Länge des Kelchs und einen hell bläulich-röthlichen Saum mit stumpfen Zipfeln. Die fast gleichlangen Staubgefässe haben die Länge der Röhre und rundlich-hufeisenförmige Staubbeutel. Der Griffel ragt aus der Blume hervor und hat zurückgekrümmte Narbenzipfel, von denen der untere länger ist. Die Nüsschen sind oval, röthlichbraun und chagrinirt.

Die von angebauten Pflanzen vor der Blütezeit gesammelten Blätter sind als Pfefferminzenkraut, *Herba Menthae piperitae*, officinell. Sie haben einen eindringenden, flüchtig-gewürzhaften Geruch und einen eben solchen Geschmack, welcher hintennach erst stark erwärmt und dann auffallend kühlt. Die vorwaltenden und wirksamen Bestandtheile sind ätherisches Oel und eisengrünender Gerbestoff. Man gebraucht das Pfefferminzenkraut innerlich besonders im Theeaufgusse als ein kräftiges flüchtig-erregendes, krampfstillendes und blähungstreibendes Mittel häufig bei asthenischen und krampfigen Leiden der Verdauungsorgane, aber auch äusserlich als erregendes, belebendes und zertheilendes Mittel sowol im weinigen, als wässrigen Aufgusse zu Umschlägen, Bähungen, Bädern u. s. w. Auch das äther. Oel, *Oleum Menthae piperitae*, wird verschiedentlich benutzt, zu *Elaeosaccharum* und *Rotulae M. pip. etc.* Das Kraut bildet ferner einen Bestandtheil des *Acetum aromaticum* und der *Species aromaticae*.

2. Art: *Mentha sylvestris Koch.* Wilde Minze Ross- oder Pferde Minze, Rossbalsam.

Blätter fast oder ganz ungestielt, eirund, länglich oder lanzettlich, spitz-gesägt; Blütensträusse ährenförmig, im Umrisse linealisch oder länglich; Deckblätter linealisch pfriemlich; Kelchzähne aus dem breiten Grunde pfriemlich-zugespitzt, beim fruchttragenden Kelche etwas zusammenneigend, die Kelchröhre schwach gerillt, etwa so lang als die Zähne.

Diese Pflanze, welche an Bach- und Flussufern, Gräben und feuchten Stellen aber auch auf Schutt, in den Dörfern auf Mauern und unter Gebüsch in ganz Europa, Asia und Afrika ausdauernd wächst, kommt in sehr zahlreichen Abänderungen vor, von denen wir hier nur einige erwähnen müssen. Hinsichtlich der Behaarung sind die beiden Extreme: *Mentha sylvestris Lin.*, an allen krautigen Theilen dicht greisgraufilzig und — *Mentha viridis Lin.* fast kahl. — Nach der Stärke und Färbung der Behaarung, nach der Form der Blätter und der Blütensträusse finden sich noch viele Zwischenabänderungen.

Von der Abänderung *Mentha sylvestris Lin.*, mit fast sitzenden eiförmig- oder länglich-lanzettlichen, ungleich und scharf gesägten, oben grau weichhaarigen, unten weiss oder graufilzigen Blättern; mit walzigen oder kegeligen, fas ununterbrochenen, ährenförmigen Blütensträussen und zottig filzigen Deckblättchen, Blütenstielen und Kelchen — war früherhin das im Beginn der Blütezeit gesammelte Kraut als *Herba Menthae sylvestris vel equinae vel Herba Menthastri* officinell; es riecht zwar stark, aber weniger angenehm als andere Abänderungen.

Von der erwähnten Abänderung: *Mentha viridis Lin.* mit sitzenden, lanzettlichen, spitzigen, scharfgesägten, kahlen Blättern, walzlichen unterbrochenen ährenförmigen Blütensträussen, mit fast kahlen Blütenstielen und Kelchen, welche glockenförmig sind und wimperige Kelchzähne haben — war sonst das Kraut, *Herba Menthae acutae vel romanae* officinell und ist es noch in den südlichen Gegenden von Europa, da sein Geruch kräftig und der Gehalt an einem angenehm riechenden ätherischen Oele beträchtlich ist.

Die welligblättrige Abänderung: *Mentha undulata Wlldw.* mit filzig-zottigen Stengeln, Blättern, Blütenstielen und Kelchen, länglich-eirunden bis breit-eirunden, am Grunde mehr oder weniger herzförmigen, am Rande welligen oder krausen, eingeschnitten-gesägten Blättern mit ungleichen zugespitzten Sägezähnen. — Diese Varietät wächst in einigen Gegenden an nassen Stellen wild, ist aber selten; man kultivirt sie hier und da z. B. in Heidelberg in den Apothekergärten; sie wird nebst der folgenden Abänderung und einer Abänderung der folgenden Art als *Herba Menthae crispae* gesammelt und angewendet.

Die gekrauste Abänderung: *M. sylvestris ε. crispata. Koch.* ist die auf Taf. 168 abgebildete:

### *Mentha crispata Schrad.* Gekrauste Minze.

Blätter fast sitzend, eirund-länglich, tief und verlängert-feinspitzig-gesägt, wellig, fast kahl; Blüten in einer unterbrochenen schweifförmigen Rispe; die Zähne des kahlen Kelches wimperig.

Sie wächst hier und da an Flussufern im mittlern Europa wild und wird gleichfalls als Krauseminze kultivirt. Die Blätter sind 15—22 Lin. lang, 10—14 Lin. breit, eirund od. eilänglich, kurz und scharf zugespitzt, am Rande mit zahlreichen ungleichen verlängerten und verschieden gekrümmten, scharf-zugespitzten Sägezähnen besetzt, übrigens wellig-runzelig, fast kraus, entweder überall kahl oder auf der Unterseite sowie am Stengel behaart. Blütenstiele sehr kurz. Die Nebenblätter sind lanzettlich-linealisch, borstenförmig zugespitzt. Die Kelchzähne sind kürzer als die Röhre und der obere Zipfel der blassröthlich-violetten Blumenkrone ist vorn zurückgedrückt. Die Staubfäden stehen gewöhnlich aus der Blume hervor. — Auch von dieser Abänderung wird das Kraut als *Herba Menthae crispae*, sogar mit Erlaubniss der Pharmacopöen einiger Länder gesammelt und angewendet, obgleich der Geruch und Geschmack von der folgenden eigentlichen Krauseminze sehr verschieden ist.

3. Art: *Mentha crispa Lin.* Krause Minze.

Blätter fast sitzend, herz-eiförmig, wellig und fast blasig, meistens kahl, eingeschnitten-gesägt, Sägezähne verlängert; Blüten in einer länglichen kopfförmigen unterbrochenen schweifartigen Rispe. (Taf. 169.)

Weil diese häufig kultivirte Pflanze nirgends wildwachsend angetroffen wird, so kann man sie allerdings für eine durch Kultur entstandene Abänderung einer andern Art zu halten geneigt sein; allein ihr Geruch und Geschmack ist so eigenthümlich, wie der der Pfefferminze und von dem aller Abänderungen der *Mentha aquatica Lin.* der gemeinen Wasser-Minze (weil sie im Wasser der Gräben und Bäche, weniger an deren Ufern wächst) so verschieden, wie von dem der Pfeffer- und Waldminze. *Bentham* und viele Autoren halten sie für eine Abänderung der *M. aquatica*; *Koch* dagegen für eine Abänderung der *M. piperita γ. crispa*. Bei so verschiedenen Ansichten ist es besser der Linneischen Ansicht treu zu bleiben, noch dazu, da die charakteristischen Merkmale eben so gut sind, als die anderer Arten dieser Gattung. Man baut sie auf gutem, doch nicht zu feuchtem Gartenboden mit dem grössten Vortheil und vorzüglich häufig in den Ländern des nördlichern Europas. — Der Stengel wird $1\frac{1}{2}$—2 F. hoch, ist aufrecht, ästig, kurzhaarig. Blätter 1—$1\frac{1}{2}$ Zoll lang, 9—15 Lin. breit, spitzig, die untern stumpf, oberseits kahl, unterseits kurzhaarig, oft auch beiderseits behaart, am Rande mit ungleichen, verschieden hin- und her gebogenen zugespitzten Zähnen, stets sehr runzelig und kraus; die untern Stengelblätter nicht selten mit fast strahlig vom Grunde ausgehenden Nerven durchzogen. Die Blütensträusse sind eiförmig selten fast cylindrisch, oben abgerundet, gewöhnlich kurz, kopfförmig, jedoch zuweilen auch ährenförmig verlängert. Die Blütenstiele, welche etwa die Länge der Kelchröhre haben, sind kahl und von linealisch-pfriemlichen Deckblättern unterstützt. Die kurzflaumhaarige oder kahle Kelchröhre ist gewöhnlich nebst den Blütenstielen purpurbraun überlaufen, mit vielen Drüsen bestreut und an den Kelchzähnen, die etwa $\frac{2}{3}$ der Länge der Kelchröhre haben, kurzhaarig-gewimpert. Die violett röthlichen Blumenkronen sind entweder grösser und haben dann hervorragende Staubgefässe oder sie sind kleiner und haben Staubgefässe, die kürzer oder nur so lang als der Saum der Blumenkrone sind; bei der ächten Linneischen *M. crispa* soll das letztere der Fall sein. — Die vor der Blütezeit, etwa Anfangs Juni gesammelten Blätter sind die eigentliche Krauseminze, *Herba Menthae crispae*, obgleich in vielen Gegenden auch die Blätter der beiden Abänderungen voriger Art gesammelt werden. Sie besitzen getrocknet einen kräftigen, eigenthümlich balsamisch-aromatischen Geruch, der minder flüchtig als an der Pfefferminze ist und einen gewürzhaften, etwas bitterlichen Geschmack, welcher weder so erwärmend noch hintennach so kühlend ist, wie bei der Pfefferminze. Auch hier sind die vorwaltend wirksamen Bestandtheile ätherisches Oel und eisengrünender Gerbestoff. Das Kraut wirkt erregend, krampfstillend und blähungstreibend, aber minder kräftig und flüchtig wie die Pfeffeminze, obschon es sonst ganz wie diese angewendet wird. Man hat einige Präparate, als *Oleum, Aqua, Syrupus Menthae crispa etc.*

Von der *Mentha aquatica Lin.*, welche im Wasser der Gräben und Bäche durch ganz Europa wächst, war sonst das Wasserminzenkraut, *Herba Menthae aquaticae vel Balsami palustris* officinell; es hat zwar einen minzenartigen aber nicht kräftigen und feinen Geruch und auch nur geringe Wirksamkeit.

Auch von den Arten, bei denen die Scheinwirtel der Blütensträusse entfernt stehen und von zwei abwechselnd gegenständigen Blättern, die nach der Stengelspitze hin immer kleiner werden, unterstützt sind, waren früherhin einige officinell. *Mentha sativa L.*, Zahme oder Frauenminze, mit gestielten herz-, eirunden oder ovalen, gesägten, etwas welligen, wie die aufsteigenden Stengel zottigrauhhaarigen Blättern und glockenförmigen rauhhaarigen Kelchen. Diese sonst häufig angebaute Art wurde wie die Krauseminze angewendet, wird aber jetzt nur noch selten, obwol mit Unrecht, kultivirt. *Mentha gentilis L*, Balsamminze, hat gestielte oval-elliptische, scharf gesägte, fast kahle Blätter, kahle Blütenstielchen und fast kahle oder bärtig-behaarte Kelche und findet sich auf nassen Plätzen in einigen Gegenden, ist aber nirgends häufig und wird zuweilen in Gärten angebaut, weil ihr Kraut stark und angenehm gewürzhaft riecht. Sonst war sie als *Herba Menthae balsaminae* gebräuchlich.

*Mentha arvensis L.*, Ackerminze, ist eine in vielen Abänderungen und Formen überall auf nassen Stellen und besonders auf Aeckern vorkommende Art, welche durch die gestielten, eiförmigen, elliptischen oder eilanzettlichen gezähnt-gesägten weichhaarigen oder fast kahlen Blätter, durch die genäherten Wirtel und kurzen, eirundglockenförmigen Kelche sich unterscheidet. Das Kraut hat meist einen nicht sehr starken und unangenehmen Geruch und war sonst als *Herba Menthae equinae vel M. sylvestris vel Calaminthae aquaticae* gebräuchlich.

*Mentha Pulegium Lin. (Pulegium vulgare Mill.)* Poley-Minze, Gemeiner Polei, wächst auf feuchten Triften, an Fluss- und Teichufern in vielen Gegenden des südlichen und mittlern Europas und im Oriente. Der Poley hat eirunde, elliptische oder längliche, stumpfe, schwachgesägte, in einen Blattstiel zusammengezogene Blätter, in entfernten fast kugelrundlichen Scheinquirlen stehende Blüten mit trichterförmig-röhrigen, nach dem Verblühen durch einen Haarkranz geschlossenen, fast zweilippigen Kelchen, deren obere 3 Zähne dreieckig-zugespitzt, zurückgekrümmt und deren untere zwei Zähne schmäler, lanzettlich pfriemförmig sind. Die geriefte Kelchröhre ist länger als die Zähne und bei der Fruchtreife oberhalb der Nüsschen etwas eingeschnürt. Der Stengel und die untern Aeste liegen auf den Boden niedergestreckt und kriechen, steigen vorn auf und werden ½—1 Fuss hoch. Die Blätter sind nur 4—9 Lin. lang und die blass karminrothen oder lilafarbigen Blüten eben so lang oder länger als die den Scheinquirl unterstützenden Blätter. — Man sammelt die beblätterten blühenden Stengel, *Herba Pulegii*, welche einen kräftigen sehr gewürzhaften und angenehmen Geruch und einem der Pfefferminze ähnlichen, anfangs wärmenden hintennach kühlenden Geschmack besitzen. — Diese sehr heilkräftige, flüchtig-erregende, krampfwidrige und blähungtreibende Pflanze wird heutzutage nur sehr wenig angewendet, weil statt ihrer meistentheils die ihr sehr unähnliche und unkräftige Ackerminze gesammelt zu werden pflegt.

*Preslia cervina Fresen. (Mentha cervina Lin. Pulegium cervinum Mill.)* Hirsch-Minze, wächst auf feuchten Triften im südlichen Europa ausdauernd, hat einen Kelch mit 4 grannenartigen Zähnen, eine Blumenkrone mit kurzer Röhre und einem gleichförmig-vierspaltigen Saume. Der Stengel ist 1—2 Fuss hoch, ziemlich steif, kahl, entweder einfach oder ästig. Die etwas fleischigen sitzenden Blätter sind schmal linealisch, nach unten verschmälert, stumpf, 1—1¼ Zoll lang, 1—2½ Lin. breit, durchsichtig-drüsig-punktirt, und unterseits mit zahlreichen vertieften Punkten versehen. Die weissen Blüten sitzen in zahlreichen gleichweit von einander entfernten Wirteln. — Das Kraut, *Herba Pulegii cervini*, hat einen eigenthümlichen sehr kräftigen und eindringenden Geruch und war sonst wie der Poley gebräuchlich.

*Lycopus europaeus L.*, Gemeiner Wolfsfuss, Wasser-Andorn, eine auf feuchten nassen Stellen an und in Gräben, Teichen, Flüssen, Sümpfen in Europa und Nordamerika gemeine ausdauernde Pflanze mit elliptisch-lanzettlichen, tief gesägten oder fast fiederspaltigen Blättern an den aufrechten $1\frac{1}{2}$—3 Fuss hohen vierseitigen Stengeln. Der Kelch ist regelmässig 5zähnig, die Röhre der Blumenkrone sehr kurz, der Saum fast gleichmässig 4spaltig. Die 2 Staubgefässe ragen etwas aus der kleinen weissen Blume hervor. Die Wirte sind aus vielen dichtstehenden Blumen gebildet. Das Kraut, *Herba Marrubii aquatici*, wurde vorzüglich im südlichern Europa von dem Volke als ein das Wechselfieber sicher vertreibendes Mittel angewendet. Es hat einen bittern adstringirenden Geschmack und enthält vorwaltend ein blassgelbes bitteres Harz, Gallussäure, ferner ein geschmackloses Halbharz, Extractivstoff, Gummi und mehre Salze. Bei anhaltenden Blutflüssen soll es gute Dienste leisten.

### *Ord.* I. Röhrenblumige: *Tubiflorae.*

### *B.* Glockenblütler: *Campanaceae.*

### 84. Fam. Glöckler: *Campanulaceae Juss.*

Aus dieser Familie sind nur wenige, jetzt obsolete Gewächse zu erwähnen.

Von *Campanula glomerata* und *Camp. Cervicaria Lin.* waren sonst die Blätter, *Folia Cervicariae minoris*, vorzüglich gegen Halsentzündungen gebräuchlich; dasselbe war der Fall mit denen von *Camp. Trachelium Lin.*, die man *Folia Cervicariae majoris* nannte.

### 85. Fam. Kürbisgewächse: *Cucurbitaceae Juss.*

Meist jährige oder ausdauernde Kräuter, selten Halbsträucher mit kletternden saftigen Stengeln und wechselständigen, meist saftigen und beiderseits scharf anzufühlenden Blättern. Statt der fehlenden Nebenblätter befinden sich meist einfache oder ästige Wickelranken zur Seite der Blattstiele. Die Blüten stehen einzeln oder traubig oder rispig in den Blattachseln und sind gewöhnlich entweder ein- oder zweihänsig. Der 5spaltige abfallende Kelch ist dem Fruchtknoten angewachsen und die 5 Blumenblätter sind dem Schlunde des Kelchs eingefügt. Von den 5 Staubgefässen sind gewöhnlich 2 und 2 verwachsen und haben lange geschlängelte oder gewundene Staubbeutel. Der unterständige Fruchtknoten besteht aus 3 oder 5 verwachsenen Karpellen und ist 3- oder 5-, selten nur einfächrig mit zahlreichen wandständigen Eichen; der sehr kurze Griffel hat 3 oder 5 dicke 2lappige, sammetartige oder selten gefranzte Narben. Die Kürbisfrucht ist fleischig 3- oder 5- oder einfächrig mit 3 oder 5 gedoppelten vielsamigen Samenträgern, welche über die äussere Fläche der Fächer verbreitet sind; selten giebt es auch einsamige Früchte. Die Samen sind von einem saftigen Mantel umhüllt, der später zu einer dünnen zarten weissen Haut eintrocknet. Der gerade eiweisslose Embryo hat ein gegen den Nabel gekehrtes Würzelchen und blattige handnervige Samenlappen.

## Gattung: *Cucumis Lin.* Gurke.

### (*Monoecia Syngenesia Lin. syst.*)

Blüten einhäusig. Kelch röhrig glockig, 5spaltig. Blumenkrone 5theilig; Männl. Blüte: Staubgefässe 5, in 3 Partien verwachsen (*triadelphisch*), mit geschlängelten, verwachsenen Staubbeuteln; Weibl. Blüte: Griffel 3spaltig, Narben dick, zweitheilig. Kürbisfrucht 3fächrig, mit zweimal eingeschlagenen Scheidewänden und vielsamigen Fächern. Samen zusammengedrückt, (meist) scharf berandet.

### 1. Art: *Cucumis Colocynthis Lin.* Koloquintengurke, Koloquinte.

Stengel etwas steifhaarig; Blätter herzförmig-eirund, vieltheilig-gelappt, unterseits weisszottig, mit stumpfen Lappen; Kürbisfrucht kugelrund, kahl. (Taf. 170.)

Diese einjährige Pflanze wächst im Oriente und Griechenland. Der ästige fast steifhaarige Stengel liegt auf den Boden gestreckt. Die Blätter sind lang gestielt, eiförmig (im Umrisse), am Grunde herz- oder fast nierförmig, in 5 oder mehre stumpfe und buchtig-gezähnte Lappen getheilt, beiderseits steifhaarig. Die Wickelranken sind ästig. Die kurzgestielten Blüten haben einen rauhhaarigen Kelch mit 5 schmalen pfriemenförmigen Zähnen und eine gelbröthliche, aussen behaarte Blumenkrone, die doppelt so lang ist als der Kelch; die eiförmigen stumpfen Zipfel derselben endigen in ein kleines Spitzchen. Die gelben Früchte haben die Grösse kleiner und mittlerer Aepfel, eine glatte lederige ziemlich dünne Rinde, ein schwammiges weisses Fleisch und zahlreiche graulichgelbe Samen. — Im Handel führt man die geschälten schwammigen und sehr leichten Früchte als Coloquinten, *Fructus Colocynthidis*. Dieses getrocknete Fruchtfleisch ist äusserst bitter und enthält ausser andern einen harzigen Extractivstoff (*Colocynthin*). Es wirkt sehr kräftig auf den Darmkanal, veranlasst reichliches Purgiren und wird, weil man bei schlechter Anwendung gefährliche Zufälle beobachtet hat, heutzutage leider weniger angewendet, als es verdient bei Stockungen im Unterleibe, Trägheit des Darmkanals, daher rührendem chronischen Husten angewendet zu werden.

*Cucumis sativus Lin.* Die Gemeine Gurke stammt aus dem mittlern und südlichen Asia und ist durch ihren Küchengebrauch hinlänglich bekannt. Den Saft der unreifen Früchte wendet man innerlich gegen Schwindsucht an. Die Samen, *Semen Cucumeris*, gehören zu den 4 grossen kühlenden Samen und wurden sonst zur Bereitung von Emulsionen gebraucht.

*Cucumis Melo Lin.* Die Melone stammt ebenfalls aus dem südlichen Asia; ihre Samen, *Semen Melonum*, wurden ebenso wie die vorigen angewendet. Dasselbe gilt von den Samen der Wassermelone, *Cucumis Citrullus Ser.*, welche gleichfalls aus Südasia stammt: die Samen heissen in den Apotheken südlicher Länder *Semina Citrulli vel Anguriae.*

*Cucurbita Pepo L.* Der Gemeine Kürbis, der jetzt überall häufig kultivirt wird, stammt aus Südasia. Seine Samen, *Semina Cucurbitae*, gehören gleichfalls zu den 4 grossen kühlenden Samen, *Semina quatuor frigida majora.* Auch von dem aus Ostindien stammenden Flaschenkürbis *Lagenaria vulgaris Ser.* gilt hinsichtlich seiner Samen, die gleichfalls *Semina Cucurbitae* geheissen werden, dasselbe.

*Ecbalium agreste Reichb. (Momordica Elaterium Lin.)*, Spritzgurke, Eselsgurke, das sich durch die bei der Reife vom Stiele sich ablösende und die Samen mit Gewalt elastisch ausspritzende Kürbisfrucht unterscheidet, wächst häufig auf steinigen und wüsten Plätzen in Südeuropa. Die sämmtlichen krautigen Theile sind seegrün und steifhaarig-weichstachelig, die Blätter herzförmig, gezähnt, stumpf, sehr runzelig. Die ovalen stumpfen und weichstacheligen Früchte stehen auf langen Stielen. Sie sind als Eselsgurken, *Fructus Cucumeris asinini*, officinell und enthalten ausser Kleber und Satzmehl, einen sehr bittern Extractivstoff und ein bitteres drastisch wirkendes Harz, *Elaterin.* — Man bereitet aus ihnen ein Extract, welches Schwarzes Elaterium, *Elaterium nigrum*, genannt wird, und welches als drastisches Purgirmittel bei Stockungen im Unterleibe, Gelb- und Wassersucht, Hypochondrie u. s. w. in Anwendung war, jetzt aber nur selten noch gebraucht wird.

*Momordica Balsamina Lin.* Gemeiner Balsamapfel, eine zierliche einjährige Pflanze aus Ostindien, hat eine taubeneigrosse eckige und höckerige, scharlachrothe, seitlich aufspringende Frucht, über welche man Olivenöl giesst, und dieses sogenannte *Oleum Momordicae* als ein vorzügliches Wundmittel rühmt.

Von der ostindischen *Momordica Charantia Lin.* waren früherhin in Europa wie in Asia die Blätter, *Folia Pandipavel*, als drastisches Purgir- und Reizmittel fürs Gefässsystem, bei unterdrückter Menstruation, chronischen Husten u. s. w. im Gebrauche.

### Gattung: *Bryonia Tournef.* Zaunrübe, Zaunrebe.

*(Monoecia Syngenesia Lin. syst.)*

Blüten ein- oder zweihäusig. Männl. Blüten: Kelch 5-spaltig mit der 5theiligen, ausgebreiteten Blume verwachsen, so dass nur die Zipfel des Saums frei sind. Staubgefässe 5, in 3 Partien (triadelphisch) verwachsen, mit hin und her gebogenen Staubbeuteln. Weibl. Blüten: Kelch dem Fruchtknoten an- und aufgewachsen, mit nach oben verengerter Röhre: Kelchsaum und Blumenkrone ähnlich denen der männlichen Blüten. Griffel 3theilig, Narben fast schildförmig-zweispaltig. Kürbisfrucht beerenartig, vor der Reife 3 fächrig, mit zweieiigen Fächern, später durch Fehlschlagen mehrer Eichen armsamig.

#### 1. Art: *Bryonia alba Lin.* Schwarzfrüchtige oder Weisse Zaunrübe, Gichtrübe, Stickwurz.

Blätter herzförmig, 5lappig, gezähnt, schwielig-punktirt, scharf; Lappen spitz, der mittelste wenig länger als die seitlichen; Blüten doldentraubig, einhäusig; Früchte kugelig, schwarz. (Taf. 171.)

Diese ausdauernde Pflanze ist gemein in Hecken und Gebüschen durch fast ganz Europa. Sie hat eine rübenförmige fleischige oft über armsdicke Wurzel mit einem oder 2 sehr starken Aesten: sie ist aussen gelblichgrau, gerunzelt und durch gleichlaufende Querrunzeln gleichsam unterbrochen-geringelt und ausserdem noch durch einzelne warzenförmige Höcker sehr uneben, innen weiss, einen weissen Milchsaft enthaltend. Aus diesen grossen Wurzeln entspringen mehre 12—16 F. lange, kletternde, ästige, furchig-eckige, krautige Stengel, welche durch lange einfache Wickelranken sich anhalten. Die Blätter stehen entfernt, sind auf beiden Seiten steifhaarig und von 3—5 Z. Durchmesser. Die Doldentrauben entspringen aus den Blattachseln, und zwar die mit männlichen Blüten aus den untern und die mit weiblichen aus den obern; die lang gestielten männlichen enthalten

5—12 Blüten, die viel kürzer gestielten weiblichen nur 4—6. Der glockenförmige Kelch hat 5 spitzige zurückgebogene grüne Zähnchen, die bei den männlichen Blüten weit kürzer sind als die Blumenkrone. Die bei den männlichen Blüten weit grössere Blumenkrone ist schmutzig-gelbgrünlich und hat ovale stumpfe gewimperte Zipfel. In den männlichen Blüten befindet sich im Grunde des Kelchs eine stumpf-3eckige Honigdrüse, in den weiblichen Blüten ein ringförmiger, gekerbter und durch einen 3 büscheligen Bart verdeckter Torus. Die kahlen Staubgefässe haben kaum die Länge des Kelchs, dem sie oberhalb des Grundes eingefügt sind. Der Fruchtknoten in den weiblichen Blüten ist kugelig und trägt einen 3spaltigen Griffel, mit Narben, welche zwei ganz abstehende Zipfel haben. Die erbsengrossen saftigen beerenartigen Kürbisse sind schwarz. — Die Wurzel dieser und der folgenden Art ist als *Radix Bryoniae* officinell; sie riecht frisch stark und widrig, schmeckt eckelhaft bitter und scharf und enthält ausser andern Bestandtheilen einen eigenthümlichen krystallinischen Extractivstoff, *Bryonin*. Durchs Trocknen geht der Geruch verloren, die getrockneten Scheiben aber haben noch einen sehr starken bitterscharfen Geschmack. Frisch äusserlich angewendet röthet sie die Haut und erregt Purgiren; innerlich genommen wirkt sie drastischpurgirend und Erbrechen erregend. Man wendet sie jetzt allöopathisch weniger an bei Unterleibsstockungen mit Trägheit des Darmkanals, daher entstehender Gelb- und Wassersucht, sowie gegen Gicht, Manie und Epilepsie; häufiger wird sie noch homöopathisch angewendet.

### 2. Art: *Bryonia dioica Lin.* Zweihäusige Zaunrübe, Gichtrübe.

Blätter herzförmig- 5lappig, gezähnt, schwielig-punktirt, scharf; Blüten zweihäusig in Doldentrauben; Früchte kugelig, roth.

Diese der vorigen sehr ähnliche Art wächst mehr im südlichen und westlichen Europa. Die Wurzel wird ebenso von ihr wie von jener gesammelt und gebraucht.

## 82. Fam.: Verwachsenbeutelige: *Synanthereae Cass.*

Meist ein- oder mehrjährige Kräuter oder seltner Halbsträucher, noch seltner Sträucher oder gar Bäume enthaltend. Blätter meist zerstreut, zuweilen gegen- oder wirtelständig, ohne Nebelblätter. Die Blütchen stehen meist in sehr grosser Anzahl gehäuft bei einander und bilden den eigenthümlichen Blütenstand, den man Blütenkörbchen *(Capitulum*

*DeC., Calathium, Calathides Mirb, Cephalanthium Rich., Flos compositus Lin.)* nennt. Bei diesem stehen die Blüten auf einem gemeinschaftlichen Blütenboden od. Blütenlager *(Clinanthium Cass., Receptaculum commune Lin.)*, welcher von einer kelchartigen Hülle, Hüllkelch *(Periclinium Cass., Involucrum DeC., Anthodium Wlldw., Calyx communis Lin.)* umgeben ist. Dieser Hüllkelch besteht aus meist ziegeldachartig über einander liegenden Schuppen oder Blättchen *(Squamae, Foliola involudri sive capituli)*, welche sehr verschieden gestaltet und bald grün und blattartig, bald dünnhäutig und trocken, bald kahl oder behaart, bald unbewehrt, bald auf verschiedene Weise mit einfachen oder verästeten Dornen versehen sind. Neben den einzelnen Blütchen stehen häufig auf dem Blütenlager haar- oder schuppenartige Deckblättchen, die hier Spreublättchen, *Paleae*, genannt werden. Die einzelnen Blütchen *(Flosculi)* sind nun entweder Zwitterbl. oder diclinisch, und zwar in einem Körbchen entweder gleichgeschlechtig, homogamisch *(Capitula homogama DeC.)*, wenn alle Blütchen Zwitter sind; oder verschiedengeschlechtig, heterogamisch *(Capitula heterogama DeC.)*, wenn die Randblütchen entweder geschlechtslos oder weiblich, die Scheibenblütchen aber entweder zwitterig oder männlich sind. Wenn endlich die sämmtlichen Blütchen einer Art entweder nur lich oder nur weiblich sind, so entstehen entweder einhäusige Körbchen *(Capitula monoïca)*, wenn diese Körbchen männmännliche u. weibliche Blütchen enthalten, — oder verschiedenköpfige Körbchen *(Capitula heterocephala)*, wenn in einzelnen Körbchen nur männliche, in andern nur weibliche Blütchen sich befinden. Zuletzt kommen auch noch zweihäusige Körbchen, *Capitula dioica*, vor, wenn sich auf der einen Pflanze derselben Art nur männliche Körbchen und auf einem andern Individuum nur weibliche Körbchen befinden. Früher unterschied man auch die Körbchen nach der verschiedenen Form der Blütchen; sind nämlich die sämmtlichen Blütchen eines Körbchens röhrig *(Flosculi tubulosi)*, so ist es ein scheibenblüthiges K., *Capitulum discoideum sive flosculosum*; — sind sie sämmtlich zungen- oder bandförmig *(Flosculi ligulati)*, so ist es ein zungenblüthiges K., *Cap. ligulatum*, oder ein ehemals auch *semiflosculosum* geheissenes; — sind die Rand- oder Strahlenblütchen zungenförmig, die innern oder Scheibenblütchen aber röhrig, so ist es ein strahlblüthiges K., *Cap. radiatum*; — sind die sämmtlichen Blütchen zweilippig *(Fl. bilabiati)*, so ist es ein falsch-scheibenblüthiges K., *Cap. falso-discoideum*; stehen am Rande Zungenblütchen, auf der Scheibe aber zweilippige, so ist es ein **falsch-strahlblüthiges K.**, *Cap. falso-radiatum* od. *radiatiforme.* Sind die Randblütchen in einem *Cap. discoideum* oder *falso-discoideum* den übrigen zwar ähnlich, aber nur grösser, so heisst ein solches ein **gekröntes Körbchen**, *Cap. coronatum.* Der **wahre Kelch** dieser Blütchen ist innig mit dem Fruchtknoten verwachsen, er überwächst ihn und ragt dann zuweilen als ein einfacher Rand hervor, oder er wird, was häufiger der Fall ist, als Borsten, Haare, Schuppen von verschiedener Gestalt und Beschaffenheit frei und heisst dann **Fruchtkrone**, *Pappus* (fälschlich Samen- oder Federkrone). Die Blumenkrone ist nun, wie schon beiläufig hat erwähnt werden müssen, bald **röhrig-trichterförmig** (*Corolla tubulosa*) und hat dann einen 5- selten 4- oder 3spaltigen Saum, — oder sie ist bald **zungenförmig** (*Corolla ligulata*) — oder auch bald, jedoch seltener **zweilippig** (*Corolla bilabiata*). — Die 5 Staubgefässe (seltner nur 4 oder 3) sind mit ihren unverwachsenen freien Trägern in der Blumenkrone angewachsen; die linealischen aufrechten Staubbeutel aber sind zu einer Röhre verwachsen, 2fächerig und diese Fächer durch eingeschlagene Ränder wiederum 2fächrig, der Länge nach, jedoch schon vor dem Aufblühen nach innen aufspringend, am Grunde oft von einander weichend und in Fortsätze ausgehend (**geschwänzt**, *Antherae caudatae*). Das **Bändchen** oder **Connektiv**, welches die Antherenfächer mit einander verbindet, setzt sich nicht selten über diese hinaus fort und bildet dann verschieden gestaltete Anhängsel. Der einfächrige Fruchtknoten enthält ein aufrechtes Eichen; der Griffel ist bei den Zwitter- und weiblichen Blüten 2spaltig, mit auf der innern oder obern Seite flachen oder narbenartigen Zipfeln, — bei den männlichen Blüten einfach, nicht gespalten, zuweilen geknopft, stets flaumhaarig. Die auf der obern Seite der Griffelzipfel befindlichen Narben sind zweireihig randständig schärflich, nie gesondert. Die Frucht ist eine **Kernkapsel** (*Achenium* s. *Acenium*, *Akena*), d. h. eine einsamige vom Kelche überzogene und von ihm gekrönte Frucht, deren Schale zwar von dem Samenkerne sich trennen lässt, aber nie aufspringt. Sie hat verschiedene Form, ist unten genabelt, oben mit einem scheibenförmigen Torus oder Diskus versehen und den Kelchrand als **Fruchtkrone** (*Pappus*) tragend. — Der Samen ist eiweislos und besteht aus dem aufrechten, geraden Embryo mit nach unten gekehrtem Würzelchen und ganzen d. h. ungetheilten Samenlappen oder Kotyledonen, von denen sich zuweilen zufällig 3 vorfinden. — Diese weit über 4000 bis jetzt bekannte Arten umfassende Familie bildet die 19. Klasse *(Syngenesia)* des Systems von Linné, welcher dieselbe in folgende Ordnungen trennte: Ordn. I. *Polygamia aequalis.* In jedem Körbchen sind die Blütchen zwitterig und gleich, d. h. entweder sämmtlich zungenförmig oder sämmtlich röhrig, daher *Polyg. aequalis.* — Ord. 2. *Polygamia superflua.* In den strahlblütigen Körbchen sind die Randblütchen weiblich und fruchtbar, die Scheibenblütchen zwitterig. Bei fruchtbaren zwitterigen Scheibenblütchen sind fruchtbare weibliche Randblütchen gleichsam überflüssig, daher *Polyg. superflua.* — Ord. 3. *Polygamia frustranea.* In den strahlenblütigen Körbchen sind die Randblütchen geschlechtslos und unfruchtbar, daher vergeblich *(Polyg. frustanea)* vorhanden, die röhrigen Scheibenblütchen aber fruchtbare Zwitterblütchen. — Ordn. 4. *Polygamia necessaria.* Die Scheibenblütchen sind männlich oder unfruchtbare Zwitter, weil an den Pistillen die Narbe verkümmert ist, daher werden zur Fruchterzeugung die fruchtbaren weiblichen Randbl. nothwendig, daher *Polygamia necessaria.* — Ord. 5. *Polygamia segregata.* Sämmtliche Blütchen zwitterig, aber nicht durch eine gemeinschaftliche Hülle vereinigt, sondern jede durch eine besondere Hülle von der andern gesondert, daher *Polyg. segregata.* — *Cassini, Lessing, De Candolle* haben in neuerer Zeit andere Eintheilungen in Unterfamilien oder Gruppen vorgenommen. — *Reichenbach* trennt sie in 3 Hauptgruppen und diese wieder in Unterabtheilungen, die wir, so weit sie officinelle Gewächse enthalten, im Nachstehenden aufführen werden.

A. *Dispositae:* Getrenntblütige.
*(Polygamia segregata Lin. pro parte.)*

*Echinops sphaerocephalus Lin.*, Gemeine Kugeldistel, eine zweijährige Pflanze des mittlern und südlichen Europas, von welcher ehedem die Blätter, *Herba Echinopsis*, als ein auflösendes und eröffnendes Mittel in Anwendung waren.

*Xanthium Strumarium Lin.*, Gemeine Spitz od. Knopfklette, als Sommergewächs auf wüsten Plätzen in Europa, Mittelasia und Nordamerika nicht selten vorkommend, lieferte ehedem das Kraut und die Früchte, *Herba et Semen Lappae minoris*, in die Apotheken. Sie galten sonst für auflösend und harntreibend.

B. *Compositae Vaill.:* Vereinigtblütige.
3. Gruppe: Gleichblumige. *Homoianthae.*
Unterabtheilung: Röhrenblumige. *Tubuliflorae.*

*Onopordon Acanthium Lin.*, Gemeine Krebsdistel. Diese auf Schutt und wüsten Plätzen durch ganz

Europa gemeine zweijährige Pflanze fällt unter den Disteln durch seine Grösse und seine weisswollig-filzigen dornzähnigen Blätter so wie durch seine grossen Blütenkörbchen sehr auf. — Sonst wendete man die Wurzeln und das frische Kraut, *Radix et Herba recens Cardui tomentosi vel Spinae albae vel Onopordi*, in verschiedenen Krankheiten und den Saft des letztern vorzüglich gegen Krebs, krebsartige Geschwüre und chronische Hautkrankheiten an.

*Cirsium arvense Scop.*, (*Serratula arvensis Lin.*) Ackerdistel. Dieses bekannte auf Feldern, in Weinbergen häufige und lästige Unkraut, das auch ganze wüste Plätze und sogenannte Anger überzieht, ist im Frühjahre ein vortreffliches sehr häufig benütztes Futter für Pferde. Ehedem galten die Blätter *Herba Cardui haemorrhoidalis*, als auflösendes und eröffnendes Mittel besonders bei Hämorrhoidalbeschwerden.

### Gattung: *Lappa Tournef.* Klette.
### (*Syngenesia, Polygamia aequalis Linn. syst.*)

Körbchen (*Calathidium*, Köpfchen, *Capitulum De C.*) homogamisch. Blätter des ziegeldachigen Hüllkelchs (*Anthodium*, Hülle, *Involucrum*) pfriemig, an der Spitze hornig und hakig-gebogen. Blütenboden spreublättrig-borstig. Blütchen zwitterig, sämmtlich röhrig. Fruchtkrone kurz, vielreihig, die einzelnen Borsten sehr hinfällig und nicht am Grunde verbunden.

1. Art: *Lappa major Gaertn.* Grosse Klette. (*Arctium Lappa var. α Lin.*) Hüllkelche kahl. (Taf. 172.)

Diese bekannte zweijährige Pflanze ist gemein an Zäunen, im Gebüsch, in Wäldern, auf Schutt und wüsten Stellen in Europa und Nordamerika. Sie hat eine fleischige 1—2 Fuss lange, daumensdicke, senkrecht in den Boden dringende, wenigästige, aussen rothbraune, innen weisse Wurzel, welche einen 4—6 Fuss hohen gefurchten, oft roth überlaufenen, flaumhaarigen und rauhen nach oben ästigen Stengel treibt. Die am Grunde herzförmigen, eirunden, oft auch etwas länglichen, vorn meist abgerundeten, etwas welligen und stachelspitzig-gezähnelten, oben rauhen, untern dünnfilzigen Blätter gehen zuweilen keilförmig in den Blattstiel über; die untersten sind sehr gross, 1 Fuss und drüber lang und stehen auf langen (oft gegen 1 F. langen), eckigen, oben rinnigen Blattstielen; die obersten sind am kleinsten und nur kurz gestielt. Die Körbchen stehen doldentraubig am Ende jedes Astes. Die Hüllblättchen (Blättchen des Hüllkelchs) sind schmal lanzettlich, pfriemig-zugespitzt und an der grannenartigen Spitze hakenförmig einwärts gebogen. Aus den röthlich-lillafarbigen Blütchen ragen die blauen Staubbeutel hervor. Die Fruchtkrone ist kürzer als die längliche Kernkapsel. —

Man unterscheidet gewöhnlich eine in allen Theilen kleinere, der folgenden verwandte Abänderung *var. β minor* als eigene Art: *Lappa minor De C.* (*Arctium minus Schkuhr.*) — Die Klettenwurzel, *Radix Bardanae seu Lappae majoris*, ist wie die von der folgenden Art gebräuchlich. Sie ist getrocknet runzelig, aussen braun, innen gelblich grau, geruchlos, schmeckt süsslich-schleimig, später bitterlich; sie enthält viel Inulin, bittern Extractivstoff, Schleimzucker und etwas Tannin. Sie wird als auflösendes, schweiss- und harntreibendes Mittel bei Hautkrankheit, Ausschlägen und bei vielen aus Unterleibsstockungen herrührenden Krankheiten gebraucht. Mit Bier gekocht und mit dieser Abkochung den Kopf gewaschen, soll sie das Ausfallen der Haare mindern und frischen Haarwuchs befördern.

2. Art: *Lappa tomentosa All.* (*Lam.*) Filzige Klette. Hüllkelche spinnenwebig-filzig.
(*Syn.: Arctium Lappa var. β. Lin. Arctium Bardana Wlldw.*)

Diese Klette wächst mit voriger an gleichen Stellen, ist kleiner als diese, gewöhnlich nur 3—4 Fuss hoch, hat stärker filzige Blätter und die kleinern Körbchen stehen in gedrängtern Doldentrauben. Die Blättchen des Hüllkelchs sind von feinen weissen Fäden spinngewebeartig umwoben. Die Blütchen sind kürzer, die Röhren der Blumenkrone nur so lang als der Saum. Die Fruchtkrone hat nur den vierten Theil der Länge der Kernkapsel. — Die Wurzel, *Radix Bardanae*, hat mit voriger gleiche Anwendung und wird mit ihr zugleich gesammelt.

*Carthamus tinctorius Lin.*, Aechter Saflor, Falscher Safran. Diese einjährige Pflanze ist in Ostindien einheimisch und wird seit langen Zeiten in Asia, Aegypten und einigen Gegenden Europa's in Grossen gebaut, weil die Blütchen *Flores Carthami*, Saflor, ein häufig benutztes Färbematerial sind. Man verfälscht auch mit ihnen den Safran. Sie enthalten 2 Färbestoffe, einen rothen harzigen und einen gelben extractivstoffartigen. Ehedem waren auch die Früchte als *Semen Carthami* in Anwendung um zu purgiren; sie sind ölig und bitter.

*Serratula tinctoria L.*, Färbende Scharte. Wächst ausdauernd auf Wiesen, an Waldrändern und in Gebüsch in Europa. Sonst war die Wurzel und das Kraut *Radix et Herba Serratulae*, meist äusserlich bei Geschwüren und Hömorrhoiden in Anwendung. Man bedient sich der Blätter zum Gelbfärben u. s. w.

*Mikania Guaco Humb. et Bonpl.* Giftwidrige Mikanie, Guako. Eine ausdauernde Pflanze am Magdalenenflusse in Columbien mit einem gegen 30 Fuss hohen an Bäumen emporkletternden knotigen Stengel. Seit 1830 etwa kamen die Stengel sammt den eiförmigen Blättern unter dem Namen Guaco als ein Mittel gegen die *Cholera asiatica* nach Europa, haben sich aber nicht bewährt.

*Eupatorium cannabinum Lin.* Hanfartiger Wasserdosten, Wasserhanf. Wächst ausdauernd an Gräben, Teichen und Sümpfen. Früherhin waren die Wurzeln und das Kraut, *Radix et Herba Eupatorii vel Cannabinae aquaticae seu St. Cunigundae* officinell; sie waren vergessen und sind erst vor einiger Zeit wieder empfohlen worden. Die Wurzeln enthalten nämlich vorzüglich ätherisches Oel, Harz, einen bittern und scharfen Extractivstoff (das *Eupatorin*) und sollen vorzüglich auflösend, in grösserer Gabe auch Purgiren und Erbrechen erregend wirken. Man empfiehlt sie bei Trägheit des Darmkanals, bei Stokkungen in demselben, bei Gelbsucht und Bauchwassersucht.

### Unterabtheilung: Lippenblumige: *Labiatiflorae.*

*Silybum marianum Gaertn. (Carduus marianus Lin.)* Marien-, Frauen- oder Silberdistel. Ein Sommergewächs des südlichen Europa's, das im mittlern hier und da verwildert vorkommt. Es ist ausgezeichnet durch seine glänzend grünen mit weissen breiten Streifen, die dem Verlaufe der Adern folgen, bemalten, buchtig fiederspaltigen, dornig-gezähnten Blättern. Sonst waren die Wurzeln, die Blätter und die Früchte, *Radix, Herba et Semen Cardui Mariae*, officinell. Wurzel und Kraut sind bitter und wirken auflösend und eröffnend. Die schleimigen und ölhaltigen Früchte wendete man bei Brustkrankheiten an.

### Unterabtheilung: Zungenblumige: *Liguliflorae.*

Von *Achyrophorus radicatus Scop. (Hypochoeris radicata Lin.)*, Aestiges Ferkelkraut, waren sonst *Herba et Flores Costi vulgaris vel Hieracii macrorrhizi* und von *Achyrophorus maculatus Scop. (Hypochoeris maculata Lin.)* Geflecktes Ferkelkraut, *Herba et Flores Costi nostratis* officinell.

Das Kraut von *Hypochoeris glabra Lin.*, Kahles Ferkelkraut, wurde als *Herba Hyoseridis* gesammelt.

Auch von der Gattung *Hieracium Lin.*, Habichtskraut, waren früher zwei Arten officinell, die wir hier nur namentlich anführen können. *Hier. Pilosella Lin.*, Mäuseöhrchen, gab *Herba et Flores Pilosellae vel Auriculae muris*; — *Hier. murorum Lin.*, Mauerhabichtskraut, Gelbes Lungenkraut, lieferte *Herba Pulmonariae gallicae vel Auriculae muris majoris.*

*Zacintha verrucosa Gaertn. (Lapsana Zacintha L.)* in den Ländern um das Mittelmeer einjährig wachsend, lieferte *Herba Zacinthae vel Cichorii verrucarii.* —

Die Gemeine Gänsedistel, *Sonchus oleraceus Lin.*, welche ganz ähnliche Heilkräfte hat wie das *Taraxacum* oder Löwenzahn, war sonst als *Herba Sonchi* gebräuchlich.

### Gattung: *Lactuca Tournef.* Lattig.
### *(Syngenesia Polygamia aequalis Lin. syst.)*

Körbchen wenigblütig. Hüllkelch walzig, ziegeldachig. Blütenboden nackt. Früchte flach zusammengedrückt, mit langem fadenförmigen Schnabel. Fruchtkrone (durch den Schnabel) gestielt, haarig, vielreihig.

#### 1. Art: *Lactuca virosa Lin.* Gift-Lattich.

Blätter wagrecht, länglich verkehrt-eiförmig, am Grunde pfeilförmig, stachelspitzig gezähnt, am Kiele (d. i. auf der Unterseite der Mittelrippe) weich-stachelig, die untern Blätter gebuchtet, die obern pfeilig-lanzettlich. (Taf. 173.)

Eine im südlichen Europa und einigen Gegenden Mitteleuropas einheimische einjährige, auf Schutt und wüsten Plätzen, sowie an Mauern wachsende Pflanze. Aus der senkrechten ästigen Wurzel entspringt ein steifer schnurgerader stielrunder Stengel, der unten einfach und mit borstigen Stacheln besetzt, oben aber ganz glatt und kahl sowie seegrün bereift und sehr ästig ist. Die untersten grundständigen Blätter sind an ihrem Grunde fast zu einem Blattstiele verschmälert, verkehrt-eiförmig-länglich, abgerundet oder stumpf, buchtig- und ungleich-gezähnt, unterseits meergrün und an der Mittelrippe mit pfriemförmigen biegsamen Dornen besetzt. Die sitzenden Stengelblätter umfassen mit ihrem pfeilförmigem Grunde den Stengel und nehmen allmälig, je weiter sie oben am Stengel sitzen, an Grösse ab; die untern sind den grundständigen gleicher gestaltet, die obern werden länglicher, oft fiederspaltig und die obersten und kleinsten lanzettlich, ganzrandig und spitzig. Die Körbchen stehen an den Enden der Aestchen traubig und doldentraubig, aus der Achsel herzförmiger Deckblätter entspringend. Der Hüllkelch ist walzenförmig, späterhin mehr kegelförmig, aus eilanzettlichen stumpfen Blättchen gebildet, von denen die innern länglich lanzettlich viel grösser und spitzig, sämmtlich aber am Rande weisshäutig sind. Die kleinen Blütchen sind blass schwefelgelb, die Kernkapseln oval, schwarz. — Die am vortheilhaftesten kurz vor der Blüthezeit gesammelten frischen Blätter, *Herba Lactucae virosae*, riechen stark u. widerlich, betäubend, opiumähnlich, und haben einen scharfen und bittern Geschmack. Sie enthalten einen flüchtigen narkotischen Stoff, den man bis jetzt noch nicht dargestellt hat, bittern Extractivstoff, Kautschuk, Harz, Wachs, Schleim, Eiweiss, eine eigenthümliche Lactuksäure und Salze. Sie wirken in der gebräuchlichen Extractform stark auflösend und eröffnend, und werden vorzüglich bei Trägheit und Stockungen im Darmkanale u. den davon abhängigen Krankheiten, Gelb- und Wassersucht u. s. w. dann aber auch bei krampfigen Brustleiden und gegen Gicht angewendet. —

2. Art: *Lactuca sativa Lin.* Garten-Lattig, Salat.

Stengel rispig-doldentraubig; Blätter unbewehrt, die untern verkehrt herzförmig-länglich, zugerundet, etwas wellig, die obern länglich-herzförmig, spitzig.

Das Vaterland dieser bei uns in den Gärten und auf Gemüsefeldern häufig kultivirten Küchenpflanze ist mit Bestimmtheit nicht nachzuweisen. Aus der weissen, einen weissen Milchsaft, wie die ganze Pflanze, enthaltenden, etwas ästigen und faserigen Wurzel entspringt der 1—2 Fuss hohe, kahle dicht beblätterte nach oben sehr ästige Stengel. Die sitzenden Blätter sind durchaus stachellos, wellig-bogig und fein gezähnt, die obern stengelumfassend, die weit kleinern obersten herzförmig und zugespitzt und die Deckblättchen noch kleiner und gleichfalls herzförmig. Die Körbchen stehen auf aufrechten Stielchen; der walzenförmige, später eirundlich-längliche Hüllkelch besteht aus eirundlänglichen stumpfen Hüllblättchen und umgiebt 10—15 gelbe Blütchen. — Der Milchsaft des Salats wirkt etwas narkotisch, dem Opium verwandt. Deshalb benutzt man ihn eingedickt unter dem Namen *Lactucarium* als ein beruhigendes, schmerzstillendes, schlafbringendes und dabei niemals erhitzendes Mittel. — Die früherhin gebräuchlichen Samen *Semina Lactucae* gehörten zu den 4 kleinen kühlenden Samen, *Semina quatuor frigida minora*.

Von *Lactuca Scariola Lin.* Giftlattig, Wilder Lattig, welche sehr häufig im mittlern Europa vorkommt, und sich durch ihre senkrecht gewendeten schrotsägeförmigfiederspaltigen, am Grunde pfeilig-herzförmigen, stachelspitzig gezähnten und unterseits am Kiele stehenden weichen Dornen leicht unterscheidet, sammelte man gleichfalls das Kraut, *Herba Lactucae sylvestris vel Scariolae*, welches ähnlich wie das von *Lactuca virosa*, aber schwächer wirkt.

Gattung: *Taraxacum Hall.* Pfaffenröhrchen.
*(Syngenesia Polygamia aequalis Lin. syst.)*

Körbchen vielblütig. Hüllkelch doppelt; die Schuppen des äussern angedrückt, abstehend oder zurückgebogen, die des innern einreihig, aufrecht, sämmtliche oft mit schwieligen Spitzen. Blütenboden nackt. Früchte länglich, gestreift, lang geschnabelt. Fruchtkrone (durch den Schnabel) gestielt, haarig, federig, vielreihig.

*Taraxacum officinale Roth.* Gebräuchliches Pfaffenröhrchen, Löwenzahn.
*(Leontodon Taraxacum Lin. Taraxacum Dens Leonis Desf.)*

Blätter schrotsägeförmig, fast kahl: Lappen 3eckig, spitzig, gezähnt; äussere Blättchen des Hüllkelchs zurückgeschlagen, lineal-lanzettlich; Früchte nach oben zu schuppig-weichstachelig. (Taf. 174.)

Diese bekannte und auf Grasplätzen, Triften, an Wegen, auf Schutt und Mauern durch ganz Europa gemeine ausdauernde Pflanze, hat eine fast spindelförmige, später mehrköpfige, aussen hellbraune, innen weisse 6—9 Zoll lange Wurzel, die viel eines weissen Milchsaftes enthält. Aus ihr entspringen zahlreiche, sich auf dem Boden rosettig ausbreitende längliche, mehr oder weniger tief-schrotsägeförmig-gespaltene, im Ganzen sehr verschieden gestaltete Blätter, so dass nach ihrer Form, und andern im Hüllkelche vorzüglich vorkommenden Abänderungen eine Reihe von Spielarten und Varietäten sich aufstellen lässt, welche manche Autoren als selbstständige Arten wollen gelten lassen. Man vergleiche hierüber *Kochs Synopsis Florae german. et helvet. ed. secund. p.* 492., wo 6 leicht zu unterscheidende Hauptabänderungen mit ihren Synonymen gegeben sind. Aus dieser Blätterrosette entspringen stielrunde hohle rabenkieldicke nackte, aber flockig-haarige oft $\frac{1}{2}$—1 F. hohe Stengel, welche am Ende ein einzelnes Körbchen tragen, welches zahlreiche gelbe Blütchen enthält. — Von dieser für die Medizin sehr wichtigen Pflanze sammelt man die Wurzel und Blätter, *Radix et Herba Taraxaci*, entweder zeitig im Frühjahre im April oder im October, presst aus ihnen den Milchsaft und dickt ihn ein. Dieses Extract wirkt kräftig auflösend und eröffnend und wird unter allen ähnlichen Mitteln am häufigsten angewendet. — Auch wird der frisch ausgepresste Saft unter andere Kräutersäfte gemischt, welche man in Frühlingskuren häufig verordnet. — Die Hauptbestandtheile sind Schleimzucker, bitterer Extractivstoff und Inulin.

*Scorzonera hispanica Lin.* Spanische Scorzonere, Schwarzwurzel. Eine aus Südeuropa und dem Oriente stammende, bei uns jetzt häufig für den Küchengebrauch kultivirte ausdauernde Pflanze mit langer, verlängert-möhrenförmiger, weissfleischiger, aussen schwarzen Wurzel, welche früher in den Officinen als *Radix Scorzonerae* gebräuchlich war. Sie ist durch das *Taraxacum* absolet geworden.

*Tragopogon pratensis Lin.*, Wiesenbocksbart, wächst auf grasreichen Wiesen durch ganz Europa nicht selten. Die stark weissmilchende spindelige Wurzel wird noch zuweilen von den Landleuten angewendet, welche die Pflanze gewöhnlich für Wohlverleih oder Arnika halten; sie war sonst als *Radix Tragopogonis vel Barbae s. Barbulae hirci* officinell, wirkt ähnlich aber schwächer als *Rad. Taraxaci.*

*Cichorium Intybus Lin.*, Gemeine Cichorie, Wegwart, eine an Wegen, auf Rainen und trocknen Wiesen durch ganz Europa gemeine ausdauernde Pflanze, welche sich durch ihren sparrig ästigen Stengel, welcher zahlreiche himmelblaue 1½ Zoll breite Blütenkörbchen trägt, leicht bemerkbar macht. Die fleischige möhrenförmige, ästige oft mehrköpfige Wurzel ist innen weiss und aussen schmutzig braun. Sie, so wie das Kraut, die Blüten und die Früchte, *Radix, Herba, Flores et Semina Cichorii* waren sonst officinell; Wurzel und Kraut schmecken bitter. Der Wurzel halber, welche als ein Kaffeesurrogat häufig benutzt wird, baut man die Pflanze im Grossen an. Die Früchte gehörten zu den 4 kleinen kühlenden Samen, *Semina quatuor frigida minora.*

*Lampsana communis Lin.*, Gemeiner Rainkohl, ein durch ganz Europa gemeines Sommergewächs, lieferte ehedem das Kraut, *Herba Lampsanae v. Lapsanae*, welches als erweichendes, kühlendes und auflösendes Mittel innerlich wie äusserlich angewendet wurde.

2. Gruppe; *Amphicenianthae.* Randleerblumige. Unterabtheil.: Röhrenblumige: *Tubuliflorae.*

*Carlina acaulis Lin.*, Stengellose Eberwurz, wächst ausdauernd auf sonnigen Hügeln, Bergen und trocknen Rainen vorzüglich auf Kalkboden. Sie hat auf dem Boden ausgebreitete distelartige scharfdornige Blätter, zwischen denen auf einem kurzen Stiele ein grosses über 3—5 Zoll im Durchmesser haltendes Blütenkörbchen steht. Die äussern Blätter des Hüllkelchs sind fiederspaltig, mit länglichen 3-spaltigen Zipfeln, welche eingeschnitten-dorniggezähnt sind, die innersten dagegen sind länglich-linealisch, nach der Spitze breiter, fein zugespitzt, stark glänzend weiss und im trocknen Zustande ausgebreitet abstehend, so dass sie einen leuchtenden Strahlenkreis um die lillaröthlichen ins Bläuliche ziehenden Blüten bilden. Die lange und mässig starke Wurzel, *Radix Carlinae vel Cardopatiae vel Chamaeleontis albi*, war sonst häufiger als jetzt in Anwendung. Sie enthält vorwaltend ein bitteres und brennend gewürzhaftes schweres ätherisches Oel und etwas Harz. Sie wirkt kräftig und reizend auf den Unterleib und sogar Durchfall und Brechen erregend, ferner Schweiss, Harn und Würmer treibend, die unterdrückte oder stockende Menstruation befördernd und sogar krampfwidrig und wurde in sehr vielen Krankheiten angewendet.

*Carlina vulgaris Lin.*, Gemeine Eberwurz, wächst auf trocknen wüsten und sandigen Plätzen und in Nadelwäldern häufig. Der Stengel wird 5—15 Z. lang und trägt an seinen endständigen Aesten einzelne, gegen 1 Zoll im Durchmesser haltende Körbchen mit gelbglänzenden trocken-häutigen innern Hüllkelchblättern. Sonst waren die Wurzel und das Kraut, *Radix et Herba Carlinae sylvestris vel Heracanthae*, ähnlich wie von voriger Art in Anwendung.

Unterabtheilung: Lippenblumige: *Labiatiflorae.*

Gattung: *Cnicus (Vaill.) Gaertn.* Heildistel.

*(Syngenesia, Polygamia frustranea Lin. syst.)*

Körbchen heterogamisch; am Rande geschlechtslose, auf der Scheibe Zwitterblüten. Staubfäden fleischwarzig. Früchtchen walzlich mit einem seitlichen Fruchtnabel am Grunde. Borsten der Fruchtkrone in doppelter Reihe, die äussern grösser und am Grunde von einem zähnigen Rande umgeben.

Nur eine Art:

*Cnicus benedictus Gaertn.* Aechte Heildistel oder Cardobenedikte. (Taf. 175.)

*(Syn.: Centaurea benedicta Lin.)*

Dieses Sommergewächs ist in Südeuropa und Kleinasia einheimisch, hat eine weisse Wurzel mit faserigen Aesten. Der aufrechte Stengel wird gegen 2 Fuss hoch, ist eckig, röthlich und röhrig, weisswollig und flockig-filzig. Die Blätter sind länglich (4—8 Z. lang und 1—2 Z. breit) grob netzaderig und weniger als die Aeste flockig, die untersten in einen Blattstiel verschmälert herablaufend fiederspaltig, mit abstehenden buchtig-gezähnten Lappen und weichdornigen Zähnen; die obern Blätter sind sitzend oder halbstengelumfassend, werden allmälig nach oben hin schmäler, gewöhnlich nur buchtig und doppelt-gezähnt, mit weichdornigen Zähnen. Die Körbchen sitzen einzeln an den Enden der Aeste und werden durch die blüteständigen Blätter fast verhüllt. Der Hüllkelch ist gegen 1 Zoll lang, eiförmig und von einer zähen klebrigen Wolle spinnengewebeartig überwoben. Die grünlich-gelben Hüllblättchen sind am Rande häutig, die untersten derselben länglich, stumpf, unbedornt, die übrigen nach innen zu immer länger bedornt und die innersten oder obersten mit einem langen gefiederten Dorn bewaffnet. Die gelben Blüten sind zum grössten Theil zwitterig, schmal trichterförmig mit einem spitzig-5spaltigen Saum; am Rande stehen nur 4—6 kleinere fadenförmig-röhrige weibliche Blüten mit einem etwas erweiterten und nur 3spaltigem Saum. Die Kernkapsel ist gegen 6 Lin. lang, etwas gekrümmt, gelblich grau, am Grunde schief abgestutzt und vertieft genabelt; die Fruchtkrone ist doppelt, aussen von einem kurzen häutigen 10zähnigen Rande umgeben; die äussere Reihe bilden 10 steife Borsten, welche fast so lang als die Frucht sind; die innere Reihe besteht wiederum aus 10 steifen, aber nur zum vierten Theil so langen drüsigen Borsten. — Man sammelt beim Beginne der Blütenzeit entweder blos die Blätter oder dieselben sammt den Stengeln als Kardobenediktenkraut, *Herba Cardui benedicti.* Dieses Kraut hat frisch einen sehr unangenehmen Geruch und einen sehr bittern, etwas reizenden Geschmack, der sich beim Berühren sogleich den Fingern mittheilt; beim Trocknen verliert sich der Geruch, aber der Geschmack bleibt fast gleich kräftig. Der wirksame Bestandtheil ist der bittere Extractivstoff. Das Kraut wirkt kräftig bittertonisch und auflösend und wird vorzüglich in Aufguss u. Abkochung, nur selten in Pulverform bei Schwäche und Stockungen in den Unterleibsorganen, bei verschiedenen Lungenleiden und bei Wechselfiebern angewendet. Die concentrirte Abkochung bewirkt leicht Ekel und Erbrechen.

*Centaurea Jacea Lin.* Die Gemeine Flockenblume wächst häufig auf Triften und Wiesen, so wie an Wegen und auf trocknen Hügeln in ganz Europa und Nordasia und lieferte sonst die bittere, etwas zusammenziehende Wurzel und das Kraut, *Radix et Herba Jaceae nigrae,* in die Apotheken.

*Centaurea Cyanus Lin.*, die Blaue Flockenblume, Kornblume, diese bekannte zwischen den Saaten häufige einjährige Pflanze liefert die schön blauen grossen Randblüten, *Flores Cyani sive Batiseculae*, noch jetzt in die Officinen, wo man sie als Ziermittel den Räucherpulvern und Morsellen zusetzt; sonst schrieb man ihnen harntreibende und andere Heilkräfte zu.

*Centaurea Calcitrapa Lin.* (*Calcitrapa Hippophaestum Gaertn.*) wächst einjährig an Wegen und auf unfruchtbaren Stellen im südlichen und mittlern Europa häufig und zeichnet sich aus durch die langdornigen Hüllkelche. Sonst war das bittere Kraut, *Herba Cardui stellati sive Calcitrapae*, wie das Kardobenediktenkraut in Anwendung.

*Centaurea Behen Lin.*, (*Serratula Behen DeC.*) Behenflockenblume, ist im Oriente einheimisch und hat eine lange weissliche Wurzel, welche als Weisse Behenwurzel, *Radix Behen albi*, die bitter und etwas scharf schmeckt, als ein giftwidriges und das Gedächtniss stärkendes Mittel in Anwendung war und es im Oriente noch ist.

*Centaurea Centaurium Lin.* wächst auf den Gebirgen Südeuropas und hat eine gewürzig-bittere Wurzel, *Radix Centaurii majoris*, die als magenstärkendes Mittel und gegen langwierigen Husten, Asthma u. s. w. gebraucht wurde.

Unterabtheilung: Strahlblumige: *Radiatae*.

Von *Helianthus annuus Lin.*, der bekannten Sonnenrose, Sonnenblume, die aus Mexiko stammt, werden die ölreichen Früchte benutzt, um aus ihnen ein mildes Oel zu pressen.

*Bidens tripartita Lin.*, der Gemeine Zweizahn, Wasserhanf, wächst überall häufig in Sümpfen, Gräben, Teichen und an Flussufern. Sonst war das Kraut, *Herba Verbesinae sive Cannabis aquaticae*, officinell.

I. Gruppe: Randweibige: *Amphigynanthae*.
Unterabtheilung: Röhrenblumige: *Tubuliflorae*.

*Conyza squarrosa Lin.* (*Inula Conyza DeC.*), Gemeine Dürrwurz, wächst ausdauernd auf Bergen und in trocknen sonnigen Wäldern in ganz Europa. Sonst waren die Blätter als *Herba Conyzae majoris* gebräuchlich.

*Petasites vulgaris Desf.* (*Tussilago Petasites Lin.*), Gemeine Pestwurz, Grosser Huflattig, Wasserklette, wächst ausdauernd auf sumpfigen Wiesen, in Gräben und an Flussufern in Europa und ist ausgezeichnet durch seine sehr grossen Blätter, die denen der Klette ähnlich sind. Die Blüten erscheinen früher als die Blätter und stehen auf dem röhrigen Stiele traubenartig. Sonst war die

Wurzel, *Radix Petasitidis*, in grossem Rufe gegen viele Leiden und sogar gegen die Pest.

Von der Kleinen Pestwurz, *Petasites albus Hall. (Tussilago alba Lin.)* welche auf Bergen und Voralpen ausdauernd wächst nnd kreisrundliche am Grunde tief herzförmig eingeschnittene, unterseits weisshaarige Blätter hat, werden diese wie vom Huflattig, *Tussilago Farfara Lin.*, unter dem Namen *Herba Cacaliae tomentosae* angewendet.

*Helichrysum arenarium DeC. (Gnaphalium arenarium Lin.)* Sand-Immortelle, Immerschön, Fuhrmannsblümchen. Diese auf sandigem Boden in Europa und Mittelasia gemeine und bekannte ausdauernde Pflanze mit weissgraufilzigen Blättern und schön citrongelben oder auch orangegelben Blütenkörbchen, deren Hüllkelchschuppen trokkenhäutig sind, lieferte ehedem die Blütenkörbchen als *Flores stoechadis citrinae* in die Officinen und wurden gegen Unterleibsstockungen, Leberleiden, Gelbsucht u. s. w. angewendet.

*Antennaria dioica Gaert.* (*Gnaphalium dioicum Lin.*), Gemeines Katzenpfötchen, Rothes Mäuseöhrchen, ist eine auf Sande und trocknem Lehmboden in Europa häufig ausdauernd wachsende Pflanze, deren röthliche oder weissliche Blütenkörbchen ehedem als *Flores Gnaphalii vel Pilosellae albae vel Pedis Cati*, bei Lungenleiden, langwierigem Husten, aber auch bei Durchfall und Ruhr in Anwendung waren.

*Antennaria margaritacea R. Br.* (*Gnaphalium margaritaceum Lin.*) ist in Amerika heimisch, in europäischen Gärten zur Zierde kultivirt und auf trocknen Hügeln und Bergen hier und da (verwildert?) vorhanden. In Nordamerika gebraucht man das Kraut, *Herba Gnaphalii margaritacei*, bei Schleim- und Blutflüssen, Durchfällen und Ruhren und äusserlich bei Geschwülsten und Quetschungen.

### Gattung: *Tanacetum Tournef.* Rainfarn.
### (*Syngenesia, Polygamia superflua Lin. syst.*)

Körbchen homo- oder heterogamisch, mit einer Reihe weiblicher Blüten am Rande. Blütenboden nackt. Früchtchen eckig, an der Spitze mit einem kleinen kronenartigen Rande versehen, der entweder gleich oder auf einer Seite deutlicher ist.

### 1. Art: *Tanacetum vulgare Lin.* Gemeiner Rainfarn oder Wurmkraut.

Blätter doppelt- und einfach-fiedertheilig: Lappen länglich, gesägt oder eingeschnitten, kahl; Doldentraube zusammengesetzt. (Taf. 176.)

Aus der ästigen vielköpfigen Wurzel dieser auf trocknen und feuchten Wiesen, auf Rainen und an Gräben in ganz Europa nicht seltenen ausdauernden Pflanze entspringen mehre 2—4 F. hohe starre einfache oder nach oben ästige Stengel. Die sattgrünen Blätter sind beiderseits drüsigpunktirt, doppeltfiederspaltig, mit stachelspitzigen eingeschnitten-gesägten Zipfelchen; die untersten stehen auf Stielen, die obern sitzen halbstengelumfassend. Die gelben Blütenkörbchen bilden eine fast gleichhohe Doldentraube. Die Blättchen des Hüllkelchs stehen dichtgedrängt, sind etwas flaumig, länglich, spitzig, grün und oft braun berandet, die innern an der trockenhäutigen Spitze etwas zerschlitzt. Die dichtgedrängten gelben Röhrenblütchen bilden eine flach gewölbte Scheibe. Die weiblichen Blütchen haben einen dreispaltigen Saum der Blumenkrone. Die Kernkapseln sind länglich-verkehrt-eiförmig, meist 5rippig und tragen eine sehr kurze randartige Fruchtkrone. — Gebräuchlich sind das Rainfarnkraut und die Blumen, *Herba et Flores Tanaceti*, und ehedem waren es auch die Früchte, *Semen Tanaceti*. Kraut und Blumen sind kräftige bittertonische und flüchtig-erregende, vorzüglich auf die Verdauungsorgane wirkende Mittel. Die Blüten sind reicher an ätherischem Oele, das Kraut und die Früchte reicher an Bitterstoffe. Sie gehören zu den wirksamsten Wurmmitteln und sind gleichfalls sehr empfohlen bei atonischen und krampfhaften Unterleibsbeschwerden so wie gegen Gicht und Wechselfieber. Das aus den Blumen und Blättern bereitete Rainfarnöl *Oleum (aethereum) Tanaceti* wird innerlich zu Tropfen und äusserlich zu krampfstillenden und reizenden Salben gebraucht.

*Tanacetum Balsamita Lin. (Balsamita vulgaris Willdw. Balsamita suaveolens Pers. Pyrethrum Balsamita DeC.)* Morgen- oder Marienblatt, Balsamkraut, wächst ausdauernd in Südeuropa u. wird seiner wohlriechenden Blätter halber häufig in unsern Gärten kultivirt. Früherhin wurden die, jetzt mit Unrecht wenig benutzten Blätter und Blumen, *Herba et Summitates Balsamitae vel Tanaceti hortensis vel Menthae sarracenicae sive romanae*, ähnlich wie der Rainfarn angewendet. Sie sind kräftig und heilsam.

Gattung: *Artemisia Tournef.* Beifuss.
*(Syngenesia, Polygamia superflua Lin. syst.)*

Körbchen meist heterogamisch, am Rande mit einer Reihe weiblicher Blüten, die übrigen zwitterig oder (seltner) durch Fehlschlagen männlich, noch seltner auch sämmtliche Blütchen zwitterig. Blumenkronen stielrundlich. Blütenboden ohne Spreublätter, aber nicht immer nackt. Früchtchen verkehrt-eiförmig, ohne Flügel und Fruchtkronen.

Abtheilung A. Absinthium. Blütchen am Rande weiblich, die übrigen zwitterig; Blütenboden zottig.

### 1. Art: *Artemisia Absinthium Lin.* Wermuth-Beifuss, Gemeiner Wermuth. (Taf. 177.)

Krautig; Blätter greisgrau-seidenhaarig, mehrfach-fiederspaltig und ganz: Lappen länglich-lanzettlich, stumpf; Trauben achselständig; Körbchen fast kugelig, hängend.

Diese ausdauernde Pflanze wächst an Mauern, auf Ruinen, Schutt und wüsten Plätzen durch ganz Europa und wird häufig kultivirt. Die schiefe Wurzel ist sehr ästig und mit langen Fasern besetzt. Aus ihr entspringen mehre aufrechte rispig-ästige Stengel, welche wie die Blätter grauseidenartig-filzig sind. Die Blätter sind gestielt, nur die obersten sitzend, fiederig-zerschnitten mit doppelt fiederspaltigen Abschnitten und eingeschnittenen oder fast ganzen Lappen; bei den obern Blättern sind die Abschnitte nur einfach fiederspaltig, die noch höher stehenden überhaupt nur einfach fiederspaltig, dann 3theilig und die obersten ganz, länglich und stumpf, nur zuweilen spitzig. Die Blütentrauben entspringen aus allen obern Blattachseln, stehen etwas ab und sind entweder einfach oder aus kleinen Träubchen zusammengesetzt. Die Blütenkörbchen stehen auf kurzen überhängenden Stielen. Die grauseidigen Blättchen des Hüllkelchs sind aussen lanzettlich, innen eirund und sehr trockenhäutig. Die Blütchen haben anfangs eine gelbe und später dunklere Farbe; die 14- oder 16 randständigen weiblichen Blütchen haben einen zweispaltigen Saum der Blumenkrone. Die kleinen Kernkapseln sind verkehrt eiförmig uud braun. — Die Blätter und blühenden Zweigspitzen, *Herba et Summitates Absinthii*, besitzen einen starken gewürzhaften nicht unangenehmen Geruch und einen sehr starken gewürzig-bittern Geschma k; sie enthalten vorwaltend einen sehr bittern Extractivstoff (Wermuthbitter, *Absinthiin*) und ätherisches Oel. Sie wirken kräftig bitter-tonisch, etwas flüchtig erregend vorzüglich auf den Magen und Darmkanal; man wendet sie häufig an bei geschwächten Verdauungsorganen, Durchfällen, Wechselfiebern, Wurmkrankheiten, so wie bei allgemeiner Erschlaffung und Schwäche der Muskeln und zur Stärkung bei Genesenden, innerlich in Aufguss und zuweilen auch in Abkochung, und äusserlich zu Bähungen u. s. w.

Es werden verschiedene Präparate und Zusammensetzungen damit bereitet.

*Artemisia Mutellina Vill.* Alpenbeifuss. Wächst auf den höchsten Alpen von Salzburg bis nach Italien. Diese kräftig aromatische und weniger bittere Pflanze ist bei den Alpenbewohnern ein häufig gebrauchtes Hausmittel und kam sonst auch in den Apotheken als *Herba Genippi vel Geneppi albi vel Absinthii alpini* vor.

Abtheilung B. Abrotanum. Blütchen am Rande weiblich, die übrigen zwitterig; Blütenboden nackt.

2. Art: *Artemisia glomerata Sieb.* Geknäuelter Beifuss, Barbarischer Wurmsamen-Beifuss. *(Artemisia Sieberi Bess.)*

Strauchig; Aeste sparrig; Blätter sehr klein, handförmig 3—5spaltig, filzig. Zipfel kurz, linealisch, stumpf; Körbchen zu 2—3 gehäuft, sitzend, eirund, filzig. (Taf. 178.)

Ein Strauch in Palästina mit aufrechten 1—2 Fuss hohen rispig-ästigen Stengeln, die mit einer feinen abwischbaren Wolle bedeckt sind; die Aeste sind rispig, abstehend und haben vorn aufsteigende Aestchen, an welchen die sehr kleinen Blütenkörbchen theils einzeln, theils auf kurzen Seitenzweigen gehäuft sitzen. Der Blätter sind nur wenige vorhanden und diese sind klein, flaumig-filzig, zuletzt kahler werdend, 3—6theilig, mit linealischen stumpfen Zipfeln; die blütenständigen Blätter sind sehr klein, ganz und schuppenförmig; sämmtliche Blätter sind am Mittelnerven verdickt und am Rande gleichfalls wulstig. Die kugelig-eiförmigen blütenkörbchen sitzen entweder einzeln oder gehäuft und haben nur wenige Blütchen. Die Blättchen des Hüllkelchs sind fast staubigfilzig und drüsig, stumpf, die äussern rundlich, die innern oval. Von dieser und der folgenden Art stammt der bekannte barbarische oder afrikanische Wurm- oder Zittwersame, *Semen Cinae sive Cinnae barbaricum vel africanum vel indicum.* Es besteht dieses Arzneimittel aus den Blütenkörbchen mit Stückchen von Aesten und Blättern untermengt, welche gerieben einen sehr starken aromatischen Geruch und einen kampferartigen scharfen und bittern Geschmack haben. Sie enthalten ein scharfes ätherisches Oel, bittern Extractivstoff und eine eigenthümliche geruch- und geschmacklose krystallinische Substanz *(Santonin)*, Harz, Gummi, Ulmin und einige Salze. Man unterscheidet heutzutage 3 Untersorten dieses Arzneimittels, die aber sämmtlich nach den neuern Pharmakopöen vom Gebrauche ausgeschlossen bleiben sollen. Die am gewöhnlichsten vorkommende ist die gelblichgraue, welche wahrscheinlich von der vorbeschriebenen Pflanze stammt. Die zweite ist die weissgraue, deren Mutterpflanze unbekannt ist, aber der vorigen sehr ähnlich sein muss, oder wohl gar dieselbe, nur in einem bessern und jüngern Zustande ist. Die 3te seltnere Untersorte ist die braune, welche grösstentheils aus aufgeblühten walzig-keulenförmigen graulich-braunen Körbchen besteht; sie hat einen schwächern Geruch als die beiden ersten Sorten und stammt wahrscheinlich von der folgenden *Artemisia Lercheana.* Man wendet sie wie den levantischen Wurmsamen vorzüglich gegen Würmer bei Kindern an, doch nützen sie auch bei Verdauungsschwäche, wenn gleichzeitig nervöse Symptome auftreten.

*Artemisia Lercheana Stechmann.*, Lerche'scher Beifuss, ein gegen 2 Fuss hoher Halbsrtauch in Taurien und im ganzen südwestlichen asiatischen Russlande bis Persien. Die aufsteigenden ruthenförmigen Aeste sind nebst den Blättern greisgrau-wollig-filzig. Die untern Blätter sind gestielt, doppelt-fiedertheilig, mit linealisch-fadenförmigen stumpfen Zipfeln; die obern sitzenden sind einfach-fiedertheilig und die blütenständigen ganz; der Filz nimmt im Alter ab und die Blätter erscheinen dann kahler. Die fast walzenförmigen, 5—6blütigen Blütenkörbchen stehen aufrecht und ährenförmig. Die Hüllkelchblättchen sind stumpf, die äussern eirund, greisgrau-filzig, die innern viel länger, spatelförmig-länglich, fast kahl, trocken-häutig, schwach glänzend. — Von dieser Pflanze wird, wie bereits bemerkt die 3te braune Untersorte des barbarischen Wurmsamens abgeleitet.

3. Art: *Artemisia Vahliana*, *Kosteletzky.* Vahl'scher Beifuss. Levantischer Wurmsamen-Beifuss. *(Syn: Artemisia Contra Vahl herb.* *) [*non Lin.*])

Strauchig, ästig, spinnwebartig-filzig; Blätter sehr klein, handförmig-gefiedert-zerschnitten, kahl, graugrün; Aehren unterbrochen, blattlos, an der Spitze des Stengels rispenartig gestellt; Körbchen büschelförmig-angehäuft; Hüllkelch ovallänglich, drüsig. (Taf. 179.)

Ein in Persien und vielleicht auch in andern Ländern des Orients einheimischer Strauch mit langen Aesten, die an ihrer Spitze zahlreiche kurze abstehende Blütenästchen tragen und mit dünner leicht abwischbarer weisser Wolle bedeckt

*) Auf Tafel 179 muss *L.* in *Vahl. herb.* umgeändert oder *Art. Vahliana Kost.* unterschrieben werden.

sind. Die Blätter stehen nur am obern Theile des Stengels und der Aeste fast büschelförmig beisammen; sie sind 2—3 Lin. lang, ebenso breit, am Ende in 5 sehr kurze und schmale Lappen getheilt, an jeder Seite unten noch einen etwas längern eingeschnittenen oder gezähnten Lappen tragend, kahl, graugrün, unter der Lupe drüsig erscheinend. Die Blütenkörbchen sind sehr klein und bilden an jedem Aestchen eine unterbrochene blattlose Aehre. Die 10 — 15 Blättchen des Hüllkelchs sind oval, stumpf, glatt, etwas gewölbt, am Rücken mit gelben Drüsen besetzt, am Rande durchscheinend. In der Mitte jedes Körbchens stehen 3—4 Zwitterblütchen und am Rande nur 1 oder 2 weibliche Blüten. — Von dieser und der folgenden Art leitet man den Levantischen Wurmsamen, *Semen Cinae sive Santonici levanticum* ab. Es sind dieses keine Samen, sondern die noch ungeöffneten Blütenkörbchen, von denen man 2 Untersorten unterscheidet. 1) Aleppischer Wurmsame, *Semen Cinae halepense*, besteht aus $1\frac{1}{2}$—$2\frac{1}{2}$ Lin. langen, $\frac{3}{4}$—1 Lin. dicken, in Menge braungrünlich erscheinenden Blütenkörbchen, welche durch die stark hervortretenden Nerven der ziegeldachig liegenden Blättchen des Hüllkelchs etwas kantig sind. Unter der Lupe erkennt man auf den Hüllkelchblättchen harzige braune Drüschen mehr oder weniger zahlreich stehend, und am Grunde und an den Rändern feine Wollhärchen. Diese Sorte stammt von voriger Art.

2) Russischer Wurmsame, *Semen Cinae rossicum sive moscoviticum*, besteht aus festgeschlossenen kleinern Blütenkörbchen, welche kaum 1 — 2 Lin. lang und $\frac{1}{2}$ — $\frac{3}{4}$ Lin. dick und gelbgrünlich und gleichfalls etwas kantig sind; unter starker Lupenvergrösserung erscheinen die Hüllkelchblättchen gelblich-feindrüsig-punktirt und oft stellenweis mit feinen Wollhärchen besetzt. Diese wahrscheinlich von der folgenden Pflanze abstammende Sorte kommt jetzt gewöhnlich, wo nicht ausschliesslich als levantischer Wurmsame vor. — Der Wurmsame ist ein auf die Verdauung tonisch-erregend wirkendes und kräftig wurmtreibendes Mittel, welches vorzüglich bei Wurmkrankheiten der Kinder und andern davon abhängigen Leiden des Unterleibes und gestörter Verdauung, vorzüglich bei krampfhaften Zuständen angewendet wird.

*Artemisia pauciflora, Stechmann.*, Armblütiger Beifuss, wächst im asiatischen Russland in den Gouvernements Saratow und Pensa, vorzüglich an der Wolga in der Umgegend von Sarepta und ist ein in der Jugend greisgrau-zottiger, später ziemlich kahler Halbstrauch, dessen Stengel über ihrer Mitte rispig sich verästen. Die kurzgestielten Blätter sind drüsig-punktirt, doppelt fiedertheilig, mit linealisch-fädlichen kurzen gedrängten Zipfeln. Die Blütenkörbchen sind walzenförmig, sitzend, einzeln oder gehäuft und enthalten 1—5 Blüten; sie stehen längs der Aestchen ährenförmig und bilden zusammen eine sehr ästige aufrechte straussförmige Rispe. Von den länglichen stumpflichen, ziemlich oder durchaus kahlen Blättchen des Hüllkelchs sind die innern randhäutig.

4. Art: *Artemisia Abrotanum Lin.* Stabwurz-Beifuss, Eberraute, Eberreis.

Halbstrauchig; Blätter fast kahl, die untern doppelt-, die obern einfach-fiederig-zerschnitten: Abschnitte sehr schmal linealisch; Körbchen fast kugelig, achselständig, überhängend; Hüllkelch halbkugelig, weichhaarig. (Taf. 180.)

Dieser auf sonnigen Bergen und Hügeln in Südeuropa und im Oriente einheimische Halbstrauch wird bei uns häufig, vorzüglich auf Todtenäckern angepflanzt. Er hat 2—3 Fuss hohe, am Grunde holzige und stark ästige, dann aber auch ihrer ganzen Länge nach mit zahlreichen kurzen aufrechten Aesten besetzte Stengel, sodass durch die zahlreichen und dichtstehenden Blätter ein dichter grüner Busch gebildet wird. Die Blätter sind graugrün und erscheinen unter der Lupe gleichsam bestäubt, schwach filzig; späterhin werden sie aber fast kahl und grün; sie sind gestielt, die untersten meist mit 3 fast gegenständigen Abschnitten auf jeder Seite versehen; jeder von diesen Abschnitten ist in 5—9 schmallinealische fädliche stumpfe Lappen fiederig zerschnitten; nach oben zu sind die Blätter immer einfacher zerschnitten und die obersten oft ganz, linealisch-fädlich. Die zahlreich vorhandenen kleinen Blütenkörbchen entspringen einzeln aus jeder Blattachsel, bilden an jedem Aestchen einseitswendige Trauben und diese zusammen eine ruthenförmige straffe reichbeblätterte Rispe. Die Blättchen des Hüllkelchs sind gewölbt, stumpf, am Rande breithäutig und durchscheinend, aussen graulich-weichhaarig; die äussern sind eirundlich-länglich, die innern oval. Von den grünlich gelben Blütchen sind 3—7 innere Zwitter und 14—18 äussere weiblich. — Gebräuchlich sind die Blätter und blühenden Astgipfel, *Herba et Summitates Abrotani*, Eberrautenkraut, Stab- oder Stabwurzkraut; sie haben einen kräftig gewürzigen etwas citronartigen Geruch und einen gewürzhaften wenig bittern Geschmack und enthalten vorwaltend ätherisches Oel, bittern Extractiv- und Gerbestoff; sie wirken ähnlich wie Wermuth, aber erregender und weniger tonisch; man wendet sie in Pulverform und Aufguss innerlich bei

Schwäche der Verdauungswerkzeuge, bei Wurmkrankheiten und Hysterie, äusserlich zu Umschlägen an.

5. Art: *Artemisia vulgaris Lin.* Gemeiner oder Gänse-Beifuss.

Krautig; Blätter unterseits weisslich-filzig, die untern doppelt-, die obern einfach-fiedertheilig: Zipfel lanzettlich, spitzig, fast gezähnt, die obersten Blätter linealisch-lanzettlich; Körbchen filzig, eiförmig, fast sitzend, aufrecht, in ährenförmigen Rispen. (Taf. 181.)

Eine auf Rainen, an Hecken, Bach- und Flussufern, auf Schutt und Ruinen in Europa, Nordasia und Nordamerika gemeine ausdauernde Pflanze. Die fast senkrecht in den Boden dringende Pfahlwurzel ist etwa fingersdick, fast holzig, ästig, sprossend und mit vielen langen weissen Fasern besetzt. Sie treibt mehre aufrechte, 3—6 Fuss hohe stielrundlich-eckige, grüne oder rothbraunüberlaufene, kahle oder etwas filzig-flaumhaarige innen markige Stengel mit abstehenden Aesten. Die Wurzelblätter sind gestielt, herzförmig, stumpf, 3—5lappig, gezähnt, die untersten Stengelblätter gleichfalls gestielt, die übrigen sitzend, fast fiederartig-zerschnitten, mit fiederspaltigen Abschnitten und lanzettlichen zugespitzten etwas eingeschnitten-gesägten, an den obern Blättern ganzrandigen Zipfeln; die höher stehenden Blätter sind nur einfach-fiedertheilig und die obersten ganz und ganzrandig, zugespitzt; alle oberseits dunkelgrün und kahl, unterseits greisgrau-filzig. Die Blütenkörbchen stehen in kurzen traubigen Aehren und entspringen aus den Achseln kleiner Blätter; sie bilden zusammen eine langgezogene Rispe. Von den etwas zottig-wolligen Blättchen des Hüllkelchs sind die äussern schmäler, länglich und stumpf, die innern oval und von einem breiten durchscheinenden Rande umgeben. Die 5—7 in der Mitte stehenden Zwitterblütchen sind schmutzig-röthlich mit aufrechten Saumzipfeln versehen, die beiden Narben bilden einen 6strahligen Stern; die 7—9 äussern gelben weiblichen Blütchen haben einen kurzen 2spaltigen Saum der Blumenkrone. Die Kernkapsel ist länglich-verkehrt-eiförmig. — Sonst waren die Blätter und blühenden Zweigspitzen, *Herba et Summitates Artemisiae* officinell und wurden gegen Urinbeschwerden angewendet; jetzt ist die Wurzel, *Radix Artemisiae albae vel rubrae*, gebräuchlich. Sie ist getrocknet längsrunzelig, aussen graubraun, innen weiss, von einem holzigen Gefässstrange durchzogen; sie riecht eigenthümlich unangenehm und schmeckt süsslich, etwas widerlich scharf und reizend; sie enthält vorwaltend ätherisches Oel, scharfes Weichharz, Schleimzucker, gummigen Extractivstoff und Gerbestoff. Sie wirkt schweisstreibend und vorzüglich krampfstillend, wesshalb man sie häufig gegen Epilepsie, Veitstanz und ähnliche Krankheiten, namentlich bei Kindern anwendet. Von den im Frühlinge und Herbste gegrabenen Wurzeln sollen nur die Fasern oder die äussern rindigen Theile ohne den Gefässstrang genommen und das von der frischgetrockneten Wurzel bereitete, in gut verschlossenen Glässern sorgfältig zu verwahrende Pulver angewendet werden. Ehedem waren auch die alten abgestorbenen Wurzeltheile als Beifusskohlen, *Carbones Artemisiae rubrae* in Anwendung.

*Artemisia pontica Lin.*, Römischer Beifuss oder Wermuth, wächst auf sonnigen Bergen in Südeuropa und im Oriente und lieferte sonst die Blätter und Zweigspitzen, *Herba et Summitates Absinthii pontici vel romani*, welche milder wie Wermuth und reizender wirken.

Abtheilung C. *Seriphida.* Blütchen sämmtlich gleichförmig und Zwitter; Blütenlager nackt.

*Artemisia vallesiaca All.* Walliser Beifuss, wächst auf den Alpen Südeuropas, ist sehr gewürzhaft, etwas bitter und gehört zu den bei *Artemisia Mutellina* erwähnten Genepikräutern.

*Artemisia maritima Lin.*, Meerstrandsbeifuss, wächst am Seestrande des mittlern und südlichen Europas, hat einen kräftig gewürzigen Geruch, der dem des Katzenkrauts, *Teucrium Marum*, ähnlich ist, und einen bittern Geschmack. Früherhin war das Kraut, *Herba vel Summitates Absinthii maritimi*, in mehrern Ländern officinell.

Abtheilune D. *Oligosporus.* Blütchen am Rande weiblich, die übrigen Zwitter mit fehlschlagenden Fruchtknoten; Blütenlager nackt.

*Artemisia Dracunculus Lin. (Oligosporus condimentarius Cassin.)*, Dragun-Beifuss, Estragon, stammt aus dem nördlichen und mittlern Asia und wird bei uns nicht selten in den Gärten kultivirt, weil man das Kraut häufig als Gewürz in der Küche benutzt. Früherhin kam dasselbe als *Herba Dracunculi hortensis* bisweilen gegen Krankheiten in Anwendung. Es schmeckt anfangs etwas kühlend, gewürzhaft, später beissend und erhitzend, süsslich ähnlich wie Anis; es enthält vorwaltend atherisches Oel, ein scharfes Harz und etwas Extractivstoff und wirkt vorzüglich kräftig reizend auf die Unterleibsorgane.

*Artemisia campestris Lin.*, Feld-Beifuss, ist gemein auf trocknen Hügeln und Rainen, auf Triften und Haiden in ganz Europa und Nordamerika. Früherhin wurden die Zweigspitzen, *Herba Artemisiae rubrae*, so wie die vom Gemeinen Beifuss angewendet.

## Unterabtheilung: Strahlblumige; *Radiatae*.

### Gattung: *Inula (Lin.) Gaertn.* Alant.
*(Syngenesia, Polygamia superflua Lin. syst.)*

Hüllkelchziegeldachig. Körbchen heterogamisch, strahlend. Strahlblumen bandförmig, weiblich; Scheibenblumen röhrig-fünfzähnig, zwitterig. Staubbeutel am Grunde zweiborstig. Blütenboden nackt. Früchte 4kantig-zusammengedrückt. Fruchtkrone gleichförmig, einreihig, haarig.

#### 1. Art: *Inula Helenium Lin.* Wahrer oder Brust-Alant, Olant, Glockenwurz.

Stengel aufrecht, zottig; Blätter gezähnt, runzelig, unterseits sammtartig-filzig, die grundständigen gestielt, elliptisch-länglich, die stengelständigen herzeiförmig, stengelumfassend; äussere Blättchen des Hüllkelchs eiförmig. (Taf. 182.)

Diese ausdauernde Pflanze wächst auf feuchten Wiesen, an Gräben und Ufern im nördlichen Deutschland, Frankreich und in England; wird aber zum Arzneigebrauche in manchen Gegenden kultivirt. Die Pfahlwurzel dringt senkrecht in den Boden, ist ein bis mehre Zoll dick, oben vielköpfig und zuweilen faustgross, querrunzelig, ästig und mit zerstreuten starken Wurzelfasern besetzt. Der starre Stengel wird 4—6 und mehr Fuss hoch, ist stielrund und furchig-gerieft. Die Wurzelblätter sind gross, mit ihren Stielen oft über 2—3 Fuss lang, 6—9 Z. breit, die Blätter am Stengel werden nach oben zu allmälig kleiner; die Wurzelblätter sind eirund-länglich und laufen in den Blattstiel herab oder sie sind verkehrt-eiförmig-länglich, stumpf oder spitz, oberseits grün und kurzhaarig, unterseits graufilzig, am Rande mit vielen grössern und kleinen stumpflichen Zähnen dicht besetzt; die Stengelblätter am Grunde stets etwas verschmälert, die obersten fast alle herzförmig-stengelumfassend, spitzig. Die Blütenkörbchen stehen einzeln am Ende des Stengels und auf den kurzen Blütenästen und halten gegen 3 Zoll im Durchmesser. Die Blättchen des Hüllkelchs sind gross und blattartig, aus dem eiförmigen Grunde lanzettlich, spitzig, grau filzig, fast gezähnt, ausgebreitet-abstehend, die mittlern lanzettlich, stumpf, sparrig, die innern weit schmäler, lanzettlich-spatelförmig, ganz trocken und bräunlich. Die Blütchen sämmtlich schöngelb und die Rand- oder Strahlblütchen ansehnlich. Kernkapseln stark verlängert-länglich, 6seitig, gestreift, mit einer haarigen scharfen Fruchtkrone, die länger ist als die Frucht. — Die Alantwurzel. *Radix Enulae vel Helenii vel Enulae campanae, vel Inulae*, kommt in 1—3 Zoll langen gespaltenen oder in scheibenförmigen Stücken vor, ist aussen hell graubraun etwas runzelig, innen hellgrau und zeigt auf dem Querschnitte zerstreute braune harzglänzende Punkte und neben der Rinde einen harzglänzenden braunen Ring; diese Stücke sind ziemlich hart und schwer, besitzen einen nicht unangenehmen, veilchenähnlichen Geruch und einen gewürzigbittern, widrigen, etwas scharfen und lange anhaltenden Geschmack. Die wirksamen vorwaltenden Bestandtheile sind ein krystallisirbares ätherisches Oel (Alantkampfer), scharfes Weichharz und bitterer Extractivstoff. Die Alantwurzel wirkt tonisch-erregend, vorzüglich auf die Schleimhäute und vermehrt deren Absonderungen. Man wendet sie an bei Lungenverschleimung und passiven Lungenentzündungen, bei Verschleimungen des Magens und Darmkanals in Pulver, Aufguss und Abkochung, äusserlich auch bei Hautausschlägen.

Von *Inula germanica Lin.*, welche auf trocknen sonnigen Stellen, Bergen und Felsen im mittlern Europa ausdauernd wächst, war sonst das etwas gewürzhaft und eigenthümlich, aber nicht angenehm riechende Kraut, *Herba Inulae germanicae vel palatinae*, officinell. Dasselbe war der Fall mit der gewürzigen Wurzel von *Inula salicina Lin.*, welche man *Radix Bubonii lutei* nannte.

*Pulicaria vulgaris Gaertn. (Inula Pulicaria Lin.)* Gemeines Flöhkraut, Christinenkraut, ist eine auf nassen Triften und oft überschwemmten Stellen durch ganz Deutschland gemeine einjährige Pflanze von einem unangenehmen zum Niesen reizenden Geruche. Man brauchte das Kraut, *Herba Pulicariae vel Conyzae minoris* gegen Durchfälle u. s. w. Ihr Geruch soll die Flöhe vertreiben, daher ihre Benennungen.

*Pulicaria dysenterica Gaertnr. (Inula dysenterica Lin.)*, Ruhr-Alant, wächst an ähnlichen Stellen wie vorige, ist aber weit seltener. Das Kraut und vorzüglich die Wurzel, *Herba et Radix Arnicae suedensis vel Conyzae mediae*, schmecken etwas scharf und wurden sonst bei Durchfällen, Ruhren, Schleim- und Blutflüssen angewendet.

*Senecio Jacobaea Lin.*, Jakobskraut, ist eine auf trocknen Wiesen, an Wegen, auf Mauern, Ruinen und wüsten Stellen in Europa, Nordasia und Nordamerika gemeine aber stattliche ausdauernde Pflanze. Das geruchlose, unangenehm bitter und ziemlich unangenehm scharf schmeckende Kraut, *Herba Jacobaeae*, wurde sonst bei Bräune, gegen Ruhr, chronischen Husten und als äusserliches Mittel zum Erweichen und Zertheilen angewendet.

*Senecio sarracenicus Lin.*, Heidnisch Wundkraut, wächst ausdauernd an Gräben, Flussufern und auf schattigen nassen Stellen im Gebüsch. Früher war das Kraut, *Herba Consolidae sarracenicae* officinell; es galt für ein sehr gutes Wundkraut und ward auch bei Unterleibsstockungen so wie als harntreibendes Mittel angewendet.

*Senecio vulgaris Lin.*, Gemeines Kreuzkraut, Gold- od. Grindkraut. Diese einjährige Pflanze ist in ganz Europa und Nordamerika gemein auf angebaueten und unbebaueten Stellen, wo sie fast das ganze Jahr hindurch blüht. Das Kraut, *Herba Senecionis vel Carduncula vel Erigeri* ist geruchlos und schmeckt krautig, bitterlich und etwas salzig; früherhin bediente man sich desselben äusserlich als eines erweichenden, zertheilenden und zeitigenden Mittels, so wie innerlich bei Kolik, gegen Würmer und um die Menstruation zu befördern, vor einiger Zeit ist es wieder gegen hysterische Krämpfe empfohlen worden.

*Doronicum Pardalianches Lin.*, Gemeine Gemswurz, wächst ausdauernd auf Gebirgen und Alpen im mittlern Europa. Die Wurzel, *Radix Doronici*, galt für ein kräftiges giftwidriges und auch giftig wirkendes Mittel, daher die Namen „Pantherwürger" und *Pardalianches* (*Ἀκόνιτον παϱδάλιανχες Diosc.*)

### Gattung: *Arnica (Rupp.) Lin.*, Wohlverleih.
### (*Syngenesia, Polygamia superflua Lin. syst.*)

Blättchen des Hüllkelchs gleichförmig, in zwei Reihen. Blütenkörbchen heterogamisch, strahlend. Strahlblumen weiblich, bandförmig, mit meist unentwickelten Staubgefässen; Scheibenblumen zwitterig, röhrig, 5zähnig. Griffel bei den Zwitterblüten mit weit herabgehendem Flaumhaare an seinen beiden abgestutzten oder an der Spitze kurzkegeligen Zipfeln. Blütenlager feingrubig, zwischen den Grübchen weichhaarig. Früchtchen ungeschnabelt, stielrundlich. Fruchtkrone gleichförmig, borstig, einreihig.

### 1. Art: *Arnica montana Lin.* Berg-Wohlverleih, Aechter Wohlverleih, Fallkraut.

Grundständige Blätter oval-länglich, stumpf, nervig, weichhaarig-zottig; stengelständige in ein oder zwei entfernten Paaren; Stengel ein oder drei Blütenkörbchen tragend. (Taf. 183).

Eine ausdauernde Pflanze auf Gebirgs- und Alpenwiesen, aber auch hier und da im mittlern und nördlichen Europa auf trocknen und nassen Wiesen der Ebene. Die Pfahlwurzel dringt schief in den Boden, ist von der Dicke einer starken Gänse- oder Schwanfeder oder auch etwas dicker, an der Spitze wie abgebissen, dunkel- oder heller braun, innen weisslich, an der untern Seite viele lange einfache gelbbräunliche Fasern treibend. Der aufrechte Stengel wird 1—2 F. hoch, ist stielrund, gerillt, ganz einfach oder er treibt gegen die Spitze hin 2 gegenständige, sehr selten auch 2 mal 2 gegenständige blattlose Blütenäste, ist übrigens noch weichhaarig-zottig und durch eingestreute Drüsenhaare etwas klebrig. Meist 4, doch auch oft nur 2 grundständige Blätter sind rosettig ausgebreitet, 2—5 Z. lang, $\frac{3}{4}$—2 Z. breit, bald oval, bald länglich und dann am untern Ende stärker als am obern verschmälert, 3—5 nervig, ganzrandig, oberseits mit einzelnen kurzen Zottenhaaren besetzt, unterseits kahl und glatt. Die viel kleinern Stengelblätter sitzen und sind am Grunde verwachsen; das untere Paar ist eirundlich-länglich oder lanzettlich, spitzig, steht oft den grundständigen Bl. sehr nahe und ist ihnen dann fast gleich; wenn ein oberes Paar vorhanden ist, so sind die B. schmal lanzettlich, gewöhnlich gegenständig, bisweilen auch wechselständig. Die ansehnlichen gegen 2 Z. im Durchmesser haltenden dunkelgoldgelben Blütenkörbchen nicken etwas. Die 12—20 Blättchen des Hüllkelchs sind lanzettlich, spitz oder zugespitzt, aussen zottig und drüsig-weichhaarig wimperig, grün und gewöhnlich nach vorn purpurröthlich-braun überlaufen. Die zahlreichen röhrigen Scheibenblütchen haben eine rauhhaarige Blumenkronenröhre. Bei den 10—20 Strahlblütchen ist die Blumenkronenröhre kurz u. gleichfalls rauhhaarig; der Saum aber bandförmig, breit linealisch, vorn etwas zusammengezogen, abgestutzt 3zähnig; diese Strahlblütchen haben zuweilen 5 oder 3 freie, an ihren Antheren nicht verwachsene Staubgefässe. Die Kernkapseln sind schwarzbraun, mit steifen kurzen Härchen reihenweis besetzt. — Den Alten waren die bedeutenden Heilkräfte dieser Pflanze unbekannt und sind es erst kaum länger als ein Jahrhundert. Man benutzt jetzt die aus dem Körbchen gezupften Blütchen, die bezaserte Pfahlwurzel und die Blätter, *Flores, Radix et Herba Arnicae.* Die Blumen haben frisch einen stark gewürzhaften Geruch, der sich beim Trocknen zum Theil verliert; sie erregen aber, wenn man sie zerreibt, wegen der zerbrochenen feinen Härchen der Fruchtkrone leicht Niesen. Der Geschmack ist bitterlich gewürzhaft und gleichfalls wegen der feinen Härchen etwas scharf und kratzend. Die Wurzel hat einen eigenthümlichen etwas dumpfig-gewürzhaften Geruch und scharf-gewürzhaften, nur wenig bittern u. lange anhaltenden Geschmack; auch sie erregt beim Zerstossen leicht Niesen. Die Blätter haben einen dem der Wurzel ähnlichen, aber weit schwächern Geruch und Geschmack. Vorzüglich wirksame Bestandtheile sind ein scharfes Weichharz und ätherisches Oel, zu welchen bei den Blüten noch ein scharf- und ekelhaft-bitterer Extractivstoff, und bei der Wurzel Gerbestoff sich gesellt. Wurzel und Blüten, weniger die Blätter wirken kräftig erregend auf das Gefässsystem und auf die Schleim- und serösen Häute, den Stoffwechsel in ihnen befördernd, ferner reizend auf das ganze Nervensystem und die Wurzel ausserdem noch zugleich tonisch-zusammenziehend auf den Darmkanal. Man wendet sie desshalb an bei Wechselfiebern, bei nervösen mit Schwäche und Lähmung verbundenen Fiebern, bei asthenischen Leiden der Lunge und des Darmkanals, bei Lähmungen durch Schlagflüsse, bei Blut- und Schleimflüssen, bei gichtischen und rheumatischen Leiden, bei kalten Geschwülsten, Quetschungen und Extravasaten. Aeusserlich benutzt man die Blüten zu Bähungen bei Kontusionen, mit Blut unterlaufenen Stellen, Wunden, bei typhösen Unterleibsentzündungen u. s. w. Die Blätter werden seltener angewendet. Man bereitet mehre Präparate damit, von denen vorzüglich die *Tinctura Arnicae* häufige Anwendung auch von Laien findet.

Gattung: *Tussilago Tournef.* Huflattig.
*(Syngenesia, Polygamia superflua Lin. syst.)*

Hüllkelch walzlich, die Blättchen desselben in einer Reihe. Blütenkörbchen heterogamisch, strahlend. Die Strahlblütchen weiblich, sehr schmal bandförmig, vielreihig; die wenigen Scheibenblütchen männlich, röhrig-5zähnig. Blütenlager nackt. Fruchtkrone haarig.

Nur eine Art:

*Tussilago Farfara Lin.* Gemeiner Huflattich, Brustlattich, Rosshuf. (Taf. 184.)

Diese ausdauernde Pflanze ist gemein in Europa und Nordasia auf lehmigem Boden, auf nassen Stellen und an Gräben. Die Pfahlwurzel ist einfach oder ästig, weisslich, und treibt mehre lange Fasern und neben diesen seitlich unterirdische Sprossen oder Ausläufer. Im ersten Frühlinge kommen die schaftartigen, mit braunen Schuppen besetzten, einfachen, stielrunden, hohlen, flockig-weisslichwolligen Stengel hervor, welche nach der Blütezeit sich um das Doppelte und Dreifache verlängern. Die Blätter des Hüllkelchs liegen dachziegelartig, sind länglich, linealisch, stumpf, meist purpurröthlichbraun. In der Scheibe des Körbchens stehen etwa 20 trichterförmige männliche Blüten mit 5theiligem Saume der Blumenkrone, am Rande dagegen mehr als 200 weibliche Blüten mit einem schmalen bandförmigen Saume. Die

Kernkapseln sind ochergelb und tragen eine lange weisse seidenhaarige Fruchtkrone. Die Blätter, welche weit später erscheinen, sind grundständig, haben einen am Grunde scheidenartig erweiterten Blattstiel, sind gross, rundlich-eckig, am Grunde durch einen spitzen Winkel tief herzförmig, mit abstehenden Grundlappen, am röthlichen Rande eckig-gezähnt, oberseits grün und kahl, unterseits im jungen Zustande weissfilzig, ausgewachsen nur graulich und dicht weichhaarig. — Gebräuchlich sind die getrockneten Blätter, *Herba sive Folia Farfarae*; und sollen im Mai gesammelt warden. Sie sind geruchlos und haben einen etwas herbbitterlichen, schleimigen Geschmack. Sie besitzen vorwaltend Schleim, etwas eisengrünenden Gerbestoff nebst etwas bitteren Extractivstoff. Man gebraucht sie innerlich als einhüllendes die Schleimabsonderung beförderndes Mittel im Aufguss und Abkochung, jedoch selten für sich, sondern meist mit andern ähnlichen Mitteln in Verbindung (*Species pectorales*), vorzüglich bei Lungenkatarrhen u. s. w. sowie äusserlich als ein erweichendes Mittel in Verbindung mit andern Substanzen zu Umschlägen.

*Linosyris vulgaris. Cass. (De C.)* (*Chrysocoma Linosyris Lin.*, *Crinitaria Linosyris Less.*) Golden-Leinkraut, Deutsches Goldhaar, wächst ausdauernd auf Hügeln und Bergen in Süd- und Mitteleuropa. Die aromatisch-bitterlichen Blütenspitzen waren sonst als *Herba et Flores Heliochrysi* gebräuchlich.

*Solidago virga aurea Lin.* Gemeine Goldruthe, Heidnisch Wundkraut, wächst ausdauernd in trocknen sonnigen Wäldern, vorzüglich in gebirgigen Gegenden in ganz Europa und Nordasia. Die Blätter und blühenden Zweigspitzen, *Herba et Summitates Solidaginis sive Virgae aureae s. Consolidae sarracenicae*, waren sonst gegen viele Krankheiten in Anwendung und wurden vorzüglich bei Steinbeschwerden und andern Krankheiten der Harnwerkzeuge gerühmt; nach langer Vernachlässigung sind sie vor einiger Zeit wieder von berühmten Aerzten als ein vorzügliches harntreibendes Mittel empfohlen worden.

*Erigeron acris Lin.*, Scharfes Berufkraut, Blaue Dürrwurzel, ist gemein durch ganz Europa an Wegen und auf dürren sandigen Stellen. Früherhin wurde die ganze Pflanze unter dem Namen *Conyzae coeruleae vel minoris* gesammelt und vorzüglich gegen unterdrückte Menstruation, gegen Dysurie und verschiedene Brust- u. Unterleibskrankheiten angewendet.

*Bellis perennis Lin.*, Gemeine Masliebe, Tausendschön, Gänseblümchen, Margarethchen, ist eine ungemein gemeine ausdauernde kleine bekannte Pflanze, welche auf allen Triften und Wiesen fast das ganze Jahr hindurch blüht. Sonst waren die Blätter und Blüten, *Herba et Flores Bellidis minoris sive Symphyti minimi*, in verschiedenen Krankheiten gebräuchlich.

*Tagetes patula Lin.* Gemeine Sammtblume, Studentenblume, ist eine bekannte, in unsern Gärten häufig zur Zierde angepflanzte und aus Mexiko stammende Sommerpflanze, welche sich durch die schönen gelben oder gelben und braun gestreiften oder sonst gezeichneten starkriechenden Blumen leicht erkennen lässt. Sonderbarer Weise sind diese Blüten und zugleich die Blätter sonst unter dem Namen *Flores africani*, Afrikanen (sie stammen aber, wie bereits bemerkt, aus Mexico) officinell und gegen vielerlei Krankheiten angewendet gewesen. —

*Spilanthes Acmella Lin.*, Wahre Fleckblume, ein Sommergewächs in Ostindien und mehren Inseln des indischen Oceans, das auch bisweilen hier und da angebaut wird. Die ganze Pflanze, von welcher früher die Blätter und die Früchte, *Herba et Semen Acmellae*, officinell waren, hat einen anfänglich bitterlich-balsamischen, später sehr scharfen Geschmack, so dass beim Kauen Speichelzufluss im Munde entsteht. Man hat sie als harn- und steintreibendes Mittel, aber auch besonders gegen Zahnschmerzen in Anwendung gebracht.

### Gattung: *Pyrethrum Gaertn.* Bertramwurz. *(Syngenesia, Polygamia superflua Lin. syst.)*

Blütenkörbchen heterogamisch, strahlend. Strahlblütchen einreihig, weiblich, bandförmig (äusserst selten auch fehlend); Scheibenblütchen zwitterig, röhrig, 5zähnig. Hüllkelch ziegeldachig, glockenförmig; Schuppen desselben am Rande trockenhäutig, raschelnd. Blütenboden eben oder gewölbt, nackt, nur selten (wenn er eben ist) spreublättrig. Früchtchen eckig, mit kronenförmiger Fruchtkrone

1. Art: *Pyrethrum Parthenium Smith.* Gemeine Bertramwurz, Metram, Mutterkraut. *(Syn.: Chrysanthemum Parthenium Pers., Matricaria Parthenium Lin.)*

Kahl; Stengel aufrecht, ästig; Blätter gestielt, fast doppelt fiederschnittig: Abschnitte länglich, stumpf, eingeschnitten-gesägt, die obersten zusammenfliessend; Körbchen doldentraubig gestellt; Schuppen des Hüllkelchs länglich, am Rande weisshäutig, an der Spitze ausgenagt-gewimpert, stumpf; Fruchtkrone kurz-gezähnt. (Taf. 185.)

Diese ausdauernde Pflanze ist wahrscheinlich in Südeuropa und im Oriente einheimisch, wird jetzt auch in Mitteleuropa in Gärten gebaut und findet sich hier und da verwildert. Aus der schief in den Boden dringenden mit vielen langen Zasern besetzten Wurzel entspringen gewöhnlich einige aufrechte oder am Grunde aufsteigende 1—3 F. hohe, stielrundlich-eckige, gefurchte, unten kahle, oben weichhaarige und ästige Stengel mit doldentraubigen Aesten. Die gestielten breiten Blätter sind fiedertheilig, mit eingeschnittenen oder fast fiederspaltigen Lappen und theils ganzrandigen, theils an der äussern Seite eingeschnitten-gesägten Läppchen. Die obersten Stengelblätter sind nur einfach-fiederspaltig. Jedes Blütenkörbchen steht auf einem langen, oben verdickten Stiele, von denen 3—5 eine Doldentraube bilden. Die Blättchen des Hüllkelchs sind linealischlänglich, gekielt, spitzig, weichhaarig; die innern derselben haben eine durchscheinende zerrissen wimperige Haut an der Spitze. Die Scheibenblütchen sind citrongelb, die Strahlblütchen weiss, länglich-verkehrt-eiförmig, stumpf-3zähnig mit einem kürzern Mittelzahne. Die Kernkapseln sind länglich, 6seitig, 12streifig, etwas gekrümmt, kahl und tragen eine randartige 6zähnige Fruchtkrone. — Die Blätter mit den Blütenkörbchen, *Herba (cum floribus) Matricariae vel Pyrethri*, haben einen stark gewürzhaften kamillenähnlichen, doch nicht so angenehmen Geruch und einen widrig-gewürzhaften, stark bittern Geschmack. Sie enthalten vorwaltend ein grünliches ätherisches Oel und bittern Extractivstoff, im Vergleiche mit der Kamille weniger von ersterem und mehr von letzterem. Das Mutterkraut wirkt stark erregend, tonisch und krampfstillend und wird bei krampfhaften Krankheiten der Unterleibsorgane, vorzüglich auch zur Beförderung der Menstruation und Lochien, daher der Name Mutterkraut, ferner bei Hysterie, Eingeweidewürmern, Schwäche der Verdauungswerkzeuge und gegen Wechselfieber innerlich, und äusserlich zu Bähungen u. s. w. angewendet.

*Leucanthemum vulgare Lam. (Chrysanthemum Leucanthemum Lin.)* Grosse Masliebe, Grosse Marienblume, Johannisblume, ist eine auf Wiesen und Bergen in Europa überall gemeine ausdauernde bekannte Pflanze. Vor Zeiten waren Blätter und Blumen, *Herba et Flores Bellidis majoris*, officinell.

Gattung: *Matricaria (Vaill.) Lin.* Mutterkraut.
*(Syngenesia, Polygamia superflua Lin. syst.)*

Hüllkelch ziegeldachig. Blütenkörbchen heterogamisch: Strahlblütchen einreihig, weiblich, Scheibenblütchen röhrig-4—5zähnig, mit stielrundlicher Röhre, zwitterig. Blütenboden ei-kegelförmig, nackt, innen hohl. Früchtchen gleichförmig, eckig, ungeflügelt. Fruchtkrone fast fehlend, oder sehr selten kronenförmig.

*Matricaria Chamomilla Lin.* Kamillen-Mutterkraut, Aechte oder Gemeine Kamille, Helmerchen.

Stengel ästig, weitschweifig, zahlreiche Blütenkörbchen tragend; Blätter kahl, doppelt-fiederig-zerschnitten; Abschnitte schmal-linealisch, fast fadenförmig; Blättchen des Hüllkelchs stumpf; Blütenlager hohl. (Taf. 186.)

Diese einjährige Pflanze ist in vielen Gegenden Europa's auf Aeckern, zwischen den Saaten, auf Schutt, wüsten Stellen und Mauern häufig, in andern dagegen z. B in England, Frankreich und der pyrenäischen Halbinsel seltener. Aus der dünn-spindelförmigen ästigen weissen Wurzel entspringt ein aufrechter, gewöhnlich etwas über 1 Fuss hoher, oft blos oben, zuweilen auch vom Grund auf ästiger, rundlich-eckiger, kahler Stengel. Die sitzenden Blätter sind im Hauptumrisse länglich, die untersten dreifach, die mittlern doppelt- und die obersten einfach-fiederig-zerschnitten, mit sehr schmalen abstehenden Abschnitten. Die Blütenkörbchen stehen einzeln an den Spitzen der Aeste, haben 8—10 Lin. Breite, und bilden gemeinschaftlich gewöhnlich eine mässiggrosse Doldentraube. Der Hüllkelch ist flach-glockenförmig und von linealisch-länglichen, am Rande und an der Spitze weisshäutigen Blättchen gebildet. Die Scheibenblütchen stehen dicht und bilden eine halbkugelige Wölbung; sie sind sehr klein, röhrig-trichterförmig, gelb. Die 10—13 Strahlenblütchen haben einen weissen bandförmigen länglichen vorn 3kerbigen Saum, welcher während des Blühens wagrecht absteht, nach dem Verblühen aber nach unten zurückgeschlagen, gleichsam hängt. Die Kernkapseln sind länglich, 6eckig, gerippt, blassbräunlichgelb und haben blos einen undeutlichen Rand zur Fruchtkrone. — Man sammelt die Blütenkörbchen, *Flores Chamomillae v. Chamom. vulgaris v. Chamaemeli*, welche einen eigenthümlichen, stark gewürzhaften Geruch und einen nicht unangenehmen gewürzhaft-bitteren Geschmack besitzen. Sie enthalten vorwaltend dunkelblaues ätherisches Oel und bittern Extractivstoff. Sie sind in Deutschland eins der vorzüglichsten und am häufigsten angewenderen flüchtig-erregend auf das Gefäss- und Nervensystem, krampfstillend und tonisch-wirkenden Mittel. Man wendet sie an bei asthenischen und krampfigen Leiden der Unterleibsorgane sowohl des Darmkanals als des Uterinsystems, ferner bei rosenartigen und rheumatischen Entzündungen, bei schmerzenden ödematosen Geschwülsten, alten

Fussgeschwüren und dergl. Man giebt sie innerlich in Pulver, häufig in Aufgüssen, äusserlich zu trocknen und feuchten Bähungen, zu Bädern und in Klystiren. Gebräuchlich sind auch eine ziemliche Anzahl von Präparaten, von denen das schön dunkelblaue ätherische Oel als Vorbauungsmittel gegen *Cholera asiatica* gerühmt wird. — Die Kamillenblumen können leicht mit einigen andern Blumen sehr ähnlicher Composeen verwechselt werden, z. B. mit denen von dem oben beschriebnen *Pyrethrum Parthenium*, *Matricaria inodora*, *Anthemis arvensis*, *Maruta foetida* u. s. w. Am leichtesten kann man die falschen an dem entweder mangelnden oder verschiedenen Geruche erkennen, wenn man diese zwischen den Fingern zerreibt. Noch sicherer erkennt man sie, wenn man einen senkrechten Schnitt durch das Blütenlager macht, da nur das der Kamillen hohl, bei den übrigen Arten aber mit feinem weissem Marke erfüllt und bei den Arten von *Anthemis* noch überdies mit Spreublättchen besetzt ist.

*Matricaria inodora Lin. fl. suec. (Chrysanthemum inodorum Lin. spec. pl.,- Pyrethrum inodorum Smith.)*, Wilde Kamille, wächst auf denselben Stellen wie vorige, ist völlig oder fast kahl, hat einen meist seiner ganzen Länge nach ästigen Stengel mit weitschweifigen untern Aesten und doppelt oder 3fach-fiedertheilige Blätter mit linealisch-fädlichen Abschnitten. Die Blütenkörbchen stehen einzeln oder zu mehren an den Enden der Aeste und haben linealisch-längliche, stumpfliche, weiss- od. braunrandhäutige Hüllkelchblättchen. Die weissen Strahlblütchen sind 3mal so lang als der Hüllkelch. Die Kernkapseln tragen eine kurze Fruchtkrone. Wir haben diese kurze Beschreibung nur deshalb gegeben, weil die Blütenkörbchen dieser Pflanze vor allen andern mit denen der ächten Kamille verwechselt zu werden pflegen.

*Santolina Chamaecyparissus Lin.*, Zypressenartige Santoline, ein Halbstrauch des südlichen Europa's, der nicht selten in unsern Gärten vorkommt. Das Kraut, *Herba Santolinae vel Abrotani montani*, riecht kräftig aromatisch und schmeckt bitter u. wird als erregendes, krampfstillendes und wurmtreibendes Mittel in Südeuropa angewendet.

### Gattung: *Anthemis Lin.* Kamille.
### *(Syngenesia, Polygamia superflua Lin. syst.)*

Hüllkelch ziegeldachig, mit Blättchen in wenig Reihen. Blütenkörbchen heterogamisch. Strahlblütchen einreibig, bandförmig, weiblich: Scheibenblütchen röhrig-fünfzähnig, zwitterig; die Röhre bei sämmtlichen Blütchen flach zusammengedrückt, fast ohne Anhängsel. Blütenboden gewölbt oder kegelförmig, spreublättrig. Früchtchen kahl, ungeflügelt, eckig; Fruchtnabel grundständig. Fruchtkrone sehr kurz, kronenförmig, schwielig, dick und ganz, oder fast fehlend.

1 Art: *Anthemis nobilis Lin.* Edle od. Römische Kamille.

Stengel fast gestreckt, aufsteigend, weichhaarig, wenig Blütenkörbchen tragend; Blätter dreifach-fiederig-zerschnitten, fast kahl: Abschnitte linealisch-pfriemenförmig; die blütentragenden Aeste an der Spitze nackt, ein einzelnes Körbchen tragend; Schuppen des Hüllkelchs stumpf, am Rande wasserhell durchscheinend; Spreublättchen des Blütenbodens lanzettlich, nachenförmig, grannenlos, wenig kürzer als die Blütchen, am Rande spärlich ausgenagt. (Taf. 187.)

Diese ausdauernde Pflanze wächst auf trocknen rasigen Hügeln und sandigem Boden in Südeuropa wild und wird in mehrern Gegenden Mitteleuropas besonders in Deutschland im Grossen angebaut, weil die Blüten häufig zum Bierbrauen, besonders in England angewendet werden. Die Wurzel dringt schief in den Boden und ist mit vielen senkrechten Wurzelfasern besetzt; aus ihr entspringen mehre Stengel, welche bei einer Länge von 6—12 Zoll zur Hälfte und drüber niederliegen und zum Theil wurzeln, wesshalb sie oft dichte Rasen bilden; nur die Gipfel der Stengel und Aeste erheben sich; sie sind übrigens stielrund, gerillt, unten kahl und oben flaumig. Die sitzenden Blätter sind genähert und abstehend, durch einen zarten weichhaarigen Ueberzug graulichgrün, bisweilen aber, wenn diese Härchen grösstentheils fehlen, auch grün; sie sind 3fach-fiederig-zerschnitten, die Abschnitte sehr kurz, linealisch-pfriemlich. Die Blütenkörbchen stehen einzeln auf den Zweiggipfeln auf gegen 3 Zoll langen, weichhaarigen, nach oben etwas verdickten Stielen. Die Blättchen des Hüllkelchs sind flaumig, eirundlich-länglich, am Rande und an der stumpfen Spitze weisshäutig und durchscheinend. Die gelben Scheibenblütchen haben einen aufrechten 5spaltigen Blumenkronensaum. Die 12—18 Strahlblütchen dagegen haben einen reinweissen, linealisch-lanzettlichen, am Grunde verschmälerten, an der Spitze stumpf 3zähnigen Saum, welcher länger ist als der Hüllkelch. Die Kernkapseln sind verkehrt-eiförmig und auf einer Seite 3rippig und tragen eine sehr kurze kronenförmige etwas schwielige und dicke Fruchtkrone. — Die getrockneten Blütenkörbchen, *Flores Chamomillae ro-*

*manae*, werden von den im Grossen angebauten Pflanzen genommen und sind gewöhnlich ganz oder halbgefüllt, d. h. die gelben Scheibenblütchen haben sich entweder sämmtlich oder zum Theil in weisse, zungenförmige Strahlenblütchen umgewandelt. Sie haben einen stark aromatischen, etwas an die Kamille erinnernden, sehr mit dem Geruche der Hopfenzapfen verwandten Geruch und einen gewürzhaften sehr bittern Geschmack; sie enthalten vorwaltend ein ätherisches Oel, welches, wenn es aus frischen Blumen gewonnen wird, etwas bläulich, aus getrockneten Blumen dagegen grünlich-gelb ist, und bittern Extractivstoff. Sie wirken im Allgemeinen der Kamille ähnlich, jedoch mehr erhitzend und weniger beruhigend, desshalb auch nicht so krampfstillend wie jene und werden seltner in Deutschland, häufig jedoch und vorzugsweise in England und Frankreich angewendet.

Von *Anthemis tinctoria Lin.*, Färber-Kamille, welche auf trocknen Plätzen, Hügeln und Feldern in Mitteleuropa wächst, und weil man mit ihren Blütenkörbchen gelb färbt, auch angebaut wird, waren sonst das Kraut und die Körbchen als *Herba et Flores Buphthalmi* officinell.

*Maruta foetida Cass.* (*Anthemis Cotula Lin.*) Hunds- od. Stinkende Kamille, ist eine häufige auf Feldern, wüsten Plätzen u. s. w. vorkommende einjährige Pflanze, welche der Gemeinen Kamille sehr ähnlich ist und einen stark gewürzhaften, aber widrigen Geruch und bittern Geschmack besitzt. Ehedem waren die Blütenkörbchen und zuweilen auch das Kraut, *Flores et Herba Cotulae foetidae*, ähnlich wie die Kamillen im Gebrauche.

### Gattung: *Anacyclus Pers.* Ringblume.
### (*Syngenesia, Polygamia superflua Lin. syst.*)

Hüllkelch ziegeldachig. Blütenkörbchen heterogamisch: Strahlblütchen weiblich unfruchtbar, bandförmig; Scheibenblütchen zwitterig, röhrig-5zähnig; Blumenkronenröhren flach zusammengedrückt, zweiflügelig. Blütenboden kegelförmig oder gewölbt, spreublättrig. Früchtchen breitzusammengedrückt, zweiflügelig, ganz nackt. Fruchtkrone fehlend.

1. Art: *Anacyclus officinarum Hayn.* Gemeine oder Gebräuchliche Ringblume, Gebauete oder Thüringische oder Deutsche Bertramwurz. Speichelwurz.

Wurzel einjährig: Stengel aufrecht, gewöhnlich nur ein Blütenkörbchen an seiner Spitze tragend; Blätter fiederig-zerschnitten: Abschnitte fiederspaltig, mit linealischen ganzen oder 2—3spaltigen Zipfeln. (Taf. 188.)

Das Vaterland dieser einjährigen Pflanze ist unbekannt, sie wird in einigen Gegenden Deutschlands, besonders bei Magdeburg und in Thüringen kultivirt. Die senkrecht in den Boden dringende Wurzel ist spindelförmig, 6—9 Zoll lang, 3—4 Lin. dick, ziemlich einfach und nur einzelne Aeste und Fasern treibend. Der Stengel wird ½—1 Fuss hoch, ist stielrund und vom Grunde an mit einzelnen einfachen Aesten besetzt, die an ihrer Spitze ein einzelnes Blütenkörbchen tragen. Die oben beschriebenen Blätter sind etwas behaart und die Blattstiele laufen etwas am Stengel herab. Die Blütenkörbchen haben 1½ Zoll im Durchmesser und schwach weichhaarige Blättchen des Hüllkelchs, von denen die äussern länglich zugespitzt und am durchscheinenden Rande sehr fein wimperig-gesägt, die innersten dagegen verkehrt-eiförmig sind. Durch die citrongelben Röhrchenblüthen der Scheibe, welche einen zurückgeschlagenen Saum haben, ist die Scheibe starkgewölbt. Die weissen, unterseits röthlich gestreiften Strahlblumen haben einen länglichen spatelförmigen vorn 3zähnigen Saum, an welchem der mittlere Zahn sehr kurz ist. Die verkehrt-eirunde Kernkapsel ist an 2 gegenständigen Seiten so geflügelt, dass die Flügel an der Spitze zahnartig hervorstehen; die äussern sind übrigens sehr breit und durchsichtig, die innern nur schmal und undurchsichtig geflügelt. Der gewölbte Blütenboden ist mit verkehrt-eirunden spatelförmigen stumpfgespitzten über die Blüten hinausragenden Spreublättchen besetzt. — Gebräuchlich ist die Bertrams- oder Speichelwurzel, *Radix Pyrethri*, von welcher man 2 Arten zu unterscheiden pflegt, von denen die sogenannte römische oder ächte von der folgenden Art abstammt. Die Gemeine od. Deutsche Bertramwurzel, *Radix Pyrethri vulgaris sive germanici*, gewöhnlich nur Bertramwurzel, *Radix Pyrethri*, genannt, kommt von vorbeschriebener Pflanze her. Beide haben wenig Geruch, aber einen beissend scharfen, lange anhaltenden und viel Speichelzufluss erregenden Geschmack; sie enthalten vorwaltend einen scharfen harzartigen Stoff, ätherisch Oel und ein scharfes fettes Oel. Sie wirken kräftig scharf-reizend und bringen auf die Haut gelegt, Röthe derselben und Blasen hervor. Früherhin wendete man sie innerlich gegen lähmungsartige Leiden und Faulfieber sowie gegen faulige Entzündungen, bei nervösen und gastrischen Fiebern und bei veralteten Rheumatismen an; jetzt braucht man sie nur noch äusserlich bei asthenischen Halsentzündungen als Gurgelwasser, bei Zungenlähmung u. Schmerzen von hohlen Zähnen.

2. Art: *Anacyclus Pyrethrum Link.* Römische Ringblume, Dicke od. Römische Bertrams- od. Speichelwurzel.
*(Syn.: Anthemis Pyrethrum Lin.)*

Stengel niedergestreckt, an den Spitzen aufsteigend, mehre Blütenkörbchen tragend; Blätter fast drei- oder zweifach-fiederig-zerschnitten, kahl, mit linealisch-pfriemförmigen Abschnitten; Blättchen des Hüllkelchs länglich, stumpf, kahl. (Taf. 189.)

Diese Pflanze wächst ausdauernd in den Ländern am Mittelmeere. Sie hat eine spindelförmige fleischige, mit wenig Fasern besetzte Wurzel, welche im Alter walzenförmig und fast 1 Zoll dick wird, aussen dunkelbraun und innen weisslich gelb ist. Aus ihr entspringen mehre niederliegende, nur mit den Gipfeln aufwärts gebogene, gegen 1 Fuss lange, einfache oder wenig ästige Stengel. Die gestielten grundständigen Blätter stehen gehäuft beisammen, sind 6—8 Zoll lang, 4fachfiederig-zerschnitten, dunkelgraugrün, weisslich behaart; die sitzenden Stengelblätter sind weit kleiner und nur 3fach-fiederig-zerschnitten. Die grossen Blütenkörbchen stehen einzeln an den Stengel- und Astenden. Die Blättchen des Hüllkelchs liegen dicht angedrückt und haben einen schmalen häutigen Rand. Die weissen Randblütchen sind unterseits purpurroth, die Scheibenblütchen gelb. Die Kernkapseln sind graulichweiss, zusammengedrückt, oben breiter und abgestutzt. Die Spreublättchen sind gross, stumpf und vertieft. — Officinell ist in den Ländern Südeuropas die Römische Bertramwurzel, *Radix Pyrethri romani*, welche, wie bei voriger Art bereits angegeben wurde, angewendet wird.

Gattung: *Achillea (Vaill.) Lin.* Garbe oder Schafgarbe.
*(Syngenesia, Polygamia superflua Lin. syst.)*

Hüllkelch ziegeldachig, eirundlich-länglich. Blütenkörbchen heterogamisch, vielblütig, mit 4—6 weiblichen, bandförmigen Blütchen im Strahl und röhrig-fünfzähnigen zwitterigen Scheibenblütchen, sämmtlich mit flach zusammengedrückter Röhre der Blumenkrone. Blütenlager klein, mit länglichen, wasserhell durchscheinenden Spreublättchen. Früchtchen länglich, kahl, flach, zusammengedrückt, ungeflügelt, aber an den beiden Seiten mit einem erhabenen Nerven belegt; Fruchtnabel grundständig.

1. Art: *Achillea Millefolium Lin.* Gemeine Garbe, Schafgarbe, Stichelkraut.

Stengel aufrecht, fast zottig, einfach oder an der Spitze

ästig; Blätter doppelt-fiedertheilig, vielspaltig, fast kahl oder weichhaarig: Zipfel linealisch, eingeschnitten-gesägt, fast aufrecht, stachelspitzig; Doldentraube zusammengesetzt. (T.190.)

Diese ausdauernde bekannte Pflanze wächst auf Wiesen, Triften und Grasplätzen, an Wegen und auf Rainen in Europa und Nordamerika häufig. Die schiefe Wurzel treibt viele Fasern und Sprossen und einen aufrechten oder unten aufsteigenden, gerillten $\frac{1}{2}$—2 F. hohen steifen, kahlen oder weichhaarigen oder sogar zottigen, einfachen oder oben ästigen Stengel. Die Blätter sind im Gesammtumrisse mehr oder weniger breit linealisch, die untersten gestielt, die obern sitzend; die untern doppelt- oder 3fach-fiedertheilig, die obern blos einfach-fiedertheilig; die Lappen sind fiederspaltig, linealisch-länglich, feinspitzig oder pfriemig-zugespitzt. Sämmtliche Blätter sind entweder kahl oder einzeln behaart, oder weichhaarig oder sogar zottig. Die Aeste der Doldentraube stehen gleich hoch, ziemlich dicht. Die Körbchenstiele sind weichhaarig oder fast graufilzig. Der eiförmige Hüllkelch hat eirund-längliche, stumpfe gelblich-grüne behaarte Blättchen mit einem oft braun gefärbten trockenhäutigen Rande. Die Blütchen sind entweder, und zwar am häufigsten weiss, oder rosenroth oder purpurröthlich. Am Rande des Körbchens stehen meist 5 Strahlblütchen mit rundlich-verkehrt-eirunden, vorn 3kerbigen Säumen der Blumenkronen. Die Kernkapseln sind länglich, oben etwas breiter und graulich-gelb. Auf dem kegelförmig erhabenen Blütenboden stehen längliche, vertiefte, zugespitzte Spreublättchen. — Gebräuchlich sind die Blätter und Blumenkörbchen, *Herba et Flores vel Summitates Millefolii.* Die Blätter haben einen schwach gewürzhaften und etwas herben und bittern Geschmack; sie wirken tonisch auf den Unterleib. Die Blumen, von denen man die röthlichen Abänderungen für wirksamer hält, haben einen kräftig aromatischen, doch nicht angenehmen Geruch und einen gewürzigen, zusammenziehend-bitterlichen Geschmack; sie enthalten vorwaltend ätherisches Oel, bittern Extractivstoff und eisengrünenden Gerbestoff. Sie wirken kräftigend für den Unterleib und die Schleimhäute u. zugleich etwas krampfstillend, desshalb wendet man sie an bei Verdauungsschwäche, bei Magen-, Eingeweide- u. Lungen-Verschleimung, bei Schleim- und passiven Blutflüssen, bei unterdrückter Menstruation u. s. w. in Aufguss und Abkochung, gewöhnlich mit andern Heilmitteln verbunden.

*Achillea nobilis Lin.*, Edelgarbe, wächst ausdauernd auf sonnigen Hügeln, vorzüglich auf Kalkboden im mittlern und südlichen Europa; sie hat einen kräftiger ge würzhaften Geschmack und wird wie vorige Art da, wo sie wächst, angewendet.

*Ptarmica vulgaris De C. (Achillea Ptarmica Lin.)* Bertramgarbe, Weisser Dorant, durch ganz Europa, Nordasia und Nordamerika an Gräben und auf Wiesen ausdauernd wachsend, hat sitzende, lanzettlich-linealische, zugespitzte, am Rande eingeschnitten-gezähnte, nach vorn tiefer und entfernt sägezähnige Blätter und in einer lockern Doldentraube stehende weisse Blumenkörbchen. Sonst waren die blühenden Stengelspitzen als *Herba et Flores vel Summitates Ptarmicae*, welche aromatisch scharf schmecken, officinell und werden zuweilen als Hausmittel noch angewendet. Die Wurzel ist scharf und Speichelfluss erregend.

*Ptarmica moschata De C. (Achillea moschata Wolf.)* Bisamgarbe und *Ptarmica atrata De C. (Achillea atrata Lin.)*, Schwarzkörbige Garbe, wachsen in Alpgegenden, riechen gewürzig, schmecken gewürzhaft-bitter u. werden von den Alpenbewohnern als sogenannte Genipkräuter, wie dies schon von einigen Beifussarten gesagt wurde, hoch geschätzt.

Gattung: *Calendula (Necker) Lin.* Ringelblume. *(Syngenesia, Polygamia necessaria Lin. syst.)*

Hüllkelch mit 2 Reihen der Blättchen. Blütenkörbchen heterogamisch, strahlend; Strahlblütchen fruchtbar, weiblich; Scheibenblütchen zwitterig, aber mit unfruchtbaren Pistillen. Blütenboden nackt. Früchtchen nach einwärts bogig, geschnabelt, oder verschieden gerändert und igel- oder weichstachelig.

1. Art: *Calendula officinalis Lin.* Gemeine oder Gebräuchliche Ringelblume, Todtenblume.

Blätter weichhaarig, die untern ganz, spatelig, die obern am Grunde herzförmig-stengelumfassend, lanzettlich, entfernt gezähnt, oft undeutlich ausgeschweift; die Früchtchen sämmtlich eingebogen, kahnförmig, am Rücken weichstachelig, die am Rande stehenden nur wenig grösser, an der Innenseite mit einem Kamme und einwärts gebogenen Flügeln versehen, so wie an der Spitze wenig vorgezogen. (Taf. 191.)

Diese bekannte einjährige Pflanze ist im Oriente und im südlichen Europa einheimisch; wird aber sehr häufig und überall in Gärten und vorzüglich auf Gottesäckern häufig kultivirt angetroffen. Die lange weissliche Wurzel ist entweder einfach und faserig oder ästig-faserig. Der aufrechte Stengel wird 1—2 Fuss hoch, ist vom Grunde an ästig, ziemlich stielrund, etwas kantig und schwach haarig; die langen Aeste stehen weit ab. Die etwas saftig-fleischigen Blätter sind auf beiden Seiten entweder weich- od. fast rauhhaarig, die untern verkehrt-eiförmig, spatelig, die obern verkehrt-eiförmig, lanzettlich oder länglich-lanzettlich, ganzrandig oder einzeln und fein gezähnt, nicht selten auch undeutlich ausgeschweift. Die ansehnlichen gegen 2 Z. im Durchmesser haltenden Körbchen haben einen flach-halbkugeligen Hüllkelch, welcher aus 20—25 lineal-lanzettlichen, spitzen, kurzhaarigen Blättchen gebildet wird. Die 20—25 bandförmigen weiblichen Randblütchen stehen in mehreren Reihen, sind ¾ Z. lang und 1½—2 Lin. breit, hellgelb, dunkelgelb oder orangeroth, glänzend, vorn 3zähnig; die männlichen Scheibenblütchen sind trichterig, 5spaltig, gelb bis bräunlich. Die Kernkapseln sind ungleich gross und verschieden gestaltet, die äussern fast 3seitig, stark geflügelt, mit einwärts gebogenen Flügeln, am Rücken weichstachelig, gefurcht; die mittlern sind kürzer ungeflügelt, unten einwärts gekrümmt, oben fast gerade; die innersten sind kleiner, schwach geflügelt und stark einwärts gekrümmt. — Gebräuchlich sind die Blätter mit den noch geschlossenen Blumenkörbchen, *Herba Calendulae*. Sie riechen frisch stark und unangenehm balsamisch-harzig und schmecken bitterlich, schwach salzig und etwas zusammenziehend. Durchs Trocknen wird Geruch und Geschmack weit schwächer. Sie enthalten vorzüglich einen kleberartigen Stoff (das Calendulin), einen bittern Extractivstoff und Harz. Sie wirken eröffnend, auflösend, harn- und schweisstreibend; sie wurden früherhin angewendet gegen Drüsenkrankheiten, Stockungen im Unterleibe und davon abhängigen Krankheiten, Gelbsucht, Amenorrhöe u. s. w. Heutzutage bedient man sich besonders des frischen Krautes äusserlich bei bösartigen Geschwüren, Krebs u. s. w. und des weingeistigen Extracts in Salbenform. Auch ist die innere Anwendung des Extracts bei chronischem Erbrechen empfohlen worden. Sonst brauchte man auch die blühenden Blumenkörbchen und die ausgezupften Blütchen, *Flores Calendulae*, schrieb ihnen bedeutende Heilkräfte zu und wendete sie sogar gegen Pest an. Man mischt die getrockneten und zubereiteten Strahlblütchen betrügerischer Weise unter den Safran, sowie unter die Wohlverleihblüten, *Flores Arnicae*.

## A. Häufelblütler. *Aggregatae.*

### 81. Fam.: Rubiaceen: *Rubiaceae Juss.*

Eine Familie, welche in ihrem äussern Ansehen, in ihrer Tracht höchst verschiedene Gewächse umfasst, wesshalb dieselbe in viele Gruppen zerfällt. Es sind Bäume, Sträucher und Kräuter mit gegenständigen runden od. 4seitigen Aesten, welche sammt den Stengeln mehr oder weniger knotig-gegliedert sind. Die stets einfachen und ganzrandigen Blätter stehen entweder gegenüber und haben dann gepaarte, freie oder verwachsene Nebenblätter oder stehen in Wirteln ohne Nebenblätter. Die zwitterigen, nur selten eingeschlechtigen regelmässigen Blüten stehen meist in dreitheiligen Trugdolden und Rispen oder in Köpfchen. Der Kelch ist dem Fruchtknoten ganz oder ziemlich ganz angewachsen und der meist 4- oder 5theilige, seltner 3- oder 8theilige oder zähnige Saum bleibt auf der Frucht sichtbar oder ist zuweilen undeutlich oder verwischt. Die in gleicher Zahl wie die Kelchsaumtheile vorhandenen Blumenblätter sind zu einer einblättrigen Korolle verwachsen und nur in Zipfeln u. s. w. frei und in der Knospenlage klappig oder gedreht. Die Staubfäden sind in gleicher Zahl wie die Korollenzipfel vorhanden und mit diesem abwechselnd in der Korollenröhre angewachsen; sie haben aufliegende Staubbeutel mit 2 parallelen, der Länge nach aufspringenden Fächern. Die aus 2, seltner aus 3—6 verwachsenen Karpellen gebildeten Fruchtknoten enthalten in jedem Fache entweder ein aufrechtes, oder 2 bis viele in dem innern Fachwinkeln anhängende Eichen; seltner sind sie durch Fehlschlagen einfächrig. Sie tragen einen, seltner 2 Griffel mit 2 gesonderten oder verwachsenen Narben. Die Frucht ist bald eine Achene oder Kernkapsel, bald eine Beere, Steinfrucht oder Kapsel, mit 2 oder mehren Fächern, in denen entweder nur ein oder viele Samen enthalten sind; bisweilen nur sind sie einfächrig und einsamig. Die Samen enthalten ein grosses hornartiges od. fleischiges Eiweiss, in dessen Mitte ein gerader oder wenig gekrümmter Embryo mit nach dem Nabel gekehrtem Würzelchen und blattige Samenlappen liegen.

Abtheilung: *Coffeariae Reichb.*
Unterabtheilung: *Cinchonea Reichb.*

Die zweifächrigen Kapseln enthalten zahlreiche geflügelte Samen.

*Uncaria Gambir Roxb.* (*Nauclea Gambir Hunt.*) Der ächte Gambirstrauch klettert an Bäumen hoch empor und findet sich auf mehrern Inseln des indischen Oceans sowie auf der Ostküste Hinterindiens. Aus dem ausgekochten Safte der Blätter und Aeste erhält man durch Abdampfen und Austrocknen ein sehr adstringirendes Extract, welches als *Gatta Gambir* eine Sorte des Katechu, *Catechu* od. *Terra japonica* u. zwar Katechu in Würfeln ausmacht.

Gattung: *Cinchona Lin.* Chinabaum.

Kelch dem Fruchtknoten angewachsen, mit 5zähnigem oder 5spaltigem Saume. Blumenkrone präsentirteller- oder trichterförmig, mit 5theiligem Saume. Staubgefässe 5, (meist) ganz von der Röhre der Blumenkrone umgeben. Griffel 1; Narbe zweispaltig. Kapsel vom bleibenden Kelchsaume gekrönt, 2fächrig, wandspaltig-2klappig, vielsamig. Samen ringsum geflügelt, von unten nach oben ziegeldachig liegend.

1 Art: *Cinchona Condaminea Hmbldt. et Bonpl.* Condamine's Chinabaum oder Fieberrindenbaum.

Blätter elliptisch-lanzettlich, an beiden Enden verschmälert-zugespitzt, kahl, glänzend, unterseits in den Aderwinkeln kleine grübchenförmige Drüsen tragend (die auf der Oberseite als Erhöhungen bemerkbar sind); Trugdolden in lokkere, ausgebreitete Rispen vereinigt; Blumenkrone aussen seidenhaarig, die Zipfel des Saums oberseits wollig-behaart; Kapsel oval-länglich, doppelt länger als breit, gerieft. (Taf. 192.)

Ein schöner Baum auf dem Andengebirge im südlichen Kolumbien, besonders in der Gegend von Loxa und in den nahen Gegenden von Peru 5—6000′ über dem Meere. Der Stamm wird 15—18 F. hoch und 1 F. dick; er ist mit einer rissigen aschgrauen Rinde bedeckt. Die Aeste stehen abwechselnd einander gegenüber (oder kreuzständig) und dabei fast wagrecht ab; sie sind undeutlich-4kantig und nebst den jüngsten Zweigen kahl. Die Blätter werden 3—4 Z. lang, $1\frac{1}{2}$—2 Z. breit; die auf der Unterseite befindlichen am Rande behaarten Drüsen scheiden eine wasserhelle stark zusammenziehende Flüssigkeit aus. Die Nebenblätter sind eirund zugespitzt, weichhaarig. Die Kelchzähne sind kurz. Die $\frac{1}{2}$ Z. lange Blumenkrone ist fast präsentirtellerförmig und röthlich weiss bis rosenroth. Die Staubgefässe sind unterhalb der Mitte der Blumenkronenröhre angewachsen. Der Griffel trägt eine kurze zweispaltige Narbe. Die bis gegen oder über 1 Z. lange Kapsel springt vom Grunde an bis zur Mitte hin auf.

2. Art: *Cinchona scrobiculata Humbldt. et Bonpl.* Feingrubiger Chinabaum.

Blätter länglich-elliptisch, an beiden Enden spitzig, kahl, oberseits glänzend, unterseits in den Aderwinkeln grübchenförmige Drüsen tragend; Trugdolden dichtblütig, eine gedrungene Rispe bildend; Blumenkrone aussen flaumhaarig, die Zipfel des Saums wollig-gewimpert; Kapsel eirund-länglich, dreimal so lang als breit. (Taf. 193.)

Ein 30 — 40 F. hoher Baum, welcher auf den Anden Columbiens und Peru's, vorzüglich in der Gegend von Jaën de Bracamoros häufig wächst und hier und da ganze Wälder bildet; er kommt aber in einer niedrigern Bergregion als voriger, gewöhnlich nur in einer Höhe von 2—3000 F. über dem Meere vor. Die Rinde des Stammes und der ältern Aeste ist rissig und braun. Aeste und Aestchen verhalten sich übrigens wie bei vorigem Baume, welchem dieses überhaupt sehr ähnlich ist. Die Blätter sind 4—10 Z. lang und 2—6 Zoll breit. Die eirunden stumpfen Nebenblätter sind am Grunde kielig. Der glocken- oder kreiselförmige Kelch hat 5 sehr kurze Zähne. Die rosenrothe Blumenkrone ist 6 Lin. lang und gegen dreimal länger als der Kelch: die Röhre ist stumpf-5seitig und die eirunden stumpfen Saumzipfel sind nur am Rande wollig. Die Staubgefässe sind in der Mitte der Blumenkronenröhre angewachsen; die Staubfäden haben die Länge der Staubbeutel, welche letztere fast bis zum Schlunde ragen. Der Griffel mit der kurzen zweispaltigen Narbe ragt kaum aus der Röhre hervor.

3. Art: *Cinchona lancifolia Mutis.* Lanzettblättriger Chinabaum.

Blätter länglich- oder lanzettlich-länglich, spitzig, am Grunde keilförmig verschmälert, ganz kahl, glänzend, ohne Grübchen in den Aderwinkeln; Trugdolden meist blattachselständig, ziemlich wenigblütig, mit sehr kurz gestielten Blüten; Blumenkronen aussen seidenartig-behaart, mit länglichen, spitzlichen, oberseits zottig-weichhaarigen Saumzipfeln; Kapseln länglich-lanzettlich, gerieft, 5mal länger als breit. *(Cinchona angustifolia Ruiz. Quinolog. Suppl. Hayn. Arzneigew.* Bd. 7. Taf. 38.)

Ein 30—40 F. hoher Baum in Columbien vorzüglich in der Nähe von Santa Fe de Bogota, wo er einzeln an den Abhängen der Anden in einer Höhe von 4—9,000 F. über der Meeresfläche wächst. Er ist von den andern Chinabäumen leicht zu unterscheiden. Die 2—3 Z. langen, am Rande flachen oder umgebogenen Blätter stehen auf kurzen 3—5 Lin. langen, weichhaarigen Blattstielen. Die zeitig abfallenden Nebenblätter sind eirund, spitzig und länger als die Blattstiele. Die kahlen Kelche sind purpurroth. Die blassrothen Blumenkronen sind klein, etwa 4 Lin. lang. Der Griffel ist in 2 lange fädliche Narbenzipfel gespalten. Die gegen 8 Lin. lange Kapsel ist auf 2 gegenständigen Seiten von einer tiefen Furche durchzogen und von den zurückgekrümmten Kelchzähnen gekrönt.

**4. Art: *Cinchona glandulifera Ruiz. et Pav.* Drüsentragender Chinabaum.**

Blätter eirund-lanzettlich oder lanzettlich, am Rande wellig-ausgeschweift, oberseits kahl und glänzend, in den Aderwinkeln eine Drüse tragend, unterseits, vorzüglich auf den Adern, filzig-zottig; die jüngsten Zweige gleichfalls filzig-zottig. Trugdolden blattachsel- und gipfelständig; die Blumenkronenröhre aussen sammetartig und die Saumzipfel oben wollig; die Kapsel ist länglich, 3mal länger als breit. (*Ruiz et Pav. Flor. peruv. Tom.* 3. *Taf.* 224. *Hayne Arzneigew. fortges. von Klotzsch. Bd.* 14. *Heft* 2. *Taf.* 15. unter *Cinchona Mutisii Lamb.*)

Ein kleiner etwa 12—15 F. hoher Baum auf den Anden von Peru, vorzüglich in der Provinz Huanuko und zwar von den warmen Thälern aus nach den kalten Höhen aufsteigend, auf letzteren aber gewöhnlich blos strauchartig wachsend. Die Rinde der Stämme und ältern Aeste ist rauh, weisslichgrau, oft braun und schwarz gefleckt. Die jüngern Zweige sind etwas zusammengedrückt, stumpf-vierkantig, röthlich und weichfilzig. Die leicht und zeitig abfallenden Nebenblätter sind länglich und zugespitzt, etwas zottig-filzig. Die Kelchzähne sind scharf zugespitzt und purpurröthlich; die Blumenkronen nur 3 Lin. lang und blassröthlich-weiss. Die sehr kurzen Staubfäden sind unter der Mitte der Blumenkronenröhre angewachsen. Die länglichen kleinen Kapseln nach dem Ausfallen der Samen hängend.

**5. Art: *Cinchona purpurea Ruiz. et Pav.* Purpurrother Chinabaum.**

Blätter breit-oval, am Grunde etwas keilförmig, vorn zugespitzt, häutig, oberseits kahl, unterseits auf den violettrothen Adern schwach-weichhaarig; Trugdolden zu einer grossen kreuzästigen Rispe vereinigt; Blumenkrone aussen schwach-filzig mit oberseits rauhhaarigen Saumzipfeln; Kapseln oval-länglich, fast walzenförmig, gerieft, 4mal länger als breit. (*Ruiz et Pav. Flor. peruv. Tom.* 2. *Taf.* 193. — *Hayne's Arzneigew.* fortges. von Klotsch, Bd. 14. Lief. 2. Taf. 14.)

Ein 24 F. hoher stark belaubter Baum in den Wäldern auf den Anden von Peru um Chinchao, Pati, Muña, Iscutunam, Casape, Casapillo und Chihuanccala nach Ruiz und Pavon u. zwischen Chihuanccala u. Cuchero nach Poeppig. Die Blätter sind gross, 3—12 Z. lang, 2—8 Z. breit, fiedernervig, oberseits dunkelgrün, fast glänzend, unterseits durch die hervortretenden zahlreichen Nerven und Adern purpurfarbig, weichhaarig, später kahl werdend. Die häutigen hinfälligen Nebenblätter sind länglich, vorn rundlich und kurz aber fein zugespitzt, purpurfarbig, aussen fein behaart, innen klebrig. Die gipfelständige, beblätterte, sparrige Rispe hat zusammengedrückte, vierseitige, blassbraune, sehr fein behaarte Aeste und zahlreiche behaarte, sitzende, pfriemförmige, am Grunde breite Deckblätter. Die Kelche sind klein, grün, fein behaart und haben 5 kurze spitzige purpurrothe Zähne. Die Röhre der Blumenkrone ist aussen blassroth seidenhaarig und hat 5 eiförmige oben behaarte weisse Zipfel. Die Staubgefässe sind in der Mitte der Blumenkronenröhre angewachsen, haben sehr kurze pfriemliche Staubfäden und linealische Antheren, die nicht hervorragen. Die länglichen rauhen Fruchtknoten tragen oben 5 halbkugelige Drüsen. Die gegen 1 Zoll lange, längliche, schmale, 10mal gestreifte, rothbraune Kapsel ist mit einzelnen stumpfen Warzen besetzt. Samen gelbbraun, plattgedrückt, länglich, ringsum von einem unregelmässig-gezähnelten Flügelrande umgeben, der an einem Ende stumpf oder abgerundet, am andern mit Zahnspitzen versehen ist.

### 6. Art: *Cinchona hirsuta Ruiz et Pav.*
### Rauhhaariger Chinabaum.

Blätter oval ins Eirunde übergehend, am Rande etwas umgebogen, lederig, oberseits kahl und glänzend, unterseits flaumig-rauhhaarig; Trugdolden zu einer kleinen Rispe vereinigt; Blumenkrone aussen filzig, mit oberseits zottigen Saumzipfeln; Kapsel länglich, gerillt, 3—4mal länger als breit. (*Ruiz et Pav. Flor. peruv. Tom.* 2. *Taf.* 192. — *Cinchona pubescens var. γ. hirsuta De C.*)

Ein kleiner 10—15 Fuss hoher Baum auf den Anden von Peru an ähnlichen Stellen wie die vorige. Der Stamm ist 6—8 Z. dick, wenig verästet und mit einer rauhen schwärzlichen mit Braun und Grau gemischten Rinde bedeckt. Die Nebenblätter sind eirund-länglich, stumpf, am Rande zurückgebogen. Der Kelch ist purpurroth und hat ziemlich lange pfriemliche Zipfel. Die ziemlich grosse röthliche Blumenkrone hat lanzettliche Saumzipfel. Die lanzettlichen tief 10rilligen Kapseln sind anfangs dunkelbraun und werden zuletzt fast schwarz.

Von vorbeschriebenen Bäumen und gewiss auch noch von andern Cinchonaarten werden die gebräuchlichen und im Handel vorkommenden Sorten der Chinarinden, *Cortices Chinae*, gesammelt. Es ist mehr als wahrscheinlich, dass sogar unter einer und derselben Sorte die Rinden verschiedener Bäume vorkommen. Mit Gewissheit weiss man leider noch nicht, welche Abstammung die Rindensorten haben;

allein dies ist auch bei andern höchst wichtigen Arzneikörpern der Fall. Da hier nun nicht der Raum ist, die pharmakognostischen Kenntnisse über diese schwierigen Rindensorten zu entwickeln, so wollen wir ohne ausführliche Beschreibung derselben, nur das Nöthigste anführen.

Von den ächten Chinarinden, welche zum unmittelbaren Arzneigebrauche dienen, unterscheidet man 5 Hauptsorten. 1) Die Königschina, *Cortex Chinae regius, China regia, China Calisaya.* Man unterscheidet davon gewöhnlich 2 Sorten. *a)* Königschina in Röhren, *China regia s. Calisaya convoluta.* Sie stammt von jüngern Zweigen und ist einfach oder doppelt, d. h. von beiden Rändern her eingerollt und bildet einige Zoll bis gegen 2 F. lange Röhren mit sehr rauher und höckriger Aussenfläche, die von tiefen Querrissen mit aufgeworfenen Rändern durchsetzt ist und im Allgemeinen eine graubraune Färbung hat, wo dieselbe nicht durch weissliche oder andere Krustenflechten u. s. w. verändert wird. Die ziemlich glatte Innenfläche ist dunkelzimmtbraun. *b)* Flache Königschina, *China regia s. Calisaya plana*, wird von dickern Aesten und den Stämmen erhalten. Sie besteht aus 4—16 Z. langen, 1—3 Z. breiten und einigen Linien dicken ziemlich flachen Stükken. Die mit der Borke bedeckte (bedeckte Kch.) Aussenfläche ist sehr rauh, runzelig und mit tiefen Querrissen durchsetzt, schmutzig rothbraun und mit Flechten und Krustenflechten besetzt, wo die Borke fehlt ist die Farbe schmutzig rost- oder rothbraun; oft sind auch Stücke ganz ohne Borke (unbedeckte oder geschälte Kch.) und diese werden am theuersten bezahlt. Die Kch. enthält das meiste Chinin, auf das Pfund 60—95 Gran, und wenig oder kein Cinchonin. Man nimmt ziemlich allgemein an, dass die *Cinchona lancifolia Mut. (C. angustifolia Ruiz.)* die Stammpflanze sei.

2) Huanoco oder Guanoco-Chinarinde, *Cortex Chinae Huanoco s. Guanoco s. Yuanoco*, auch sonst graue oder graubraune China, *China grisea s. griseo-fusca* genannt, kommt stets in einfach oder doppelt eingerollten Röhren von 3—15 Z. Länge und von der Dicke eines starken Federkiels bis zu der 1 Zolls vor. Die dünnern Röhren sind nur wenig rauh und fein querrissig und längsrunzelig, die dickern dagegen höckerig-runzelig von tiefen Querrissen und aufgeborstenen Längsrunzeln durchsetzt. Die Farbe ist im Allgemeinen und bei einer vorliegenden Menge von Röhren bräunlich- oder hellgrau; wo die Borke fehlt, zeigen die Stellen eine grau- oder zimmtbraune Farbe. Die etwas rauhe Innenfläche, die an dicken Röhren sogar grobfaserig

erscheint ist zimmt- oder ochergelb ins Rostbraune übergehend. Der Querbruch ist glatt und fest, dunkelrothbraun, etwas harzglänzend. Diese Huanokochina enthält unter allen Chinarinden das meiste Cinchonin, 106—210 Gran in einem Pfunde und wenig oder kein Chinin. Als Stammpflanze wird ziemlich allgemein die mehr strauchartige *Cinchona glandulifera Ruiz et Pav.* angenommen.

3) Loxa- oder Kron-China, *Cortex China de Loxa s China Corona*, auch noch häufig *Cortex Chinae fuscus s. Cortex peruvianus*, Braune od. peruvianische Chinarinde genannt. Sie kommt ebenfalls nur in einfach oder doppelt gerollten Röhren von der Länge einiger Zoll bis 2 Fuss und einer Dicke von einer Linie bis über 1 Zoll vor. Auf der rauhen Aussenfläche finden sich viele Querrisse, welche meist aufgeworfene Ränder zeigen, und viele schwache oder deutliche Längsrunzeln oder zuweilen auch Längsrisse. Die allgemeine Färbung vorzüglich bei grössern Mengen ist schwärzlich grau, welche jedoch häufig durch Krustenflechten ein ziemlich buntes Aussehen erhält. Die stärkern Röhren sind oft mit vielen grossen Flechten (Arten aus der Gattung *Parmelia* und *Usnea*) bedeckt. Die Innenfläche ist glatt und zartfaserig, braun, bald mehr ins Gelb- bald mehr ins Rothbraune ziehend. Der Querbruch der Borkenschicht ist glatt und wenig harzglänzend, der der Bastschicht fein faserig oder splitterig. Diese früherhin sehr geschätzte Sorte enthält beide Alkaloide, Chinin und Cinchonin, aber in nicht sehr bedeutender Quantität und zwar, wie überhaupt bei allen Sorten, am wenigsten in den ehemals vorgezogenen dünnern Röhren. Die Angaben des Gehalts sind sehr verschieden. Für die Stammpflanze hält man allgemein die *Cinchona scrobiculata Humb. et Bonpl.*

Eine hierher gehörige zweite Sorte brauner China, welche jetzt gar nicht mehr zu uns zu kommen scheint, aber in frühern Zeiten die gewöhnliche Handelssorte gewesen sein soll, ist die ächte Loxachina, oder wahre Kronchina, *China de Loxa vera sive China coronalis, s. China de Uritisinga.* Sie ist reicher an beiden Alkaloiden, der vorigen sonst sehr ähnlich und nur durch die mehr schwarzbraune, nicht schwarzgraue Farbe und die mit hellbraunen und rthlichgelben runden glatten, oft etwas glänzenden Warzen besetzte Aussenfläche unterschieden. Im Gegensatze zu dieser Sorte nannte man vor einiger Zeit auch die vorige Handels-Loxachina od. ordinäre Kronchina, *China de Loxa vulgaris sive China corona ordinaria.*

4) Rothe Chinarinde, *Cortex Chinae ruber sive China rubra.* Diese China erhalten wir gewöhnlich nur in

flachen oder wenig gebogenen bis rinnenförmigen Stücken von 4 Z. bis 2 F. Länge, 1—4 Z. Breite und 5—10 Linien Dicke; selten finden sich unter einer Sendung dickere und dünnere nur einfach gerollte Röhren. Die Aussenseite der flachen und grössern Stücke ist sehr rauh und ungleich, indem tiefe Längsfurchen und Runzeln, sowie sehr zahlreiche rundliche und lange Höcker und Warzen auf derselben sich befinden; Querrisse sind selten und meist nur seicht; die dünne Oberhaut ist gelbbraun, zuweilen durch Flechtenanflüge gelblich und bläulich-weiss; aber sie fehlt an vielen Stellen und dann erscheint die rothbraune oder braunrothe Farbe der weichen u. schwammigen Borke. Die Innenfläche ist grob- u. starr-faserig od. splitterig, rothbraun, bisweilen etwas ins Gelbbraune ziehend. Bei den dünnen, rinnigen oder röhrigen Stücken ist die Farbe im Allgemeinen mehr dunkelrothbraun, häufig durch Flechtenanflüge verändert, oft weisslich; die Aussenfläche ist glatter und mit zarten Querrissen versehen; die Innenfläche ist ziemlich glatt und feinfaserig, heller oder dunkler rothbraun. Der Querbruch der Borkenschicht ist an dünnern wie an dickern Stücken fest, eben, dunkel rothbraun und harzglänzend; der der ziemlich dicken Bastschicht dagegen ist faserig und zuweilen kurzsplitterig. — Diese im Handel theuerste Sorte enthält beide Alkaloide und zwar so, dass das Cinchonin entweder vorwaltet oder dass beide in gleicher Quantität vorhanden sind. — Die Cinchonenart, welche diese Sorte liefert, kennt man noch nicht; die meisten Autoren geben *Cinch. oblongifolia Mut.* an; Ruiz aber leitet sie von einem noch unbekannten peruanischen Chinabaume ab, den er *Cinchona colorata* nennt. Auch *C. magnifolia R. et P.* oder *C. angustifolia Ruiz* werden von Andern angeführt.

5) Huamalies-Chinarinde, *Cortex Chinae Huamalies, China Guamalies sive Abomalies.* Diese am wenigsten geschätzte und in vielen Pharmacopöen nicht aufgenommene Chinasorte besteht bei weitem zum grössten Theile aus einfach- oder doppeltgerollten Röhren von der Länge einiger Zoll bis zu 1½ Fuss, einer Weite von 2 Lin. bis 1½ Zoll, bei einer Dicke von ½—4 Lin., denen seltner flache Stücke von ähnlichen Dimensionen beigemischt sind. Ausgezeichnet ist diese Sorte vorzüglich durch sehr viele die Aussenfläche bedeckende warzenförmige rostbraune Höcker; es sind auch Querrisse vorhanden, allein sie sind selten und seicht. Die gewöhnliche und hervorstechende Farbe ist die rostbraune, welche bald lichter, bald dunkler erscheint oder durch schwärzliche und weissliche Flechtenanflüge verändert und bunt wird. Zuweilen finden sich auch grössere Flechten-

arten aus den Gattungen *Parmelia* und *Usnea* ziemlich reichlich vor. Die gewöhnlich ziemlich glatte oder auch feinfaserige, seltner grobfaserige und splittrige Innenfläche ist gleichfalls rostbraun. Die Querbruchfläche erscheint gewöhnlich durchaus rostbraun; ist auf der Borkenschicht ziemlich fest und glatt und auf der Bastschicht fünfsplittrig. — Die Huamalieschina enthält beide Alkoloide, nur das Chinin in sehr geringer Quantität und vom Cinchonin im Pfunde auch etwa nur 38 Gran. — Nach Poeppig wird diese Sorte von der niedrigen *Cinchona purpurea R. et P.* gesammelt und im Vaterlande *Cascarilla boba colorado* genannt. Andere leiten sie ab von der *Cinchona cordifolia Mut.* und *C. macrocarpa Vahl* u. noch Andere von *C. hirsuta R. et P.*

Nun giebt es gleichfalls noch ächte Chinarinden, d. h. solche, welche von Chinabäumen (Cinchonaarten abstammen, die aber nicht unmittelbar zum Arzneigebrauche verwendet werden. Wir wollen sie nur ganz kurz anführen. — 1) Die Karthagenarinde oder *China de Carthagena* wird unterschieden *a)* als harte gelbe China oder Carthagenachina, *China flava dura sive China de Carthagena dura sive Ch. de Carthagena flava.* Sie besteht aus flachen, rinnigen oder halbgerollten 5—10 Z. langen $\frac{1}{2}$—$1\frac{1}{2}$ Z. breit und 2—7 Lin. dicken, gelbbraunen oder ochergelben Stücken, welche einen feinfaserigen oder kurzsplitterigen Querbruch haben. Diese gute Chinasorte enthält beide Alkaloide; nach Göbel und Kirst in einem Pfunde 56 Gran Chinin und 43 Gr. Cinchonin. — Die meisten Autoren leiten diese Rinde von *Cinchona cordifolia Mut.* ab, einige dagegen aber auch von *Cinchona lanceolata Ruiz.* Letztere Ableitung mag wohl von der früherhin vorgekommenen Verwechselung dieser Rinde mit der Königs- oder Calisaya-China, welche man auch gelbe China nannte, herrühren.

Man unterscheidet von voriger *b)* die faserige gelbe Chinarinde, oder die faserige und holzige Carthagenarinde, *China flava fibrosa vel China de Carthagena fibrosa et lignosa.* Sie kommt meist in flachen oder rinnigen Stücken, selten in grössern Röhren vor und ist der vorigen sehr ähnlich, hat aber eine sehr faserige Innenfläche und einen lang- und dünnsplitterigen und faserigen Querbruch. — Wegen des geringen unsichern Alkaloidgehaltes ist diese Sorte in Deutschland nicht in Anwendung. Den sie liefernden Baum kennt man nicht mit Bestimmtheit und giebt verschiedene Cinchonaarten und sogar die *Coutarea speciosa Aubl.* an.

2) Die rostfarbige Chinarinde, *China rubiginosa*, deren Abstammung man nicht kennt, findet sich jetzt selten

im Handel. Sie enthält nur wenig Chinin, soll aber an Gehalt von Cinchonin sogar die Huanokochina übertreffen; nach Frank enthält sie nämlich in 1 Pfunde 240 Gran.

3) Die Jaen-China, *China Jaen*, Helle od. blasse Jaen-China, *Cascarilla pallida*, durch Verstümmelung auch blosse Ten-China, *China Ten s. Tena* geheissen. Sie ist sehr unwirksam, denn sie enthält nach Goebel in 1 Pfunde nur 12 Gran Chinin ohne Cinchonin. Man leitet sie gewöhnlich ab von *Cinchona ovata R. et Pav.* —

4) Die falsche Loxa-China, *China Pseudoloxa*, auch dunkle oder braune Jaen- oder Tenn-China, *China Jaen fusca s. Ten fusca*, deren Abstammung man nicht kennt, ist ganz unwirksam, soll der Handelsloxa beigemengt vorkommen, findet sich aber unter den nach Deutschland gelangenden Rinden nicht vor.

5) Die Maracaibo-China, *China de Maracaibo*, ist sehr selten und soll reich an beiden Alkaloiden sein. Man kennt ihre Abstammung nicht.

6) Die Azahar-Rinde, *Cortex Azahar*, welche von *Cinchona magnifolia R. et Pav.* gewonnen werden soll, dient nur um die bessern Sorten zu verfälschen.

Die Chinarinden und die zahlreichen Präparate von denselben sind die wirksamsten tonischen Arzneien u. werden häufig u. verschieden als allgemeine Stärkungsmittel bei reiner Schwäche, sowohl des ganzen Organismus als auch eines einzelnen Systems, entweder des Muskel- Gefäss- oder Nervensystems, ferner im Stadium der Genesung u. s. w. angewendet. Noch allgemeiner ist ihre Anwendung gegen Wechselfieber, wo sie für specifisch wirksam gelten; doch gerade gegen diese Krankheiten können sie oft durch andere Mittel vertreten werden, wenn sie schon bei den bösartigsten Formen immer die besten Arzneien bleiben.

Unächte Chinarinden, d. h. solche, welche nicht von Arten der Gattung *Cinchona* abstammen, sind folgende: 1) Cusko-China, *China Cusco*, ist der faserigen gelben China, *China flava fibrosa*, sehr ähnlich, enthält aber weder Chinin noch Cinchonin, sondern ein eigenthümliches Alkaloid, das Cuskonin. Die Abstammung kennt man nicht.

2) Neue oder surinamische China, *China nova sive surinamensis*. Sie kommt von Gujana und enthält die eigenthümliche Chinovasäure und das Chinovabitter. — 3) Neue brasilianische China, od. China von Rio Janeiro s. *Cascarilla falsa* stammt von *Buena hexandra Pohl.* ab u. wird nicht mehr nach Europa gebracht.

4) Californische China, *China California sive Californica*. Sie soll der Königschina beigemengt, vorkommen.

— 5) Zweifarbige China, *China bicolor s. bicolorata China sive cortex Pitoya, Tecamez s. Atacamez*, kommt von Guayaquil im südwestlichen Kolumbien. Sie enthält ein eigenthümliches Alkaloid, Pitayin, u. wirkt antifebrilisch. Die Abstammung ist unbekannt. — Die nun folgenden falschen Chinarinden kommen selten oder gar nicht im deutschen Droguenhandel vor. 6) Weisse China, *China alba sive Cortex Chinae albus*, aus Kolumbien und nach Hayne von *Cinchona ovalifolia Mut.* was sehr unwahrscheinlich ist, abstammend. — 7) Caraibische China, Caraibische od. Jamaikanische Fieberrinde, *China caribaea, Cortex caribaeus sive jamaicensis*, stammt von *Exostemma caribaeum Roem. et Schult.*, einem Baume, der in Westindien und Mexiko wächst. — 7) St. Lucienrinde, St. Lucien-China, *China St. Luciae*, auch Pitonrinde, Bergchina, Jamaikanische oder Martinik'sche China, stammt von dem westindischen *Exostemma floribundum R. et Schult.* — 8.) *Cortex Chinae brachycarpae*, stammt von *Exostemma brachycarpum R. et Schult.*, einem Baume auf Jamaica. — 9) *Cortex Chinae augustifoliae* stammt von einem kleinen Baume, *Exostemma angustifolium R. et Schult.*, der auf Hayti wächst. — 10) *Quina de Piauhy* stammt von *Exost. Souzanum Mart.*, welches in Piauhy in Brasilien wächst. — 11) *Quina do Mato s. China brasiliana do mato*, Wiesenchina, von zwei Bäumchen, *Exostemma cuspidatum* und *Ex. australe St. Hil.*, die im südlichen Brasilien wachsen, abstammend. — 12) *Quina do campo*, Feldchina, stammt von *Strychnos Pseudochina St. Hil.* einem kleinen Baume in Brasilien. — 13) *Quina da Serra s. Quina do Remijo*, auch *Quina do campo* genannt, ist mit voriger nicht zu verwechseln und stammt von 3 wenig ästigen Sträuchern, *Remijia ferruginea, Rem. Vellozii* und *Rem. St. Hilarii DeC.*, welche auf den trocknen Bergen in der Provinz Minas Geraës in Brasilien wachsen. — 14) *China carolinensis sive Cortex febrifugus carolinianus*, in Nordamerika auch Bitterrinde, Floridarinde, Georgiarinde genannt, stammt von einem grossen Strauche, *Pinkneya pubens Michx.*, der in Georgien, Florida und Südkarolina wächst.

Unterabtheilung: *Coffeinae Reichb.*

Früchte beerig, 2fächerig. Samen am Rücken gewölbt, innen flach, mit einer Längsfurche in der Mitte. Eiweisskörper hornartig.

Gattung: *Chiococca Pat. Browne.* Schneebeere.

Kelch dem Fruchtknoten angewachsen, mit einem deutlichen, spitz-fünfzähnigen Saume. Blumenkrone trichterförmig, 5spaltig, mit mehr od. minder ausgebreitetem Saume. Staubgefässe 5, tief unten in der Röhre der Blumenkrone angewachsen und in derselben eingeschlossen; die Staubfäden gebärtet. 1 Griffel mit keulenförmiger, ganzer oder undeutlich 2lappiger Narbe. Beere vom bleibenden Kelche gekrönt, fast 2knöpfig, zusammengedrückt, zweikernig, mit papierartigen Kernschalen.

1. Art: *Chiococca anguifuga Mart.* Schlangenwidrige oder Rispige Schneebeere.

Stengel halbstrauchig, wenig ästig; Blätter gegenständig, kurzgestielt, eirund, lang zugespitzt, am Grunde breit-keilförmig oder abgerundet, ganzrandig kahl; Nebenblätter kurzstachelspitzig; Trauben achselständig, zusammengesetzt (rispig), beblättert, mit einseitswendigen Blüten; Staubfäden kurzhaarig. (Taf. 194.)

Ein Halbstrauch in den Urwäldern Brasiliens, vorzüglich in der Provinz Minas Geraës. Die sparrig-ästige Wurzel mit vielbeugigen Aesten treibt mehre 6—10 F. hohe ruthenförmige, aufrechte oder schlaffe, unten graue nach oben hin grüne Stengel mit weit abstehenden Aesten. Die dicklichen Nebenblätter sind paarweis so verwachsen, dass allemal 2 die zu den gegenständigen Blättern gehören nur ein zwischenblattständiges sehr breites, kurzes, gestutztes, stachelspitziges Nebenblatt ausmachen. Die fast wagrecht abstehenden Rispen haben etwa die Länge der Blätter. Die $\frac{1}{2}$ Zoll langen Blumenkronen sind am Schlunde haarig oder kahl und haben eirunddreieckige spitzige Zipfel. Die rundlichen weissen Beeren halten etwa 2—3 Lin. im Durchmesser.

2. Art: *Ciococca densifolia Mart.* Dichtblättrige Schneebeere.

Stengel strauchig, vielästig; Blätter eirund, am Grunde abgerundet oder schwach herzförmig, vorn spitzig. Nebenblätter ziemlich lang bespitzt; Trauben einfach, vielblütig; Staubfäden dicht gebärtet.

Ein 10 Fuss hoher Strauch in den südlichen und östlichen Provinzen Brasiliens, dessen Wurzel der von voriger Art sehr ähnlich ist. Die Traubenspindeln sind weichhaarig, die Blutenstielchen aber kahl. Die weisslichen oder gelblichweissen, am Schlunde oft purpurroth gestreiften und wohlriechenden Blumenkronen sind aufgeblasen, trichterförmig, mit eirunden spitzigen eingebogen-abstehenden Zipfeln. Die Beeren sind schneeweiss. — Von vorstehenden beiden Gewächsen leitet man die Cainca- oder Kahinka-

Wurzel, *Radix Caïncae s. Cahincae*, ab. Früherhin hielt man die jedoch nicht in Brasilien wachsende *Chiococca racemosa Lin.* für die Stammpflanze. — Im Handel findet sich dieselbe in 3—5 Z. langen, vielfach gebogenen oder gekrümmten Stücken von der Dicke eines Federkiels bis höchstens zu der eines Fingers. Sie bestehen aus einem grauweissen Holzkerne, der von einer fest-ansitzenden, kaum 1 Lin. dicken, glatten oder unregelmässig rissigen, mit entfernten etwas erhabenen Halbringen versehenen, graubraunen oder röthlichen, innen weissgrauen Rinde bedeckt ist. Der Holzkern ist ziemlich geruch- und geschmacklos, die Rinde dagegen riecht etwas unangenehm und schmeckt widerlich bitter, kratzend und Speichel erregend. Als wirksamen Bestandtheil enthält die Wurzel neben Harzen, eisengrünendem Gerbstoffe u. s. w. einen krystallinischen Stoff, Caincasäure od. Cainanin. — Die Kainkawurzel wirkt in grössern Gaben stark purgirend, ohne Schmerzen zu veranlassen, in kleinern schweiss- und harntreibend und beruhigend auf das Nervensystem; man empfiehlt sie vorzüglich bei Wassersucht und unterdrückter Menstruation.

### Gattung: *Coffea Lin.* Kaffeebaum.

Kelch dem Fruchtknoten angewachsen, mit einem kleinen 4—5 zähnigem Saume. Blumenkrone röhrig-trichterförmig, mit ausgebreitetem, 4—5theiligem Saume. Staubgefässe 4—5, am obern Ende oder in der Mitte der Röhre der Blumenkrone angewachsen, über den Schlund hervortretend oder eingeschlossen. 1 Griffel mit (meist) 2theiliger Narbe. Beere genabelt, nackt od. vom Kelchsaume gekrönt, 2kernig, und 2samig; die Kernschalen pergamentartig, vorn flach, mit einer Längsfurche in der Mitte.

### 1. Art: *Coffea arabica Lin.* Aechter oder Arabischer Kaffeebaum.

Aeste kreuzständig; Blätter kurzgestielt, elliptisch-länglich, zugespitzt, oft etwas wellig, ganzrandig, kahl, unterseits in den Aderwinkeln mit kleinen grübchenförmigen Drüsen; Blüten in den Blattachseln gehäuft, sehr kurz gestielt; Staubgefässe im Schlunde der Blume befestigt und über denselben hervorragend; Narbenzipfel aus einander gespreizt, pfriemlich; Beere fast kugelig-ellipsoidisch, ungekrönt. (Taf. 195).

Ein 20—30 F. hoher Baum, der ursprünglich in Afrika in Hochabyssinien und im südlichen gebirgigen Theile Arabiens in Yemen einheimisch ist, aber jetzt auch in beiden Indien, Südamerika und allen Ländern der heissen Zone kultivirt wird, wo man ihn blos zu einer geringen Höhe zum bequemern Sammeln der Früchte wachsen lässt. Er hat ausgebreitete Aeste, von denen die obersten schlaff und darum übergebogen sind. Die 4—6 Zoll langen oberseits glänzenden und dunkelgrünen, unterseits matten und blassen Blätter sind ausdauernd oder immergrün. Zwischen jedem Blätterpaare stehen nur 2 Nebenblätter, die durch Verwachsung zweier gegenständigen Nebenblätter entstanden und breit-eirund, spitzig und abfällig sind. Die zu 3—7 in einem Büschel stehenden Blüten bilden Scheinwirtel und sind weiss und wohlriechend. Die 6—9 Lin. langen, anfangs grünen, dann gelben, später rothen und zuletzt kirschrothen oder dunkelvioletten Beeren, enthalten 2 der bekannten Samen, (Kaffeebohnen genannt) die mit der flachen Seite an einander liegen. — Der häufige Gebrauch der Kaffeesamen zum Getränk hat ihre medicinische Wichtigkeit und Wirksamkeit sehr beschränkt; doch dienen sie noch als wirksames Gegengift gegen Opium, andere narkotische Mittel u. Berauschung. Der rohe (d. h. ungebrannte) Kaffee ist als wirksam gegen Fieber, Keuchhusten, Gicht u. s. w. empfohlen worden. In der Homöopathie gilt die Tinktur als ein beruhigendes, Nerven- und Gehirnaufregung milderndes und herabstimmendes Mittel.

### Gattung: *Cephaëlis Swartz.* Kopfbeere.

Kelch dem Fruchtknoten angewachsen, mit sehr kurzem, 4—5zähnigem Saume. Blumenkrone trichterförmig, mit 4—5theiligem Saume. Staubgefässe 4—5, unter dem Schlunde in der Blumenröhre befestigt und in derselben eingeschlossen. 1 Griffel mit 2theiliger Narbe. Beere von den Kelchresten gekrönt, 2kernig. — Blüten kopfig-gehäuft, gehüllt.

1. Art: *Cephaëlis Ipecacuanha A. Rich.* (Wlldw.) Brechenerregende Kopfbeere, Aechte Brechwurzel.

Stengel krautig, aufsteigend, oberwärts flaumhaarig, einfach oder wenig-ästig; Blätter länglich, verkehrt-eirund od. elliptisch, spitzig, ganzrandig, in einen kurzen Blattstiel verschmälert, oberseits schärflich, unterseits flaumhaarig; Nebenblätter borstig-gespalten; Blütenköpfchen am Ende blattachselständig, einzeln langgestielt, zuletzt hängend; Hüllkelchblätter 4—6. (Taf. 196.)

Diese vorzüglich häufig in den schattigen feuchten Urwäldern Brasiliens wachsende ausdauernde Pflanze hat einen in der Erde kriechenden Stengel, welcher hier und da senkrechte verästete, theils dünne fadenförmige Wurzelzasern, theils an dünnen Fäden hängende, verdickte, dicht erhabengeringelte längliche Knollen, und an seinen Enden und Astgipfeln am Grunde aufsteigende $\frac{1}{2}$—$\frac{3}{4}$ Fuss hohe oberirdische Gipfeltriebe treibt. Blätter und Nebenblätter sind im Charakter hinreichend beschrieben. Die Blüten stehen zu 8—12 in Köpfchen beisammen, welche von einer 4-, seltner 5—6-blättrigen Hülle, die aus rundlichen, schwach-herzförmigen äussern und verkehrt-eirund elliptischen innern Blättchen, die die Länge der Blüten haben, gebildet ist, umgeben werden. Die weissen Blumen sind im Schlunde mit weichen feinen Härchen besetzt. Die eiförmig-ellipsoidischen 3 Lin. langen Beeren sind anfangs grün, gegen die Reife hin purpurroth und zuletzt schwärzlich. — Man sammelt die oben beschriebenen Knöllchen als Wahre oder Geringelte oder auch Braune und Graue Ipecacuanha, *Radix Ipecacuanhae sive Hypecacuanhae vera sive annulata fusca et grisea.* Letztere verschiedenen Namen erhält die Wurzel, wenn die äussere Farbe derselben entweder dunkelgrau-braun ist und ins Hellrothbraune zieht oder wenn sie mehr hellgrau, etwas röthlich ist. Auf dem Querbruche erkennt man in der Mitte einen zähen, holzigen gelben Kern, von dem sich die ihm umgebende weissliche oder grauliche mehlige oder auch fast hornartige dicke Rindenschicht leicht lostrennen lässt. Der zwar nur schwache Geruch ist widrig, beim Pulvern stark und Eckel erregend. Der Geschmack ekelhaft-bitter, etwas kratzend. Der wirksame Bestandtheil ist das Emetin, welches die Ipecacuanha ausser vielem Stärkmehl enthält. Sie wirkt in kleinen Gaben krampfstillend, schweisstreibend und die Hautthätigkeit erregend; man giebt sie häufig in Verbindung mit Opium. In grössern Gaben erregt sie Erbrechen, gewöhnlich ohne den Darmkanal zu schwächen oder Durchfall hervorzubringen. Die Ipecacuanha wird in sehr vielen Krankheiten, vorzüglich bei Brust- und Unterleibskrämpfen, Kolik, Asthma, Keuchhusten, bei chronischen Verschleimungen, bei Durchfällen und Ruhren und bei ähnlichen krampfartigen Leiden der Athmungs- und Verdauungswerkzeuge angewendet.

Früherhin sind auch noch von mehren andern Gewächsen aus dieser Familie, welche Wurzeln von ähnlicher Gestalt und brechenerregender Wirksamkeit besitzen, die Wurzeln gesammelt und als *Ipecacuanha* in den Handel gebracht worden. Ihre Anwendung aber ist nicht mehr gestattet und desshalb finden sie sich auch nur selten noch vor.

### Unterabtheilung: *Spermacoceae.*

*Richardsonia scabra St. Hil.* eine $\frac{1}{2}$ — $1\frac{1}{2}$ Fuss hohe ausdauernde Pflanze in Südamerika und vorzüglich in

Brasilien, lieferte sonst durch ihre Wurzel die Weisse, Mehlige oder Wellige Ipecacuanha, *Radix Ipecacuanhae albae s. amylaceae s. undulatae*, welche aber, da sie sehr wenig Emetin und mehr Stärkmehl enthalt und darum weniger wirksam ist, jetzt nicht mehr in Europa angewendet werden soll.

Abtheilung: *Stellatae.*

*Asperula odorata L.*, Wohlriechender Waldmeister, Sternleberkraut, eine in schattigen Bergwäldern Europas häufig wachsende und wegen ihrer Verwendung beim sogenannten Maitranke sehr bekannte Pflanze, war sonst als *Herba Matrisylvae sive Hepaticae stellatae* officinell.

*Asperula cynanchica L.*, Brännewurzel, Halskrautlein, war früher unter dem Namen *Rubia cynanchica* als ein gelind zusammenziehendes Mittel gegen Bräune und Halskrankheiten überhaupt, und die Wurzel als *Radix cynanchica* wie die der Färberröthe in Anwendung.

Gattung: *Rubia Tournef.* Röthe.

Kelch dem Fruchtknoten völlig angewachsen, mit undeutlichem Saume. Blumenkrone flach-glockig oder radförmig, 4—5spaltig. Staubgefässe 4—5, unter den Einschnitten der Blumenkrone angewachsen. Griffel kurz, 2spaltig; Narben knopfig. Beere 2knöpfig, 2samig (bisweilen durch Fehlschlagen einfach und einsamig).

*Rubia tinctorum Lin.* Färber-Röthe, Färberwurz, Krapp oder Grapp.

Stengel krautig, schlaff, 4kantig, auf den Kanten rückwärts-kurzstachelig, weit abstehend-ästig, die Aeste meist gegenständig; Blätter zu 4—6 winkelständig, lanzettlich od. elliptisch-lanzettlich, kurz zugespitzt, in einen kurzen Blattstiel verschmälert, kahl, am Rande und unterseits auf den Mittelnerven rückwärts-stachelig-scharf; Blüten in wiederholt-5gabeligen, trugdoldigen Rispen; Blumenkronen meist 5spaltig und 5männig; die Zipfel eirund, mit einer einwärts gebogenen, dicklichen Vorspitze; Frucht glatt und kahl. (Taf. 197.)

Diese perennirende Pflanze wächst im Oriente und Südeuropa wild, wird aber in vielen Gegenden Mitteleuropas häufig cultivirt. Der unterirdische Stengel oder Wurzelstock kriecht mit seinen vielen langen, gegliederten, gänsekieldicken, rothen Wurzelfasern tief und weit im Boden umher. Aus ihm entspringen mehre gegen 3 Fuss hohe und höhere sehr weitschweifige und niederliegende od. an Gegenständen sich erhebende Stengel mit zahlreichen gegenständigen Aesten, welche undeutlich-4kantig und an den Kanten mit rückwärts gerichteten Stacheln besetzt sind. Die ziemlich starren Blätter erscheinen getrocknet deutlich geadert. Die Blumen sind nicht gross und grünlichgelb. Die erbsengrossen Früchte sind gewöhnlich zweiknöpfig, zuweilen aber auch ziemlich kugelrund und nur einfächrig, vor der Reife roth, zuletzt schwarz. Der kriechende Wurzelstock, *Radix Rubiae tinctorum*, wird von Pflanzen genommen, die mindestens über 2 Jahr alt sind. Er ist mit einer dünnen braunrothen Haut umkleidet und zeigt auf der Querschnittfläche einen von einer dunkelrothbraunen Rindenschicht umgebenen, hellen gelblichrothen Kern mit einer dunklern Markröhre. Er hat einen schwachen, etwas dumpfigen Geruch und einen anfangs süsslichen, dann schwach zusammenziehenden, bitterlichen, etwas reizenden Geschmack. Sie enthält einen harzigen rothen Färbestoff (Krapp-Purpur, Purpurin) und in reichlicher Menge einen extractiven rothen Farbstoff (Alizarin, Krapproth, Rubein und Erythrodonin), ferner einen gelben Farbstoff (Xanthin oder Krapporange) und endlich kratzenden Extractivstoff. Die Krappwurzel wird nur noch zuweilen als ein tonisch auflösendes Mittel bei Erschlaffungen des Darmkanals, Stockungen im Unterleibe, gegen verschiedene Krankheiten mit Entartung der Säfte und hierher zu rechnenden Knochenkrankheiten angewendet; früherhin stand sie in einem weit bessern Rufe gegen mancherlei, vorzüglich aber gegen Knochenkrankheiten überhaupt. — Der Farbstoff der Krappwurzel theilt sich nicht nur den Säften der Thiere, die man damit füttert, mit, (sie färbt nämlich Harn, Milch, Schweiss, Speichel roth) sondern färbt sogar die Knochen durch und durch.

Aus der Gattung *Galium* erwähnen wir nur einige Arten kurz, weil sie früher gebräuchlich waren. *Galium Aparine L.*, Klebkraut, mit hakig-steifhaarigen Früchten von der Grösse grosser Stecknadelknöpfe, welche sich wie die hakerigen Stengel überall anhängen, war früher als harntreibendes Mittel unter dem Namen *Herba Aparines* gegen Wassersucht in Anwendung. — Von *Galium Cruciata Scop.* (*Valantia cruciata Lin.*) Kreuzblättriges Labkraut, sammelte man die ganze blühende Pflanze als *Herba Cruciatae sive Asperulae aureae*. — Auch das nur hier und da in Nadelhölzern, besonders der Gebirge, wachsende *Galium rotundifolium L.* war als *Herba Galii rotundifolii* gebräuchlich. — *Galium verum L.*, Waldstroh, Gelbes Labkraut, Unsrer lieben Frauen Bettstroh, äusserst gemein auf trocknen Hügeln, Rainen, an Waldrändern und Wegen, wurde im blühenden Zustande als *Herba et Flores*

*Galii vel Galii lutei* theils als Wundmittel, theils gegen Krampfkrankheiten angewendet. Ganz in gleicher Weise brauchte man das blühende Kraut von *Galium Mollugo Lin.* Weisses Labkraut od. Butterstiel, unter dem Namen *Herba Galii albi.*

80. Fam.: Geisblattgewächse: *Caprifoliaceae.* Abtheilung: *Viburneae Rchb.*

Von *Viburnum Lantana Lin.*, Schwindelbeerbaum, waren die Beeren und Blätter, *Baccae et Folia Viburni* ehedem gebräuchlich. — *Viburnum Opulus L.*, Wasserholder, ein Strauch, von dem die Abänderung mit lauter sterilen Blüten, *V. Op. roseum*, Schneeballstrauch heisst, lieferte Rinde, Blumen und Früchte, *Cortex, Flores et Baccae Sambuci aquaticae.*

Abtheilung: *Lonicereae.*

Von dem bekannten Strauche: Geisblatt, Jelänger jelieber, *Lonicera Caprifolium L.*, waren ehedem Stengel, Blätter, Blumen und Beeren, *Stipites, Folia, Flores et Baccae Caprifolii italici* officinell. Die erstern sollen zuweilen statt der *Stipites Dulcamarae* gesammelt worden sein, sie unterscheiden sich aber leicht durch die gegenüberstehenden ringförmigen Blattnarben. Von *Lonicera Periclymenum Lin.*, Deutsches Geisblatt, ein wie voriger häufig zu Lauben angepflanzter Strauch, sammelte man dieselben Theile als *Stipites, Folia, Flores et Baccae Caprifolii germanici.* —

*Lonicera Xylosteum Lin.*, Heckenkirsche, lieferte sonst ihre Beeren, *Baccae Xylostei*, welche harn- und stuhltreibend wirken.

*Symphoricarpos vulgaris Michx.* (*Lonicera Symphoricarpos L.*), Gemeiner Peterstrauch, in einigen Gegenden Nordamerikas heimisch, bei uns häufig als Zierstrauch in Gartenanlagen angepflanzt, liefert Stengel und Wurzel, *Stipites et Radix Symphoricarpi*, welche in Amerika gegen Wechselfieber angewendet werden und bei uns auch empfohlen worden sind

*Diervilla canadensis Willdw.* (*Lonicera Diervilla Lin.*), ein Strauch in den Berggegenden Nordamerikas von Canada bis Carolina, der bei uns gleichfalls zur Zierde gepflanzt wird, lieferte sonst die auch in Europa angewendeten Aeste, *Stipites Diervillae.*

Abtheilung: *Lorantheae Rich.*

Eine über 300 Arten umfassende, sehr eigenthümliche

Gewächsgruppe, meist parasitische, ästige immergrüne Sträucher mit knollig gegliederten Aesten umfassend. Blätter meist gegenständig, lederig, meist ganzrandig, zuweilen auch wie die Nebenblätter fehlend. Blüten zwitterig oder diklinisch. Die dem Fruchtknoten angewachsene Kelchröhre ist am Grunde von kleinen Deckblättchen umgeben. Der Kelchsaum ist kurz, ganz oder gelappt. Blumenblätter 4 oder 8, in der Knospe klappig. Staubgefässe von gleicher Zahl mit den Blumenblättern und ihnen gegenständig; Antheren an der Spitze der Staubfäden entweder schauckelnd oder aufrecht, oder wenn die Staubfäden fehlen den Blumenblättern angewachsen, mit 2 parallelen der Länge nach aufspringenden Fächern. Fruchtknoten einfächrig, eineiig, mit hängendem Eichen; Griffel fehlend oder fädenförmig; Narbe kopfig. Eine vom Kelchsaume gekrönte oder genabelte klebrig-fleischige Beere mit einem Samen. Embryo in der Achse des fleischigen Eiweisskörpers, gerade, mit nach oben gekehrtem Würzelchen, das am Ende verdickt oder abgestutzt ist und mit vielmal längern länglichen und ganzen Samenlappen.

### Gattung: *Viscum Tournef. Lin.* Mistel.

Blüten ein- oder zweihäusig. Männliche Blüten: Kelchsaum fehlend. Blumenblätter 4, unten verwachsen. Staubbeutel 4, den Blumenblättern in der Mitte angewachsen. — Weibliche Blüten: Kelchsaum ganz. Blumenblätter (Kelch Reichenb.) unverwachsen. Narbe sitzend. — Beere genabelt.

### *Viscum album Lin.* Gemeiner Mistel.

Stengel wiederholt-gabelig, sehr ästig; Aeste rund; Blätter länglich-lanzettlich, oder verkehrt-eiförmig-spatelig, stumpf, lederartig-fleischig, fast nervenlos; Blüten sitzend zu 3—5 am Ende der Aeste gehäuft. (Taf. 198.)

Ein kahler immergrüner Strauch, welcher parasitisch auf den Stämmen und Aesten mancher Bäume vorzüglich der Birn- und Aepfelbäume in Europa wächst. Er bildet meist einen gegen 2 Fuss im Durchmesser haltenden runden Busch, dessen Wurzel durch die Rinden- und Bastschicht tief ins Holz eindringt. Die Farbe der Aeste und Blätter ist ein eigenthümliches Gelbgrün. Die Blüten sind gelblichgrün, die männlichen fast glockenförmig, mit 4 eirunden, dicklichen Zipfeln, welche auf ihrer Mitte die Antheren tragen. Nach der Pollenentleerung erscheinen die Antheren in Zellen wie die Honigwaben getheilt. Die weiblichen kleinern Blumen haben 4 eirunde stumpfe Blumenblätter. Der eiförmige Fruchtknoten trägt eine abgestutzt-kegelförmige Narbe. Die erbsengrossen perlweissen, oben mit 4 braunen Punkten bezeichneten Beeren enthalten ein zähes klebriges Fleisch. — Man sammelt von diesem Strauche in einem grossen Theile von Deutschland die jüngern beblätterten Zweige als *Viscum album sive Ramuli juniores cum foliis Visci albi sive Lignum Visci.* — Man soll sie im Winter sammeln, schnell trocknen und am besten in gepülvertem Zustande an einem trocknen Orte wohl verschlossen aufbewahren. Der Geruch ist schwach unangenehm dumpfig, der Geschmack schleimig, widrig-süsslich, dann bitterlich. Heutzutage wird der Mistel nur selten und auch nur von einzelnen Aerzten gegen chronische Krämpfe, Epilepsie, Lungenkrankheiten u. a. Leiden angewendet, während er sonst ein gepriesenes Mittel war.

Unter Mistel haben aber zweifelsohne die früheren Aerzte, vorzüglich in Südeuropa eine ganz andere Pflanze dieser Familie verstanden, nämlich den Eichenmistel, *Loranthus europaeus Jacq.*, welche auch die *Pharmacopoea austriaca* anzuwenden vorschreibt. Sie ist ein 2—4 F. hoher Strauch, welcher im südlichen und östlichen Europa parasitisch auf Eichen u. jungen Kastanienbäumen *(Castanea vesca)* wächst. Man sammelt die Aeste als *Viscum quernum sive quercinum sive Lignum Visci quercini.*

## 79. Fam.: Dipsaceen: *Dipsaceae.*
### Abtheilung: *Valerianeae.*
### Unterabtheilung: *Sambuceae Rchb.*
### (Fam.: *Sambucineae Batsch.*)

### Gattung: *Sambucus Tournef.* Hollunder, Flieder.

Kelchsaum 5zähnig. Blumenkrone radförmig, 5spaltig. Staubgefässe 5. Narben 3, sitzend. Beere kaum mit dem Kelchsaume etwas gekrönt, einfächrig, 3samig.

1. Art: *Sambucus nigra Lin.* Schwarzer oder Gemeiner Hollunder oder Flieder, Schibbiken.

Stamm fast baumartig; Blätter fiederig-zerschnitten, kahl: Abschnitte (Blättchen Autor.) eirund-länglich, gesägt (meist zu 7, an den obersten Blättern zu 5); Nebenblätter warzenförmig oder fast fehlend; Trug- oder Afterdolden 5strahlig. (Taf. 199.)

Dieser bekannte überall in den Bauerngärten angepflanzte, höchst nützliche Strauch wächst in Hecken und Gebüschen, vorzüglich an feuchten Stellen, an Gräben u. s. w. wild. Er erreicht eine Höhe von 10—20 F., wächst meist in Strauchform und nur selten als ein Baum. Die jungen Stämme schiessen meist gerade in die Höhe, sind von einer weissgrauen Rinde mit warzenförmigen Rindenhöckerchen bedeckt und haben eine weite, mit sehr zartem Marke erfüllte Markröhre, die späterhin immer mehr verschwindet. Die Blätter und jüngsten, noch krautartigen Triebe entwikkeln beim Berühren oder Reiben einen unangenehmen Geruch. Die grossen flachen Trugdolden tragen zahlreiche gelblichweisse starkriechende Blumen mit hellgelben Antheren. Die Beeren sind bei der Reife gewöhnlich glänzend schwarz, enthalten einen dunkel violettfarbigen Saft und hängen sammt der Trugdolde mit den violettgefärbten Aesten über; zuweilen aber sind sie auch bei der Reife noch grün und bei einer andern Abänderung sogar weiss. Auch hinsichtlich der Blätter giebt es eine interessante Varietät, der geschlitzte oder petersilgenblättrige Hollunder, *Var. d. laciniata Koch. (Sambucus laciniata Mill.)*, bei welcher die Blätter doppelt gefiedert und die schmalen Blättchen tief eingeschnitten sind. — Jetzt sind nur noch die Blumen und Beeren, *Flores et Baccae Sambuci*, gebräuchlich, früher waren es aber auch die Blätter und die innere grüne Rinde, *Folia et Cortex interior Sambuci.* — Die Blumen müssen bei ganz trocknem Wetter gesammelt und schnell getrocknet werden, weil sie sonst leicht eine schwarze Farbe annehmen. Getrocknet haben sie viel von dem starken, etwas unangenehmen und leicht betäubenden Geruche verloren, den sie frisch besitzen; der Geschmack ist schleimig-bitterlich, schwach gewürzhaft. Man gebraucht sie gewöhnlich im Aufguss als ein gelind schweisstreibendes Mittel oder zu Gurgelwässern, Einspritzungen, erweichenden Umschlägen, Bähungen u. s. w. — Die Beeren, Hollunderbeeren oder Schibbicken, werden zur Bereitung des Hollundersaftes oder Fliedermuses, *Roob Sambuci crudum sive Succus baccarum Sambuci inspissatus crudus* und *Roob Sambuci depuratum* gebraucht. Es dient dieser Saft als schweiss- und harntreibendes Mittel gegen Wassersucht, Katarrhe und rheumatische Anfälle und Beschwerden. Die innere Rinde der jüngern Aeste wurde im spirituösen Aufgusse gegen Lungenschwindsucht angewendet.

2. Art: ***Sambucus Ebulus Lin.*** **Attich-Hollunder, Zwerg- od. Kraut-Hollunder, Stinkholder, Attich.**

Stengel krautig: Blätter gegenständig, unpaarig-gefiedert; 5—9zählig: die Blättchen lanzettlich oder eirund-lanzettlich, zugespitzt, klein- und scharf-gesägt; Trugdolden in 3 Hauptäste getheilt.

Diese ausdauernde Pflanze wächst auf steinigem Boden an Wäldern, Wegen und auf Rainen in Süd- und Mitteleuropa. Der weissliche Wurzelstock kriecht weit umher, ist ziemlich dick und ästig. Der krautige Stengel wird 2—5 Fuss hoch, ist stielrund, gefurcht, einfach oder wenig ästig, schärflich und weichhaarig Die röthlich-weissen Blumen haben bräunlich-rothe Antheren, die nach dem Verblühen sogar schwärzlich werden, und bilden weit kleinere Trugdolden als bei vorigem Strauche. Die gleichfalls glänzend schwarzen Beeren stehen auf aufrechten Stielen in aufrechter Trugdolde. Alle Theile dieses Gewächses besitzen einen starken unangenehmen Geruch. In manchen Ländern sind die Attichbeeren, *Baccae Ebuli*, ganz so wie die Beeren vorigen Strauches in Anwendung. Man bereitet aus ihnen nach der *Pharmakopoea bavarica* und *austriaca* das Attichmus, *Roob Ebuli.* — Früherhin waren auch die Wurzel, die innere Wurzelrinde, die Blätter und Blumen, *Radix*, *Cortex interior radicis*, *Folia et Flores Ebuli* officinell; die 3 erstern Theile wirken purgirend und sogar brechenerregend, die Blumen schweiss- und harntreibend.

### Unterabtheilung: *Valerianelleae.*

*Nardostachys Jatamansi DeC.* (*Hayne*, *Arzneigew. IX. t.* 27.) wächst ausdauernd auf den hohen Alpengebirgen Südasia's und lieferte ehedem die damals in Europa in hohem Werthe stehende, jetzt vergessene *Spica Nardi* oder *Nardus indica.* Sie ist die Wurzel mit dem stehenbleibenden untern Theile des Stengels. —

*Valerianella olitoria Moench.* Gemeines Rapünzchen, wächst häufig auf Aeckern u. Gartenbeeten sowie in Weinbergen und Obstgärten, wird aber auch als Frühlingssalat häufig gebraucht und desshalb angebaut. Früherhin war nun das ganze junge, noch keinen Stengel entwickelthabende Pflänzchen als *Herba Valerianellae* gebräuchlich und diente als kühlendes und antiscorbutisches Mittel.

### Unterabtheilung: *Valerianeae genuinae uniloculares.*

#### Gattung: *Valeriana Tournef.* Baldrian.

Blüten zwitterig oder zweihäusig. Kelchsaum als ein verdickter Rand, eingerollt, später eine vielstrahlige, federige Fruchtkrone bildend. Blumenkrone trichterförmig, 5-spaltig, am Grunde mit einem Höcker. Staubgefässe 3 Achänium (Früchtchen) einfächrig, mit einer vielstrahligen haarigen Fruchtkrone.

1. Art: *Valeriana officinalis Lin.* Gebräuchlicher oder Gemeiner Baldrian, Katzenwurz.

Stengel aufrecht, furchig; Blätter sämmtlich fiederig-zerschnitten: Abschnitte 7—10paarig, lanzettlich oder lineal-lanzettlich, entfernt-gesägt oder fast ganzrandig; Blüten zwitterig. (Taf. 200.)

Diese Pflanze wächst auf sonnigen lichten und trocknen Stellen der Bergwälder ebensowohl als auf feuchten sumpfigen Wiesen, in Niederungen, an Gräben u. s. w. durch fast ganz Europa ausdauernd und es lassen sich zwei Hauptformen, von denen weiter unten die Rede sein wird, unterscheiden. Der kurze Wurzelstock ist dicht mit ziemlich einfachen strangförmigen oder am Grunde auch ein wenig verdickten Fasern besetzt; er treibt ausserdem längere oder kürzere, oft nur fingerslange horizontale Ausläufer, welche aus ihren Enden wiederum Wurzelfasern und einen beblätterten Stengel treiben. Der einzelne Hauptstengel ist steif aufrecht, 2—5 F. und höher, stielrund, gefurcht, entweder von unten bis zur Mitte seiner Höhe oder blos an den Gelenken rauhhaarig. Die Blätter gegenständig, weichhaarig bis ziemlich kahl; die untern stehen auf am Grunde verbreiterten und daselbst verwachsenen Blattstielen; die obern dagegen sitzen und sind kürzer und kleiner als die übrigen. Die röthlich-weissen bis fleischrothen Blumen stehen in ziemlich grossen rispigen Trugdolden und haben einen süsslichen, etwas vanilleähnlichen Geruch. Die länglich-eirunden, hellbraunen, kahlen oder zuweilen auch weichhaarigen, auf einer Seite flachen und einriefigen, auf der andern gewölbten und dreiriefigen Schliessfrüchtchen sind $2\frac{1}{2}$ bis 3 Linien lang. Die haarig-federigen Fruchtkronen sind länger als die Frucht und haben zurückgekrümmte Strahlen.

Koch unterscheidet die beiden Hauptformen in folgender Weise: *Var. α. major*, die grössere; sie ist gewöhnlich in allen Theilen stärker und kräftiger, die Theile und Blättchen sämmtlicher Blätter sind gesägt oder wenigstens nur die obersten ganzrandig; die Theilblättchen der grundständigen Blätter sind oft eirund-länglich und spitzig. *(Valeriana procurrens Wallr.)* An feuchten, schattigen Stellen wachsend.

*Var. β. minor*, die kleinere; sie ist niedriger und in allen Theilen kleiner, schlanker und die sämmtlichen Theilblättchen sind entweder ganzrandig oder nur die der untern Blätter sind ein wenig gesägt. *(Valeriana angustifolia Tausch. — Val. collina Wallr.)* Auf sonnigen und trocknen Waldanhöhen, auf Bergen und Felsen wachsend. Von dieser letztern Abänderung soll die gebräuchliche od. kleine

Baldrianwurzel, *Radix Valerianae sive Valerianae minoris siv. Val. sylvestris* gesammelt werden und zwar von Exemplaren, die schon mehre Jahre alt sind. Die im Herbste oder im ersten Frühjahre gegrabenen Wurzeln müssen sorgfältig getrocknet und an solchen Orten aufbewahrt werden, zu denen die Katzen nicht gelangen können, weil diese sich durch den Geruch anlocken lassen, sich auf den Wurzeln herumwälzen und dieselben mit ihrem Harn und Speichel verunreinigen.

Die getrocknete Baldrianwurzel besitzt einen kräftigen und durchdringenden eigenthümlichen Geruch und einen scharf gewürzhaften eigenthümlichen Geschmack, der Manchen zuwider, Andern nicht unangenehm ist. Vorwaltend enthält sie ätherisches Oel, Baldriansäure und etwas Bitterstoff. Sie wirkt kräftig erregend auf das Nervensystem und wird darum häufig mit Vortheil vorzüglich gegen chronische Krampfkrankheiten und andere Affectionen des Nervensystems angewendet. Man macht aus ihr mehre Präparate und Zusammensetzungen. — Da dieses vortreffliche inländische Mittel häufig gebraucht wird, so werden zuweilen die Wurzeln von andern ähnlichen Baldrianarten absichtlich, oft vielleicht auch aus Unkenntniss der Arten gesammelt. Das beste Kennzeichen brauchbarer Wurzeln bleibt immer der kräftige Geruch und Geschmack. — Die von den ähnlichsten Arten, von *Valeriana exaltata Mikan. (Val. multiceps Wallr.)* und *V. sambucifolia Mikan.*, gesammelten Wurzeln haben einen sehr schwachen Geruch und Geschmack. Die in vielen Schriften angegebenen Verwechselungen mit den Wurzeln anderer Gewächse lassen sich zum Theil leicht erkennen durch eine verschiedene äussere Gestalt und Farbe und den gewöhnlich ganz verschiedenen Geschmack, denn der Geruch kann durch Untermengung ächter Baldrianwurzeln mitgetheilt werden.

*Valeriana dioica Lin.* Kleiner Wiesen- oder Sumpf-Baldrian, wächst auf feuchten Wiesen durch ganz Europa ausdauernd. Die bei weitem kleinere Wurzel hat einen langen dünnen Wurzelstock, der mit einzelnen und sehr dünnen Wurzelzasern besetzt ist. Sie kam sonst als *Radix Valerianae palustris sive Phu minoris* vor und hat einen sehr geringen Geruch.

*Valeriana Phu Lin.*, Grosser oder Garten-Baldrian, wird in Gärten gebaut und soll im südlichen Europa heimisch gewesen sein. Er liefert die Grosse oder Römische Baldrianwurzel, *Radix Phu sive Valerianae majoris s. Theriacariae*, welche jetzt nur noch in der Thierheilkunst angewendet wird.

*Valeriana celtica Lin.*, Celtischer Baldrian, wächst in hohen Alpenregionen Mitteleuropa's und hat einen schiefen, schuppig-schopfigen und vielköpfigen Wurzelstock, welcher ehedem die auch für Europa berühmte Celtische Narde, Speik- oder Spikenard, *Nardus celtica sive Spica celtica* war, und welche noch heutzutage in einigen Alpengegenden sehr geschätzt wird, so wie noch einen nicht unwichtigen Handelsartikel über Triest nach dem Oriente bildet, woselbst man sie zu Salben und Bädern benutzt.

Abtheilung: *Scabioseae DeC.*

Von *Dipsacus fullonum Lin.*, Aechte Weberkarde, Kardetschendistel, war sonst die Wurzel, *Radix Dipsaci sive Cardui Veneris*, als schweiss- und harntreibendes Mittel gebräuchlich.

*Succisa pratensis Moench.*, (*Scabiosa succisa Lin.*) Teufelsabbiss, wächst auf Wiesen und in grasreichen Wäldern ausdauernd und hat einen kurzen schwärzlichbraunen an der Spitze wie abgebissenen Wurzelstock, welcher seitlich zahlreiche starke Zasern treibt. Er und die Blätter waren sonst als *Radix et Herba Succisae vel Morsus Diaboli* officinell und gegen viele und sehr verschiedene Krankheiten gerühmt.

*Scabiosa arvensis Lin.* (*Trichera arvensis Schrad.*), Gemeine Scabiose, Grind- oder Apostenkraut, ist gemein auf Wiesen und Rainen, an Wegen und auf Feldern durch ganz Europa. Sonst waren das Kraut und die Blumenköpfe, *Herba et Flores Scabiosae*, vorzüglich bei Hautkrankheiten, Ausschlägen und Schwindsucht in Anwendung; sie sollen sehr blutreinigend, auflösend und etwas zusammenziehend wirken.

# Cl. V. Zweifelblumige: *Synchlamydeae.*

## Ordn. 3. Aderblättrige: *Venosae.*

### Reihe 2. Blattreiche: *Foliosae.*

### 78. Fam.: Lorbeergewächse: *Laurineae Juss.*

Abtheilung: *Laureae Rchb.*

Diese Abtheilung bildet in andern Systemen eine sehr gut begrenzte Ordnung oder Familie ihrer eigenthümlichen Beschaffenheiten halber. Es sind meist Bäume oder Sträucher, nur in der Gattung *Cassyta Lin.* giebt es windende und parasitische Kräuter und Halbsträucher. Sie gehören mit wenigen Ausnahmen den Tropenländern an. Die meist abwechselnden Blätter sind lederartig, ausdauernd oder immergrün, benervt, meist ganz, selten handtheilig und stets ohne Nebenblätter. Die Blüten sind entweder zwitterig oder diklinisch und stehen in Trauben, trugdoldigen Rispen, Büscheln und Dolden. Das Perigon ist entweder 4—6spaltig oder 4—6theilig, abfällig od. seltner bleibend, in der Knospe dachig liegend. Staubgefässe im Grunde des Perigons befestigt, in gleicher bis 4facher, zuweilen, aber selten, auch in 5—6facher Anzahl der Perigonzipfel, und im erstern Falle vor die Perigonzipfel gestellt; in den übrigen Fällen sind die innersten oft verkümmert; die Antheren sind 2- oder 4fächrig; die Fächer öffnen sich durch Kläppchen, welche von unten nach oben aufspringen. Der einfächrige Fruchtknoten ist meist eineiig; das Eichen hängend; der einzelne Griffel trägt eine stumpf 2—3lappige Narbe. Steinfrucht oder Beere einfächrig, einsamig. Same ohne Eiweisskörper mit geradem Keime, dessen Würzelchen nach oben gekehrt ist.

Gattung: *Cinnamomum Burm.* Zimmtbaum.

Blütenhülle 6spaltig; Saum halb abfallend. Staubgefässe 9; die drei innern beiderseits mit 2 sitzenden Staminodien. Staubbeutel 4fächrig. Beere unten von der mit der Basis des Saums stehenbleibenden, verhärteten, abgestutzt-6spaltigen Blütenhülle (Perigon) umgeben.

1. Art: *Cinnamomum zeylanicum Blum.* Ceilanischer oder Aechter Zimmtbaum. *(Laurus Cinnamomum Lin.)*

Aeste fast 4kantig, kahl; Blätter eiförmig oder eirundlänglich, in eine stumpfe Spitze vorgezogen, dreifach-benervt und dreinervig, unterseits netzaderig, kahl, die obern Blätter kleiner; Rispen end- und achselständig, gestielt; Blüten grau-seidenhaarig; Zipfel der Blütenhülle länglich, in der Mitte abfallend. (Taf. 201.)

Ein auf Ceylon einheimischer und daselbst, sowie auf Java, in Ostindien, Westindien, Südamerika und einigen Inseln zwischen den Tropenkreisen angebaueter Baum von 20—30 Fuss Höhe. Die kurzgestielten Blätter stehen wagrecht ab oder sind etwas abwärts gebogen, meist gegenständig, selten etwas auseinandergerückt und dadurch wechselständig, in der Jugend schön roth, später glänzend-dunkelgrün. Die meist wiederholt dreigabeligen Rispen stehen in den Blattachseln und am Gipfel der Aeste und sind länger als das Blatt, aus dessen Achsel sie entspringen. Das aussen weissliche, innen gelblichweisse ins Grünliche ziehende Perigon hat gegen 3 Lin. im Durchmesser und ovale stumpfe 1½ Lin. lange, einerseits dichtflaumige Zipfel. Die ellipsoidische kurz-stachelspitzige Beere ist 7—9 Lin. lang und zuletzt braunschwarz.

Man unterscheidet drei Hauptformen:

*V. α. vulgare Hayn.* Gemeiner Z. mit eirunden oder eirund-länglichen, stumpfen oder in eine kurze und stumpfe Spitze verschmälerten Blättern.

*V. β. cordifolium Hayn.* Herzblättriger Z., mit breit eirunden, am Grunde schwachherzförmigen, stumpfen oder in eine kurze stumpfe Spitze verschmälerten Blättern.

*V. γ. Cassia Nees ab E. (Laurus Cassia Lin.)* mit länglichen in eine lange stumpfe Spitze verschmälerten, am Grunde spitzigen Blättern.

Von den beiden ersten Abänderungen, welche auf Ceylon und Java kultivirt werden, erhält man den Aechten oder Feinen Zimmt oder Kanehl, *Cinnamomum verum sive acutum*, auch *Cortex Cinnamomi veri s. acuti s. officinalis*. Er ist die innere Rinde jüngerer, gewöhnlich 3jähriger Aeste, von welcher man die Oberhaut nebst der Borkenschicht entfernt hat. Diese Rinde ist von der Dicke starken Papiers, und wird zu fingersdicken und 2—3 Fuss langen und längern Röhren dicht zusammengerollt, daher die Benennung *Cinnamomum longum verum*. Man unterscheidet jetzt zwei Sorten im Handel, nämlich *Canehl Ceylon* oder *Cinnamomum ceylanicum* und *Canehl Java* oder *Cinn. javanicum*. Der erstere ist feiner und hat einen weniger stechenden Geschmack als der zweite, welcher auch eine etwas hellere zimmtbraune Farbe hat. Der Geruch ist angenehm gewürzhaft, der Geschmack süsslich gewürzig, erwärmend, nur wenig stechend. Vorwaltende Bestandtheile sind ein schweres ätherisches Oel und eisengrünender Gerbstoff. Der Zimmt wird als ein erregendes und stärkendes, vorzüglich auf den Unterleib und das Gefäss- und Nervensystem wirkendes Mittel angewendet: auch bereitet man einige Präparate damit. In Indien bereitet man aus den Wurzeln und alten Stämmen durch Destillation einen feinen Kampher, aus den Blättern ein nelkenartig riechendes ätherisches Oel und aus den Früchten ein wachholderähnlich riechendes talgartiges Oel, welche Gegenstände daselbst in arzneilicher Anwendung sind.

Von der dritten Abänderung leitet man mit grosser Wahrscheinlichkeit den Mutterzimmt oder die Holzkassie *Cassia lignea sive Xylocassia* ab. Es kommt diese Rinde in dicken Röhren und platten Stücken im Handel vor und hat einen schwach zimmtartigen etwas zusammenziehenden und schleimigen Geschmack. Sie wird als Arznei nicht gebraucht.

2. Art: *Cinnamomum aromaticum N. ab E.* Gewürzhafter Zimmtbaum, Kassien-Zimmtbaum.

Aestchen vierkantig, striegelig-filzig wie die Blattstiele; Blätter abwechselnd, länglich, an beiden Enden spitzlich, 3-fach benervt, mit gegen die Blattspitze verschwindenden Nerven, unterseits bogig-feingeadert, seegrün, weichhaarig, Beere am Grunde von der vergrösserten becherförmigen, 6spaltigen Blütenhülle umgeben. (*Hayne*, *Arzneigew.* Bd. 12 Taf. 23.)

Von diesem in China und Cochinchina wachsenden Baume wird die Rinde als Zimmtkassie oder Chinesischer Zimmt, *Cassia cinnamomea sive Cinnamomum indicum s. chinense*, in den Handel gebracht. Die Kassie kommt in einfach oder doppelt eingerollten Röhren vor u. besteht aus $\frac{1}{2}$ bis gegen 1 Lin. dicken dunkelzimmtbraunen von der Oberhaut und Borkenschicht gereinigten Rinden, welche auf der Aussenfläche erhabene Längsfasern zeigen. In neuerer Zeit ist unter dem Namen *Cassia vera* auch ungeschälte reichlich mit kleinen Flechten besetzte Rinde zu uns gekommen. Der Geruch ist schwach zimmtartig, der Geschmack zimmtartig, doch stechend und später zusammenziehend und etwas Speichelzufluss erregend. Obschon die Kassie hinsichtlich ihrer Wirkung mit dem ächten Zimmte übereinstimmt, so darf sie doch statt dessen nicht genommen werden. Man verwendet sie nur zu Präparaten und Zusammensetzungen. Von dem in Ostindien wachsenden *Cinnamomum sulphuratum Nees.* und *Cinnam. Tamala Nees.* werden die Blätter, *Folia Malabathri sive Indi* gesammelt und jetzt noch in Indien häufig angewendet; von letztern Baume soll auch *Cassia lignea sive Xylocassia* zum Theil abstammen. *Cinnamomum Culilawan Blum.* ein Baum auf den Molukken und Sundainseln, liefert die Culilabanrinde, *Cortex Culilawan sive Culitlawang.* Von *Cinnamomum Sintoc Blum.* sammelt man auf den Inseln des indischen Archipels die Sintocrinde, *Cortex Sintoc.*

Gattung: *Camphora Nees ab Esenb.* Kampferbaum.

Blütenhülle 6spaltig, mit abfallendem Saum; Staubgefässe 9; gestielte Staminodien zu beiden Seiten der innersten Staubgefässe; Staubbeutel 4fächrig. Beere von der verhärteten, abgestutzten, ganzrandigen Röhre der Blütenhülle umgeben.

*Camphora officinarum C. Bauh.* Gebräuchlicher oder Wahrer Kampherbaum.

Blätter eirund oder eirundlich-lanzettlich, 3fach benervt, lederartig, oberseits spiegelnd, in den Aderwinkeln drüsig; Rispen achsel- und endständig, doldentraubig, deckblattlos; Blüten aussen kahl. (Taf. 202.)

Dieser in China einheimische und daselbst wie in Japan cultivirte schöne Baum von gegen 30 Fuss Höhe hat weit ausgebreitete etwas schlaffe Aeste. Die gewöhnlich wechselständigen, zuweilen fast gegenständigen Blätter haben lange Blattstiele, an denen sie meist niederhängen. Die kleinen schlanken Rispen haben 2—3blüthige Aestchen. Das gelblichweisse, etwa 2 Lin. im Durchmesser haltende Perigon hat ovale, stumpfe, kaum 1 Lin. lange dicht flaumhaarige Zipfel. Die Beere ist kugelrundlich, erbsengross, schwarzroth, glänzend. — Durch Auskochen mit Wasser oder durch eine Art trockner Destillation des kleingeschnittenen Holzes der Stämme, der Aeste und vorzüglich der Wurzel wird in China und Japan heutzutage der Rohkampher, *Camphora cruda*, erhalten, während man ihn früher nur gesammelt haben soll, indem man die Stämme spaltete und den in Höhlungen des Holzes sich ausgeschieden habenden Kampher herausnahm. Da aus dem Holze sehr schöne und gegen Würmerfrass gesicherte Hausgeräthe gefertigt werden, so sammelt man die dabei entstehenden Abfälle und verwendet sie zur Kampherbereitung, wodurch für die Folge einer Vertheuerung dieses sehr nützlichen Produktes vorgebeugt zu sein scheint. Der Rohkampher besteht aus kleinen schmutziggrauen Körnern, welche in Europa einer Sublimation unterworfen und dadurch gereinigt werden. In neuester Zeit hat man auch gereinigten Kampher in Thierblasen von China ausgeführt; er zeigt ein grobkörniges Gefüge Der in Europa gereinigte wird zu Broten geformt. Der Kampher ist ein festes ätherisches Oel von einem eigenthümlichen durchdringenden Geruche und einem scharf gewürzhaften bitterlichen, später kühlenden Geschmacke. Er wirkt kräftig flüchtig-erregend und belebend, vorzüglich auf das Gehirn und Rückenmark, und auf die Hautthätigkeit, desshalb schweisstreibend; auf das Harn- und Geschlechtssystem aber wirkt er deprimirend, die Milch-, Harn-, und Sperma-Absonderung, sowie zu grosse Erregbarkeit mindernd. Es ist ein vorzügliches Mittel gegen Wirkung narkotischer Gifte und durch Canthariden hervorgerufene Störung der Harnaussonderung. Seine Anwendung ist demzufolge eine sehr grosse und mannigfaltige in verschiedenen Krankheiten sowohl innerlich als äusserlich; auch macht er einen Bestandtheil vieler Zusammensetzungen und Präparate aus.

Gattung: *Nectandra Rottb.* Pichurimbohnenbaum.

Blüten zwitterig. Blütenhülle 6theilig, radförmig; von den hinfälligen Zipfeln sind die drei äussern etwas breiter. Staubgefässe 9; Staubbeutel eiförmig, fast sitzend; die 4 Fächer in einem Bogen von der Spitze des Staubbeutels abstehend, gestellt; die Fächer der 3 innern Staubgefässe auswärts gekehrt; die Staubfäden derselben hinten am Grunde zwei gepaarte, kugelige, sitzende Drüsen tragend. Staubgefässrudimente (Staminodia) entweder zahnförmig und am Grunde zweidrüsig oder drüsenlos und dann ein kleines ovales Knöpfchen tragend. Griffel sehr kurz mit einer kleinen abgestutzten Narbe. Beere der zu einem ganzen, abgestutzten Becherchen veränderten Röhre der Blütenhülle mehr oder weniger eingesenkt.

Nees v. Esenbeck *unterscheidet* 2 *Untergattungen*: *a.* mit 2drüsigen und *b.* mit nackten Staminodien, zu welcher letztern die folgende Art gehört.

1. Art: *Nectandra Puchury major Nees. et Mart.* Gross-Pichurimbohnenbaum.

Aestchen kahl; Blätter länglich und elliptisch, schmal zugespitzt, lederig-papierartig, gleichfarbig, kahl, netzaderig, Hauptblüthenstiele achselständig; Becherchen der Frucht sehr gross und schwammig. (Taf. 203.)

Ein in Brasilien einheimischer Baum mit weichem porösen Holze und dicker Rinde, welche einen süsslich nelkenartigen Geruch und scharfen gewürzhaften Geschmack besitzt. Die Aeste stehen aufrecht ab und sind kahl. Die Blätter sind am Grunde spitzig, lederartig und glänzend. Die Blütenstiele sind doppelt kürzer als die Blätter, aber die Blüten unbekannt. Die in dem grossen schwammigen, aus dem Perigon entstandenem Fruchtbecher sitzende Beere ist elliptisch, fast 2 Zoll lang.

2. Art: *Nectandra Puchury minor. Mart.* Klein-Pichurimbohnenbaum.

Aestchen graufilzig; Blätter wechselständig, länglich-elliptisch, langzugespitzt, am Grunde spitzig, nervig, lederartig, unterseits feinfilzig; Beere kurz-ellipsoidisch; die bleibende, sich vergrössernde Perigonröhre halbkugelig, gestutzt, aussen gefurcht, höckerig, flaumhaarig. (Taf. 203. Fig. D-H.)

Dieser gleichfalls in Brasilien wachsende Baum ist dem vorigen sehr ähnlich und die ältern Zweige werden ebenfalls kahl. Die Rinde hat frisch einen dem Sassafrasholze ähnlichen Geruch, der aber beim Trocknen sich verliert. Die kurzgestielte Beere ist nur 1 Zoll lang. — Von dem ersten Baume sollen nach v. Martius die Grossen und vom zweiten die Kleinen Pichurimbohnen, *Fabae Pichurim sive Pechurim majores et minores*, abstammen. Es sind die gewöhnlich getrennten, meist ungleichen Keimlappen oder Kotyledonen des Samens, welche auf der einen äussern Seite stark gewölbt, auf der andern innern seichter oder tiefer ausgehöhlt und meist schwärzlich braun, aussen auch zuweilen röthlichgrau sind. Die grossen Pichurimbohnen sind länglich, 16—20 Lin. lang, die kleinen dagegen rundlich, nur 10—12 Lin. lang. Sie haben einen den Muskatnüssen ähnlichen Geruch und Geschmack und werden in manchen Gegenden ihrer grössern Wohlfeilheit halber statt der Muskatnüsse als Gewürz an die Speisen benutzt. Früher wurden sie häufiger als jetzt als ein kräftigendes und erregendes, schwach zusammenziehendes Arzneimittel gegen Durchfälle, Ruhren und langwierigen weissen Fluss angewendet.

Gattung: *Sassafras Nees ab Esenb.* Sassafrasbaum.

Blüten zweihäusig. Blütenhülle 6theilig, mit häutigen abfallenden Zipfeln u. stehenbleibender Basis. Staubgefässe 9 (seltner 12) in dreifacher Reihe, die drei innersten beiderseits mit 2 dicken freien Drüsen: Staubbeutel 4fächrig, sämmtlich nach innen aufspringend; in den weiblichen Blüten befinden sich 9 oder 6 unfruchtbare Staubgefässe. Beere auf dem verdickten und fleischigen Blütenstiele aufsitzend und am Grunde von der gelappten papierartigen Basis der Blütenhülle umgeben.

### *Sassafras officinale Nees ab Esenb.*
### Gebräuchlicher Sassafrasbaum.

Blätter eiförmig oder oval, stumpflich, ganz oder zwei- bis dreilappig, unterseits flaumhaarig, später kahl. (Taf. 204.)

Ein 20—40 Fuss hoher Baum mit einem $\frac{1}{2}$—2 F. dicken Stamme in den südlichen und mittlern vereinigten Staaten Nordamerikas. Die wechselständigen Blätter sind in der Jugend oberseits weichhaarig, unterseits grau-seidenhaarig, späterhin kahlerwerdend und endlich kahl. Die grössern Blätter sind meist gelappt und ungleich oder unsymmetrisch an ihren Seiten, die Buchten gerundet, die Lappen zugespitzt, die kleinern dagegen ungelappt. Die Blattstiele finden sich $\frac{1}{2}$ bis über 1 Zoll lang. Die Blütenstiele sind etwas zottig. Das gelblichgrüne Perigon hat längliche stumpfe Zipfel. Die 4—5 Lin. langen Beeren sind ellipsoidisch, dunkelblau und stehen auf ziemlich langen vorn keulig-verdickten purpurrothen kahlen Fruchtstielen. — Von diesem Baume sammelt man das Holz, vorzüglich das der Wurzel als Sassafrasholz, *Lignum Sassafras*. Es kommt im Handel in mehr oder minder langen, gekrümmten und gebogenen oder gar knorrigen, ½ Zoll im Durchmesser haltenden Stücken vor, welche aussen eine hellere oder dunklere gelb- oder rothbraune weiche Rinde, wenigstens theilweis besitzen und innen weich, grobfaserig, blass braunröthlich, holzig sind. Es riecht, vorzüglich beim Raspeln oder Sägen eigenthümlich süsslich-gewürzhaft, zwar nicht stark, aber dennoch eindringend und schmeckt aromatisch, etwas süsslich, an Fenchel erinnernd. Es enthält als wirksamen Bestandtheil ein schweres ätherisches Oel und wird als ein starkerregendes, vorzüglich Schweiss und Harn treibendes Arzneimittel bei Scropheln, Syphilis, Gicht und Rheuma, aber auch bei Verschleimungen und durch Stockungen im Darmkanale entstandenen Wassersuchten angewendet. Es macht einen Bestandtheil der sogenannten Holztränke, *Species ad Decoctum Lignorum*, aus.

### Gattung: *Laurus Tournef.* Lorbeer.

Blüten zweihäusig. Blütenhülle 4theilig, abfallend. Männl. Blüte: Staubgefässe 12, sämmtlich fruchtbar; Staubfäden gewöhnlich in der Mitte beiderseits eine gestielte Drüse tragend, seltner ohne dergleichen: Staubbeutel länglich, 2-fächrig; kein Ansatz zu einem Pistille. Weibliche Blüte: Vollständiges Pistill mit 2 oder 4 Staubgefässrudimenten. Beere nackt.

Nur eine Art enthaltend:

### *Laurus nobilis Lin.* Edler Lorbeer.

Blätter lanzettlich, lederartig, etwas wellig, aderig. (Taf. 205.)

Dieser bekannte, immergrüne 10—15 F. hohe Strauch oder auch 20—25 F. hohe Baum wächst in den meisten Ländern, die um das Mittelmeer herumliegen. Seine Aeste stehen steif aufrecht und sind glatt und kahl. Die wechselständigen Blätter stehen auf kurzen Stielen, sind länglich-lanzettlich an beiden Enden zugespitzt, am Rande mehr od. weniger wellig, starr lederartig, fiedernervig, unterseits fein netzaderig, am schmal-knorpelig-gesäumten Rande etwas umgebogen. Die Blüten stehen zu 3—6 in kurzgestielten büschelförmigen Dolden in den Blattwinkeln. Die Dolden sind am Grunde von 4 rundlichen, stark vertieften, bräunlichen, schuppenförmigen Deckblättern gleichwie von einer

Hülle umgeben. Die Zipfel des gelblichweissen Perigons sind verkehrt-eirund, stumpf, vertieft, beiderseits weichhaarig. Die eiförmig-ellipsoidischen spitzlichen Beeren sind 6—7 L. lang und schwarzblau. —

Man wendet heutzutage nur die Beeren, *Baccae Lauri*, an, welche im getrockneten Zustande fast braunschwarz, netzartig-gerunzelt und etwas glänzend sind. Sie enthalten unter der dünnen zerbrechlichen Fruchthaut einen bräunlichen Samen, der aus 2 den sog. Kaffeebohnen ähnlichen Samenlappen besteht. Der Geruch dieser Beeren ist stark, eigenthümlich gewürzhaft und der Geschmack brennend gewürzig-bitter. Vorwaltende Bestandtheile sind ein ätherisches Oel, ein fettes Oel und ein flüchtiger, krystallinischer, scharf-bitterer Stoff, Laurin. Sie wirken tonisch-erregend, blähungstreibend und erhitzend und werden nur äusserlich entweder gepulvert und in Verbindung mit andern Mitteln angewendet oder man gewinnt durch Kochen und Auspressen das fette Lorbeeröl, *Oleum laurinum expressum*, und gebraucht beide Mittel bei chronischen Hautkrankheiten und schmerzhaften Nervenleiden. Die Lorbeerblätter, *Folia Lauri*, wurden sonst als magenstärkendes und blähungtreibendes Mittel angewendet; dienen aber jetzt nur noch als Küchengewürz.

### Gruppe: *Menispermeae Juss.*

### Gattung: *Cocculus (C. Bauh.) DeC.* Kokkel.

Blüten zweihäusig. Kelch und Blumenblätter zu dreien in zwei oder sehr selten in drei Reihen stehend. — Männliche Blüte: Staubgefässe 6, frei, den Blumenblättern gegenständig. — Weibliche Blüte: Pistille 3 oder 6, Beeren 1—6, steinfruchtartig, meist schief nierenförmig, etwas zusammengedrückt, einsamig; Samenlappen entfernt.

***Cocculus palmatus DeC.*** **Handförmiger Kokkel, Columbopflanze.** *(Menispermum palmatum Lam.)*

Blätter schildstielig, am Grunde herzförmig, handförmig-5spaltig, fast steifhaarig: Lappen zugespitzt; Blüten achselständig, die männlichen in Rispen, die weiblichen in Trauben. (Taf. 206.)

Eine ausdauernde Pflanze, welche auf der Ostküste von Südafrika in den Wäldern von Mozambique und Querimbo ursprünglich einheimisch war, jetzt aber auch auf die Seychellen und Maskaren-Inseln, sowie nach Ostindien verpflanzt worden ist. Die Wurzel wird sehr gross und dick ($1-1\frac{1}{2}$ F. lang, 2—3 Z. im Durchmesser); sie hat lange rübenförmige, am Grunde, gelenkartig-eingeschnürte, warzige Aeste.

Der krautige, an andern Gewächsen emporklimmende stielrunde Stengel ist bei den männlichen Pflanzen einfach, bei den weiblichen ästig. Die Blätter stehen von einander entfernt auf langen Stielen und sind 6 Z. und darüber lang und breit. Die männlichen Blumen bilden in den Blattachseln hängende behaarte traubige Rispen von der Länge der Blattstiele, die einzelnen Blütenstielchen sind sehr kurz und von einem lanzettlich-linealen, spitzigen wimperigen Deckblättchen unterstützt. Die 6 Kelchblätter sind eiförmig, spitzig und die Blumenblätter blassgrün, keilförmig-länglich, stumpf, concav, fleischig und umhüllen mit ihrem Grunde die 6 Staubgefässe mit 4lappigen und 4fächrigen Antheren. Die weiblichen Trauben sind einfacher und kürzer. Die drüsig behaarten Fruchtknoten tragen eine fast sitzende 3spitzige Narbe. Die Beeren erlangen die Grösse einer Haselnuss und sind mit langen schwarzen Drüsenhaaren besetzt; sie enthalten schwarze nierenförmige Samen. — Officinell ist die Columbowurzel, *Radix Columbo sive Colombo*, die man in runden, 1—2 Z. im Durchmesser haltenden und 3—4 Lin. dicken Scheiben oder in walzigen fingersdicken 1—2 Z. langen Stücken von blassgrünlichgelber Farbe erhält. Sie hat einen schwachen widrigen Geruch und einen starken und lange anhaltenden bittern Geschmack und enthält vorzüglich Columbobitter *(Columbin)*, Schleim und viel Stärkmehl. Sie dient als schleimiges, bitteres und stärkendes Mittel bei Krankheiten der Verdauungswerkzeuge sowohl aus Schwäche als auch zu grosser Reizbarkeit derselben, vorzüglich gegen chronischen Durchfall, Ruhren und dergl.

*Anamirta Cocculus Wight et Arnott.)* Kokkelskörner-Strauch, Fischkörner-Strauch *(Menispermum Cocculus Lin. — Cocculus suberosus De C.)* ist ein kahler Schlingstrauch mit korkiger Rinde in Malabar. Von den grossen breit-eirunden, am Grunde gestutzten oder mehr oder weniger herzförmigen, spitzlichen, lederartigen Blättern sind die jüngern am Grunde stärker herzförmig, runder, fast stachelspitzig, dünner, oft mehr oder wenig weichhaarig. Die Blüten stehen in zusammengesetzten seiten- oder blattwinkelständigen Trauben. Drei hinfällige Deckblättchen befinden sich am Grunde der Blütenstielchen. Nach Wight u. Arnott liefert dieser Strauch die Kokkels- oder Fischkörner, *Cocculi indici seu levantici s. piscatorii*, welche neben einem fetten Oele als wirksamen Bestandtheil das Pikrotoxin oder Kokkulin und in der Schale ein eigenthümliches Alkaloid, Menispermin, enthalten. Sie werden jetzt meist nur homöopathisch angewendet.

*Cissampelos Pareira L.*, Gebräuchliche

**Grieswurzel**, ein windender Halbstrauch in den Gebirgsgegenden Westindiens und Mexikos mit holziger armsdicker ästiger Wurzel und langem stielrundem Stengel. Die fast kreisrunden, am Grunde nierenförmigen, 2—3 Z. im Durchmesser haltenden Blätter stehen auf langen schwachbehaarten Stielen. Die männlichen Blumen stehen in einzelnen oder gepaarten ästigen Rispen; die weiblichen dagegen in 2—3 Zoll langen Trauben, die mit vielen nierenförmigen Deckblättern, welche nach oben hin an Grösse abnehmen, besetzt sind; aus den Achseln dieser Deckblättchen entspringen äusserst kleine kurzgestielte Blüten. Die männl. Blumen haben nur 4 Kelch- aber keine Blumenblätter und 4 monadelphische Staubgefässe. Die weiblichen Blüten haben 1 seitliches Kelch- und 1 Blumenblatt nebst einem Fruchtknoten mit 3 fast sitzenden Narben. Die 3 Lin. dicken rundlichen Beeren sind scharlachroth und mit langen steifen weissen Haaren besetzt. — Von dieser Pflanze stammt die ächte Grieswurzel, *Radix Pareirae bravae sive Butuae*, welche früherhin häufig als ein gutes Mittel bei Harnbeschwerden, Steinkrankheiten, sowol Gries als auch Nierensteinen, ferner gegen Unterleibsstockungen, Gelb- und Wassersucht gebraucht wurde; jetzt aber kaum noch in Europa, dagegen aber noch häufig in Amerika angewendet wird.

### 77. Fam.: Nyctagineen: *Nyctagineae.*

Aus dieser Familie ist nur *Mirabilis Jalappa L.*, die Gemeine Wunderblume oder Falsche Jalappe, welche in vielen Farben blühet und *Mirabilis longiflora L.*, welche lange weisse starkriechende Blumen hat, und welche beide als Ziergewächse in unsern Gärten unterhalten werden, zu bemerken. Die Wurzel von der erstern hat sowol im Aeussern als auch hinsichtlich ihrer Wirksamkeit einige Aehnlichkeit mit der ächten Jalappe und soll früher damit verwechselt worden sein. Die Wurzel der zweiten Art ist nach Nees v. Esenbeck die *Radix Mechoacannae griseae* oder *Radix Matalista*; sie steht hinsichtlich ihrer purgirenden Wirksamkeit der Jalappe etwas nach und wird jetzt bei uns nicht mehr angewendet.

### 76. Fam. Osterluzeien: *Aristolochiaceae.*
#### Gruppe: *Myristiceae R. Br.*
#### Gattung: *Myristica Lin.* Muskatnussbaum.

Blüten zweihäusig. Blütenhülle gefärbt, urnenförmig' mit 3spaltigem Saume. Staubfädensäule 3—12 angewachsene Staubbeutel tragend. Beere steinfruchtartig, 2klappig sich öffnend, einsamig. Samen von einem vieltheilig-zerrissenen Samenmantel umgeben.

*Myristica moschata Thunb.* Aechter Muskatnussbaum, Moschkatenbaum.

Blätter abwechselnd, länglich oder elliptisch-länglich od. eiförmig, zugespitzt, stumpf, kahl, fast einfach geadert; männliche Blüten achselständig, traubig, weibliche auf 1—3blütigen Stielen; Früchte einzeln, kahl. (Taf. 207.)

Dieser 30—40 F. hohe Baum mit wirtelständigen weit abstehenden Aesten war ursprünglich auf den Molukken einheimisch und wird jetzt daselbst sowie auf den grossen Sunda-Inseln, den Maskarenen, auf den Antillen und in Cayenne und anderen Theilen des nördlichen Südamerikas cultivirt. Die wohlriechenden Blätter sind oberseits dunkelgrün und glänzend, unterseits blassgrün und glanzlos. Die Zipfel des gelblichweissen fleischigen Perigons sind kurz, eirund, spitzig. Die Staubfädensäule in den männlichen Blumen ist dick walzenförmig und trägt 9—12 aufgewachsene Staubbeutel. Der Fruchtknoten in den weiblichen Blumen ist verkehrt-eiförmig. — Die kugelig birnförmige Frucht hat 2—2½ Z. im Durchmesser, ist im reifen Zustande gelb und enthält in einem weissen Fleische den eiförmigen oder kugelig-ellipsoidischen zolllangen Samen, welcher von einem in sehr ungleiche linealische einfache od. verschieden geschlitzte Zipfel gespaltenen fleischigen und hoch feurigrothen Samenmantel umgeben ist. Von diesem Samenmantel erhält die harte dunkelbraune und glänzende Samenschale unregelmässige flache und breite Furchen und Eindrücke. — Die getrocknet roth- oder safrangelben Samenmäntel sind die sogenannten Muskatblüthen, *Macis*, *Flores Macidis*, und die von der harten Samenschale befreieten Samenkerne sind die sog. Muskatnüsse, *Nuces moschatae*, des Handels. Letztere haben einen eigenthümlichen, angenehm gewürzhaften Geruch und Geschmack und enthalten vorwaltend ein fettes und ein ätherisches Oel. Sie werden häufig als Küchengewürz, welches die Verdauung unterstützt, gebraucht. In grosser Menge oder häufig genossen wirken sie überreizend auf den Magen und abspannend auf das Nervensystem. Als Arzneimittel gebraucht man sie in Substanz blos als Corrigens schwer verdaulicher Arzneien; häufiger dagegen ist die Anwendung des in Indien durch Auspressen gewonnenen festen Muskatöls, Muskatbalsam od. Muskatbutter, *Oleum s. Balsamum Nucistae*, gegen krampfhafte Unterleibsbeschwerden, Verdauungs- und Magenschwäche, Herzgespann und Blähungsbeschwerden. — Die Muskatblumen haben einen noch feinern Geruch und Geschmack als die Muskatnüsse und enthalten gleichfalls ein fettes und ätherisches Oel. Auch sie werden als Gewürz an die Speisen gebraucht und haben eine ähnliche, nur flüchtiger erregende Wirksamkeit. In Indien wird aus ihnen durch Destillation das ätherische Muskatblütöl, *Oleum Macis s. Macidis*, gewonnen. Muskatblüten und Muskatnüsse machen einen Bestandtheil vieler Zusammensetzungen und Präparate aus.

Gruppe: *Aristolochieae. (Fam. Aristolochieae Juss. gen. 74. excl. Cytino.)*

Mehrjährige Kräuter oder kletternde und windende Sträucher mit abwechselnden Blättern ohne Nebenblätter. Die hermaphroditischen Blumen stehen einzeln oder gehäuft in den Blattachseln. Das Perigon ist dem Fruchtknoten angewachsen, meist gefärbt, entweder röhrig und unregelmässig, in eine kleinere oder grössere Lippe vorgezogen oder regelmässig 3theilig. Die epigynischen Staubgefässe stehen entweder zu 12 in einer Reihe oder seltner zu mehrern in 2 Reihen, frei oder an das Pistill angewachsen. Der unterständige Fruchtknoten besteht aus 4—6 durchaus verwachsenen Karpellen und hat einen mittelständigen vieleiigen Samenträger. Die 4 od. 6 kurzen Griffel sind meist säulenförmig verwachsen, so dass die freien abstehenden Narben sternförmig erscheinen. Die Früchte sind 4- oder 6fächrige Kapseln oder Beeren mit vielsamigen Fächern. Der sehr kleine Embryo ist dem Nabel genähert im fleischigen Eiweisskörper eingeschlossen und vor dem Keimen ungetheilt.

Gattung: *Asarum Tournef.* Haselwurz.

Blütenhülle aufrecht, glockig, 3spaltig. Staubgefässe 12: Staubfäden über die Staubbeutel hinaus verlängert, frei. Narbe 6lappig-strahlenförmig. Kapsel lederartig, 6fächerig, nicht aufspringend: Fächer wenigsamig.

*Asarum europaeum Lin.* Gemeine od. Gebräuchliche Haselwurz.

Wurzelstock oder unterirdischer Stengel kriechend; Blätter zu zwei (gepaart), langgestielt, nierenförmig, sehr stumpf oder flach zugerundet und ausgerandet; Blütenstiele einzeln, zwischenblattständig; Blütenhülle aufrecht, etwas rauhhaarig, mit einwärts gebogenen Zipfeln. (Taf. 208.)

Diese ausdauernde Pflanze wächst in Laubwäldern unter dem Gebüsch, vorzüglich in bergigen Gegenden in fast ganz Europa. Der federkieldicke Wurzelstock kriecht wagrecht unter dem Boden hin, ist mehr oder minder deutlich gegliedert, ästig und hier und da mit langen und ästigen Wurzelfasern besetzt. Er treibt sehr kurze mit einigen eirunden häutigen Schuppen besetzte Stengel, welche an ihrem Ende zwei Blätter und zwischen diesen eine einzelne Blüte tragen. Die Blätter sind ganzrandig oder nur schwach randschweifig, etwas lederartig, oberseits dunkelgrün und glänzend, unterseits blässer und matt, oft röthlich oder braun überlaufen. Das Perigon (Blütenhülle) ist nur 5—6 Lin. lang, fast lederartig, aussen trüb blassgrün, braun überlaufen, innen dunkel blutroth. — Gebräuchlich ist meist nur noch der Wurzelstock für sich als Haselwurz, *Radix Asari*, oder auch mit den Blättern zugleich, Haselkraut mit Wurzel, *Herba Asari cum radice.* Früherhin wurde die Haselwurz häufig als Brechmittel angewendet, da sie aber zugleich purgirend, harntreibend und überhaupt eigenthümlich erregend auf die Unterleibsorgane wirkt, so ist sie durch die Ipecacuanha verdrängt worden und wird jetzt nur selten noch, ausser in der Thierheilkunde gebraucht. Die zerriebenen Blätter dienten als ein kräftiges Niesenmittel.

Gattung: *Aristolochia Tournef.* Osterluzei.

Blütenhülle röhrig, gerade oder gekrümmt, am Grunde bauchig: Saum sehr verschieden, meist ein- oder zweilippig. Staubgefässe (oder richtiger Staubbeutel) 12, an den Seiten des säulenförmigen Griffels unter der Narbe (sitzend) angewachsen. Narbe sternförmig, 6lappig. Kapsel 6fächrig, fachspaltig-6klappig.

1 Art: *Aristolochia Serpentaria Jacq.* Schlangenwurz, Osterluzei, Virginische Schlangenwurz.

Wurzel aus einem kurzen Wurzelstocke faserig; Stengel einfach oder nur etwas ästig, hin- und hergebogen, aufrecht oder aufsteigend; Blätter herzförmig-eirund, zugespitzt und wie der Stengel flaumhaarig; Blütenstiele grundständig, ein- oder wenigblütig; Blütenhüllröhre gekrümmt: Lippe fast 3-lappig, stumpf. (Taf. 209. Fig. *A.*)

Diese ausdauernde Pflanze wächst in den Gebirgswäldern der südlichern vereinigten Staaten von Nordamerika, vorzüglich in Karolina und Virginien. Der kleine knorrige Wurzelstock ist dicht mit langen fadenförmigen ästigen Fasern besetzt und treibt nach oben mehre $\frac{3}{4}$—1 F. hohe Stengel, welche unten mit einigen kleinen Schuppen besetzt sind. Die $1\frac{1}{2}$—3 Zoll langen, $\frac{3}{4}$—$1\frac{1}{2}$ Z. breiten Blätter haben am Grunde zwei zugerundete Lappen. Die etwa 1 Zoll langen Blütenstiele sind abwärts gekrümmt, mit schuppenförmigen Deckblättern besetzt und tragen 1 oder 3 bräunlichrothe

Blüten. Die Perigon oder Blütenhüllröhre ist etwa $\frac{1}{8}$ Z. lang unterhalb des Saums in einem Winkel aufwärts gebogen und trägt einen stumpf-3eckigen Saum. Die Kapsel ist kugelich und mit 6 Kanten belegt.

2. Art: *Aristolochia officinalis Fr. Nees.*
Officinelle Osterluzei.
(*Arist. Serpentaria Barton.*)

Stengel aufrecht oder etwas aufsteigend, dünnkantig, oberwärts hin und her gebogen, einfach. Blätter kurzgestielt, herzförmig-länglich, langzugespitzt, nebst dem Stengel weichhaarig; Blütenstiele über dem Stengelgrunde entspringend, einblütig; die Röhre des Perigons gekrümmt: der Saum 2lippig, die obere Lippe helmförmig-gewölbt, ausgerandet, die untere breit-eirund, vorgestreckt. (Taf. 209. Fig. B.)

Diese der vorigen sehr ähnliche Art wächst in denselben Gegenden wie jene, scheint aber weiter nach Nord zu reichen. Die schlankern Stengel werden $\frac{3}{4}$—2 Fuss hoch. Die Blätter sind länglicher, gehen in eine schmälere Spitze aus, sind $1\frac{1}{2}$—5 Z. lang $\frac{1}{2}$—$2\frac{1}{2}$ Z. breit, mit einer meist etwas breiteren und dabei seichten Bucht am Grunde versehen und in dieser Bucht oft sehr stark keilig nach dem Blattstiele vorgezogen, übrigens dünn und zart. Die Blütenstiele sind gleichfalls länger als bei voriger Pflanze, $1\frac{1}{2}$—2 Z. lang, hin und hergebogen und mit entfernten Deckblättchen besetzt. Das trüb-purpurbraune, aussen blässere und weichhaarige Perigon hat eine Röhre, die an der winkeligen Beugung höckerig-erweitert ist und einen eigentlichen 3lappigen Saum; die beiden obern Lappen sind aber zu einem halbkugeligem Helme verwachsen und der untere Lappen bildet eine vorgestreckte Lippe. Die rundlich-verkehrt-eirunde weichhaarige Kapsel hat 6 hervorstehende Kanten und ist etwas fleischig.

Von vorstehenden beiden und wahrscheinlich auch von noch andern verwandten Arten kommt die Virginische Schlangenwurzel, *Radix Serpentariae virginianae*, her. Sie hat die bei der ersten Art näher beschriebene Gestalt des Wurzelstocks mit seinen Fasern. Der Geruch ist ziemlich stark gewürzhaft, etwas kampherartig, der Geschmack gewürzig, kühlend, anhaltend bitter. Seit sehr langer Zeit bedienten sich die amerikanischen Indianer des Krautes gegen die Folgen des Bisses giftiger Schlangen und in Europa ist sie als Heilmittel gleichfalls länger als 2 Jahrhunderte bekannt. Sie dient als ein kräftig erregendes, harn- und schweisstreibendes Mittel, vorzüglich in Schleim-, Faul- und Nervenfiebern, ferner bei Hautausschlägen mit nervösem Charakter, beim Brande mit sehr gesunkener Reizbarkeit u. dgl.

Auch einige andere europäische Arten haben Wurzeln von ähnlicher, aber geringerer Wirksamkeit und sind desshalb jetzt bei uns nicht mehr, sondern nur in den Gegenden in Anwendung, in denen sie wachsen. Dahin gehören: *Aristolochia Clematitis Lin.*, Gemeine Osterluzei, welche im südlichen und mittlern Europa in Hecken, Gebüschen und Weinbergen wächst. Sie hat eine sehr lange federkieldicke, weit umherkriechende gegliederte Wurzel, welche an den Gelenken mit dünnen weissen Fasern besetzt ist. Der aufrechte Stengel trägt langgestielte rundlich-dreieckige am Grunde tief nierförmige, vorn stumpfe oder ausgerandete Blätter. Die Blüthen stehen zu 3—9 auf 4—6 Lin. langen Stielen in den Blattachseln und sind trübgelb. Gebräuchlich war die Wurzel und das Kraut, *Radix et Herba Aristolochiae vulgaris sive tenuis*. — *Aristolochia rotunda Lin.*, Runde Osterluzei, wächst im südlichen Europa in Gebüschen und Weinbergen. Der Stengel ist ziemlich aufrecht, etwas ästig. Die herzeirunden stumpfen Blätter sind so kurz gestielt, dass sie fast stengelumfassend erscheinen. Die Blumen stehen einzeln, gerade, aufrecht und haben eine längliche abgestutzte Lippe. Die knollenförmige fast kugelrundliche und höckerige braune Wurzel, *Radix Aristolochiae rotundae*, schmeckt ekelhaft bitter und wirkt kräftiger als die von vorhergehender Art. Auch von der sehr ähnlichen *Ar. pallida Waldst. et Kit.*, die man sonst nur für eine Abart hielt, wurde die Wurzel unter gleichem Namen gesammelt und angewendet. — *Aristolochia longa Lin.*, Lange Osterluzei, wächst ebenfalls im südlichen Europa, ist aber seltener als vorige. Der ästige Stengel hat schlaff ausgebreitete fast windende Aeste. Die Blätter sind herzförmig- oder fast nierenförmig-3eckig, vorn ausgerandet. Die einzelnen, aufrechten, geraden Blüten haben eine eilanzettliche spitzige Lippe. Die walzlich-spindelförmige fingersdicke und etwa 3 Zoll lange Wurzel war als *Radix Aristolochiae longae* in den Apotheken officinell. — *Aristolochia Maurorum L.*, Syrische Osterluzei, in Syrien einheimisch, hat an den einfachen fast aufrechten Stengeln, spiessförmig-lanzettliche Blätter mit abgerundeten Grundlappen, einzelne Blüten mit gekrümmter Perigonröhre und eiförmiger spitziger Lippe. Die längliche, ziemlich lange Wurzel war als *Radix Aristolochiae Maurorum*, doch nur seltner gebräuchlich. — *Aristolochia trilobata L.*, Dreilappige Osterluzei, ist ein westindischer Schlingstrauch mit 3lappigen stumpfen Blättern, mit einzelnen Blumen, deren Perigonröhre aufgeblasen und eingeknickt und deren Lippe am Grunde herzförmig, vorn zugespitzt und geschwänzt ist. Früher kamen die Stengel als *Stipites Aristolochiae trilobatae* nach Europa und werden in Westindien noch häufig angewendet, da sie sehr wirksam sind. — *Aristolochia Pistolochia L.*, Gekerbte Osterluzei, wächst im südlichen Europa. Die krautigen, fast aufrechten, etwas ästigen Stengel werden etwa nur 9 Zoll hoch. Die Blätter sind herzförmig, stumpf, flach, gekerbt od. gezähnelt. Die einzeln und aufrecht stehenden Blumen sind röhrig und haben einen 2lippigen Saum; die Oberlippe ist kurz und zurückgeschlagen, die Unterlippe länglich, gerade und stumpf. Die aus vielen, 3—5 Z. langen, fadenförmigen, büschelig stehenden Fasern gebildete Wurzel hat einen ziemlich angenehm gewürzhaften Geruch und bittern, etwas scharfen Geschmack. Sie war als *Radix Aristolochiae polyrrhizae sive Pistolochiae* officinell. — *Aristolochia cymbifera Mart.*, Nachenförmige Osterluzei, ein windender Strauch in Brasilien mit herz-nierenförmigen stumpfen Blättern und nierförmigen Nebenblättern. Die Perigonröhre der einzeln stehenden Blüten ist bauchig und gestreift; der 2lippige Saum hat eine lanzettliche spitzige, fast sichelförmige rinnige Oberlippe und eine am Grunde nachenförmige und ausgeschweift-gekerbte, vorn verkehrt-eirunde, ausgerandete und wellige Unterlippe. Die grosse dicke und höckerige Wurzel hat mehre 1—2 Fuss lange Aeste mit 4—6 Zoll langen Fasern. Sie ist vor einiger Zeit als *Radix Milhomens* (denn sie heisst in Brasilien *Raiz de mil Homens*, Tausend Mannwurzel) auch nach Europa gebracht und angewendet worden und soll noch kräftiger wirken als die Virginische Schlangenwurzel. Man sammelt sie aber auch noch von mehren andern brasilianischen Arten, als: *Ar. brasiliensis Mart.*, *Ar. galeata Mart.*, *Ar. macroura Gomez.* und *Ar. labiosa Ker.*

### Gruppe: *Pipereae Rich.*
### *(Fam.: Piperaceae Rich.)*

Kräuter oder Sträucher mit gegen- oder wirtelständigen, seltner wechselständigen, einfachen, nervigen und netzaderigen, ganzen und ganzrandigen Blättern mit am Grunde scheidigen Blattstielen ohne Nebenblätter. Die unscheinbaren Blüten befinden sich in gipfel- oder blattgegenständigen fleischigen (kolbenartigen) Aehren entweder halb eingesenkt in die fleischige Spindel oder seltner gestielt und von schuppenförmigen, meist schildigen oder herablaufenden Deckblättern gestützt. Die Blüten sind entweder hermaphroditisch oder zweihäusig. 2, seltner 3 oder mehre Staubgefässe stehen getrennt; die sehr kurzen Staubfäden sind am Grunde dem Fruchtknoten angewachsen und tragen auswärts angeheftete,

2- oder seltner 1fächrige Antheren mit durch eine Längsritze aufspringenden Fächern. Die einzelnen einfächrigen Fruchtknoten haben ein grundständiges aufrechtes Eichen, und eine sitzende, ungetheilte oder 3—4lappige, kahle oder behaarte Narbe. Beere einsamig. Der Same ist meist kugelig und enthält ein dickes, in der Mitte oft hohles Eiweiss. Der Embryo liegt am Scheitel des Samens in einer Vertiefung des Eiweisses mit nach oben gekehrtem Würzelchen und von dem bleibenden Keimsacke eingeschlossen.

Obschon die von Linné aufgestellte Gattung *Piper* durch einen grossen Zuwachs an Arten so umfangsreich geworden war, dass sie sich leicht in mehre einzelne Gattungen trennen liess und dieselben auch gut charakterisirt worden sind, so wollen wir doch bei den wenigen uns hier interessirenden Arten die alten Linneischen Bestimmungen beibehalten und nur die neuern Synonyma angeben.

### Gattung: *Piper Lin.* Pfeffer.

Aehren einzeln auf den Blütenstielen. Blüten zwitterig oder zweihäusig, einer kolbenartigen Spindel eingefügt, und unter jeder einzelnen Blüte ein schuppenförmiges Deckblättchen. Staubgefässe meist 2, doch auch 3, 4, oder mehre; Staubbeutel zweifächrig. Griffel 3 oder mehre mit abstehenden Narben. Beere einsamig. —

#### 1. Art: *Piper nigrum Lin.* Schwarzer Pfeffer.

Zwitterig; Stengel kletternd, wurzelnd; Zweige hin- und hergebogen, gelenkig, knotig; Blätter gestielt, wechselständig, breit-eiförmig oder elliptisch, zugespitzt, 5—7nervig, lederig, kahl, am Rande umgebogen, unterseits schwach seegrün; Aehren kolbenartig, kurzgestielt, blattgegenständig; Beeren sitzend, kugelrundlich, gesondert. (Taf. 210.)

Dieser Strauch wächst in den heissen Ländern Asias und wird besonders in Ostindien und auf den Molukken in Menge gebaut. Der fingersdicke stark verästete Stamm klimmt an Baumstämmen 12—20 F. hoch und höher hinan; er ist wie die Aeste an den Gelenken knotig verdickt, glatt und kahl. Die Blätter sind gestielt, 4—6 Z. lang, 2—3 Z. breit, kahl, am Grunde meist etwas ungleich und daselbst spitzlich oder abgerundet, zuweilen auch schwach herzförmig, oberseits schöngrün, fast glänzend. Die Blattstiele der obern Blätter sind blos 6—9 Lin. lang, die der untern doppelt länger, rinnig. Die schlanken Aehren stehen auf 3—5 Lin. langen Stielen den Blättern entgegen, sind 3—5 Zoll lang und die Spindel ist mit länglichen schildigen Deckblättern dicht besetzt. In diesen Aehren stehen vollständige Zwitterblüten mit unvollständigen gemischt oder weibliche Blüten. Die erbsengrossen Beeren sind anfangs grün, gegen die Reife hin ziegelroth, und zuletzt gelblich.

Man sammelt die noch nicht völlig reifen grünen Beeren, trocknet sie auf Matten ausgebreitet schnell, wodurch sie runzelig und schwarz werden. Sie werden als Schwarzer Pfeffer, *Piper nigrum*, versendet. Im Durchschnitte zeigt der Schwarze Pfeffer aussen das eingetrocknete schwarzgrünliche Fruchtfleisch der Beere und nach innen den gegen die Mitte hin allmälig blässern, in der Achse oft hohlen Eiweisskörper. Der Pfeffer hat einen eigenthümlichen stechend gewürzhaften Geruch und einen scharfen brennenden Geschmack. Er enthält vorwaltend scharfes Harz, ätherisches Oel und einen geschmacklosen krystallinischen Stoff (Piperin). — Weisser Pfeffer, *Piper album*, sind die von der Beerenschale befreiten Samen; um sie zu erhalten sammelt man die rothen und die überreifen gelben Beeren, legt sie 14 Tage lang in Wasserpfützen, wodurch sie aufquellen und die Fruchthaut zerreisst. Hierauf werden sie an der Sonne getrocknet und Fruchtfleisch und Fruchthaut durch Reiben zwischen den Händen entfernt. Dieser indische Weisse Pf. besteht aus kleinen, runden Körnern von schwach pfefferartigem Geruche und minder scharfem Geschmacke als am Schwarzen Pfeffer. Der jetzt im Handel käufliche Weisse Pfeffer jedoch wird grösstentheils in England aus Schwarzem Pfeffer bereitet, indem man diesen in Seewasser und Urin einweicht und so mehre Tage der Sonnenhitze aussetzt, bis sich die Rinde ablöst. Hierauf trocknet man ihn, reibt mit den Händen die Aussenschicht ab und schwingt nach nochmaligem Trocknen der weissen Körner das Abgeriebene davon. Der Pfeffer wirkt reizend und erregend auf die Verdauungsorgane; man wendet entweder die ganzen Körner oder das Pulver derselben bei Verdauungsschwäche und besonders gegen Wechselfieber an; aber auch bei Harnstrenge, unterdrückter Menstruation und kardialgischen Nervenleiden hat er sich dienlich erwiesen. Sein Gebrauch in der Kochkunst als Gewürz ist grossartig und bekannt. Von den 50 Millionen Pfund, die jährlich nach H. Crawfurds Berechnung erbaut werden, gelangt etwa der dritte Theil nach Europa.

2. Art: *Piper Cubeba Lin. fil.* Cubeben-Pfeffer.
*(Syn.: Cubeba officinalis Miquel.)*

Zweihäusig; Stengel strauchig, stielrund, kletternd; Blätter wechselständig, gestielt, die untern eirund, sehr kurzzugespitzt, am Grunde ungleich, fast herzförmig, die obern eirund-länglich, kleiner, am Grunde zugerundet, fünffach benervt; Aehren kolbenartig, blattgegenständig, gestielt; Aehrenstiele ziemlich von der Länge der Blattstiele, die der männlichen Aehren schlanker, die der weiblichen dicker; Beerenstiele (eigentlich nur der verdünnte Untertheil der Beere) kürzer als die kugelrunde Beere. (Taf. 211.)

Dieser kletternde Strauch wächst in der Provinz Bantám auf Java und auf der kleinen Insel Nusa Kambangan, welche der Südküste von Java gegenüberliegt, wild; wird aber im Grossen angebaut auf Java in den Provinzen Bantám und Tijako. Der holzige stielrunde Stengel ist mit einer kahlen Rinde bekleidet, die am untern Theile weisslichgrau oder fast zimmtfarbig und rissig, am obern blassbräunlich, an jungen Aesten sehr fein gestreift und etwas weichhaarig ist. Die kahlen Blätter stehen auf $\frac{1}{2}$—1 Z. langen, rinnigen Blattstielen, sind 4—6$\frac{1}{2}$ Z. lang, 1$\frac{1}{2}$—2$\frac{1}{2}$ Z. breit, oberseits hellgrün und glänzend, unterseits matt mit vorspringenden Nerven und Adern. Die 1—2 Zoll langen Aehren stehen den obern Blättern gegenüber auf kurzen Stielen und haben in schraubenförmige Linien geordnete einander schindelartig sich deckende rautenförmige Deckblätter, hinter denen bei den männlichen 2 Staubgefässe mit kurzen Staubfäden sich befinden. Die auf 3 Lin. langen Stielen stehenden weiblichen Aehren haben längliche an beiden Enden zugerundete dicht anliegende Bracteen, welche die weiblichen Blüten stützen. Jede Fruchtähre enthält etwa 40—50 kugelförmige Beeren von der Grösse der Pfefferkörner, die an ihrem Grunde in einen Stiel sich verdünnen, der um ein Drittel bis um die Hälfte länger ist als sie. Die braune, runzelige etwas glänzende Beerenhaut umgiebt ein bräunliches weiches Fleisch. Der fast kugelförmige Same ist an beiden Enden in eine kurze Spitze vorgezogen. Die dünne blassgraubraune Samenhaut ist mit 8 oder mehr wellenförmigen, etwas ästigen Längennerven durchzogen; die Innenhaut ist glatt, dunkelbraun, glänzend; der aussen braune Eiweisskörper wird nach innen immer weisser und hat an seinem obern Ende eine kleine Vertiefung, in welcher sich der sehr kleine gegenläufige Embryo befindet. Die vor der vollkommenen Reife gesammelten und getrockneten Beeren sind die officinellen Cubeben, *Cubebae sive Baccae Cubebae sive Piper caudatum*. Sie haben die oben angegebene Beschaffenheit, einen eigenthümlichen pfefferartigen, aber etwas unangenehmen bitterlichen Geruch und Geschmack. Sie enthalten vorwaltend ätherisches Oel und scharfes Harz. Da die Wirksamkeit der Cubeben der des Schwarzen Pfeffers sehr ähnlich, doch milder und mehr aromatisch ist, so werden sie häufiger wie jener und vorzüglich bei Blenorrhöen der Genitalien vor und nach der Entzündungsperiode angewendet. Man giebt sie in Pulver- und Pillenform.

*Piper elongatum Vahl.* (*Piper angustifolium Ruiz et Pav. Fl. per. I. t. 57 f. a.*) Ein über 12 F. hoher Strauch in den Wäldern und an Flussufern von Peru mit runden scharfen fast purpurrothen Aesten, von denen die jüngern weichhaarig und punktirt sind. Die sehr kurz gestielten 8—10 Z. langen, 1½ breiten Blätter sind verlängert-lanzettlich, lang zugespitzt, am Grunde ungleich-herzförmig, runzelig, oben scharf, unten weichhaarig. Aehren widerhakig länger als die Blätter. In neuesten Zeiten sind die Blätter als *Matico* oder *Folia Matico* nach Europa gelangt, weil sie sehr adstringirend und styptisch wirken sollen. Man legt die Blätter mit der Unterfläche auf die blutenden Stellen (die Oberfläche soll weniger kräftig wirken). Dr. Jeffreys hat sie innerlich gegen Blutbrechen, Darmblutung, Menorrhagie und äusserlich als Waschung bei Tripper angewendet. Nach Lane bewies sich das Infusum und eine Tinktur als Injektion bei chronischen Leucorrhöen und gegen Varicositäten und Ulerationen des Rectum sehr nützlich, sodass er das Mittel im erstern Falle über das salpetersaure Silber (!) und im andern über die Salpetersäure stellt.

*Piper longum Roxbgh.* (*Fl. ind. I. p.* 154. — *Nees ab Esenb. off. Pfl.* I. — *Chavica Roxburghii Miquel.*) Langer Pfeffer, ist ein zwischen Gesträuch und an Flussufern im Cirkargebirge, Silhet, Madras und Ceylon wild wachsender und in Bengalen häufig kultivirter gabelig-ästiger, niederliegender und zur Blütezeit aufsteigender Strauch, mit anfangs feinhaarigen, später kahlen Aesten. Blätter dickhäutig, anfangs an den Nerven feinhaarig, später kahl, ganz fein durchsichtig-punktirt; die untern langgestielten sind aus breit-herzförmiger Basis rundlich-eiförmig, die obersten sitzenden von länglicher Gestalt und mit ungleich-herzförmiger Basis den Zweig umfassend. Blüten zweihäusig. Die männlichen fadenförmig-cylindrischen Aehren sind mit ihrem Stiele von der Länge der Blätter, die weiblichen kaum halb so lang, aber dicker als die männlichen; ihr Stiel ist so lang als sie selbst. Die weiblichen reifen Kätzchen haben eine schwarzbraune Farbe; die vierkantig-eirundlichen, oben gewölbten Beeren stehen dicht auf der Spindel zwischen schildig gestielten Deckblättchen. Sie sind der Lange Pfeffer, *Piper longum*, welcher aus den englischen Colonien grösstentheils zu uns gelangt, während die folgende Pflanze, den in den holländischen Colonien erzeugten, der selten nach

Deutschland kommt, liefert. Er unterscheidet sich vom folgenden vorzüglich durch den Stiel der die Länge der Aehre hat und durch kürzere dunklere Aehren, die mehr bestäubt sind.

*Piper longum Rumph (Herb. Amb. Tom. V. p. 333. — Chavica officinarum Miquel.)* Langer Pfeffer, ist ein auf den Philippinen und auf den Sundainseln wildwachsender, auf Java häufig kultivirter Schlingstrauch, welcher die höchsten Bäume erklimmt. Der Stamm ist unten holzig, zolldick und knotig. Die fast lederartigen Blätter sind ganz fein durchsichtig punktirt, kahl, unterseits blass und matt; die untersten sind länger gestielt, 3 — 5nervig, und breiter, die obern kürzer gestielt, länglich, mit ungleichseitig-gerundeter oder verschmälerter Basis und allmälig verdünnter Spitze. Die Stiele der Achren sind länger als die Blattstiele. Die trocknen weiblichen oder Frucht-Achren sind der Lange Pfeffer der holländischen Colonien von graubrauner Farbe, mit 2 — 4 Lin. langen Stielen; sie sind walzenförmig, dick, gegen die Spitze hin etwas verdünnt, stumpf, 2—3 Zoll lang, fast gerade, äusserlich durch die hervorragenden Spitzen der Beeren gitterartig-facettirt. Sie haben einen brennend scharfen aromatischen Geschmack wie die von vorigem Strauche, und werden jetzt nur noch zur Bereitung von Liqueuren gebraucht, wenn schon die Wirkung auf den Magen viel besser sein soll als die des Schwarzen Pfeffers.

*Piper Betle Lin.*, Betel-Pfeffer *(Chavica Betle Miquel.)* u. *Piper Siriboa L.*, *(Chavica Siriboa Miquel.)* werden in ganz Ostindien häufig gebaut. Die Betelblätter, welche davon herstammen, haben einen brennend gewürzhaften, etwas bittern Geschmack; sie werden bekanntlich mit Arekanüssen und Kalk gekauet und sind vielen Völkern Asiens ein unentbehrliches Bedürfniss geworden.

*Piper methysticum Forst.*, Awa-Pfeffer, wächst auf den Gesellschafts- und Freundschafts-Inseln u. hat herzförmige, zugespitzte, vielnervige Blätter nebst kurzgestielten abstehenden Aehren. Die Wurzel, aus welcher man auf ekelhafte Weise durch Kauen in Australien ein berauschendes Getränk bereitet, ist unter dem Namen Awawurzel, *Radix Awae s. Ava* nach England gebracht und als kräftiges Schweiss treibendes Mittel angewendet worden.

*Piper umbellatum L. (Potomorphe umbellata Miquel. — Heckeria umbellata Kunth. — Peperidia umbellata Kost.)* wächst in Brasilien und liefert die bitter und gewürzhaft schmeckende Caapeba- od. Periparoba- (Pariparoba?) Wurzel des Handels.

## Reihe I. Missblütige: *Incompletae.*

### 75. Fam.: Nesseln: *Urtiaceae Juss.*

### Gruppe: *Ulmeae Mirb.*

### Gattung: *Ulmus Tournef.* Ulme oder Rüster.

Zwitterblüten. Blütenhülle glockenförmig, 5spaltig, doch auch 4-, 6- oder 8spaltig. Staubgefässe in gleicher Anzahl wie die Blütenhüllzipfel. Fruchtknoten 2spaltig, mit 2 auseinander weichenden Narben. Nüsschen senkrecht ringsum geflügelt. (Blüten seitlich-büschelständig, früher als die Blätter erscheinend.)

#### 1. Art: *Ulmus campestris Lin.*, Feld-Ulme, Feldrüster.

Blätter am Grunde ungleich, eiförmig-elliptisch, doppelt gesägt, unterseits scharf; Blüten fast sitzend, knäuelartig-gehäuft; Staubgefässe 5; Flügelfrüchte verkehrt-eirund, ausgeschnitten, kahl. (Aeste glatt, jüngere Aestchen kahl.) (Taf. 212.)

Ein 60—90 Fuss hoher Baum (oft aber auch ein Strauch in Zäunen) in den Wäldern des grössten Theils von Europa. Der Stamm ist von einer rauhen, feinrissigen schwärzlichbraunen Rinde bedeckt und trägt einen weit ausgebreiteten Wipfel. Die wechselständigen, 2seitswendigen Blätter sind kurzgestielt, gleichlaufend-fiedernervig, vorzüglich oberseits rauh anzufühlen. Die kleinen Blüthen erscheinen in seitlichen Büscheln früher als die Blätter. Das röthlichbraune Perigon hat gewöhnlich 5, doch zuweilen auch 4 oder 6, eirunde, stumpfe, wimperig-haarige Zipfel und ebenso viele vor dieselben gestellte, doppelt so lange Staubgefässe. Die Flügelfrucht ist fast kreisrund, oval oder elliptisch und hält $\frac{3}{4}$—1 Z. im Durchmesser; der breite ringsumgehende blassgelblichgrüne, feingeaderte Flügelrand hat vorn zwei einwärts gebogene, einander deckende Zähne. Dieser Baum ändert verschieden ab; zu bemerken ist vorzüglich die korkrindige Rüster *(Ulmus suberosa Ehrh.)*, welche von der gewöhnlichen mit glatter Rinde *(Ulmus nuda Ehrh.)* sich durch Aeste auszeichnet, welche mit korkig-kantigen Flügeln besetzt sind.

#### 2. Art: *Ulmus effusa Willdw. (nec Ehrh.)* Schwarze od. Langstielige od. Wimperige Ulme, Schwarzrüster.

Blätter am Grunde ungleich, eiförmig oder elliptisch, doppelt gesägt, unterseits weichhaarig; Blüten schlaff und langgestielt; Staubgefässe 8; Flügelfrüchte rundlich-elliptisch, gewimpert. (Taf. 213.)

Ein an gleichen Orten wie voriger wachsender und ebenso schöner und grosser Baum, der nur durch die Blüten oder Früchte leicht, sonst aber schwer unterschieden werden kann; meist sind die Blätter an ihrem Grunde ungleicher, unterseits etwas mehr weichhaarig nicht rauh, oberseits aber bald glatt, bald auch sehr rauh anzufühlen. Die Perigone stehen auf langen fadenförmigen, oberwärts gegliederten Blütenstielen und sind meist 6- oder 8spaltig; sie enthalten 6 oder 8 Staubgefässe, deren Staubfäden gleichfalls länger als bei voriger Art sind. Die meist kleinern Früchte haben einen dicht bewimperten Flügelrand. Die Art zeigt nie korkige Rinde oder korkig-geflügelte Aeste.

Von sämmtlichen Abänderungen der Ulmen sammelt man im ersten Frühlinge von den mehrjährigen Aesten die innere Ulmenrinde oder Rüsterrinde, *Cortex Ulmi interior.* Sie kommt in 1—2 Zoll breiten bandförmigen, oft mehre Fuss langen, kaum ½ Lin. dicken, zähen faserigen Stücken vor; die eine Seite, meist die äussere, ist röthlich-zimmtbraun dunkler oder heller, die andere stets heller, oft blassgelblich. Sie ist geruchlos und schmeckt herb, bitterlich, schleimig und enthält vorwaltend Schleim und Gerbestoff. Man wendet den Aufguss oder die Abkochung als gelind stärkendes und zusammenziehendes und zugleich Schweiss und Harn treibendes Mittel innerlich und äusserlich bei verschiedenen Krankheiten, als Schwäche der Verdauung, Wechselfieber, Rheuma, Gicht, bei Blut- und Schleimflüssen aus Schwäche und bei chronischen Exanthemen.

### Gruppe: *Artocarpeae R. Brown.*

### Gattung: *Morus Tournef.* Maulbeerbaum.

Blüten ein- oder zweihäusig, ährig. Männliche Blüte: Blütenhülle 4theilig; Staubgefässe 4. Weibliche Blüte: Blütenhülle 4theilig; Fruchtknoten zweifächrig mit 2theiligem Griffel und 2 Narben. — Nüsse von der fleischig gewordenen Blütenhülle umgeben und dadurch steinfruchtartig, dicht gehäuft und zusammenhängend.

#### *Morus nigra Lin.* Schwarzfrüchtiger Maulbeerbaum.

Blätter herz-eirund, ganz oder lappig (meist buchtig-5lappig), ungleich-gesägt, oberseits schärflich, unterseits kurzhaarig. (Taf. 214.)

Ein ursprünglich im mittlern Asia einheimischer, jetzt aber im südlichen und mittlern Europa angepflanzter 25—36

Fuss hoher Baum mit schwärzlich-grauer, rauher und runzeliger Rinde des Stammes und mit einem dichtbelaubten Wipfel. Die wechselständigen gestielten Blätter sind häufiger ganz, als bei andern Arten und meist weniger tief gelappt, wenn sie gelappt sind, dabei ungleich-grobgesägt, oberseits dunkelgrün, unterseits graugrün. Die häutigen hinfälligen Nebenblätter sind lanzettlich. Die Blüten finden sich getrennt auf einem und auf verschiedenen Stämmen. Die männlichen Kätzchen sind eiförmig oder eiförmig-walzlich, $\frac{1}{2}$—1 Z. lang, die weiblichen eiförmig oder fast kugelrundlich $\frac{1}{4}$—$\frac{1}{2}$ Z. lang, fast sitzend, die daraus entstehenden Haufenfrüchte sind ellipsoidisch bis walzenförmig, von der Grösse kleiner Pflaumen oder Haselnüsse, schwarz- oder blauroth, sehr saftig. — Diese reifen Maulbeeren, *Fructus sive Baccae Mororum sive Mora* haben einen süsslichen Geruch und einen säuerlich-süssen schleimigen Geschmack. Sie dienen zur Bereitung des Maulbeersyrups, *Syrupus Mororum*, der als Gemisch unter Wasser zu einem erfrischenden und Fäulniss widrigen Getränke oder als Zusatz zu andern Mitteln angewendet wird.

### Gattung: *Ficus Tournef.* Feigenbaum.

Blütenkuchen *(Coenanthium)* fleischig, geschlossen, an der Spitze durchbohrt, durch Schuppen geschlossen, androgynisch, Blüten ein- oder zweihäusig, gestielt. Männliche Blüte: Blütenhülle 3- od. 5theilig; Staubgefässe 3. — Weibliche Blüte: Blütenhülle 3—5theilig; Fruchtknoten gestielt. Griffel seitlich, zweispaltig, mit 2 Narben. — Nüsschen von der etwas fleischigen, später austrocknenden Blütenhülle bedeckt.

### *Ficus Carica Lin.* Gemeiner Feigenbaum.

Blätter mehr oder weniger herzförmig, 3- oder 5lappig (selten eiförmig, ganz), geschweift-gezähnt, oberseits scharf, unterseits weichhaarig-sammtartig, mit stumpfen Lappen: Blütenkuchen birnförmig, kahl. (Taf. 215.)

Ein Baum oder Strauch von 6—25 Fuss Höhe in den Ländern um das Mittelmeer wildwachsend, daselbst sowie in vielen andern warmen Ländern häufig kultivirt. Die zottigen jüngern Aeste sowie alle krautigen Theile geben bei Verletzungen eine weisse Milch von sich. Die wechselständigen Blätter haben 2—4 Zoll lange, dicht weichhaarige Stiele, meist tiefere oder seichtere Einschnitte in die Blattfläche; die untersten sind aber auch zuweilen ganz oder nur gebuchtet, oval oder eirund. Die geschlossenen Blütenkuchen (die jungen Feigen) stehen einzeln oder paarweis in den

www.ingramcontent.com/pod-product-compliance
Lightning Source LLC
Chambersburg PA
CBHW021023210326
41598CB00016B/898
*9783867411738*